液体火箭发动机燃烧不稳定性

杨立军　李敬轩　南家琦　韩　旺　唐逸豪　著

北京航空航天大学出版社

内容简介

本书围绕液体火箭发动机研制过程中燃烧不稳定性的预测与控制这一关键技术问题展开。第1章概述了相关研究背景及国内外研究现状。第2～5章按照发动机的工作过程，依次对喷嘴、火焰、燃烧室和喷管四大核心单元的动态响应特性进行建模，并基于此构建了第6章的全尺寸低阶燃烧不稳定性预测模型。第7章展示了燃烧不稳定性在真实发动机中的预测应用案例，第8章则介绍了液体火箭发动机中经典的被动控制装置设计理论。

本书适用于从事液体火箭发动机研究与开发的技术人员、基础研究学者，同时适合已学习液体火箭发动机原理课程的研究生参考使用。

图书在版编目(CIP)数据

液体火箭发动机燃烧不稳定性 / 杨立军等著.
北京 ：北京航空航天大学出版社，2025.3. -- ISBN 978-7-5124-4713-4

Ⅰ. V434

中国国家版本馆 CIP 数据核字第 2025DB7593 号

液体火箭发动机燃烧不稳定性

杨立军　李敬轩　南家琦　韩　旺　唐逸豪　著

策划编辑　蔡　喆　　责任编辑　蔡　喆

*

北京航空航天大学出版社出版发行

北京市海淀区学院路37号(邮编100191)　http://www.buaapress.com.cn

发行部电话:(010)82317024　传真:(010)82328026

读者信箱: goodtextbook@126.com　邮购电话:(010)82316936

北京富资园科技发展有限公司印装　各地书店经销

*

开本:787×1 092　1/16　印张:19　字数:486千字

2025年3月第1版　2025年3月第1次印刷

ISBN 978-7-5124-4713-4　定价:129.00元

序言一

液体火箭发动机是航天器的核心动力装置，为运载火箭、导弹及深空探测任务提供强大推力，其工作环境极为严苛，涵盖高温、高压、强湍流与复杂化学反应。其中，燃烧不稳定性是最棘手的科学与工程难题，其本质在于燃烧过程与燃烧室内部声学振荡的耦合，小扰动可能被放大，导致压力和燃烧释热的剧烈波动，进而引起振动、加速部件疲劳，甚至引发结构失效与爆炸事故，严重威胁发动机寿命和安全性。

从"阿波罗计划"中F-1发动机到现代液体火箭发动机的研制，燃烧不稳定性始终是困扰设计人员最复杂的难题之一。如何精准预测和有效抑制这一现象，直接关系到发动机的可靠性和航天任务的成败。然而，由于发动机内部流动与燃烧过程存在多尺度、多物理场的耦合，燃烧不稳定性的机理尚未完全揭示，使得准确预测与控制面临巨大挑战。因此，系统总结该领域研究进展、探索有效理论方法并与实际工程应用相结合，具有重要的学术意义和工程价值。

本书系统总结了杨立军教授团队30多年来在液体火箭发动机燃烧不稳定性研究方面的进展，重点介绍了如何将基础理论研究成果转化为工程实践，并结合国内外最前沿的理论方法与技术发展趋势，力求为该领域的研究人员和工程师提供全面而深入的参考。全书既注重燃烧不稳定性的基础理论创新，也强调理论成果向工程应用的有效转化，内容涵盖燃烧不稳定性的基本机理，从喷嘴、火焰、燃烧室到喷管，全面分析影响发动机燃烧稳定性的关键因素，并在此基础上发展了低阶预测方法，实现了燃烧不稳定性的定量预测和评估，为工程应用提供了可靠的理论支撑。同时，书中结合多个典型工况，展示了预测模型在实际发动机中的应用效果，并对控制方法的理论与实践进行了深入探讨，提出了可操作的优化策略和工程实施方案，为推进燃烧稳定性控制技术的发展提供有力支持。

当前，我国正处于建设航天强国的关键时期，载人航天、深空探测、可重复使用运载器等重大航天工程的实施，对液体火箭发动机的安全性、可靠性和性能提出了更高要求。在此背景下，燃烧不稳定性问题的精准预测与高效控制不仅能显著提升发动机的工作稳定性和推力性能，还能有效降低开发成本、提高任务成功率，是确保我国航天任务顺利实施的关键技术之一。本书的出版，旨在推动该领域的研究进展，提高我国在燃烧不稳定性预测与控制方面的自主创新能力，同时为相关科研人员、工程师以及研究生提供系统的理论基础和工程应用指导，助力新一代航天科研力量不断突破技术瓶颈，为我国航天事业的持续发展贡献智慧和力量。

庄逢辰

（庄逢辰）

2025 年 3 月

序言二

航天发展，动力先行。液体火箭发动机作为运载火箭、导弹武器的动力装备，为“两弹一星”、“载人航天”、“北斗导航”、“月球探测”、“深空探测”等国家重大工程做出了重要贡献。

液体火箭发动机本质上是能量密度非常高的热机，其内部推进剂雾化、湍流燃烧和燃烧室声学等物理化学过程是在高流量、高温、高压、小空间等工程极限条件下进行的。在此背景下，任何微小扰动都倾向于被放大，导致燃烧不稳定性问题。当燃烧不稳定性发生时，轻则导致发动机振动，缩短寿命；重则导致部件损坏，引起爆炸、机毁人亡。因此，燃烧不稳定性的预测和控制一直是液体火箭发动机研制最为棘手的技术难题，也是发动机燃烧室设计人员极力想摆脱的“幽灵”。

杨立军教授从 20 世纪 90 年代起，一直从事液体火箭发动机教学与研究工作，他领导的课题组在液体火箭发动机燃烧不稳定性机理、预测与控制等方面开展了系统性研究，在应用基础研究方面长期处于领先地位，相关成果受到国际同行广泛关注并产生重要影响。

本书是杨立军教授课题组三十年来液体火箭发动机燃烧不稳定性研究的全面总结。书中详细梳理国内外相关研究现状，并结合作者多年来的研究成果和工程实践，为读者提供了一套系统理论和实践工具。书中以发动机燃烧室压力振荡（声波）的传播为主线，“流热声”耦合为核心，重点分析了液体火箭发动机燃烧不稳定性的成因，按照液体火箭发动机工作过程分别对喷嘴、火焰、燃烧室和喷管四大关键部件的建模与分析，发展了液体火箭发动机燃烧不稳定性低阶预测方法，实现了对燃烧不稳定性的定量预测，具有较高的计算效率和较强的适用性，为实际工程中的快速分析与评估提供了有力工具。随后针对多个典型工况和燃烧不稳定性问题，展示了低阶预测方法在真实发动机中的应用实例，结合实际案例介绍了燃烧不稳定性被动控制的原理、设计方法和优化策略。

本书结构清晰、内容详实，兼具理论深度与工程实用性，可作为从事液体火箭发动机教学与研究人员的理想参考书。同时，书中系统性的理论分析与工程案例分析也为基础研究学者提供了重要参考。对于已经学习了液体火箭发动机原理课程并希望进一步了解燃烧不稳定性相关内容的研究生而言，本书亦是深入学习与探索的优秀教材。

随着我国载人航天、月球探测、深空探测等重大任务工程的稳步推进，对液体火箭发动机安全性与可靠性的要求愈发突出。相信本书的出版将在推动液体火箭发动机燃烧不稳定性预测与控制技术发展上起到重要作用。基于此，我向感兴趣的院所师生、专家学者、工程技术人员推荐本书。

（李应红）

2025年1月

前　言

液体火箭发动机的燃烧不稳定性是其研制过程中最具挑战性的科学与工程难题之一。燃烧不稳定性不仅会引发剧烈振动，加速发动机部件的疲劳损伤，缩短使用寿命，甚至可能导致结构失效，引发爆炸，酿成灾难性事故。长期以来，它被视为困扰发动机设计人员的“顽疾”，也是燃烧室优化设计中亟待攻克的关键瓶颈。本书聚焦液体火箭发动机燃烧不稳定性的预测与控制，系统梳理其形成机理，剖析影响因素，并探讨前沿研究进展和工程实践方法，旨在为研发人员提供深入理解和有效应对这一复杂现象的理论支撑与技术手段。

本书编写过程中深入结合课题组长期以来将基础理论成果应用于型号研制与优化设计中的实践经验，同时考虑了国内外理论与技术研究前沿成果，兼具基础理论创新与工程实际可用，致力于为从事相关研究的技术工作者、专家学者和学习过前序基础课程的研究生提供快速了解该研究方向的理想参考书。

在内容编排上，本书通过全面梳理国内外相关研究现状，结合作者多年来的研究成果和工程实践，第 1 章介绍了燃烧不稳定性的研究背景，重点分析其在液体火箭发动机中的表现及成因，并总结了国内外研究现状及急需发展和改进之处，为后续章节内容的展开奠定基础。按照液体火箭发动机的工作过程，第 2～5 章分别对喷嘴、火焰、燃烧室和喷管四大关键部件或过程的动态响应特性进行建模与分析。通过将复杂的物理现象解构为可解析的动态系统，系统展示各个部件或过程对发动机整体燃烧稳定性的影响。在此基础上，第 6 章构建了液体火箭发动机三维燃烧不稳定性预测的全尺寸低阶预测方法。通过综合前述部件的动态响应特性，团队以此方法为基础自主开发的预测平台 TALOS，可以实现实际工程中对液体火箭发动机复杂系统的燃烧不稳定性快速预测与评估。第 7 章展示模型在真实发动机中的应用实例，针对多个典型燃烧不稳定性问题和工况，详细对比了模型预测结果与实际测量数据，验证了模型的准确性与可靠性。此外该章还进一步探讨了燃烧不稳定性预测模型在工程实践中的局限性并提出了改进方向。最后，第 8 章聚焦液体火箭发动机中经典被动控制装置的设计理论与方法，结合实际案例系统地介绍了被动控制装置的原理、设计方法和优化策略。

总之，本书通过全方位、多角度的分析，提供了关于液体火箭发动机燃烧不稳定性预测与控制的一整套理论工具和技术解决方案，为推动该领域的发展提供了坚实的理论基础与实践参考。

本书由杨立军、李敬轩、南家琦、韩旺、唐逸豪分工撰写，已经毕业的博士研究生刘腾宇、朱烁烁、李鹏辉和硕士研究生姜霄震、丁子航、刘佳乐为本书的完稿提供了帮助。在写作过程中，课题组的田雨、王子璇、陈昭予、邬雨帆、王鹏程、吴堃炤、刘晓康、张玥、王腾、余骁宇、庞博升、张思懿、王东斌、陈雷、陈腾晓、秦武周、吕子汀、邹欣珑、孟凡钊、曹含章、范多思、张若璞、潘见光、李泽宇、樊浩洋、成锦博、陈翀鹏、方珅、宋佳、达姝琛、吴佳伟、刘嘉宁等研究生协助完成了书稿的校对工作，并绘制了部分插图，对于他们的工作以及书中所引用参考文献的作者，在此一并致以诚挚的感谢。衷心感谢空军工程大学吴云教授、北京航空航天大学陶智院士百忙之中对书稿的审阅并给予的宝贵意见。特别感谢庄逢辰院士和李应红院士为本书作序。

本书作为课题组工作的阶段性总结，不足之处恳请读者批评和指正。

（杨立军）

2025 年 1 月于北京

主要符号表

符号	物理量	单位
b	间隙宽度	m
c	声速	m/s
c_p	比热容(定压)	J/(kg·K)
c_v	比热容(定容)	J/(kg·K)
D	喷嘴直径	m
d_0	小孔直径	m
E	吸声系数	
f	频率	Hz
g	重力加速度	m/s^2
k	波数	m^{-1}
K	传播波数	m^{-1}
l	长度	m
l_0	有效管长	m
L_b	隔板高度	m
l_s	特征长度	m
$\dot{m}$	质量流量	kg/s
Ma	马赫数	
p	压强	Pa
P_L	声压级	dB
Pr	普朗特数	
Q	品质因数	
$\dot{Q}$	热释放率	W
r	半径	m
R	燃烧室半径	m
Re	雷诺数	
R_g	气体常数	J/(kg·K)
s	拉普拉斯算子，$s=\mathrm{i}\omega$	rad/s

符号	物理量	单位
S	截面积	m^2
S_0	小孔横截面积	m^2
S_L	火焰传播速度	m/s
S_t	斯特劳哈尔数	
t	时间	s
T	温度	K
$\boldsymbol{u}$	速度场矢量	m/s
u, v, w	笛卡尔坐标系下速度分量	m/s
u_x, u_r, u_θ	柱坐标系下速度分量	m/s
V	体积	m^3
x, y, z	笛卡尔坐标系下的三个位置分量	m
Y	质量分数	
α	余气系数	
β	角度	rad
γ	绝热指数，$\gamma=c_p/c_v$	
δ	边界层厚度	m
δ_*	最佳无量纲间隙	
Δp	压降	Pa
δt	热传导边界层厚度	m
δv	黏性边界层厚度	m
ε	小扰动参数	
ζ	水力摩阻系数	
η	无量纲声导纳	
θ	声阻抗实部	
λ	波长	m
μ	动力黏度	Pa·s
ν	运动黏度	m^2/s
ξ	水力损失系数	
ρ	密度	kg/m^3
σ	阻尼系数	s^{-1}
τ	延迟时间	s
χ	混合比	
ω	角频率	rad/s

上 标

符号	物理量
$\overline{(\ )}$	时均值
$(\ )'$	扰动量
$(\ )^*$	无量纲物理量
$\hat{(\ )}$	扰动幅值
$(\ )_*$	临界截面参数

下 标

符号	物理量
g	气体相关量
l	液体相关量
c	燃烧室相关量
in	进口相关量
out	出口相关量

注:其他未说明的符号将在文中给出。

目　录

第1章

绪　论

1.1 液体火箭发动机燃烧不稳定性概述

在液体火箭发动机正常工作时，其燃烧室内的工作参数（如压强、速度和温度）总会出现一定程度的不规则波动。然而，在压强波动的频谱图中，即使存在振荡，其振幅通常较小，如图1-1(a)所示。当燃烧室压强振荡幅度不超过平均室压的±5%（这个阈值对于不同类型发动机会有所不同）时，这种燃烧状态对发动机的正常运行几乎没有影响，被称为稳定燃烧。然而，当燃烧室内的压强出现规则（周期性）波动时，如图1-1(b)所示，频谱图中会出现一个或多个显著频率。这种周期固定、振幅较大的燃烧室压力脉动是由燃烧不稳定性引起的，因此，该状态被称为不稳定燃烧[1-3]。

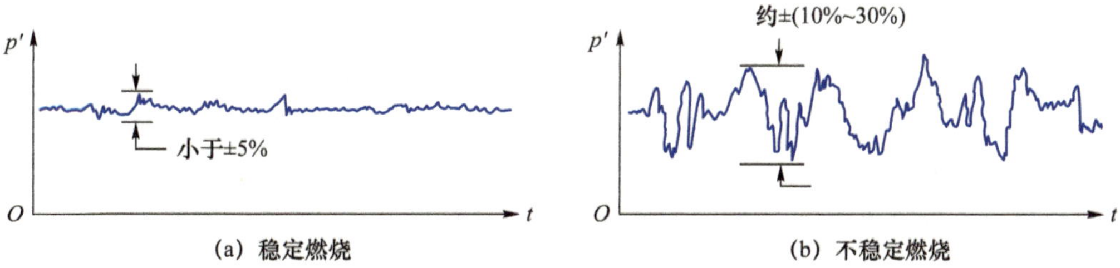

图1-1　液体火箭发动机燃烧室内稳定与不稳定燃烧的压力振荡曲线[1]

发动机燃烧室工作在高温高压状态，雾化、混合、燃烧过程迅速而又复杂，当发生不稳定燃烧时，多种纵向、横向模态的三维声学振荡可能同时出现，流动、燃烧等过程受到纵向和横向扰动的耦合作用[4-7]、相邻火焰之间相互影响[8-11]，增加了燃烧不稳定性机理的研究难度。因此，如何有效分析不稳定燃烧是液体火箭发动机设计过程中的重大技术关键之一。著名的阿波罗计划在研制F-1液体火箭发动机时为克服不稳定燃烧，从实验技术层面上基本实现了不稳定燃烧的消除，但是消耗了巨大的经济和时间成本[12,13]。

近年来，计算机性能、流体力学和燃烧学的高速发展使得数值模拟方法与实验室热试车相结合来预测燃烧不稳定性成为可能。上世纪90年代，庄逢辰院士在国内首次针对我国某型氢氧发动机燃烧稳定性开展了开创性的数值仿真分析研究，为后续我国大推力氢氧火箭发动机不稳定燃烧问题的彻底解决做了开创性的理论铺垫[14,15]。研究人员通过液体火箭发动机内部工作过程的数值仿真计算，可以深入研究喷雾燃烧与流动过程及其对燃烧不稳定性的影响[16]。然而，在真实的液体火箭发动机中，喷注、流动、雾化、蒸发、湍流燃烧以及声波等多物理场过程具有显著的时空尺度差异，形成高度复杂的耦合现象。为了同时精准捕捉湍流燃烧过程中极小空间尺度与快速化学反应的细节，以及较为缓慢的声波演化，全尺寸高精度数值计算面临极高的计算成本，计算周期可长达数十年至百年[17-19]，使其直接应用于全尺寸发动机尤其是大推力液体火箭发动机极其困难[20]。

液体火箭发动机中的不稳定燃烧通常可以依据室压的振荡频率划分为低频、中频、高频不稳定燃烧，其本质是压力振荡、流动扰动和非稳态燃烧热释放脉动三者之间的相互激励、耦合和反馈过程[21-23]。由瑞利准则[24-26]可知，当压力振荡与热释放脉动的相位差小于 90°时，燃烧不稳定性就会发生。这一准则已在火箭发动机、燃气轮机以及不稳定燃烧的基础研究中得到一定验证。然而，该判据仅考虑了非定常燃烧释热与压力扰动的相位关系，而忽略了流动特性、阻尼效应等关键因素，因此难以准确预测燃烧不稳定性。

迄今为止，液体火箭发动机燃烧不稳定性的研究仍不够全面深入，现有理论和资料存在一定局限性，仅能提供定性的规律指导。新型液体火箭发动机要实现长期稳定运行，仍需依赖既有经验和资料，并结合具体研制需求，通过大量试验和改进优化设计。由于设计人员难以快速确定复杂发动机系统中燃烧不稳定性的关键参数，无法在试车前通过被动控制或参数优化等手段先验性地抑制甚至消除潜在的不稳定性，因此，目前工程实践中仍难以实现液体火箭发动机燃烧稳定性的正向设计。

1.2 燃烧不稳定性预测与控制研究

考虑到压力振荡是声波的表现形式，而且压力信号容易测量和处理，低阶声学预测模型通过声学理论分析和其他非声学过程的模化[27, 28]，统一从声学尺度解析整个燃烧系统中的压力振荡发生和发展过程，从而实现快速的、先验的、全尺寸燃烧系统的燃烧不稳定性预测。国内外学者就低阶声学模型开展了大量的研究工作[29-32]，将其应用于航空发动机[33-36]、燃气轮机[37-40]和液体火箭发动机[41]的不稳定燃烧的预测和控制[32,42,43]，同时实现了相关模型的程序化和工业应用分析[35,44-48]，其通用性和准确性得到了广泛的验证。因此，低阶声学网络模型是预测全尺寸液体火箭发动机燃烧不稳定性的有效方法。本书对于不稳定燃烧的预测与控制也主要围绕低阶声学预测方法进行。

1.2.1 数学建模与预测

采用气体和液体组元工作的某一燃烧室发生脉动燃烧时，都可能是满足了“某一”特定的反馈路径(机理)。我们并不致力于得到能够解释所有不稳定情况的一个“通用”机理，这也不符合发动机工作的真实情况，而是应用关于燃烧室工作过程燃烧不稳定性的一些已知事实，从瑞利准则出发在已有热声振荡理论的基础上进行梳理和改进，得到一个通用的建模思路，以便对液体火箭发动机燃烧室发生振荡燃烧的实际情况进行定量分析，对燃烧室的燃烧不稳定性机理进行揭示和对优化方向进行明确。

在描述发动机这一自激振荡系统时，如图1-2所示，相互连通的各个通道可根据低阶建模理论分解为一系列声学单元或振荡激励下的响应单元。当单元的特征长度不超过研究振荡波长的1/10时，可将其视为集中参数单元，否则应视为分布参数单元。因此，对于液体火箭发动机（或其他类似结构的燃烧器），燃烧室、气体导管、燃气发生器和液体管路通常被视为分布参数元件，而整流栅、阀门、孔板等则可近似为集中参数元件。

使用气体和液体燃料的燃烧室流动过程非常复杂，很难给出准确的数学描述。为了评价燃烧过程，本书主要采用由Crocco针对流量型机理提出并发展的延迟假设。为了描述燃烧室和燃料供应管路系统，本书使用了频率特性方法，选择无量纲声阻抗 η 或声导纳 ξ 描述其频率特性。除非另有说明，燃气产物流动通常假设为满足质量、动量和能量守恒的理想气体流动。鉴于推力室、燃气发生器和加力燃烧室在燃烧不稳定性现象及其发生机制上的相似性，本书针对特定燃烧室所得的建模方法及稳定性边界的结论，原则上可推广至其他类型的燃烧室。

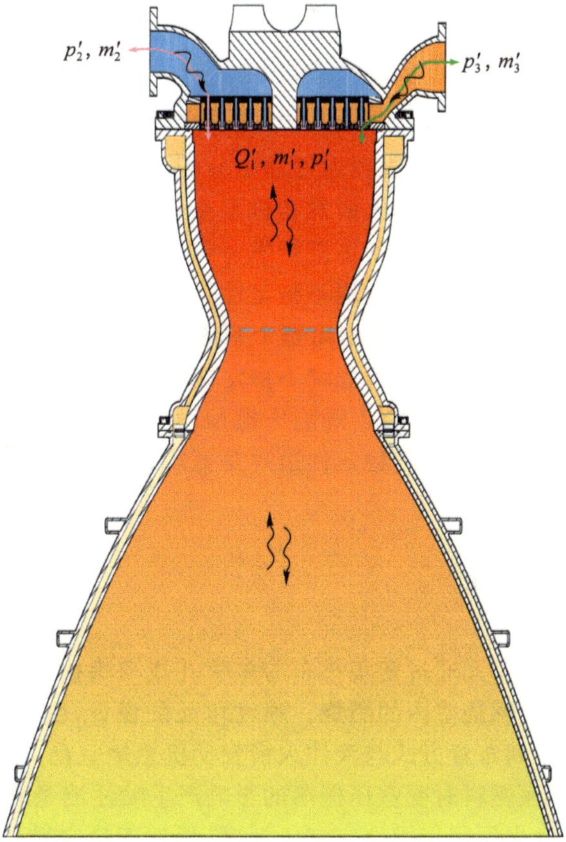

图1-2 液体火箭发动机工作过程中的振荡传播路径示意图

假设已经知道了发动机各个部分对应的声导纳解析表达式，当能够给出声学边界条件时，比如图1-2中的气/液供应管路和喷管进口界面已知时，可以建立热声系统和非定常燃烧过程之间的闭环反馈过程。基于声学特征将燃烧系统划分为多个模块或者结点，从而建立低阶声学网络模型，如图1-3所示。将声场扰动（压力脉动、速度脉动、当量比脉动等）作用下的燃烧热释放脉动响应表征为火焰热声响应模型[49,50]，火焰热声响应模型作为其中一个声学模块代入整个低阶声学网络中，相邻连接模块满足守恒关系。液体火箭发动机推力室实际工况中由于燃烧室马赫数远小于喷管收敛段，声波在推力室中的传播往往可以在燃烧室出口处解耦，假设喷管中为冻结流，将喷管收敛段中的声学响应特性转变为燃烧室出口（即喷管入口）的声导纳或声阻抗，作为燃烧室的声学边界条件。

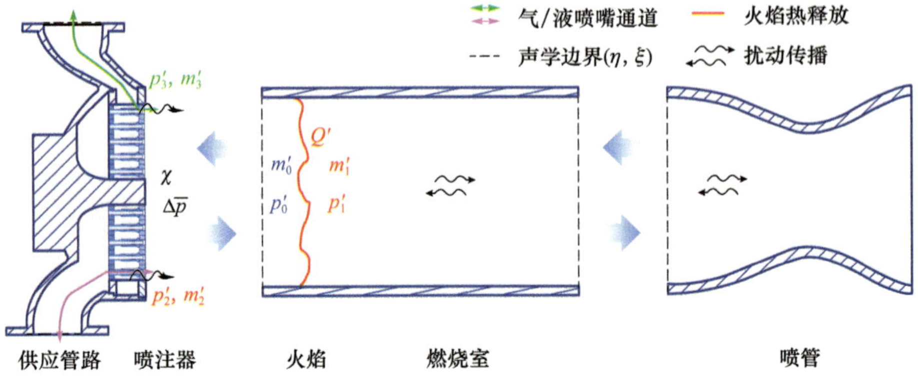

图 1-3　液体火箭发动机自激振荡的低阶声学网络示意图

低阶预测模型对于燃烧区之外的模块利用波动方程等数学模型解析求解压力脉动，而喷注流动（这里尤其指液体燃料）和燃烧过程通过理论分析、实验测量或者局部区域的高精度数值仿真得到，因此可以极大地简化液体火箭发动机复杂通道中的热声耦合振荡燃烧过程。因为前面已经提到，一般情况下声导纳是振荡复频率 $s=i\omega$ 的函数，使用振荡燃烧特性的全部假设可以建立关系式，从而将燃烧系统的燃烧不稳定性预测转变为求解特征值系统的数学问题，求解得到这个特征方程的根 s_i，并进一步给出整个系统稳定性问题的解，即得出全尺寸发动机的各个共振频率及其对应的稳定性，实现燃烧不稳定性的定量预测。

因此，准确解析各个模块（结构）的声场响应模型，并精确建立模块间联接结点的守恒关系，进而确定燃烧室在不同工况下的不稳定性边界是低阶预测模型在液体火箭发动机燃烧不稳定性研究中的关键[34,48,51-54]。

1.2.2　喷注器响应特性

液体火箭发动机的喷注单元通过密集排布的多喷孔或喷嘴按照一定的方式排列布置，向燃烧室中喷注推进剂并组织燃烧室内的燃烧。喷注单元的设计，包括喷嘴的类型、结构尺寸、数量、工作参数和喷嘴的排列布置方式与液体火箭发动机燃烧室稳定性密切相关[55,56]。推力室喷注单元在向燃烧室喷注燃料时受室压振荡的影响产生喷注流量脉动[57]，进而产生流量脉动型燃烧热释放脉动，反过来作用于燃烧室室压振荡，导致不稳定燃烧的发生，称为喷注耦合不稳定燃烧。由于喷注流量脉动与燃烧室压力振荡之间的反馈过程通过燃烧过程产生联系，因此喷注耦合的发生不独立于雾化、推进剂加热、蒸发、混合、燃烧化学反应等复杂耦合的多个物理过程，使得实验中当燃烧室发生不稳定时往往难以明确地判断喷注耦合是否出现。

国内外研究人员针对喷注单元结构参数和工作参数对喷注耦合不稳定燃烧的影响开展了广泛的实验研究。1963—1966 年期间，NASA 为克服阿波罗计划中 F-1 液氧煤油发动机出现的高频不稳定燃烧，就喷注单元的设计方案开展了大量的喷注单元试验和相应的全尺寸试验，形成了关于喷嘴数量、喷嘴类型、射流撞击角度、节流孔直径等结构参数和推进剂喷注混合比、喷注温度、流量和喷嘴压降等工作参数的试验数据库，并通过放置在燃烧室不同位置的炸弹爆炸产生的脉冲激励验证喷注设计方案相应的燃烧稳定性，最终形成了关于喷注单元设计的设计标准，并从技术层面消除了 F-1 火箭发动机高频不稳定燃烧[58]。

在 J2-S 液氧气氢发动机的设计过程中，燃烧室总是在 4 400 Hz 出现不稳定燃烧，而这一频率与同轴剪切喷嘴中液氧通道对于室压振荡的动态响应的自激频率十分接近，最终通过改变氧通道参数改变液氧通道的自激频率消除了燃烧室的不稳定燃烧[59, 60]。NASA-Lewis 研究中心在液氧甲烷发动机稳定性研究实验中多次出现不稳定燃烧，并且与喷注混合比直接相关[61]，在相关的喷嘴研究中混合比振荡最大幅值对应频率与最终的燃烧不稳定频率密切相关[62,63]。

德国航天中心(DLR)与美国空军研究实验室(AFRL)联合搭建了可观测喷嘴喷雾燃烧的燃烧室，加深了高压超临界环境下喷嘴结构参数、喷雾特性、燃烧过程对喷注耦合不稳定燃烧的作用机理的理解[64]。日本 JAXA 在推力室热试验中对同轴剪切喷嘴不同喷嘴环缝间隙、氧喷嘴缩进长度等喷嘴结构参数下燃烧稳定性进行了研究，试验中燃烧室压力振荡频率与喷嘴氧通道的声学特征频率接近，通过修改喷注单元设计参数避免了喷注耦合不稳定燃烧的发生。我国也在同轴剪切喷嘴的液氧甲烷喷注器燃烧稳定性研究热试验中，发现甲烷喷注温度低于临界值时会发生喷注耦合不稳定燃烧[60]。近几年，在德国 DLR 搭建的 BKD 液氢液氧缩比火箭发动机中，发现燃烧室的不稳定燃烧不仅会与液氧通道发生耦合，也会在特定的氢喷注温度下与氢通道发生耦合，产生稳定或不稳定的工作状态，如图 1－4 所示，并且这两种喷注耦合共振频率与燃烧室声学共振频率和喷嘴自激振荡频率均不相同[65-67]。

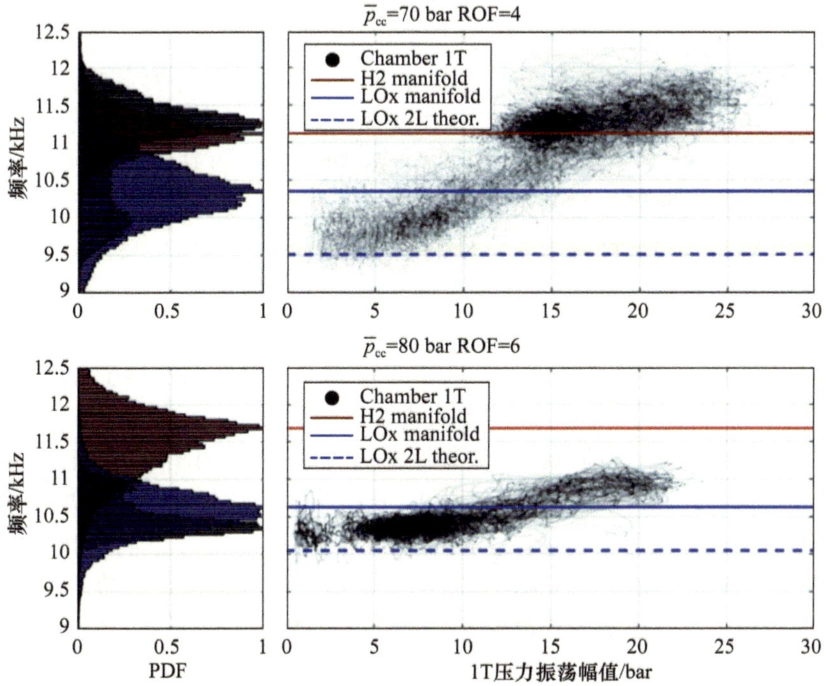

图 1－4 BKD 发动机中的氢/氧通道与一阶切向模态的耦合现象

喷注耦合不稳定燃烧一般无法通过传统的声腔等稳定装置进行消除，虽然国内外研究人员就喷注单元设计导致全尺寸不稳定燃烧开展了大量的实验研究，并通过各个参数影响效果的分析，修改喷注单元的设计以消除喷注单元与燃烧室燃烧过程的耦合产生的不稳定燃烧，但是对于真实液体火箭发动机的预研和设计来说，全尺寸实验耗费巨大，设计周期长。所以需要通过喷注单元对燃烧室压力振荡的声学响应建模，进行喷注单元设计参数影响燃烧室燃烧稳定性的量化分析，为喷注单元设计提供直接的优化方向。

Lioi 等人[68]利用商用软件 COMSOL 对 RD-170 全尺寸主燃烧室进行线性声学稳定性的直接数值计算，获得了隔板喷嘴的有无对燃烧室不同模态的频率和空间分布的影响规律，但由于未在全尺寸的数值计算中考虑火焰热声响应，因此无法分析喷注单元对发动机燃烧稳定性的影响。在忽略平均流动和燃烧的情况下，Lioi 等人[69]对 RD-170 火箭发动机双预燃室在喷注单元多喷嘴结构耦合下的燃烧室线性声学稳定性分析，获得了声学固有频率，并进一步考虑燃烧室出口处涡轮带来的出口声学边界条件对整机稳定性的影响规律。

不同于全尺寸声学直接建模耦合计算方法，Schulze 等人[70-72]对 BKD 缩比火箭发动机的单个同轴剪切喷嘴结构进行数值仿真，获得了单个喷嘴考虑真实气体作用的流场参数分布，通过一维声场解析得到了单个喷嘴对上游声学脉动的一维响应矩阵，代入有限元网格模型中连接上游液氧头腔和下游燃烧室的边界结点，将 42 个喷嘴的复杂喷注单元替换成单喷嘴声学传递矩阵，极大地降低了全尺寸发动机网格数量，实现了喷注单元的声学响应与燃烧室耦合的线性稳定性分析，获得了相应的声学共振频率和稳定性裕度。但是喷注耦合不稳定燃烧的本质是由喷嘴在燃烧室压力振荡下的流量脉动引起的，单喷嘴一维声学响应模型替代多喷嘴结构使得不同喷嘴质量流量脉动以及相对应的燃烧热释放率脉动的横向分布被一维化，使得预测值偏离于试验结果。

针对喷嘴对于压力振荡的动态响应特性，Charles 等人[73]通过集总参数方法，分析了在定常来流的情况下气氢喷嘴设计参数喷嘴传递函数模型，通过与实验的稳定性界限数据的比对，定性地确定了不同氢气密度(或温度)下喷注流量脉动是导致实验中高频喷注耦合不稳定燃烧发生的重要影响因素。Hutt 等人[60,74,75]通过质量和动量守恒方程的线性稳定性分析，假设喷嘴来流压力振荡为零，获得了喷嘴导纳函数，通过将 J2-S 喷嘴设计参数修改得到的前后两种喷嘴在不同频率下的导纳函数幅值与试验观测得到的燃烧室压力振荡频率的比对，定性得出了燃烧室固有声学频率与最大喷嘴流量脉动响应频率接近时，会发生喷注耦合类型的不稳定燃烧，相反，二者远离时喷注流量脉动不会引起不稳定燃烧的产生。Bazarov 与 Yang[76]通过线性化稳定性分析得到了直流喷嘴和离心喷嘴与下游燃烧室和上游供应系统相互作用产生流量脉动的动态响应特性，为在燃烧室燃烧过程中考虑喷注流量脉动提供了有效的模型。Fu 等人[77,78]通过对离心喷嘴的切向通道、旋流腔和喷口内液流对于压力扰动的响应进行了理论分析，得到了由喷嘴压降振荡引起喷嘴出口流量振荡的传递函数，如图 1-5 所示，对喷嘴结构参数、工况参数对传递函数的影响规律进行了分析，获得与实验结果相符合的离心喷嘴结构参数和工作参数对喷嘴动态特性的影响规律。Benedictis 和 Ordonneau[79]利用相似的喷嘴导纳函数，将燃烧室热释放脉动与喷嘴流量脉动通过响应幅值和响应相位延迟的关系，解析得到了喷注耦合对给定的一维燃烧室不稳定燃烧频率的频率大小及稳定性裕度的影响规律。

目前，关于液体火箭发动机喷注单元设计参数对燃烧室燃烧稳定性的影响得到了实验的广泛证明，对于喷嘴在燃烧室压力振荡下产生流量脉动有明确的解析分析和实验验证，通过建

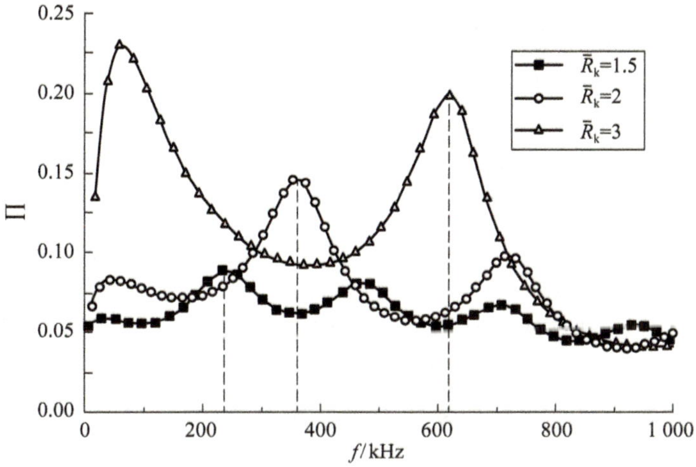

图 1-5 喷嘴流量脉动动态响应特性

立考虑喷注耦合的燃烧不稳定性的理论模型,可以定量分析喷注单元设计对燃烧室不稳定燃烧的发生与发展机理,从而为工程实际中燃烧不稳定性的消除或有效抑制提供喷注器参数优化设计的分析方法和理论支撑。

1.2.3 火焰释热响应特性

火焰热声响应模型是低阶声学网络模型中反馈闭环的重要组成,通常用火焰热释放脉动在压力或速度扰动下的响应关系表示,其中来流小扰动下的火焰线性响应称作火焰传递函数(Flame Transfer Function,FTF);随着来流扰动的增大,火焰响应呈现非线性特性,描述这种非线性响应的称作火焰描述函数(Flame Describing Function,FDF)。FTF 和 FDF 通常需要通过光学实验观测[80-82]或者燃烧局部区域高精度数值计算[48,83,84]结果拟合获得。

对于液体火箭发动机推力室中的燃烧火焰脉动响应,最早由 Crocco[85]通过压力敏感时滞理论建立了响应强度-响应时滞模型,即著名的 n-τ 模型,为包含液体火箭发动机在内的大量热力机械系统的燃烧稳定性分析提供了有效的理论模型。该模型基于简单直观的物理事实,实现了燃烧稳定性的解析分析,一直以来在火焰动态响应的线性稳定性分析中十分受欢迎。

随着实验技术和高性能计算的高速发展,燃烧动力学的理论更加完善和深入,基于压力、速度扰动等多个参数建立了更加详细的火焰响应模型,在低阶声学网络模型分析燃烧系统的不稳定性问题中得到了广泛的应用。

Dowling[29, 30]利用纵向速度扰动耦合的线性火焰响应分析得到了纵向声学模态的线性稳定性分析,获得了平均流动、平均温度梯度、非稳态火焰响应时间延迟和声学边界条件对特征频率和稳定性的影响规律,并对声波的传播和熵波的生成进行了分析。You 等人[51]对带有隔板的液体火箭发动机推力室进行线性声学稳定性分析时,在隔板区内分别考虑了均匀分布的一维压力或纵向速度脉动耦合的火焰脉动响应,得到了压力脉动和纵向速度形式的火焰响应对推力室燃烧稳定性的影响规律。Urbano 等人[86, 87]在 BKD 缩比氢氧火箭发动机的高精度数值仿真中，对于高频切向模态中压力脉动在喷注面板附近的横向分布不均匀，导致压力波节和波峰处火焰呈现不同的响应特性，通过扰动能量分析发现火焰响应和流动分布作为扰动能量的源项存在明显的分区效应。

但是对于液体火箭发动机燃烧室中的三维声场，守恒方程不再能简化为(准)一维系统，由于缺少能够准确量化纵向-横向扰动共同作用下的多维火焰声学响应对三维连续声场激励的火焰-声波耦合模型，目前的低阶声学网络模型依然只能使用一维的火焰响应模型，或者将三维连续声场中多个火焰间的差异响应集总化，在能量守恒关系中通过直接加和的方式传递给下游连续声场[51,88]。这样的处理方法丢失了多火焰之间响应差异的非对称分布以及这种非对称性对系统线性稳定性的影响。因此，需要为低阶声学网络模型建立能够考虑离散火焰的三维声学响应及其差异性分布对三维连续声场影响的热声耦合模型，从而实现切向声学模态下多火焰响应横向差异分布对燃烧稳定性影响的量化分析。

随着扰动幅值在不稳定燃烧作用下不断增长，火焰首先出现非线性响应特性，非稳态热释放脉动幅值增长达到饱和[80,81]，如图 1－6 所示。火焰响应饱和时压力或速度脉动幅值增长的驱动力不再增长，最终在达到某个有限的幅值后停止增长，即极限环状态。这种系统在非常小的速度扰动下是线性不稳定的，随着时间声学扰动幅值不断增长使得火焰达到非线性饱和，整个系统进入极限环状态的过程称为自激燃烧不稳定性。

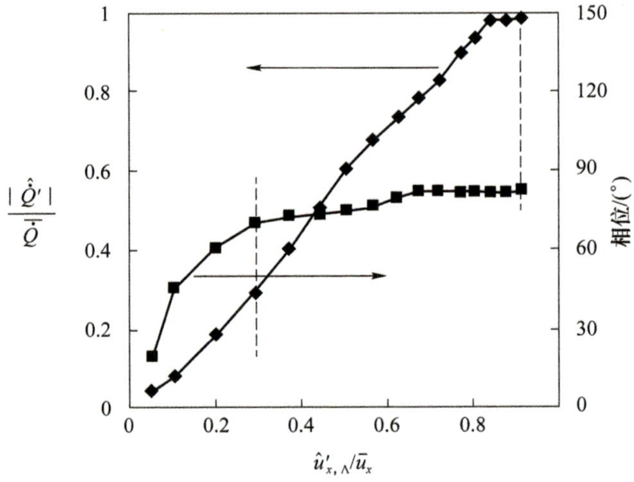

图 1－6　非稳态火焰的非线性响应饱和[81]

除了自激燃烧不稳定性，另外一种重要的非线性不稳定特性是诱发燃烧不稳定性，又称为外激燃烧不稳定性。一开始系统是线性稳定的，在一定的初始扰动的触发作用下系统出现不稳定燃烧，如图 1－7 所示，稳定系统在 1 s 左右加入小幅值的外部压力扰动，系统仍然是稳定的，速度扰动幅值随时间逐渐减小。而在 1.5 s 左右加入大幅值外部压力扰动后系统变为不稳定。这种外界激励触发系统出现不稳定燃烧可以用超临界霍普夫分岔来表示，一般指系统在扰动达到一定幅值时才会产生燃烧不稳定性。

液体火箭发动机推力室内的燃烧通常是非线性的，无论是线性不稳定系统出现的极限环状态，还是初始扰动触发导致线性稳定系统出现不稳定燃烧，均被认为是对液体火箭发动机的正常工作最具有破坏性的[58]。因此需要通过在低阶声学网络中使用火焰描述函数 FDF 来表

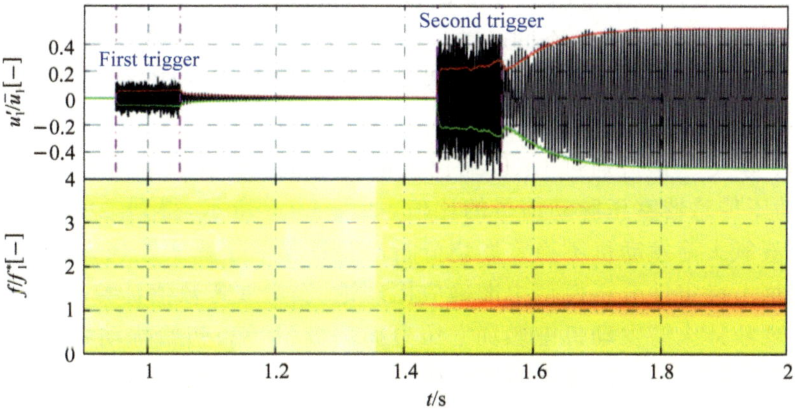

图 1－7　外激燃烧不稳定性[89]

征这种非线性火焰响应特性，以获得非线性不稳定燃烧频率和响应模态分布的预测。

Dowling[30]在一维管道内考虑非线性火焰响应，实现了极限环的预测，并利用随机离散脉冲信号作为初始触发信号，实现了稳定系统中在触发后出现不稳定燃烧，所得到的频率和幅值与实验结果吻合良好，验证了受非线性火焰响应激励的线性声场系统的非线性不稳定燃烧的分析策略的正确性。Stow 等人[35]在低阶声学网络模型中应用一维非线性火焰响应模型，获得了燃气轮机环形结构中极限环状态的分析，并且在时域中获得了环形燃烧室中不同不稳定燃烧模态因非线性火焰响应发生的耦合规律。Li 等人[89]使用一个非线性系数拟合实验数据得到了解析的速度耦合，将该解析 FDF 应用于一维低阶声学网络模型，获得了与 Rijke 管实验相一致的稳定性边界。同时发现由于非线性火焰响应的影响，随着热源在 Rijke 管中位置和无量纲速度扰动幅值的变化，不稳定燃烧可能还会出现模态之间的相互转化。

Campa[90]使用非线性热声求解器对环形燃烧室霍普夫分叉特性进行数值仿真，验证了线性声学的低阶声学网络模型中使用非线性火焰响应分析非线性不稳定燃烧的正确性和高效率。Yang 等人[52]在环形燃烧室中应用非线性火焰响应模型实现了典型纯纵向模态、旋转模态和驻波模态的极限环的预测，以及实验中发现的纵向和驻波模态耦合的倾斜模态的非线性稳定性预测。

理论非线性火焰模型可以有效帮助分析和了解燃烧系统中非线性不稳定燃烧规律和稳定参数范围。对于实验室模型燃烧室内的真实非线性火焰响应 FDF，可以通过光学测量和大涡模拟等高精度仿真计算相结合的方法获得并应用于低阶声学网络模型中[91,92]。对于真实的液体火箭发动机，其推力室中的燃烧过程是在极端环境下进行，难以通过目前的光学等燃烧观测手段获得，往往需要借助高性能数值仿真对非线性火焰响应特性进行相应的计算，通过拟合获得非线性火焰响应模型，才能进一步对推力室中的非线性燃烧稳定性进行分析。Satterlmayer 等人[83]对空客上面级 MMH/NTO 液体火箭发动机单个喷注单元进行了欧拉-拉格朗日瞬时雷诺平均仿真计算，获得了火焰对横向速度扰动的响应，得到了横向速度耦合的火焰描述函数，为液体火箭发动机中容易发生的高频横向声学模态的稳定性分析提供了重要的火焰响应模型。Laurent[48]通过大涡模拟和直接数值模拟对单喷嘴和多喷嘴的 LOX/LCH4 模型燃烧器内的燃烧过程进行了详细的仿真计算，通过分段线性拟合获得了超临界火焰动态响应关于密度扰动、混合比梯度等复杂多参数的真实 FDF 空间分布，为 LOX/LCH4

液体火箭发动机的非线性不稳定燃烧分析获取了关键的非线性火焰响应模型。Schulze[84]对BKD氢氧缩比火箭发动机中的单个同轴剪切喷嘴进行了二维直接数值仿真，获得了压力耦合火焰响应模型，在有限元模型中利用该火焰模型分析了BKD发动机在不同工况下的稳定性，实现了与实验一致的稳定和不稳定工况分析。

Armbruster等人[55]最近通过BKD缩比火箭发动机光纤探针获取的二维横向光强脉动信号与相近的动压传感器室压脉动信号的比值，如图1-8所示，得到二维的压力耦合火焰响应关系，为液氢液氧火箭发动机不稳定燃烧分析和验证建立了真实燃烧火焰响应模型。

因此，在燃烧不稳定性分析模型中准确应用理论、实验或者数值计算获得的非线性火焰响应模型，可以实现液体火箭发动机中燃烧室压力振荡极限环和初始扰动触发等重要的非线性不稳定燃烧的快速预测，并为液体火箭发动机型号研制提供获得火焰非线性响应特性导致的不同振荡模态之间的耦合规律和稳定性边界。

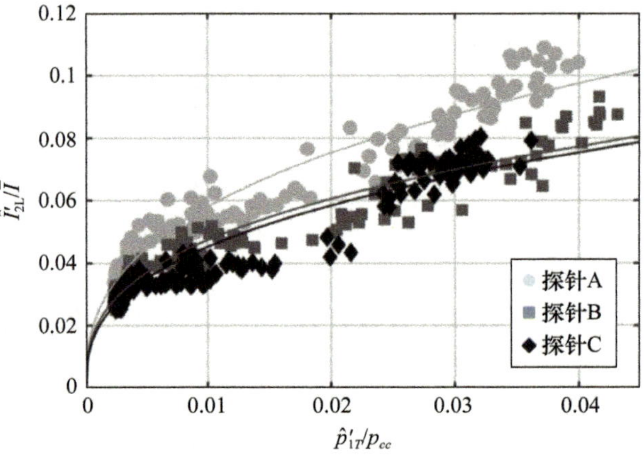

图1-8 BKD火焰非线性响应实验测量

1.2.4 燃烧室响应特性

推力室中声波的准确解析是保证全尺寸低阶声学网络模型精度的基础，相比于喷管，燃烧室中流动马赫数往往很小，通常将喷注面板到燃烧室出口的等截面段与喷管分开进行分析。接下来将对燃烧室和喷管收敛段声学解析模型的研究现状进行综述。

液体火箭发动机燃烧室由于受到壁面热传导和燃烧不均匀等因素的影响一般均存在温度分布和非均匀流动场[93-96]，这样的非均匀稳态流场会改变声波的传播特性[23,97-99]，从而影响发动机的燃烧不稳定性。但由于平均温度梯度和平均流动分布的同时存在使得偏微分方程发生耦合无法得到解析表达式[16,100]，使得低阶声学网络无法直接考虑非均匀流场影响，因此国内外学者针对声波在非均匀流场中的传播开展了广泛的理论研究。

Sujith等人[101]通过变量替换将声学波动方程转变为可解的贝塞尔方程，得到了线性和指数形式的纵向温度分布下声波的解析解，但由于使用了低速流动假设，该解析解只适用于无平均流或极小平均流马赫数下的声场求解。Karthik等人[102]对存在线性平均温度分布的一维管纵向声场建立波动方程，通过转换成高斯超几何方程得到适用于低马赫数的一维管内轴向声场解析表达；但仅在线性温度分布和来流马赫数平方远小于 1 的条件下适用。Cummings[103] 利用 WKB 近似方法得到频率足够高时存在纵向温度分布的声场解析解，但其中不考虑一维管内的平均流动。在最近的研究中，Li 和 Morgans[104] 利用 WKB 近似方法得到了适用于较大马赫数的存在平均温度分布的一维直管声场解析解；当温度分布为线性时，在低频和高频时均能得到高精度的预测结果。但以上这些解析解只适用于纯纵向声场。

液体火箭发动机等截面燃烧室的三维声场，对于均匀的纵向平均流动分布存在解析解。但是温度分布和平均流的存在会使切向模态的声场压力扰动分布有显著的变化[105, 106]。Li 等人[107] 忽略平均流动影响对等截面三维直管中存在平均温度梯度时，通过变量分离方法得到变系数二阶常微分方程，对于线性和二次形式的轴向温度分布通过变量转换得到了存在解析解的二阶常微分方程。通过求解系统的特征频率，发现相同的进口温度下，该三维声学系统的纵向模态的频率随着出口温度的增大（即温度分布斜率的减小）而不断增大。

因此，对于同时存在纵向平均温度梯度和非均匀平均流动的等截面燃烧室三维声场解析，可以在低阶理论建模过程中有效考虑壁面传热导致的流场非均匀性对燃烧室三维声场的影响，进一步分析非均匀流场中声波传播和熵波生成之间的相互作用[100,108,109]，对燃烧室声学模态和相应的燃烧不稳定性分析具有重要的意义。

1.2.5 喷管响应特性

喷管收敛段对于来自上游燃烧室的扰动的响应可以通过实验测量、数值仿真或理论推导获得，由喷管进口（复）声导纳给出这一燃烧室出口必须满足的声学边界条件，从而获得喷管收敛段几何和流场参数对燃烧室声学特性和燃烧稳定性的影响规律[110-112]。

Marble 与 Candel[106] 利用紧凑型喷管假设，即假设喷管长度远小于声波波长，计算了单一组分气体通过喷管时声波与熵扰动的响应函数，证明了声学响应函数对于亚声速喷管、跨声速喷管与含有激波的跨声速喷管各不相同，并对具有线性速度分布的喷管得出关于透射和反射系数的超几何方程，求得了线性速度分布喷管声学响应函数的幅频特性。Stow 等人[113] 研究了气流通过薄环形截面跨声速喷管时受到的小扰动，在低频条件下对于收缩喷管中各声场扰动物理量按频率作渐进展开，求解得到透射与反射传递函数的解析解，该解的零阶解与 Marble 与 Candel 在紧凑型喷管假设下喉部壅塞的计算结果一致。通过高阶解提出了喷管的“等效长度”，对紧凑型喷管解进行了相位修正。通过对比数值计算结果确定了渐近展开方法在较低频率区域的有效性。此后，Goh 与 Morgans[114] 通过计算拉伐尔喷管的跨声速状态获得等效长度，预测了低频条件下有限长喷管声波传播的幅值与相位，与无黏条件下模拟的数值结果可以很好地吻合；并使用线性化的朗金-雨贡纽关系式对喷管扩张段的正激波对流动的影响的理论分析。Duran 等人[115, 116] 利用喷管中的流动不变量，使用 Magnus 展开法来求解喷管变截面导致的变系数常微分方程组，结果表明喷管的传递函数的幅值和相位都与频率密切相关，同时该方法可以预测具有任何喷管几何形状的任何流动状态下对燃烧室来流声学扰动的传递函数的幅频与相频关系。

因此，通过将已有的喷管声学分析转变为喷管进口声阻抗或声导纳，作为燃烧室出口声边界条件形成低阶声学网络模型的反馈回路闭环，可以直接实现变截面喷管设计参数对全尺寸发动机燃烧不稳定性的影响规律的准确分析。

1.2.6 不稳定性控制方法研究

美国最早于1963年在液体火箭发动机上使用声学共振器来抑制不稳定燃烧。对于特定频率，声学共振器比隔板具有更有效的不稳定燃烧抑制效果。之后，针对声腔在火箭发动机上的应用进行了大量的研究工作。Oberg等人[117-119]研究了声腔在液体火箭发动机中的应用，证明声腔确实有效地抑制了不稳定燃烧现象。研究通过大量的实验得到了必要的数据，发展了声腔的理论，总结了一些声腔设计准则。Frendi等人[120]用数值方法研究了不同的被动控制结构对控制燃烧稳定性的有效性。

国内对声腔共振器在抑制燃烧室不稳定燃烧方面起步较晚，最早从20世纪末开始，主要使用数值计算方法进行研究。聂万胜等人[121]研究了亥姆霍兹共振器和四分之一波长管对发动机的阻尼特性。研究发现，亥姆霍兹共振器比相同长度的四分之一波长管的阻尼更大，但吸声频率更低，所以亥姆霍兹共振器更适合用在大发动机上，而四分之一波长管适合用在小发动机上，这是由它们的吸声频率决定的。庄逢辰等人[121]研究了温度变化对声腔吸声频率和吸声能力的影响，发现声腔长度较大时，其内部温度变化比较剧烈，理论计算的误差比较大。声腔开口面积较大时，会更大程度地影响振荡的空间分布，因此，需要合理选择声腔的开口面积和长度。近年来，国内对声腔抑制不稳定燃烧方面有了更多的研究，对于数值计算、实验方法和理论模型都有新的发展[123,124]。徐珺等人[125]对于高声强下多狭缝共振腔的吸声性能的研究表明，低频时多狭缝共振腔对吸声效果影响不大，但高频时多狭缝共振腔有更好的吸声效果。戴习文等人[126]在对流管侧向微缝吸声器的声学特性研究中发现，共振器声阻主要由声压级和切向流速决定，声抗主要由背腔深度和面板厚度和末端修正决定。

总的来说，共振声腔的理论已经发展得比较成熟，并且被广泛应用于抑制液体火箭发动机不稳定燃烧中，实际经验证明这些结构在特定条件下能够有效抑制不稳定燃烧问题。但是，需要注意的是，共振声腔能够提供的阻尼是有限的，而且往往只针对特定频率有效，当不能提供更大的阻尼而不稳定燃烧仍没有得到有效控制时，就必须使用隔板或隔板喷嘴了。

隔板通常使用金属材料，焊接在喷注面板上，并从喷注面板延伸到燃烧室头部一段距离，将燃烧室头部分割成几个互不连通的区域。1950年苏联工程师Isayev首次通过在燃烧室内安装十字形隔板来抑制不稳定燃烧问题，这种隔板成功消除了切向模态的不稳定燃烧，并应用于R-11 FM弹道导弹和RS-17弹道导弹的液体火箭发动机内。此后，隔板被广泛应用于各型液体火箭发动机内，有大量学者对此进行了研究。

20世纪60年代美国的阿波罗载人登月计划所使用的“土星”五号运载火箭在其F-1发动机研制的7年时间里经历了严重的不稳定燃烧问题。从开始研制到飞行，F-1发动机设计了108种喷注器、14种隔板布局，进行了2 000多次全尺寸试验，这可能是迄今为止致力于解决不稳定燃烧问题最昂贵的计划。直到1993年，Oefelein和Yang[58]深入研究了F-1试验的原始报告和备忘录，并作了全面的综述，人们才对隔板抑制不稳定燃烧的作用有了更深入的理解。当没有安装隔板时，发动机易于发生不稳定，但安装了合适的隔板之后，发动机不易发生自激不稳定，而且在外加激励的扰动下也是稳定的。

隔板在20世纪50年代开始被用于控制液体火箭发动机不稳定燃烧问题，在研究早期(50年代至60年代)，由于对隔板的机理认识不清楚，这时期的研究更多通过实验方法，对隔板不同参数的抑制效果进行评估。之后(70 年代至 90 年代),关于隔板的理论不断被建立,隔板对燃烧室声学特性的影响也得以被充分研究。进入 21 世纪,随着计算方法和实验方法的高速发展,数值计算和实验研究更具有操作性,也因此推动了对隔板研究的发展。

隔板喷嘴最初作为冷却的隔板用于控制液体火箭发动机不稳定燃烧问题,20 世纪 60 年代美国将隔板喷嘴用于火箭发动机。之后美国航天飞机主发动机 SSME 就使用了这种结构[58],苏联也在 RD-120、RD-170 等发动机中使用了隔板喷嘴结构来抑制不稳定燃烧。

Lee 和 Kim 等人[127]采用实验的方法研究了相邻隔板喷嘴间隙对隔板喷嘴阻尼效应的影响。通过大气环境下冷态声学实验研究了不同隔板喷嘴长度和间隙对一阶切向模态的影响。隔板喷嘴越长,一阶切向模态的频率越低。研究发现隔板喷嘴对声波的耗散效果比隔板更好,隔板喷嘴越长,耗散效果越好。之后 Lee 和 Kim 等人[128]又对黏性做了分析,认为最佳间隙是由黏性决定的,但并没有给出具体的关系。灵活运用隔板喷嘴间隙,可以适当缩小隔板喷嘴的长度,这对隔板喷嘴热防护和发动机性能来说都是有利的。Guo 等人[129]用数值计算的方法研究了安装隔板喷嘴的燃烧室的阻尼特性。该研究比较了隔板喷嘴与隔板的阻尼能力,结果显示隔板喷嘴可以完全抑制住一阶切向不稳定,而隔板则不行。因此,隔板喷嘴比隔板具有更强的对切向振荡声波的耗散作用。李丹琳等人[130]通过冷态声学实验研究隔板喷嘴间隙对隔板喷嘴阻尼能力的影响。该研究发现选取合适的隔板喷嘴间隙,可以缩短隔板喷嘴长度,改善冷却问题。许晓勇等人[131]研究了隔板喷嘴对氢氧推力室燃烧稳定性的影响。该研究采用数值模拟和实验的方法,隔板喷嘴型式为一周三径。热试结果表明,隔板喷嘴成功地抑制了无隔板时存在的不稳定燃烧现象,隔板喷嘴稳定装置有效可靠,对推力室燃烧效率无影响。马列波和聂万胜[132]研究了隔板喷嘴数量对液体火箭发动机燃烧稳定性的影响。该研究采用欧拉-拉格朗日方法对液体火箭发动机燃烧室内的两相燃烧过程进行了数值模拟,并比较了一周三径、一周四径、一周六径的隔板喷嘴型式的抑制效果,结果显示三种隔板喷嘴型式都可以对不稳定进行抑制,其中一周三径的隔板喷嘴型式抑制效果最好。

1.3 数学建模方法

1.3.1 流体力学基本方程

对于发动机燃烧不稳定性的压力振荡建模研究,研究人员常常使用理想流体和无黏的假设,从而利用理想气体状态方程获得解析表达式,实际应用中也验证了这样的理想流体假设在解释不稳定燃烧现象和机理时的有效性,对于超越理想流体假设的特殊工况将在后续具体分析过程中单独说明。

这里,假设无反应理想流体的体积力项可忽略,并在高雷诺数条件下进一步忽略黏性影响,可以得到守恒方程组:

$$\frac{D\rho}{Dt}+\rho\nabla\cdot\boldsymbol{u}=0 \tag{1.1}$$

$$\rho\frac{D\boldsymbol{u}}{Dt}+\nabla p=0 \tag{1.2}$$

$$\rho T \frac{\mathrm{D}s}{\mathrm{D}t}=\dot{q} \tag{1.3}$$

式中，$\mathrm{D}/\mathrm{D}t=\partial/\partial t+\boldsymbol{u}\cdot\nabla$为随体导数，$\nabla$为哈密顿算子，$\boldsymbol{u}$表示速度矢量，$\rho$和$p$分别为密度和压力，$\dot{q}$为单位体积热释放率。

由理想气体状态方程获得压力、密度和温度之间的热力学关系：

$$p=\rho R_{\mathrm{g}} T \tag{1.4}$$

式中，R_{g}为气体常数，一般在整个燃烧室被设定为常数。

假设流动等熵，可以得到压力-密度形式的熵关系：

$$\frac{\mathrm{D}s}{c_p}=\frac{\mathrm{D}p}{\gamma p}-\frac{\mathrm{D}\rho}{\rho} \tag{1.5}$$

代入方程(1.3)，结合质量守恒方程消去密度项，得到压力形式的能量守恒方程：

$$\frac{1}{\gamma p}\frac{\mathrm{D}p}{\mathrm{D}t}+\nabla\cdot\boldsymbol{u}=\frac{\gamma-1}{\gamma p}\dot{q} \tag{1.6}$$

式中，γ为比热比，$c_p=\gamma R_{\mathrm{g}}/(\gamma-1)$为等压比热容。

方程组(1.1)，(1.2)和(1.6)含有参数p,ρ,$\boldsymbol{u}$和$\dot{q}$，其中q_0为过程中单位质量组元发生化学反应所产生的热量，$\dot{m}$为反应质量速率，即单位时间单位体积内燃烧的化学燃料质量，V为源项体积，可以得出$\dot{q}=q_0\dot{m}/V$。因此，为了使方程的数量与未知参数的数量相等，必须给出燃烧过程中化学反应质量速率$\dot{m}$以及热源在有限体积V中的分布与其他参数之间的函数关系，即对应的喷注、雾化、燃烧等过程的动态响应特性。

1.3.2 线性化守恒方程

对于发动机燃烧室内的压力振荡发展过程分析，尤其是增长初期，此时利用稳定性分析方法，可以假设瞬态扰动量$(\ )'$远小于时均量$\overline{(\ )}$，任一流动参数均可以写为时均稳态量和扰动量的叠加形式：

$$\rho=\bar{\rho}+\rho',\quad \boldsymbol{u}=\bar{\boldsymbol{u}}+\boldsymbol{u}',\quad p=\bar{p}+p',\quad \dot{q}=\overline{\dot{q}}+\dot{q}' \tag{1.7}$$

这里等式右侧第一项为定常过程的稳态量，第二项为非定常过程特有的扰动量。

代入动量守恒方程(1.2)与能量守恒方程(1.6)，得到相应的稳态守恒关系式：

$$\nabla\cdot(\bar{\rho}\,\bar{\boldsymbol{u}})=0 \tag{1.8}$$

$$\bar{\rho}\,\bar{\boldsymbol{u}}\cdot\nabla\bar{\boldsymbol{u}}+\nabla\bar{p}=0 \tag{1.9}$$

$$\frac{\bar{\boldsymbol{u}}}{\gamma\,\bar{p}}\cdot\nabla\bar{p}+\nabla\cdot\bar{\boldsymbol{u}}=\frac{\gamma-1}{\gamma\,\bar{p}}\overline{\dot{q}} \tag{1.10}$$

相应的线性化欧拉方程为：

$$\frac{\partial\rho'}{\partial t}+\nabla\cdot(\rho'\bar{\boldsymbol{u}}+\bar{\rho}\,\boldsymbol{u}')=0 \tag{1.11}$$

$$\bar{\rho}\,\frac{\partial\boldsymbol{u}'}{\partial t}+\bar{\rho}(\bar{\boldsymbol{u}}\cdot\nabla)\boldsymbol{u}'+\nabla p'=0 \tag{1.12}$$

$$\frac{\partial p'}{\partial t}+\bar{\boldsymbol{u}}\cdot\nabla p'+\gamma\,\bar{p}\nabla\cdot\boldsymbol{u}'=(\gamma-1)\,\dot{q}' \tag{1.13}$$

此时，方程(1.13)包含扰动参数u'、p'、ρ'和$\dot{q}'$，通过求解这些扰动参数可以获得火箭发动机工作过程中不稳定燃烧现象的基本规律。接下来将利用线性化守恒方程组推导波动方程,并通过解析求解分析特定工况下的一些燃烧不稳定性问题。

1.3.3 声学波动方程

波动方程属于研究极为全面的数学物理方程,应用于电磁和声学波动中。在声学中波动方程是线性化的流体力学方程,通常用于研究静止无反应介质气流中声学振荡的产生和传播等各种问题,利用经典波动方程可以对发动机工作过程燃烧室的燃烧不稳定性做出一些基本解释,可以针对液体和气体管路、燃烧室、防振隔板、喷管等受限空间内部的振荡现象进行描述。

对动量方程(1.12)求散度得到:

$$\bar{\rho}\frac{\partial(\nabla\cdot\boldsymbol{u}')}{\partial t}+\bar{\rho}(\bar{\boldsymbol{u}}\cdot\nabla)(\nabla\cdot\boldsymbol{u}')+\nabla^2 p'=0 \tag{1.14}$$

忽略线性化能量方程(1.13)中的 $\dot{q}'$,并对其进行时间求导,代入式(1.14)消去速度梯度项,得到均匀无黏流动中声波扰动传播的二阶线性偏微分方程——声波波动方程:

$$\frac{\partial^2 p'}{\partial t^2}+2\bar{\boldsymbol{u}}\cdot\nabla\frac{\partial p'}{\partial t}+\bar{\boldsymbol{u}}\cdot\nabla(\bar{\boldsymbol{u}}\cdot\nabla p')-\bar{c}^2\ \nabla^2 p'=0 \tag{1.15}$$

式中,声速方程表示为 $\bar{c}=\sqrt{\gamma\,\bar{p}/\bar{\rho}}=\sqrt{\gamma R_{\mathrm{g}}\bar{T}}$。

假设燃烧室中为低马赫数流动,满足 $\boldsymbol{Ma}^2\ll 1$,这里 $\boldsymbol{Ma}=\bar{\boldsymbol{u}}/\bar{c}$,此时式(1.15)平均流 $\bar{\boldsymbol{u}}$ 相关的项可以忽略,获得流动静止假设条件下的波动方程:

$$\frac{\partial^2 p'}{\partial t^2}-\bar{c}^2\ \nabla^2 p'=0 \tag{1.16}$$

当忽略平均流动项时,速度势函数 φ 表示为:

$$\boldsymbol{u}'=\nabla\varphi,\quad p'=-\bar{\rho}\frac{\partial\varphi}{\partial t} \tag{1.17}$$

代入能量方程(1.13)得到关于速度势的波动方程:

$$\frac{1}{\bar{c}^2}\frac{\partial^2\varphi}{\partial t^2}-\nabla^2\varphi=0 \tag{1.18}$$

1.3.3.1 压力形式的波动方程解析解

假设亥姆霍兹方程中压力扰动随时间周期性变化:

$$p'=\hat{p}(x,r,\theta,\omega)\mathrm{e}^{-\mathrm{i}\omega t} \tag{1.19}$$

式中,$\hat{p}$ 为傅里叶幅值,圆(复)频率 $\omega=2\pi f+\mathrm{i}\sigma$ 对应振荡频率 f,增长率 σ。当增长率为正时,声波振荡在该频率下将随时间指数增长;相反,声波振荡则呈现指数衰减。因此,依据增长率可以对振荡燃烧的稳定性做出以下判断:

(1) $\sigma<0$:推力室燃烧过程稳定;

(2) $\sigma>0$:推力室燃烧过程线性不稳定,压力振荡幅值随时间增长;

(3) $\sigma=0$:推力室燃烧过程处于准稳定状态,压力振荡幅值稳定在一个有限值,称为极限环(Limit Cycle)。

将周期振荡形式(1.19)代入波动方程(1.15),可以得到均匀轴向平均流动中声波传播的频域波动方程:

$$\bar{\boldsymbol{u}}\cdot\nabla(\bar{\boldsymbol{u}}\cdot\nabla\hat{p})-\bar{c}^2\nabla^2\hat{p}-2\mathrm{i}\omega\bar{\boldsymbol{u}}\cdot\nabla\hat{p}+\omega^2\hat{p}=0 \tag{1.20}$$

梯度算子与拉普拉斯算子在柱坐标系中展开写为:

$$\nabla=\left(\frac{\partial}{\partial x},\frac{\partial}{\partial r},\frac{1}{r}\frac{\partial}{\partial\theta}\right),\quad \nabla^2=\left(\frac{\partial^2}{\partial x^2},\frac{1}{r}\frac{\partial}{\partial r}\left(r\frac{\partial}{\partial r}\right),\frac{1}{r^2}\frac{\partial^2}{\partial\theta^2}\right) \tag{1.21}$$

进一步忽略横向平均流动,仅考虑轴向流动,即 $\bar{\boldsymbol{u}}=(\bar{u}_x,0,0)$,方程(1.20)化简为:

$$Ma^2\frac{\partial^2\hat{p}}{\partial x^2}-\left[\frac{\partial^2\hat{p}}{\partial x^2}+\frac{1}{r}\frac{\partial}{\partial r}\left(r\frac{\partial\hat{p}}{\partial r}\right)+\frac{1}{r^2}\frac{\partial^2\hat{p}}{\partial\theta^2}\right]-2\mathrm{i}k_0Ma\frac{\partial\hat{p}}{\partial x}+k_0^2\hat{p}=0 \tag{1.22}$$

式中,$k_0=\omega/\bar{c}$ 为波数。

若将压力振荡表达式(1.19)代入完全忽略平均流动的波动方程(1.16),则得到经典的亥姆霍兹(Helmholtz)方程:

$$\nabla^2\hat{p}+k_0^2\hat{p}=0 \tag{1.23}$$

采用分离变量法,将 $\hat{p}(x,r,\theta)=\mathcal{X}(x)\mathcal{R}(r)\Theta(\theta)$ 代入式(1.23)后分别得到轴向、周向以及径向的三个常微分方程:

$$(1-Ma^2)\frac{\mathrm{d}^2\mathcal{X}}{\mathrm{d}x^2}+2\mathrm{i}k_0Ma\frac{\mathrm{d}\mathcal{X}}{\mathrm{d}x}+(k_0^2-\lambda^2)\mathcal{X}=0 \tag{1.24}$$

$$\frac{\mathrm{d}^2\Theta}{\mathrm{d}\theta^2}+m^2\Theta=0 \tag{1.25}$$

$$\frac{\mathrm{d}^2\mathcal{R}}{\mathrm{d}r^2}+\frac{1}{r}\frac{\mathrm{d}\mathcal{R}}{\mathrm{d}r}+\left(\lambda^2-\frac{m^2}{r^2}\right)\mathcal{R}=0 \tag{1.26}$$

式中,λ 是与 x 方向无关的常数。

由周向分式(1.25)可以得到:

$$\Theta(\theta)=C^+\mathrm{e}^{\mathrm{i}m\theta}+C^-\mathrm{e}^{-\mathrm{i}m\theta} \tag{1.27}$$

考虑周期性连续条件,对于式(1.27)必定有 $\hat{\Theta}(\theta+2\pi)=\hat{\Theta}(\theta)$,代入后有:

$$C^+\mathrm{e}^{\mathrm{i}m\theta}+C^-\mathrm{e}^{-\mathrm{i}m\theta}=C^+\mathrm{e}^{\mathrm{i}m2\pi}\mathrm{e}^{\mathrm{i}m\theta}+C^-\mathrm{e}^{-\mathrm{i}m2\pi}\mathrm{e}^{-\mathrm{i}m\theta} \tag{1.28}$$

由于式(1.16)对任意角度均成立,故 m 必为整数,即 $m=0,\pm1,\pm2,\cdots$,其中周向模态数 $m>0$ 代表该模态为逆时针旋转,$m<0$ 时该模态顺时针旋转。

此时,径向分式(1.26)为标准的 m 阶贝塞尔方程,其解析解为:

$$\mathcal{R}(r)=B_1J_m(\lambda_{mn}r)+B_2Y_m(\lambda_{mn}r) \tag{1.29}$$

式中,J_m 为第一类贝塞尔函数(简称贝塞尔函数),Y_m 为第二类贝塞尔函数(又称诺伊曼函数),二者线性无关。B_1 与 B_2 为常系数。需要说明的是,由于 Y_m 在 $r\to0$ 时是发散的,因此系数 B_2 恒为 0,压力脉动径向分量最终写为:

$$\mathcal{R}(r)=J_m(\lambda_{mn}r) \tag{1.30}$$

考虑到等截面燃烧室在 $r=r_c$ 为固壁面,其零速度边界条件写为:

$$\left.\frac{\mathrm{d}J_m(\lambda_{mn}r)}{\mathrm{d}r}\right|_{r=r_0}=0 \tag{1.31}$$

求解式(1.31),可以得到对应于不同声学模态的一系列离散解 λ_{mn}。其中 n 代表不同 m 取值对应的第($n+1$)个解,具体数值如表 1-1 所列。

表 1-1 方程(1.31)的解

$\lambda_{mn}r_c$	$m=0$	$m=1$	$m=2$	$m=3$
$n=0$	0	1.841 2	3.054 2	4.201 2
$n=1$	3.831 7	5.331 4	6.706 1	8.015 2
$n=2$	7.015 6	8.536 3	9.969 5	11.345 9
$n=3$	10.173 5	11.706 0	13.170 4	14.585 8

在确定周向波数 m 与径向 λ_{ms} 之后，代入轴向二阶常微分方程(1.24)解得轴向分量 $\mathcal{X}(x)$，写为正向和反向平面波的线性叠加形式：

$$\mathcal{X}(x)=A^+\mathrm{e}^{\mathrm{i}k_x^+x}+A^-\mathrm{e}^{\mathrm{i}k_x^-x} \tag{1.32}$$

式中，轴向波数为：

$$k_x^{\pm}=-\frac{Ma\cdot k_0\mp\sqrt{k_0^2-(1-Ma^2)\lambda_{mn}^2}}{1-Ma^2} \tag{1.33}$$

由轴向波数 k_x 中根号下表达式为正值，可以给出各个切向模态的截止频率：

$$\omega_c=\bar{c}\lambda_{mn}\sqrt{1-Ma^2} \tag{1.34}$$

通常仅需要关注 $\omega>\omega_c$ 的解。当 $\omega<\omega_c$ 时，声波会沿着轴向方向迅速耗散。

综上，燃烧室内三维声场的压力扰动解析解为：

$$\hat{p}(x,r,\theta)=J_m(\lambda_{mn}r)(A^+\mathrm{e}^{\mathrm{i}k_x^+x}+A^-\mathrm{e}^{\mathrm{i}k_x^-x})(C^+\mathrm{e}^{\mathrm{i}m\theta}+C^-\mathrm{e}^{-\mathrm{i}m\theta}) \tag{1.35}$$

均匀分布的平均流场中，线性化动量方程(1.12)可写为：

$$-\mathrm{i}\omega\hat{u}_x+\bar{u}_x\frac{\partial\hat{u}_x}{\partial x}=-\frac{1}{\bar{\rho}}\frac{\partial\hat{p}}{\partial x} \tag{1.36}$$

$$-\mathrm{i}\omega\hat{u}_r+\bar{u}_x\frac{\partial\hat{u}_r}{\partial x}=-\frac{1}{\bar{\rho}}\frac{\partial\hat{p}}{\partial r} \tag{1.37}$$

$$-\mathrm{i}\omega\hat{u}_\theta+\bar{u}_x\frac{\partial\hat{u}_\theta}{\partial x}=-\frac{1}{\bar{\rho}r}\frac{\partial\hat{p}}{\partial r} \tag{1.38}$$

代入压力扰动解析解(1.35)可以得到三维速度脉动解析解：

$$\hat{u}_x=\left[-\frac{k_x^+}{\bar{\rho}(-\omega+\bar{u}_xk_x^+)}A^+\mathrm{e}^{\mathrm{i}k_x^+x}-\frac{k_x^-}{\bar{\rho}(-\omega+\bar{u}_xk_x^-)}A^-\mathrm{e}^{\mathrm{i}k_x^-x}\right]\cdot(C^+\mathrm{e}^{\mathrm{i}m\theta}+C^-\mathrm{e}^{-\mathrm{i}m\theta})\cdot J_m(\lambda_{mn}r) \tag{1.39}$$

$$\hat{u}_r=\left[\frac{\mathrm{i}}{\bar{\rho}(-\omega+\bar{u}_xk_x^+)}A^+\mathrm{e}^{\mathrm{i}k_x^+x}+\frac{\mathrm{i}}{\bar{\rho}(-\omega+\bar{u}_xk_x^-)}A^-\mathrm{e}^{\mathrm{i}k_x^-x}\right]\cdot(C^+\mathrm{e}^{\mathrm{i}m\theta}+C^-\mathrm{e}^{-\mathrm{i}m\theta})\cdot\frac{\mathrm{d}J_m(\lambda_{mn}r)}{\mathrm{d}r} \tag{1.40}$$

$$\hat{u}_\theta=\left[-\frac{m}{r\bar{\rho}(-\omega+\bar{u}_xk_x^+)}A^+\mathrm{e}^{\mathrm{i}k_x^+x}-\frac{m}{r\bar{\rho}(-\omega+\bar{u}_xk_x^-)}A^-\mathrm{e}^{\mathrm{i}k_x^-x}\right]\cdot\frac{\mathrm{i}m}{r}(C^+\mathrm{e}^{\mathrm{i}m\theta}+C^-\mathrm{e}^{-\mathrm{i}m\theta})\cdot J_m(\lambda_{mn}r) \tag{1.41}$$

1.3.3.2 速度势形式的波动方程解析解

假设流动无旋，且满足等熵条件，忽略横向平均流动，仅考虑轴向平均速度 $\bar{u}_x$，关于速度势的波动方程在柱坐标系(x,r,θ)下写为：

$$(1-Ma^2)\frac{\partial^2\varphi}{\partial x^2}-2\overline{u}_x\frac{\partial^2\varphi}{\partial t\partial x}+\frac{\partial^2\varphi}{\partial r^2}+\frac{1}{r}\frac{\partial\varphi}{\partial r}+\frac{1}{r^2}\frac{\partial^2\varphi}{\partial\theta^2}-\frac{1}{c^2}\frac{\partial^2\varphi}{\partial t^2}=0 \tag{1.42}$$

这里 $Ma=\overline{u}_x/\overline{c}$，均匀分布稳态流动时方程(1.42)的解析解可写为如下分离变量形式：

$$\varphi=\psi(r,\theta)X(x)\mathrm{e}^{-\mathrm{i}\omega t} \tag{1.43}$$

式中，ψ，X 表示横截面与轴向的本征函数。

将式(1.43)代入波动方程得到三维声场速度势函数的解析表达式：

$$\varphi=J_m(\lambda_{mn}r)\begin{bmatrix}\cos m\theta\\ \sin m\theta\end{bmatrix}(A_+\mathrm{e}^{\mathrm{i}k^+_{x,mn}x}+A_-\mathrm{e}^{\mathrm{i}k^-_{x,mn}x})\mathrm{e}^{-\mathrm{i}\omega t} \tag{1.44}$$

式中，$J_m(\lambda_{mn}r)$为 m 阶贝塞尔函数，横向分量使用另一组线性无关的正弦与余弦函数作为本征函数，轴向波数为：

$$k_x^{\pm}=-\frac{Ma\mp\sqrt{\alpha}}{1-Ma^2}\frac{\omega}{c} \tag{1.45}$$

式中，$\alpha=1-(1-Ma^2)\lambda_{mn}^2/(\omega/c)^2$。

此时，压力与速度向量脉动与速度势函数的关系分别为：

$$p'=-\rho\frac{\mathrm{D}\varphi}{\mathrm{D}t}=-\overline{\rho}\left(\frac{\partial\varphi}{\partial t}+\overline{\boldsymbol{u}}\frac{\partial\varphi}{\partial x}\right),\quad \boldsymbol{u}'=(u'_x,u'_r,u'_\theta)=\nabla\varphi \tag{1.46}$$

由此可以得到三维声场的解析表达式。

前面已经指出，第 1.3.1 节中给出的初始方程组是不完备的。为了确定所有未知参数，必须给出燃烧过程中函数 $\dot{m}=\dot{m}(p,\rho,u)$或至少给出该函数的线性近似。在工作过程稳定性理论中，这种或类似的关系式通常被称为火焰动态响应特性。

到目前为止，反馈机制的问题显然还不能被认为已经解决，这最终与湍流传热传质过程理论的现状有关。随着实验技术和高性能计算的高速发展，燃烧动力学的理论更加完善和深入，基于压力、速度扰动等多个参数发展了详细的火焰动态响应模型，一些研究指出，实验和理论稳定性研究的结果是定性一致的，对于某些掺混或流动的类型[10,14]，实验和理论稳定性研究的结果在定量方面也是可以接受的。

1.3.4 声学边界条件与固有特性

1.3.4.1 声阻抗与声导纳

波动方程的解析解中的常系数往往满足典型的声学边界条件，如压强扰动 p'或所有或部分表面上的法向速度分量 u'_n等于零，或者它们之间的线性组合等于零。因此，通过定义 p'和 u'_n之间的关系，可以得到广泛应用的燃烧室声学边界条件——声阻抗和声导纳。

声阻抗 Z 一般使用 p'和 u'_n的比值来定义，其无量纲声阻抗 ξ 写为：

$$\xi=\frac{1}{\overline{\rho}\overline{c}}\frac{p'}{u'_n} \tag{1.47}$$

由时间周期性的振荡解析解可知，声阻抗与 $\hat{p}$ 和 $\hat{u}_n$ 复数幅值的比值相关，因此阻抗往往也是复数。

同样地，无量纲声导纳 η 通常写为：

$$\eta = \bar{\rho}\bar{c}\frac{u_n'}{p'} \tag{1.48}$$

当确定工作过程振荡燃烧主频及其稳定性时，经常需要使用 ξ 和 η。由无量纲声阻抗的定义 $\xi = p'/\bar{\rho}\,\bar{c}u_x'$ 可知，某一截面声阻抗为：

$$\xi = -\frac{1}{c}\frac{\partial\varphi/\partial t}{\partial\varphi/\partial x} - Ma = -\frac{1-Ma^2}{Ma - \sqrt{\alpha}\dfrac{1-q}{1+q}} - Ma \tag{1.49}$$

式中，反射系数 q 表示为：

$$q = \frac{A^-}{A^+}e^{i(k_x^- - k_x^+)x} = \frac{A^-}{A^+}e^{i\frac{-2\sqrt{\alpha}}{1-Ma^2}\frac{\omega}{c}x} \tag{1.50}$$

此时，无量纲声阻抗与横向坐标 r,θ 无关。

1.3.4.2 三维自激振荡模态的固有声学频率

接下来对长度为 L 燃烧室的固有声学频率进行推导。对于燃烧室中的声波传播过程，其进口的喷注面板可以认为满足声学固壁条件，而出口也可以近似认为是声学固壁，此时燃烧室进出口纵向速度扰动 u_x' 均为 0。其燃烧室进出口速度扰动分别满足：

$$\hat{u}_x(0) = -\frac{k_x^+}{\bar{\rho}(-\omega + \bar{u}_x k_x^+)}A^+ - \frac{k_x^-}{\bar{\rho}(-\omega + \bar{u}_x k_x^-)}A^- = 0 \tag{1.51}$$

$$\hat{u}_x(L) = -\frac{k_x^+}{\bar{\rho}(-\omega + \bar{u}_x k_x^+)}A^+ e^{ik_x^+ L} - \frac{k_x^-}{\bar{\rho}(-\omega + \bar{u}_x k_x^-)}A^- e^{ik_x^- L} = 0 \tag{1.52}$$

当流动马赫数为 0 时，此时轴向波数简化为 $k_x^{\pm} = \pm(k_0^2 - \lambda_{mn}^2)^{1/2}$，此时联立方程(1.51)和方程(1.52)可以得到：

$$-e^{ik_x^+ L} + e^{ik_x^- L} = 0 \tag{1.53}$$

因此，燃烧室固有声学频率的波数必须满足：

$$\sqrt{k_0^2 - \lambda_{mn}^2} = \frac{j\pi}{L} \qquad j = 0, \pm 1, \pm 2, \cdots$$

由此可得燃烧室的声学共振频率为：

$$f_{mnj} = \frac{c}{2\pi}\sqrt{\left(\frac{j\pi}{L}\right)^2 + (\lambda_{mn})^2} \tag{1.54}$$

由式(1.54)可知，m，n 和 j 也代表着对应方向上的压力波动的结点数目，其中 m 为周向形式的结点，n 为同心圆形式的结点，j 为沿 x 轴结点。同时，燃烧室固有声学频率与燃烧室尺寸满足以下基本规律：

(1) 由纵向分量可知，燃烧室长度越短，各个模态共振频率越高；

(2) 燃烧室直径越小，切(径)向模态($m \neq 0$ 或 $n \neq 0$)共振频率越高；

(3) 声速越大，共振频率越高。

根据式(1.35)的压力脉动解析解，振动模式分为纵向模态($m = n = 0$)和横向模态($m \neq 0$ 或 $n \neq 0$)，横向模态又进一步可以分为纯径向模态($m = 0, n \neq 0$)、切向模态($m \neq 0, n = 0$)和径向-切向模态($m \neq 0, n \neq 0$)。在特定情况下，由周向常系数关系可以进一步分为驻波模态($C^+ = C^-$)和旋转模态($C^+ = 0$ 或 $C^- = 0$)。真实发动机中往往多种模态同时存在，是更为复杂的组合振荡。

1.3.4.3 自激振荡的增长与衰减

无限发展的自由振荡意味着声学能量不变，阻尼项为0。当阻尼项不为0时，燃烧室中的声学能量将会减少，接下来对这种“阻尼”解进行分析。

考虑圆柱腔中气体振动，即在圆柱腔的一个端面上给出了无量纲声导纳 η，表面的其余部分速度扰动为零，此时亥姆霍兹方程(1.23)的三维解析解写为：

$$\varphi=J_m(\lambda_{mn}r)\cos(m\theta)\cos(k_x x) \tag{1.55}$$

式中

$$(\omega/c)^2=\lambda_{mn}{}^2+k_x^2 \tag{1.56}$$

由声导纳的定义可知，在给定声导纳的端面 $x=L$ 处必定满足：

$$k_x\tan(k_x L)=-\mathrm{i}\,\frac{\omega}{c}\eta \tag{1.57}$$

进一步消去式(1.57)中的 k_x，对于小声导率 $|\eta|$ 值，可以近似认为 $\tan(k_x L)\approx k_x L$，可以得到复频率 ω 的一元二次方程：

$$\omega^2+\mathrm{i}\,\frac{c}{l}\eta\omega-(\lambda_{mn}c)^2=0 \tag{1.58}$$

因此

$$\omega\approx\lambda_{mn}c+\mathrm{i}\sigma=\lambda_{mn}c-\mathrm{i}\mathrm{Re}\{\eta\}\frac{c}{2L} \tag{1.59}$$

由振荡的增长率 σ 可知，振荡确实被给定的声导纳边界所阻尼，且阻尼系数与声导率的实部成正比。

接下来存在热释放源项的外激或自激振荡过程，考虑热源时亥姆霍兹方程变为非齐次波动方程的形式：

$$\frac{\partial^2 p'}{\partial t^2}-\bar{c}^2\ \nabla^2 p'=(\gamma-1)\frac{\partial \dot{q}'}{\partial t} \tag{1.60}$$

代入 $p'=\hat{p}\mathrm{e}^{-\mathrm{i}\omega t}$ 后得到：

$$\nabla^2\hat{p}+k_0^2\hat{p}=\mathrm{i}\omega(\gamma-1)\hat{\dot{q}} \tag{1.61}$$

此时，热释放率脉动是燃烧室声波振荡的驱动源项。

为了分析燃烧的稳定性，低阶声学网络模型通常将声波与燃烧过程解耦，此时燃烧热释放脉动表示为瞬态流场脉动(压力、速度、密度、当量比等)的函数，又称为火焰传递函数(FTF)或火焰描述函数(FDF)，相关的燃烧释热动态响应的建模方法见第3章。

1.3.4.4 强制振荡

接着考虑强制振荡，求解以下非齐次波动方程：

$$\nabla^2\varphi-\frac{1}{\bar{c}^2}\frac{\partial^2\varphi}{\partial t^2}=f(\boldsymbol{r})\mathrm{e}^{-\mathrm{i}\omega t} \tag{1.62}$$

方程的右侧可以表示成级数形式，代表了一些谐波质量(或冲量)源的分布。同样的方法稍做改动，将转变为具有非齐次边界条件的齐次波动方程的问题。

下面详细讨论经典波动方程特解的另一个性质，这对于理解燃烧室中高频横向振动不稳定的原因及其解释是必不可少的。高频横向振动被认为是最危险和最常见的工作过程不稳定类型。大量观察和实验数据表明，固有频率在 $\omega_{mn}=\lambda_{mn}c$ 处出现的振荡频谱中占主导地位，其中 c 为根据气体燃烧产物的热力学数据计算的声速。

频谱特征可以根据波动传播特性随振荡频率的变化而不同来解释。从关系式(1.56)可以看出，如果角频率 ω 小于给定振动模式的固有频率，沿燃烧室轴向波动的 k_x 变为虚数。所研究的特解(以复数形式)由以下公式确定：

$$k_x=\left[\left(\frac{\omega}{c}\right)^2-\lambda_{mn}^2\right]^{1/2} \tag{1.63}$$

对于圆柱体 $\omega_{mn}=c\lambda_{mn}$ 称为临界频率。如果 $\omega=\omega_{mn}$，则波形及其能量不依赖于 x 坐标。

当低于临界频率时，压力和速度轴向分量之间的相移等于周期的四分之一。因此，周期内平均的波动能量流是不存在的。在理想气体理论的框架中，不消耗能量来维持纯粹的横向振动：这种振荡发生器在一半周期内释放能量，但在后半周期从弹性介质接收能量。在高于临界频率($\omega>\omega_{mn}$)的频率下，运动呈现波动特征，波动沿 x 轴传播，并且可以通过喷管和喷嘴头部“释放”能量。这里需要注意的是，使用波动方程描述的强迫振荡理论，只能解释不稳定现象的某些特征。

1.4 本章小结

燃烧不稳定性问题作为液体火箭发动机研制面临的重大技术挑战，本书应用关于燃烧室工作过程燃烧不稳定性的已知的物理实际，从流-热-声耦合的观点出发，在描述发动机燃烧室时将其看成是一个自激振荡系统，全部通道分解成气体导管、液体管路、燃烧室、燃气发生器等具有集总或分布参数的一系列元件。通过引入一些基本假设，流体力学守恒方程可以被一定程度地简化得到线性偏微分方程(组)或波动方程，从而使得可以各个元件中的流场脉动可以被解析求解。

接下来本书将分别针对喷注器喷嘴、燃烧区火焰、燃烧室、喷管中扰动传播过程的声学响应特性进行动力学建模或声学波动方程的求解；针对燃烧室三维燃烧不稳定性问题，建立各单元声学响应模型之间的闭环反馈，从而系统地研究喷注器喷嘴动力学、火焰释热动力学、燃烧室声学特性和喷管声学特性对燃烧室压力振荡的影响规律。在此基础上搭建了发动机的全尺寸低阶声学预测模型，解析获得不同工作状态的燃烧不稳定性边界；通过真实发动机试验数据的分析，揭示燃烧不稳定性不同类型的发生机制。通过对经典的多种控制单元及其理论模型进行讨论，为有效抑制或消除液体火箭发动机工作过程中的不稳定燃烧问题提供相应的控制单元设计策略。

本章参考文献

[1] SUTTON G P, BIBLARZ O. Rocket propulsion elements[M]. [S. l.]:John Wiley, 2016.

[2] YANG V, ANDERSON W E. Liquid rocket engine combustion instability[M]. Washington: AIAA, Inc., 1995.

[3] 哈杰 D，里尔登 F，朱宁昌，等. 液体推进剂火箭发动机不稳定燃烧[M]. 北京：国防工业出版社，1983.

[4] HAKIM L, RUIZ A, SCHMITT T, et al. Large eddy simulations of multiple transcritical coaxial flames submit ted to a high-frequency transverse acoustic modulation[J]. Proceedings of the Combustion Institute, 2015, 35(2): 1461-8.

[5] BROUZET D, YOU S, PLASCENCIA M A, et al. The dynamics of non-premixed flames subjected to a transverse acoustic mode[J]. Combustion and Flame, 2022, 246: 112330.

[6] PATAT C. Mechanisms of combustion dynamics of swirl-stabilised sprayflames in a standing transverse acoustic field[D]. Normandy: Université de Rouen Normandie, 2022.

[7] HERFF S, PAUSCH K, LINTERMANN A, et al. Impact of the injector lateral offset on the dynamics of a lean premix ed flame and the thermoacoustic stability of a burner[J]. Combustion and Flame, 2023, 256: 112995.

[8] PAWAR S A, PANCHAGNULA M V, SUJITH R I. Phase synchronization and collective interaction of multiple flamelets in a laboratory scale spray combustor [J]. Proceedings of the Combustion Institute, 2019, 37(4): 5121-8.

[9] BOUDY F, DUROX D, SCHULLER T, et al. Describing function analysis of limit cycles in a multiple flame combustor[J]. Journal of Engineering for Gas Turbines and Power, 2011, 133(6).

[10] ACHARYA V. Optimum injector parameters for thermoacoustic stability in a multi-nozzle can combustion system[C]//Turbo Expo: Power for Land, Sea, and Air. American Society of Mechanical Engineers, 2022, 86007: V03BT04A051.

[11] MARTIN J, ARMBRUSTER W, STüTZER R, et al. Flame dynamics of an injection element operated with LOX/H2, LOX/CNG and LOX/LNG in a sub-and supercritical rocket combustor with large optical access[J]. International Journal of Spray and Combustion Dynamics, 2023, 15(3): 147-65.

[12] HAVSKJOLD G. Developing innovative products on budget and on schedule-part 1: Identifying and measuring cost drivers correlates technical uncertainty with rework cycles [C]//45th AIAA/ASME/SAE/ASEE Joint Propulsion Conference & Exhibit. 2009: 5436.

[13] HAVSKJOLD G. Developing innovative products on budget and on schedule-part 2: Using prodecol charts to control development of an innovative advanced technology system[C]//45th AIAA/ASME/SAE/ASEE Joint Propulsion Conference & Exhibit. 2009: 5436.

[14] 庄逢辰，赵文涛，刘卫东，等. 液体火箭发动机燃烧稳定性 CFD 分析[J]. 燃烧科学与技术，2001，7(1)：16-20.

[15] 刘卫东，庄逢辰. 液体火箭发动机不稳定燃烧理论研究综述[J]. 火箭推进，1994,(04):45-51.

[16] POINSOT T, VEYNANTE D. Theoretical and numerical combustion [M]. Philadelphia: RT Edwards, Inc., 2005.

[17] HARVAZINSKI M, XIA G, ANDERSON W, et al. Analysis of self-excited combustion instability using a combination of two-and three-dimensional simulations [C]//50th AIAA Aerospace Sciences Meeting including the New Horizons Forum and Aerospace Exposition. 2012: 782.

[18] SCHMITT T, STAFFELBACH G, DUCRUIX S, et al. Large-eddy simulations of a sub-scale liquid rocket combustor: Influence of fuel injection temperature on thermo-acoustic stability [C]//7th European Conference for Aeronautics and Aerospace Sciences (EUCASS). 2017.

[19] BERGER L, ATTILI A, PITSCH H. Intrinsic instabilities in premixed hydrogen flames: parametric variation of pressure, equivalence ratio, and temperature [J]. Combustion and Flame, 2022, 240: 111936.

[20] ARMBRUSTER W, HARDI J S, OSCHWALD M. REST HF-7 and HF-9 Test Case: Lessons learned for comparing simulation results with test data of a representative LOX/H2 thrust chamber with high-

frequency combustion instabilities [C]//9th European Conference for Aeronautics and Aerospace Sciences (EUCASS). Lille. 2022.10.13009/EUCASS2022-4739.

[21] DOWLING A, FFOWCS WILLIAMS J. Sound and sources of sound[M]. [S. l.]: Ellis Horwood Limited, 1982.

[22] LIEUWEN T C. Investigation of combustion instability mechanisms in premixed gas turbines[D]. Atlanta: Georgia Institute of Technology, 1999.

[23] LIEUWEN T. Unsteady combustor physics[M]. [S. l.]:Cambridge University Press, 2012.

[24] RAYLEIGH L. On the stability, or instability, of certain fluid motions[J]. Proceedings of the London Mathematical Society, 1879, 11(1): 57-72.

[25] DUROX D, SCHULLER T, NOIRAY N, et al. Rayleigh criterion and acoustic energy balance in unconfined self-sust ained oscillating flames[J]. Combustion and Flame, 2009, 156(1): 106-19.

[26] SCHUERMANS B, MOECK J, BLONDé A, et al. The Rayleigh integral is always positive in steadily operated combustors[J]. Proceedings of the Combustion Institute, 2023, 39(4): 4661-9.

[27] BEINKE S K. Analyses of flame response to acoustic forcing in a rocket combustor[D]. [S. l.]: The Univerisity of Adelaide, 2017.

[28] SON M, ARMBRUSTER W, TONTI F, et al. Numerical study of acoustic resonance in a LOX injector post induced by orifice flow[C]//AIAA Propulsion and Energy 2021 Forum. 2021: 3568.

[29] DOWLING A P. The calculation of thermoacoustic oscillations[J]. Journal of Sound and Vibration, 1995, 180(4): 557-81.

[30] DOWLING A P. Nonlinear self-excited oscillations of a ducted flame[J]. Journal of Fluid Mechanics, 1997, 346: 271-90.

[31] ZHAO D. Transient growth of flow disturbances in triggering a Rijke tube combustion instability[J]. Combustion and Flame, 2012, 159(6): 2126-37.

[32] POINSOT T. Prediction and control of combustion instabilities in real engines[J]. Proceedings of the Combustion Institute, 2017, 36(1): 1-28.

[33] DOWLING A P, STOW S R. Acoustic analysis of gas turbine combustors[J]. Journal of Propulsion and Power, 2003, 19(5): 751-64.

[34] STOW S R, DOWLING A P. Low-order modelling of thermoacoustic limit cycles [C]//Turbo Expo: Power for Land, Sea, and Air. 2004, 41669: 775-786.

[35] STOW S R, DOWLING A P. A time-domain network model for nonlinear thermoacoustic oscillations [J]. Journal of Engineering for Gas Turbines and Power, 2009, 131(3): 031502.

[36] BOURGOUIN J F, DUROX D, MOECK J P, et al. Characterization and modeling of a spinning thermoacoustic instability in an annular combustor equipped with multiple matrix injectors[J]. Journal of Engineering for Gas Turbines and Power, 2015, 137(2).

[37] NOIRAY N, BOTHIEN M, SCHUERMANS B. Investigation of azimuthal staging concepts in annular gas turbines[J]. Combustion Theory and Modelling, 2011, 15(5): 585-606.

[38] YOON M. Thermoacoustics of multi-burner combustors with plenum and chamber cross-talk [J]. Journal of Sound and Vibration, 2022, 520: 116623.

[39] CAMPA G. Prediction of the Thermoacoustic Combustion Instability in Gas Turbines[D]. [S. l.]: POLITECNICO DI BARI, 2011.

[40] HUMBERT S C, MOECK J P, PASCHEREIT C O, et al. Symmetry-breaking in thermoacoustics: theory and experimental validation on an annular system with electroacoustic feedback[J]. Journal of Sound Vibration, 2023, 548: 117376.

[41] FREZZOTTI M L, TERRACCIANO A, NASUTI F, et al. Low-order model studies of combustion instabilities in a DVRC combustor[C]//50th AIAA/ASME/SAE/ASEE Joint Propulsion Conference. 2014: 3485.

[42] DOWLING A P, MORGANS A S. Feedback control of combustion oscillations[J]. Annual Review of Fluid Mechanics, 2005, 37: 151-82.

[43] LI J, MORGANS A S. Feedback control of combustion instabilities from within limit cycle oscillations using H∞ loop-shaping and the n-gap metric[J]. Proceedings of the Royal Society A: Mathematical, Physical and Engineering Sciences, 2016, 472(2191): 20150821.

[44] FEBRER G, YANG Z, MCGUIRK J. A hybrid approach for coupling of acoustic wave effects and incompressible LES of reacting flows[C]//47th AIAA/ASME/SAE/ASEE joint propulsion conference & exhibit. 2011: 6127.

[45] LI J, YANG D, LUZZATO C, et al. Oscilos: the open source combustion instability low order simulator[R]. 2014.

[46] LEANDRO R, HUBER A, POLIFKE W. Tax-a Low-Order Modeling Tool for Thermo-and Aero-Acoustic Instabilities[R]. Munich: Technische Universität München, 2010.

[47] LAURENT C, BAUERHEIM M, POINSOT T, et al. A novel modal expansion method for low-order modeling of thermoacoustic instabilities in complex geometries[J]. Combustion and Flame, 2019, 206: 334-48.

[48] LAURENT C. Low-order modeling and high-fidelity simulations for the prediction of combustion instabilities in liquid rocket engines and gas turbines [D]. Haute-Garonne: Université de Toulouse, 2020.

[49] LAERA D, CAMPOREALE S M. A weakly nonlinear approach based on a distributed flame describing function to study the combustion dynamics of a full-scale lean-premixed swirled burner[J]. Journal of Engineering for Gas Turbines and Power, 2017, 139(9).

[50] ÆSøY E, NYGåRD H T, WORTH N A, et al. Tailoring the gain and phase of the flame transfer function through targeted convective-acoustic interference [J]. Combustion and Flame, 2022, 236: 111813.

[51] YOU D, KU D D, YANG V. Acoustic waves in baffled combustion chamber with radial and circumferential blades[J]. Journal of Propulsion and Power, 2013, 29(6): 1453-67.

[52] YANG D, LAERA D, MORGANS A S. A systematic study of nonlinear coupling of thermoacoustic modes in annular combustors[J]. Journal of Sound and Vibration, 2019, 456: 137-61.

[53] ORCHINI A. An effective impedance for modelling the aeroacoustic coupling of duct s connected via apertures[J]. Journal of Sound and Vibration, 2022.

[54] GHANI A, POLIFKE W. An exceptional point switches stability of a thermoacoustic experiment[J]. Journal of Fluid Mechanics, 2021, 920: R3.

[55] ARMBRUSTER W, HARDI J S, OSCHWALD M. Flame-acoustic response measurements in a high-pressure, 42-injector, cryogenic rocket thrust chamber[J]. Proceedings of the Combustion Institute, 2021, 38(4): 5963-70.

[56] 杨立军，富庆飞. 液体火箭发动机推力室设计[M]. 北京：北京航空航天大学出版社，2013.

[57] AESØY E, AGUILAR J G, WORTH N A, et al. The response of an axisymmetric jet placed at various positions in a standing wave[J]. Journal of Fluid Mechanics, 2021, 917: A16.

[58] OEFELEIN J C, YANG V. Comprehensive review of liquid-propellant combustion instabilities in F-1 engines[J]. Journal of Propulsion and Power, 1993, 9(5): 657-77.

[59] ANON. 4400-Hz Vibration Investigation Final Report[R]. Canoga Park, California: Rocketdyne Div., 1971.

[60] 田原，李丹琳，孙纪国，等. 同轴剪切喷嘴高频喷注耦合燃烧不稳定分析[J]. 火箭推进，2014，(3)：23-8.

[61] YANG V，ANDERSON W E. 液体火箭发动机燃烧不稳定[M]. 北京：科学出版社，2001.

[62] 富庆飞，贾伯琦，杨立军，等. 燃烧室压力振荡对液-液同轴离心喷嘴混合比的影响[J]. 航空动力学报，2020.

[63] 张丁为，富庆飞，杨立军. 液液同轴离心式喷嘴动态特性理论研究[J]. 推进技术，2022，431097：222-230.

[64] CHEHROUDI B，TALLEY D，MAYER W，et al. Understanding injection into high pressure supercritical environments[R]. Edwards Air Force Base，California：Air Force Research Laboratory，Propulsion Directorate，2003.

[65] GRöNING S，HARDI J S，SUSLOV D，et al. Injector-driven combustion instabilities in a hydrogen/oxygen rocket combustor[J]. Journal of Propulsion and Power，2016，32(3)：560-73.

[66] ARMBRUSTER W，GRöNING S，HARDI J，et al. High-frequency combustion instability with H2 injection coupling in a LOX/H2 rocket combustor[J]. Thermoacoustic Instabilities in Gas Turbines and Rocket Engnines：Industry meets Academia，2016：1-8.

[67] ARMBRUSTER W，HARDI J S，SUSLOV D，et al. Experimental investigation of self-excited combustion instabilities with injection coupling in a cryogenic rocket combustor[J]. Acta Astronautica，2018，151：655-67.

[68] LIOI C，KU D D，YANG V. Linear acoustic analysis of main combustion chamber of an oxidizer-rich staged combustion engine[J]. Journal of Propulsion and Power，2018，34(6)：1505-18.

[69] LIOI C，KU D D，YANG V. Linear acoustic analysis of the preburner of an oxidizer-rich staged combustion engine[J]. Journal of Propulsion and Power，2019，35(2)：396-402.

[70] SCHULZE M，SATTELMAYER T. Low-order modelling of the non-local acoustic reacting combustion chamber-dome interface in rocket engines[C]//19th AIAA International Space Planes and Hypersonic Systems and Technologies Conference. 2014：3086.

[71] SCHULZE M，SATTELMAYER T. Eigenvalue analysis for the prediction of initial growth rates of thermoacoustic instability in rocket motors[C]//53rd AIAA Aerospace Sciences Meeting. 2015：1606.

[72] SCHULZE M，SATTELMAYER T. Linear stability assessment of a cryogenic rocket engine[J]. International Journal of Spray and Combustion Dynamics，2017，9(4)：277-98.

[73] CHARLES F E，HEIDMANN M F. Dynamic response of gaseous-hydrogen flow system and its application t ohigh-frequency combustion instability[M]. [S. l.]：National Aeronautics，1967.

[74] HUTT J，ROCKER M. Fundamental mechanisms of combustion instabilities：High-frequency injection-coupled combustion instability[M]. [S. l.]：Liquid Rocket Engine Combustion Instability. American Institute of Aeronautics. 1995：345-55.

[75] DE BENEDICTIS M，ORDONNEAU G. High frequency injection coupled combustion instabilities-study of combustion chamber/feed system coupling [C]//42nd AIAA/ASME/SAE/ASEE Joint Propulsion Conference & Exhibit. 2006：4721.

[76] BAZAROV V G，YANG V. Liquid-propellant rocket engine injector dynamics [J]. Journal of Propulsion and Power，1998，14(5)：797-806.

[77] FU Q，YANG L，WANG X. Theoretical and experimental study of the dynamics of a liquid swirl injector[J]. Journal of Propulsion and Power，2010，26(1)：94-101.

[78] 富庆飞. 液体火箭发动机同轴喷嘴稳/动态特性研究[D]. 北京：北京航空航天大学，2012.

[79] BENEDICTIS M D, ORDONNEAU G. High frequency injection coupled combustion instabilities-study of combustion chamber/feed system coupling[C]//42nd AIAA/ASME/SAE/ASEE Joint Propulsion Conference & Exhibit. 2006：4721.

[80] BALACHANDRAN R, AYOOLA B O, KAMINSKI C F, et al. Experimental investigation of the nonlinear response of turbulent premixed flames to imposed inlet velocity oscillations[J]. Combustion and Flame, 2005, 143(1-2)：37-55.

[81] BELLOWS B D, BOBBA M K, FORTE A, et al. Flame transfer function saturation mechanisms in a swirl-stabilized combustor[J]. Proceedings of the Combustion Institute, 2007, 31(2)：3181-8.

[82] WANG Y, SOHN C H, BAE J, et al. Prediction of combustion instability by combining transfer functions in a model rocket combustor[J]. Aerospace Science and Technology, 2021, 119：107202.

[83] SATTELMAYER T, SCHMID M, SCHULZE M. Interaction of combustion with transverse velocity fluctuations in liquid rocket engines[J]. Journal of Propulsion and Power, 2015, 31(4)：1137-47.

[84] SCHULZE M. Linear stability assessment of cryogenic rocket engines[D]. Munich：Technical University of Munich, 2016.

[85] CROCCO L. Aspects of combustion stability in liquid propellant rocket motors part i：Fundamentals. Low frequency instability with monopropellants[J]. Journal of the American Rocket Society, 1951, 21(6)：163-78.

[86] URBANO A, SELLE L, STAFFELBACH G, et al. Exploration of combustion instability triggering using large eddy simulation of a multiple injector liquid rocket engine[J]. Combustion and Flame, 2016, 169：129-40.

[87] URBANO A, SELLE L. Driving and damping mechanisms for transverse combustion instabilities in liquid rocket engines[J]. Journal of Fluid Mechanics, 2017, 820(R2)：1-12.

[88] 孙晓峰，董旭，张光宇，等. 特征值理论在稳定性预测中的应用研究进展[J]. 航空学报，2022.

[89] LI J, MORGANS A S. Time domain simulations of nonlinear thermoacoustic behaviour in a simple combustor using a wave-based approach[J]. Journal of Sound and Vibration, 2015, 346：345-60.

[90] CAMPA G, JUNIPER M P. Obtaining bifurcation diagrams with a thermoacoustic network model[C]//Turbo Expo：Power for Land, Sea, and Air. American Society of Mechanical Engineers, 2012, 44687：167-177.

[91] HAN X, MORGANS A S. Simulation of the flame describing function of a turbulent premixed flame using an open-source LES solver[J]. Combustion and Flame, 2015, 162(5)：1778-92.

[92] LI J, XIA Y, MORGANS A S, et al. Numerical prediction of combustion instability limit cycle oscillations for a combustor with a long flame[J]. Combustion and Flame, 2017, 185：28-43.

[93] FLORES-MONTOYA E, MUNTEAN V, POZO-ESTIVARIZ D, et al. Thermoacoustic coupling regions of premixed-flames in non-adiabatic tubes[J]. Combustion and Flame, 2023, 247：112478.

[94] SUSLOV D, WOSCHNAK A, SENDER J, et al. Test specimen design and measurement technique for investigation of heat transfer processes in cooling channels of rocket engines under real thermal conditions[C]//39th AIAA/ASME/SAE/ASEE Joint Propulsion Conference and Exhibit. 2003：4613.

[95] ZHOU C, YU N, WANG S, et al. The influence of thrust chamber structure parameters on regenerative cooling effect with hydrogen peroxide as coolant in liquid rocket engines[J]. Aerospace, 2023, 10(1)：65.

[96] POTIER L, DUCHAINE F, CUENOT B, et al. Prediction of wall heat fluxes in a rocket engine with conjugate heat transfer based on large-eddy simulation[J]. Entropy, 2022, 24(2)：256.

[97] LAERA D, SCHULLER T, PRIEUR K, et al. Flame describing function analysis of spinning and standing modes in an annular combustor and comparison with experiments[J]. Combustion and Flame, 2017, 184: 136-52.

[98] KIM K T, LEE J G, QUAY B D, et al. Spatially distributed flame transfer functions for predicting combustion dynamics in lean premixed gas turbine combustors[J]. Combustion and Flame, 2010, 157 (9): 1718-30.

[99] RIENSTRA S, HIRSCHBERG A. An Introduction to Acoustics[M]. [S. l.]:Eindhoven University of Technology, 2016.

[100] MYERS M K. Transport of energy by disturbances in arbitrary steady flows[J]. Journal of Fluid Mechanics, 1991, 226: 383-400.

[101] SUJITH R I, WALDHERR G A, ZINN B T. An exact solution for one-dimensional acoustic fields in ducts with an axial temperature gradient[J]. Journal of Sound and Vibration, 1995, 184(3): 389-402.

[102] KARTHIK B, KUMAR B M, SUJITH R I. Exact solutions to one-dimensional acoustic fields with temperature gradient and mean flow[J]. The Journal of the Acoustical Society of America, 2000, 108 (1): 38-43.

[103] CUMMINGS A. Sound generation and transmission in flow ducts with axial temperature gradients [J]. Journal of Sound and Vibration, 1978, 57(2): 261-79.

[104] LI J, MORGANS A S. The one-dimensional acoustic field in a duct with arbitrary mean axial temperature gradient and mean flow[J]. Journal of Sound and Vibration, 2017, 400: 248-69.

[105] NAYFEH A H, SUN J. Effect of transverse velocity and temperature gradients on sound attenuation in two-dimensional ducts[J]. Journal of Sound and Vibration, 1974, 34(4): 505-17.

[106] MARBLE F E, CANDEL S M. Acoustic disturbance from gas non-uniformities convected through a nozzle[J]. Journal of Sound and Vibration, 1977, 55(2): 225-43.

[107] LI J, MORGANS A S, YANG L J. The three-dimensional acoustic field in cylindrical and annular ducts with an axially varying mean temperature[J]. Aerospace Science and Technology, 2020, 99: 105712.

[108] KARIMI N, BREAR M J, MOASE W H. Acoustic and disturbance energy analysis of a flow with heat communication[J]. Journal of Fluid Mechanics, 2008, 597: 67-89.

[109] MAGRI L, JUNIPER M P, MOECK J P. Sensitivity of the Rayleigh criterion in thermoacoustics[J]. Journal of Fluid Mechanics, 2020, 882.

[110] BELL W A, ZINN B T. The prediction of three-dimensional liquid-propellant rocket nozzle admittances[R], 1973.

[111] BELL W A, DANIEL B R, ZINN B T. Experimental and theoretical determination of the admittances of a family of nozzles subjected to axial instabilities[J]. Journal of Sound and Vibration, 1973, 30(2): 179-90.

[112] JANARDAN B A, ZINN B T. Rocket nozzle damping characteristics measured using different experim ental techniques[J]. AIAA Journal, 1977, 15(3): 442-4.

[113] STOW S R, DOWLING A P, HYNES T P. Reflection of circumferential modes in a choked nozzle [J]. Journal of Fluid Mechanics, 2002, 467: 215-39.

[114] GOH C S, MORGANS A S. Phase prediction of the response of choked nozzles to entropy and acoustic disturbances[J]. Journal of Sound and Vibration, 2011, 330(21): 5184-98.

[115] DURAN I, MOREAU S. Solution of the quasi-one-dimensional linearized Euler equations using flow invariants and the Magnus expansion[J]. Journal of Fluid Mechanics, 2013, 723: 190-231.

[116] DURAN I, MORGANS A S. On the reflection and transmission of circumferential waves through nozzles[J]. Journal of Fluid Mechanics, 2015, 773: 137-53.

[117] OBERG C L, KESSELRING R, WARNER C F, et al. Analysis of combustion instability in liquid propellant engines with or without acoustic cavities[R]. 1974.

[118] OBERG C L, HINES W S, FALK A Y. High-temperature earth-storable propellant acoustic cavity technology[R]. 1974.

[119] OBERG C, WONG T, FORD W. Evaluation of acoustic cavities for combustion stabilization[C]//8th Joint Propulsion Specialist Conference. 1972: 1147.

[120] FRENDI A, NESMAN T, CANABAL F. Control of combustion-instabilities through various passive devices[C]//11th AIAA/CEAS aeroacoustics conference. 2005: 2832.

[121] 聂万胜，庄逢辰. 声腔应用于液体火箭发动机不稳定燃烧抑制中的特性研究[J]. 国防科技大学学报，1998(02): 15-9.

[122] 聂万胜，庄逢辰，张中光. 液体火箭发动机中声腔抑制不稳定燃烧的声学分析[J]. 应用声学，2001(04): 35-9.

[123] 纪双英，郝巍，刘杰. 共振吸声结构在航空发动机上的应用进展[J]. 航空工程进展，2019，10(03): 302-8.

[124] 张莉爽，王同庆，杨兵，等. 快速声散射方法在变截面管道中的应用[J]. 航空学报，2012，33(01): 62-7.

[125] 徐珺，李晓东. 高声强下多狭缝共振腔的吸声性能[J]. 航空动力学报，2016，31(03): 548-54.

[126] 戴习文，景晓东，孙晓峰. 流管侧向微缝共振器的声学特性[J]. 航空动力学报，2011，26(06): 1231-6.

[127] KIM H J, LEE K J, CHOI H S, et al. An experimental study on acoustic damping enhancement by the gap of baffled injectors[C]//41st AIAA/ASME/SAE/ASEE Joint Propulsion Conference & Exhibit. 2005: 4446.

[128] LEE K-J, KIM H-J, SEO S, et al. Experimental verification for acoustic damping enhancement by gaps in injector-formed baffles[J]. Journal of Propulsion and Power, 2009, 25: 435-42.

[129] GUO K, NIE W, LIU Y, et al. Numerical simulation of damping capacity between injector-formed baffle and normal blade baffle in a kero/LOX liquid rocket engine[C]//Advances in Materials, Machinery, Electrical Engineering (AMMEE 2017). Atlantis Press, 2017: 559-568.

[130] 李丹琳，田原，孙纪国. 隔板对燃烧室声学特性的影响[J]. 航空动力学报，2012，27(03): 715-20.

[131] 许晓勇，赵世红，孙纪国. 隔板抑制氢氧推力室不稳定燃烧研究[J]. 导弹与航天运载技术，2017，(05): 33-6+88.

[132] 马列波，聂万胜. 隔板片数量对液体火箭发动机燃烧不稳定性的影响[J]. 导弹与航天运载技术，2020，(06): 27-32.

第 2 章

喷嘴动力学

液体火箭发动机工作过程中，上游燃料供应管路经由喷注器的复杂气/液喷嘴通道与燃烧室内的压力振荡发生相互作用，进而在喷嘴出口处形成喷注流量与混合比脉动[1]。液体火箭发动机常用的喷注器形式有直流喷嘴、离心喷嘴、同轴剪切喷嘴、同轴离心喷嘴、撞击式喷嘴、针栓式喷嘴等，作为发动机推力室中的关键部件之一，喷注器在完成喷雾和掺混的同时，在整个发动机动态系统尤其是燃烧不稳定性的发生和发展过程中发挥重要作用[2]。因此，本章主要关注喷嘴动态特性及其对燃烧不稳定性的影响。

图 2-1 中给出了喷嘴动态特性与燃烧室及燃气发生器动态系统之间的相互作用的正向反馈联系图[1]。对于气/液喷嘴，燃烧室内压力振荡 p_c' 直接作用于内部燃烧、蒸发、雾化和其他内部过程(过程 1)，形成燃烧室内部的不稳定机理。燃烧室压力振荡 p_c' 同时也作用于喷嘴的气体和液体通道(过程 2、6)，取决于通道声导性的这些振荡激发了液体供应系统内的压强振荡 p_l'(过程 3、4)。燃烧室振荡通过气体喷嘴引起气体导管内的压强振荡(过程 8、9)，进一步引起燃气发生器的压强 p_g' 及组元比振荡(过程 10)。这样，进入液体喷嘴的流量 $\dot{m}_l'$ 将发生振荡(过程 5)，由燃气发生器进入气体喷嘴的流量 $\dot{m}_g'$ 和燃气成分 χ_g' 将发生振荡。在雾化时，进入喷嘴的上述这些参数的振荡将引起推进剂总流量 $\dot{m}_0'$ 的振荡和组元比 χ_0' 的振荡，伴随着雾化细度、气液两相流速度、密度、喷雾锥角及一些其他喷嘴出口参数的振荡，影响着燃烧室内的工作过程。

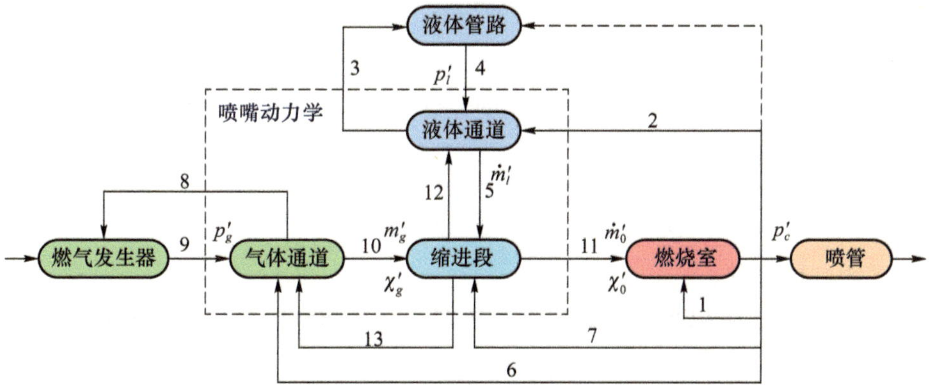

图 2-1　液体火箭发动机动态特性与喷嘴相互作用的示意图[1]

由以上的分析可以看出，对液体火箭发动机而言，喷嘴除了为燃烧室准备可燃混气，在发动机燃烧室中组织燃烧外，同时又是发动机这个复杂动态系统的重要组成部分，可以起到扰动放大器、相位调节器、激励器或振荡器等关键作用[3]，其动态特性能直接影响整个发动机系统的动态特性。因此，同轴喷嘴动态特性的研究工作对液体火箭发动机研制工作具有重要意义。

2.1 气体通道声学特性

发动机燃烧室中的喷嘴及喷嘴前腔的气体通道响应特性可以由声学波动方程描述。对于喷嘴的气体通道，其中的气流速度可能很大，必须考虑气流平均流动马赫数。这里针对气体通道内仅研究最简单的声波平面波，即声波在等截面直管内部仅沿正反两个方向传播，通道横截面即为波动表面。

2.1.1 波动方程与声学边界条件

气柱振荡可由波动方程描述：

$$\frac{\partial^2 y}{\partial t^2}=c^2\frac{\partial^2 y}{\partial x^2} \tag{2.1}$$

该方程未考虑阻尼，气体振荡发生在 x 轴方向，y 表示气体振荡的位移。

由于理想气体声速公式 $c=(\gamma R_g T)^{1/2}$ 可知，声速与温度的平方根成正比。此时式(2.1)的通解写为相互独立传播的正反两个方向平面波的叠加形式：

$$y=f_1(ct-x)+f_2(ct+x) \tag{2.2}$$

对于特解 $y=f_1(ct-x)$ 其值只由 $ct-x$ 决定，因此当所有质点具有相同的函数值时，即所有质点的空间坐标随时间变化应满足：

$$ct-x=\text{const},\quad \mathrm{d}x/\mathrm{d}t=c \tag{2.3}$$

因此，特解 $y=f_1(ct-x)$ 对应的振荡位移 y 沿 x 轴的正方向以声速进行传播。同理，另一个特解 $y_2=f_2(ct+x)$ 表示位移 y 沿 x 轴的负方向以声速传播。

接下来，以沿正方向传播的正弦波为例：

$$y=A\sin k(ct-x) \tag{2.4}$$

式中，$k=2\pi/\lambda=\omega/c$ 为波数；A 为振幅。

此时，速度脉动为：

$$u'=\frac{\partial y}{\partial t}=A\omega\cos k(ct-x) \tag{2.5}$$

相应的压力脉动为：

$$p'=-\bar{\rho}c^2\frac{\partial y}{\partial x}=\bar{\rho}cA\omega\cos k(ct-x) \tag{2.6}$$

这里，$\bar{\rho}$ 表示平均气体密度。

波动方程式(2.1)也可以采用分离变量法求解，此时解析解可以写成时间与空间函数的乘积形式：

$$y=X(x)T(t) \tag{2.7}$$

其中 $X(x)$ 只取决于空间坐标，$T(t)$ 只取决于时间坐标。

此时，波动方程可写为：

$$\frac{1}{X}\frac{\partial^2 X}{\partial x^2}=\frac{1}{c^2}\frac{1}{T}\frac{\partial^2 T}{\partial t^2} \tag{2.8}$$

显然只有在等式两边都等于同一常数时，式(2.8)才可能相等，将这个常数表示为 $k^2=\omega^2/c^2$，那么方程(2.8)可以分解为两个方程：

$$\frac{\partial^2 T}{\partial t^2}+\omega^2 T=0 \tag{2.9}$$

$$\frac{\partial^2 X}{\partial x^2}+k^2 X=0 \tag{2.10}$$

此时两个方程的解分别写为：

$$T(t)=C_1\cos\omega t+C_2\sin\omega t \tag{2.11}$$

$$X(x)=C_3\cos kx+C_4\sin kx \tag{2.12}$$

因此，方程(2.7)的解有以下形式：

$$y=(C_1\cos\omega t+C_2\sin\omega t)(C_3\cos kx+C_4\sin kx) \tag{2.13}$$

式中，C_1，C_2，C_3，C_4 常数由初始条件和边界条件确定。

下面研究具有同样振幅沿相反方向传播的两个平面波的叠加，此时质点的位移可以表示成：

$$y=A\sin k(ct-x)+A\sin k(ct+x)=2A\sin\omega t\cos kx \tag{2.14}$$

质点的速度与压力扰动写为：

$$u'=\frac{\partial y}{\partial t}=2A\omega\cos\omega t\cos kx \tag{2.15}$$

$$p'=-\bar{\rho}c^2\frac{\partial y}{\partial x}=2\bar{\rho}cA\omega\sin\omega t\sin kx \tag{2.16}$$

方程(2.14)和方程(2.15)表明，在 $\cos kx=\cos 2\pi x/\lambda=0$(位移和速度波节)的点处行波的位移和速度等于零；在 $\cos 2\pi x/\lambda=1$(位移和速度波腹)的点处行波的位移和速度有最大值。

由方程(2.14)～方程(2.16)可以给出，质点位移和速度最大值点相对于压强最大值点的距离为四分之一波长。当平面波在垂直于波传播方向的平面处进行反射时形成行波，如果反射发生在绝对刚性表面，则表面处将是质点位移和速度($y=u'=0$)的波节点。位移和速度相位变化为 π，即，与入射波相比，反射波的相位相反。如果反射发生在绝对柔软表面，那么表面处的压强相位变化为 π，这时在表面处将处于压强波节($p'=0$)和质点位移、速度的波腹点。

著名的"亥姆霍兹共振器"声理论中，振荡系统微分方程可以写出以下形式：

$$m\ddot{\Omega}+\frac{\rho\omega k}{2\pi}\dot{\Omega}+\frac{\rho c^2}{V}\Omega=p' \tag{2.17}$$

式中，$\dot{\Omega}=Su'=S\cdot\partial y/\partial t$ 为体积位移速度；l 为管长；S 为管截面积；$m=\rho l/S$ 为声质量；V 为谐振声腔体积。

此时，方程(2.17)的解有以下形式：

$$\dot{\Omega}=\frac{p'}{\dfrac{\rho\omega k}{2\pi}+\mathrm{i}\left(\omega m-\dfrac{\rho c^2}{V\omega}\right)} \tag{2.18}$$

声压 p' 与体积位移速度之比被称为声阻或全声阻：

$$Z=\frac{p'}{\dot{\Omega}}=X+\mathrm{i}Y \tag{2.19}$$

式中，$X=\rho\omega k/2\pi$ 为有源声阻抗；$Y=\omega m-1/\omega C$ 为反射声阻抗；$C=V/\rho c^2$ 表示声容。

由于压强和速度相位通常不一致，因此声阻抗具有复数表达式，写为：

$$Z=|Z|\mathrm{e}^{\mathrm{i}\varphi}=\sqrt{X^2+Y^2}\,\mathrm{e}^{\mathrm{i}\arctan(Y/X)} \tag{2.20}$$

式中，$|Z|$ 为幅值；φ 表示速度相对于压力的相位偏移量。

声阻也可以表示为压强和速度的比值的形式：

$$Z=\frac{p'}{\dot{\Omega}/S}=\frac{p'}{u'}$$

进一步可以得到无量纲声阻抗 ξ 和声导纳 η：

$$\xi=\frac{p'}{\rho c u'},\quad \eta=\frac{1}{\xi}=\frac{\rho c u'}{p'}$$

为了计算气体喷嘴中复杂的气体组元供应管路中脉动气流动力学特性，对于分叉管路，通过一个截面向另一截面渐近过渡的阻抗转移法建立可以广泛使用的声特性计算方法。

下面研究长度为 l，截面积为 S_d 的管内声波传播特性，管始端阻抗为 Z_0，进口压力扰动为 $p_0\mathrm{e}^{\mathrm{i}\omega t}$，管末端的阻抗为 Z_l。

管内的声压和速度可表示为如下关系式：

$$u'=[(Z_l+S_d\rho c)\mathrm{e}^{\nu(l-x)}-(Z_l-S_d\rho c)\mathrm{e}^{-\nu(l-x)}]\frac{p_0\mathrm{e}^{\mathrm{i}\omega t}}{\Delta} \tag{2.21}$$

$$p'=\rho c[(Z_l+S_d\rho c)\mathrm{e}^{\nu(l-x)}+(Z_l-S_d\rho c)\mathrm{e}^{-\nu(l-x)}]\frac{p_0\mathrm{e}^{\mathrm{i}\omega t}}{\Delta} \tag{2.22}$$

其中，

$$\Delta=2(Z_0Z_l+S_d^2\rho^2c^2)\mathrm{sh}(\nu l)+2S_d\rho c(Z_0+Z_l)\mathrm{ch}(\nu l)$$

这里 ν 为波数，通常为复数，其实部表征波在传播过程的衰减速度，被称为衰减系数，而虚部与波的相位相关。

压强和速度振幅的确定方法如下：

在管末端 $x=l$：

$$p'_l=\frac{2Z_l}{\Delta}\rho c p_0\quad u'_l=\frac{2S_d\rho c}{\Delta}p_0$$

在管始端 $x=0$：

$$\begin{aligned}p'_0&=\rho c[(Z_l+S_d\rho c)\mathrm{e}^{\nu l}+(Z_l-S_d\rho c)\mathrm{e}^{-\nu l}]\frac{p_0}{\Delta}\\&=\rho c[2Z_l\mathrm{ch}(\nu l)+2S_d\rho c\,\mathrm{sh}(\nu l)]\frac{p_0}{\Delta}\\&=p'_lP'_l\mathrm{ch}(\nu l)+\rho c u'_l\mathrm{sh}(\nu l)\\u'_0&=[(Z_l+S_d\rho c)\mathrm{e}^{\nu l}-(Z_l-S_d\rho c)\mathrm{e}^{-\nu l}]\frac{p_0}{\Delta}\\&=p'_l\frac{\mathrm{sh}(\nu l)}{\rho c}+u'_l\mathrm{ch}(\nu l)\end{aligned} \tag{2.23}$$

表示为力的形式，有 $P_0=S_dp'_0$ 和 $P_l=S_dp'_{ll}$，将得：

$$
\begin{aligned}
P_0 &= P_l \mathrm{ch}(\nu l) + S_d \rho c V'_l \mathrm{sh}(\nu l) \\
V'_0 &= P_l \frac{\mathrm{sh}(\nu l)}{S_d \rho c} + V'_l \mathrm{ch}(\nu l)
\end{aligned}
\tag{2.24}
$$

类比于电路理论中的电子四极子，输入（U_0 和 I_0）、输出（U_l 和 I_l）端电压与电流之间关系表示为：

$$
\begin{cases}
U_0 = C_1 U_l + C_2 I_l \\
I_0 = C_3 U_l + C_4 I_l
\end{cases}
\tag{2.25}
$$

式中，C_1，C_2，C_3，C_4 为四极子系数。

由方程（2.24）和方程（2.25）可以看出，对于所研究的声学系统在系统输入、输出端压强和速度振幅之间也存在类似电学系统的关系，也称为四极子关系。由此可知由于声、电系统振荡过程类似，可以使用电路计算理论，

管四极子系数可表示为：

$$
C_1 = C_4 = \mathrm{ch}(\nu l), \quad C_2 = S_d \rho c \cdot \mathrm{sh}(\nu l), \quad C_3 = \frac{\mathrm{sh}(\nu l)}{S_d \rho c}
$$

如果管出口封闭，对应于电路末端闭合（$V'_l = 0$，对应于电路 $I_l = 0$），管进口的阻抗则简化为：

$$
Z_0 = \frac{P_0}{V'_0} = \frac{C_1}{C_3} = S_d \rho c \cdot \mathrm{cth}(\nu l) \approx -\mathrm{i} S_d \rho c \cdot \mathrm{ctg}(kl)
$$

如果管出口敞开，对应于电路短路闭合（$P'_l = 0$，对应于电路 $U_l = 0$），管进口的阻抗则简化为：

$$
Z_0 = \frac{P'_0}{V'_0} = \frac{C_2}{C_4} = S_d \rho c \cdot \mathrm{tgh}(\nu l) \approx \mathrm{i} S_d \rho c \cdot \mathrm{tg}(kl)
$$

2.1.2　自由振荡与谐振条件

为了确定所研究方程（2.21）、方程（2.22）的自由振荡频率，在谐振时，若不存在摩擦，将有：

$$
\frac{\Delta}{2} = (Z_0 Z_l + S_d^2 \rho^2 c^2) \mathrm{sh}(\nu l) + S_d \rho c (Z_0 + Z_l) \mathrm{ch}(\nu l) = 0 \tag{2.26}
$$

这个方程的根是所研究系统自由振荡的频率值，由式（2.26）得到：

$$
\mathrm{th}(\nu l) = S_d \frac{F \rho c (Z_0 + Z_l)}{Z_0 Z_l + S_d^2 \rho^2 c^2}
$$

在纯虚数时，有：

$$
\mathrm{tg}(kl) = \mathrm{i} \frac{S_d \rho c (Z_0 + Z_l)}{Z_0 Z_l + S_d^2 \rho^2 c^2}
$$

引入以下表示：

$$
\begin{cases}
Z_l = X_l + \mathrm{i} Y_l = S_d \rho c (P_l + \mathrm{i} Y_l) \\
Z_0 = X_0 + \mathrm{i} Y_0 = S_d \rho c (P_0 + \mathrm{i} Y_0)
\end{cases}
$$

式中，X_{01}，X_{l1}，Y_{01}，Y_{l1} 分别为管路单位面积上的无量纲声阻抗。

那么有：

$$\text{tg}\frac{\omega_0 l}{c}=\text{i}\frac{Z_{01}+Z_{l1}}{Z_{01}Z_{l1}+1}$$

对于较短的气体喷嘴可以忽略阻抗的主动部分，因此自由振荡频率确定的表达式有以下形式：

$$\text{tg}\frac{\omega_0 l}{c}=\text{i}\frac{Y_{01}+Y_{l1}}{Y_{01}Y_{l1}+1} \tag{2.27}$$

在某些情况下，式(2.27)的解很容易通过解析方法得到。

情况 1：封闭端在管路的 $x=0$ 截面，即 $Y_{01}=\infty$；开口端在管路的 $x=l$ 截面，即 $Y_{l1}=0$（也称为四分之一波长管）。由式(2.27)可得：

$$\text{tg}\frac{\omega_0 l}{c}=\frac{1}{Y_{l1}}=\infty \text{或者} \frac{\omega_0 l}{c}=\left(n+\frac{1}{2}\right)\pi$$

自由振荡频率为：

$$\omega_0=\left(n+\frac{1}{2}\right)\frac{\pi c}{l}$$

式中，$n=0,1,2,3\cdots$为模态数。

如果喷嘴内气体组元自由振荡频率与燃烧室或供应系统脉冲扰动频率相吻合，则发生共振。

情况 2：在管路的 $x=0$，$x=l$ 截面均封闭，即 $Y_{01}=Y_{l1}=\infty$。那么：

$$\text{tg}\frac{\omega_0 l}{c}=0 \text{ 或者} \frac{\omega_0 l}{c}=(n+1)\pi$$

振荡频率为：

$$\omega_0=(n+1)\frac{\pi c}{l}$$

下面将研究液体火箭发动机的掺混头部，喷嘴前腔体积为 V_0；气体喷嘴管长为 l_0。为了将进入燃烧室的喷嘴端部看成是开口的，认为燃烧室尺寸足够大。对于这个系统，体积为 V_0 的喷嘴前腔无量纲阻抗为：

$$Y_{01}=-\frac{\text{i}Z}{S_{cc}\rho c}=-\frac{1}{S_{cc}\rho c}\frac{\rho c^2 S_{cc}^2}{\omega V_0} \text{和} Y_{l1}=0$$

那么式(2.27)有以下形式：

$$\text{tg}\frac{\omega_0 l}{c}=-Y_{01}$$

所研究系统自由振荡的频率的方程为：

$$\text{tg}\frac{\omega_0 l}{c}=\frac{cF}{\omega_0 V_0} \tag{2.28}$$

管路直径相对较大的组元供应系统以及喷嘴前腔内气体的流动速度较小，在研究这些地方的振荡传播时，可以不考虑介质的运动。当喷嘴内的气体流动速度较大时，振荡过程必须直接用考虑喷嘴通道内气体运动的方程描述。

沿喷嘴气体通道振荡利用前面提到的无量纲声阻抗和声导纳进行研究。为了确定压强 p' 和速度 u' 的脉动分量，需要求解一维速度势 φ 波动方程，在考虑平均速度情况下和等熵条件，存在如下波动方程：

$$(1-\psi)\frac{\partial^2\psi}{\partial x^2}-\frac{2\overline{u}}{cx^2}\frac{\partial^2\psi}{\partial t\partial x}-\frac{1}{c^2}\frac{\partial^2\psi}{\partial t^2}=0 \tag{2.29}$$

压强振荡 p' 与速度振荡 u' 与速度势的关系为：

$$\begin{cases} p'=-\rho\dfrac{\partial\psi}{\partial t} \\ u'=\dfrac{\partial\psi}{\partial x} \end{cases} \tag{2.30}$$

方程的特解为：

$$\psi=[A_+ e^{ik_x^+ x}+A_- e^{-ik_x^- x}]e^{-i\omega t} \tag{2.31}$$

式中，波数为：

$$k_x^+=\frac{\omega}{c(1+Ma)};\quad k_x^-=\frac{\omega}{c(1-Ma)}$$

将波动方程式(2.31)代入等式(2.30)中，可以得到：

$$p'=[p_+ e^{i\frac{\omega}{c(1+Ma)}x}+p_- e^{-i\frac{\omega}{c(1-Ma)}x}]e^{-i\omega t} \tag{2.32}$$

$$u'=\frac{1}{\rho c}[p_+ e^{i\frac{\omega}{c(1+Ma)}x}-p_- e^{-i\frac{\omega}{c(1-Ma)}x}]e^{-i\omega t} \tag{2.33}$$

式中，

$$p_+=i\frac{\omega}{1+Ma}\rho A_+,\quad p_-=i\frac{\omega}{1+Ma}\rho A_-$$

p_+，p_- 为沿流向和反方向传播的压力波动振幅，Pa。

x 轴与流动方向相同，考虑到式(2.32)和式(2.33)，无量纲声导纳和声阻抗可以改写为以下形式：

$$\eta=\frac{p_+ e^{i\frac{\omega}{c(1+Ma)}x}-p_- e^{-i\frac{\omega}{c(1-Ma)}x}}{p_+ e^{i\frac{\omega}{c(1+Ma)}x}+p_- e^{-i\frac{\omega}{c(1-Ma)}x}}=\frac{q-1}{q+1} \tag{2.34}$$

$$\xi=\frac{1}{\eta}=\frac{q+1}{q-1} \tag{2.35}$$

式中，

$$q=\frac{p_+}{p_-}e^{2i\frac{\omega}{c(1+Ma)}x} \tag{2.36}$$

式(2.36)为 x 截面压强正向波和反向波振幅之比，即反射系数值。借助专用的 q-诺谟图能够快速地计算 η 和 ξ。比如，当地阻力(在 $l\ll\lambda$ 时，如图 2-2(a)和(b)所示)：

$$\xi_2=\xi_1-\frac{2\Delta p}{\rho cu} \tag{2.37}$$

可以看出，当地水力摩擦阻力只是改变阻抗的实数部分，而虚部不变：

$$\begin{cases} X_2=X_1-\Delta X_{1-2} \\ Y_2=Y_1 \end{cases}$$

式中，$\Delta X_{1-2}=2\Delta p/\rho cu$。

对于气体，方便写出：

$$\Delta X_{1-2}=\frac{2\Delta p}{p}\cdot\frac{1}{\gamma Ma} \tag{2.38}$$

台阶型通道截面 $S_1/S_2=\varepsilon$(如图 2-2 所示)的波阻可以看成是管截面变化导致的当地水力摩擦阻力。这时,水力摩擦阻力系数可以用小截面的速度确定,在管截面存在突然变化时(如图 2-2(d)所示),1 和 2 截面阻抗之间的联系(不考虑损失)可由以下公式确定:

$$\frac{\xi_1+Ma_1}{\xi_1 Ma_1+1}=\frac{Ma_2 c_2^2}{Ma_1 c_1^2}\frac{\xi_2+Ma_2}{\xi_2 Ma_2+1} \tag{2.39}$$

引入参数:

$$\frac{\xi+Ma}{\xi Ma+1}=B \tag{2.40}$$

因此根据式(2.35)有:

$$B=\frac{\frac{1+Ma}{1-Ma}q+1}{\frac{1+Ma}{1-Ma}q-1} \tag{2.41}$$

如果用 $D=\frac{1+Ma}{1-Ma}$,那么 D 和 B 之间可以像 q 和 ξ 之间一样通过线性变化联系起来,这样也可以使用诺谟图。

$$B=\frac{D+1}{D-1} \tag{2.42}$$

如果在 1 和 2 截面,温度近似不变,那么在小 Ma 数时可忽略压缩性,将得:

$$B_2=\frac{S_1}{S_2}B_1=\varepsilon B_1 \tag{2.43}$$

在介质运动时,通过截面积为 S 的气体喷嘴的波动能量流可写成以下形式:

$$\Pi=\frac{1}{2}\frac{1}{\rho c}\left\{X+\frac{1}{2}Ma\left[1+|\eta|^2\right]\right\}\int_F |p'|^2 \mathrm{d}F \tag{2.44}$$

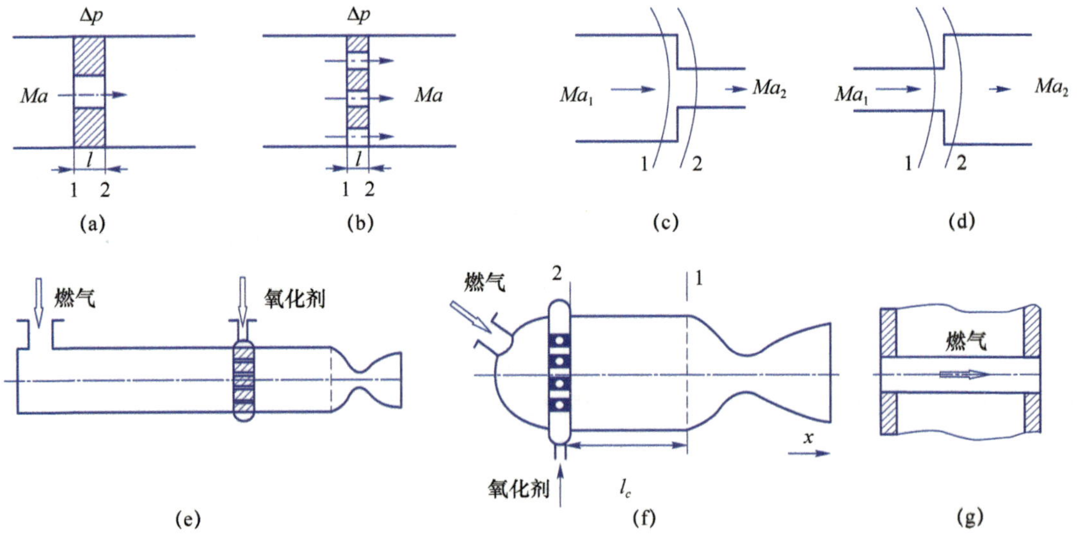

图 2-2 燃烧室内不同类型的气体燃料喷嘴通道

2.1.3 气体通道的自激振荡特性

图 2－2(e)(f)(g) 给出了气体推进剂组元向动力装置燃烧室供应的简化结构方案，图 2－2(e) 上气体管路设置成四分之一波长管共振器，图 2－2(f) 喷嘴前腔为亥姆霍兹共振器，所有这些元件的特殊性在于气流通过这些元件。气体流出孔或流出共振器喉道时，在某些情况下可能会激发出声振荡。稳态气流流过的孔 —— 类似于无线电领域中的带负阻力的二极管，孔内产生振荡的原因是速度的变化，在单位机械系统中所对应的负阻抗的值由孔面积计算：

$$Z_M = \frac{Sp'}{u'} = \frac{S\overline{\rho}_0\left[(\overline{u}_0 + u')^2 - \overline{u}_0^2\right]}{u'} = 2\overline{u}_0\overline{\rho}_0 S + 2\overline{\rho}_0 Su' \tag{2.45}$$

单位面积声阻抗表示为：

$$-Z_a = \frac{p'}{u'} = 2\overline{\rho}_0\overline{u}_0 + 2\overline{\rho}_0 u' \tag{2.46}$$

无量纲形式声阻抗：

$$-\xi = \frac{1}{\overline{\rho}_0\overline{c}_0}\frac{p'}{u'} = \frac{2\overline{u}_0}{\overline{c}_0} + \frac{2u'}{\overline{c}_0} \tag{2.47}$$

式中，$\overline{u}_0$ 为气体由孔流出的速度；S 为孔的面积；$\overline{\rho}_0$ 为孔出口截面的气体密度。

满足共振器内流动的自激振荡无量纲声阻抗条件可表示为：

$$|\xi| \geqslant \xi_{\text{nom}} \tag{2.48}$$

式中，ξ_{nom} 是振荡系统中孔出口的总正阻抗，其大小取决于能量损失机制，包括黏性耗散、旋涡效应、气体导热以及壁面吸收辐射(包括孔自身的辐射)。这一现象在自然界中广泛存在，例如风吹过小腔产生声音、气动管路中激发振荡，以及人吹口哨时的物理机制，均依赖于这些因素。

下面更为详细地分析式(2.47)，式中第一项是系统的自激发条件，右侧第二项是在外部条件作用下激发的可能性。通过声导纳将式(2.47) 中的右侧第二项中的脉动速度写出：

$$u' = \frac{\eta p'}{\overline{\rho}_0\overline{c}_0}$$

将式(2.48) 代入到式(2.47) 中，将得：

$$\xi_{\text{nom}} = \left|\frac{2\overline{V}_0}{\overline{c}_0} + \frac{2\eta p'}{\overline{\rho}_0\overline{c}_0^2}\right| \tag{2.49}$$

考虑到 $\gamma\,\overline{p}/\overline{\rho}_0 = \overline{c}_0^2$，$\gamma$ 为绝热指数，由式(2.49) 得：

$$\xi_{\text{nom}} = \left|\frac{2\overline{V}_0}{\overline{c}_0} + \frac{2p'}{\gamma\,\overline{p}}\eta\right| \tag{2.50}$$

在应用上述公式分析我们的问题时，需要将系统划分为两个相互作用的部分：一方面，气体流经孔口时会产生旋涡；另一方面，系统中存在共振器。当然，旋涡并非刚性系统，它对共振器的作用无法简单地视为一个确定的外力。需要特别指出的是，共振器的振荡不仅影响旋涡的形成，还会对振荡的频率和振幅产生反馈作用。因此，所研究的系统本质上是一个非线性振荡系统，其稳定状态由流动速度和共振器的衰减系数共同决定。

分析该系统中的非线性现象，尤其是气体流经孔口时旋涡的形成，仍然是一个复杂而具有挑战性的课题。尽管如此，如果能够利用共振器的振荡来获得旋涡的振荡频率以及其他典型的自激振荡现象，那么计算可能是可行的。在简化分析中，我们可以忽略振荡与旋涡之间的相互作用，将旋涡导致的压力脉动视为施加在振荡系统上的确定外力。

显然，当旋涡系统与共振器的独立性较强时，这种方法是合理的。在这种情况下，旋涡的频率和振幅主要由流动速度和几何结构决定，而不是由共振器的振荡主导。另一种情况是，当系统发生谐振时，旋涡的整体振荡会受到共振器振荡的控制，此时问题的解决主要依赖于实验研究。在进一步讨论之前，我们需要强调，在描述声学振荡时，本文仅研究同时满足线性条件（即扰动足够小，以至于可以忽略其平方项）和稠密性条件（即声源的特征尺度远小于声波波长）的情况。实验结果表明[4]，当介质以特定角度流出共振器出口时，压力振荡的频谱成分由共振器出口处的旋涡形成特性决定，而旋涡的频率满足以下关系式：

$$\nu_n = K\frac{V_0}{d}n \tag{2.51}$$

式中，K 为系数；$n = 1,2,3,\cdots$ 为模态数。在 $\nu_s = \nu_n$ 时，共振器被激发。

如果在共振器出口施加频率为 ω 振幅为 p'_y 的压强，那么，在共振器底部的压强振幅 p'_g 为：

$$p'_g = q(\omega)p'_y \tag{2.52}$$

其中，$q(\omega)$ 为共振器激励系数。

假设公式(2.52)具有线性振荡特性：$q(\omega)$ 取决于共振器，对于所有振荡器在共振频率（$\omega = 2\pi\nu_s$）范围，$q(\omega)$ 与衰减系数成反比。

对于普通的亥姆霍兹共振器，在忽略介质运动时，共振器中的压强振荡振幅：

$$p'_p = p'_y\frac{\omega^2}{\sqrt{(\omega^2-\omega_0^2)+4h^2\omega_0^2}} \tag{2.53}$$

在共振时，共振器激励系数 $q(\omega) = \omega_0/(2h)$，因此共振器中由空气流激发的压强振荡振幅为：

$$p'_p = \chi\rho\frac{\overline{V}_0^2}{2}\frac{\omega_0}{2h} \tag{2.54}$$

数字系数 χ 取决于共振器喉道的形状及其周围空气流特性。

对于一端封闭、另一端开口的管（四分之一波长共振器），在共振点激励系数的值为：

$$q(\omega) = \frac{c}{hl} \tag{2.55}$$

因此，在共振器底部气流作用下的压强振荡振幅 p'_g 为：

$$p'_g = \chi\bar{\rho}\frac{\overline{V}_0^2}{2}\frac{c}{h_s l_p} \tag{2.56}$$

利用这个公式可以计算 p'_g，系数 χ 取决于共振器出口的气体流动特性。

2.2 液体通道动态特性

液体喷嘴的动态特性将喷注过程的变化与引起这些变化的喷嘴外部扰动相互联系起来，是一个包含幅频特性、相频特性、传递系数和传递函数的总的概念。真实发动机中，这些外部扰动可能存在于供应系统和燃烧室参数变化条件下，包括发动机起动、关机和转级过程，也可能是不稳定问题导致的燃烧室和供应管路中存在压力脉动的情况下。

为了确定液体通道的动态特性，必须给其施加按时间变化的振荡，从而在较大频率范围内确定液体通道喷注过程对外部扰动的响应。长期以来，研究人员针对喷嘴液体非定常流动过程的分析方法及其对掺混过程的影响开展深入研究。通过设计非定常工况下喷嘴喷注动态响应实验测量装置，在液体喷嘴进口或出口施加谐波压力脉动的情况下，基于瞬时流量测量传感器和喷注过程的流动雾化图像，定量分析不同构型液体喷嘴的流量脉动幅频特性和相频特性[3]。

针对喷嘴通道内液体流动的理论建模，研究人员由欧拉方程得到描述复杂通道内液体运动的波动方程，得到喷嘴通道内压降振荡和喷嘴流量振荡的相频、幅频特性的分析表达式[3]，分析了扰动在不同喷嘴通道的各部分（直流通道、进口切向通道、喷口和旋流室）的传播过程，得到每个部分的传递函数和整个喷嘴的传递函数，从理论上确定了喷嘴前和喷口出口的液体流量振荡振幅、喷嘴前液体流量振荡与压强振荡之间相位关系以及这些振幅和相位变化与喷嘴结构参数和状态参数之间的关系。尤其巴扎洛夫（В. Г. Базаров）在其专著[3]中指出，由于离心喷嘴各部分的液体流动存在差别，不能采用集中参数方法进行研究。因此，喷嘴动力学过程分析，无论从理论上还是实验上，均应针对喷嘴各个部分液体流动以及各部分间的振荡过程相互作用而进行，在此基础上得到喷嘴的整体动态特性，解释液体喷嘴流量振荡的产生机理。

维杰什金（Г. К. Ведешкин）从理论和实验方面研究了采用直流、离心喷嘴的模型燃烧室与喷嘴前腔之间的压强振荡传播过程，研究了喷嘴、前腔和供应管路几何结构参数及喷嘴工作参数对传递系数的影响，测量了 150 ～ 5 000 Hz 前腔的压强脉动与燃烧室压强脉动之比。Fontaine 及其同事对直流喷嘴在相同供应压强情况下流量振荡与室压振荡的传递函数进行了理论分析，得到了传递函数的表达式，在巴扎洛夫[3]对直流喷嘴、Feiler 和 Heidmann[5]对同轴喷嘴圆环通道的研究中也得到了类似的喷嘴传递函数表达式。

目前被广泛认可的液体喷嘴动态特性研究是在假设小扰动在喷嘴内部不可压、无黏以及没有表面张力作用的液流中传播的基础上，发展出来的一系列线性理论。

2.2.1　液体直流喷嘴传递函数

对于长度远小于压力振荡波长的直流喷嘴，其无黏的动量守恒方程可写为：

$$\frac{\partial u}{\partial t}+\frac{u^2}{2L_d}=-\frac{p_c-p_f}{\rho L_d} \tag{2.57}$$

式中，L_d 是喷嘴长度。

线性化后可得到扰动量满足的跃变守恒关系式：

$$\mathrm{i}\omega u'+\frac{\bar{u}}{L_d}u'=\frac{\Delta p'}{\rho L_d} \tag{2.58}$$

代入喷嘴压降 $\Delta\bar{p}=\rho\bar{u}^2/2$，其压降扰动作用下的喷嘴传递函数可用以下方程描述：

$$\Pi=\frac{u'/\bar{u}}{\Delta p'/\Delta\bar{p}}=\frac{1}{2}\cdot\frac{1}{1+\mathrm{i}\omega L_d/\bar{u}}=\frac{1}{2}\cdot\frac{1-\mathrm{i}Sr}{1+Sr^2} \tag{2.59}$$

式中，$Sr=\omega L_d/\bar{u}$ 为直流喷嘴的斯特劳哈尔数（Strouhal number）。

液体直流喷嘴传递函数的幅频、相频特性如图 2-3 所示，对于中常见的实际喷嘴尺寸和振荡频率，直流喷嘴可以被视为一个简单的惯性元件，其流动振荡幅度 u' 随着 Sr 数的增加而逐渐减小，相位角逐渐增大到 $\pi/2$。对于喷嘴长度较长的直流喷嘴和同轴气液喷射器，当喷射器长度与波动的波长相当时，可能会发生多频率的共振现象。

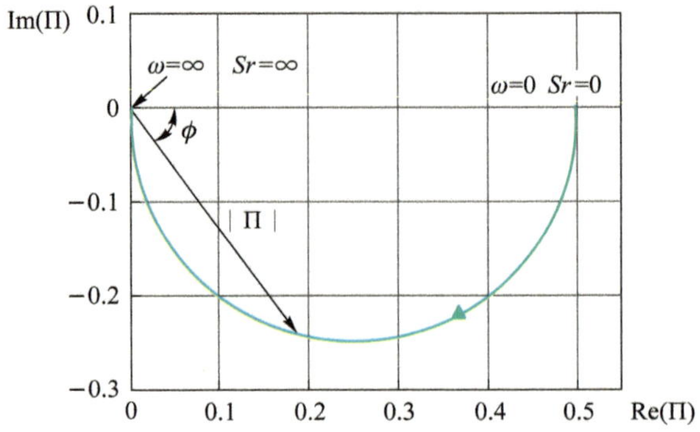

图 2-3 直流喷嘴传递函数的幅频与相频特性

2.2.2 液体离心喷嘴传递函数

在动态工况下，反压或者喷嘴流量的振荡会引起液体表面波的发展，同时引起具有不同周向速度的条纹状旋转波。根据传递函数的定义，需要确定喷口处流量振荡和喷嘴压降振荡之间的振幅和相位关系。假设扰动为小扰动，对流动的控制方程进行线性化，从而得到流量脉动 $\dot{m}'$ 和压降振荡 $\Delta p'$ 关于液膜自由表面扰动波振幅的表达式，进而得到喷嘴动态特性的传递函数。

以收口型离心喷嘴的传递函数为例，通过将离心喷嘴各部分（即切向通道、旋流腔以及喷口）传递函数相乘得到喷嘴整体的传递函数：

$$\Pi = \frac{\dot{m}'/\overline{\dot{m}}}{\Delta p'/\Delta \overline{p}} = \frac{\overline{R}_{BX}^2}{a} \frac{\Pi_c \cdot \Pi_{k,c,\text{II}} \cdot \Pi_T}{2\Pi_T(\Pi_{k,3\text{II}} + \Pi_{k,3\text{III}}) + 1} \tag{2.60}$$

式中，Π_T 为切向通道传递函数；Π_c 为喷口的传递函数；$\Pi_{k,c,\text{II}}$ 为表面波引起的旋流腔传递函数；$\Pi_{k,3\text{III}}$ 为旋转波引起的旋流腔传递函数；$\Pi_{k,c,\text{II}}$ 为表面波引起的旋流腔出口到喷口入口的传递函数，具体推导过程参考文献[3]。

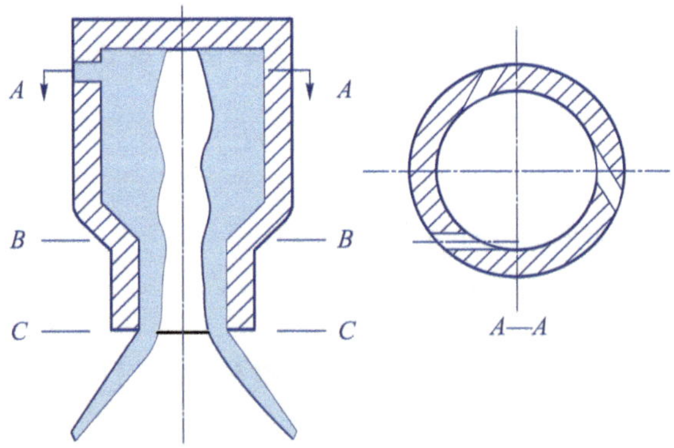

图 2-4 液体离心喷嘴结构

在上述推导的基础上，对于表面波在旋流腔内的传播速度进行了修正，得到了考虑波的色散关系后，表面波引起的旋流腔底部传递函数以及旋流腔到喷口的传递函数，详见文献[6]。修正后喷嘴压降对收口型离心喷嘴动态特性的影响规律如图 2-5 所示。从整体趋势来看，流量振荡的振幅随着喷嘴压降的增大而增大，这是由于增大喷嘴压降会导致切向通道内流量的相对振幅增大。从相频特性曲线来看，喷嘴流量振荡与喷嘴压降之间的相位差随着喷嘴压降的增大而减小，原因是增大压降导致喷嘴内流速增大，导致喷嘴各结构部分振荡量相位角减小。

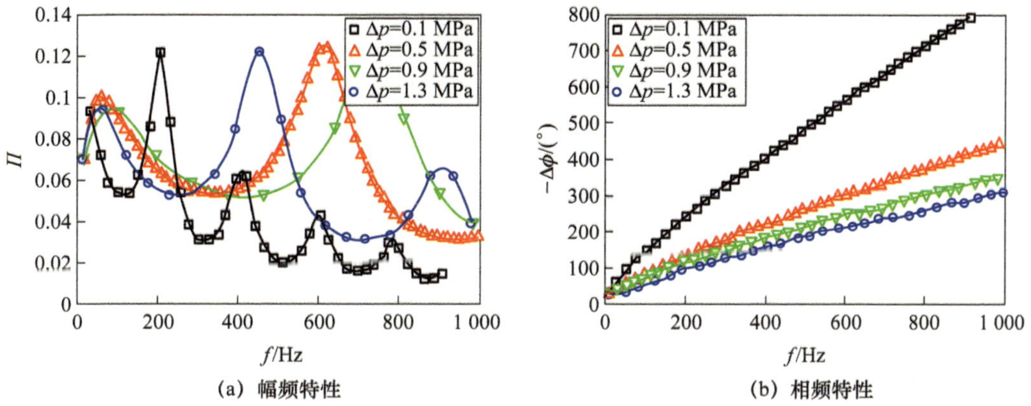

(a) 幅频特性　　(b) 相频特性

图 2-5　喷嘴压降对收口型离心喷嘴动态特性的影响规律

2.3 同轴喷嘴动态特性

对于液体火箭发动机的液-液同轴喷嘴和气-液同轴喷嘴，在喷嘴通道进、出口压力振荡的作用下，其总流量脉动、掺混脉动甚至液滴直径脉动会引起燃烧过程中的热释放释脉动，进而可能激发大幅值的压力振荡的增长。因此，相比于气体通道的声学特性或者单个液体通道的动态特性，无论是对于供应系统流动振荡引起的不稳定机理，还是燃烧室内压力振荡产生的不稳定机理，液-液、气-液同轴喷嘴的动态特性对于燃烧不稳定性的影响都不可忽视，在特性工况下甚至可能成为不稳定问题的主导因素。

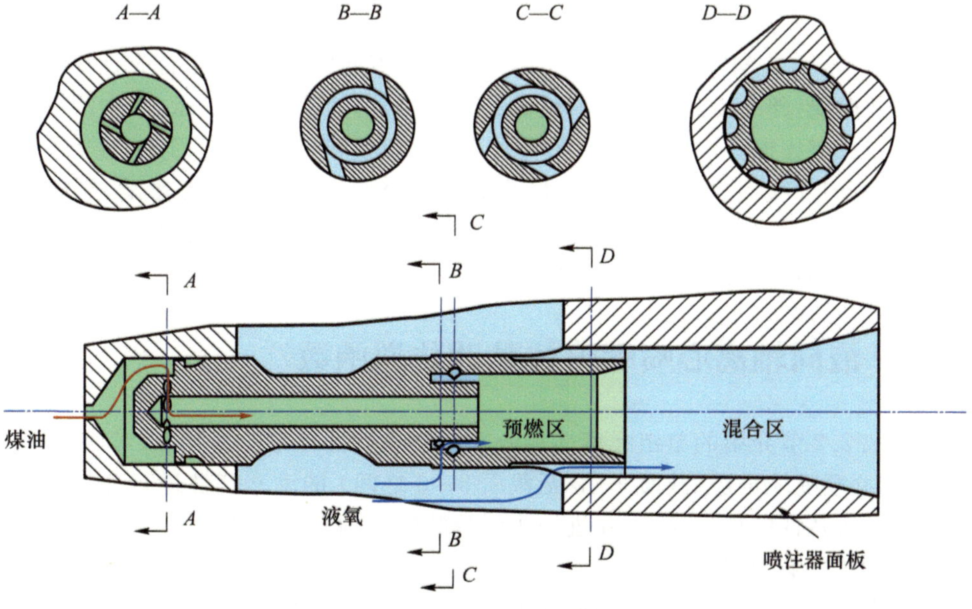

图 2-6　RD-170 发动机同轴喷嘴示意图

2.3.1 液-液同轴离心喷嘴喷注脉动传递函数

本节给出典型液-液同轴离心喷嘴的流动混合动态特性理论模型，这里内喷嘴为典型的收口型离心喷嘴结构（如图2-7所示），外喷嘴为环缝式离心喷嘴，其中内喷嘴的单喷嘴传递函数具体见第2.2.2节。

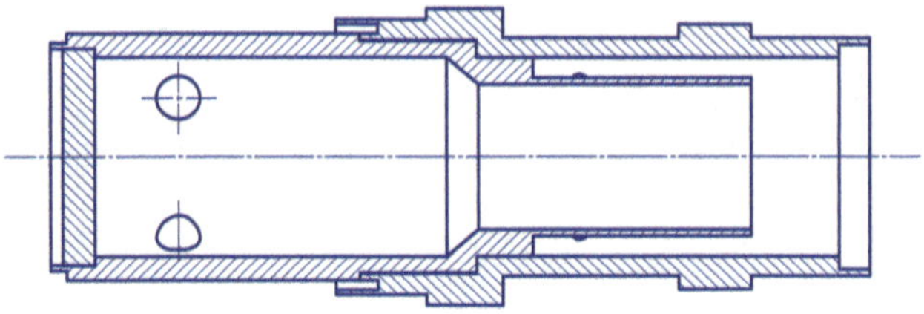

图 2-7 液-液同轴离心喷嘴结构示意图

对于外喷嘴，根据文献[7]的仿真结果和实际经验，由于内喷嘴占据了原本的气涡位置，其液体通道往往会被推进剂填充满，而不像单独的离心喷嘴在中心存在气涡。假设外喷嘴内液体组元的压缩性可忽略，此时外喷嘴内任一截面的液体流量在时刻相同，基于单相流动振荡速度分解和非定常伯努利方程，可以得到外喷嘴的传递函数[4]。

同轴喷嘴整体的动态特性，即氧化剂与燃料的总流量脉动，以及两者混合比的脉动的情况，作为瞬态燃烧过程的重要影响因素，对于发动机燃烧室内的燃烧不稳定性建模与分析至关重要。当假设燃烧室压力振荡引起内、外喷嘴压降振荡同相位的基础上，可以进一步定义总流量、混合比的相对振幅：

$$\Pi_{\text{in}}=\frac{\dot{m}'_{\text{in}}/\overline{\dot{m}}_{\text{in}}}{\Delta p'/\Delta\overline{p}},\quad \Pi_{\text{out}}=\frac{\dot{m}'_{\text{out}}/\overline{\dot{m}}_{\text{out}}}{\Delta p'/\Delta\overline{p}}$$

$$\Pi_m=\frac{\dot{m}'_{\text{total}}/\overline{\dot{m}}_{\text{total}}}{\Delta p'/\Delta\overline{p}}=\frac{\Pi_{\text{out}}+\Pi_{\text{in}}\cdot\chi}{1+\chi},\quad \Pi_\chi=\frac{\chi'/\overline{\chi}}{\Delta p'/\Delta\overline{p}}=\frac{\Pi_{\text{in}}-\Pi_{\text{out}}}{1+\Pi_{\text{out}}}\tag{2.61}$$

对于压降 $\Delta\overline{p}=0.5$ MPa，氧燃比 $\chi=1.65$ 的液-液同轴离心喷嘴，首先计算出内外喷嘴独立的动态特性曲线，随后得到同轴喷嘴整体的动态特性，如图2-8所示。图中同轴喷嘴整体的总流量振荡与氧燃比振荡表现出不同于单个通道的幅频和相频特性。因此，对于液-液同轴喷嘴，不仅要研究内外喷嘴独立的动态特性，也必须研究两者之间的相互影响，获得同轴喷嘴整体的动态特性。二者作为下游燃烧区的激励源项，将通过改变火焰动态响应特性，极大地影响燃烧室内不稳定燃烧问题的发生与发展。

2.3.2 气-液同轴离心喷嘴喷注脉动传递函数

本节在第2.2.2节介绍的单组元液体离心喷嘴动态特性理论的基础上，对如图2-9所示的气-液同轴离心喷嘴缩进段（截面2—2至截面3—3之间）的动态特性进行分析，得到气-液同轴离心喷嘴动态特性的理论模型，并进一步讨论喷嘴结构和流动参数对气-液同轴离心喷嘴整体的动态特性的影响规律。

这里为了简化模型，对缩进段内的流动进行下列假设：① 液体喷嘴形成的液膜很短，可忽

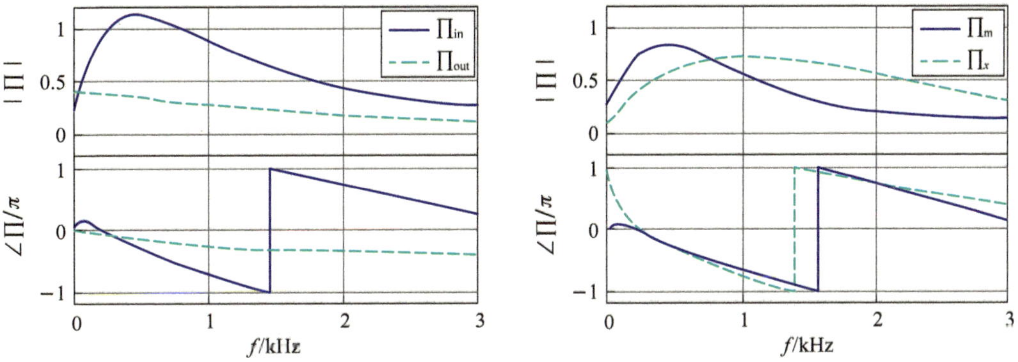

(a) 内外喷嘴单通道脉动传递函数　　(b) 总流量及混合比脉动传递函数

图 2－8　液-液同轴离心喷嘴单通道与组合通道的动态特性

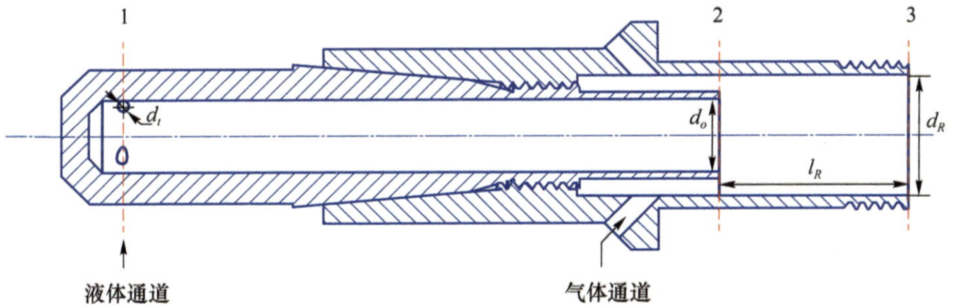

图 2－9　气-液同轴离心喷嘴结构

略;② 液滴与气相在缩进段内混合均匀,可以将缩进段的流动视为液滴均匀分布在气体中的均相流。雾状液滴对介质运动的阻力引起缩进段入口 2—2 截面和出口处 3—3 截面的压力差;③ 所讨论的振荡波长比缩进段长度大得多($\lambda \gg l_R$),此时振荡参数满足集总假设,沿缩进段的分布情况不予考虑。

假设两相混合物质量流量为 $\dot m = \rho u S$,u 为混合物平均速度,平均密度为 $\rho = \rho_g\beta + \rho_l(1-\beta)$,其中 ρ_l,ρ_g 为液相和气相密度,β 为气相的体积分数,则有动量方程:

$$\frac{l_R}{S}\frac{\mathrm{d}\dot m}{\mathrm{d}t} = p_2 - p_3 \tag{2.62}$$

式中,S 为缩进段截面积;p_2 和 p_3 分别为缩进段进口截面 2－2 和出口截面 3－3 的压力。

线性化动量方程后得到:

$$\frac{\overline{m} l_R s}{S\Delta\overline{p}}\dot m' = \Delta p' \tag{2.63}$$

式中,$s=\mathrm{j}\omega$ 为拉普拉斯算子;缩进段压降为 $\Delta\overline{p} = \overline{p}_2 - \overline{p}_3$。

假设缩进段内为等熵流动 $\rho'_g = p'\rho_g/\gamma\,\overline{p}_2$,同时忽略液体的可压缩性,考虑液体离心通道的传递函数 Π_{inj},即可得到气液同轴离心喷嘴传递函数为:

$$\Pi = \overline{M}'/\overline{p}'_{\mathrm{inj}} = \Pi_R\,\Pi_{\mathrm{inj}}(\rho + \beta\rho_g\,\Delta p/p_2\gamma)S^2\Delta p/\dot m^2 \tag{2.64}$$

图 2－10 为液相喷嘴为敞口型离心喷嘴时,缩进长度对喷嘴传递函数幅频和相频特性的影响的示意图。随着缩进距离的增加,同轴喷嘴传递函数的振幅增大,相位差呈现微弱的减小趋

势。这是因为缩进段长度越长，液体喷嘴出口流量振荡引起的缩进段压降振荡越大，导致两相喷嘴出口流量振荡也越大。

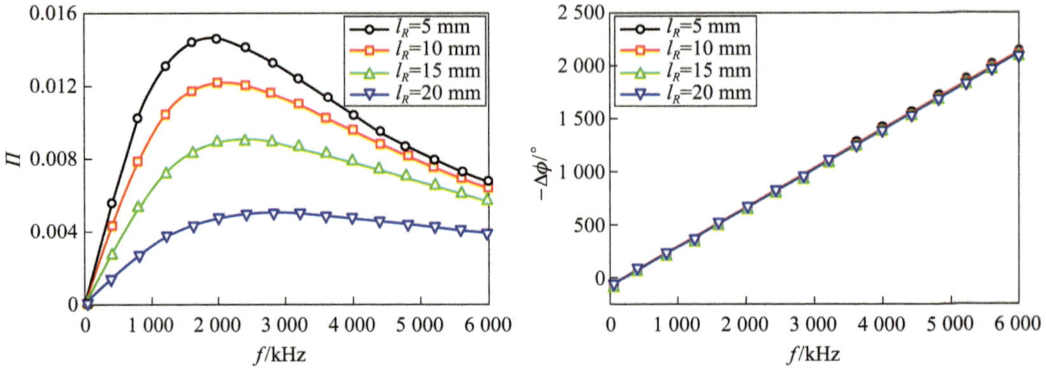

图 2-10　不同缩进长度气-液同轴喷嘴的动态特性曲线

2.3.3　气-液同轴喷嘴雾化场脉动传递函数

相比于单通道的动态特性，气-液同轴喷嘴的特点在于：由于组元密度差、压降和通道形式的不同，气体和液体通道在振幅及相位参数关系方面存在着实质的差异。而在气-液同轴喷嘴中，气体组元常用于雾化液体，因此，这里所说的动态特性不仅指喷注过程的流量与混合比脉动，也包括雾化过程本身的动态特性。

首先考虑气-液同轴喷嘴稳态特性，依据文献[8]和文献[9]，考虑黏性作用，由高速气流场中液体射流表面波的色散方程可求解得到雾化速度、液滴平均直径、液滴尺寸分布等掺混参数：

$$D_{32}=0.85C_1a^{0.8}\frac{2\pi\sigma_l}{\rho_g\overline{u}_g^2}\left[1+0.03a^{0.1}\left(\frac{\mu_l^2}{\sigma_l^2\rho_l}\right)^{1/4}(\rho_g\overline{u}_g^2)^{1/4}\right] \tag{2.65}$$

$$\frac{\partial\dot{M}}{\partial S}=0.5C_2a^{0.6}2\pi\sqrt{\rho_g\rho_l}\,\overline{u}_g\left[1-0.2a^{-0.15}\left(\frac{\mu_l^2}{\sigma_l^2\rho_l}\right)^{1/4}(\rho_g\overline{u}_g^2)^{1/4}\right] \tag{2.66}$$

$$\sigma=\frac{\sqrt{\overline{(D-D_{32})^2}}}{D_{32}}=0.2a^{0.5} \tag{2.67}$$

式中，ρ_g 和 ρ_l 分别为气体和液体的密度；$\overline{u}_g$ 为气体的平均速度；σ_l 为液体的表面张力；μ_l 为液体的动力黏度。由于液滴直径与扰动波长直接相关，为了考虑非线性效应的影响，定义了最大波长与最小波长的比值 $a=\lambda_{\max}/\lambda_{\min}$，同时用液滴直径与平均直径 D_{32} 的均方根偏差 σ 来表征液滴尺寸的分布。

在描述流动掺混特性和速度头之间关系的方程(2.65)～方程(2.67)中，系数 C_1、C_2 和液滴尺寸分布中的直径比值 a 是未知的，这些系数的确定需要借助于相应的同轴喷嘴雾化实验。

接下来重点介绍气-液同轴喷嘴流动混合与喷雾动态特性的求解方法。对于气-液同轴喷嘴，气、液通道进口处喷注压力存在脉动会引起喷嘴出口处气、液组元流量脉动，从而引起喷雾区域内液滴相的流量脉动振荡，并且该振荡幅值沿喷雾场长度存在分布特性。确定喷雾场幅频特性，即喷雾场液滴流量无量纲脉动振幅与喷嘴压降无量纲脉动振幅之比随频率的变化关系：

$$\Pi_{\dot{M}_p-p_l}=\frac{\dot{M}_p'/\overline{\dot{M}}_p}{\Delta p_l'/\Delta\overline{p}_l}=\frac{\dot{M}_p'/\overline{\dot{M}}_p}{\dot{M}_l'/\overline{\dot{M}}_l}\cdot\frac{\dot{M}_l'/\overline{\dot{M}}_l}{\Delta p_l'/\Delta\overline{p}_l} \tag{2.68}$$

$$\Pi_{\dot{M}_p-p_g}=\frac{\dot{M}_p'/\overline{\dot{M}}_p}{\Delta p_g'/\Delta\overline{p}_g} \tag{2.69}$$

式中，$\dot{M}_p'$为喷雾场液滴流量脉动振幅；$\overline{\dot{M}}_p$ 为喷嘴液体通道的稳态流量（$\overline{\dot{M}}_p=\overline{\dot{M}}_l$）；$\Delta p_g'$和 $\Delta p_l'$为喷嘴气、液通道压降振荡振幅；$\Delta\overline{p}_g$ 和 $\Delta\overline{p}_l$ 为喷嘴气、液通道稳态压降。

个别情况下，可以确定相频特性以及幅频特性，幅频特性是指喷雾场中液滴平均直径、液滴速度脉动振幅与喷嘴前腔内液体压强脉动振幅之比随频率的变化关系。也可以进行喷雾场横截面上液滴流量、速度、平均直径自发振荡振幅。

这里我们不考虑蒸发、燃烧、热交换，只讨论掺混、雾化的冷态过程的动态特性，假设同轴喷嘴的气、液通道各自的动态特性互不影响，当气、液通道各自的进口存在压力振荡时，给出气-液同轴喷嘴喷雾场的液滴流量脉动产生和传播的一维非定常数学模型。

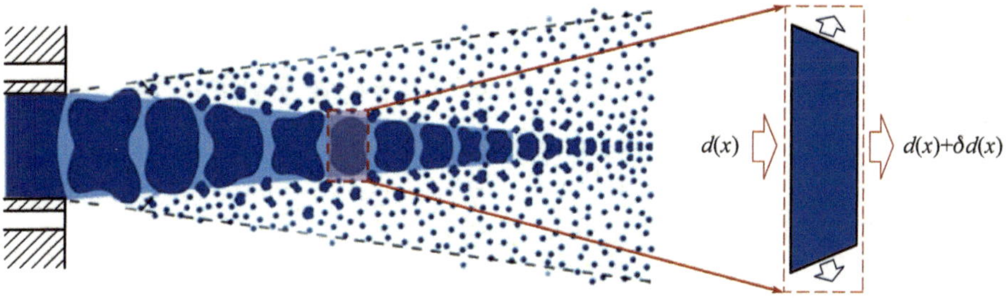

图 2-11　气-液同轴喷嘴射流及喷雾场动态特性分析液体微元

1. 气体通道供应压力振荡的影响

由式(2.65)～式(2.67)的雾化特性可知，对于同轴喷嘴的气体通道，稳态情况下雾化区长度取决于气体速度头 $\rho_g\overline{u}_g^2$，此时喷嘴出口射流液相流量与由射流转变成液滴相两个过程之间存在平衡，稳态状态下不同的供气压力对应的液滴相总流量保持不变。当气体通道进口存在供气压力振荡时，其出口也会相应地产生压力脉动，射流在从一个稳态向另一个稳态转变时，未破裂的射流长度会发生变化。考虑到液体速度和液滴相的速度差别，射流中的液体流量将会增加，增加的量是没有来得及变成液滴相的液体。因此，供气压力振荡将会影响射流中的液体流量振荡，滞后一段时间后喷雾场的液滴相也会发生振荡。

考虑供气压力的简谐振荡，在频率减小时，液滴流量振荡振幅减小，即情形近似于稳态情况，传递函数约等于零。随着频率增大，气体流量振荡器形成的气体速度头脉动波长小于雾化区长度，喷雾场液滴流量振荡将减小，这是由于液滴流脉动与射流不同段之间的相位差不同。因此，来流压力振荡作用下的液滴流量脉动响应传递函数应存在一个临界频率 ω_b，由雾化区平均长度与气体通道速度头脉动波长相近的条件来确定：

$$\frac{L_{0,m}\omega_b}{u_g}\sim 1 \tag{2.70}$$

这里，u_g 为雾化区液滴及气体速度。

(1) 低频情况

假设供气压力振荡频率满足 $\omega \ll \omega_b$，雾化区平均长度远小于气体振荡波长，此时，质量流量方程可以写成：

$$\dot{M}_l = \frac{\pi d_l^2}{4} \rho_l u_l \tag{2.71}$$

式中，u_l 为未破裂的液体射流速度；$\dot{M}_l$ 为喷嘴的液体流量；d_l 为液体射流的初始直径；ρ_l 为液体密度。

对于随时间变化的供气压降振荡：

$$\Delta p_g(t) = \Delta p_{g,0} [1 + \alpha \sin(\omega t)] \tag{2.72}$$

液体射流单位表面积的液滴流量根据式(2.66)可近似表示为：

$$\frac{\mathrm{d}\dot{M}_p}{\mathrm{d}S} = C_1 \ (\rho_g u_g^2)^\beta \tag{2.73}$$

如图 2-11 所示，在离喷嘴出口截面较远的长度上，气体速度头随时间的变化有：

$$(\rho_g u_g^2) = \Delta p_{g,0} \left[1 + \alpha \sin\left(\omega t - \frac{x\omega}{u_g}\right)\right] \tag{2.74}$$

射流未破裂部分直径与距喷嘴长度的关系 $d(L)$ 由雾化速度确定：

$$\frac{\mathrm{d}}{\mathrm{d}x} d(x) = \frac{2}{\rho_l u_l} \frac{\mathrm{d}\dot{M}_p}{\mathrm{d}S} \tag{2.75}$$

将式(2.73)和式(2.74)代入上式并积分，得到：

$$d(x) = d_l - \frac{2C_1 L \ (\Delta p_{g,0})^\beta}{d_l u_l} \left[1 + \alpha\beta \sin\left(\omega t - \frac{x\omega}{2u_g}\right)\right] \tag{2.76}$$

由未破裂射流的边界条件 $d(x)=0$ 可知，雾化区长度 $L_0(t)$ 在供气压力脉动的作用下随时间变化写为：

$$L_0(t) = L_{0,m} \left[1 - \alpha\beta \sin\left(\omega t + \frac{L_{0,m}\omega}{2u_g}\right)\right] \tag{2.77}$$

其中，雾化区的平均长度为：

$$L_{0,m} = \frac{d_l \rho_l u_l}{2C_1 \ (\Delta p_{g,0})^\beta} \tag{2.78}$$

对于射流的任意一段，射流单位长度的液滴流量表示为：

$$\frac{\mathrm{d}\dot{M}_p}{\mathrm{d}x} = \pi d(x) \frac{\mathrm{d}\dot{M}_p}{\mathrm{d}S} \tag{2.79}$$

其值随时间变化表示为：

$$\frac{\mathrm{d}\dot{M}_p}{\mathrm{d}x}(t) = \pi C_1 \ (\Delta p_{g,0})^\beta d_l \left\{1 - \frac{x}{L_{0,m}} \left[1 + \alpha\beta \sin\left(\omega t - \frac{x\omega}{2u_g}\right)\right]\right\} \left[1 + \alpha\beta \sin\left(\omega t - \frac{x\omega}{u_g}\right)\right] \tag{2.80}$$

假设在射流不同段上形成不同的液滴群，随后以速度 u_g 向流量测量点运动，液滴到达这一点的延迟时间为：

$$\Delta t = \frac{L_{\mathrm{mes}} - x}{u_g} \tag{2.81}$$

式中，L 为喷嘴到产生液滴群位置的距离；L_{mes} 为喷嘴到传递函数计算点的距离。

为了考虑从射流所有段对液滴总流量的贡献，必须对式(2.80)沿整个雾化区长度进行积分，这样对于 L_{mes} 点，可以得到液滴流量随时间的变化表达式：

$$\dot{M}_p(t)=\int_0^{L_{0,m}}\frac{d\dot{M}_p}{dx}\left(t+\frac{L_{\text{mes}}-x}{u_g}\right)\mathrm{d}x \tag{2.82}$$

当传递函数计算点位于雾化区以后，即 $L_{\text{mes}}>L_{0,m}$ 时，取积分上限为 $L_{0,m}$。反之，式(2.82)中的积分上限取 L_{mes} 得到：

$$\dot{M}_p(t)=\dot{M}_l\left[1+\frac{\alpha\beta\omega L_{0,m}}{3u_g}\cos\left(\omega t+\frac{\omega L_{0,m}}{u_g}\right)\right] \tag{2.83}$$

结合式(2.72)和式(2.83)可知，气体通道压力振荡导致的雾化区末端液滴流量振荡传递函数为：

$$\Pi_{\dot{M}_p-\Delta p_g}(\omega)=\frac{\beta\omega L_{0,m}}{3u_g}\mathrm{e}^{\mathrm{i}\left(\frac{3}{2}\pi-\frac{\omega L_{0,m}}{u_g}\right)} \tag{2.84}$$

(2) 高频情况

对于高频振荡情况，频率满足 $\omega\gg\omega_b$，即雾化区长度远大于气流振荡波长，描述射流形状的方程(2.76)有以下形式：

$$d(x)=d_l-\frac{d_l x}{L_{0,m}} \tag{2.85}$$

此时，射流单位长度上的液滴流量表示为：

$$\frac{\mathrm{d}\dot{M}_p}{\mathrm{d}x}(t)=\pi C_1\ (\Delta p_g)^\beta d_l\left(1-\frac{x}{L_{0,m}}\right)\left[1+\alpha\beta\sin\left(\omega t-\frac{x\omega}{u_g}\right)\right] \tag{2.86}$$

类似地，沿轴向距离进行积分后，可得到雾化区末端液滴总流量：

$$\dot{M}_p(t)=\dot{M}_l\left[1-\frac{\alpha\beta u_g}{\omega L_{0,m}}\left(1-\frac{u_g}{2\omega L_{0,m}}\sin\frac{2\omega L_{0,m}}{u_g}\right)\cos(\omega t+\varphi)\right] \tag{2.87}$$

结合式(2.72)和式(2.87)可以得出，高频情况下雾化区末端液滴流量振荡与气压振荡的传递函数幅频特性为：

$$\left|\Pi_{\dot{M}_p-\Delta p_g}(\omega)\right|=\frac{\beta u_g}{\omega L_{0,m}} \tag{2.88}$$

综上，由关系式(2.84)和式(2.88)可以看出，在低频振荡作用下幅频特性随频率的增加而增加，高频条件下幅频特性随频率的增加而减小。总而言之，以上两个幅频特性方程为渐进方程，真实的幅频特性位于它们之下，通过求解两条渐进线的交点坐标：

$$\frac{\beta L_{0,m}\omega_{\max}}{3u_g}=\frac{\beta u_g}{\omega_{\max}L_{0,m}}$$

可以确定最大幅频特性 $\Pi_{\max}$ 和相对应的最大截止频率 $\omega_{\max}$：

$$\begin{cases}\omega_{\max}=\sqrt{3}\dfrac{u_g}{L_{0,m}}\\[2ex]\Pi_{\max}\approx\dfrac{1}{2}\dfrac{\beta L_{0,m}\omega_{\max}}{u_g}=\dfrac{\sqrt{3}}{2}\beta\end{cases} \tag{2.89}$$

图 2-12 展示了气体供应压力脉动条件下喷嘴液滴流量脉动传递函数的幅频特性。由测得的曲线可以看出，在零频率上传递函数趋向于零，这与理论模型的预测接近。此外，阿尔洛夫研究了缩进深度对液滴流量脉动幅频特性的影响，研究结果表明缩进深度的影响不显著。

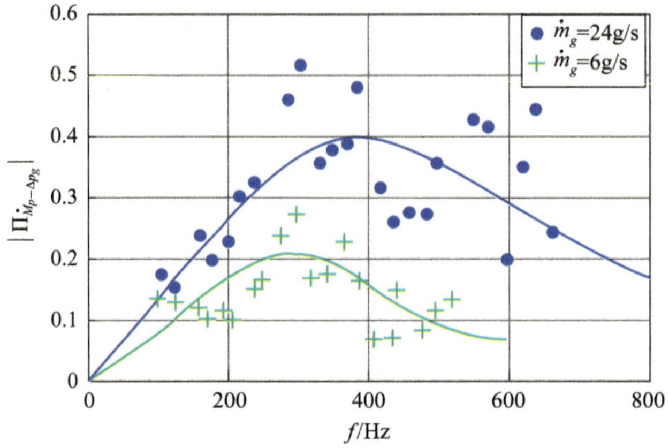

图 2-12　气体供应压力脉动条件下喷嘴液滴流量脉动传递函数的幅频特性

（$\dot{m}_l=72$ g/s，$\bar{p}_c=1$ atm，$L=30$ mm，缩进深度 $r=7$ mm）

2. 液体通道供应压力振荡的影响

对于气-液同轴喷嘴的液体通道，下游喷雾场液滴流量脉动的产生和传播至少包括以下三个过程：当其进口处的液体燃料供应压力存在振荡时，首先在液体通道出口处引起液体燃料质量流量脉动（具体的传递函数见第 2.2.2 节）。随后在雾化区产生液滴流量脉动与喷嘴出口射流（未破裂成液滴部分）流量脉动（传递函数推导思路与前面考虑供气压力脉动的情况类似）。同时，液体质量流量脉动会进一步导致距通道出口不同距离上的液滴相流量也存在振荡。

接下来，同样地给出雾化区末端液相（液滴相）流量振荡与喷嘴出口液体流量振荡之间的传递函数。由于液体质量流量振荡沿射流方向以速度 u_l 传播，因此，临界频率与式(2.70)不同，由雾化区平均长度等于液体速度头脉动波长来定义：

$$\omega_b=\frac{u_l}{L_{0,m}}$$

(1) 低频情况

当液体供应压力振荡频率满足低频条件 $\omega \ll \omega_b$ 时，其通道出口处液体射流流动速度和流量的振荡相应地表示为：

$$\begin{cases}\dot{M}_l(t)=\dot{M}_{l,m}\left[1+\alpha\sin(\omega t)\right]\\ u_l(t)=u_{l,m}\left[1+\alpha\sin(\omega t+\varphi)\right]\end{cases} \tag{2.90}$$

对于液体介质，进一步可以近似地认为 $\alpha \ll 1$，$\varphi \approx 0$，类似气体部分的推导过程，这里也需要确定射流纵向型面和雾化速度沿着射流方向的分布：

$$\begin{cases}d(x)=d_l-\dfrac{d_l x}{L_{0,m}}\left[1-\alpha\sin\left(\omega t-\dfrac{x\omega}{2u_l}\right)\right]\\ L_0(t)=L_{0,m}\left[1+\alpha\sin\left(\omega t-\dfrac{L_{0,m}\omega}{2u_l}\right)\right]\end{cases} \tag{2.91}$$

因此，射流单位长度上液滴流量为：

$$\frac{\mathrm{d}\dot{M}_p}{\mathrm{d}x}(t)=C_1\ (\rho_g u_g^2)^{\beta}\pi d_l\left\{1-\frac{x}{L_{0,m}}\left[1-\alpha\sin\left(\omega t-\frac{x\omega}{2u_l}\right)\right]\right\} \tag{2.92}$$

此时，每一群液滴的振荡以气体速度 u_g 传播到测量点，其延迟时间由液滴产生位置到传递函数的计算位置的距离决定：

$$\Delta t=\frac{L_{\text{mes}}-x}{u_g} \tag{2.93}$$

考虑射流所有分段对液滴总流量的贡献，对式(2.92)沿雾化区长度方向进行积分可得：

$$\dot{M}_p(t)=\int_0^{L_{0,m}} C_1\ (\rho_g u_g^2)^\beta \pi d_l\left\{1-\frac{x}{L_{0,m}}\left[1-\alpha\sin\left(\omega t-\frac{\omega L_{\text{mes}}}{u_g}+\frac{\omega x}{u_g}-\frac{\omega x}{2u_l}\right)\right]\right\}\mathrm{d}x \tag{2.94}$$

这里令

$$C_y=\frac{\omega}{u_g}-\frac{\omega}{2u_l},\quad C_z=C_1\ (\rho_g u_g^2)^\beta \pi d_l$$

由方程(2.94)可以得出：

$$\dot{M}_p(t)=\frac{C_z L_{0,m}}{2}+\frac{C_z\alpha}{L_{0,m}C_y^2}\left\{\sin\left(\omega t-\frac{\omega L_{\text{mes}}}{u_g}\right)\cdot\left[\cos(L_{0,m}C_y)-1+(L_{0,m}C_y)\sin(L_{0,m}C_y)\right]\right\}$$
$$+\frac{C_z\alpha}{L_{0,m}C_y^2}\left\{\cos\left(\omega t-\frac{\omega L_{\text{mes}}}{u_g}\right)\cdot\left[\sin(L_{0,m}C_y)-(L_{0,m}C_y)\cos(L_{0,m}C_y)\right]\right\}$$

当 $L_{0,m}C_y$ 较小时，上式可以进一步简化为：

$$\dot{M}_p(t)=\frac{C_z L_{0,m}}{2}\left\{1+\alpha\left[1+\frac{L_{0,m}^2\omega^2}{9u_l^2}\right]^{0.5}\sin(\omega t+\varphi)\right\} \tag{2.95}$$

由式(2.90)和式(2.95)可以得到雾化区末端液体(液滴相)流量振荡与喷嘴出口液体流量脉动的传递函数：

$$\Pi_{\dot{M}_p-\dot{M}_l}(\omega)=\left(1+\frac{L_{0,m}^2\omega^2}{9u_l^2}\right)^{0.5} \tag{2.96}$$

(2) 高频情况

高频的情况与气体通道推导类似，即雾化区长度至少是数倍的液体射流波长，满足 $\omega\gg\omega_b$，此时射流形状和雾化区长度分别表示为：

$$d(x)=d_l-\frac{d_l}{L_{0,m}}\left\{x-\frac{\alpha u_l}{\omega}\left[\cos\left(\omega t-\frac{x\omega}{u_l}\right)-\cos(\omega t)\right]\right\} \tag{2.97}$$

$$L_{0,m}=\frac{d_l\rho_l u_l}{2C_1\ (\rho_g u_g^2)^\beta} \tag{2.98}$$

与式(2.94)类似沿射流方向积分，可以得到距离出口 L_{mes} 处液滴相的流量脉动表达式：

$$\dot{M}_p(t)=\frac{C_z L_0}{2}+\frac{C_z\alpha u_l}{\omega L_0}\begin{bmatrix}\dfrac{\sin(L_{0,m}C_y)}{C_y}\cos(C_x)+\dfrac{\cos(L_{0,m}C_y)}{C_y}\sin(C_x)\\ -\dfrac{1}{C_y}\sin(C_x)-\dfrac{\sin(L_{0,m}C_y)}{C_q}\cos(C_x)\\ -\dfrac{\cos(L_{0,m}C_y)}{C_q}\sin(C_x)+\dfrac{1}{C_q}\sin(C_x)\end{bmatrix} \tag{2.99}$$

式(2.99)方括号中的式子可以进一步写为以下形式：

$$G_1\sin(\omega t)+G_2\cos(\omega t)=\sqrt{G_1^2+G_2^2}\sin(\omega t+\varphi)$$

由式(2.99)可得：

$$G_1^2+G_2^2=\frac{2}{C_y^2}+\frac{2}{C_q^2}-\frac{2}{C_yC_q}-\frac{2}{C_y^2}\cos(L_{0,m}C_y)+\frac{2}{C_yC_q}\cos(L_{0,m}C_y)$$
$$+\frac{2}{C_yC_q}\cos(L_{0,m}C_q)-\frac{2}{C_q^2}\cos(L_{0,m}C_q)-\frac{2}{C_yC_q}\cos[L_{0,m}(C_y-C_q)] \tag{2.100}$$

假设 $u_g \gg u_l$，上式可以进一步简化为：

$$\sqrt{G_1^2+G_2^2}=\frac{2u_g}{\omega}\sin\left[\frac{\omega L_{0,m}}{2u_g}\right] \tag{2.101}$$

由此可以得到液滴流量脉动的表达式：

$$\dot{M}_p(t)=\frac{C_zL_{0,m}}{2}\left[1+\frac{\alpha u_l}{\omega L_{0,m}}\frac{2u_g}{\omega L_{0,m}}\sin\left(\frac{\omega L_{0,m}}{2u_g}\right)\sin(\omega t+\varphi)\right] \tag{2.102}$$

在气体流速较大时，即 $u_g \gg \omega L_{0,m}$，有

$$\frac{2u_g}{\omega L_{0,m}}\sin\left(\frac{\omega L_{0,m}}{2u_g}\right)\approx 1$$

那么，式(2.102)有以下形式：

$$\dot{M}_p(t)=\dot{M}_l\left[1+\frac{\alpha u_l}{\omega L_{0,m}}\sin(\omega t+\varphi)\right] \tag{2.103}$$

由式(2.90)和式(2.103)可以得到，高频条件下雾化区末端液体(液滴相)流量振荡与喷嘴出口液体流量脉动之间的传递函数的幅频特性：

$$\Pi_{\dot{M}_p-\dot{M}_l}(\omega)=\frac{u_l}{\omega L_{0,m}} \tag{2.104}$$

综上，式(2.96)和式(2.104)分别给出了低频和高频两种情况下传递函数的幅频特性，由此得到喷嘴出口液体射流的流量脉动产生的喷雾场液滴流量脉动规律。

对于工况 $\bar{p}_c=1$ atm，$\dot{M}_g=6$ g/s，$\dot{M}_l=54$ g/s，在内液外气同轴模型喷嘴的下游，测得不同喷雾场长度上液滴流量脉动与液体压强脉动之间的传递函数幅频特性，如图 2-13 所示。需要说明的是，在小于雾化区长度 25 mm 的位置液体还未完全雾化成液滴，此时液滴流量脉动的相对值测量结果会存在较大的系统误差。

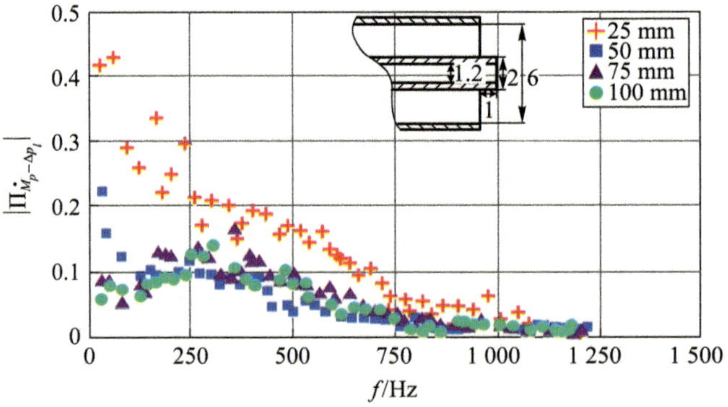

图 2-13 液体通道压力脉动条件下不同喷雾场长度上液滴流量脉动传递函数的幅频特性

由图 2-13 可以看出，随空间距离和振荡频率增加，液体流量脉动是逐渐减少的。在总的形式上，喷嘴喷雾场液滴流量脉动振幅 $M_p'(x)$ 取决于喷嘴截面上液体流量脉动振幅 M_l' 和喷

雾场中这些脉动的衰减系数 $k(\omega)$：

$$M_p'(x)=M_l'\cdot\exp[k(\omega)x] \tag{2.105}$$

假设衰减系数沿喷雾场轴向位置是不变的，则根据实验数据就可以粗略地估计衰减系数。阿尔洛夫根据实验数据给出了衰减系数与频率之间的表达式：

$$\begin{cases}K(\omega=0)=0.4\\ \dfrac{\mathrm{d}K}{\mathrm{d}\omega}=C_3D_{32}\\ K(\omega\to\infty)=C_4D_{32}\end{cases} \tag{2.106}$$

其中，$K=\exp(k(\omega)\cdot\Delta x)$，常数 C_3 和 C_4 可认为适用于所有同轴喷嘴的所有工况。

进一步地，根据衰减系数 $K(\omega)$，以及不同工况、不同喷雾场长度上的传递函数 Π_{M_p,P_l}，就可以计算喷嘴出口截面上的传递函数 $\Pi_{M_p,P_l}(x\to0)$。在图 2-14 给出了对于不同液体流量值的传递函数，其中数据点为由四个不同喷雾场距离 $L=25\sim100$ mm、四个不同气体流量值 $\dot{M}_g=0\sim18$ g/s 组合成 16 个关系式的平均值。由实验数据得到的幅频曲线与理论计算得到的幅频特性如图 2-14 所示，其中理论曲线由式(2.59)给出。

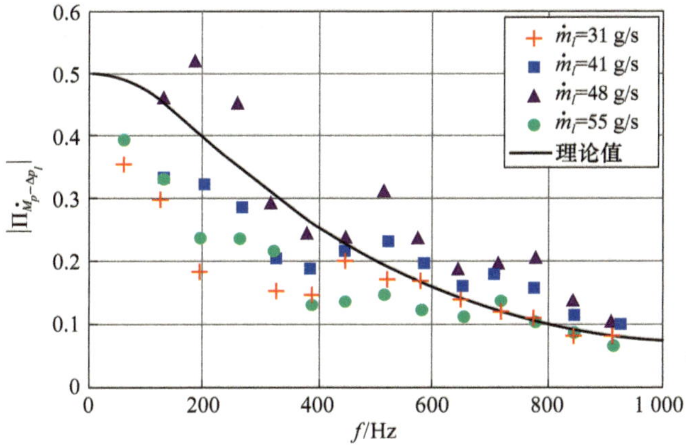

图 2-14　液体通道压力脉动作用下喷嘴喷口截面处液滴流量脉动响应的幅频特性

2.4 本章小结

液体火箭发动机中，喷注器设计优化的出发点是为了实现高效燃烧的同时兼具稳定性，但是在三维燃烧室复杂多振型激励下，实际喷嘴中的复杂通道设计以及多喷嘴排布面临的参数量之多、设计范围之宽、动态特性之敏感，使得喷注器的优化设计对于真实发动机燃烧不稳定性的预测与控制是一个极其复杂的隐函数问题。

面对稳定燃烧的基本设计需求，不同型号发动机的喷注器设计往往没有统一的设计原则和标准结构，同一型号发动机随着设计需求的改变，喷注器的设计准则往往也需要做出相应的修改。但是有一点是明确的，就是通过多种喷嘴类型和多种工况喷嘴的组合排列，保证合适的混合比和推力性能的同时，正确组织喷注面板处推进剂横向流量密度的分布，如斜坡、驼峰等，从而改变特定声学模态的燃烧不稳定性，是实现发动机稳定燃烧的正向设计的关键所在。因此，关于喷注器动态特性对液体火箭发动机中三维燃烧室燃烧不稳定性的影响规律和作用机理将在第 6 章及第 7 章中讨论。

本章参考文献

[1] 安德烈耶夫 A B. 气液喷嘴动力学 [M]. 任汉芬，庄逢辰，译. 北京：宇航出版社，1996.

[2] 李斌，栾希亭，张小平. 载人登月主动力——大推力液氧煤油发动机研究 [J]. 载人航天，2011，17 (01)：28-33.

[3] BAZAROV V G. 液体喷嘴动力学 [M]. 任汉芬，孙纪国，译. 北京：中国宇航出版社，1997.

[4] 张丁为，富庆飞，杨立军. 液液同轴离心式喷嘴动态特性理论研究 [J]. 推进技术，2022，43(09)：222-30.

[5] FEILER C E，HEIDMANN M. Dynamic response of gaseous-hydrogen flow system and its application to high-frequency combustion instability，F，1967 [C].

[6] 杨立军，富庆飞. 液体火箭发动机喷嘴动力学 [M]. 北京：北京航空航天大学出版社，2024.

[7] 宋大亮，凌前程，章荣军. 双组元离心式喷嘴外喷嘴流动数值模拟分析 [J]. 火箭推进，2018，44(04)：10-5.

[8] MAYER E. Theory of Liquid Atomization in Hugh Velocity Gas Streams [J]. ARS Journal，1961，31：1783-5.

[9] ADELBERG M. Mean drop size resulting from the injection of a liquid jet into a high-speed gas stream [J]. AIAA Journal，1968，6：1143-7.

第 3 章

火焰释热动力学

3.1 释热动力学概述

确定火焰热释放率对流动扰动的脉动响应是理解和预测热声不稳定现象的关键环节之一。火焰受到来流速度扰动的影响，会以热释放率脉动的响应形式呈现。根据扰动幅值的大小可将火焰对其响应分为两种不同情况，线性响应和非线性响应。当来流扰动的幅值较小时，可以认为火焰对输入信号的响应是线性的，此时火焰的响应只与施加扰动的频率相关，这种线性响应规律可以使用火焰传递函数(FTF)来量化，并以无量纲热释放率脉动和无量纲速度扰动的比值来定义 FTF。当来流速度扰动的幅值足够大时，其幅值对火焰响应的影响无法忽略，这个过程需要使用火焰描述函数(FDF)来确定，此时火焰通常会呈现出非线性饱和效应，即随着来流扰动幅值的增强，火焰响应会趋于饱和。

火焰传递函数(FTF)/火焰描述函数(FDF)对热声不稳定的研究起到至关重要的作用，受到世界各地科研人员的广泛关注，大量的研究成果切实促进了 FTF/FDF 对于火焰响应特性的理解以及热声不稳定的预测。FTF/FDF 的表达式可以写为：

$$F(f,|v'|)=\frac{\dot{Q}'/\overline{\dot{Q}}}{v'/\overline{v}} \tag{3.1}$$

式中，$\dot{Q}'/\overline{\dot{Q}}$为无量纲热释放率脉动，$v'/\overline{v}$ 为无量纲上游来流速度扰动，当在式(3.1)中考虑 $|v'|$ 的影响时为 FDF，反之则为 FTF。

目前对 FTF/FDF 的研究主要从三个方面展开，分别是实验测量，数值仿真，以及理论模型。最终，将得到的 FTF/FDF 拟合为 $n-\tau$ 模型[1]，其中 n 表示耦合强度；τ 表示相位延迟。这一模型兼具简便性和普适性，被广泛使用在热声不稳定的预测中。

3.2 火焰响应的实验研究

对于 FTF/FDF 的实验测量，一般将火焰视为一个整体，通过上游给定特定的速度扰动信号，使用化学发光[2-12]、激光干涉[13,14]或超声波飞行时间差[15]等方法来实现对火焰热释放率脉动的精确动态测量。以化学发光法为例，一般使用配备 CH^* 或 OH^* 滤光片的光电倍增管或高速相机对火焰的动态发光强度进行获取，并根据层流预混或弱湍流预混火焰的发光强度波动和热释放率脉动之间的线性定量关系获得 FTF/FDF。

对于层流预混火焰的 FTF 测量，Ducruix 等人[5]的研究发现，当量比为 0.95、出口速度为 0.96 m/s 的甲烷-空气火焰中，火焰锋面的扰动幅值与上游施加的扰动频率密切相关。通过使用配有 431 nm CH^* 滤光片的光电倍增管测量火焰的 CH^* 强度波动，获得热释放率的脉动信号，同时利用激光多普勒测速仪(LDV)测量速度扰动。分析结果表明，无量纲频率(角频率与出口半径的乘积除以入口平均体积速度)能够有效描述火焰对来流速度扰动的响应特性，且火焰的响应表现出低通滤波特性，并存在一个截止频率。

Noiray 等人[4]在另一项研究中，通过可变长度共振腔实验系统，对多孔板甲烷-空气预混小火焰的 FDF 进行了测量。使用带通滤波器配合光电倍增管测量火焰的 OH^* 强度波动，获得热释放率脉动信号，速度扰动则通过热线风速仪进行测量。实验结果显示，随着来流扰动幅值的增加，FDF 幅值逐渐下降，表现出非线性饱和效应，但相位变化不显著。

此外，还对单锥形、V 形、M 形及多锥形层流预混火焰的非线性响应特性进行了系统测量[9]。如图 3-1 和图 3-2 所示，不同火焰类型火焰发生振荡的瞬时图像和对应的 FDF 结果存在显著差异。在低频段，单锥形火焰的 FDF 幅值受来流扰动幅值影响较小，且相位随频率线性变化；在高频段，相位随频率增加而趋于饱和。V 形和 M 形火焰的 FDF 幅值在中频段超过 1，且随着来流扰动幅值的增加而下降，相位受扰动幅值影响较小，呈现出准线性变化。多锥形火焰的 FDF 幅值在窄频段内超过 1，且随频率升高，幅值受扰动幅值的影响加大；FDF 相位的斜率随来流扰动幅值的增加略有增大，但总体上仍保持准线性。

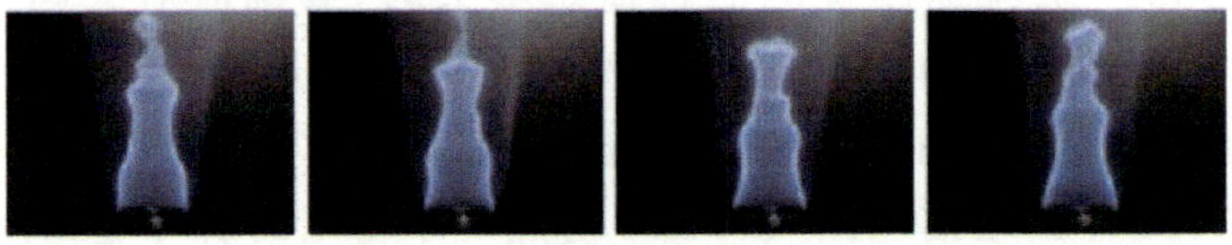

(a) 单锥形火焰

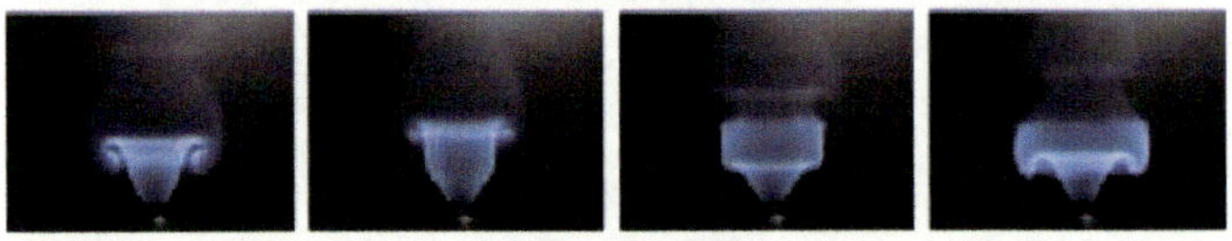

(b) V形火焰

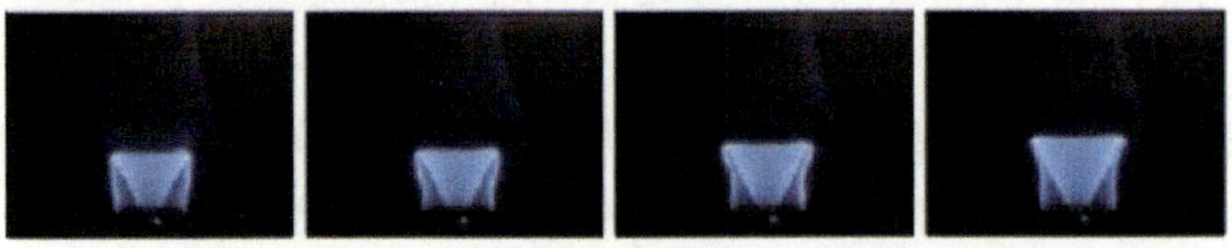

(c) M形火焰

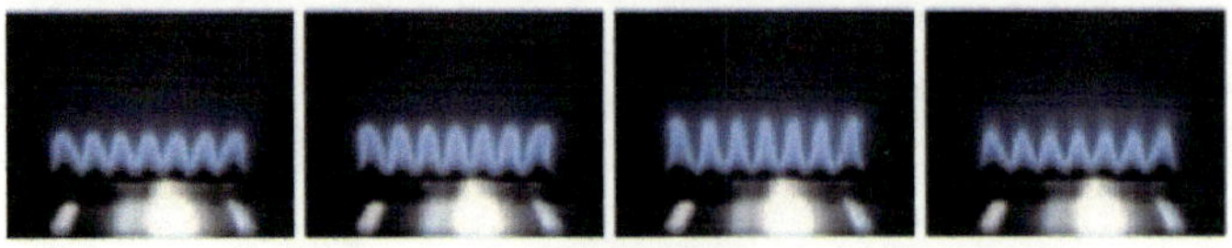

(d) 多锥形火焰

图 3-1 不同类型火焰发生振荡的瞬时图像[9]

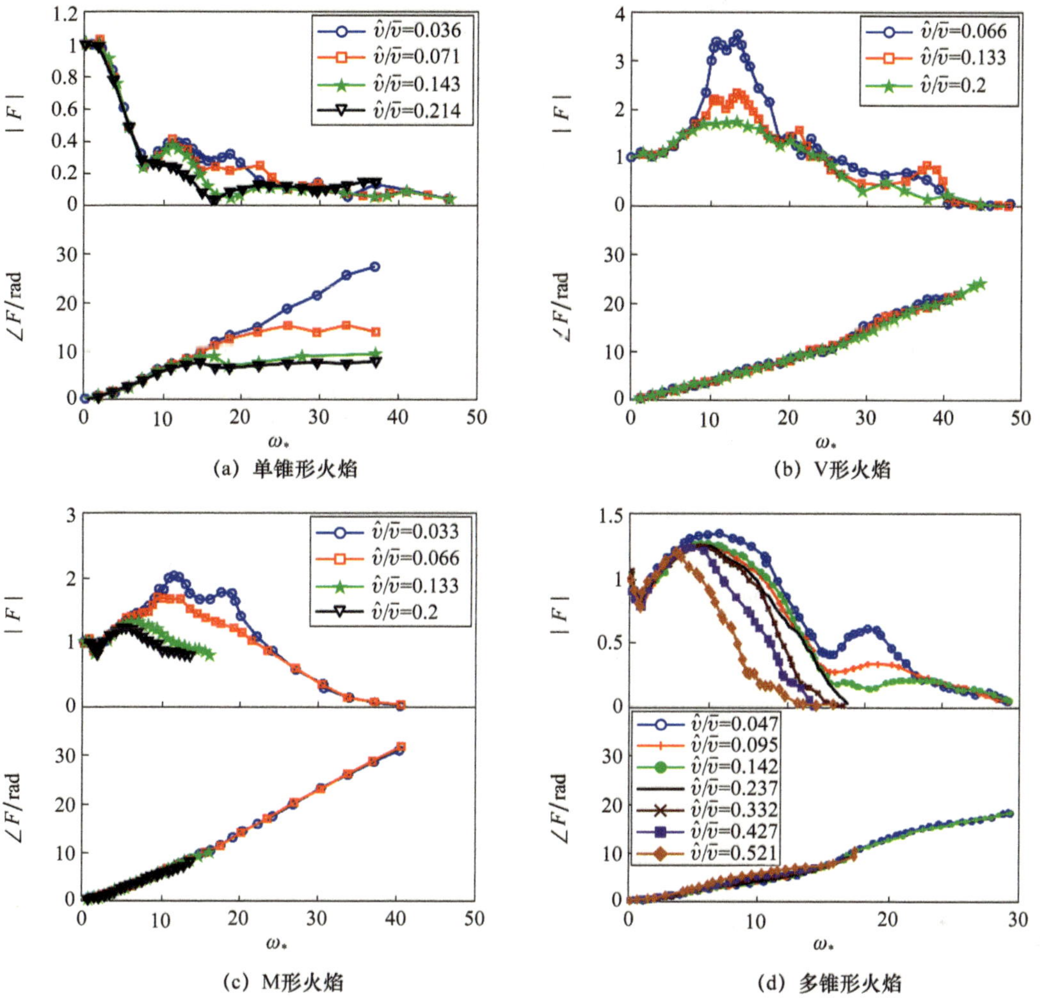

图 3－2　不同火焰类型对应的 FDF 结果[9]

Li 等人创新性地提出了两种实验测量 FTF 的方法。首先，他们克服了光学测量方法直接测量热释放率的限制，以甲烷-空气层流预混火焰为对象，发展了一种新型的超声波测量火焰热释放率的方法[15]，通过测量超声波在所测区域内飞行时间变化来捕捉火焰前锋面的运动轨迹，最终量化火焰热释放率脉动以计算 FTF，结果表明该方法具有较强的可实施性。其次，他们基于燃烧热释放率变化与密度变化的关系发展了使用激光干涉（Laser Interferometric Vibrometry，LIV）测量密度变化进而量化火焰热释放率脉动的方法[14]。这种方法可以摆脱传统化学发光法只能测量层流预混或弱湍流预混火焰的局限性，这意味着湍流扩散火焰的热释放率脉动测量成为可能。

3.3　火焰响应的数值研究

为了进一步理解 FTF/FDF 内在机制以及探究在复杂情况下火焰对上游扰动的响应机

理，研究人员在数值(仿真)方面同样取得了数量众多的成果。

基于大气环境下的旋流稳定湍流预混火焰的研究，Krediet 等人[16]通过大涡模拟(Large Eddy Simulation，LES)探讨了火焰响应的饱和机制。在燃烧室进口边界施加单频率谐波，并通过调整谐波的幅值和频率来获得 FDF，模拟结果与实验数据[17]高度吻合，验证了 LES 方法在这类研究中的有效性。

在钝体稳定湍流预混火焰的研究中，结合火焰面密度(Flame Surface Density，FSD)和分形方法，Han 和 Morgans[18]开发了一种新的 LES 方法，以模拟湍流中的火焰褶皱效应，并分析火焰在上游速度扰动下的非线性响应特性。仿真结果与实验数据[19]相比，二者在 FDF 特性上表现出良好的一致性。虽然在 FDF 幅值上存在一些差异，但这可能是由于模拟中忽略了壁面热损失效应及模型的某些局限性。此外，研究还表明，上游共振腔长度的变化对 FDF 的影响较小，这为长火焰燃烧室的稳定性和极限环分析提供了新的视角。

在对旋流稳定火焰的声学响应进行研究时，使用 LES 模拟，通过与实验结果比较，Dupuy 等人[20]首次实现了对 LES 下冷流和反应流结果的验证。研究结果显示，LES 能够准确捕捉火焰在不同位置的结构和速度参数。在特定频率范围内，LES 模拟的受迫火焰动态响应与实验数据吻合良好，进一步证明了 LES 方法在复杂火焰动力学模拟中的适用性。

3.4 火焰面动力学理论模型

Markstein 于 1964 年首次提出 G 方程的概念[21]，

$$\frac{\partial G}{\partial t}+\boldsymbol{u}\cdot\nabla G=S\left|\nabla G\right| \tag{3.2}$$

式中，S 为火焰传播速度(一般为层流火焰速度 S_L)，$\boldsymbol{u}$ 为火焰上游速度矢量，$\boldsymbol{u}\cdot\nabla G$ 为对流项，$|\nabla G|$ 为火焰垂直于自身向前发展的非线性源项。G 方程将火焰流域划分成三个部分，分别为反应区域($G<0$)、产物区域($G>0$)以及火焰锋面($G=0$)。通过对捕捉到的火焰前锋面进行空间积分，即可得到火焰前锋面面积。

当上游未施加来流扰动时求解的火焰面积为稳态火焰面积 $\overline{A}$。类似的在上游施加来流扰动即可以得到瞬态火焰面积，并将其减去 $\overline{A}$，即可以得到火焰面积脉动 A'。为了获得无量纲热释放率脉动，可使用如下方法进行转化：

$$\frac{\dot{Q}'}{\overline{\dot{Q}}}=\frac{\int Y_F'\mathrm{d}A}{\int\overline{Y}_F\mathrm{d}A}+\frac{\int\rho'\mathrm{d}A}{\int\overline{\rho}\mathrm{d}A}+\frac{\int S'\mathrm{d}A}{\int\overline{S}\mathrm{d}A}+\frac{A'}{\overline{A}} \tag{3.3}$$

式中，Y_F 为燃料的质量分数，ρ 为火焰上游工质的密度。针对层流或弱湍流预混火焰，存在以下近似关系：

$$Y_F'\approx 0,\frac{\int\rho'\mathrm{d}A}{\int\overline{\rho}\mathrm{d}A}\sim O(M)\frac{A'}{\overline{A}},\ S_L'\approx 0 \tag{3.4}$$

因此，可以通过无量纲火焰面积波动获得无量纲热释放率脉动：

$$\frac{\dot{Q}'}{\overline{\dot{Q}}} \approx \frac{A'}{\overline{A}} \tag{3.5}$$

进而可以计算 FTF 和 FDF。

使用 G 方程捕捉层流预混火焰前锋面，旨在量化上游速度扰动对稳定在管出口的层流预混锥型火焰的响应特性。为了简化该问题，Fieifil 等人进行了一定的假设[22]：(1) 火焰锋面是无限薄的，并且完全将反应物和产物分开，(2) 火焰沿着前锋面法线方向以层流火焰传播速度朝反应物推进，(3) 不考虑膨胀效应以及涡在火焰面上产生，(4) 流域和由于流动扰动产生的褶皱是对称的，(5) 压力脉动对火焰的影响较小。

3.4.1　层流射流纵向扰动下火焰面动力学理论模型

Schuller 等人[23]基于 Fieifil 等人[22]的框架，建立一个统一的层流 FTF 模型，对 G 方程的非线性源项 $|\nabla G|$ 进行了线性化，在二维速度场中 $\boldsymbol{u}=(u,v)$，故 G 方程可写成：

$$\frac{\partial G}{\partial t}+u\frac{\partial G}{\partial x}+v\frac{\partial G}{\partial y}=S_L\left[\left(\frac{\partial G}{\partial x}\right)^2+\left(\frac{\partial G}{\partial y}\right)^2\right]^{1/2} \tag{3.6}$$

对于稳态流动来说，$\overline{\boldsymbol{u}}=(0,\overline{v})$，令 $G_0=y-\overline{\eta}(x)=0$，可得：

$$\overline{\eta}(x)=x\left[(\overline{v}/S_L)^2-1\right]^{1/2}=x/\tan\alpha \tag{3.7}$$

当出现小扰动时，$\boldsymbol{u}=(u',\overline{v}+v')$，其中 u' 和 v' 远小于 $\overline{v}$。接着将坐标进行转化(见图 3.3)，其中 X 为沿火焰锋面，Y 垂直于火焰锋面，则 $G=Y-\xi(X,t)=0$，在新坐标下，G 方程可写成：

$$-\frac{\partial \xi}{\partial t}-U\frac{\partial \xi}{\partial X}+V=S_L\left[1+\left(\frac{\partial \xi}{\partial X}\right)^2\right]^{1/2} \tag{3.8}$$

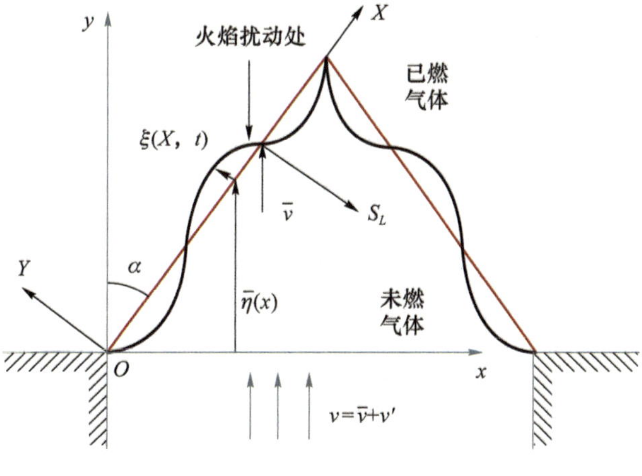

图 3-3　层流射流纵向扰动下火焰锋面示意图

式中，速度可写成 $U=\overline{U}+U'$，$V=\overline{V}+V'$，具体来说：

$$\overline{U}=\overline{v}\cos\alpha \tag{3.9}$$

$$\overline{V}=\overline{v}\sin\alpha \tag{3.10}$$

$$U'=v'\cos\alpha+u'\sin\alpha \tag{3.11}$$

$$V'=v'\sin\alpha-u'\cos\alpha \tag{3.12}$$

式中，U'和V'分别为(X,Y)坐标中火焰锋面的切向和法向速度扰动。

忽略式(3.8)的二阶项，并且代入平均项+扰动量的形式，因此：

$$\frac{\partial\xi}{\partial t}+(\overline{U}+U')\frac{\partial\xi}{\partial X}=\overline{V}-S_L+V' \tag{3.13}$$

式中，平均项为：

$$\frac{\partial\xi}{\partial t}+\overline{U}\ \frac{\partial\xi}{\partial X}=V'(X,t) \tag{3.14}$$

由式(3.14)的解：

$$\xi(X,t)=\frac{1}{\overline{U}}\int_0^X V'\left(X',t-\frac{X-X'}{\overline{u}}\right)\mathrm{d}X' \tag{3.15}$$

将扰动项的时空分离，可以写成 $V'(X,t)=\hat{V}(X)\mathrm{e}^{-\mathrm{i}\omega t}$，同样的火焰位置也可以写成 $\xi(X,t)=\hat{\xi}(X)\mathrm{e}^{-\mathrm{i}\omega t}$ 的形式，代入式(3.15)可改写为：

$$\hat{\xi}(X)=\frac{\mathrm{e}^{\mathrm{i}\omega\frac{X}{u}}}{\overline{U}}\int_0^X\hat{V}(X')\mathrm{e}^{-\mathrm{i}\omega\frac{X'}{U}}\mathrm{d}X' \tag{3.16}$$

速度扰动分别考虑了火焰上游扰动以声速传播和平均流速传播两种情形，并将这两种模型分别命名为均匀速度扰动模型和对流速度扰动模型。

对于均匀速度扰动模型来说，$u'=0$，$v'=\hat{v}\mathrm{e}^{-\mathrm{i}\omega t}$，进行坐标转化后可写成 $\hat{V}(X)=\hat{v}\sin\alpha$，$X=x/\sin\alpha$，$\overline{U}=\overline{v}\cos\alpha$，引入无量纲角频率 $\omega_*=\frac{\omega R}{S_L\cos\alpha}$，故式(3.16)可写成：

$$\frac{\hat{\xi}(x)\cos\alpha}{R}=\frac{\hat{v}}{\overline{v}}\frac{1}{\mathrm{i}\omega_*}\left[\mathrm{e}^{\mathrm{i}\omega_*\frac{x}{R}}-1\right] \tag{3.17}$$

式中，对于对流速度扰动模型来说，$u'=0$，$v'=\hat{v}\mathrm{e}^{\mathrm{i}ky-\mathrm{i}\omega t}$，$k=\omega/\overline{v}$ 为波数，同理可将式(3.16)写成：

$$\frac{\hat{\xi}(x)\cos\alpha}{R}=\frac{\hat{v}}{\overline{v}}\frac{1}{\mathrm{i}\omega_*}\frac{1}{1-\cos^2\alpha}\left[\mathrm{e}^{\mathrm{i}\omega_*\frac{x}{R}}-\mathrm{e}^{\mathrm{i}\omega_*\frac{x}{R}\cos^2\alpha}\right] \tag{3.18}$$

下面根据建立的火焰锋面扰动模型，计算火焰传递函数，火焰表面积的波动可以表示为 $\mathrm{d}A'=2\pi(R-x)\mathrm{d}l$，根据几何关系可得：

$$A'(t)=\frac{2\pi}{\tan\alpha}\int_0^R(R-x)\frac{\partial\xi}{\partial x}\mathrm{d}x \tag{3.19}$$

接着进行时空变量分离，即可得到：

$$A'=\frac{2\pi}{\tan\alpha}\int_0^R\hat{\xi}(x)\mathrm{d}x \tag{3.20}$$

对于均匀速度扰动模型来说，将式(3.17)代入式(3.20)中，再根据火焰传递函数(FTF)的表达式，可得：

$$F_{\mathrm{UCO}}(\omega_*)=\frac{2}{\omega_*^2}\left[1-\mathrm{e}^{\mathrm{i}\omega_*}+\mathrm{i}\omega_*\right] \tag{3.21}$$

对于对流速度扰动模型来说，将式(3.18)代入式(3.20)中，可得

$$F_{CCO}(\omega_*,\alpha)=\frac{2}{\omega_*^2}\frac{1}{1-\cos^2\alpha}\left[1-e^{i\omega_*}+\frac{e^{i\omega_*\cos^2\alpha}-1}{\cos^2\alpha}\right] \tag{3.22}$$

上述方法得到的火焰在均匀和对流速度扰动模型下的如图 3-4 所示，均匀速度扰动模型的 FTF 仅受无量纲角频率控制，且给出了很好的 FTF 幅值近似值，但仅给出了相位的合理近似值；而对流速度扰动模型还受到火焰燃烧速度与平均流速的比值控制，对流效应被证明会引起相位滞后的增加，FTF 响应基本呈现低通滤波器的形式。

另外，通过质量守恒关系，还可以推导出径向速度扰动不为 0 的不可压缩速度扰动模型，其中，$u'=-i\frac{k}{2}x\hat{v}e^{iky-i\omega t}$，$v'=\hat{v}e^{iky-i\omega t}$。Li 和 Morgans[24] 使用五阶加权基本非振荡（WENO）方案进行空间离散化，使用三阶总变分递减（TVD）Runge-Kutta 方案进行时间积分，对火焰曲率效应进行数值求解，被称为水平集法（level set approach，LSA）。在所有计算中，空间和时间分辨率都是固定的：$\Delta x=\Delta y=10^{-2}R$ 和 $\Delta t=10^{-3}R/\bar{v}$。

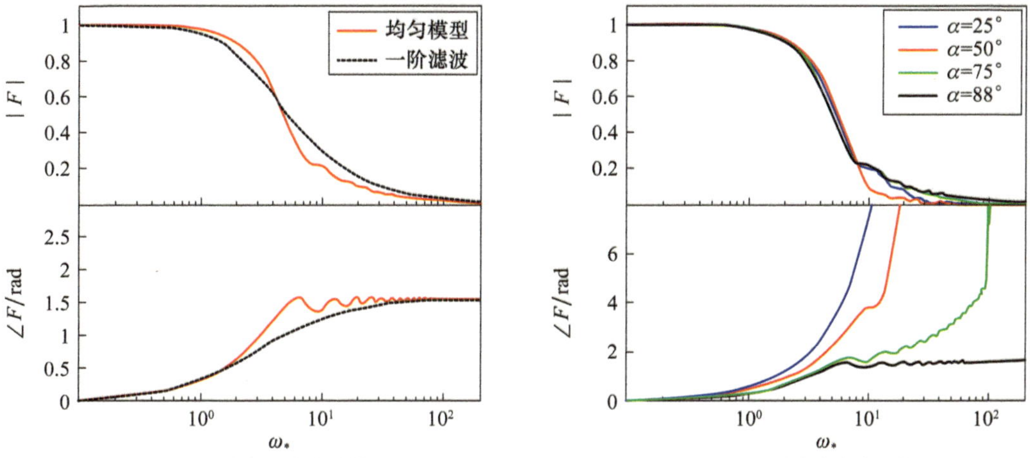

(a) 均匀速度扰动模型　　(b) 对流速度扰动模型

图 3-4　火焰在两种速度扰动模型下的 FTF

为了显著降低计算成本，采用了局部 LSA，仅考虑火焰前沿周围的网格。火焰中心线的边界条件是对称的，即火焰轴对称仅用于模拟火焰的一半。火焰根部被认为始终连接到燃烧器出口，火焰根部的 G 值在每个仿真时间步长重新初始化为 0。其他边界不需要边界条件，因为已实现本地 LSA。

使用 LSA 计算的 FDF 并与具有几乎相同燃烧器出口直径的类似层流射流预混火焰[9]的实验结果进行了比较。LSA 计算和实验测量的 FDF 如图 3-5 所示。FDF 具有低通滤波器的形状，在较高频率下具有明显的非线性——FDF 的幅值随着 $v'/\bar{v}$ 的增加而减小，但即使对于较大的 $v'/\bar{v}=0.214$，低频下的响应也呈线性。与幅值依赖性相比，强迫振幅的相位依赖性开始于更高的频率。FDF 的幅值和相位滞后通常都随 $v'/\bar{v}$ 的增加而减小，这与实验结果一致。可以清楚地得出结论，LSA 捕捉到了层流锥形预混火焰的火焰前沿运动和 FDF 的主要特征。接下来对火焰在纵向速度扰动下的时均火焰动力学特性进行分析。在来流扰动的作用

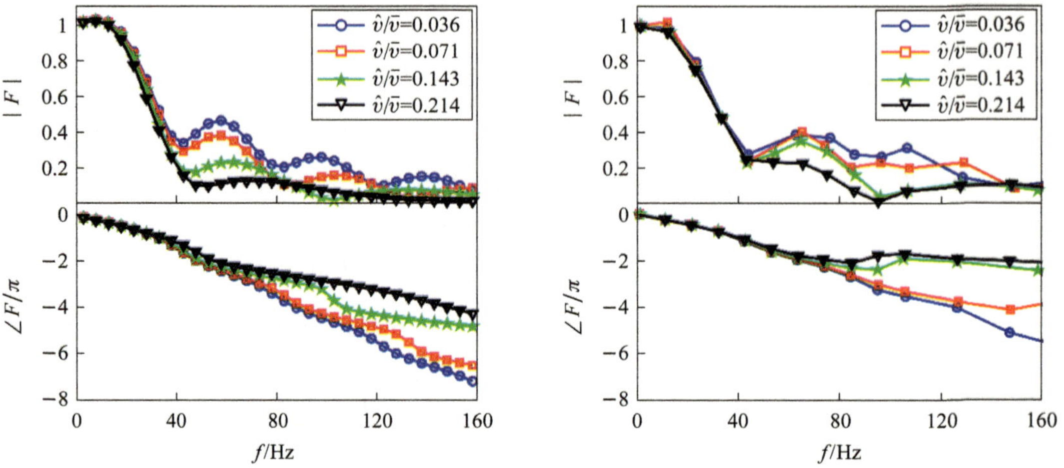

(a) LSA 计算结果 (b) 实验测量结果[9]

图 3-5 LSA 计算和实验测量的 FDF

(平均流速 $\bar{v}$=2.12 m/s,当量比 ϕ=1.08,火焰半径 R=11 mm)

下其时均火焰锋面会发生变化,即当存在流动扰动时火焰的时均锋面不等同于稳态锋面。时均火焰锋面主要由两部分组成:一是由层流火焰燃烧速度和平均流速度的平衡关系所形成的未受扰动的稳态火焰锋面;二是在摄动分析中火焰锋面二阶扰动项中包含的受速度扰动作用的 0 阶频率的时均火焰锋面。建立的层流射流时均火焰锋面如图 3-6 所示,描述火焰锋面运动的 G 方程可以改写为:

$$\frac{\partial\zeta}{\partial t}-\bar{v}-v'=-S_L\sqrt{1+\left(\frac{\partial\zeta}{\partial x}\right)^2} \tag{3.23}$$

式中,v' 为纵向速度扰动,$v'=\hat{v}\cos(kx/\tan\alpha-\omega t)$,$k$ 是纵向流动扰动的对流波数。

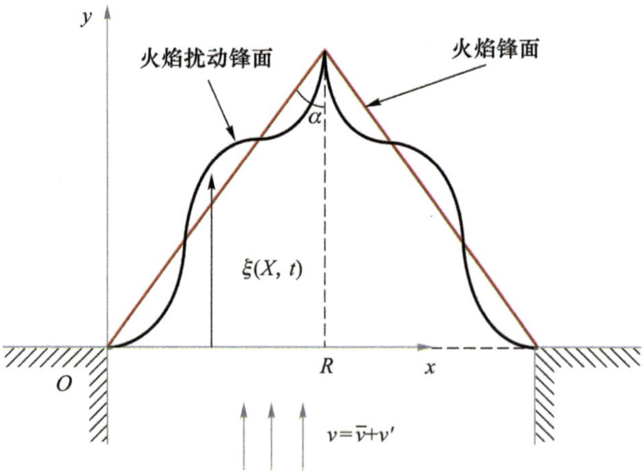

图 3-6 层流射流时均火焰锋面

在理论推导的过程中,选取无量纲参数 K 和 ω_0 以对理论模型的结果做无量纲化的处理。$k=\omega/v_c=K\omega/\bar{v}$,且 $K=\bar{v}/v_c$ 表示的是纵向平均流速度与纵向扰动传播速度之比。显然,K 的取值决定了纵向扰动传播速度模型。当 v_c 趋近无穷大时，$K=0$ 表示均匀模型。当 v_c 等于纵向平均流速度时，$K=1$ 表示对流模型。此外，K 的取值可以在 0 和 1 之间，也可以大于 1。无量纲频率定义为 $\omega_0=\omega R/S_L$。

受纵向速度扰动作用的火焰锋面可以表示为

$$\zeta_A(x,t)=\bar{\zeta}_A(x)+\zeta_A'(x,t) \tag{3.24}$$

式中，$\bar{\zeta}_A(x)$ 为时均火焰锋面，$\zeta_A'(x,t)$ 为火焰锋面扰动。

根据摄动法的原理，受扰动的火焰锋面也可以表示为多项式展开的形式。因此受纵向速度扰动调控的火焰锋面也可以表示为

$$\zeta_A(x,t)\approx\zeta_{0,A}(x)+\zeta_{1,A}(x,t)\varepsilon_A+\zeta_{2,A}(x,t)\varepsilon_A^2+\zeta_{3,A}(x,t)\varepsilon_A^3 \tag{3.25}$$

式中，$\varepsilon_A=\hat{v}/\bar{v}$ 为纵向速度扰动幅值与纵向平均流速度的比值。$\zeta_{0,A}(x)=x/\tan\alpha$ 为未受扰动作用的稳态火焰锋面的垂直位置。受纵向扰动作用的 0 阶时均火焰锋面来源于式(3.25)中的非线性项 $\zeta_{2,A}(x,t)$。

将式(3.25)代入式(3.23)中，非线性源项 $\sqrt{1+(\partial\zeta_A/\partial x)^2}$ 可以采用泰勒展开进行化简：

$$\begin{aligned}\sqrt{1+\left(\frac{\partial\zeta_A}{\partial x}\right)^2}\approx&\left[1+\left(\frac{\partial\zeta_{0,A}}{\partial x}\right)^2\right]^{\frac{1}{2}}\\&+\frac{\partial\zeta_{0,A}}{\partial x}\left[1+\left(\frac{\partial\zeta_{0,A}}{\partial x}\right)^2\right]^{-\frac{1}{2}}\cdot\left(\frac{\partial\zeta_{1,A}}{\partial x}\varepsilon_A+\frac{\partial\zeta_{2,A}}{\partial x}\varepsilon_A^2+\frac{\partial\zeta_{3,A}}{\partial x}\varepsilon_A^3\right)\\&+\frac{1}{2}\left\{\left[1+\left(\frac{\partial\zeta_{0,A}}{\partial x}\right)^2\right]^{-\frac{1}{2}}-\left(\frac{\partial\zeta_{0,A}}{\partial x}\right)^2\left[1+\left(\frac{\partial\zeta_{0,A}}{\partial x}\right)^2\right]^{-\frac{3}{2}}\right\}\cdot\\&\left(\frac{\partial\zeta_{1,A}}{\partial x}\varepsilon_A+\frac{\partial\zeta_{2,A}}{\partial x}\varepsilon_A^2+\frac{\partial\zeta_{3,A}}{\partial x}\varepsilon_A^3\right)^2\end{aligned} \tag{3.26}$$

为简化推导的计算过程，$\cos(kx/\tan\alpha-\omega t)$ 可以改写为：

$$\cos(kx/\tan\alpha-\omega t)=\frac{\mathrm{e}^{\mathrm{i}kx/\tan\alpha-\mathrm{i}\omega t}+\mathrm{e}^{-\mathrm{i}kx/\tan\alpha+\mathrm{i}\omega t}}{2} \tag{3.27}$$

同时，火焰锋面扰动的解析解的形式为

$$\zeta_{1,A}(x,t)=\hat{\zeta}_{11,A}(x)\mathrm{e}^{-\mathrm{i}\omega t}+\hat{\zeta}_{12,A}(x)\mathrm{e}^{\mathrm{i}\omega t} \tag{3.28}$$

$$\zeta_{2,A}(x,t)=\zeta_{20,A}(x)+\hat{\zeta}_{21,A}(x)\mathrm{e}^{-2\mathrm{i}\omega t}+\hat{\zeta}_{22,A}(x)\mathrm{e}^{2\mathrm{i}\omega t} \tag{3.29}$$

$$\zeta_{3,A}(x,t)=\hat{\zeta}_{31,A}(x)\mathrm{e}^{-\mathrm{i}\omega t}+\hat{\zeta}_{32,A}(x)\mathrm{e}^{\mathrm{i}\omega t} \tag{3.30}$$

将式(3.25)～式(3.30)代入式(3.23)，关于火焰锋面扰动的偏微分方程可以退化为常微分方程，大大简化了计算求解。火焰锋面的一阶扰动项的无量纲控制方程为

$$\frac{\mathrm{d}\hat{\zeta}_{11,A}}{\mathrm{d}x}-\frac{\mathrm{i}\omega_0}{R\cos\alpha}\hat{\zeta}_{11,A}=\frac{1}{\sin 2\alpha}\mathrm{e}^{\frac{\mathrm{i}K\omega_0\cos\alpha}{R}x} \tag{3.31}$$

$$\frac{\mathrm{d}\hat{\zeta}_{12,A}}{\mathrm{d}x}+\frac{\mathrm{i}\omega_0}{R\cos\alpha}\hat{\zeta}_{12,A}=\frac{1}{\sin 2\alpha}\mathrm{e}^{-\frac{\mathrm{i}K\omega_0\cos\alpha}{R}x} \tag{3.32}$$

火焰锋面的二阶扰动项的无量纲方程为

$$\frac{\mathrm{d}\zeta_{20,A}}{\mathrm{d}x}=-\sin^2\alpha\tan\alpha\frac{\mathrm{d}\hat{\zeta}_{11,A}}{\mathrm{d}x}\frac{\mathrm{d}\hat{\zeta}_{12,A}}{\mathrm{d}x} \tag{3.33}$$

$$\frac{\mathrm{d}\hat{\zeta}_{21,A}}{\mathrm{d}x}-\frac{2\mathrm{i}\omega_0}{R\cos\alpha}\hat{\zeta}_{21,A}=-\frac{1}{2}\sin^2\alpha\tan\alpha\left(\frac{\mathrm{d}\hat{\zeta}_{11,A}}{\mathrm{d}x}\right)^2 \tag{3.34}$$

$$\frac{\mathrm{d}\hat{\zeta}_{22,A}}{\mathrm{d}x}+\frac{2\mathrm{i}\omega_0}{R\cos\alpha}\hat{\zeta}_{22,A}=-\frac{1}{2}\sin^2\alpha\tan\alpha\left(\frac{\mathrm{d}\hat{\zeta}_{12,A}}{\mathrm{d}x}\right)^2 \tag{3.35}$$

火焰锋面的三阶扰动项的无量纲方程为

$$\frac{\mathrm{d}\hat{\zeta}_{31,A}}{\mathrm{d}x}-\frac{\mathrm{i}\omega_0}{R\cos\alpha}\hat{\zeta}_{31,A}=-\sin^2\alpha\tan\alpha\left(\frac{\mathrm{d}\zeta_{20,A}}{\mathrm{d}x}\frac{\mathrm{d}\hat{\zeta}_{11,A}}{\mathrm{d}x}+\frac{\mathrm{d}\hat{\zeta}_{12,A}}{\mathrm{d}x}\frac{\mathrm{d}\hat{\zeta}_{21,A}}{\mathrm{d}x}\right) \tag{3.36}$$

$$\frac{\mathrm{d}\hat{\zeta}_{32,A}}{\mathrm{d}x}+\frac{\mathrm{i}\omega_0}{R\cos\alpha}\hat{\zeta}_{32,A}=-\sin^2\alpha\tan\alpha\left(\frac{\mathrm{d}\zeta_{20,A}}{\mathrm{d}x}\frac{\mathrm{d}\hat{\zeta}_{12,A}}{\mathrm{d}x}+\frac{\mathrm{d}\hat{\zeta}_{11,A}}{\mathrm{d}x}\frac{\mathrm{d}\hat{\zeta}_{22,A}}{\mathrm{d}x}\right) \tag{3.37}$$

无量纲火焰锋面一阶扰动项 $\hat{\zeta}_{11,A}$ 和 $\hat{\zeta}_{12,A}$ 的解析解为

$$\hat{\zeta}_{11,A}(x)=\frac{\mathrm{i}R}{2\omega_0\sin\alpha(1-K\cos^2\alpha)}\left(\mathrm{e}^{\frac{\mathrm{i}K\omega_0\cos\alpha}{R}x}-\mathrm{e}^{\frac{\mathrm{i}\omega_0}{R\cos\alpha}x}\right) \tag{3.38}$$

$$\hat{\zeta}_{12,A}(x)=-\frac{\mathrm{i}R}{2\omega_0\sin\alpha(1-K\cos^2\alpha)}\left(\mathrm{e}^{-\frac{\mathrm{i}K\omega_0\cos\alpha}{R}x}-\mathrm{e}^{-\frac{\mathrm{i}\omega_0}{R\cos\alpha}x}\right) \tag{3.39}$$

无量纲火焰锋面二阶扰动项 $\zeta_{20,A}(x)$ 的解析解为

$$\begin{aligned}\zeta_{20,A}(x)=&-\frac{\tan\alpha}{4\,(1-K\cos^2\alpha)^2}(K^2\cos^2\alpha+1/\cos^2\alpha)x\\&+\frac{\mathrm{i}KR\sin\alpha}{4\omega_0\,(1-K\cos^2\alpha)^3}\begin{pmatrix}\mathrm{e}^{-\frac{\mathrm{i}\omega_0(1-K\cos^2\alpha)}{R\cos\alpha}x}\\-\mathrm{e}^{\frac{\mathrm{i}\omega_0(1-K\cos^2\alpha)}{R\cos\alpha}x}\end{pmatrix}\end{aligned} \tag{3.40}$$

不难看出时均火焰锋面可以由二阶非线性项 $\zeta_{20,A}(x)$ 诱导产生。因此，纵向速度扰动下的时均火焰锋面可以表示为

$$\bar{\zeta}_A(x)=\zeta_{0,A}(x)+\zeta_{20,A}(x)\varepsilon^2 \tag{3.41}$$

采用摄动法求解的受来流扰动调控的非线性时均火焰锋面动力学模型，称为解析摄动模型。

时均热释放率可以用时均火焰锋面表面积来近似表示。时均火焰锋面表面积的表达式为

$$\overline{\dot{Q}}_A=\dot{Q}_{0,A}+\dot{Q}_{20,A} \tag{3.42}$$

式中，$\dot{Q}_{0,A}$ 是由稳态火焰锋面 $\zeta_{0,A}(x)$ 引起的，$\dot{Q}_{20,A}$ 是由受速度扰动调控的非线性火焰锋面 $\zeta_{20,A}(x)\varepsilon_A^2$ 引起的。

对于解析摄动模型，纵向流动扰动调控的二维层流预混锥型火焰的时均锋面表面积的两个分量 $\dot{Q}_{0,CA}$ 和 $\dot{Q}_{20,CA}$ 可以分别表示为

$$\dot{Q}_{0,CA}=\frac{\pi R^2}{\sin\alpha} \tag{3.43}$$

$$\dot{Q}_{20,CA}=\int_0^R 2\pi(R-x)\cos\alpha\,\frac{\partial\zeta_{20,A}(x)\varepsilon_A^2}{\partial x}\mathrm{d}x \tag{3.44}$$

因此，可以定义层流射流纵向扰动下火焰的时均锋面表面积传递函数为

$$F_C(\omega_0,\alpha)=\frac{\dot{Q}_{20,CA}/\dot{Q}_{0,CA}}{\varepsilon_A^2}$$
$$=-\frac{\sin^2\alpha(K^2\cos^2\alpha+1/\cos^2\alpha)}{4(1-K\cos^2\alpha)^2}+\frac{K\sin^2\alpha\cos^2\alpha}{\omega_0^2(1-K\cos^2\alpha)^4}\cdot \tag{3.45}$$
$$\left[1-\cos\left(\frac{\omega_0(1-K\cos^2\alpha)}{\cos\alpha}\right)\right]$$

采用均匀模型($K=0$)的时均锋面表面积传递函数可以简化为

$$F_{\mathrm{UCF}}=-\frac{\tan^2\alpha}{4} \tag{3.46}$$

显然,F_{UCF}仅与火焰尖端半角α有关,而与扰动频率等无关。当火焰尖端半角α趋近于 90 度时,F_{UCF}的值趋近于无穷。这个极限情况也侧面反映出短火焰的非线性更强。

采用对流模型($K=1$)的时均锋面表面积传递函数可以简化为

$$F_{\mathrm{CCF}}=-\frac{(\cos^2\alpha+1/\cos^2\alpha)}{4(1-\cos^2\alpha)}+\frac{\cos^2\alpha}{\omega_0^2(1-\cos^2\alpha)^3}\left[1-\cos\left(\frac{\omega_0(1-\cos^2\alpha)}{\cos\alpha}\right)\right] \tag{3.47}$$

分别采用均匀模型和对流模型的二维层流射流火焰在不同火焰尖端半角时均锋面表面积传递函数如图 3-7 所示。需要说明的是,时均锋面表面积传递函数$F_C(\omega_0,\alpha)$与纵向来流扰动的幅值无关。$F_C(\omega_0,\alpha)$的值小于 0,表明时均火焰锋面相对于稳态火焰锋面更加紧缩。采用对流模型的$F_C(\omega_0,\alpha)$的绝对值随着扰动频率的增大而增大。结果表明,火焰尖端半角对二维层流预混锥型火焰时均锋面表面积传递函数具有重要的影响。

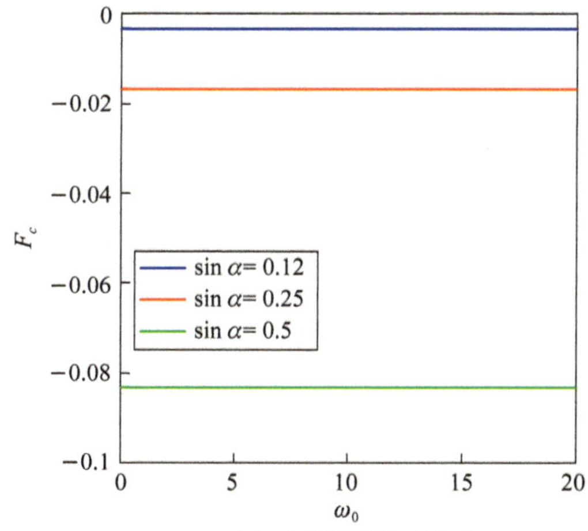

(a) 均匀速度扰动模型

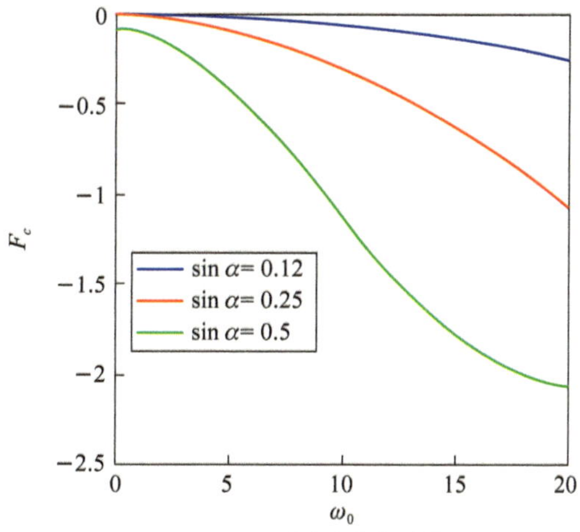

(b) 对流速度扰动模型

图 3-7　不同火焰尖端半角的时均锋面表面积传递函数

采用不同纵向扰动传播速度模型的时均锋面表面积传递函数如图 3-8 所示,$K=0.5$表示$v_c=2\bar{v}$,即纵向扰动传播速度是纵向平均流速度的 2 倍。$K=1.5$表示$v_c=\frac{2}{3}\bar{v}$,且$K=2$表示$v_c=\frac{1}{2}\bar{v}$。$F_C(\omega_0,\alpha)$随K的变化不是单调的,存在最佳取值的K,使得$F_C(\omega_0,\alpha)$的绝对值最大。结果表明,纵向扰动传播速度模型对时均火焰热释放率具有重要的影响。

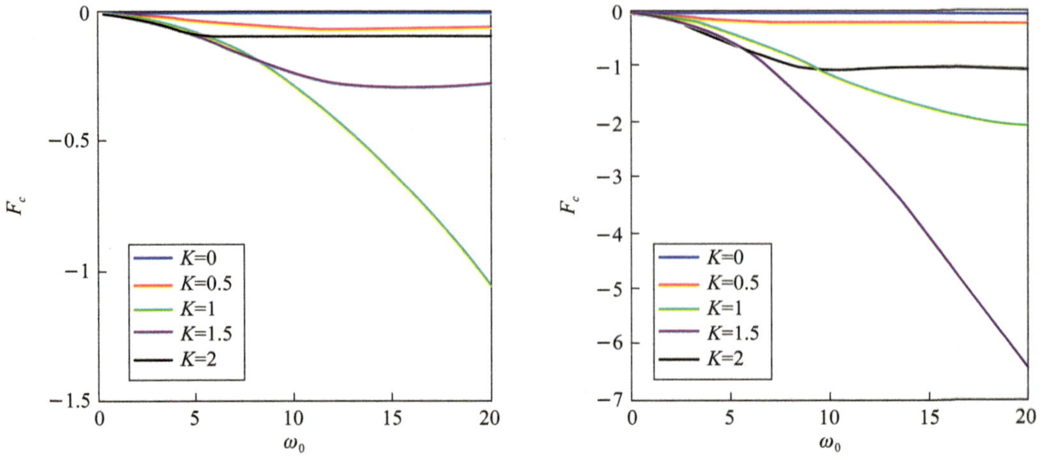

(a) $\sin\alpha=0.25$　　(b) $\sin\alpha=0.5$

图 3-8　采用不同纵向扰动传播速度模型的时均锋面表面积传递函数

二维层流射流火焰的时均锋面表面积传递函数随无量纲波数 K 的极值变化情况如图 3-9 所示。随着火焰尖端半角的增大，极值点 K 的值也增大。当无量纲扰动频率 $\omega_0=15$ 时，$F_C(\omega_0,\alpha)$ 的绝对值在 $K=1$ 时最大。

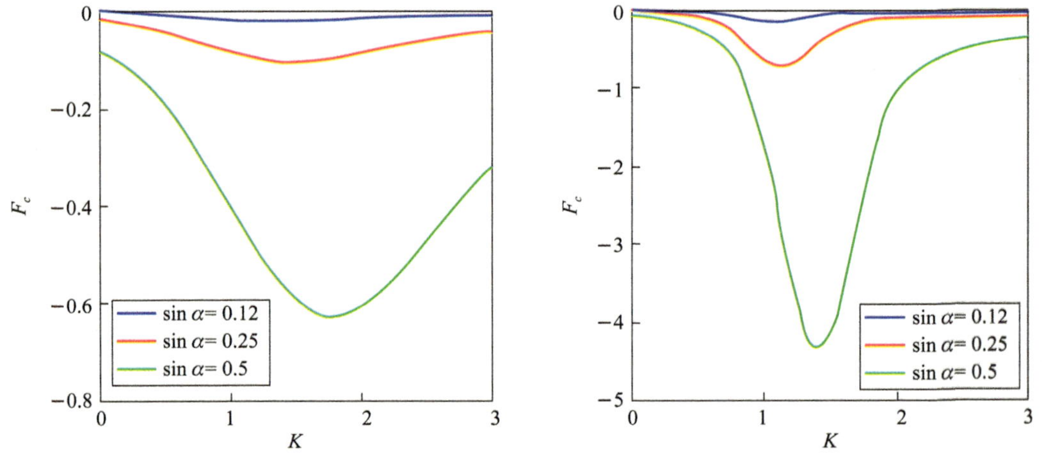

(a) $\omega_0=5$　　(b) $\omega_0=15$

图 3-9　时均锋面表面积传递函数随无量纲波数 K 的极值变化规律

3.4.2　层流射流横向扰动下火焰面动力学理论模型

流动速度可以表示为 $\boldsymbol{u}=(\bar{u}+u',\bar{v})$，即火焰同时受到横向平均流和纵向平均流的作用，且仅在横向上受到流动扰动的调控作用。由于纵向和横向平均流动的存在，火焰呈非对称的形态，则火焰倾斜角可以用 α_L 和 α_R 来表示。沿左右两侧的稳态火焰锋面建立了两个新的参考坐标系 X_L-Y_L 和 X_R-Y_R，以简化火焰锋面位置的解析解的理论推导过程。需要说明的是，本节中仅讨论 $\bar{u}\geqslant 0$ 的情况，即火焰锋面总是呈现向右侧弯曲的形态。

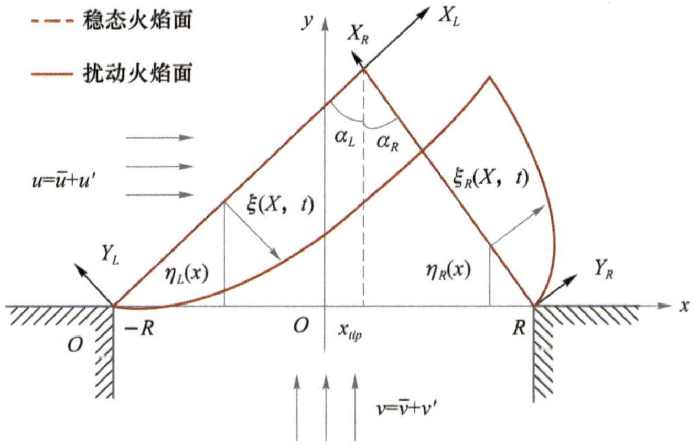

图 3-10 存在横向扰动的层流射流火焰模型

在二维的火焰模型中，横向的流动扰动从火焰左侧向右侧传播。在参考坐标系 X_L-Y_L 和 X_R-Y_R 上的平均流速可以表示为

$$\overline{U}_L=\bar{v}\cos\alpha_L+\bar{u}\sin\alpha_L \tag{3.48}$$

$$\overline{V}_L=\bar{v}\sin\alpha_L-\bar{u}\cos\alpha_L \tag{3.49}$$

$$\overline{U}_R=\bar{v}\cos\alpha_R-\bar{u}\sin\alpha_R \tag{3.50}$$

$$\overline{V}_R=\bar{v}\sin\alpha_R+\bar{u}\cos\alpha_R \tag{3.51}$$

火焰锋面的倾斜角 α_L 和 α_R，可以基于稳态火焰锋面上的速度平衡关系来求得：

$$\sin\alpha_L=\frac{\sin\alpha+\Theta\cos\alpha\tan\beta}{1+\tan^2\beta} \tag{3.52}$$

$$\sin\alpha_R=\frac{\sin\alpha-\Theta\cos\alpha\tan\beta}{1+\tan^2\beta} \tag{3.53}$$

式中，$\Theta=(1+\tan^2\beta/\cos^2\alpha)^{1/2}$，$\sin\alpha=S_L/\bar{v}$，$\tan\beta=\bar{u}/\bar{v}$，$\alpha$ 为不存在横向平均流和扰动时的火焰尖端半角。

需要注意的是，横向平均流速度 $\bar{u}$ 与层流火焰燃烧速度 S_L 之间的关系决定了火焰几何形态的极限状态。当 $\bar{u}=S_L$ 时，火焰倾斜角 $\alpha_R=0$；当 $\bar{u}<S_L$ 时，两个火焰倾斜角 α_L 和 α_R 都为正；而当 $\bar{u}>S_L$ 时，火焰倾斜角 α_R 为负。对于火焰几何结构的极限状态的讨论，有利于深入理解和认识火焰锋面动力学的物理模型。

火焰尖端点的稳态位置($\bar{x}_{\text{tip}}$，$\bar{y}_{\text{tip}}$)可以通过三角几何关系推导得到：

$$\bar{x}_{\text{tip}}=\frac{2R\tan\alpha_L}{\tan\alpha_L+\tan\alpha_R}-R \tag{3.54}$$

$$\bar{y}_{\text{tip}}=\frac{2R}{\tan\alpha_L+\tan\alpha_R} \tag{3.55}$$

在沿火焰锋面建立的参考坐标系上，速度扰动分别可以表示为

$$U'_L=u'\sin\alpha_L \tag{3.56}$$

$$V'_L=-u'\cos\alpha_L \tag{3.57}$$

$$U'_R=-u'\sin\alpha_R \tag{3.58}$$

$$V'_R=u'\cos\alpha_R \tag{3.59}$$

火焰锋面可以描述为 $G=Y-\xi(X,t)$，将其代入 G 方程可以推导得到关于左右两侧火焰

锋面的扰动量的控制方程为：

$$\frac{\partial \xi_L}{\partial t}+\overline{U}_L\frac{\partial \xi_L}{\partial X_L}=V_L'(X_L,t) \tag{3.60}$$

$$\frac{\partial \xi_R}{\partial t}+\overline{U}_R\frac{\partial \xi_R}{\partial X_R}=V_R'(X_R,t) \tag{3.61}$$

横向速度扰动 u' 的表达式为：

$$u'=\hat{u}\mathrm{e}^{\mathrm{i}kx-\mathrm{i}\omega t} \tag{3.62}$$

式中，$\hat{u}$ 为横向速度扰动的幅值。显然，无量纲波数 $K=\overline{u}/u_c$ 为横向平均流速度与横向扰动传播速度的比值。当扰动以声速传播时，$K=\overline{u}/\overline{c}=Ma\approx 0$。由于穿过火焰的横向马赫数非常小，通常可以认为 K 等于 0，这种横向扰动传播速度模型被称作均匀模型。当扰动以横向平均流速度传播时，$K=1$，该横向扰动传播速度模型被称为对流模型。然而，横向扰动的传播速度是等于声速或横向平均流速度，还是受到二者的耦合作用，至今仍然没有确定的结论。因此，接下来对扰动传播速度模型对于火焰传递函数的影响规律进行了研究和讨论。

在简谐波形式的横向速度扰动的作用下，左右两侧的火焰锋面的扰动也是简谐波的形式，并且分别表示为：$\xi_L=\hat{\xi}_L\mathrm{e}^{-\mathrm{i}\omega t}$ 和 $\xi_R=\hat{\xi}_R\mathrm{e}^{-\mathrm{i}\omega t}$。通过代入火焰锋面水平位置 $x=X_L\sin\alpha_L-R$ 和 $x=R-X_R\sin\alpha_R$ 到式(3.60)-式(3.62)中，推导得到火焰锋面扰动 $\hat{\xi}_L$ 和 $\hat{\xi}_R$ 的解析解的表达式为：

$$\frac{\hat{\xi}_L(x)}{R}=\frac{\varepsilon\cos\alpha_L\tan\beta}{\mathrm{i}\omega_0[K\sin\alpha_L(\cos\alpha_L+\tan\beta\sin\alpha_L)-\tan\beta]}\cdot\left[\mathrm{e}^{\frac{\mathrm{i}\omega_0\sin\alpha}{R\sin\alpha_L(\cos\alpha_L+\tan\beta\sin\alpha_L)}(R+x)-\frac{\mathrm{i}K\omega_0\sin\alpha}{\tan\beta}}-\mathrm{e}^{\frac{\mathrm{i}K\omega_0\sin\alpha}{R\tan\beta}x}\right] \tag{3.63}$$

$$\frac{\hat{\xi}_R(x)}{R}=\frac{\varepsilon\cos\alpha_R\tan\beta}{\mathrm{i}\omega_0[K\sin\alpha_R(\cos\alpha_R-\tan\beta\sin\alpha_R)+\tan\beta]}\cdot\left[\mathrm{e}^{\frac{\mathrm{i}\omega_0\sin\alpha}{R\sin\alpha_R(\cos\alpha_R-\tan\beta\sin\alpha_R)}(R-x)+\frac{\mathrm{i}K\omega_0\sin\alpha}{\tan\beta}}-\mathrm{e}^{\frac{\mathrm{i}K\omega_0\sin\alpha}{R\tan\beta}x}\right] \tag{3.64}$$

式中，$\omega_0=\omega R/s_L$ 和 $\varepsilon=\hat{u}/\overline{u}$ 分别为无量纲频率和无量纲的横向速度扰动幅值。

火焰尖端点的运动对横向扰动下的火焰传递函数具有重要的影响，尤其是对低频情况下的火焰传递函数的影响较大。因此，推导横向扰动下的火焰尖端点的显式解析解是非常有必要的。火焰尖端点本质上是火焰两个锋面的交叉形成的，因此可以通过时域内的几何平衡关系确定火焰尖端点的位置：

$$\begin{aligned}
&\frac{R+x_{\mathrm{tip}}}{\tan\alpha_L}+\frac{R\varepsilon\cos\alpha_L}{\omega_0\sin\alpha_L[K\sin\alpha_L(\cos\alpha_L/\tan\beta+\sin\alpha_L)-1]}\cdot\\
&\quad\left[\begin{array}{l}\sin\left[\dfrac{\omega_0\sin\alpha(R+x_{\mathrm{tip}})}{R\sin\alpha_L(\cos\alpha_L+\tan\beta\sin\alpha_L)}-K\omega_0\sin\alpha/\tan\beta-\omega t\right]\\ -\sin\left(\dfrac{K\omega_0\sin\alpha}{R\tan\beta}x_{\mathrm{tip}}-\omega t\right)\end{array}\right]\\
&=\frac{R-x_{\mathrm{tip}}}{\tan\alpha_R}+\frac{R\varepsilon\cos\alpha_R}{\omega_0\sin\alpha_R[K\sin\alpha_R(\cos\alpha_R/\tan\beta-\sin\alpha_R)+1]}\cdot\\
&\quad\left[\begin{array}{l}\sin\left[\dfrac{\omega_0\sin\alpha(R-x_{\mathrm{tip}})}{R\sin\alpha_R(\cos\alpha_R-\tan\beta\sin\alpha_R)}+K\omega_0\sin\alpha/\tan\beta-\omega t\right]\\ -\sin\left(\dfrac{K\omega_0\sin\alpha}{R\tan\beta}x_{\mathrm{tip}}-\omega t\right)\end{array}\right]
\end{aligned} \tag{3.65}$$

火焰尖端点的位置 $x_{\rm tip}(t)$ 在瞬时时刻 t 的解可以通过对式(3.65)进行数值求解得到。但是在计算火焰传递函数时，通过数值方法计算得到的火焰尖端点 $x_{\rm tip}(t)$ 的隐式解作为积分边界，会造成无法得到显式表达的火焰传递函数的解析解。因此，对火焰尖端点进行线性化处理，以得到其显式解析解的表达式。火焰尖端点的位置是由火焰左右两侧锋面的几何关系 $y_L=y_R$ 决定的：

$$\eta_L+\xi_L/\sin\alpha_L=\eta_R+\xi_R/\sin\alpha_R \tag{3.66}$$

式中，η_L 和 η_R 分别为火焰左右两侧锋面的稳态位置。

对于线性分析来说，横向平均流与纵向平均流的速度比值较小，火焰倾斜角 α_L 和 α_R 的扰动也较小，可以假设 α_L 和 α_R 保持恒定。如果在线性化的过程中考虑 α_L 和 α_R 的扰动变化，则火焰的稳态锋面也会随时间振荡变化，而参考坐标系建立在稳态火焰锋面上，这会造成解析表达式的推导变得极为困难。在此基础上，将式(3.63)和式(3.64)代入式(3.66)中，可以得到火焰尖端点水平位置的隐式方程。为了得到火焰尖端点的显式解析解，基于线性小扰动假设，可以将火焰尖端点视作稳态量和线性小扰动量的叠加：

$$x_{\rm tip}=\overline{x}_{\rm tip}+x'_{\rm tip}=\overline{x}_{\rm tip}+\hat{x}_{\rm tip}{\rm e}^{-{\rm i}\omega t} \tag{3.67}$$

代入式(3.67)到式(3.66)中，可以得到火焰尖端点的线性扰动 $\hat{x}_{\rm tip}$ 的表达式：

$$\hat{x}_{\rm tip}=\frac{\hat{\xi}_R(\overline{x}_{\rm tip})/\sin\alpha_R-\hat{\xi}_L(\overline{x}_{\rm tip})/\sin\alpha_L}{1/\tan\alpha_L+1/\tan\alpha_R} \tag{3.68}$$

需要注意的是，火焰尖端点的线性扰动的显式解析解 $\hat{x}_{\rm tip}$ 仅考虑一阶主频项，忽略了其他高阶频率项。这种线性小扰动的处理得到的结果，可以与式(3.65)中的隐式解进行对比，以验证该方法的正确性。

接下来，分析火焰传递函数 FTF，平均火焰锋面表面积为 $\overline{A}=R(1/\sin\alpha_L+1/\sin\alpha_R)+\overline{x}_{\rm tip}(1/\sin\alpha_L-1/\sin\alpha_R)$。火焰左右两侧的锋面扰动应分别计算。当来流扰动幅值较小时，对火焰左右两侧锋面表面积的积分进行线性化处理以得到两侧锋面的时域火焰传递函数：

$$\begin{aligned}F_{\rm CL}(t)&=\frac{A'_L(t)/\overline{A}}{(\varepsilon\sin\alpha)/\tan\beta}\\&=\frac{x'_{\rm tip}(t)\tan\beta}{\varepsilon\overline{A}\sin\alpha_L\sin\alpha}\\&\quad+\frac{R\cos^2\alpha_L\tan^2\beta{\rm e}^{-{\rm i}\omega t}}{{\rm i}\omega_0\overline{A}\sin\alpha\sin\alpha_L[K\sin\alpha_L(\cos\alpha_L+\tan\beta\sin\alpha_L)-\tan\beta]}\cdot\\&\quad\left[{\rm e}^{\frac{{\rm i}\omega_0\sin\alpha}{R\sin\alpha_L(\cos\alpha_L+\tan\beta\sin\alpha_L)}(R+x_{\rm tip}(t))-\frac{{\rm i}K\omega_0\sin\alpha}{\tan\beta}}-{\rm e}^{\frac{{\rm i}K\omega_0\sin\alpha}{R\tan\beta}x_{\rm tip}(t)}\right]\end{aligned} \tag{3.69}$$

$$\begin{aligned}F_{\rm CR}(t)&=\frac{A'_R(t)/\overline{A}}{(\varepsilon\sin\alpha)/\tan\beta}\\&=-\frac{x'_{\rm tip}(t)\tan\beta}{\varepsilon\overline{A}\sin\alpha_R\sin\alpha}\\&\quad+\frac{R\cos^2\alpha_R\tan^2\beta{\rm e}^{-{\rm i}\omega t}}{{\rm i}\omega_0\overline{A}\sin\alpha\sin\alpha_R[K\sin\alpha_R(\cos\alpha_R-\tan\beta\sin\alpha_R)+\tan\beta]}\cdot\\&\quad\left[{\rm e}^{\frac{{\rm i}\omega_0\sin\alpha}{R\sin\alpha_R(\cos\alpha_R-\tan\beta\sin\alpha_R)}(R-x_{\rm tip}(t))+\frac{{\rm i}K\omega_0\sin\alpha}{\tan\beta}}-{\rm e}^{\frac{{\rm i}K\omega_0\sin\alpha}{R\tan\beta}x_{\rm tip}(t)}\right]\end{aligned} \tag{3.70}$$

火焰传递函数 $F(t)$ 可以表示为 $F_{\rm CL}(t)$ 和 $F_{\rm CR}(t)$ 的叠加形式：$F(t)=F_{\rm CL}(t)+F_{\rm CR}(t)$。显

然，式(3.69)和式(3.70)中的时域火焰传递函数与火焰尖端点紧密相关，因此也是隐式解析表达式。而在预测不稳定燃烧的过程中应用隐式火焰传递函数的热释放模型是较为复杂和困难的。为了得到显式的 FTF，需要在显式火焰尖端点的基础上进一步对式(3.69)和式(3.70)中的火焰传递函数做线性化处理，该显式 FTF 模型可以简称为显式解析模型。

在显式解析模型中，火焰锋面表面积扰动主要由两部分构成：横向平均流引起的扰动和火焰尖端点的位移引起的扰动。因此，层流射流火焰左右两侧锋面的频域线性火焰传递函数可以表示为：

$$\hat{F}_{\mathrm{CL}}(\omega_0)=\frac{\hat{x}_{\mathrm{tip}}\tan\beta}{\varepsilon\bar{A}\sin\alpha_L\sin\alpha}+\frac{R\cos^2\alpha_L\tan^2\beta}{\mathrm{i}\omega_0\bar{A}\sin\alpha\sin\alpha_L\left[K\sin\alpha_L(\cos\alpha_L+\tan\beta\sin\alpha_L)-\tan\beta\right]}\cdot\left[\mathrm{e}^{\frac{\mathrm{i}\omega_0\sin\alpha}{R\sin\alpha_L(\cos\alpha_L+\tan\beta\sin\alpha_L)}(R+\bar{x}_{\mathrm{tip}})-\frac{\mathrm{i}K\omega_0\sin\alpha}{\tan\beta}}-\mathrm{e}^{\frac{\mathrm{i}K\omega_0\sin\alpha}{R\tan\beta}\bar{x}_{\mathrm{tip}}}\right] \tag{3.71}$$

$$\hat{F}_{\mathrm{CR}}(\omega_0)=-\frac{\hat{x}_{\mathrm{tip}}\tan\beta}{\varepsilon\bar{A}\sin\alpha_R\sin\alpha}+\frac{R\cos^2\alpha_R\tan^2\beta}{\mathrm{i}\omega_0\bar{A}\sin\alpha\sin\alpha_R\left[K\sin\alpha_R(\cos\alpha_R-\tan\beta\sin\alpha_R)+\tan\beta\right]}\cdot\left[\mathrm{e}^{\frac{\mathrm{i}\omega_0\sin\alpha}{R\sin\alpha_R(\cos\alpha_R-\tan\beta\sin\alpha_R)}(R-\bar{x}_{\mathrm{tip}})+\frac{\mathrm{i}K\omega_0\sin\alpha}{\tan\beta}}-\mathrm{e}^{\frac{\mathrm{i}K\omega_0\sin\alpha}{R\tan\beta}\bar{x}_{\mathrm{tip}}}\right] \tag{3.72}$$

无量纲的二维层流射流火焰传递函数可以表示为：

$$\hat{F}(\omega_0)=\hat{F}_{\mathrm{CL}}(\omega_0)+\hat{F}_{\mathrm{CR}}(\omega_0) \tag{3.73}$$

至此，基于 G 方程推导得到了层流射流火焰的火焰尖端点和 FTF 的线性显式解析解。通过理论推导的方式获得火焰左右两侧锋面的解析解，能够对火焰锋面的线性动力学特性加以描述。

显然，采用不同扰动传播速度模型的火焰传递函数的幅值存在较大的差异。无量纲波数 K 的值可以被视作横向扰动对流数。K 的值越大，代表火焰锋面上的扰动波越多。对 K 的取值的不同对横向扰动下的层流射流 FTF 的影响进行了探究。如图 3-11 所示，当 K 的取值在 0 和 1 之间时的 FTF 的最大幅值小于 $K=1$ 时的火焰传递函数的最大幅值，而大于 $K=0$ 时的火焰传递函数的最大幅值。

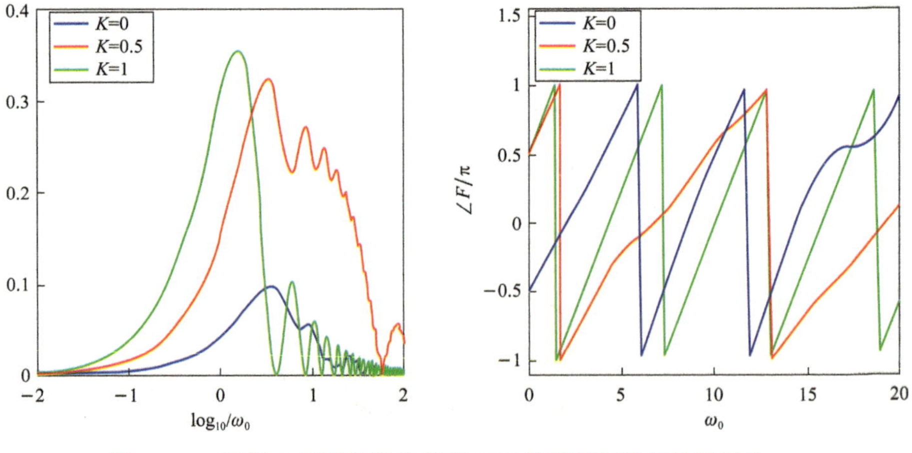

图 3-11 不同 K 值下的层流射流 FTF 的幅频和相频特性对比

($\tan\beta=0.3$，$\sin\alpha=0.5$，$R=0.02$ m，$\varepsilon=0.01$)

横向平均流决定了层流射流火焰几何形态上的非对称的程度，因此对无量纲参数 $\tan\beta$ 对 FTF 的影响进行了研究。采用均匀模型的层流射流 FTF 在不同 $\tan\beta$ 取值情况的对比如图 3－12所示。层流射流 FTF 的幅值随着 $\tan\beta$ 的增加而增加。

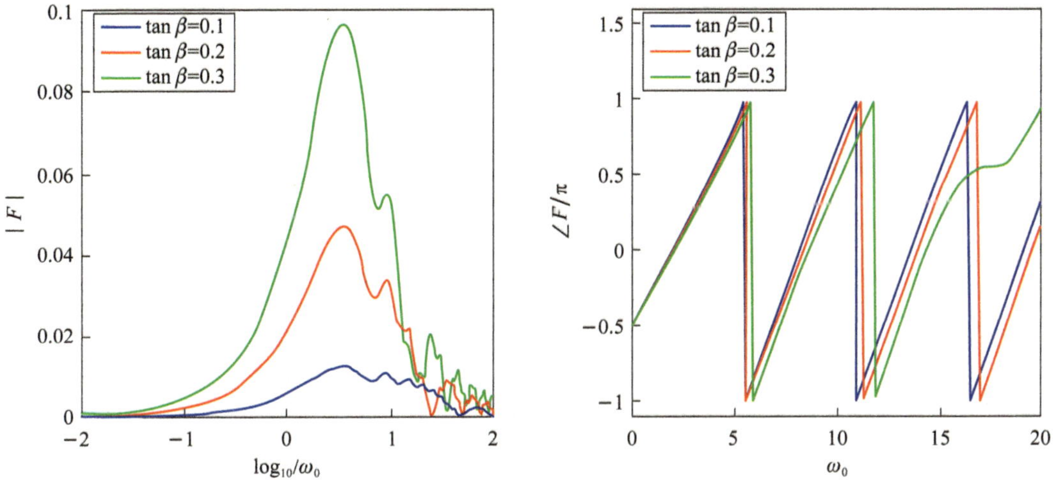

图 3－12　不同 $\tan\beta$ 取值下采用均匀速度扰动模型的层流射流 FTF 幅频相频特性的对比

($\sin\alpha=0.5$, $R=0.02$ m, $\varepsilon=0.01$)

3.4.3　层流射流横向和纵向扰动下火焰面动力学理论模型

层流射流横向和纵向扰动下的瞬态示意图如图 3－13 所示，受两个方向平均流($\bar{u}$,$\bar{v}$)叠加流动或声学扰动(u',v')的二维非对称层流射流火焰锚定在燃烧器入口。横向平均流和扰动的方向是自火焰左分支向火焰右分支。

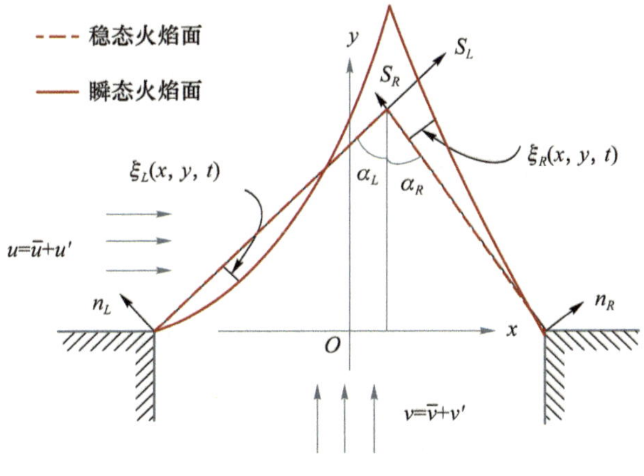

图 3－13　层流射流横向和纵向扰动下的瞬态

G 方程可以分别针对左右分支火焰在 $s-n$ 坐标系下建立，并将其坐标系与稳态火焰位置(无入射扰动下的火焰前锋面位置)相重合，需要明确的是左右火焰分支参考系的坐标原点均为火焰的锚点，变换形式后的 G 方程如下：

$$\frac{\partial G}{\partial t}+u_s\frac{\partial G}{\partial s}+u_n\frac{\partial G}{\partial n}=S_L\sqrt{\left(\frac{\partial G}{\partial s}\right)^2+\left(\frac{\partial G}{\partial n}\right)^2} \tag{3.74}$$

式中，u_s，u_n 为 s，n 方向上的流动速度，根据图 3-13，将 $G(s,n,t)=n-\xi(s,t)$ 代入式(3.74)得到：

$$\frac{\partial \xi}{\partial t}+u_s\frac{\partial \xi}{\partial s}-u_n=-S_L\sqrt{1+\left(\frac{\partial \xi}{\partial s}\right)^2} \tag{3.75}$$

将参数进行无量纲化处理：

$$\sin\alpha=\frac{s_L}{\overline{v}},u_s^*=\frac{u_s}{\overline{v}},u_n^*=\frac{u_n}{\overline{v}},\xi^*=\frac{\xi}{R},s^*=\frac{s}{R},t^*=\frac{t}{R/\overline{v}} \tag{3.76}$$

式中，$\overline{v}$，R 为纵向平均速度和燃烧器出口半径；对 G 方程进行无量纲化处理，得到

$$\frac{\partial \xi^*}{\partial t^*}+u_s^*\frac{\partial \xi^*}{\partial s^*}-u_n^*=-\sin\alpha\sqrt{1+\left(\frac{\partial \xi^*}{\partial s^*}\right)^2} \tag{3.77}$$

左右分支对应的 u_s^*，u_s^* 表达式不同，进而导致左右两侧火焰分支的 G 方程表达式不同，它们的完整表达式将在后文给出。另外，为了表达的简洁，无量纲参数的上标星号将被省略，除特别说明外，本节后面部分出现的参数均已无量纲化。

下面将火焰前锋面的轨迹以横向和纵向的无量纲扰动幅值小量 ε_v 和 ε_u 展开，具体表达式如下：

$$\begin{aligned}\xi(s,t)=&(\xi_0(s,t)+\varepsilon_v\xi_{1v}(s,t)+\varepsilon_v^2\xi_{2vv}(s,t)+\cdots)+\\&\varepsilon_u(\xi_{1u}(s,t)+\varepsilon_v\xi_{2uv}(s,t)+\cdots)+\\&\varepsilon_u^2(\xi_{2uu}(s,t)+\cdots)+\cdots\end{aligned} \tag{3.78}$$

式中，$\xi_0(s,t)$ 为火焰的稳态解，$\varepsilon_v\xi_{1v}(s,t)$ 和 $\varepsilon_u\xi_{1u}(s,t)$ 为火焰分别受到纵向扰动和横向扰动时对应的线性火焰形状，$\varepsilon_v^2\xi_{2vv}(s,t)$ 和 $\varepsilon_u^2\xi_{2uu}(s,t)$ 为火焰分别受到纵向和横向扰动时对应的二阶自非线性火焰形状，$\varepsilon_u\varepsilon_v\xi_{2uv}(s,t)$ 则为火焰同时受到纵向和横向扰动时的二阶互非线性耦合作用下的火焰形状。

基于上述分析，可以分别建立三个模型来描述横向扰动和纵向对火焰非线性响应，以及它们之间的耦合作用对火焰非线性响应的影响。首先给出线性模型的表达式：

$$\xi^L(s,t)=\xi_0(s,t)+\varepsilon_v\cdot\xi_{1v}(s,t)+\varepsilon_u\cdot\xi_{1u}(s,t) \tag{3.79}$$

需要指出的是，式(3.79)本质上就是 Li 等人[25]先前研究的思想，即认为火焰受双向扰动的影响等于火焰受两个单向扰动影响的线性响应的线性叠加。基于这种想法，进一步考虑火焰分别对两个扰动响应的非线性响应的线性叠加，即量化火焰对两个扰动各自的自非线性响应，定义为部分非线性模型

$$\begin{aligned}\xi^{PNL}(s,t)=&\xi_0(s,t)+\varepsilon_v\cdot\xi_{1v}(s,t)+\varepsilon_v^2\cdot\xi_{2vv}(s,t)\\&+\varepsilon_u\cdot\xi_{1u}(s,t)+\varepsilon_u^2\cdot\xi_{2uu}(s,t)\end{aligned} \tag{3.80}$$

事实上，式(3.79)和式(3.80)都不恰当地忽略了火焰对横向和纵向扰动的耦合响应，也就是横向扰动和纵向扰动同时输入火焰会彼此改变火焰对对方的响应。这在火焰非线性响应较强(来流扰动幅值和频率较大)的情形下明显无法忽略。据此，给出了火焰响应双向扰动的完全非线性模型

$$\begin{aligned}\xi^{FNL}(s,t)=&\xi_0(s,t)+\varepsilon_v\cdot\xi_{1v}(s,t)+\varepsilon_v^2\cdot\xi_{2vv}(s,t)\\&+\varepsilon_u\cdot\xi_{1u}(s,t)+\varepsilon_u^2\cdot\xi_{2uu}(s,t)+\varepsilon_u\cdot\varepsilon_v\cdot\xi_{2uv}(s,t)\end{aligned} \tag{3.81}$$

式中，$\xi^L(s,t)$，$\xi^{PNL}(s,t)$ 和 $\xi^L(s,t)$ 分别为火焰前锋面的线性、自非线性和互非线性表达式，它们都将被分别用来计算火焰传递函数和自非线性和互非线性火焰描述函数，当将式(3.81)减

去式(3.80),可以获得火焰响应互非线性项的结果,同理将式(3.80)减去式(3.79)获得火焰自非线性项的结果。

上游速度场可以表示为谐波扰动和平均流动的叠加,在 $x-y$ 坐标系下的形式为:

$$\begin{cases} u=\tan\beta+\varepsilon_u\cdot A_u \\ v=1+\varepsilon_v\cdot B_v \end{cases} \tag{3.82}$$

式中,u 和 v 为在 x 和 y 方向上的速度分量;$A_u=\mathrm{e}^{\mathrm{i}St(Kx-t)}$,$B_v=\mathrm{e}^{\mathrm{i}St(Ky-t)}$,它们表示谐波流动或声学扰动的源项;$x$ 和 y 为无量纲火焰位置;其他参数定义如下:

$$\tan\beta=\frac{\bar{u}}{\bar{v}},\varepsilon_v=\frac{\hat{v}}{\bar{v}},\varepsilon_u=\frac{\hat{u}}{\bar{v}},St=\frac{\omega R}{\bar{v}},K=\frac{\bar{v}}{v_c} \tag{3.83}$$

式中,$\hat{u}$ 和 $\hat{v}$ 为谐波扰动 u' 和 v' 的幅值;St 为无量纲角频率;ω 为角频率;v_c 为扰动传播的速度;K 为无量纲扰动传播速度的倒数(当扰动被平均流动对流时,$K=1$;当扰动被声速主导时,$K=0$)。根据火焰传播速度不变,可以推导火焰上游的流动速度在左右两侧分支的表达式。左侧表达式为:

$$u_{\mathrm{Ls}}=\cos\alpha_L+\varepsilon_v\cos\alpha_L B_v+\tan\beta\sin\alpha_L+\varepsilon_u\sin\alpha_L A_u \tag{3.84}$$

$$u_{\mathrm{Ln}}=\sin\alpha_L+\varepsilon_u\sin\alpha_L B_v-(\tan\beta\cos\alpha_L+\varepsilon_u\cos\alpha_L A_u) \tag{3.85}$$

式中,

$$\sin\alpha_L=\frac{\sin\alpha+\sqrt{\tan^2\beta-\sin^2\alpha\tan^2\beta+\tan^4\beta}}{1+\tan^2\beta} \tag{3.86}$$

$$\cos\alpha_L=\frac{-\sin\alpha\tan\beta+\sqrt{1-\sin^2\alpha+\tan^2\beta}}{1+\tan^2\beta} \tag{3.87}$$

右侧分支表示为

$$u_{\mathrm{Rs}}=\cos\alpha_R+\varepsilon_v\cos\alpha_R B_v-(\tan\beta\sin\alpha_R+\varepsilon_u\sin\alpha_R A_u) \tag{3.88}$$

$$u_{\mathrm{Rn}}=\sin\alpha_R+\varepsilon_u\cdot\sin\alpha_R B_v+\tan\beta\cdot\cos\alpha_R+\varepsilon_u\cos\alpha_R A_u \tag{3.89}$$

式中,

$$\sin\alpha_R=\frac{\sin\alpha-\sqrt{\tan^2\beta-\sin^2\alpha\tan^2\beta+\tan^4\beta}}{1+\tan^2\beta} \tag{3.90}$$

$$\cos\alpha_R=\frac{\sin\alpha\tan\beta+\sqrt{1-\sin^2\alpha+\tan^2\beta}}{1+\tan^2\beta} \tag{3.91}$$

式中,下标"L"和"R"分别为对应左右火焰分支的参数。扰动源项中 A_u 和 B_v 中的空间项 x 和 y 可以在 $s-n$ 坐标系中改写。针对左侧火焰分支,得到

$$\begin{cases} y=s_L\cos\alpha_L \\ x=s_L\sin\alpha_L-1 \end{cases} \tag{3.92}$$

对于右侧火焰分支有:

$$\begin{cases} y=s_R\cos\alpha_R \\ x=-s_R\sin\alpha_R+1 \end{cases} \tag{3.93}$$

基于渐进分析的标准步骤,针对左侧火焰分支有:

$O(\varepsilon_u^0)$:

$$\xi_{L0}=0 \tag{3.94}$$

$$\frac{\partial\xi_{L1v}}{\partial t}+(\cos\alpha_L+\tan\beta\cdot\sin\alpha_L)\frac{\partial\xi_{L1v}}{\partial s_L}=\sin\alpha_L\cdot B_v \tag{3.95}$$

$$\frac{\partial \xi_{L2vv}}{\partial t}+(\cos\alpha_L+\tan\beta\cdot\sin\alpha_L)\frac{\partial \xi_{L2vv}}{\partial s_L}+\cos\alpha_L\cdot B_v\cdot\frac{\partial \xi_{L1v}}{\partial s_L}=-\frac{1}{2}\sin\alpha\left(\frac{\partial \xi_{L1v}}{\partial s_L}\right)^2 \quad (3.96)$$

$O(\varepsilon_u)$：

$$\frac{\partial \xi_{L1u}}{\partial t}+(\cos\alpha_L+\tan\beta\cdot\sin\alpha_L)\frac{\partial \xi_{L1u}}{\partial s_L}=-\cos\alpha_L\cdot A_u \quad (3.97)$$

$$\frac{\partial \xi_{L2uv}}{\partial t}+(\cos\alpha_L+\tan\beta\cdot\sin\alpha_L)\frac{\partial \xi_{L2uv}}{\partial s_L}+\sin\alpha_L\cdot A_u\cdot\frac{\partial \xi_{L1v}}{\partial s_L}+\cos\alpha_L\cdot B_v\cdot\frac{\partial \xi_{L1u}}{\partial s_L}$$
$$=-\sin\alpha\cdot\frac{\partial \xi_{L1v}}{\partial s_L}\cdot\frac{\partial \xi_{L1u}}{\partial s_L} \quad (3.98)$$

$O(\varepsilon_u^2)$：

$$\frac{\partial \xi_{L2uu}}{\partial t}+(\cos\alpha_L-\tan\beta\cdot\sin\alpha_L)\frac{\partial \xi_{L2uu}}{\partial s_L}-\sin\alpha_L\cdot A_u\cdot\frac{\partial \xi_{L1u}}{\partial s_L}=-\frac{1}{2}\sin\alpha\left(\frac{\partial \xi_{L1u}}{\partial s_L}\right)^2 \quad (3.99)$$

针对右侧火焰分支有：

$O(\varepsilon_u{}^0)$：

$$\xi_{R0}=0 \quad (3.100)$$

$$\frac{\partial \xi_{R1u}}{\partial t}+(\cos\alpha_R-\tan\beta\cdot\sin\alpha_R)\frac{\partial \xi_{R1u}}{\partial s_R}=\cos\alpha_R\cdot A_u \quad (3.101)$$

$$\frac{\partial \xi_{R2uv}}{\partial t}+(\cos\alpha_R-\tan\beta\cdot\sin\alpha_R)\frac{\partial \xi_{R2uv}}{\partial s_R}-\sin\alpha_R\cdot A_u\cdot\frac{\partial \xi_{R1v}}{\partial s_R}+\cos\alpha_R\cdot B_v\cdot\frac{\partial \xi_{R1u}}{\partial s_R}$$
$$=-\sin\alpha\cdot\frac{\partial \xi_{R1v}}{\partial s_R}\cdot\frac{\partial \xi_{R1u}}{\partial s_R} \quad (3.102)$$

$O(\varepsilon_u)$：

$$\frac{\partial \xi_{R1u}}{\partial t}+(\cos\alpha_R+\tan\beta\cdot\sin\alpha_R)\frac{\partial \xi_{R1u}}{\partial s_R}=\cos\alpha_R\cdot A_u \quad (3.103)$$

$$\frac{\partial \xi_{R2uv}}{\partial t}+(\cos\alpha_R-\tan\beta\cdot\sin\alpha_R)\frac{\partial \xi_{R2uv}}{\partial s_R}-\sin\alpha_R\cdot A_u\cdot\frac{\partial \xi_{R1v}}{\partial s_R}+\cos\alpha_R\cdot B_v\cdot\frac{\partial \xi_{R1u}}{\partial s_R}$$
$$=-\sin\alpha\cdot\frac{\partial \xi_{R1v}}{\partial s_R}\cdot\frac{\partial \xi_{R1u}}{\partial s_R} \quad (3.104)$$

$O(\varepsilon_u^2)$：

$$\frac{\partial \xi_{R2uu}}{\partial t}+(\cos\alpha_R-\tan\beta\cdot\sin\alpha_R)\frac{\partial \xi_{R2uu}}{\partial s_R}-\sin\alpha_R\cdot A_u\cdot\frac{\partial \xi_{R1u}}{\partial s_R}=-\frac{1}{2}\sin\alpha\left(\frac{\partial \xi_{R1u}}{\partial s_R}\right)^2 \quad (3.105)$$

由于火焰始终锚定在燃烧器边缘，故描述左右两侧火焰分支的偏微分方程均存在以下边界条件

$$\xi_i(0,t)\equiv 0,\quad \{i=0,1v,1u,2vv,2uu,2uv\} \quad (3.106)$$

通过联立控制方程和边界即可获得各小量在特定阶数下的表达式，由于二阶表达式过于复杂，为行文的流畅和简洁，此处仅展示一阶结果，结果如下：

$$\xi_{L1v}=-\frac{\mathrm{i}\cdot\sin\alpha_L\cdot \mathrm{e}^{-\mathrm{i}\cdot St\left(t-\frac{s_L}{\cos\alpha_L+\sin\alpha_L\cdot\tan\beta}\right)}}{St(-1+\cos^2\alpha_L\cdot K+\cos\alpha_L\cdot\sin\alpha_L\cdot\tan\beta\cdot K)} \quad (3.107)$$
$$\cdot\,\mathrm{e}^{\frac{\mathrm{i}\cdot s_L\cdot St(-1+\cos^2\alpha_L\cdot K+\cos\alpha_L\cdot\sin\alpha_L\cdot\tan\beta\cdot K)}{\cos\alpha_L+\sin\alpha_L\cdot\tan\beta}}-1$$

$$\xi_{L1u}=\frac{\mathrm{i}\cdot\cos\alpha_L \mathrm{e}^{\mathrm{i}\cdot St(K(s_L\cdot\sin\alpha_L-1)-t)}}{St(-1+\cos\alpha_L\cdot\sin\alpha_L\cdot K+\sin^2\alpha_L\cdot\tan\beta\cdot K)}-\frac{\mathrm{i}\cdot\cos\alpha_L \mathrm{e}^{-\frac{\mathrm{i}\cdot St(-s_L+(\cos\alpha_L+\sin\alpha_L\cdot\tan\beta)\cdot(K+t))}{\cos\alpha_L+\sin\alpha_L\cdot\tan\beta}}}{St(-1+\cos\alpha_L\cdot\sin\alpha_L\cdot K+\sin^2\alpha_L\cdot\tan\beta\cdot K)} \tag{3.108}$$

以及

$$\xi_{R1v}=\frac{\mathrm{i}\cdot\sin\alpha_R \mathrm{e}^{\mathrm{i}\cdot St(\cos\alpha_R\cdot s_R-t)}}{St(1-\cos^2\alpha_R\cdot K+\cos\alpha_R\cdot\sin\alpha_R\cdot\tan\beta\cdot K)}-\frac{\mathrm{i}\cdot\sin\alpha_R \mathrm{e}^{\frac{\mathrm{i}\cdot St(s_R-\cos\alpha_R\cdot t+\sin\alpha_R\cdot\tan\beta\cdot t)}{\cos\alpha_R-\sin\alpha_R\cdot\tan\beta}}}{St(1-\cos^2\alpha_R\cdot K+\cos\alpha_R\cdot\sin\alpha_R\cdot\tan\beta\cdot K)} \tag{3.109}$$

$$\xi_{R1u}=-\frac{\mathrm{i}\cdot\cos\alpha_R\cdot \mathrm{e}^{\mathrm{i}\cdot St(K(s_R\cdot\sin\alpha_R-1)+t)}}{St(1+\cos\alpha_R\cdot\sin\alpha_R\cdot K-\sin^2\alpha_R\cdot\tan\beta\cdot K)}\cdot\left[\mathrm{e}^{\frac{\mathrm{i}\cdot s_R\cdot St(\cos\alpha_R\cdot\sin\alpha_R\cdot K-\sin^2\alpha_R\cdot\tan\beta\cdot K+1)}{\cos\alpha_R-\sin\alpha_R\cdot\tan\beta}}-1\right] \tag{3.110}$$

当 $\tan\beta=0$ 时，并省略 ξ_{L1v} 和 ξ_{R1v} 中的时间项，所得结果与 Schuller 等人[23]使用常微分方程(Ordinary Differential Equation，ODE)描述针对单纵向扰动输入时火焰前沿动态的结果相同。相同地，如果省略纵向扰动和对应的时间项，所得结果与 Li 等人[26]使用 ODE 确定的仅横向扰动输入时火焰前锋面的显式表达式相同。

根据已获得的火焰前锋面轨迹并基于在层流预混火焰中无量纲热释放率脉动等价于无量纲火焰前沿面积波动假设[23,27,28]，即可确定受双向扰动影响下的火焰线性、部分非线性和完全非线性动态响应模型。当在火焰上游不考虑双向扰动时，可以得到前锋面的稳态结果：

$$\overline{A}_{\text{left}}=\frac{2\cos\alpha_L}{\sin\alpha_R\cdot\cos\alpha_L+\sin\alpha_L\cdot\cos\alpha_R}=\overline{s}_{tip} \tag{3.111}$$

$$\overline{A}_{\text{right}}=\frac{2-\overline{s}_{\text{tip}}\cdot\sin\alpha_L}{\sin\alpha_R} \tag{3.112}$$

$$\overline{A}=\overline{A}_{\text{left}}+\overline{A}_{\text{right}} \tag{3.113}$$

瞬时火焰面积计算公式如下：

$$A'_{\text{left}}(t)=\int_0^{x_{\text{tip}_\text{L}}}\sqrt{1+\left(\frac{\partial Y_L(x,t)}{\partial x}\right)^2}\,\mathrm{d}x \tag{3.114}$$

$$A'_{\text{right}}(t)=\int_0^{x_{\text{tip}_\text{R}}}\sqrt{1+\left(\frac{\partial Y_R(x,t)}{\partial x}\right)^2}\,\mathrm{d}x \tag{3.115}$$

$$A'(t)=A'_{\text{left}}(t)+A'_{\text{right}}(t) \tag{3.116}$$

式中，

$$x_{\text{tip}_\text{L}}=s_{\text{tip}}\cdot\sin\alpha_L \tag{3.117}$$

$$x_{\text{tip}_\text{R}}=\frac{2-s_{\text{tip}}\cdot\sin\alpha_L}{\sin\alpha_R}\cdot\sin\alpha_R \tag{3.118}$$

$$Y_L(x,t)=\frac{x}{\tan\alpha_L}+\frac{\xi_L(x,t)}{\sin\alpha_L} \tag{3.119}$$

$$Y_R(x,t)=\frac{x}{\tan\alpha_R}+\frac{\xi_R(x,t)}{\sin\alpha_R} \tag{3.120}$$

式中，$\xi_L(x,t)$ 和 $\xi_R(x,t)$ 分别为基于谐波扰动幅值二阶摄动展开的左右两侧火焰分支前锋面的具体表达式。因此就可以得到层流射流横向和纵向扰动下的火焰传递函数 FTF 和火焰描述函数 FDF。

双向扰动输入下火焰的线性、部分非线性和完全非线性响应结果随 St 的变化关系如

图 3-14 所示，展示了四种不同扰动幅值工况下，FTF(结果以“°”标记)，部分非线性 FDF(结果以“+”标记)和完全非线性 FDF(结果以“◇”标记)对应结果的差异，其中(a)代表横向扰动和纵向扰动均较小的情况；(b)代表横向扰动较小，纵向扰动较大的情况；(c)代表横向扰动较大，纵向扰动较小的情况；(d)代表横向扰动和纵向扰动均较大的情况。需要明确的是，这里线性结果的物理本质和 Li 等人[25]的模型一致。当双向扰动较小时，且扰动频率较低时，FDFs 结果和 FTF 基本吻合，其中部分非线性 FDF 结果和 FTF 吻合得更好，这和前面基于火焰尖端点动态结果所得结论一致。值得注意的是，当在双向扰动均较小的情况(a)中，完全非线性和部分非线性(线性)响应的幅值在一定的频域范围内仍然存在差异，这在当 St 在 2 和 3 之间或大于 22 时尤为明显，见灰色区域。

随着 St 的提高，此时 K 仍然等于 1，FDF 和 FTF 之间的差异开始显现，对应图 3-14(a)中第一个灰色区域。此时继续增加 St，K 不再等于 1 而开始下降，当其低于某一个临界值时，它抑制了火焰非线性响应，从而使 FDF 和 FTF 的差异再次消失。但当 St 足够大(此时 K 的值很小且趋向于 0)，其主导了火焰对双向扰动的非线性响应，使 FTF 和 FDF 之间的差异再次出现，对应图 3-14(a)中第二个灰色区域。上述特征，在图 3-14(c)中表现得更为明显。由于横向扰动幅值增强，灰色区域对应的频率范围被明显扩大且该区域向低频转移。

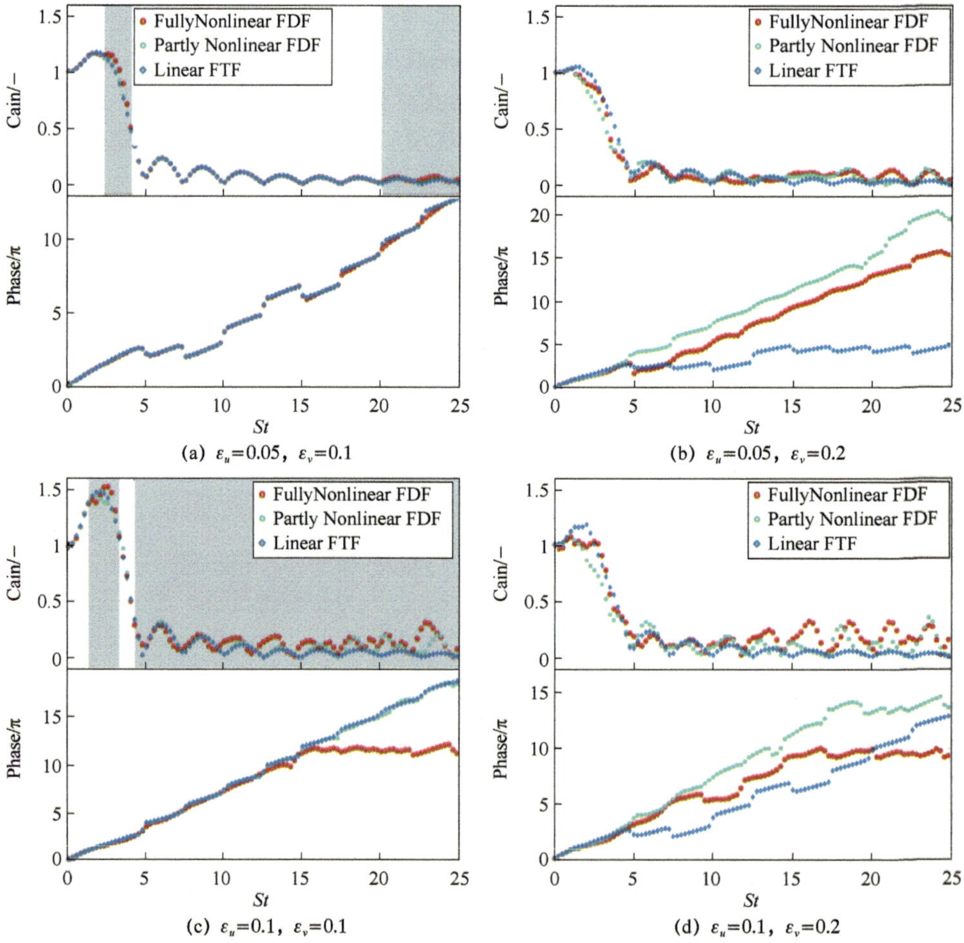

图 3-14　双向扰动输入下火焰的线性、部分非线性和完全非线性的频响特性[29]

当纵向扰动幅值变大时，可以发现火焰响应的非线性特征十分明显，此时线性和非线性响应的幅值差异明显（部分非线性和完全非线性的结果差异同样明显）。通过对比 FDF 和 FTF 的相位可以发现，横向扰动对其影响不明显，特别是此时部分非线性结果和线性结果的相位几乎没有差别。而当纵向扰动幅值变大时，其诱导的自非线性项抑制扰动的传播（和线性结果相比，相位差增加），而互非线性项增强扰动的传播（和部分非线性结果相比，相位差降低）。总之，当扰动频率较高或扰动幅值较大时，自非线性项和互非线性项在火焰对双向扰动响应中无法忽略。鉴于此，后面结果均基于完全非线性 FDF，除非特别说明，FDF 指代火焰完全非线性响应的结果。

不同横向平均流下 FDF 结果随 St 的变化关系如图 3-15 所示，展示了四个工况下不同横向平均流（$\tan\beta$）对 FDF 的影响规律。首先可以发现，随着横向扰动幅值增强，火焰响应幅值也随之增加。由于在 FDF 定义中，并没有考虑使用横向扰动幅值进行无量纲化。而随着纵向扰动幅值增加，可以明显观察到火焰非线性收缩现象。就幅值而言，横向平均流越大，在特定的小频率范围内会单调增加 FDF 的幅值，该频率范围受横向扰动幅值的影响较小（见图 3-14灰色区域）。随着纵向扰动幅值增加，该区域会明显向高频率段转移，且对应频率范围也会明显减小（见图 3-14 灰色区域）。另外当横向扰动幅值较大时，FDF 幅值在高驱动频率时同样会随着横向平均流的增加而升高，但该特性在纵向扰动幅值较大时并不明显。横向平均流对相位的影响较一致，当频率较小时几乎没有影响；当频率较大时，影响明显。

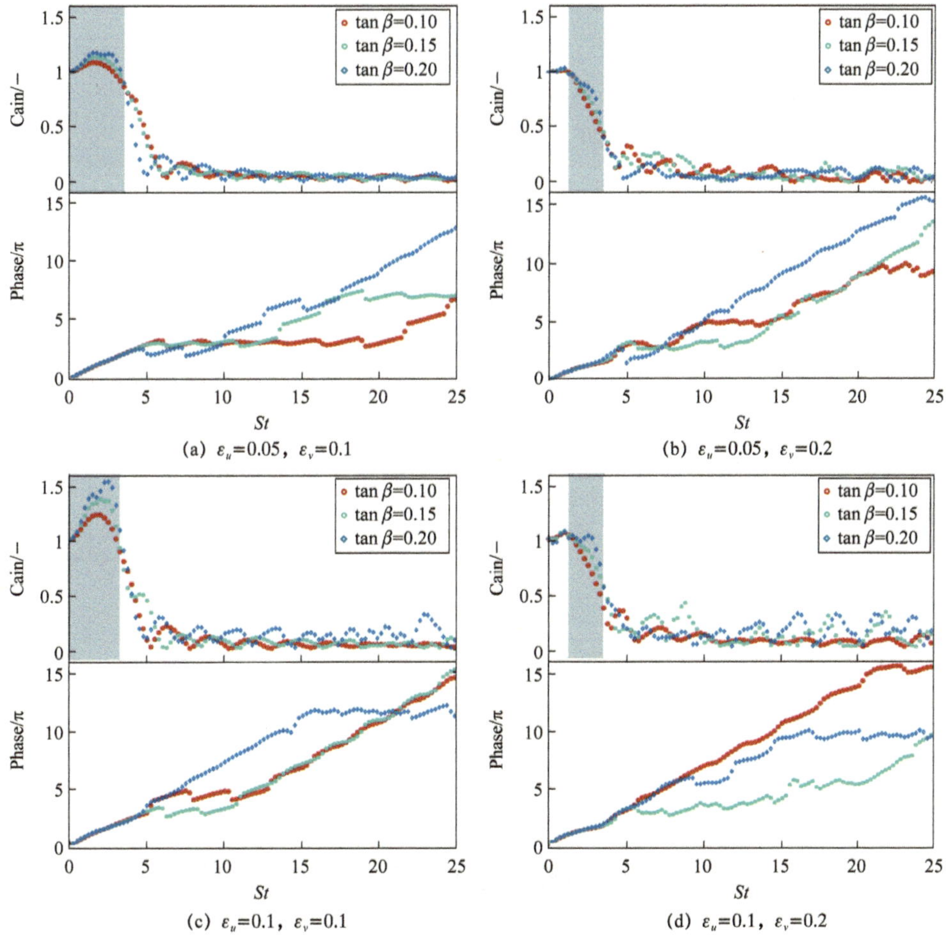

图 3-15　不同横向平均流下 FDF 结果随扰动频率的变化关系

不同火焰高度下 FDF 结果随 St 的变化关系如图 3-16 所示。可以发现，当纵向扰动幅值较小，随着火焰高度越大，FDF 幅值在低频段内单调增加（这与线性结果中火焰对低频扰动响应敏感一致），对应于非线性响应减弱，见图 3-16(a)和(c)的灰色区域，即火焰越高对应非线性越弱，这与 Lieuwen[30] 的结果相吻合。当纵向扰动幅值增强，在高频段内火焰响应随着火焰高度降低而增强（这与线性结果中火焰对高频扰动响应不敏感不一致），对应于非线性响应的增强，见图 3-16(b)和(d)的灰色区域，这同样与 Lieuwen[30] 的结论一致。火焰高度对 FDF 相位影响的规律较明显。除了当横向扰动和纵向扰动幅值均较大时，火焰越高则对应的相位差越大，假设扰动的传播速度变化较小，则空间距离越远，相位差越大。

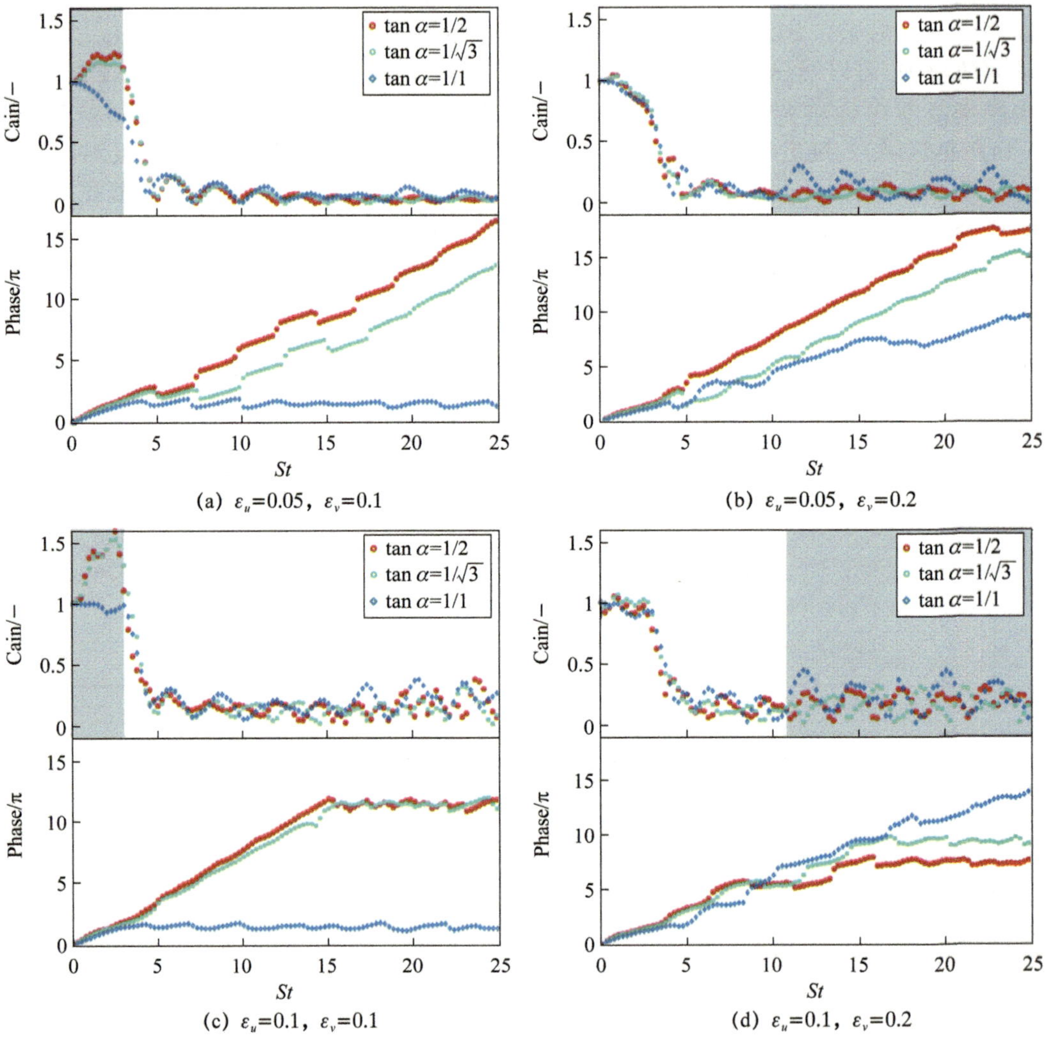

(a) ε_u=0.05，ε_v=0.1 (b) ε_u=0.05，ε_v=0.2

(c) ε_u=0.1，ε_v=0.1 (d) ε_u=0.1，ε_v=0.2

图 3-16 不同火焰高度下 FDF 结果随扰动频率的变化关系

3.4.4 湍流射流横向和纵向扰动下火焰面动力学理论模型

受双向谐波扰动影响的二维非对称槽道湍流预混火焰的前锋面轨迹如图 3-17 所示，非对称湍流预混火焰被锚定在燃烧器出口，给出了横向平均流和对应扰动的方向，由火焰左侧分支向右侧分支，且火焰始终固定在锚点。

这里将 G 方程分别改写成基于左右侧稳态（不存在双向扰动和湍流波动）火焰分支在 $s-n$ 坐标系的形式，具体表达式如下：

$$\frac{\partial G}{\partial t}+u_s\frac{\partial G}{\partial s}+u_n\frac{\partial G}{\partial n}=\langle S_T(s)\rangle\sqrt{\left(\frac{\partial G}{\partial s}\right)^2+\left(\frac{\partial G}{\partial n}\right)^2} \tag{3.121}$$

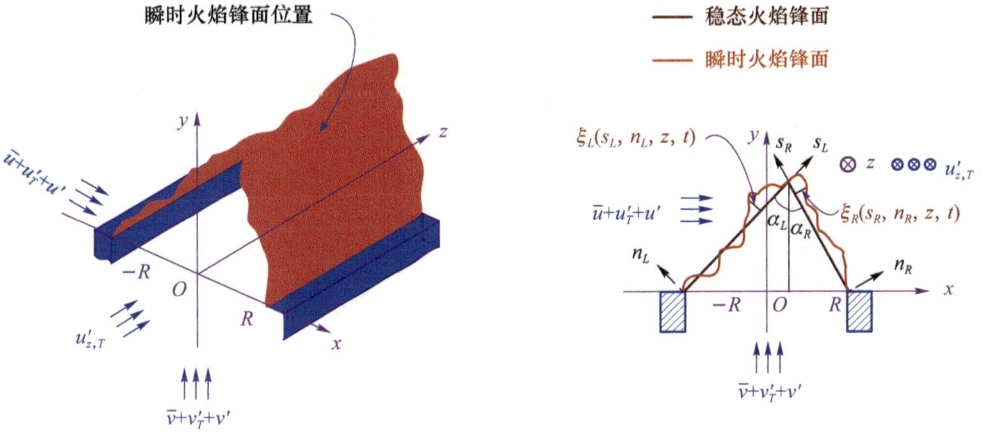

图 3-17　受双向谐波扰动影响的二维非对称槽道湍流预混火焰的前锋面轨迹

式(3.121)使用具有空间特性的时均湍流传播速度 $\langle S_T(s)\rangle$ 替代层流传播速度 S_L；u_s 和 u_n 分别表示沿着 s 和 n 方向的流动速度；G 是水平集函数。

定义为 $G(s,n,t)=n-\tilde{\xi}(s,t)$：

$$\frac{\partial \tilde{\xi}}{\partial t}+u_s\frac{\partial \tilde{\xi}}{\partial s}-u_n=-S_T(s)\sqrt{1+\left(\frac{\partial \tilde{\xi}}{\partial s}\right)^2} \tag{3.122}$$

这里 $\tilde{\xi}(s,t)$ 表示考虑湍流波动的瞬时火焰前锋面。

对其中参数进行无量纲化：

$$u_s^*=\frac{u_s}{\bar{v}},u_n^*=\frac{u_n}{\bar{v}},\tilde{\xi}^*=\frac{\tilde{\xi}}{R},s^*=\frac{s}{R},\sin\alpha=\frac{s_L}{\bar{v}},f_T(s^*)=\frac{\langle s_T(s^*)\rangle}{S_L},t^*=\frac{t}{R/\bar{v}} \tag{3.123}$$

式中，$\bar{v}$ 和 R 分别为基于 $x-y$ 坐标系下 x 方向的平均流和燃烧器出口半径，将式(3.123)代入式(3.122)得到：

$$\frac{\partial \tilde{\xi}^*}{\partial t^*}+u_s^*\frac{\partial \tilde{\xi}^*}{\partial s^*}-u_n^*=-\sin\alpha\cdot f_T(s^*)\sqrt{1+\left(\frac{\partial \tilde{\xi}^*}{\partial s^*}\right)^2} \tag{3.124}$$

由于左右侧火焰分支上游流动参数不同，在 $s-n$ 坐标系下描述左右火焰分支前沿的等式(3.124)具体形式也不同。为了表述简洁，删去无量纲符号“*”。在本节后部分，若未强调所有参数均已无量纲化。

湍流预混火焰前锋面基于无量纲横向扰动幅值 ε_u 和纵向扰动幅值 ε_v 为小量的两参数二阶摄动展开为：

$$\begin{aligned}\tilde{\xi}(s,t)=&[\tilde{\xi}_0(s,t)+\varepsilon_v\cdot\tilde{\xi}_{1v}(s,t)+\varepsilon_v^2\cdot\tilde{\xi}_{2vv}(s,t)+\cdots]\\&+\varepsilon_u[\tilde{\xi}_{1u}(s,t)+\varepsilon_v\cdot\tilde{\xi}_{2uv}(s,t)+\cdots]\\&+\varepsilon_u^2[\tilde{\xi}_{2uu}(s,t)+\cdots]\end{aligned}\tag{3.125}$$

式中，$\tilde{\xi}_0(s,t)$为火焰上游仅受湍流波动影响的集总平均火焰前锋面轨迹。$\varepsilon_v\cdot\tilde{\xi}_{1v}(s,t)$和$\varepsilon_u\cdot\tilde{\xi}_{1u}(s,t)$分别为受纯横向扰动和纯纵向扰动影响的火焰前沿轨迹的线性项。$\varepsilon_v^2\cdot\tilde{\xi}_{2vv}(s,t)$和$\varepsilon_u^2\cdot\tilde{\xi}_{2uu}(s,t)$分别为受纯横向扰动和纯纵向扰动影响的火焰前沿轨迹的自非线性项。$\varepsilon_u\cdot\varepsilon_v\cdot\tilde{\xi}_{2uv}(s,t)$为同时受到横向和纵向扰动影响的火焰前沿轨迹的互非线性项。总结而言，$\varepsilon_v^2\cdot\tilde{\xi}_{2vv}(s,t)$和$\varepsilon_u^2\cdot\tilde{\xi}_{2uu}(s,t)$分别来自横向和纵向扰动各自的非线性，而$\varepsilon_u\cdot\varepsilon_v\cdot\tilde{\xi}_{2uv}(s,t)$来自横向和纵向扰动耦合的非线性，即式(3.125)完整描述了横向扰动非线性，纵向扰动非线性以及两方向扰动耦合非线性对火焰前沿运动学的影响。

需要明确的是，先前基于 UFSM 的研究[31-33]，均忽略了上述非线性，仅保留线性响应的结果。另外该方法还可以准确量化不同非线性项在火焰响应中的作用，这是纯线性方法[25]或完全数值求解方法所不具备的。式(3.124)的右侧存在火焰垂直于自身向前发展的非线性源项，将式(3.125)代入式(3.124)中并使用泰勒展开对其进行二阶近似：

$$\sqrt{1+\left(\frac{\partial\tilde{\xi}}{\partial s}\right)^2}\approx\Xi_0+\Xi_1\left(\frac{\partial\tilde{\xi}}{\partial s}-\frac{\partial\tilde{\xi}_0}{\partial s}\right)+\frac{1}{2}\Xi_2\left(\frac{\partial\tilde{\xi}}{\partial s}-\frac{\partial\tilde{\xi}_0}{\partial s}\right)^2\tag{3.126}$$

式中：

$$\begin{aligned}&\Xi_0=\left[1+\left(\frac{\partial\tilde{\xi}_0}{\partial s}\right)^2\right]^{\frac{1}{2}};\Xi_1=\frac{\partial\xi_0}{\partial s}\cdot\left[1+\left(\frac{\partial\xi_0}{\partial s}\right)^2\right]^{-\frac{1}{2}};\\&\Xi_2=\left[1+\left(\frac{\partial\xi_0}{\partial s}\right)^2\right]^{-\frac{1}{2}}-\left(\frac{\partial\xi_0}{\partial s}\right)^2\left[1+\left(\frac{\partial\xi_0}{\partial s}\right)^2\right]^{-\frac{3}{2}}\end{aligned}\tag{3.127}$$

如前所述，湍流效应仅在 G 方程的速度描述和稳态项中集中体现，但不体现在火焰上游的速度描述项中。这意味着，这里速度描述和层流火焰速度描述相同，即横纵向平均流动分别叠加对应的双向扰动。在 $x-y$ 坐标系速度描述可以写为：

$$u=\tan\beta+\varepsilon_u\cdot A_u,v=1+\varepsilon_v\cdot B_v\tag{3.128}$$

式中，u 和 v 分别为横向和纵向速度参数；$A_u=\cos[St(K\cdot x-t)]$和 $B_v=\cos[St(K\cdot y-t)]$分别为横向和纵向谐波扰动的源项；x 和 y 是 $x-y$ 坐标系下 x 和 y 轴方向上的空间距离；以及

$$\tan\beta=\frac{\overline{u}}{\overline{v}},\varepsilon_v=\frac{\hat{v}}{\overline{v}},\varepsilon_u=\frac{\hat{u}}{\overline{v}},St=\frac{\omega\cdot R}{\overline{v}},K=\frac{\overline{v}}{v_c}\tag{3.129}$$

式中，$\hat{u}$ 和 $\hat{v}$ 分别为谐波扰动 u'和 v 的幅值；St 为无量纲频率；ω 为角频率；v_c 为扰动传播速度；K 为无量纲扰动传播速度。当扰动传播速度被平均流动对流时，$K=1$。当扰动传播速度趋向于声速时，$K\approx0$。需当扰动频率较低时，扰动传播速度等于平均流动速度，随着频率的增加，扰动传播速度单调增加至趋于声速。若未声明，则该定量关系将被用于本节后面结果的计算。

根据先前的假设(S_L 为定值)，可以确定速度描述在 $s-n$ 坐标系下的空间关系。针对左

侧火焰有：

$$\begin{cases} u_{\mathrm{Ls}}=\Theta_L+\varepsilon_v\cdot\cos\alpha_L\cdot B_v+\varepsilon_u\cdot\sin\alpha_L\cdot A_u \\ u_{\mathrm{Ln}}=X_L+\varepsilon_u\cdot\sin\alpha_L\cdot B_v-\varepsilon_u\cdot\cos\alpha_L\cdot A_u \end{cases} \tag{3.130}$$

式中，$\Theta_L=\cos\alpha_L+\tan\beta\cdot\sin\alpha_L$ 以及 $X_L=\sin\alpha_L-\tan\beta\cdot\cos\alpha_L$，这里

$$\sin\alpha_L=\frac{\sin\alpha+\sqrt{\tan^2\beta-\sin^2\alpha\cdot\tan^2\beta+\tan^4\beta}}{1+\tan^2\beta} \tag{3.131}$$

$$\cos\alpha_L=\frac{-\sin\alpha\cdot\tan\beta+\sqrt{1-\sin^2\alpha+\tan^2\beta}}{1+\tan^2\beta} \tag{3.132}$$

针对右侧火焰分支有：

$$\begin{cases} u_{\mathrm{Rs}}=\Theta_R+\varepsilon_v\cdot\cos\alpha_R\cdot B_v-\varepsilon_u\cdot\sin\alpha_R\cdot A_u \\ u_{\mathrm{Rn}}=X_R+\varepsilon_u\cdot\sin\alpha_R\cdot B_v+\varepsilon_u\cdot\cos\alpha_R\cdot A_u \end{cases} \tag{3.133}$$

式中，$\Theta_R=\cos\alpha_R-\tan\beta\cdot\sin\alpha_R$ 和 $X_R=\sin\alpha_R+\tan\beta\cdot\cos\alpha_R$，这里

$$\sin\alpha_R=\frac{\sin\alpha-\sqrt{\tan^2\beta-\sin^2\alpha\cdot\tan^2\beta+\tan^4\beta}}{1+\tan^2\beta} \tag{3.134}$$

$$\cos\alpha_R=\frac{\sin\alpha\cdot\tan\beta+\sqrt{1-\sin^2\alpha+\tan^2\beta}}{1+\tan^2\beta} \tag{3.135}$$

式中，下角标中“L”和“R”分别为左右火焰分支的物理参数。

谐波扰动源项 A_u 和 B_v 中的空间项 x 和 y 同样需要从 $x-y$ 坐标系转换至 $s-n$ 坐标系。针对左侧火焰分支有：

$$x=s_L\cdot\sin\alpha_L-1,\ y=s_L\cdot\cos\alpha_L \tag{3.136}$$

针对右侧火焰分支有类似的形式：

$$x=-s_R\cdot\sin\alpha_R+1,\ y=s_R\cdot\cos\alpha_R \tag{3.137}$$

针对左侧火焰分支，控制方程可写为：

$O(\varepsilon_u^0)$：

$$\Theta_L\cdot\frac{\partial\tilde{\xi}_{L0}}{\partial s_L}-X_L=-f_T(s_L)\cdot\sin\alpha\cdot\Xi_{L0} \tag{3.138}$$

$$\frac{\partial\tilde{\xi}_{L1v}}{\partial t}+(\Theta_L+f_T(s_L)\cdot\sin\alpha\cdot\Xi_{L1})\frac{\partial\tilde{\xi}_{L1v}}{\partial s_L}=\left(\sin\alpha_L-\cos\alpha_L\cdot\frac{\partial\tilde{\xi}_{L0}}{\partial s_L}\right)B_v \tag{3.139}$$

$$\begin{aligned}&\frac{\partial\tilde{\xi}_{L2vv}}{\partial t}+(\Theta_L+f_T(s_L)\cdot\sin\alpha\cdot\Xi_{L1})\frac{\partial\tilde{\xi}_{L2vv}}{\partial s_L}\\&=-\cos\alpha_L\cdot B_v\cdot\frac{\partial\tilde{\xi}_{L1v}}{\partial s_L}-\frac{1}{2}f_T(s_L)\cdot\sin\alpha\cdot\Xi_{L2}\left(\frac{\partial\tilde{\xi}_{L1v}}{\partial s_L}\right)^2\end{aligned} \tag{3.140}$$

$O(\varepsilon_u)$：

$$\frac{\partial\tilde{\xi}_{L1u}}{\partial t}+(\Theta_L+f_T(s_L)\cdot\sin\alpha\cdot\Xi_{L1})\frac{\partial\tilde{\xi}_{L1u}}{\partial s_L}=\left(-\cos\alpha_L-\sin\alpha_L\cdot\frac{\partial\tilde{\xi}_{L0}}{\partial s_L}\right)A_u \tag{3.141}$$

$$\begin{aligned}&\frac{\partial\tilde{\xi}_{L2uv}}{\partial t}+(\Theta_L+f_T(s_L)\cdot\sin\alpha\cdot\Xi_{L1})\frac{\partial\tilde{\xi}_{L2uv}}{\partial s_L}\\&=-\sin\alpha_L\cdot A_u\cdot\frac{\partial\tilde{\xi}_{L1v}}{\partial s_L}-\cos\alpha_L\cdot B_v\cdot\frac{\partial\tilde{\xi}_{L1u}}{\partial s_L}-f_T(s_L)\cdot\sin\alpha\cdot\Xi_{L2}\left(\frac{\partial\tilde{\xi}_{L1u}}{\partial s_L}\cdot\frac{\partial\tilde{\xi}_{L1v}}{\partial s_L}\right)\end{aligned} \tag{3.142}$$

$O(\varepsilon_u^2)$：

$$\frac{\partial \tilde{\xi}_{L2uu}}{\partial t}+(\Theta_L+f_T(s_L)\cdot\sin\alpha\cdot\Xi_{L1})\frac{\partial \tilde{\xi}_{L2uu}}{\partial s_L}=-\sin\alpha_L\cdot A_u\cdot\frac{\partial \tilde{\xi}_{L1u}}{\partial s_L}-\frac{1}{2}f_T(s_L)\cdot\sin\alpha\cdot\Xi_{L2}\left(\frac{\partial \tilde{\xi}_{L1u}}{\partial s_L}\right)^2 \tag{3.143}$$

针对右侧火焰分支，存在类似表达式：

$O(\varepsilon_u^0)$：

$$\Theta_R\frac{\partial \tilde{\xi}_{R0}}{\partial s_R}-X_R=-f_T(s_R)\cdot\sin\alpha\cdot\Xi_{R0} \tag{3.144}$$

$$\frac{\partial \tilde{\xi}_{R1v}}{\partial t}+(\Theta_R+f_T(s_R)\cdot\sin\alpha\cdot\Xi_{R1})\frac{\partial \tilde{\xi}_{R1v}}{\partial s_R}=\left(\sin\alpha_R-\cos\alpha_R\cdot\frac{\partial \tilde{\xi}_{R0}}{\partial s_R}\right)B_v \tag{3.145}$$

$$\frac{\partial \tilde{\xi}_{R2vv}}{\partial t}+(\Theta_R+f_T(s_R)\cdot\sin\alpha\cdot\Xi_{R1})\frac{\partial \tilde{\xi}_{R2vv}}{\partial s_R}=-\cos\alpha_R\cdot B_v\frac{\partial \tilde{\xi}_{R1v}}{\partial s_R}-\frac{1}{2}f_T(s_R)\cdot\sin\alpha\cdot\Xi_{R2}\left(\frac{\partial \tilde{\xi}_{R1v}}{\partial s_R}\right)^2 \tag{3.146}$$

$O(\varepsilon_u)$：

$$\frac{\partial \tilde{\xi}_{R1u}}{\partial t}+(\Theta_R+f_T(s_R)\cdot\sin\alpha\cdot\Xi_{R1})\frac{\partial \tilde{\xi}_{R1u}}{\partial s_R}=\left(\cos\alpha_R+\sin\alpha_R\cdot\frac{\partial \tilde{\xi}_{R0}}{\partial s_R}\right)A_u \tag{3.147}$$

$$\frac{\partial \tilde{\xi}_{R2uv}}{\partial t}+(\Theta_R+f_T(s_R)\cdot\sin\alpha\cdot\Xi_{R1})\frac{\partial \tilde{\xi}_{R2uv}}{\partial s_R}=\sin\alpha_R\cdot A_u\cdot\frac{\partial \tilde{\xi}_{R1v}}{\partial s_R}-\cos\alpha_R\cdot B_v\cdot\frac{\partial \tilde{\xi}_{R1u}}{\partial s_R}-f_T(s_R)\cdot\sin\alpha\cdot\Xi_{R2}\left(\frac{\partial \tilde{\xi}_{R1u}}{\partial s_R}\cdot\frac{\partial \tilde{\xi}_{R1v}}{\partial s_R}\right) \tag{3.148}$$

$O(\varepsilon_u^2)$：

$$\frac{\partial \tilde{\xi}_{R2uu}}{\partial t}+(\Theta_R+f_T(s_R)\cdot\sin\alpha\cdot\Xi_{R1})\frac{\partial \tilde{\xi}_{R2uu}}{\partial s_R}=\sin\alpha_R\cdot A_u\cdot\frac{\partial \tilde{\xi}_{R1u}}{\partial s_R}-\frac{1}{2}f_T(s_R)\cdot\sin\alpha\cdot\Xi_{R2}\left(\frac{\partial \tilde{\xi}_{R1u}}{\partial s_R}\right)^2 \tag{3.149}$$

边界条件相同，均认为火焰始终锚定在火焰出口，即

$$\tilde{\xi}_{i,j}(0,t)\equiv 0,\quad \{i=L,R;j=0,1u,1v,2uu,2vv,2uv\} \tag{3.150}$$

将式(3.150)代入式(3.138)～式(3.149)，理论上可以得到偏微分方程(Partial differential equations，PDEs)的结果，并将其结果代入式(3.125)中即可获得湍流预混火焰前锋面轨迹的非线性响应结果。火焰上游仅受到湍流波动影响下的前锋面结果 $\tilde{\xi}_0(s,t)$ 和 $f_T(s)$ 未知，其中 $\tilde{\xi}_0(s,t)$ 需要通过另外的方法获得，获得 $\tilde{\xi}_0(s,t)$ 后将其代入至式(3.138)和式(3.144)，可以获得无量纲时均局部湍流传播速度 $f_T(s)$ 的表达式。通过获得的 $\tilde{\xi}_0(s,t)$ 和 $f_T(s)$ 最终即可得到湍流预混火焰前锋面轨迹演化结果。

接下来确定只受湍流波动影响的火焰前锋面运动轨迹演化。根据 Hemchandra 和

Lieuwen 思路[34]：通过将无量纲湍流波动幅值 ε_T 认为是小量，将其在对应的简化 G 方程中进行渐进展开至二阶，以此获得湍流预混火焰前沿的时空结果。

在 $x-y-z$ 框架下火焰受到横向和纵向平均流动$(\overline{u},\overline{v})$以及 x，y 和 z 方向上湍流波动均方根(RMS)速度 v_T'，u_T'，$u_{z,T}'$ 的影响(不考虑谐波扰动对火焰前锋面的影响)，此时火焰始终锚定在燃烧器进口。横向，纵向和展向的湍流速度波动方向如图 3－17 所示。假设湍流波动的时空结构满足各向同性且呈现时均特性，即 $v_T'=u_T'=u_{z,T}'$。另外基于左右火焰分支分别在稳态火焰面(既不受湍流波动影响，也不受谐波扰动影响)建立 $s-n-z$ 坐标系，坐标系原点即火焰锚点。由于假设湍流波动的幅值较小，火焰前锋面可以表示为关于空间位置的单值函数，可以将 G 方程改写成基于 $s-n-z$ 坐标系的形式：

$$\frac{\partial\xi}{\partial t}+u_s\frac{\partial\xi}{\partial s}+u_z\frac{\partial\xi}{\partial z}-u_n=-\sin\alpha\sqrt{1+\left(\frac{\partial\xi}{\partial s}\right)^2+\left(\frac{\partial\xi}{\partial z}\right)^2} \tag{3.151}$$

式中，u_z 为沿着 z 方向的流动速度分量，这里 z 方向垂直于 $s-n$ 平面。如前所示，由于上游湍流波动速度描述不同，则左右两侧火焰锋面的 G 方程也存在差别。仅受湍流波动影响的火焰前锋面轨迹 $\xi(s,z,t)$ 可以写成关于小量 ε_T 的二阶渐进展开的形式：

$$\xi(s,z,t)=\xi_0(s,z,t)+\varepsilon_T\cdot\xi_{1t}(s,z,t)+\varepsilon_T^2\cdot\xi_{2tt}(s,z,t)+O(\varepsilon_T^3) \tag{3.152}$$

式中，$\xi_0(s,z,t)$ 为既不受湍流波动影响也不受谐波扰动影响的稳态火焰前锋面轨迹。为了推导火焰锋面的表达式，下面给出火焰上游的速度描述方程。

根据先前的假设，湍流波动的时空结构是各向同性且呈现时均特性，因此在 $x-y-z$ 坐标系下，火焰上游的速度描述写为稳态平均流动叠加湍流波动：

$$\begin{cases}u=\tan\beta+\varepsilon_T\cdot f_x(x,y,z,t)\\ v=1+\varepsilon_T\cdot f_y(x,y,z,t)\\ u_z=\varepsilon_T\cdot f_z(x,y,z,t)\end{cases} \tag{3.153}$$

式中，$\varepsilon_T=u_T'/\overline{v}=v_T'/\overline{v}=u_{z,T}'/\overline{v}$ 为无量纲化的湍流 RMS；f 为服从均值为 0 方差为 1 的高斯概率密度分布函数。需要注意的是 z 方向上不存在平均流。

基于层流火焰传播速度 S_L 恒定假设，$x-y-z$ 坐标系下的速度描述可以分别针对左右侧火焰分支转化为 $s-n-z$ 坐标系下的速度描述。针对左侧火焰分支有：

$$\begin{cases}u_{\mathrm{Ls}}=\Theta_L+\varepsilon_T\cdot f_{\mathrm{Ls}}(s_L,n_L,z,t)\\ u_{\mathrm{Ln}}=X_L+\varepsilon_T\cdot f_{\mathrm{Ln}}(s_L,n_L,z,t)\\ u_z=\varepsilon_T\cdot f_z(s_L,n_L,z,t)\end{cases} \tag{3.154}$$

类似的结果也可以在右侧火焰分支给出

$$\begin{cases}u_{\mathrm{Rs}}=\Theta_R+\varepsilon_T\cdot f_{\mathrm{Rs}}(s_R,n_R,z,t)\\ u_{\mathrm{Rn}}=X_R+\varepsilon_T\cdot f_{\mathrm{Rn}}(s_R,n_R,z,t)\\ u_z=\varepsilon_T\cdot f_z(s_R,n_R,z,t)\end{cases} \tag{3.155}$$

将式(3.151)和式(3.152)分别与式(3.154)和式(3.155)联立求解即可以得到左侧和右侧火焰分支关于小量 ε_T 的各阶 PDE 方程。针对左侧火焰分支，可以给出：

$O(\varepsilon_T^0)$：

$$\xi_{L0}(s_L,z,t)=0 \tag{3.156}$$

$O(\varepsilon_T)$：

$$\frac{\partial \xi_{L1t}}{\partial t}+\Theta_L \cdot \frac{\partial \xi_{L1t}}{\partial s_L}=f_{Ln}(s_L,0,z,t) \tag{3.157}$$

$O(\varepsilon_T^2)$：

$$\begin{aligned}\frac{\partial \xi_{L2tt}}{\partial t}+\Theta_L \cdot \frac{\partial \xi_{L2tt}}{\partial s_L}=&-f_{Ls}(s_L,0,z,t)\cdot\frac{\partial \xi_{L1t}}{\partial s_L}\\&-f_z(s_L,0,z,t)\cdot\frac{\partial \xi_{L1t}}{\partial z}-\frac{\sin\alpha}{2}\left[\left(\frac{\partial \xi_{L1t}}{\partial s_L}\right)^2+\left(\frac{\partial \xi_{L1t}}{\partial z}\right)^2\right]\end{aligned} \tag{3.158}$$

针对右侧火焰分支，同样有类似表达式：

$O(\varepsilon_T^0)$：

$$\xi_{R0}(s_R,z,t)=0 \tag{3.159}$$

$O(\varepsilon_T)$：

$$\frac{\partial \xi_{R1t}}{\partial t}+\Theta_R \cdot \frac{\partial \xi_{R1t}}{\partial s_R}=f_{Rn}(s_R,0,z,t) \tag{3.160}$$

$O(\varepsilon_T^2)$：

$$\begin{aligned}\frac{\partial \xi_{R2tt}}{\partial t}+\Theta_R \cdot \frac{\partial \xi_{R2tt}}{\partial s_R}=&-f_{Rs}(s_R,0,z,t)\cdot\frac{\partial \xi_{R1t}}{\partial s_R}\\&-f_z(s_R,0,z,t)\cdot\frac{\partial \xi_{R1t}}{\partial z}-\frac{\sin\alpha}{2}\left[\left(\frac{\partial \xi_{R1t}}{\partial s_R}\right)^2+\left(\frac{\partial \xi_{R1t}}{\partial z}\right)^2\right]\end{aligned} \tag{3.161}$$

湍流火焰始终锚定在燃烧器出口，边界条件为：

$$\xi_{i,j}(0,z,t)\equiv 0 \quad \{i=L,R;j=1t,2tt\} \tag{3.162}$$

将边界条件代入式(3.157)和式(3.160)并基于零阶解可以获得一阶方程的解。针对左侧火焰分支，其一阶解的形式为

$$\xi_{L1t}(s_L,z,t)=\frac{1}{\Theta_L}\int_0^{s_L} f_{Ln}\left[\eta_1,0,z,t-\frac{(s_L-\eta_1)}{\Theta_L}\right]\mathrm{d}\eta_1 \tag{3.163}$$

针对右侧火焰分支，同样有：

$$\xi_{R1t}(s_R,z,t)=\frac{1}{\Theta_R}\int_0^{s_R} f_{Rn}\left[\eta_1,0,z,t-\frac{(s_R-\eta_1)}{\Theta_R}\right]\mathrm{d}\eta_1 \tag{3.164}$$

为了获得式(3.158)和式(3.161)对应的二阶非线性表达式，需要提前确定对应 PDEs 中的各项表达式。由于左右火焰分支的推导过程相似，因此这里只给出左侧火焰分支的具体推导过程。

将式(3.163)对 s_L 进行求导，可以得到：

$$\begin{aligned}\frac{\partial \xi_{L1t}(s_L,z,t)}{\partial s_L}=&\frac{1}{\Theta_L}\cdot f_{\mathrm{Ln}}(s_L,0,z,t)\\&-\frac{1}{\Theta_L^2}\int_0^{s_L}\frac{\partial f_{\mathrm{Ln}}(\eta_1,0,z,\tau)}{\partial \tau}\bigg|_{\tau=t-\frac{(s-\eta_1)}{\Theta_L}}\mathrm{d}\eta_1\end{aligned} \tag{3.165}$$

因此：

$$\begin{aligned}\left(\frac{\partial \xi_{L1t}}{\partial s_L}\right)^2=&\frac{1}{\Theta_L^2}\left[1+\frac{2}{\Theta_L}\int_0^{s_L}\frac{\partial R_{\mathrm{Lnn}}(\sigma_s,0,0,\tau)}{\partial \tau}\bigg|_{\substack{\sigma_s=s_L-\eta_1\\ \tau=\frac{(s_L-\eta_1)}{\Theta_L}}}\mathrm{d}\eta_1\right.\\&\left.-\frac{1}{\Theta_L^2}\int_{-s_L}^{s_L}(s_L-|\sigma|)\frac{\partial^2 R_{\mathrm{Lnn}}(\sigma_s,0,0,\tau)}{\partial \tau^2}\bigg|_{\substack{\sigma_s=\sigma\\ \tau=\frac{\sigma}{\Theta_L}}}\mathrm{d}\sigma\right]\end{aligned} \tag{3.166}$$

二阶 PDE 中其他项的具体表达式也可以根据这种方法得到：

$$\left(\frac{\partial \xi_{L1t}}{\partial z}\right)^2 = -\frac{1}{\Theta_L^2}\int_{-s_L}^{s_L}(s_L - |\sigma|)\left.\frac{\partial^2 R_{\mathrm{Lnn}}(\sigma_s, 0, \sigma_z, \tau)}{\partial \sigma_z^2}\right|_{\substack{\sigma_s=\sigma,\sigma_z=0\\ \tau=\frac{\sigma}{\Theta_L}}}\mathrm{d}\sigma \tag{3.167}$$

$$f_{\mathrm{Ls}}(s_L, 0, z, t)\cdot\frac{\partial \xi_{L1t}}{\partial s_L} = \frac{1}{\Theta_L^2}\int_0^{s_L}\left.\frac{\partial R_{\mathrm{Lsn}}(\sigma_s, 0, \sigma_z, \tau)}{\partial \tau}\right|_{\substack{\sigma_s=\sigma,\sigma_z=0\\ \tau=\frac{\sigma}{\Theta_L}}}\mathrm{d}\sigma \tag{3.168}$$

$$f_z(s_L, 0, z, t)\cdot\frac{\partial \xi_{L1t}}{\partial z} = -\frac{1}{\Theta_L}\int_0^{s_L}\left.\frac{\partial R_{\mathrm{Lzn}}(\sigma_s, 0, \sigma_z, \tau)}{\partial \sigma_z}\right|_{\substack{\sigma_s=\sigma,\sigma_z=0\\ \tau=\frac{\sigma}{\Theta_L}}}\mathrm{d}\sigma \tag{3.169}$$

式中，R_{Lnn}，R_{Lsn}和 R_{Lzn}为湍流相干函数。根据泰勒假设以及湍流速度服从高斯密度分布，可以使用两点相干方法来求解湍流相干函数[34,35]。湍流相干函数可以写为：

$$R_{A_iB_j}(\sigma_s, \sigma_n, \sigma_z, \tau) \equiv \frac{\langle f_i(s, n, z, t) f_j(s+\sigma_s, n+\sigma_n, z+\sigma_z, t+\tau)\rangle}{\sqrt{\langle f_i^2\rangle\langle f_j^2\rangle}} \tag{3.170}$$

式中，R_{AB}为时空相干函数，表示空间上 A 点在 i 方向上和 B 点在 j 方向上的时空关系；σ_s，σ_n 和 σ_z 分别为空间 A，B 两点在 s，n 和 z 方向上的空间距离；τ 为它们之间的时间间隔。

根据泰勒冻结假设，特定湍流波动的时空分布特性假设，将式(3.170)改写为

$$R_{A_iB_j}(\sigma_s, \sigma_n, \sigma_z, \tau) = \left[\frac{\pi\chi_i\cdot\chi_j}{4} + \left(1 - \frac{\pi r^2}{4}\right)\delta_{ij}\right]\mathrm{e}^{-\frac{\pi r^2}{4}} \tag{3.171}$$

式中，

$$\chi_s = \sigma_s - (\cos\alpha + \tan\beta\cdot\sin\alpha)\cdot\tau,\quad \chi_z = \sigma_z$$

$$\chi_n = \sigma_n - (\sin\alpha - \tan\beta\cdot\cos\alpha)\cdot\tau \tag{3.172}$$

$$r = \sqrt{\chi_s^2 + \chi_z^2 + \chi_n^2} \tag{3.173}$$

$$\delta_{ij} = \begin{cases}1, & i = j\\ 0, & i \neq j\end{cases} \tag{3.174}$$

因此，可以得到 n-方向和 n-方向的相干函数：

$$R_{\mathrm{nn}}(\sigma_s, \sigma_n, \sigma_z, \tau) = \left[\frac{\pi\chi_n\cdot\chi_n}{4\ell_0^2} + \left(1 - \frac{\pi r^2}{4\ell_0^2}\right)\right]\mathrm{e}^{-\frac{\pi r^2}{4\ell_0^2}} \tag{3.175}$$

式中，ℓ_0 为基于燃烧器出口半径进行无量纲的湍流积分尺度。同样可以明确 s-方向和 n-方向的相干函数：

$$R_{\mathrm{sn}}(\sigma_s, \sigma_n, \sigma_z, \tau) = \frac{\pi\chi_s\cdot\chi_n}{4\ell_0^2}\mathrm{e}^{-\frac{\pi r^2}{4\ell_0^2}} \tag{3.176}$$

z-方向和 n-方向的相干函数：

$$R_{\mathrm{zn}}(\sigma_s, \sigma_n, \sigma_z, \tau) = \frac{\pi\chi_z\cdot\chi_n}{4\ell_0^2}\mathrm{e}^{-\frac{\pi r^2}{4\ell_0^2}} \tag{3.177}$$

因此，火焰锋面的二阶表示式可以基于式(3.158)和式(3.166)至式(3.169)获得。针对左侧火焰锋面有：

$$\xi_{L2tt}(s_L) = \frac{\sin\alpha}{\Theta_L^3\cdot X_L^3}\begin{bmatrix}-\dfrac{\Theta_L}{\ell_0}\cdot(2\Theta_L^2\cdot\ell_0^2 + \pi s_L^2\cdot X_L^2)\cdot\mathrm{erf}(\sqrt{W_L(s_L)})\\ -s_L\cdot X_L\cdot\mathrm{e}^{-W_L(s_L)}\cdot\begin{pmatrix}\Theta_L^2(2 - 4\mathrm{e}^{-W_L(s_L)})\\ +\mathrm{e}^{W_L(s_L)}\cdot X_L^2\end{pmatrix}\end{bmatrix} \tag{3.178}$$

式中，$W_L(s_L) = \pi s_L^2/4\,(X_L/(\Theta_L\cdot\ell_0))^2$；针对右侧火焰分支同样可以给出类似结果：

$$\xi_{R2tt}(s_R)=\frac{\sin\alpha}{\Theta_R^3\cdot X_R^3}\left[\begin{array}{l}-\frac{\Theta_R}{\ell_0}\cdot(2\Theta_R^2\cdot\ell_0^2+\pi s_L^2\cdot X_R^2)\cdot \mathrm{erf}(\sqrt{W_R(s_R)})\\ -s_R\cdot X_R\cdot \mathrm{e}^{-W_L(s_L)}\cdot\left(\begin{array}{l}\Theta_R^2(2-4\mathrm{e}^{W_L(s_L)})\\+\mathrm{e}^{W_L(s_L)}\cdot X_R^2\end{array}\right)\end{array}\right] \tag{3.179}$$

式中，$W_R(s_R)=\pi s_R^2/4\,(X_R/(\Theta_R\cdot\ell_0))^2$。

受湍流波动影响的时间平均集总火焰前沿动态轨迹的表达式根据 Hemchandra 和 Lieuwen[34] 的研究可以写成 $\tilde{\xi}_0(s,t)=\xi_0+\varepsilon_T^2\cdot\xi_{2tt}(s)$。无量纲湍流火焰传播速度受湍流强度和空间位置的影响规律如图 3-18 所示。可以发现随着湍流强度的增加或随着火焰向远离锚点处发展，湍流火焰传播速度均随着增大。这些结论与已有文献的结果相符[31,34]。实线表示左侧火焰分支结果，标记表示右侧火焰分支的结果，因为此时火焰上游的当量比恒定，所以左右两侧火焰分支的湍流传播速度相同。另外可以发现，当空间位置趋于火焰锚点时，存在湍流波动的传播速度仍然超过 1，这与 Hemchandra 和 Lieuwen 先前的结果[34]不一致。上述差异推测是对火焰运动学收缩产生的非线性源项处理的方式不同产生的。本节对该非线性项进行了基于泰勒展开的二阶近似 $[1+(\partial\tilde{\xi}/\partial s)^2]^{1/2}\approx\Xi_0+\Xi_1(\partial\tilde{\xi}/\partial s-\partial\tilde{\xi}_0/\partial s)+1/2\Xi_2(\partial\tilde{\xi}/\partial s-\partial\tilde{\xi}_0/\partial s)$，而 Hemchandra 和 Lieuwen[34] 只保留稳态项 Ξ_0。事实上，由于火焰传播速度解释了火焰前沿运动学，当上游存在湍流波动时火焰前沿运动学自然区别于层流状态的结果，因此其对应的（包括锚点处的）局部湍流火焰传播速度自然也与层流传播速度存在差异。

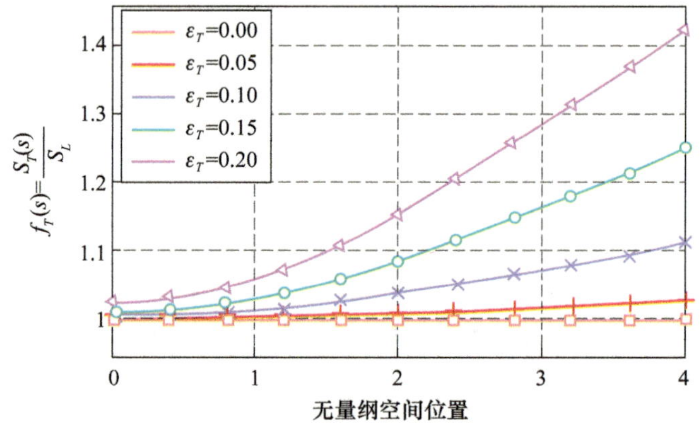

图 3-18　无量纲湍流火焰传播速度受湍流强度和空间位置的影响规律

($\sin\alpha=0.5$，$\tan\beta=0.2$，$l_0=1.5$)

无谐波扰动影响的集总平均稳态火焰前沿和时间平均局部湍流传播速度的表达式十分复杂，无法得到各阶 PDE 的解析表达式。因此针对一阶和二阶 PDE 分别使用不同的数值方法进行求解。针对一阶 PDE 方程，进行变量分离将 PDE 方程转化为 ODE 方程进行求解。为了简化推导，谐波扰动源项 A_u 和 B_v 可以转化为指数形式：

$$A_u=\frac{1}{2}\left(\mathrm{e}^{\mathrm{i}\cdot St(K\cdot x-t)}+\mathrm{e}^{-\mathrm{i}\cdot St(K\cdot x-t)}\right) \tag{3.180}$$

$$B_v=\frac{1}{2}\left(\mathrm{e}^{\mathrm{i}\cdot St(K\cdot y-t)}+\mathrm{e}^{-\mathrm{i}\cdot St(K\cdot y-t)}\right) \tag{3.181}$$

因此可以得到左（右）侧火焰分支的一阶 PDE 变量分量的表达式：

$$\tilde{\xi}_{1u}(s,t)=\hat{\tilde{\xi}}_{1u1}(s)\cdot e^{-i\cdot St\cdot t}+\hat{\tilde{\xi}}_{1u2}(s)\cdot e^{i\cdot St\cdot t} \tag{3.182}$$

$$\tilde{\xi}_{1v}(s,t)=\hat{\tilde{\xi}}_{1v1}(s)\cdot e^{-i\cdot St\cdot t}+\hat{\tilde{\xi}}_{1v2}(s)\cdot e^{i\cdot St\cdot t} \tag{3.183}$$

式中，$\tilde{\xi}_1$ 为不包含时间项的一阶线性火焰前锋面表达式，因此式(3.139)、式(3.141)、式(3.145)和式(3.147)可以退化为 ODEs。使用显式四阶五级龙格库塔(RK45)格式以及 Dormand-Prince pair 对 ODEs 进行求解[36]。但是相同的方法并不适用于二阶 PDEs。对于非线性方程，直接数值求解描述左侧火焰分支的式(3.140)、式(3.142)和式(3.143)以及描述右侧火焰分支的 式(3.146)、式(3.148)和式(3.149)。使用七阶 Weighted Essentially Non-Oscillatory (WENO7) 格式对空间导数进行离散[37]；使用四级四阶龙格库塔(RK4)进行时间积分，并使用 Local Lax-Friedrich (LLF)格式提高其稳定性[37]。空间离散的单位尺寸为 $R/100$，时间离散的单位尺度基于扰动频率自适应。可以发现，当 $\varepsilon_T=0$ 时，对应 $\partial\tilde{\xi}_0/\partial s=0$ 以及 $f_T(s)=1$，湍流火焰退化为层流火焰，二阶 PDEs 均存在解析解。因此，可以基于退化的层流火焰情况来验证数值方法的准确性。

如先前研究[25,26,38,39]所述，由于火焰上游存在横向平均流和对应的谐波扰动，尤其是当扰动频率较小时，火焰尖端点 S_{tip} 动态(基于 $s-n$ 坐标系下的左侧火焰分支)显著影响 FDF。但需要明确的是，火焰尖端点对三维锥型火焰的影响较轻微[26]。基于 $x-y$ 坐标系，左右两侧火焰分支尖端点的高度应相同，则可以获得尖端点动态轨迹，

$$S_{tip}(t)\cdot\cos\alpha_L+\frac{\tilde{\xi}_L(S_{tip}(t),t)}{\sin\alpha_L}=S_{R,tip}(t)\cdot\cos\alpha_R+\frac{\tilde{\xi}_R(S_{R,tip}(t),t)}{\sin\alpha_R} \tag{3.184}$$

式中，$S_{R,tip}(t)=[2-S_{tip}(t)\cdot\sin\alpha_L]/\sin\alpha_R$ 为右侧火焰分支尖端点位置；$\tilde{\xi}_L(S_{tip}(t),t)$ 和 $\tilde{\xi}_R(S_{R,tip}(t),t)$ 分别为左右侧分支在 $s-n$ 坐标系下火焰锋面在尖端点处的结果。当火焰不受谐波扰动影响时，$\tilde{\xi}_L(S_{tip}(t),t)$ 和 $\tilde{\xi}_R(S_{R,tip}(t),t)$ 均等于集总平均火焰形状，此时可以得到仅受湍流波动影响的火焰尖端点 $\overline{S_{tip}}$。基于一阶线性方程和二阶非线性方程以及式(3.184)可以获得火焰前沿位置的精确演化结果。进一步可以确定受双向谐波扰动的湍流火焰描述函数。

为确定 FDF，需确定火焰热释放率脉动。针对层流预混火焰，无量纲热释放率脉动可以和无量纲面积波动等价[23]。然而由于湍流波动的存在，预混火焰的热释放率脉动不仅与面积波动有关还与湍流燃烧速度相关。随着湍流褶皱的增强，火焰燃烧面积也随之增长，进而改变局部燃烧速度影响热释放率。

瞬时火焰热释放率计算需要考虑局部燃烧速度 $f_C(s)[f_C(s)=S_C(s)/S_L]$，这里 s 表示空间位置。为了精确获得火焰热释放率，计算过程需在 $x-y$ 坐标系下完成。基于式(3.136)和式(3.137)将 $s-n$ 坐标系下的结果转化至 $x-y$ 坐标系。针对左侧火焰分支，瞬时热释放率的计算公式为

$$\dot{Q}_L(t)=\int_0^{x_{L,tip}(t)}\rho\cdot h_R\cdot S_L\cdot f_C(x)\sqrt{1+\left(\frac{\partial\tilde{y}_L(x,t)}{\partial x}\right)^2}\,dx \tag{3.185}$$

式中，ρ 和 h_R 表示未燃预混气体的密度和反应热，这里

$$x_{L,tip}(t)=S_{tip}(t)\cdot\sin\alpha_L \tag{3.186}$$

$$\tilde{y}_L(x,t)=\frac{x}{\tan\alpha_L}+\frac{\tilde{\xi}_L(x,t)}{\sin\alpha_L} \tag{3.187}$$

对于右侧火焰分支有

$$\dot{Q}_R(t)=\int_0^{x_{R,\mathrm{tip}}(t)}\rho\cdot h_R\cdot S_L\cdot f_C(x)\sqrt{1+\left(\frac{\partial\widetilde{\mathcal{Y}}_R(x,t)}{\partial x}\right)^2}\mathrm{d}x \tag{3.188}$$

式中，

$$x_{R,\mathrm{tip}}(t)=2-S_{\mathrm{tip}}(t)\cdot\sin\alpha_L \tag{3.189}$$

$$\widetilde{\mathcal{Y}}_R(x,t)=\frac{x}{\tan\alpha_R}+\frac{\widetilde{\xi}_R(x,t)}{\sin\alpha_R} \tag{3.190}$$

式(3.187)中的项$\widetilde{\mathcal{Y}}_L(x,t)$和等式(3.190)中的项$\widetilde{\mathcal{Y}}_R(x,t)$分别表示左右侧湍流火焰分支的前沿轨迹。因此火焰瞬时热释放率可以写为

$$\dot{Q}(t)=\dot{Q}_L(t)+\dot{Q}_R(t) \tag{3.191}$$

当火焰上游不存在谐波扰动时，火焰热释放率计算公式可以简化为

$$\overline{\dot{Q}_L}=\int_0^{x_{L,\mathrm{tip}}}\frac{\rho\cdot h_R\cdot S_L\cdot f_C(x)}{\sin\alpha_L}\mathrm{d}x \tag{3.192}$$

和

$$\overline{\dot{Q}_R}=\int_0^{x_{R,\mathrm{tip}}}\frac{\rho\cdot h_R\cdot S_L\cdot f_C(x)}{\sin\alpha_R}\mathrm{d}x \tag{3.193}$$

式中，$x_{L,\mathrm{tip}}=\overline{S_{\mathrm{tip}}}\cdot\sin\alpha_L$ 和 $x_{R,\mathrm{tip}}=2-\overline{S_{\mathrm{tip}}}\cdot\sin\alpha_L$。因此可以得到未受谐波扰动影响的火焰热释放率

$$\overline{\dot{Q}}=\overline{\dot{Q}_L}+\overline{\dot{Q}_R} \tag{3.194}$$

为获得火焰热释放率，需要先明确火焰局部燃烧速度 $f_C(x)$，根据火焰燃烧速度的定义[34]，将其写为：

$$f_{\mathrm{CL}}(s_L)=\sqrt{1+\left(\frac{\partial\xi_L(s_L,z,t)}{\partial s_L}\right)^2+\left(\frac{\partial\xi_L(s_L,z,t)}{\partial z}\right)^2} \tag{3.195}$$

式中，$s_L=x/\sin\alpha_L$，$\xi_L(s_L,z,t)$具体形式见式(3.152)。由于左右侧火焰分支的表达式高度相似，这里仅展示左侧火焰分支对应的局部燃烧速度推导过程，右侧火焰分支结果的推导基于类似步骤，直接给出结果。将式(3.152)代入式(3.195)可以得到：

$$f_{\mathrm{CL}}(s_L)=1+\frac{1}{2}\left\{\left[\frac{\partial\xi_{L1t}(s_L,z,t)}{\partial s_L}\right]^2+\left[\frac{\partial\xi_{L1t}(s_L,z,t)}{\partial z}\right]^2\right\}\varepsilon_T^2+O(\varepsilon_T^3) \tag{3.196}$$

将式(3.166)和式(3.167)代入等式(3.196)，可以获得火焰局部燃烧速度的显式表达式。针对左侧火焰有：

$$\begin{aligned}f_{\mathrm{CL}}(s_L)=1+\frac{\varepsilon_T^2}{2}\Bigg\{&\frac{1}{\Theta_L^2}\\&-\frac{1}{X_L}\left[2-2\mathrm{e}^{-W_L(s_L)}-\frac{1}{\Theta_L\cdot\ell_0}\cdot\pi\cdot s_L\cdot X_L\cdot\mathrm{erf}\left(\sqrt{W_L(s_L)}\right)\right]\Bigg\}\end{aligned} \tag{3.197}$$

针对右侧火焰，同样有

$$\begin{aligned}f_{\mathrm{CR}}(s_R)=1+\frac{\varepsilon_T^2}{2}\Bigg\{&\frac{1}{\Theta_R^2}\\&-\frac{1}{X_R}\left[2-2\mathrm{e}^{-W_L(s_L)}-\frac{1}{\Theta_R\cdot\ell_0}\cdot\pi\cdot s_R\cdot X_R\cdot\mathrm{erf}\left(\sqrt{W_R(s_R)}\right)\right]\Bigg\}\end{aligned} \tag{3.198}$$

式中，$s_R = x/\sin\alpha_R$。

在本节中考虑火焰完全预混且忽略拉伸率影响，则可以认为层流火焰传播速度以及新鲜混合气的反应热和密度均为定值。最后可以获得双向谐波扰动影响下的湍流 FDF，表达式为

$$F_T(t) = \frac{\left(\dot{Q}(t) - \overline{\dot{Q}}\right)/\overline{\dot{Q}}}{\varepsilon_v} = \frac{\displaystyle\int_0^{x_{L,\mathrm{tip}}(t)} f_C(x)\sqrt{1+\left(\frac{\partial \widetilde{\mathcal{Y}}_L(x,t)}{\partial x}\right)^2}\,\mathrm{d}x}{\varepsilon_v\left[\dfrac{1}{\sin\alpha_L}\displaystyle\int_0^{x_{L,\mathrm{tip}}} f_C(x)\,\mathrm{d}x + \dfrac{1}{\sin\alpha_R}\displaystyle\int_0^{x_{R,\mathrm{tip}}} f_C(x)\,\mathrm{d}x\right]} + \frac{\displaystyle\int_0^{x_{R,\mathrm{tip}}(t)} f_C(x)\sqrt{1+\left(\frac{\partial \widetilde{\mathcal{Y}}_R(x,t)}{\partial x}\right)^2}\,\mathrm{d}x - 1}{\varepsilon_v\left[\dfrac{1}{\sin\alpha_L}\displaystyle\int_0^{x_{L,\mathrm{tip}}} f_C(x)\,\mathrm{d}x + \dfrac{1}{\sin\alpha_R}\displaystyle\int_0^{x_{R,\mathrm{tip}}} f_C(x)\,\mathrm{d}x\right]} \tag{3.199}$$

可以发现，定义 FDF 时仅考虑了纵向谐波扰动幅值 ε_v。本节中考虑的横向谐波扰动幅值相对 ε_v 较小，因此考虑以纵向谐波扰动幅值定义 FDF 具有合理性。另外之前的结果已经表明，纵向扰动的幅值主导了火焰的非线性响应特征，该结论与已有文献结果[40,41]一致。然而当纵向谐波扰动消失或其幅值远小于横向扰动幅值时（$\varepsilon_v \ll \varepsilon_u$），必须在 FDF 的定义中考虑横向谐波扰动幅值。

湍流 FDF 幅值和相位随着湍流波动幅值的变化规律如图 3-19(a)所示。可以发现，在不同频率下，湍流波动对 FDF 的影响呈现完全相反的特征。当扰动频率较小时（对应深灰色的 $\mathcal{K}$ 区域），FDF 幅值随着 ε_T 的增加而增加。但当扰动频率较大时（对应浅灰色的 $\mathcal{L}$ 区域），FDF 的幅值随着 ε_T 的增加而降低。假设层流火焰完全预混，热释放率和速度的关系可以写成[42]（有量纲形式），

$$\frac{\delta\dot{Q}}{\dot{Q}} = \frac{\delta\dot{m}_\mathrm{F}}{\dot{m}_\mathrm{F}} = \frac{\delta\dot{m}}{\dot{m}} = \frac{\delta w}{w} \tag{3.200}$$

式中，$\dot{m}_\mathrm{F}$ 和 $\dot{m}$ 分别为燃料质量流率和混合物流率；w 为相对于 u 和 v 的参考速度。由于存在湍流波动和谐波扰动耦合影响火焰前沿动态，火焰声学响应受湍流波动影响。湍流火焰的燃料质量流率可以表示为 $\dot{m}_\mathrm{F} = \rho \cdot S_{G,C} \cdot A_\mathrm{ref}$（有量纲形式），$A_\mathrm{ref}$ 为集总平均参考火焰面积（与湍流传播速度 S_T 和谐波扰动相关），$S_{G,C}$ 为局部燃烧速度（相对于燃烧速度 S_C）。

将燃料质量流率表达式代入式(3.200)，可以得到关于 $\dot{Q}$ 和 w 关系重新写为

$$\frac{\delta\dot{Q}/\dot{Q}}{\delta w/w} = \frac{\delta A_\mathrm{ref}/A_\mathrm{ref}}{\delta w/w} + \frac{\delta S_{G,C}/S_{G,C}}{\delta w/w} \tag{3.201}$$

由于火焰上游湍流波动的存在，式(3.201)右侧的第一项和第二项均与层流火焰的情况不同。当扰动频率较小时（深灰色 $\mathcal{K}$ 区域），随着湍流强度增强，S_C 和 S_T 同时增强进而使 FDF 的幅值增强。这意味着湍流效应可以增强火焰动态响应特性。但是同样存在令人困惑的结果，当扰动频率适中时（浅灰色 $\mathcal{L}$ 区域），FDF 幅值随着湍流波动幅值的增加而减弱，这显然无法通过现有的基于湍流波动幅值的角度分析。在本节的后半部分，尝试基于其他角度对其解释。

需要指出的是，上述特征与 Hemchandra 等人基于全耦合模型得到的结果[31]定性一致，全耦合模型是指在火焰上游的速度描述中同时考虑了湍流波动和谐波扰动，并将这两个扰动对应的无量纲幅值作为小量对火焰锋面进行渐进展开得到的结果。另外在 Hemchandra 等

人[31]的研究中，也基于 UFSM 方法对上述问题进行了求解，并明确了 UFSM 的缺点。事实上，UFSM 无法捕捉到 2W-NUFSM 在低频时湍流波动对 FDF 幅值影响的特性。由于湍流火焰处于波纹小火焰区域，湍流波动幅值 ε_T 增强意味着湍流积分尺度 ℓ_0 减小。相似的结果同样可以通过给定湍流波动幅值，改变湍流积分尺度获得，如图 3-19(b)所示。对应结果与 Hemchandra 等人的全耦合模型结果[31]高度一致，即在特定频率下，随着 ℓ_0 的降低 FDF 的幅值单调增强。上述结果证明了所用 2W-NUFSM 的可信性和准确性。

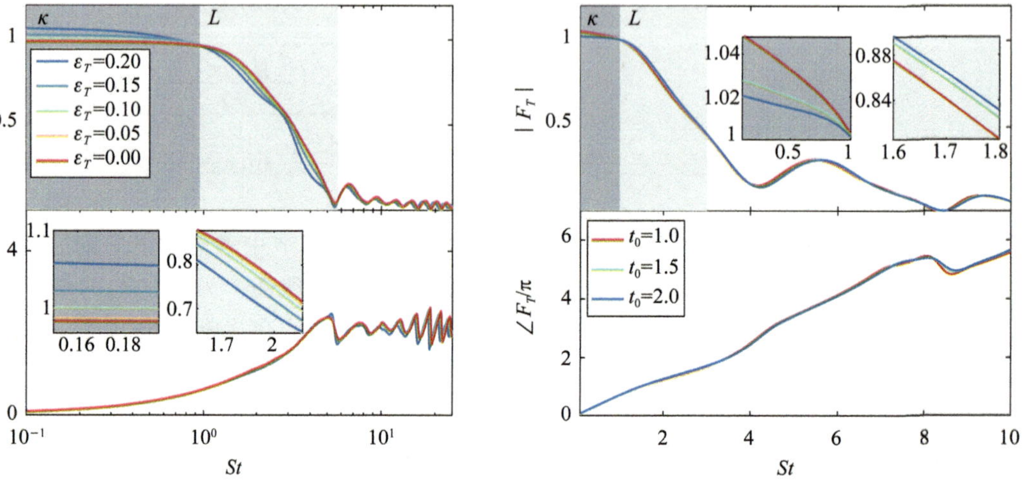

(a) 湍流波动幅值的影响 $\sin\alpha=\sqrt{3}/3$，$l_0=1.5$，A=0.2　　(b) 湍流积分尺度的影响 $\sin\alpha=0.5$，$\varepsilon_T=0.1$，$K=1$

图 3-19　湍流 FTF 幅值和相位随着湍流波动幅值和湍流积分尺度的变化规律

($\tan\beta=0.1$，$\varepsilon_u=0.05$ 和 $\varepsilon_v=0.2$)

对于 FDF 幅值和相位在不同谐波扰动和湍流波动幅值下随着谐波扰动频率变化而变化的结果。FDF 幅值和相位随着扰动频率 St 以及不同 K，谐波扰动幅值 ε_u 和 ε_v 以及湍流扰动 ε_T 的变化规律如图 3-20 所示。就 FDF 幅值而言，随着 St 趋于 0 时，火焰响应被湍流波动和谐波扰动幅值共同控制，其中 ε_u 和 ε_v 起主要作用。但随着 St 增加，K 和 St 共同控制了响应幅值，且 K 起了主要作用。就 FDF 相位而言，随着 St 趋向于 0，相位由 K 和谐波扰动幅值共同控制，这里谐波扰动起主要作用，该现象在高频时仍然存在。

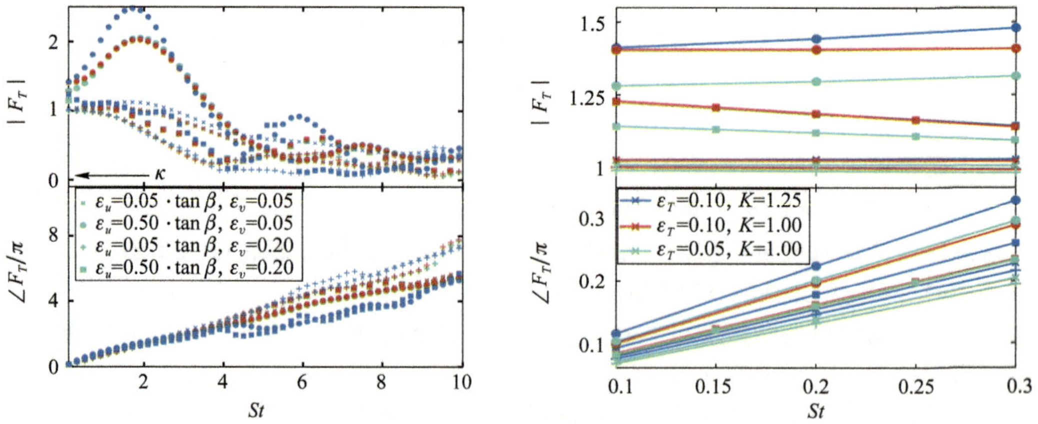

图 3-20　不同 K 值、谐波扰动幅值以及湍流扰动条件下 FDF 的幅频和相频特性

另外在图 3-20 中可以明显发现，当横向扰动幅值 ε_u 与纵向扰动幅值 ε_v 相比足够大时，火焰运动学响应幅值明显超过 1 且在相对低频段内随着 St 的增加而单调增强。对于前者，由于在定义描述函数时仅考虑了纵向谐波扰动幅值，所以当 ε_u 大于 ε_v 导致了 FDF 的幅值超过 1。这在纵向谐波扰动和横向扰动幅值相当(同阶)而没有远远超过时($\varepsilon_u \gg \varepsilon_v$)是可以接受的。因此，当 ε_v 增加且超过 ε_u 时，低频的 FDF 幅值将会下降。同样可以观察到在低频段出现的有趣现象。由于横向扰动和纵向扰动在工况 $\varepsilon_u=0.5\cdot\tan\beta,\varepsilon_v=0.2$ 时存在强非线性耦合，FDF 响应的相速度增加进而导致与工况 $\varepsilon_u=0.5\cdot\tan\beta,\varepsilon_v=0.05$ 相比减低了 FDF 相位[43]。

为了详细解释 ε_u，ε_v 和 K 之间的耦合关系对 FDF 的影响，FDF 幅值和相位对应不同 K，谐波扰动幅值 ε_u 和 ε_v 的结果如图 3-21 所示。针对不同扰动幅值，FDF 幅值的差异随着 K 的增加而明显。随着 K 的增加，幅值的变化呈现非单调特性并存在极大值。稳定的最大幅值出现在 $K\approx1.5$，这仅出现在大横向扰动幅值对应的情形，此时 FDF 增益在高扰动频率下急剧增加[44]。

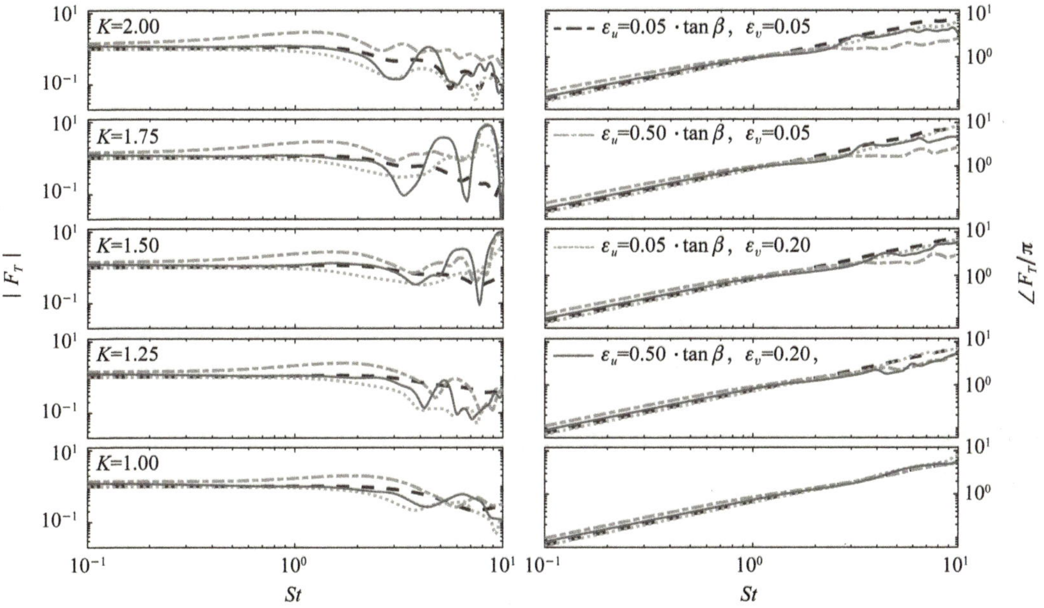

图 3-21　不同 K 值和谐波扰动幅值条件下 FDF 的幅频和相频特性

($\varepsilon_T=0.1,\sin\alpha=0.5,\tan\beta=0.2,l_0=1.5$)

3.5 本章小结

本章系统探讨了火焰释热动力学的基本原理及其在燃烧不稳定性研究中的关键作用，介绍了火焰传递函数(FTF)和火焰描述函数(FDF)，并区分了线性与非线性响应特性。研究表明，火焰的动态响应受扰动频率和幅值的影响，低频段响应较强，而高频段则表现出低通滤波特性和非线性饱和效应。

在实验研究方面，本章总结了化学发光、激光干涉等测量方法，发现不同火焰类型的 FDF

具有明显差异。数值研究表明，大涡模拟（LES）可有效预测火焰响应特性，揭示了上游扰动、火焰锋面褶皱及燃烧室结构对 FDF 的影响。此外，基于 G 方程的理论建模，探究了层流、湍流以及纵向、横向扰动下的火焰响应，结果表明，均匀速度扰动模型适用于低频相应，而对流速度扰动模型更能准确描述相位变化。对于湍流射流火焰，发现湍流波动可增强低频 FDF 幅值，但在高频段可能导致响应减弱。湍流积分尺度对火焰动态特性的影响尤为显著，对燃烧不稳定性的预测具有重要意义。

综上所述，本章结合实验、数值模拟和理论建模研究火焰释热动力学，深入地揭示了火焰非线性响应机制，为液体火箭发动机燃烧不稳定性的预测和控制提供了坚实的基础。

本章参考文献

[1] CROCCO L. Aspects of Combustion Stability in Liquid Propellant Rocket Motors Part I: Fundamentals. Low Frequency Instability With Monopropellants [J]. Journal of the American Rocket Society, 1951, 21(6): 163-78.

[2] WANG G, ZHENG J, LI L, et al. Relationship of gain and phase in the transfer function of swirling flames [J]. Proceedings of the Combustion Institute, 2021, 38(4): 6173-82.

[3] GAUDRON R, GATTI M, MIRAT C, et al. Impact of the injector size on the transfer functions of premixed laminar conical flames [J]. Combustion and Flame, 2017, 179: 138-53.

[4] NOIRAY N, DUROX D, Schuller T, et al. A unified framework for nonlinear combustion instability analysis based on the flame describing function [J]. Journal of Fluid Mechanics, 2008, 615: 139-67.

[5] DUCRUIX S, DUROX D, CANDEL S. Theoretical and experimental determinations of the transfer function of a laminar premixed flame [J]. Proceedings of the Combustion Institute, 2000, 28(1): 765-73.

[6] PALIES P, DUROX D, SCHULLER T, et al. The combined dynamics of swirler and turbulent premixed swirling flames [J]. Combustion and Flame, 2010, 157(9): 1698-717.

[7] PALIES P, DUROX D, SCHULLER T, et al. Nonlinear combustion instability analysis based on the flame describing function applied to turbulent premixed swirling flames [J]. Combustion and Flame, 2011, 158(10): 1980-91.

[8] WANG G, GUIBERTI T F, XIA X, et al. Decomposition of swirling flame transfer function in the complex space [J]. Combustion and Flame, 2021, 228: 29-41.

[9] DUROX D, SCHULLER T, NOIRAY N, et al. Experimental analysis of nonlinear flame transfer functions for different flame geometries [J]. Proceedings of the Combustion Institute, 2009, 32(1): 1391-8.

[10] 王思睿，刘训臣，李磊，等. 分层比对分层旋流火焰稳定模式及流动结构的影响 [J]. 空气动力学学报，2020，38(03)：619-28.

[11] 刘泽宇，张弛，韩啸，等. 分层比对分开分层旋流预混火焰结构的影响 [J]. 航空学报，2018，39(03)：83-93.

[12] 杨瑶，王高峰，胡科琪，等. 预混旋流火焰热声不稳定性的成像诊断研究 [J]. 工程热物理学报，2020，41(09)：2305-13.

[13] GREIFFENHAGEN F, PETERLEITHNER J, WOISETSCHLÄGER J, et al. Discussion of laser interferometric vibrometry for the determination of heat release fluctuations in an unconfined swirl-

stabilized flame [J]. Combustion and Flame, 2019, 201: 315-27.

[14] LI J, DUROX D, RICHECOEUR F, et al. Analysis of chemiluminescence, density and heat release rate fluctuations in acoustically perturbed laminar premixed flames [J]. Combustion and Flame, 2015, 162(10): 3934-45.

[15] LI J, RICHECOEUR F, SCHULLER T. Reconstruction of heat release rate disturbances based on transmission of ultrasounds: Experiments and modeling for perturbed flames [J]. Combustion and Flame, 2013, 160(9): 1779-88.

[16] KREDIET H J, BECK C H, KREBS W, et al. Saturation mechanism of the heat release response of a premixed swirl flame using LES [J]. Proceedings of the Combustion Institute, 2013, 34(1): 1223-30.

[17] SCHIMEK S, MOECK J P, PASCHEREIT C O. An Experimental Investigation of the Nonlinear Response of an Atmospheric Swirl-Stabilized Premixed Flame [Z]. ASME Turbo Expo 2010: Power for Land, Sea, and Air. 2010: 665-75. 10.1115/GT2010-22827.

[18] HAN X, MORGANS A S. Simulation of the flame describing function of a turbulent premixed flame using an open-source LES solver [J]. Combustion and Flame, 2015, 162(5): 1778-92.

[19] BALACHANDRAN R, AYOOLA B O, KAMINSKI C F, et al. Experimental investigation of the nonlinear response of turbulent premixed flames to imposed inlet velocity oscillations [J]. Combustion and Flame, 2005, 143(1): 37-55.

[20] DUPUY F, GATTI M, MIRAT C, et al. Combining analytical models and LES data to determine the transfer function from swirled premixed flames [J]. Combustion and Flame, 2020, 217: 222-36.

[21] MARKSTEIN H. Nonsteady flame propagation [M]. Oxford: Pergamon Press, 1964.

[22] FLEIFIL M, ANNASWAMY A M, GHONEIM Z A, et al. Response of a laminar premixed flame to flow oscillations: A kinematic model and thermoacoustic instability results [J]. Combustion and Flame, 1996, 106(4): 487-510.

[23] SCHULLER T, DUROX D, CANDEL S. A unified model for the prediction of laminar flame transfer functions: comparisons between conical and V-flame dynamics [J]. Combustion and Flame, 2003, 134 (1): 21-34.

[24] LI J, MORGANS A S. Feedback control of combustion instabilities from within limit cycle oscillations using $H\infty$ loop-shaping and the ν-gap metric [J]. Proceedings of the Royal Society A: Mathematical, Physical and Engineering Sciences, 2016, 472(2191): 20150821.

[25] LI C, YANG D, LI S, et al. An analytical study of the effect of flame response to simultaneous axial and transverse perturbations on azimuthal thermoacoustic modes in annular combustors [J]. Proceedings of the Combustion Institute, 2019, 37(4): 5279-87.

[26] LI J, LIU T, YANG L. An analytical model for the transversely forced flame transfer functions of conical and V-flame dynamics [J]. Fuel, 2020, 276: 117987.

[27] PREETHAM. Modeling the response of premixed flames to flow disturbances [D]. Atlanta, Georgia: Georgia Institute of Technology, 2007.

[28] PREETHAM, Santosh H, Lieuwen T. Dynamics of Laminar Premixed Flames Forced by Harmonic Velocity Disturbances [J]. Journal of Propulsion and Power, 2008, 24(6): 1390-402.

[29] JIANG X, YANG L, LIU T, et al. Nonlinear Models of Laminar Premixed Slit Flame Responses Subjected to Two-Way Perturbations [J]. AIAA Journal, 2021, 60(2): 962-75.

[30] LIEUWEN T. Nonlinear kinematic response of premixed flames to harmonic velocity disturbances [J]. Proceedings of the Combustion Institute, 2005, 30(2): 1725-32.

[31] HEMCHANDRA S, PETERS N, LIEUWEN T. Heat release response of acoustically forced turbulent

premixed flames—role of kinematic restoration [J]. Proceedings of the Combustion Institute, 2011, 33 (1): 1609-17.

[32] LIPATNIKOV A N, Sathiah P. Effects of turbulent flame development on thermoacoustic oscillations [J]. Combustion and Flame, 2005, 142(1): 130-9.

[33] SATHIAH P, LIPATNIKOV A N. Effects of Turbulent Flame Speed Development and Axial Convective Waves on Oscillations of a Long Ducted Flame [J]. Combustion Science and Technology, 2007, 179(7): 1433-49.

[34] HEMCHANDRA S, LIEUWEN T. Local consumption speed of turbulent premixed flames-An analysis of "memory effects" [J]. Combustion and Flame, 2010, 157(5): 955-65.

[35] SHIN D-H, LIEUWEN T. Flame wrinkle destruction processes in harmonically forced, turbulent premixed flames [J]. Journal of Fluid Mechanics, 2013, 721: 484-513.

[36] DORMAND J R, PRINCE P J. A family of embedded Runge-Kutta formulae [J]. Journal of Computational and Applied Mathematics, 1980, 6(1): 19-26.

[37] JIANG G S, PENG D P. Weighted ENO schemes for Hamilton-Jacobi equations [J]. SIAM Journal on Scientific Computing, 2000, 21(6): 2126-43.

[38] LIU T, LI J, SONG Y, et al. A weakly nonlinear analytical model for the transversely forced flame describing function of a slit flame [J]. Fuel, 2021, 292: 120247.

[39] LI C, ZHU M, MOECK J P. An analytical study of the flame dynamics of a transversely forced asymmetric two-dimensional Bunsen flame [J]. Combustion Theory and Modelling, 2017, 21(5): 976-95.

[40] O'CONNOR J, ACHARYA V, LIEUWEN T. Transverse combustion instabilities: Acoustic, fluid mechanic, and flame processes [J]. Progress in Energy and Combustion Science, 2015, 49: 1-39.

[41] O'CONNOR J, LIEUWEN T. Disturbance Field Characteristics of a Transversely Excited Burner [J]. Combustion Science and Technology, 2011, 183(5): 427-43.

[42] POLIFKE W, LAWN C. On the low-frequency limit of flame transfer functions [J]. Combustion and Flame, 2007, 151(3): 437-51.

[43] 刘腾宇. 横向热释放激发热声不稳定的机理及实验研究[D]. 北京：北京航空航天大学，2022.

[44] 姜霄震. 多模态预混火焰描述函数研究[D]. 北京：北京航空航天大学，2022.

第 4 章

燃烧室声学特性

液体火箭发动机设计时需要综合考虑箭体允许的发动机轮廓尺寸、喷注器喷嘴排列要求以及生产工艺，来合理确定燃烧室几何尺寸。同时，受到壁面冷却和燃烧产物扩散等因素的影响，燃烧室内往往存在非均匀分布的流场，在改变声学频率的同时也会激励（或耗散）声波压力脉动，并产生随流动传播的熵波与涡波，导致发动机整体的燃烧不稳定主频和振荡特性发生改变。本章通过推导等截面燃烧室波动方程的解析解，基于分离变量方法得到压力振荡、三维速度脉动以及熵波与涡波的解析表达式，研究燃烧室几何参数及其平均流场非均匀分布对燃烧不稳定特性的影响规律，并在此基础上建立低阶声学网络模型，定量评估非均匀流场中声波传播和熵波、涡波的生成导致的频率与稳定性（或增长率）的偏移。

4.1 非均匀稳态流场的影响

燃烧室中非均匀分布的稳态流场参数会导致偏微分方程的系数随空间位置发生变化，使得方程无法直接求解，因此，在全尺寸燃烧稳定性建模中难以直接考虑非均匀流场影响。本节将对存在非均匀流场分布的等截面圆管三维声场求解获得解析表达式，并基于该解析解建立低阶声学网络模型，分析非均匀稳态流场对三维燃烧稳定性的影响规律。

4.1.1 非均匀温度场中的三维声场解析

本节将针对圆柱形管内轴向平均温度变化的工况，建立声波方程并推导其解析解。假设忽略无反应理想介质的体积力项，并在高雷诺数条件下进一步忽略黏性影响，将第 1 章中的理想流体守恒方程(1.2)和方程(1.6)在柱坐标系下展开。此时柱坐标系中能量、动量守恒方程以及理想气体方程写为：

$$\frac{1}{\gamma p}\left(\frac{\partial p}{\partial t}+u_x\frac{\partial p}{\partial x}+u_r\frac{\partial p}{\partial r}+\frac{u_\theta}{r}\frac{\partial p}{\partial \theta}\right)+\frac{\partial u_x}{\partial x}+\frac{1}{r}\frac{\partial (r u_r)}{\partial r}+\frac{1}{r}\frac{\partial u_\theta}{\partial \theta}=0 \tag{4.1}$$

$$\rho\left(\frac{\partial u_x}{\partial t}+u_x\frac{\partial u_x}{\partial x}+\frac{u_\theta}{r}\frac{\partial u_x}{\partial \theta}+u_r\frac{\partial u_x}{\partial r}\right)+\frac{\partial p}{\partial x}=0 \tag{4.2}$$

$$\rho\left(\frac{\partial u_r}{\partial t}+u_x\frac{\partial u_r}{\partial r}+u_r\frac{\partial u_r}{\partial r}+\frac{u_\theta}{r}\frac{\partial u_r}{\partial \theta}-\frac{u_\theta^2}{r}\right)+\frac{\partial p}{\partial r}=0 \tag{4.3}$$

$$\rho\left(\frac{\partial u_\theta}{\partial t}+u_x\frac{\partial u_\theta}{\partial x}+u_r\frac{\partial u_\theta}{\partial r}+\frac{u_r u_\theta}{r}+\frac{u_\theta}{r}\frac{\partial u_\theta}{\partial \theta}\right)+\frac{1}{r}\frac{\partial p}{\partial \theta}=0 \tag{4.4}$$

$$p=\rho R_g T \tag{4.5}$$

式中，ρ，u_x，u_r，u_θ，p 和 T 分别为气体密度、轴向速度分量、径向速度分量、周向速度分量、压力和温度。x，r，θ 和 t 分别为轴向位置、径向位置、周向角度和时间。R_g 为气体常数，γ 为比热比，这两个参数被假定为常数，不随温度变化。进一步假设管道平均流没有径向或周向分量（$\bar{u}_r=\bar{u}_\theta=0$），并且轴向分量具有非常小的马赫数（$Ma\ll 1$，式中 $Ma=\bar{u}_x/\bar{c}$ 是轴向马赫数）。

假设流体物理量可以分解为均匀时间平均分量（如用 $\bar{a}$ 表示）和小扰动（用 a'表示），然后假设所有扰动项都可表示为时间周期性形式，$a'=\hat{a}\mathrm{e}^{\mathrm{i}\omega t}$，式中 ω 是复数角频率。将分解后的物理量代入方程（4.1）～方程（4.5），可以得到线性化欧拉方程：

$$\frac{\mathrm{i}\omega}{\gamma\bar{p}}\hat{p}+\frac{\partial \hat{u}_x}{\partial x}+\frac{1}{r}\frac{\partial \hat{u}_\theta}{\partial \theta}+\frac{\partial \hat{u}_r}{\partial r}+\frac{\hat{u}_r}{r}=0 \tag{4.6}$$

$$\mathrm{i}\omega\hat{u}_x+\frac{1}{\bar{\rho}}\frac{\partial \hat{p}}{\partial x}=0 \tag{4.7}$$

$$\mathrm{i}\omega\hat{u}_r+\frac{1}{\bar{\rho}}\frac{\partial \hat{p}}{\partial r}=0 \tag{4.8}$$

$$\mathrm{i}\omega\hat{u}_\theta+\frac{1}{\bar{\rho}r}\frac{\partial \hat{p}}{\partial \theta}=0 \tag{4.9}$$

基于状态方程，可以得出如下的关系：

$$\tilde{\omega}+\frac{1}{\bar{\rho}}\frac{\mathrm{d}\bar{\rho}}{\mathrm{d}x}=0 \tag{4.10}$$

式中，$\tilde{\omega}=(1/\overline{T})(\mathrm{d}\overline{T}/\mathrm{d}x)$。

将方程（4.6）～方程（4.9）联立，可以化简得到关于压力扰动幅值的波动方程：

$$\frac{\partial^2\hat{p}}{\partial x^2}+\tilde{\omega}\frac{\partial \hat{p}}{\partial x}+\frac{1}{r^2}\frac{\partial^2\hat{p}}{\partial \theta^2}+\frac{\partial^2\hat{p}}{\partial r^2}+\frac{1}{r}\frac{\partial \hat{p}}{\partial r}+\frac{\omega^2}{\gamma R_g\overline{T}}\hat{p}=0 \tag{4.11}$$

上述方程可以通过分离变量法来获得各个方向的波的解析解。为此，我们假设声波压力扰动振幅沿着空间分布可以分解为轴向、径向和周向变化的函数的乘积形式：

$$\hat{p}=X(x)\mathcal{R}(r)\Theta(\theta) \tag{4.12}$$

将方程（4.12）代入波动方程（4.11），得到：

$$\frac{1}{r^2}\frac{1}{\Theta}\frac{\mathrm{d}^2\Theta}{\mathrm{d}\theta^2}+\frac{1}{\mathcal{R}}\left(\frac{\mathrm{d}^2\mathcal{R}}{\mathrm{d}r^2}+\frac{1}{r}\frac{\mathrm{d}\mathcal{R}}{\mathrm{d}r}\right)+\frac{1}{\mathcal{X}}\left(\frac{\mathrm{d}^2\mathcal{X}}{\mathrm{d}x^2}+\tilde{\omega}\frac{\mathrm{d}\mathcal{X}}{\mathrm{d}x}\right)+\frac{\omega^2}{\gamma R_g\overline{T}}=0 \tag{4.13}$$

基于周期性边界条件，函数 $\Theta(\theta)$、$\mathcal{R}(r)$、$\mathcal{X}(x)$满足以下微分方程：

$$\frac{\mathrm{d}^2\Theta}{\mathrm{d}\theta^2}+m^2\Theta=0 \tag{4.14}$$

$$\frac{\mathrm{d}^2\mathcal{R}}{\mathrm{d}r^2}+\frac{1}{r}\frac{\mathrm{d}\mathcal{R}}{\mathrm{d}r}+\left(\lambda^2-\frac{m^2}{r^2}\right)\mathcal{R}=0 \tag{4.15}$$

$$\frac{\mathrm{d}^2\mathcal{X}}{\mathrm{d}x^2}+\tilde{\omega}\frac{\mathrm{d}\mathcal{X}}{\mathrm{d}x}+\left(\frac{\omega^2}{\gamma R_g\overline{T}(x)}-\lambda^2\right)\mathcal{X}=0 \tag{4.16}$$

式中，m 为周向波数，λ 为径向模态与周向模态组合的相关系数。$\Theta(\theta)$ 的解可以表示为 $\Theta(\theta)=\exp(\mathrm{i}m\theta)$ 的形式。为了保证 θ 的连续性，m 必须为整数。

通过求解方程(4.15)可以得到 $\mathcal{R}(r)$ 的解，通过变量替换可以将方程转变为标准贝塞尔函数，通常可以表示为如下形式：

$$\mathcal{R}(r)=a_1 J_m(\lambda r)+a_2 Y_m(\lambda r) \tag{4.17}$$

式中，a_1 和 a_2 为任意系数，其值可以通过给定的周向波数 n_θ 和径向边界条件来确定，同时也可以来确定系数 λ。注意到方程(4.16)的一阶项和常数项系数为 x 的函数，因此一般很难得到其解析解。本文将在后续章节分别讨论 $\overline{T}(x)$ 为 x 的线性函数和二阶多项式函数两种特殊情况，通过变量替换，来获取其解析解。

基于方程(4.8)，可以获得 $\hat{u}_r$ 的解析表达式：

$$\hat{u}_r=\frac{\mathrm{i}}{\omega\bar{\rho}}\frac{\mathrm{d}\hat{p}}{\mathrm{d}r}=\frac{\mathrm{i}\,\mathcal{X}(x)}{\omega\bar{\rho}}\left(a_1\frac{\mathrm{d}J_m}{\mathrm{d}r}(\lambda r)+a_2\frac{\mathrm{d}Y_m}{\mathrm{d}r}(\lambda r)\right)\mathrm{e}^{\mathrm{i}m\theta} \tag{4.18}$$

同理，也可以获得 $\hat{u}_x$ 和 $\hat{u}_\theta$ 的解析解，表示为：

$$\hat{u}_x(x,r,\theta,\omega)=\frac{\mathrm{i}}{\omega\bar{\rho}}\frac{\mathrm{d}\hat{p}}{\mathrm{d}x}=\frac{\mathrm{i}}{\omega\bar{\rho}}\frac{\mathrm{d}\mathcal{X}}{\mathrm{d}x}(x)\mathcal{R}(r)\mathrm{e}^{\mathrm{i}m\theta} \tag{4.19}$$

$$\hat{u}_\theta(x,r,\theta,\omega)=-\frac{n_\theta}{\omega\bar{\rho}r}\hat{p}=-\frac{n_\theta}{\omega\bar{\rho}r}\mathcal{X}(x)\mathcal{R}(r)\mathrm{e}^{\mathrm{i}m\theta} \tag{4.20}$$

对于圆柱形管(如液体火箭发动机燃烧室身部)，r 的变化范围为 $0\sim r_o$。因为 Y_{n_θ} 在 $r=0$ 处是奇异的，所以系数 a_2 等于 0。由刚性壁面边界条件有 $\hat{u}_r(r_o)\equiv 0$，进而有：

$$\frac{\mathrm{d}Y_m}{\mathrm{d}r}(\lambda r_o)=\frac{\lambda}{2}[Y_{m-1}(\lambda r_o)-Y_{m+1}(\lambda r_o)]=0 \tag{4.21}$$

值得注意的是，对于给定的周向波数 m 和径向模态数 n，$\alpha_c=\lambda r_o$ 的值是恒定的——它不取决于管道的大小和平均热力学性质。然后可以将 $\lambda=\alpha_c/r_o$ 代入公式(4.16)，从而得到 $\mathcal{X}(x)$ 的解析解。

轴向函数所满足的方程(4.16)为二阶常微分方程，具有两个变量相关系数 $\bar{\omega}$ 和 $\overline{T}$。对于任意平均温度分布 $\overline{T}(x)$，不可能获得精确解析解。然而，对于某些平均温度分布，通过变量变换，可以将方程(4.16)转换为具有已知解的标准二阶常微分方程。接下来，将分别介绍两种特殊的温度分布所对应的 $\mathcal{X}(x)$ 的解析解推导过程。

1. 线性轴向温度分布的声场的解析解

首先考虑的线性平均温度曲线，其平均温度满足：

$$\overline{T}=\xi_1(x+\xi_2) \tag{4.22}$$

式中，ξ_1 和 ξ_2 为常系数。平均温度的一阶无量纲微分可表示为

$$\bar{\omega}=\frac{1}{\overline{T}}\frac{\mathrm{d}\overline{T}}{\mathrm{d}x}=\frac{1}{x+\xi_2} \tag{4.23}$$

将如上两个方程代入方程(4.16)，可得：

$$\frac{\mathrm{d}^2\mathcal{X}}{\mathrm{d}x^2}+\frac{1}{x+\xi_2}\frac{\mathrm{d}\mathcal{X}}{\mathrm{d}x}+\left(\frac{\omega^2}{\gamma R_g\xi_1(x+\xi_2)}-\lambda^2\right)\mathcal{X}=0 \tag{4.24}$$

值得注意的是，如果只考虑纵向模态($\lambda\equiv 0$)，上述方程可简化为零阶贝塞尔微分方程[2]。

当 $\lambda \neq 0$ 时，为了将上述方程(4.24)转换为具有已知解的标准二阶常微分方程引入两个新变量$\mathcal{Z}$和$\mathcal{Y}$分别来变量替换 x 和$\mathcal{X}$：

$$\mathcal{Z} = -2\mathrm{sgn}(\xi_1)|\lambda|(x+\xi_2) \tag{4.25}$$

$$\mathcal{Y} = \mathcal{X}\exp\left(\frac{\mathcal{Z}}{2}\right) \tag{4.26}$$

式中，sgn(·)为符号函数。

通过如上变量代换，方程(4.24)可以转换为一个合流超几何微分方程：

$$\mathcal{Z}\frac{\mathrm{d}^2\mathcal{Y}}{\mathrm{d}\mathcal{Z}^2} + (\breve{b} - \mathcal{Z})\frac{\mathrm{d}\mathcal{Y}}{\mathrm{d}\mathcal{Z}} - \breve{a}\mathcal{Y} = 0 \tag{4.27}$$

式中，系数$\breve{a}$和$\breve{b}$分别等于：

$$\breve{a} = \frac{1}{2}\left(1 + \frac{\omega^2}{\gamma R_g |\xi_1 \lambda|}\right) \quad 和 \quad \breve{b} = 1 \tag{4.28}$$

压力扰动轴向方向的分量$\mathcal{X}$的解可以写成两个基本项的叠加：

$$\mathcal{X}(x,\omega) = \mathrm{C}_1\,\mathcal{P}_1(x,\omega) + \mathrm{C}_2\,\mathcal{P}_2(x,\omega) \tag{4.29}$$

式中，

$$\mathcal{P}_1(x,\omega) = \mathcal{M}(\breve{a},\breve{b},Z)\exp\left(-\frac{\mathcal{Z}}{2}\right) \tag{4.30}$$

$$\mathcal{P}_2(x,\omega) = \mathcal{U}(\breve{a},\breve{b},\mathcal{Z})\exp\left(-\frac{\mathcal{Z}}{2}\right) \tag{4.31}$$

$\mathcal{M}(\breve{a},\breve{b},\mathcal{Z})$和$\mathcal{U}(\breve{a},\breve{b},\mathcal{Z})$分别是第一类和第二类合流超几何函数。$\mathrm{C}_1$ 和 C_2 是两个任意系数，可通过初始条件或边界条件来确定。

为了得到 $\hat{u}_x$ 的解，需要对$\mathcal{X}$对 x 求导，其表达式为：

$$\frac{\mathrm{d}\mathcal{X}}{\mathrm{d}x}(x,\omega) = \mathrm{C}_1\,\mathcal{V}_1(x,\omega) + \mathrm{C}_2\,\mathcal{V}_2(x,\omega) \tag{4.32}$$

式中，

$$\mathcal{V}_1(x,\omega) = \mathrm{sgn}(\xi_1)|\lambda|\left(\mathcal{M}(\breve{a},\breve{b},\mathcal{Z}) - \frac{2\breve{a}}{\breve{b}}\mathcal{M}(\breve{a}+1,\breve{b}+1,Z)\right)\exp\left(-\frac{\mathcal{Z}}{2}\right) \tag{4.33}$$

$$\mathcal{V}_2(x,\omega) = \mathrm{sgn}(\xi_1)|\lambda|(\mathcal{U}(\breve{a},\breve{b},\mathcal{Z}) + 2\breve{a}\,\mathcal{U}(\breve{a}+1,\breve{b}+1,\mathcal{Z}))\exp\left(-\frac{\mathcal{Z}}{2}\right) \tag{4.34}$$

然后可以使用$\mathcal{X}$和$\frac{\mathrm{d}\mathcal{X}}{\mathrm{d}x}$的解来获得$\hat{p}$、$\hat{u}_x$、$\hat{u}_r$ 和 $\hat{u}_\theta$ 的解析解。

通过考虑具有线性轴向平均温度分布的环形管道，并将解析解预测的声学模态频率与通过线性欧拉方程得到的频率进行比较，验证了上述解析解的有效性。环形管道的入口被视为声学关闭($x=x_0=0$)，出口为开放端($x=x_1=l$)。因此，入口处为一个轴向声速波节($\hat{u}_x(x_0)=0$)，出口处表现出一个压力波节($\hat{p}(x_1)=0$，此处未考虑出口的声学辐射)。环形管道长度为 $l=0.5$ m，平均环形管道半径为 $r_c=0.5$ m，环形间隙系数为 $\epsilon=0.1$，入口平均温度为 $\overline{T}_1=1\,600$ K，出口平均温度为 $\overline{T}_2$。用两种不同的方法预测不同出口平均温度 $\overline{T}_2$ 下的谐振频率。

根据两端的边界条件以及 $\hat{p}$ 和 $\hat{u}_x$ 的表达式，可以得到以下关系：

$$\begin{bmatrix} \frac{\mathrm{d}\mathcal{X}}{\mathrm{d}x}(x_0,\omega) \\ \mathcal{X}(x_1,\omega) \end{bmatrix} = \underbrace{\begin{bmatrix} \mathcal{V}_1(x_0,\omega) & \mathcal{V}_2(x_0,\omega) \\ \mathcal{P}_1(x_1,\omega) & \mathcal{P}_2(x_1,\omega) \end{bmatrix}}_{M_1} \begin{bmatrix} \mathrm{C}_1 \\ \mathrm{C}_2 \end{bmatrix} = \boldsymbol{0} \tag{4.35}$$

通过求解上述色散关系 $\det(\boldsymbol{M}_1)=0$ 可以得到管道的模态，其中，det 是矩阵行列式，可以得到：

$$\mathcal{V}_1(x_0,\omega)\mathcal{P}_2(x_1,\omega)=\mathcal{V}_2(x_0,\omega)\mathcal{P}_1(x_1,\omega) \tag{4.36}$$

谐振角频率 ω 通过求解上述方程确定。

线性欧拉方程(LEEs)预测的管道模态结合了 LEEs(式(4.6)～式(4.9))与声学边界条件，得到如下形式的特征值问题：

$$\boldsymbol{MV}=\mathrm{i}\omega\boldsymbol{V} \tag{4.37}$$

式中，矩阵 $\boldsymbol{M}$ 是应用于特征矢量 $\boldsymbol{V}=[\hat{p},\hat{u}_x,\hat{u}_r,\hat{u}_\theta]^{\mathrm{T}}$ 的线性运算符，特征值 ω 是系统的谐振角频率。

使用均匀的空间网格进行计算，在轴向、径向和周向上分别有 100、10 和 500 个网格点。应该注意的是，该 LEE 代码最初是为了计算具有不同类型平均温度分布(包括轴向和方位角分布)的薄环形管道的特征值而开发的，并在本文中用于验证。由于目前的工作中没有方位角温度分布，因此可以先将问题分解为方位角模式来简化 LEE。已经进行了网格敏感性研究，当前的网格满足验证需求。这三个方向的空间离散分别通过二阶、二阶和四阶有限格式进行。LEEs 方法将产生许多潜在的特征值，因此对目标特征值进行适当的猜测非常重要。由于不同方法预测的谐振频率之间的差异仍然很小，特别是对于轴向平均温度下降较小的工况，因此我们使用其余方法预测的谐振频率作为 LEEs 方法的初始猜测。

图 4-1 展示了使用不同计算方法得到的环形管道一阶谐振频率 $f=Re(\omega)/2\pi$ 随平均出口温度 $\overline{T}_2$ 的变化。解析方法和 LEE 方法的结果吻合良好，其他模式的比较(未显示)也产生了良好的一致性。预测谐振频率之间的差异始终小于 0.2 Hz，这验证了线性平均温度分布的声场解析解的正确性。当前管道两端均无声学损失($\hat{u}_x(x_0)=0$ 和 $\hat{p}(x_1)=0$)。应当注意，增长率的 ω 的虚部非常接近于零，这表明当没有平均流时，轴向平均温度变化区域中的声学损失或产生仍然很小。

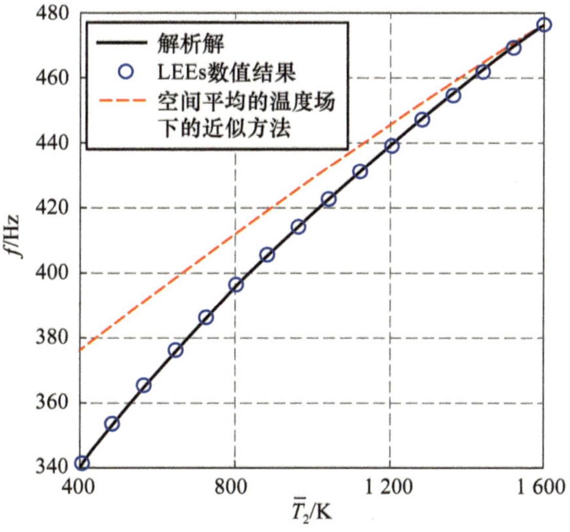

图 4-1　环形管道的一阶周向($n_\theta=1,n_r=0$)共振频率随出口平均温度的变化

多数轴向温度变化的管道实验并没有测量许多轴向位置处的温度。因此，通常使用平均温度来预测热声不稳定性。如果考虑测试环形导管中的轴向平均温度，则$\mathcal{X}$和 $\mathrm{d}\mathcal{X}/\mathrm{d}x$ 的解为

$$\mathcal{X}(x)=C_1 e^{-ik_x x}+C_2 e^{ik_x x} \tag{4.38}$$

$$\frac{\mathrm{d}\mathcal{X}}{\mathrm{d}x}(x)=-ik_x(C_1 e^{-ik_x x}-C_2 e^{ik_x x}) \tag{4.39}$$

式中，$k_x=\left(\frac{\omega^2}{c^2}-\lambda^2\right)^{1/2}$；$\bar{c}=(\gamma R_g T)^{1/2}$。请注意，这个近似解不适用于较大的平均温度变化。

通过将式(4.38)和式(4.39)与入口和出口边界条件进行联立，预测的谐振频率为：

$$f=\left[\left(\frac{2n_x-1}{2l}\right)^2+\frac{\lambda^2}{\pi^2}\right]^{1/2}\frac{c}{2} \tag{4.40}$$

图 4-1 中对比了解析方法和 LEE 方法对一阶频率的预测结果。很明显，当管道出口温度与入口温度相差很大时，近似方法并不能进行良好的预测。图 4.2 显示了出口温度为 800 K 时，使用解析解和近似方法预测的周向模态，可以看出近似方法与解析解之间存在差异。在典型的燃气轮机或火箭燃烧室中，轴向平均温度下降仍然很小，使用空间平均温度近似法的预测误差可以忽略不计。

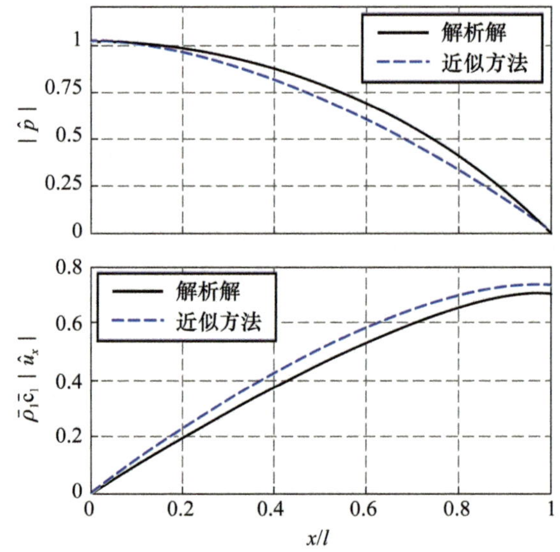

图 4-2 出口温度为 $\overline{T}_2=800$ K 时环形管道一阶周向模态的压力和轴向速度脉动的分布

2. 二次多项式轴向温度分布的声场解析解

第二种可以得到精确解析解的轴向温度分布形式是二次多项式形式，其温度分布满足：

$$\overline{T}=\xi_1(x+\xi_2)^2 \tag{4.41}$$

式中，ξ_1 和 ξ_2 为常系数。

此时，平均温度的一阶无量纲微分为

$$\tilde{\omega}=\frac{1}{\overline{T}}\frac{\mathrm{d}\overline{T}}{\mathrm{d}x}=\frac{2}{x+\xi_2} \tag{4.42}$$

将方程(4.41)和式(4.42)代入式(4.16)，可得到新的波动方程：

$$\frac{\mathrm{d}^2\mathcal{X}}{\mathrm{d}x^2}+\frac{2}{x+\xi_2}\frac{\mathrm{d}\mathcal{X}}{\mathrm{d}x}+\left(\frac{\omega^2}{\gamma R_g\xi_1\,(x+\xi_2)^2}-\lambda^2\right)\mathcal{X}=0 \tag{4.43}$$

引入两个新变量 y 和 q，并使用表达式：

$$y=\frac{n}{r}(x+\xi_2)\quad 和 \quad q=\mathcal{X}(x+\xi_2)^{\frac{1}{2}} \tag{4.44}$$

通过变量代换，方程(4.43)可以转换为修正贝塞尔方程：

$$y^2\,\frac{\mathrm{d}^2q}{\mathrm{d}y^2}+y\,\frac{\mathrm{d}q}{\mathrm{d}y}-(y^2+\nu^2)q=0 \tag{4.45}$$

式中，

$$\nu=\mathrm{i}\left(\frac{\omega^2}{\gamma R_g\xi_1}-\frac{1}{4}\right)^{\frac{1}{2}} \tag{4.46}$$

$\mathcal{X}$的解析解可以表示为两个基本项的叠加：

$$\mathcal{X}(x,\omega)=(x+\xi_2)^{-\frac{1}{2}}\left[C_1\mathrm{I}_\nu(\beta)+C_2\mathrm{K}_\nu(\beta)\right] \tag{4.47}$$

式中，$\beta=\lambda(x+\xi_2)$。I_ν 和 K_ν 分别为第一类修正贝塞尔函数和第二类修正贝塞尔函数，C_1 和 C_2 为在给定初始或边界条件下可以确定的任意系数。

为了计算 $\hat{u}_x$，还需要将$\mathcal{X}$对 x 求导，其形式为：

$$\begin{aligned}\frac{\mathrm{d}\mathcal{X}}{\mathrm{d}x}=&\frac{1}{2}(x+\xi_2)^{-\frac{3}{2}}\{C_1\left[(\mathrm{I}_{\nu-1}(\beta)+\mathrm{I}_{\nu+1}(\beta))\beta-\mathrm{I}_\nu(\beta)\right]\\&-C_2\left[(\mathrm{K}_{\nu-1}(\beta)+\mathrm{K}_{\nu+1}(\beta))\beta+\mathrm{K}_\nu(\beta)\right]\}\end{aligned} \tag{4.48}$$

然后可以使用$\mathcal{X}$和$\frac{\mathrm{d}\mathcal{X}}{\mathrm{d}x}$的解来获得$\hat{p}$、$\hat{u}_x$、$\hat{u}_r$ 和 $\hat{u}_\theta$ 的解析解。

同样地，使用上述介绍的相同的环形管道和声学边界条件对该解析解进行验证。二次多项式轴向温度分布的入口温度为 $\overline{T}_1=1\,600$ K。利用解析解预测了不同出口平均温度 $\overline{T}_2$ 下的谐振频率，并与从 LEEs 得到的预测结果进行了比较。

根据两端的边界条件以及$\hat{p}$和 $\hat{u}_x$ 的表达式，可以得到以下关系：

$$\begin{bmatrix}\frac{\mathrm{d}\mathcal{X}}{\mathrm{d}x}(x_0,\omega)\\ \mathcal{X}(x_1,\omega)\end{bmatrix}=\frac{1}{2}\left(\frac{\beta_1}{\lambda}\right)^{-\frac{3}{2}}\left(\frac{\beta_2}{\lambda}\right)^{-\frac{1}{2}}\underbrace{\begin{bmatrix}\mathcal{W}_1(\beta_1) & -\mathcal{W}_2(\beta_1)\\ \mathrm{I}_\nu(\beta_2) & \mathcal{K}_\nu(\beta_2)\end{bmatrix}}_{M_2}\begin{bmatrix}C_1\\ C_2\end{bmatrix}=\boldsymbol{0} \tag{4.49}$$

式中，$\beta_1=\lambda\xi_2$，$\beta_2=\lambda(1+\xi_2)$。谐振频率可以通过求解色散关系 $\det(\boldsymbol{M}_2)=0$ 来获得，可得到：

$$\mathcal{W}_1(\beta_1)\mathcal{K}_\nu(\beta_2)+\mathcal{W}_2(\beta_1)\mathrm{I}_\nu(\beta_2)=0 \tag{4.50}$$

需要注意的是，ν 通常为一个虚数。

对于二次多项式轴向温度分布，使用两种方法计算了环形管道的一阶周向振型谐振频率 f 随平均出口温度 $\overline{T}_2$ 的变化，如图 4-3 所示。解析方法预测的频率与 LEE 的频率匹配，并且两个预测之间的误差小于 0.2 Hz，验证了解析解(式(4.47)和式(4.48))的正确性。

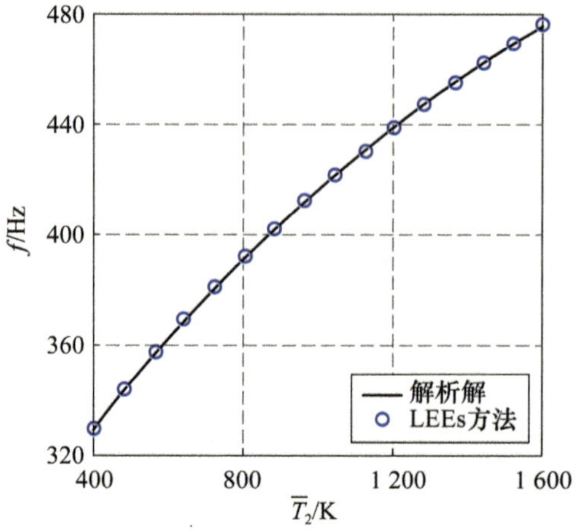

图 4-3 轴向温度为二次多项式分布时环形管一阶周向模态共振频率随出口平均温度的变化

4.1.2 非均匀流场中的三维声场解析

本节将在存在温度分布的圆柱管内进一步考虑轴向平均流动的影响。通过存在任意轴向平均温度分布和轴向平均流的等截面燃烧室模型(见图 4-4),推导获得压力形式的声波方程及三维声场解析解,从而得到考虑平均流场非均匀分布影响的燃烧室三维声学模态频率和增长率的定量分析。

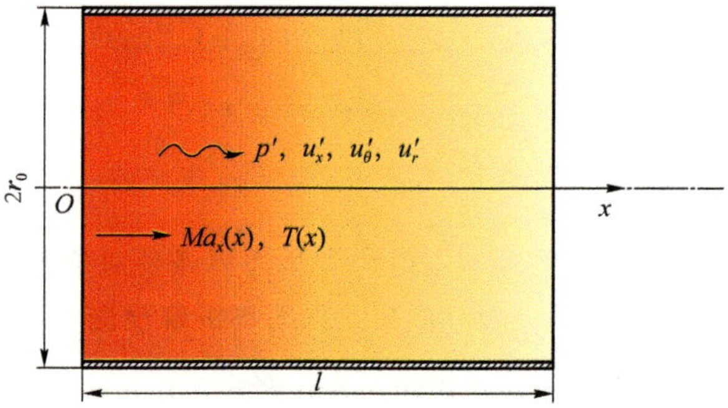

图 4-4 存在任意轴向平均温度分布 $\overline{T}(x)$ 和轴向平均流 $Ma_x(x)$ 的等截面燃烧室模型

在高雷诺数条件下忽略黏性影响,假设周向和径向的平均流动速度为 0,理想气体的质量、动量和能量守恒写为方程(1.1)~方程(1.3)与状态方程(1.6),假设随时间变化的非稳态小扰动量$(\ )'$远小于稳态平均量$\overline{(\ )}$,任意流动参数变量均可以写为时均稳态场和扰动量的和,代入守恒方程得到稳态变量值满足的方程组:

$$\frac{1}{\overline{\rho}}\frac{\mathrm{d}\overline{\rho}}{\mathrm{d}x}+\frac{1}{\overline{u}_x}\frac{\mathrm{d}\overline{u}_x}{\mathrm{d}x}=0 \tag{4.51}$$

$$\overline{\rho}\,\overline{u}_x\frac{\mathrm{d}\overline{u}_x}{\mathrm{d}x}+\frac{\mathrm{d}\overline{p}}{\mathrm{d}x}=0 \tag{4.52}$$

$$\frac{\overline{u}_x}{\gamma\,\overline{p}}\frac{\mathrm{d}\overline{p}}{\mathrm{d}x}+\frac{\mathrm{d}\overline{u}_x}{\mathrm{d}x}=\frac{\gamma-1}{\gamma\,\overline{p}}\overline{\dot{q}} \tag{4.53}$$

为了方便接下来的解析推导，稳态流动变量的轴向导数均用密度导数来表示：

$$\alpha=\frac{1}{\overline{\rho}}\frac{\mathrm{d}\overline{\rho}}{\mathrm{d}x},\quad \frac{\mathrm{d}\overline{u}_x}{\mathrm{d}x}=-\overline{u}_x\alpha,\quad \frac{\mathrm{d}\overline{p}}{\mathrm{d}x}=\overline{\rho}\,\overline{u}_x^2\alpha,$$

$$\overline{\dot{q}}=\overline{\rho}\,\overline{u}_x\left(c_p\frac{\mathrm{d}\overline{T}}{\mathrm{d}x}+\overline{u}_x\frac{\mathrm{d}\overline{u}_x}{\mathrm{d}x}\right)=\frac{\overline{u}_x^2-\overline{c}^2}{\gamma-1}\overline{\rho}\,\overline{u}_x\alpha \tag{4.54}$$

式中，$c_p=\gamma R_g/(\gamma-1)$为等压比热容，$\overline{c}=(\gamma R_g\overline{T})^{1/2}$为当地声速。由此可知，在给定温度分布$\overline{T}(x)$的情况下，可以计算得到沿轴向分布的非均匀稳态流场参数，同理也可以通过给定热流率分布$\overline{\dot{q}}(x)$获得其余轴向非均匀稳态流场参数。

稳态温度、声速、流动马赫数和当地波数的纵向一阶导数表示为：

$$\frac{\mathrm{d}\overline{T}}{\mathrm{d}x}=-(1-\gamma Ma_x^2)\overline{T}\alpha \tag{4.55}$$

$$\frac{\mathrm{d}\overline{c}}{\mathrm{d}x}=-\frac{1-\gamma Ma_x^2}{2}\overline{c}\alpha \tag{4.56}$$

$$\frac{\mathrm{d}Ma_x}{\mathrm{d}x}=-\frac{1+\gamma Ma_x^2}{2}Ma_x\alpha \tag{4.57}$$

$$\frac{\mathrm{d}k_0}{\mathrm{d}x}=\frac{1-\gamma Ma_x^2}{2}k_0\alpha \tag{4.58}$$

这也进一步说明了轴向平均温度将伴随轴向的稳态热流率梯度而产生分布，当燃气传播经过三维燃烧室时，壁面冷却或燃烧过程带来的稳态热量损失或增加将直接带来并维持轴向的平均温度梯度。

对于扰动量守恒方程，将上述稳态物理量一阶轴向导数关系式代入能量和动量守恒方程得到以下线性欧拉方程组：

$$\left(\mathrm{i}\omega+\gamma\frac{\mathrm{d}\overline{u}_x}{\mathrm{d}x}\right)\hat{p}+\overline{u}_x\frac{\partial\hat{p}}{\partial x}+\frac{\mathrm{d}\overline{p}}{\mathrm{d}x}\hat{u}_x+\gamma\,\overline{p}\frac{\partial\hat{u}_x}{\partial x}+\gamma\,\overline{p}\frac{\mathrm{i}m}{r}\hat{u}_\theta+\gamma\,\overline{p}\left(\frac{\partial\hat{u}_r}{\partial r}+\frac{\hat{u}_r}{r}\right)=0 \tag{4.59}$$

$$\left(\mathrm{i}\omega+\frac{\mathrm{d}\overline{u}_x}{\mathrm{d}x}\right)\hat{u}_x+\overline{u}_x\frac{\partial\hat{u}_x}{\partial x}+\frac{1}{\overline{\rho}}\frac{\partial\hat{p}}{\partial x}+\overline{u}_x\frac{\mathrm{d}\overline{u}_x}{\mathrm{d}x}\frac{1}{\gamma\,\overline{p}}\hat{p}-\overline{u}_x\frac{\mathrm{d}\overline{u}_x}{\mathrm{d}x}\frac{\hat{s}}{c_p}=0 \tag{4.60}$$

$$\overline{u}_x\frac{\partial\hat{u}_r}{\partial x}+\mathrm{i}\omega\,\hat{u}_r+\frac{1}{\overline{\rho}}\frac{\partial\hat{p}}{\partial r}=0 \tag{4.61}$$

$$\overline{u}_x\frac{\partial\hat{u}_\theta}{\partial x}+\mathrm{i}\omega\,\hat{u}_\theta+\frac{\mathrm{i}m}{\overline{\rho}r}\hat{p}=0 \tag{4.62}$$

式中，$\hat{s}$ 为熵波扰动，满足压力-密度形式的熵关系，$\hat{s}=\hat{p}/(\gamma\overline{p})-\hat{\rho}/\overline{\rho}$。热释放脉动在这里不考虑，$\hat{\dot{q}}=0$。

当非稳态扰动流经存在温度分布的区域时，引起的熵波扰动在马赫数较小时（$Ma<0.3$）对高频声场的影响项可以忽略不计[3]。因此可以忽略轴向动量线性化方程（式(4.60)）中的熵波耦合项得到：

$$\left(\mathrm{i}\omega+\frac{\mathrm{d}\overline{u}_x}{\mathrm{d}x}\right)\hat{u}_x+\overline{u}_x\frac{\partial\hat{u}_x}{\partial x}+\frac{1}{\overline{\rho}}\frac{\partial\hat{p}}{\partial x}+\overline{u}_x\frac{\mathrm{d}\overline{u}_x}{\mathrm{d}x}\frac{1}{\gamma\,\overline{p}}\hat{p}=0 \tag{4.63}$$

此时 LEEs 被简化为一个纯声学的问题，进一步可以推导获得声学波动方程。

利用式(4.63)消去能量线性化方程(式(4.59))中的速度扰动项 $\hat{u}_x$ 得到：

$$\left(\frac{\mathrm{i}\omega}{\gamma\bar{p}}-\frac{\bar{u}_x}{\bar{p}}\alpha\right)\hat{p}+\frac{Ma_x^2}{\bar{\rho}\,\bar{u}_x}\left(1-\frac{Ma_x\alpha}{\mathrm{i}k_0}\right)\frac{\partial\hat{p}}{\partial x}+\frac{\partial\hat{u}_x}{\partial x}=-\frac{\mathrm{i}m}{r}\hat{u}_\theta-\frac{\partial\hat{u}_r}{\partial r}-\frac{\hat{u}_r}{r} \tag{4.64}$$

对方程(4.63)两边同时除以平均轴向速度 $\bar{u}_x$ 得到：

$$\left(\frac{\mathrm{i}k_0}{Ma_x}-\alpha\right)\hat{u}_x+\frac{\partial\hat{u}_x}{\partial x}+\frac{1}{\bar{\rho}\,\bar{u}_x}\frac{\partial\hat{p}}{\partial x}-\frac{Ma_x^2\alpha}{\bar{\rho}\,\bar{u}_x}\hat{p}=0 \tag{4.65}$$

对方程(4.65)和(4.64)进行如下所示的代数运算：

$$\rho\bar{u}_x\left(\frac{\mathrm{i}k_0}{Ma_x}-\alpha\right)\cdot\left[\frac{\partial}{\partial x}\frac{\mathrm{Eq.\,(4.65)}-\mathrm{Eq.\,(4.64)}}{\mathrm{i}k_0/Ma_x-\alpha}-\mathrm{Eq.\,(4.64)}\right]$$

当波数满足 $|k_0|\gg|Ma_x\alpha|$，忽略马赫数的高阶小量项，从而得到压力扰动形式的二阶偏微分方程：

$$\begin{aligned}&\left(1-Ma_x^2+\mathrm{i}\,\frac{2Ma_x^2}{k_0}\frac{\mathrm{d}Ma_x}{\mathrm{d}x}\right)\frac{\partial^2\hat{p}}{\partial x^2}-\left\{\left[1-(3+\gamma)Ma_x^2\right]\alpha+\mathrm{i}2Ma_xk_0\left(1+\frac{\beta}{2k_0^2}-\frac{\alpha^2}{k_0^2}\right)\right\}\frac{\partial\hat{p}}{\partial x}\\&+\left\{k_0^2\left[1+(2-\gamma)\frac{Ma_x^2\beta}{k_0^2}+(4\gamma-5)\frac{Ma_x^2\alpha^2}{k_0^2}\right]+\mathrm{i}k_0Ma_x\alpha(2+\gamma-\gamma Ma_x^2)\right\}\hat{p}\\&=\left(1-\frac{Ma_x\alpha}{\mathrm{i}k_0}\right)^2\left(-\frac{\partial^2\hat{p}}{\partial r^2}-\frac{1}{r}\frac{\partial\hat{p}}{\partial r}+\frac{m^2}{r^2}\hat{p}\right)\end{aligned} \tag{4.66}$$

式中，$\beta=(\mathrm{d}^2\bar{\rho}/\mathrm{d}x^2)/\bar{\rho}$。

对方程两边同时除以 $(1-Ma_x\alpha/\mathrm{i}k_0)^2$，当满足 $|k_0|\gg|\alpha|$ 与 $|k_0^2|\gg|\beta|/2$ 的假设时可以得到压力形式的波动方程：

$$\begin{aligned}&\left(1-Ma_x^2-\mathrm{i}\,\frac{2Ma_x\alpha}{k_0}\right)\frac{\partial^2\hat{p}}{\partial x^2}-\{[1-(1+\gamma)Ma_x^2]\alpha+\mathrm{i}2Ma_xk_0\}\frac{\partial\hat{p}}{\partial x}\\&+(k_0^2+\mathrm{i}\gamma Ma_xk_0\alpha)\hat{p}=-\frac{\partial^2\hat{p}}{\partial r^2}-\frac{1}{r}\frac{\partial\hat{p}}{\partial r}+\frac{m^2}{r^2}\hat{p}\end{aligned} \tag{4.67}$$

利用分离变量法，将 $\hat{p}(x,r)=\mathcal{X}(x)\mathcal{R}(r)$ 代入上述波动方程式(4.67)，分别得到径向和轴向的二阶常微分方程：

$$\frac{\mathrm{d}^2\mathcal{R}(r)}{\mathrm{d}r^2}+\frac{1}{r}\frac{\mathrm{d}\mathcal{R}(r)}{\mathrm{d}r}+\left(\lambda^2-\frac{m^2}{r^2}\right)\mathcal{R}(r)=0 \tag{4.68}$$

$$\begin{aligned}&\left(1-Ma_x^2-\mathrm{i}\,\frac{2Ma_x\alpha}{k_0}\right)\frac{\mathrm{d}^2\mathcal{X}(x)}{\mathrm{d}x^2}-\{[1-(1+\gamma)Ma_x^2]\alpha+\mathrm{i}2Ma_xk_0\}\frac{\mathrm{d}\mathcal{X}(x)}{\mathrm{d}x}\\&+(k_0^2-\lambda^2+\mathrm{i}\gamma Ma_xk_0\alpha)\mathcal{X}(x)=0\end{aligned} \tag{4.69}$$

由第 4.2 节可知方程(4.68)为 m 阶贝塞尔方程，其解析解为：

$$\mathcal{R}(r)=J_m(\lambda r) \tag{4.70}$$

式中，不同模态的常数 λ 可由表 1-1 计算得到。

由于轴向平均流和轴向温度分布的存在，轴向波动方程式(4.69)为系数随轴向位置变化的常微分方程，因此不能直接获得其解析解。对于非均匀场中的波动问题，WKB 形式的解通常在流场参数变化的空间坐标方向有指数型表达[4,5]。不同于量子物理中经典 WKB 近似的按阶展开[6]，为了得到显式解析解，这里采用 Cummings 改进后的 WKB 近似方法[7]来求解上一节得到的变系数微分方程(4.69)的近似解析解，即假设相位和振幅因子分离的形式：

$$\mathcal{X}(x) = C\exp\left(\int_{x_1}^{x} a(x) + \mathrm{i}b(x)\mathrm{d}x\right) \tag{4.71}$$

式中，C 为常数，a 与 b 为与轴向位置 x 相关的实数。

代入复波数 $k_0 = k_r + \mathrm{i}k_i$ 后常微分方程(4.69)写为：

$$\left(1 - Ma_x^2 - \mathrm{i}\,\frac{2Ma_x\alpha}{k_r}\right)\frac{\mathrm{d}^2\mathcal{X}(x)}{\mathrm{d}x^2} - \{[1-(1+\gamma)Ma_x^2]\alpha - 2Ma_xk_i + \mathrm{i}2Ma_xk_r\}\frac{\mathrm{d}\mathcal{X}(x)}{\mathrm{d}x} + (k_r^2 - \lambda^2 - \gamma k_i Ma_x\alpha + \mathrm{i}2k_rk_i + \mathrm{i}\gamma k_r Ma_x\alpha)\mathcal{X}(x) = 0 \tag{4.72}$$

将式(4.71)代入波动方程式(4.72)得到代数方程：

$$\begin{aligned}&\left(1 - Ma_x^2 - \mathrm{i}\,\frac{2Ma_x\alpha}{k_r}\right)\left(a^2 - b^2 + \mathrm{i}2ab + \frac{\mathrm{d}a}{\mathrm{d}x} + \mathrm{i}\,\frac{\mathrm{d}b}{\mathrm{d}x}\right)\\ &-\{[1-(1+\gamma)Ma_x^2]\alpha - 2Ma_xk_i + \mathrm{i}2Ma_xk_r\}(a + \mathrm{i}b)\\ &+(k_r^2 - \lambda^2 - \gamma k_i Ma_x\alpha + \mathrm{i}2k_rk_i + \mathrm{i}\gamma k_r Ma_x\alpha) = 0\end{aligned} \tag{4.73}$$

假设 $|k_0| \gg |\alpha|$，$|b| \gg |a|$ 并且 $|k_r| \gg |Ma_xk_i|$，代数方程的实部则简化为：

$$-(1 - Ma_x^2)b^2 + 2Ma_xk_rb + k_r^2 - \lambda^2 = 0 \tag{4.74}$$

直接求解一元二次方程得到实数 b 的两个解析解：

$$b^{\pm} = k_r\,\frac{Ma_x \mp \sqrt{1-(1-Ma_x^2)\lambda^2/k_r^2}}{1 - Ma_x^2} = k_r\,\frac{Ma_x \mp \eta}{1 - Ma_x^2} \tag{4.75}$$

由于 b 为实数，上式中根号下的表达式必为正数，由此可以由进口处最大声速给出最大截止频率：

$$f_c = \frac{\lambda}{2\pi}\max\{\bar{c}\ \sqrt{1 - Ma_x^2}\} \tag{4.76}$$

当 $f < f_c$ 时，声波沿着轴向会迅速耗散。

将 b 的解代入代数方程的虚部，求得实数 a 的对应的两个解：

$$a^{\pm} = \frac{\alpha}{2} - \frac{1}{2k_x}\frac{\mathrm{d}k_x}{\mathrm{d}x} - \left(\mp\frac{\gamma-1}{2\eta} \mp \eta + Ma_x\right)Ma_x\alpha - k_i\,\frac{Ma_x \mp \eta}{1 - Ma_x^2} \pm k_i\,\frac{\lambda^2}{k_xk_r} \tag{4.77}$$

式中，$k_x = \eta k_r$。

将 a 和 b 代回 WKB 形式的解(4.71)，就可以获得压力波动的解析表达：

$$\hat{p}(x,r,\omega) = \mathcal{X}(x)\mathcal{R}(r) = [C_1\,\mathcal{X}^+(x,\omega) + C_2\,\mathcal{X}^-(x,\omega)]J_m(\lambda r) \tag{4.78}$$

式中，

$$\mathcal{X}^{\pm} = \left(\frac{\bar{\rho}k_{x,1}}{\bar{\rho}_1k_x}\right)^{1/2}\frac{\exp\left\{\mp\dfrac{\gamma-1}{\eta}Ma_x \mp 2\eta Ma_x\right\}}{\exp\left\{\mp\dfrac{\gamma-1}{\eta}Ma_{x,1} \mp 2\eta Ma_{x,1}\right\}}\exp\left(\pm\frac{\omega_i\lambda^2}{\omega_r}\int_{x_1}^{x}\frac{1}{k_x}\mathrm{d}x\right)\exp\left(\mathrm{i}\omega\int_{x_1}^{x}\frac{Ma_x \mp \eta}{\bar{c}(1 - Ma_x^2)}\mathrm{d}x\right)$$

C_1 和 C_2 两个常数可以由给定的初始条件或边界条件确定。

将压力波动的解析解代入径向(式(4.61))和周向(式(4.62))的线性化动量方程，可以得到径向和周向的速度扰动：

$$\hat{u}_\theta(x,r,\omega) = \left[C_3\exp\left(-\int^{x}\frac{\mathrm{i}\omega}{\bar{u}_x}\mathrm{d}x\right) + \mathcal{V}(x,\omega)\right]\cdot\frac{\mathrm{i}m}{r}J_m(\lambda r) \tag{4.79}$$

$$\hat{u}_r(x,r,\omega)=\left[C_4\exp\left(-\int^x\frac{\mathrm{i}\omega}{\bar{\bar{u}}_x}\mathrm{d}x\right)+\mathcal{V}(x,\omega)\right]\cdot\frac{\mathrm{d}J_m(\lambda r)}{\mathrm{d}r}\tag{4.80}$$

式中，

$$\mathcal{V}(x,\omega)=\exp\left(-\int^x\frac{\mathrm{i}\omega}{\bar{\bar{u}}_x}\mathrm{d}x\right)\cdot\int^x\left[-\frac{\mathcal{X}(x)}{\bar{\rho}\,\bar{\bar{u}}_x}\exp\left(\int^x\frac{\mathrm{i}\omega}{\bar{\bar{u}}_x}\mathrm{d}x\right)\right]\mathrm{d}x$$

利用能量方程式(4.64)消去式(4.65)中的轴向速度梯度项可以得到：

$$\left(\frac{\mathrm{i}k_0}{Ma_x}-\alpha\right)\hat{u}_x-\left(\frac{Ma_x^2\alpha}{\bar{\rho}\,\bar{\bar{u}}_x}+\frac{\mathrm{i}\omega}{\gamma\,\bar{\bar{p}}}-\frac{\bar{\bar{u}}_x}{\bar{\bar{p}}}\alpha\right)\hat{p}+\left[\frac{1}{\bar{\rho}\,\bar{\bar{u}}_x}-\frac{Ma_x^2}{\bar{\rho}\,\bar{\bar{u}}_x}\left(1-\frac{Ma_x\alpha}{\mathrm{i}k_0}\right)\right]\frac{\partial\hat{p}}{\partial x}$$

$$=\frac{\mathrm{i}m}{r}\hat{u}_\theta+\frac{\partial\hat{u}_r}{\partial r}+\frac{\hat{u}_r}{r}\tag{4.81}$$

将得到的压力、径向速度和周向速度代入上式，轴向速度扰动将可以写为：

$$\hat{u}_x(x,r,\omega)=\left(\frac{A^+}{\mathrm{i}k_0-Ma_x\alpha}\cdot\frac{C_1\mathcal{X}^+}{\bar{\rho}\,\bar{c}}-\frac{A^-}{\mathrm{i}k_0-Ma_x\alpha}\cdot\frac{C_2\mathcal{X}^-}{\bar{\rho}\,\bar{c}}\right)\cdot J_m(\lambda r)+\frac{Ma_x}{\mathrm{i}k_0-Ma_x\alpha}\cdot$$

$$\left[-\lambda^2\mathcal{V}(x,\omega)\underbrace{-\lambda^2C_4\exp\left(-\int^x\frac{\mathrm{i}\omega}{\bar{\bar{u}}_x}\mathrm{d}x\right)}_{=0(\text{if }\hat{u}_r(x_1)=0)}\underbrace{-(C_3-C_4)\frac{m^2}{r^2}\exp\left(-\int^x\frac{\mathrm{i}\omega}{\bar{\bar{u}}_x}\mathrm{d}x\right)}_{=0(C_3=C_4,\text{if }\hat{\varepsilon}_x(x_1)=0)}\right]\cdot J_m(\lambda r)\tag{4.82}$$

式中，常系数表达式为

$$A^{\pm}=\mathrm{i}k_x-\frac{k_i}{\eta}\mp\frac{\alpha}{4\eta^2}[-1+2\eta^2\pm2\eta Ma_x(\gamma-1+2\eta^2)]$$

考虑燃烧室内马赫数非常小甚至可以忽略不计的情况，令 $Ma_x=0$ 可以得到零马赫数工况下的轴向波动方程：

$$\frac{\mathrm{d}^2\mathcal{X}(x)}{\mathrm{d}x^2}-\alpha\frac{\mathrm{d}\mathcal{X}(x)}{\mathrm{d}x}+(k_r^2-\lambda^2+\mathrm{i}2k_rk_i)\mathcal{X}(x)=0\tag{4.83}$$

直接求解可以得出 b 和 a 的解析解：

$$b_0^{\pm}=k_x=\mp\sqrt{k_r^2-\lambda^2},\quad a_0^{\pm}=\frac{\alpha}{2}-\frac{1}{2k_x}\frac{\mathrm{d}k_x}{\mathrm{d}x}\pm\frac{k_rk_i}{k_x}\tag{4.84}$$

此时，零马赫数条件下压力脉动的轴向分量表达式为：

$$\mathcal{X}_0(x)=\mathrm{C}_1\,\mathcal{X}_0^+(x,\omega)+\mathrm{C}_2\,\mathcal{X}_0^-(x,\omega)\tag{4.85}$$

式中，

$$\mathcal{X}_0^{\pm}(x,\omega)=\left(\frac{\bar{\rho}\,k_{x,1}}{\bar{\rho}_1k_x}\right)^{1/2}\exp\left(\int_{x_1}^x\frac{\pm\omega_r\omega_i}{\bar{c}^2k_x}\mathrm{d}x\right)\exp\left(\int_{x_1}^x\mp\mathrm{i}k_x\mathrm{d}x\right),\quad k_x=\sqrt{k_r^2-\lambda^2}\tag{4.86}$$

因此，得到零马赫数条件下的三维速度扰动：

$$\hat{u}_x(x,r,\omega)=\frac{\mathrm{i}}{\bar{\rho}\omega}\frac{\mathrm{d}\mathcal{X}_0(x)}{\mathrm{d}x}J_m(\lambda r)=\frac{\mathrm{i}}{\bar{\rho}\omega}\left(\frac{\alpha}{2}-\frac{k_r^2\alpha}{4k_x^2}\pm\frac{k_rk_i}{k_x}\mp\mathrm{i}k_x\right)\mathcal{X}_0(x)J_m(\lambda r)\tag{4.87}$$

$$\hat{u}_r(x,r,\omega)=\frac{i}{\bar{\rho}\omega}\mathcal{X}_0(x)\frac{\mathrm{d}J_m(\lambda r)}{\mathrm{d}r}\tag{4.88}$$

$$\hat{u}_\theta(x,r,\omega)=-\frac{m}{r\,\bar{\rho}\omega}\mathcal{X}_0(x)J_m(\lambda r)\tag{4.89}$$

最终，式(4.78)～式(4.82)和式(4.85)～式(4.89)构成了同时考虑纵向平均温度分布和平均流动的等截面燃烧室的三维声场解析解。需要说明的是，WKB 近似方法使得以上解析解在满足 $|k_0|\gg|\alpha|$ 的高频假设下有效。

WKB 近似解析解理论上适用于任意连续温度分布下的声场求解，因为在上述得到解析解的过程没有提出任何关于温度梯度的假设。在给定的线性温度分布的区间：

$$\overline{T}(x)=\overline{T}_1-\frac{\overline{T}_1-\overline{T}_2}{l}(x-x_1),\quad x\in[x_1,x_1+l] \tag{4.90}$$

设置轴向边界条件，给定进口处压力分布 $\hat{p}_{\text{in}}(x=0,r,\theta)=\hat{p}_1 J_m(\lambda r)\exp(\mathrm{i}m\theta)$，出口处设为压力释放边界，$\hat{p}_{\text{out}}(x=l,r,\theta)=0$。定义进口处轴向速度扰动到任意位置 x 处扰动量的传递函数：

$$\mathcal{F}_p(x,r,\theta,f)=\frac{\hat{p}}{\hat{p}_1},\quad \mathcal{F}_{u_x}(x,r,\theta,f)=\frac{\bar{\rho}\bar{c}\hat{u}_x}{\hat{p}_1},$$

$$\mathcal{F}_{u_r}(x,r,\theta,f)=\frac{\bar{\rho}\bar{c}\hat{u}_r}{\hat{p}_1},\quad \mathcal{F}_{u_\theta}(x,r,\theta,f)=\frac{\bar{\rho}\bar{c}\hat{u}_\theta}{\hat{p}_1} \tag{4.91}$$

在相同的参数设置和边界条件下求解得到线性欧拉方程（式(4.59)～式(4.62)）频域的数值解，具体的参数见表 4-1。随后将定义的传递函数的解析解与数值解进行对比验证。

表 4-1 WKB 解析解数值验证参数设置表

l/m	r_0/m	x_1/m	$\bar{p}_1$/Pa	$\overline{T}_1$/K	$\overline{T}_2$/K	γ	R_g/(J·K^{-1}·kg^{-1})
0.5	0.5	0	1×10^5	1 600	1 200	1.4	287

当 $\Omega=0.8$ 和 $Ma_{x,1}=0.2$ 时，$\theta=\pi/2$ 平面上一阶切向模态压力和速度传递函数的空间分布如图 4-5 所示，解析解能够准确预测声场，结果与线性欧拉方程组数值结果一致。图 4-6 展示的是一阶切向模态下压力和轴向速度传递函数沿着轴向位置的变化，解析解在 $\Omega=0.8$，1.2，1.6 和 $Ma_{x,1}=0.2$ 时均能准确预测切向声场。

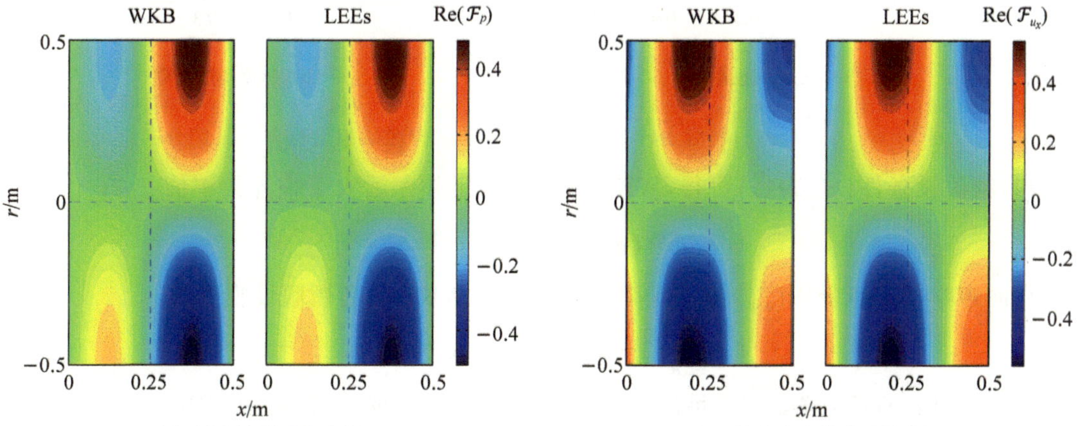

(a) 压力传递函数实部　(b) 轴向速度传递函数实部

图 4-5 $\theta=\pi/2$ 平面上一阶切向(1T1L)模态压力和速度传递函数的 WKB 解析解与 LEEs 数值解对比

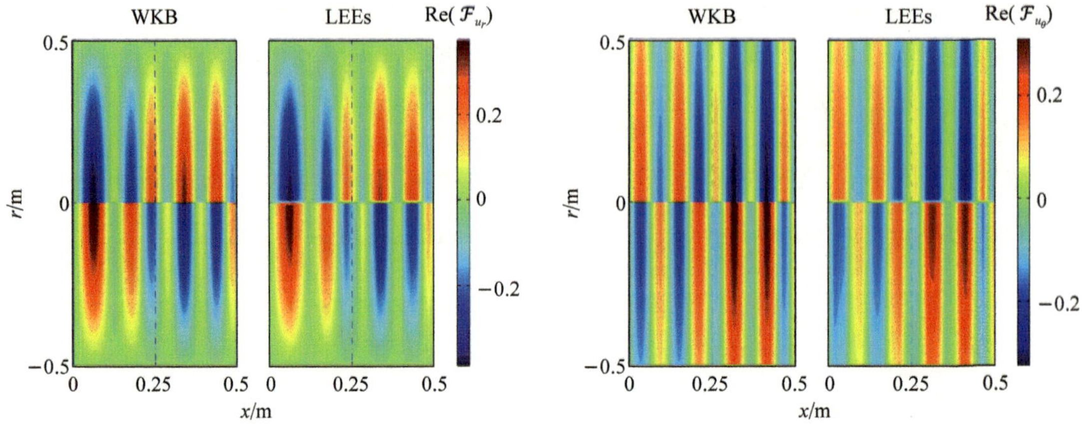

(c) 径向速度传递函数实部　　(d) 周向速度传递函数实部

图 4-5　$\theta=\pi/2$ 平面上一阶切向(1T1L)模态压力和速度传递函数的 WKB 解析解与 LEEs 数值解对比(续)

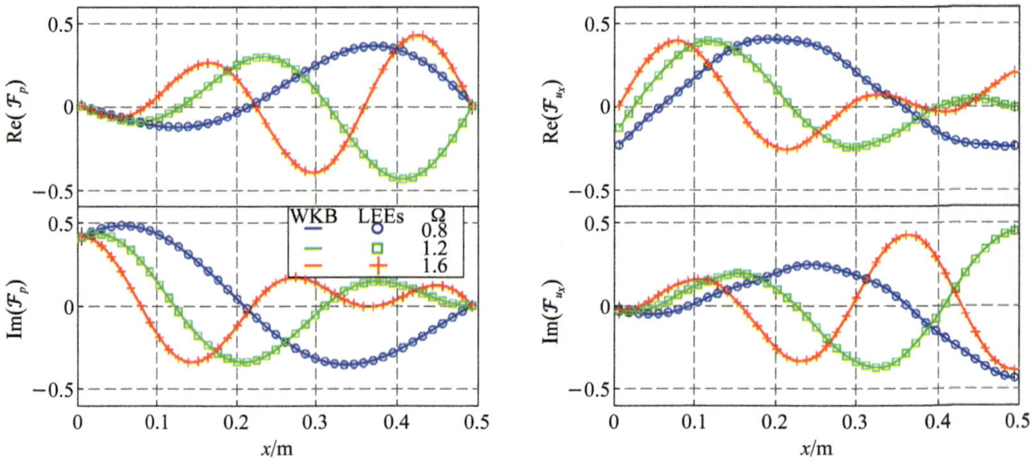

(a) 压力传递函数　　(b) 速度传递函数

图 4-6　$(r_0/2,\pi/2)$轴线上一阶切向(1T1L)模态传递函数沿轴向位置的分布

由高频假设条件$|k_0|\gg|\alpha|$可得，WKB 解必须满足频率远大于临界频率值 f_{HF}：

$$f\gg f_{\mathrm{HF}}=\frac{1}{2\pi}\max\{|\alpha|\bar{c}\}. \tag{4.92}$$

此时，切向声学模态($\lambda\gg|\alpha|_{\max}$)截止频率通常远大于 WKB 的高频假设临界值：

$$f_c=\frac{\lambda}{2\pi}(1-Ma_{x,1}^2)^{1/2}\max\{\bar{c}\}\gg f_{\mathrm{HF}}$$

当 $f>f_c$ 时，WKB 解必须满足的高频假设条件极易实现，因此可以 WKB 解可以广泛用于求解三维切向模态。

4.2 非均匀流场中的熵波生成

声波在存在温度梯度的非均匀流场中传播时(见图 4-7)，通常会产生熵波，熵波扰动在随着平均流向下游传播并遇到边界时会反过来产生声波，与纯声场相比表现出不同的稳定特性。

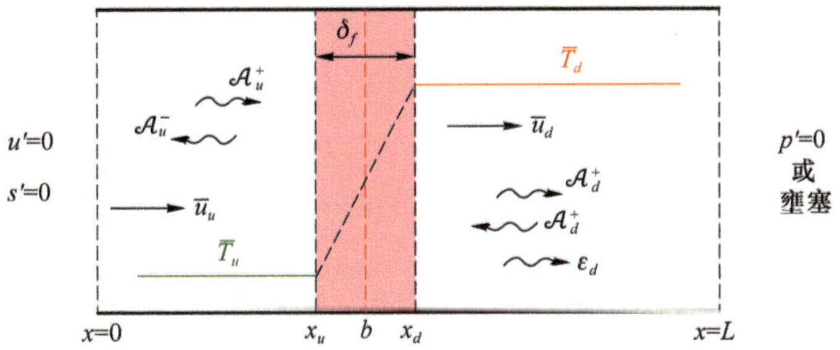

图 4-7　燃烧室存在分布式稳态热源时声波传播示意图

4.2.1　存在分布式热源的直管声场解析

考虑无黏理想流体等熵流动，一维的质量、动量和能量守恒方程可以写为

$$\frac{\partial}{\partial t}(\rho)+\frac{\partial}{\partial x}(\rho u)=0 \tag{4.93}$$

$$\frac{\partial}{\partial t}(\rho u)+\frac{\partial}{\partial x}(p+\rho u^2)=0 \tag{4.94}$$

$$\frac{\partial}{\partial t}\left(\frac{p}{\gamma-1}+\frac{1}{2}\rho u^2\right)+\frac{\partial}{\partial x}\left(\left[\frac{\gamma p}{\gamma-1}+\frac{1}{2}\rho u^2\right]u\right)=\dot{q} \tag{4.95}$$

式中，$\dot{q}$ 为热通量，γ 为比热比。

将守恒方程进行线性化展开，认为流体参数可以写为稳态量和扰动量的和，如 $a=\overline{a}+\hat{a}(x)e^{i\omega t}$，式中扰动量随时间周期变化。此时得到关于稳态量满足：

$$\frac{d}{dx}(\overline{\rho}\,\overline{u})=0 \tag{4.96}$$

$$\frac{d}{dx}(\overline{p}+\overline{\rho}\,\overline{u}^2)=0 \tag{4.97}$$

$$\frac{d}{dx}\left[\left(\frac{\gamma\overline{p}}{\gamma-1}+\frac{1}{2}\overline{\rho}\,\overline{u}^2\right)\overline{u}\right]=\overline{\dot{q}} \tag{4.98}$$

因此，在存在非均匀稳态流场分布的区域内，任意位置的质量和动量流率与分布区域上游进口处相等：

$$\overline{\rho}(x)\overline{u}(x)=\overline{\rho}_u\,\overline{u}_u=\overline{\dot{m}} \tag{4.99}$$

$$\overline{p}(x)+\overline{\rho}(x)\overline{u}^2(x)=\overline{p}_u+\overline{\rho}_u\,\overline{u}_u^2=\overline{f} \tag{4.100}$$

同时，可以得到维持温度梯度分布的稳态热流率函数，

$$\overline{\dot{Q}}(x)=\int_{x_u}^{x}\overline{\dot{q}}(x)dx=\overline{\rho}_u\,\overline{u}_u\left[c_p(\overline{T}(x)-\overline{T}_u)+\frac{\overline{u}^2(x)-\overline{u}_u^2}{2}\right] \tag{4.101}$$

将以上稳态关系式代入守恒方程组得到扰动量满足的线性欧拉方程组：

$$i\omega\hat{\rho}+\frac{d}{dx}(\overline{\rho}\,\hat{u}+\hat{\rho}\,\overline{u})=0 \tag{4.102}$$

$$i\omega(\overline{\rho}\,\hat{u}+\hat{\rho}\,\overline{u})+\frac{d}{dx}(\hat{p}+2\overline{\rho}\,\overline{u}\hat{u}+\hat{\rho}\,\overline{u}^2)=0 \tag{4.103}$$

$$\mathrm{i}\omega\left(\frac{\hat{p}}{\gamma-1}+\bar{\rho}\,\bar{u}\,\hat{u}+\frac{\hat{\rho}\,\bar{u}^2}{2}\right)+\frac{\mathrm{d}}{\mathrm{d}x}\left(\frac{\gamma\,\hat{p}}{\gamma-1}\bar{u}+\frac{\hat{\rho}\,\bar{u}^3}{2}+\frac{3\bar{\rho}\,\bar{u}^2}{2}\hat{u}+\frac{\gamma\,\bar{p}}{\gamma-1}\hat{u}\right)=\hat{\dot{q}} \tag{4.104}$$

利用进口稳态参数(用下标 u 表示)和直管长度 L 对线性欧拉方程组进行无量纲化：

$$\boldsymbol{P}=\frac{p}{\bar{\rho}_u\bar{c}_u^2},\quad \boldsymbol{U}=\frac{u}{\bar{c}_u},\quad \boldsymbol{\rho}=\frac{\rho}{\bar{\rho}_u},\quad X=\frac{x}{L},\quad \Omega=\frac{\omega L}{\bar{c}_u},\quad \bar{\boldsymbol{c}}=\frac{\bar{c}}{\bar{c}_u},\quad Ma=\frac{\bar{\boldsymbol{U}}}{\bar{\boldsymbol{c}}} \tag{4.105}$$

得到相应的无量纲线性欧拉方程组：

$$\frac{\mathrm{d}}{\mathrm{d}X}(\bar{\boldsymbol{\rho}}\,\hat{\boldsymbol{U}}+\hat{\boldsymbol{\rho}}\bar{\boldsymbol{U}})=-\mathrm{i}\Omega\,\hat{\boldsymbol{\rho}} \tag{4.106}$$

$$\frac{\mathrm{d}}{\mathrm{d}X}(\hat{\boldsymbol{P}}+2\,\bar{\boldsymbol{\rho}}\,\bar{\boldsymbol{U}}\hat{\boldsymbol{U}}+\hat{\boldsymbol{\rho}}\,\bar{\boldsymbol{U}}^2)=-\mathrm{i}\Omega(\bar{\boldsymbol{\rho}}\,\hat{\boldsymbol{U}}+\hat{\boldsymbol{\rho}}\,\bar{\boldsymbol{U}}) \tag{4.107}$$

$$\frac{\mathrm{d}}{\mathrm{d}X}\left(\frac{\gamma\hat{\boldsymbol{P}}}{\gamma-1}\bar{\boldsymbol{U}}+\frac{\hat{\boldsymbol{\rho}}\,\bar{\boldsymbol{U}}^3}{2}+\frac{3\,\bar{\boldsymbol{\rho}}\bar{\boldsymbol{U}}^2}{2}\hat{\boldsymbol{U}}+\frac{\gamma\,\bar{\boldsymbol{P}}}{\gamma-1}\hat{\boldsymbol{U}}\right)=-\mathrm{i}\Omega\left(\frac{\hat{\boldsymbol{P}}}{\gamma-1}+\bar{\boldsymbol{\rho}}\,\bar{\boldsymbol{U}}\hat{\boldsymbol{U}}+\frac{\hat{\boldsymbol{\rho}}\,\bar{\boldsymbol{U}}^2}{2}\right) \tag{4.108}$$

定义质量、动量和能量的不变量组成不变量向量 $\boldsymbol{I}$,与无量纲扰动量的转换通过矩阵$\boldsymbol{M}^{p2I}$表示：

$$\boldsymbol{I}=\boldsymbol{M}^{p2I}\begin{bmatrix}\hat{\boldsymbol{P}}\\ \hat{\boldsymbol{\rho}}\\ \hat{\boldsymbol{U}}\end{bmatrix}=\begin{bmatrix}0 & \bar{\boldsymbol{U}} & \bar{\boldsymbol{\rho}}\\ 1 & \bar{\boldsymbol{U}}^2 & 2\,\bar{\boldsymbol{\rho}}\bar{\boldsymbol{U}}\\ \dfrac{\gamma\bar{\boldsymbol{U}}}{\gamma-1} & \dfrac{1}{2}\bar{\boldsymbol{U}}^3 & \dfrac{3}{2}\bar{\boldsymbol{\rho}}\,\bar{\boldsymbol{U}}^2+\dfrac{\gamma\bar{\boldsymbol{P}}}{\gamma-1}\end{bmatrix}\begin{bmatrix}\hat{\boldsymbol{P}}\\ \hat{\boldsymbol{\rho}}\\ \hat{\boldsymbol{U}}\end{bmatrix} \tag{4.109}$$

将式(4.106)～式(4.108)的等式右边转换为不变量,可以得到不变量形式的微分方程方程：

$$\frac{\mathrm{d}\boldsymbol{I}}{\mathrm{d}X}=\boldsymbol{A}(X)\boldsymbol{I} \tag{4.110}$$

式中,矩阵 $\boldsymbol{A}$ 是随着空间位置变化的复数矩阵：

$$\begin{aligned}\boldsymbol{A}(X)&=\boldsymbol{M}_1(\boldsymbol{M}^{p2I})^{-1}\\ &=-\mathrm{i}\Omega\begin{bmatrix}0 & 1 & 0\\ 0 & \bar{\boldsymbol{U}} & \bar{\boldsymbol{\rho}}\\ \dfrac{1}{\gamma-1} & \dfrac{1}{2}\bar{\boldsymbol{U}}^2 & \bar{\boldsymbol{\rho}}\bar{\boldsymbol{U}}\end{bmatrix}\begin{bmatrix}0 & \bar{\boldsymbol{U}} & \bar{\boldsymbol{\rho}}\\ 1 & \bar{\boldsymbol{U}}^2 & 2\,\bar{\boldsymbol{\rho}}\bar{\boldsymbol{U}}\\ \dfrac{\gamma\bar{\boldsymbol{U}}}{\gamma-1} & \dfrac{1}{2}\bar{\boldsymbol{U}}^3 & \dfrac{3}{2}\bar{\boldsymbol{\rho}}\,\bar{\boldsymbol{U}}^2+\dfrac{\gamma\bar{\boldsymbol{P}}}{\gamma-1}\end{bmatrix}^{-1}\end{aligned} \tag{4.111}$$

并且当行列式不为 0 时$\boldsymbol{M}^{p2I}$可逆：

$$\det(\boldsymbol{M}^{p2I})=\frac{\gamma\bar{\boldsymbol{P}}}{\gamma-1}\bar{\boldsymbol{U}}(Ma^2-1)\neq 0 \tag{4.112}$$

因此,式(4.110)在满足$\bar{\boldsymbol{U}}\neq 0$ 和 $M\neq 1$ 时成立。此时,入射声波穿过非均匀流场的问题被转换为了带有空间变化的复系数矩阵的线性常微分方程的初值问题。

利用渐近展开方法,对无量纲声场扰动进行低频展开：

$$\begin{aligned}\hat{\boldsymbol{P}}&=\hat{\boldsymbol{P}}_0+\mathrm{i}\Omega\hat{\boldsymbol{P}}_1+O(\Omega^2)\\ \hat{\boldsymbol{\rho}}&=\hat{\boldsymbol{\rho}}_0+\mathrm{i}\Omega\hat{\boldsymbol{\rho}}_1+O(\Omega^2)\\ \hat{\boldsymbol{U}}&=\hat{\boldsymbol{U}}_0+\mathrm{i}\Omega\hat{\boldsymbol{U}}_1+O(\Omega^2)\end{aligned} \tag{4.113}$$

这样不变量也可以写成相同的展开形式：

$$\boldsymbol{I}=\boldsymbol{I}_0+\mathrm{i}\Omega\,\boldsymbol{I}_1+O(\Omega^2) \tag{4.114}$$

代入初值问题式(4.110)分别得到零阶和一阶系统：

$$\frac{\mathrm{d}\boldsymbol{I}_0}{\mathrm{d}X}=0 \tag{4.115}$$

$$\frac{\mathrm{d}\boldsymbol{I}_1}{\mathrm{d}X}=\boldsymbol{A}_1(X)\boldsymbol{I}_0 \tag{4.116}$$

式中，$\boldsymbol{A}_1(X)=\boldsymbol{A}(X)/\mathrm{i}\Omega$。

由零阶系统式(4.115)可知，零阶量在非均匀流场中是不变的，因此可以通过进口流动扰动表示，写为：

$$\boldsymbol{I}_0 \equiv \boldsymbol{I}_0(X_u)=\boldsymbol{M}_u^{p2I}\begin{bmatrix}\hat{\boldsymbol{P}} & \hat{\boldsymbol{\rho}} & \hat{\boldsymbol{U}}\end{bmatrix}_u^{\mathrm{T}} \tag{4.117}$$

零阶量的不变性使得一阶系统可以通过各个元素的直接积分得到，同时要求$\boldsymbol{M}^{p2I}$在非均匀流场分布区间上可逆。

此时，一阶量的解析表达式写为：

$$\boldsymbol{I}_1(X)=\left[\int_{X_u}^{X}\boldsymbol{A}_1(X)\mathrm{d}X\right]\boldsymbol{I}_0=$$

$$\left(-\int_{X_u}^{X}\mathrm{d}X\begin{bmatrix}\frac{1}{\overline{U}}+\frac{(1+\gamma)Ma^2}{2\varepsilon\overline{U}} & \frac{-\gamma}{\varepsilon\,\overline{c}^2} & \frac{\gamma-1}{\overline{U}\,\overline{c}^2\varepsilon}\\ 1 & 0 & 0\\ -\frac{\overline{U}(\gamma-3)(2-Ma^2+\gamma Ma^2)}{4(\gamma-1)\varepsilon} & \frac{1}{\gamma-1}+\frac{(\gamma^2-3\gamma)Ma^2}{2(\gamma-1)\varepsilon} & -\frac{\overline{U}(\gamma-3)}{2\,\overline{c}^2\varepsilon}\end{bmatrix}\right)\boldsymbol{I}_0 \tag{4.118}$$

式中，$\varepsilon=Ma^2-1$。

因此，总的不变量可以写为：

$$\boldsymbol{I}(X)=\boldsymbol{I}_0+\mathrm{i}\Omega\,\boldsymbol{I}_1=[\boldsymbol{M}_{\mathrm{I}}]_{X_u}^{X}\boldsymbol{I}_0 \tag{4.119}$$

式中，

$$[\boldsymbol{M}_{\mathrm{I}}]_{X_u}^{X}=\boldsymbol{E}+\mathrm{i}\Omega\int_{X_u}^{X}\boldsymbol{A}_1(X)\mathrm{d}X \tag{4.120}$$

$\boldsymbol{E}$ 为单位矩阵。

所以，无量纲的声场扰动可以表示为：

$$\begin{bmatrix}\hat{\boldsymbol{P}} & \hat{\boldsymbol{\rho}} & \hat{\boldsymbol{U}}\end{bmatrix}^{\mathrm{T}}=(\boldsymbol{M}^{p2I})^{-1}\boldsymbol{I} \tag{4.121}$$

由 $\hat{s}/c_p=\hat{p}/\gamma\,\overline{p}-\hat{\rho}/\overline{\rho}$ 可以得出声波穿过非均匀场产生的熵波扰动：

$$\hat{\boldsymbol{\sigma}}=\frac{\hat{\boldsymbol{P}}}{\gamma\,\overline{\boldsymbol{P}}}-\frac{\hat{\boldsymbol{\rho}}}{\overline{\boldsymbol{\rho}}} \tag{4.122}$$

最终，得到了声波穿过分布式热源或冷却段的声学传递矩阵：

$$\begin{bmatrix}\hat{\boldsymbol{P}}\\ \hat{\boldsymbol{\rho}}\\ \hat{\boldsymbol{U}}\end{bmatrix}_d=[\boldsymbol{T}]_u^d\begin{bmatrix}\hat{\boldsymbol{P}}\\ \hat{\boldsymbol{\rho}}\\ \hat{\boldsymbol{U}}\end{bmatrix}_u=(\boldsymbol{M}_d^{p2I})^{-1}[\boldsymbol{M}_{\mathrm{I}}]_{X_u}^{X_d}\boldsymbol{M}_u^{p2I}\begin{bmatrix}\hat{\boldsymbol{P}}\\ \hat{\boldsymbol{\rho}}\\ \hat{\boldsymbol{U}}\end{bmatrix}_u \tag{4.123}$$

需要说明的是，当分布区间趋于无限薄时，声学传递矩阵将变为

$$[\boldsymbol{T}_c]_u^d=(\boldsymbol{M}_d^{p2I})^{-1}\boldsymbol{M}_u^{p2I} \tag{4.124}$$

无平均流时，$\overline{U}=0$，矩阵$\boldsymbol{M}^{p2I}$处处奇异无法求逆得到声学传递矩阵。因此没有平均流动的情

况需要单独求解。

根据稳态的动量守恒，没有平均流动时 $\gamma\overline{\boldsymbol{P}}=1$，此时无量纲 LEEs（式（4.106）至式（4.108））简化为

$$\frac{\mathrm{d}\hat{\boldsymbol{P}}}{\mathrm{d}X}=-\mathrm{i}\Omega\,\overline{\boldsymbol{\rho}}\hat{\boldsymbol{U}} \tag{4.125}$$

$$\frac{\mathrm{d}\hat{\boldsymbol{U}}}{\mathrm{d}X}=-\mathrm{i}\Omega\hat{\boldsymbol{P}} \tag{4.126}$$

使用渐近展开形式的扰动量得到：

$$\begin{bmatrix}\hat{\boldsymbol{P}}(X)\\ \hat{\boldsymbol{U}}(X)\end{bmatrix}=[\boldsymbol{T}_{\mathrm{noFlow}}]_u^X\begin{bmatrix}\hat{\boldsymbol{P}}\\ \hat{\boldsymbol{U}}\end{bmatrix}_u=\begin{bmatrix}1 & -\mathrm{i}\Omega\int_{X_u}^{X}\overline{\boldsymbol{\rho}}\,\mathrm{d}X\\ -\mathrm{i}\Omega(X-X_u) & 1\end{bmatrix}\begin{bmatrix}\hat{\boldsymbol{P}}\\ \hat{\boldsymbol{U}}\end{bmatrix}_u \tag{4.127}$$

平均流为 0 时，密度扰动由 $\boldsymbol{\rho}=\boldsymbol{P}/\bar{\boldsymbol{c}}^2$ 给出。

因此，没有平均流动的声学传递矩阵在穿过存在分布的区域可以表示为：

$$\begin{bmatrix}\hat{\boldsymbol{P}} & \hat{\boldsymbol{U}}\end{bmatrix}_d^{\mathrm{T}}=[\boldsymbol{T}_{\mathrm{noFlow}}]_u^d\begin{bmatrix}\hat{\boldsymbol{P}} & \hat{\boldsymbol{U}}\end{bmatrix}_u^{\mathrm{T}} \tag{4.128}$$

AE 解通常在低频下是有效的，此时二阶频率项 $O(\Omega^2)$ 可以忽略不计。预计随着 Ω 的增加，低频的 AE 解将有一个有效性的极限。此外，当 Ω/M 的比值相对较大时，由入射声波穿过分布式流动变化区域产生的熵波，其波长比声波小得多。这种较小的熵波波长使得前面一步跨越分布区域的 AE 解来准确预测熵扰动是不现实的。

因此，对于较小的马赫数和较高的频率，使用不变量的 AE 解通过多步策略进行了解析解应用的扩展。将无量纲区间 $[X_u, X_d]$ 分为 N_s 个子区间 $[X_{i-1}, X_i]$，其中 $i=1,2,\cdots,N_s$。式(4.120)中所展示的传递矩阵可以在每一个子区间上得到：

$$[\boldsymbol{M}_{\mathrm{I}}]_{i-1}^{i}=\left[\boldsymbol{E}+\mathrm{i}\Omega\int_{X_{i-1}}^{X_i}\boldsymbol{A}_1(X)\,\mathrm{d}X\right] \tag{4.129}$$

通过传递矩阵的依次相乘，可以得到多步 AE 解的声学传递矩阵：

$$[\boldsymbol{T}]_u^d=(\boldsymbol{M}_d^{p2I})^{-1}\prod_{1}^{N_s}[\boldsymbol{M}_{\mathrm{I}}]_{i-1}^{i}\,\boldsymbol{M}_u^{p2I} \tag{4.130}$$

该多步法利用了这样一个事实，即当每个子区间的长度 $\Delta x_i=|X_i-X_{i-1}|$ 足够小于熵的波长的时候，熵的扰动可以被准确地捕捉到。

这里定义两个无量纲的比率以量化多步 AE 解分别预测熵波和声学扰动的频率极限和步长：

$$\zeta_s=\frac{\Delta x_i}{\lambda_s}=\frac{\Delta x_i}{\delta_f}\frac{\Omega/2\pi}{Ma}\frac{\delta_f}{L}\frac{\bar{c}_u}{\bar{c}}\ll 1 \tag{4.131}$$

$$\zeta_a=\frac{\Delta x_i}{\lambda_a}=Ma\cdot\zeta_s=\frac{\Delta x_i}{\delta_f}\frac{\Omega}{2\pi}\frac{\delta_f}{L}\frac{\bar{c}_u}{\bar{c}} \tag{4.132}$$

式中，λ 为相应的波长，脚标 s 和 a 分别代表熵波和声波。

由于渐近展开时忽略了频率平方项，所以需要满足一定的低频条件才能实现高精度的声波和熵波预测，这里定义一个低频条件 Ω_{LF}：

$$\Omega\ll\Omega_{\mathrm{LF}}=\frac{2\pi L}{\bar{c}_u}\cdot\min\{Ma,1\}\cdot\min_i\left\{\frac{\bar{c}}{\Delta x_i}\right\} \tag{4.133}$$

当平均流不存在时，纯声学的低频条件可以写为：

$$\Omega \ll \Omega_{\mathrm{LF,a}} = \frac{2\pi L}{\bar{c}_u} \cdot \min_i \left\{ \frac{\bar{c}}{\Delta x_i} \right\} \tag{4.134}$$

式中，$\Omega_{\mathrm{LF,s}}=\Omega/\zeta_s$，$\Omega_{\mathrm{LF,a}}=\Omega/\zeta_a$。$\Delta x_i$ 为分布式稳态热源或冷却段离散后每一小段的长度。上述表达式表明，积分步长可以从平均流场和频率中优化选择，以便准确预测通过具有分布式稳定热源的声波和熵波。

4.2.2　声波与熵波传递函数

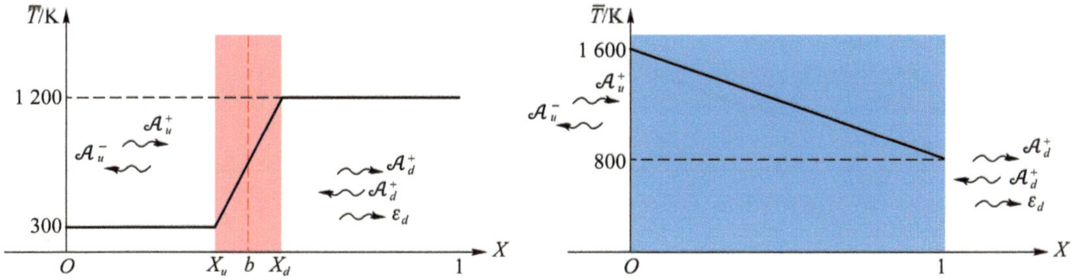

(a) 被动火焰　　　　(b) 冷却段

图 4-8　平均温度与归一化轴向位置的分布的关系

将被动（即稳定）火焰产生的分布式加热区域或冷却区域布置在直管内，假设上游来流没有熵扰动，平均温度与归一化轴向位置的分布的关系如图 4-8 所示，此时 $\gamma=1.4$，$R_g=287\ \mathrm{J\cdot K^{-1}\cdot kg^{-1}}$。

使用提出的 AE 解用来预测平均温度分布场中的声波和熵的传播和产生，定义相对于进口压力扰动的声学和熵的无量纲传递函数：

$$\mathcal{F}_p(X,\Omega)=\frac{\hat{\boldsymbol{P}}}{\hat{\boldsymbol{P}}_0},\quad \mathcal{F}_s(X,\Omega)=\frac{\hat{\boldsymbol{\sigma}}}{\hat{\boldsymbol{P}}_0} \tag{4.135}$$

为了量化 AE 解计算得到的传递函数和 LEEs 的数值结果之间的差异，定义误差系数：

$$\varepsilon_p(\mathcal{F}_{p,\mathrm{AE}},\mathcal{F}_{p,\mathrm{LEEs}}) = \left(\sum_i \left| \mathcal{F}_{p,\mathrm{AE}}(X_i) - \mathcal{F}_{p,\mathrm{LEEs}}(X_i) \right|^2 \Big/ \sum_i \left| \mathcal{F}_{p,\mathrm{LEEs}}(X_i) \right|^2 \right)^{1/2} \tag{4.136}$$

$$\varepsilon_s(\mathcal{F}_{s,\mathrm{AE}},\mathcal{F}_{s,\mathrm{LEEs}}) = \left(\sum_i \left| \mathcal{F}_{s,\mathrm{AE}}(X_i) - \mathcal{F}_{s,\mathrm{LEEs}}(X_i) \right|^2 \Big/ \sum_i \left| \mathcal{F}_{s,\mathrm{LEEs}}(X_i) \right|^2 \right)^{1/2} \tag{4.137}$$

假设非均匀流场区域来流没有熵波扰动，进口阻抗 $Z=-1$，管长为 1 m，对进口温度 300 K 增长到出口 1 200 K 的分布式流场区域进行求解，分布区域从 $X=X_u$ 到 $X=X_d$，轴向距离为 $\delta_f=0.1$ m，局部火焰坐标 $x_f\in[0,\delta_f]$用于表征分布式热源内部传递函数的轴向变化，并通过火焰厚度进行归一化，为 $X_f=x_f/\delta_f$。

对于给定频率 f 的上游入射声波，可以获得声学和熵传递函数。入射压力和速度使用 $\hat{p}_u=\bar{\rho}_u\bar{c}_u Z_u\hat{u}_u$，上游密度扰动在 $X=X_u$ 为零熵扰动$\hat{\boldsymbol{\sigma}}_u=\boldsymbol{0}$ 的情况。因此，热源上游区域的归一化声学扰动可以表示为：

$$\begin{bmatrix}\hat{\boldsymbol{P}} & \hat{\boldsymbol{\rho}} & \hat{\boldsymbol{U}}\end{bmatrix}_u^{\mathrm{T}} = [1 \quad 1 \quad 1/Z_u]^{\mathrm{T}}\,\hat{\boldsymbol{P}}_u \tag{4.138}$$

然后，AE 解使用一步和多步策略重建加热区域内的声场和传递函数。后者用较大的 Ω/Ma_u，包含 1000 个轴向段的均匀网格。通过与多步 AE 解在相同均匀网格上采用二阶有限差分格式计算的 LEEs 数值结果进行比较，验证了 AE 解的正确性。此外，五阶 Magnus 展开（ME）用于直接解析 ODE（式（4.110）），为 AE 解提供了另一种验证。

图 4-9 显示了 $\Omega/2\pi=0.10$ 和 $Ma_u=0.20$ 情况下的传递函数比较。一步式 AE 解能够预测加热区域出口处的传递函数，与 LEEs 数值结果和 ME 方法非常吻合；多步 AE 方法也保持了极好的一致性。

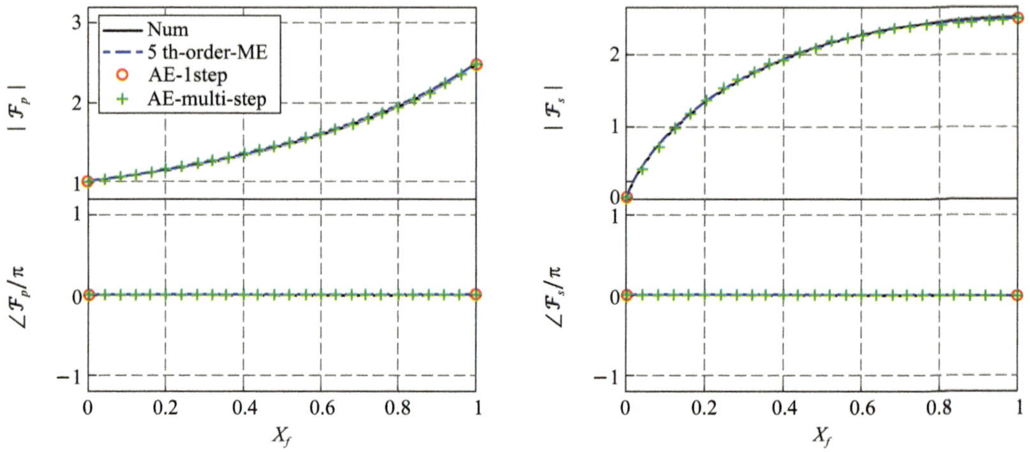

(a) 压力传递函数　　(b) 熵波传递函数

图 4-9　$\Omega/2\pi=0.10$ 和 $Ma_u=0.20$ 条件下传递函数的轴向分布

图 4-10 比较了相同频率 $\Omega/2\pi=0.10$ 但马赫数值较小 $Ma_u=0.05$ 的传递函数。压力传递函数的一步预测仍然与 LEEs 数值结果和 ME 方法吻合较好。然而，加热区出口处的熵传递函数表现出误差，这取决于 $\Omega/Ma_u=4\pi$ 的比率。根据 ζ_s 和 ζ_a 的定义，ζ_a 与马赫数无关，而 ζ_s 与 Ω/Ma 成正比。具有 10 个均匀段的多步 AE 方法能够正确计算区域出口处的传递函数。

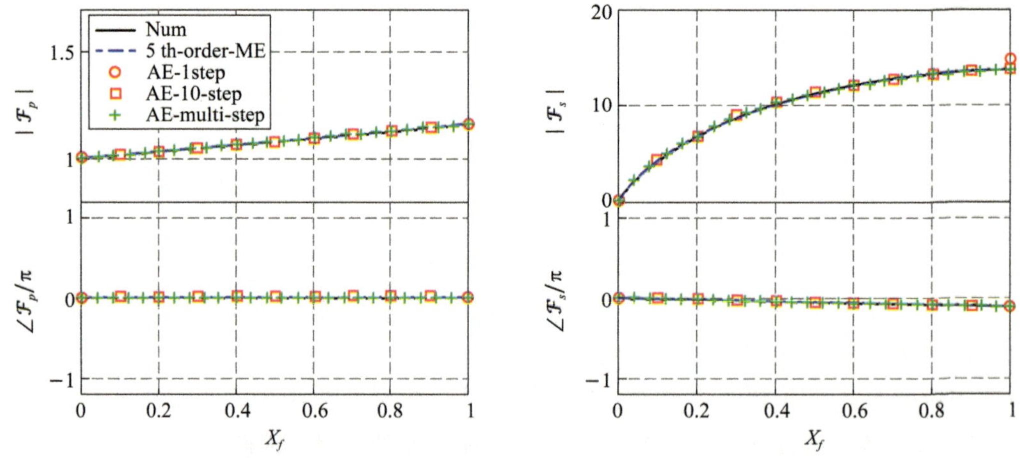

(a) 压力传递函数　　(b) 熵波传递函数

图 4-10　$\Omega/2\pi=0.10$ 和 $Ma_u=0.05$ 条件下传递函数的轴向分布

较大频率($\Omega/Ma_u=4\pi$)的情况如图 4-11 所示,此时 $\Omega/2\pi=0.40$,$Ma_u=0.20$。频率的增大导致一步式 AE 方法对于声学传递函数和熵传递函数的准确性较低。10 步 AE 方法可以有效校正误差,与多步 AE 方法、LEEs 数值结果和 ME 方法的预测结果非常一致。

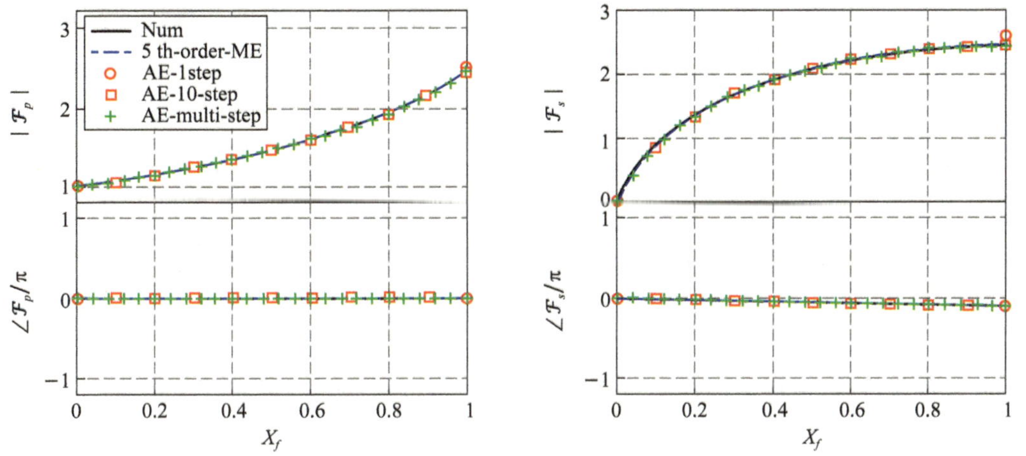

(a) 压力传递函数　　(b) 熵波传递函数

图 4-11　$\Omega/2\pi=0.40$ 和 $Ma_u=0.20$ 条件下传递函数的轴向分布

对比数值解,图 4-12 展示了不同频率和马赫数下的渐近展开解的预测误差分布云图。四个不同取值的 ζ_s 被用来计算低频条件的极限值曲线,ζ_s 值越小,解析解的精度就越高。压力传递函数几乎在整个频率-马赫数区域都呈现很高的精度,除了右下角的高频小马赫数区域。在这个区域附近,$\zeta_s=0.5$,此时熵波传递函数表现出很差的精度,这说明了对于熵波的精确预测是限制 AE 方法在更高频率和更小马赫数区域的有效性的原因。

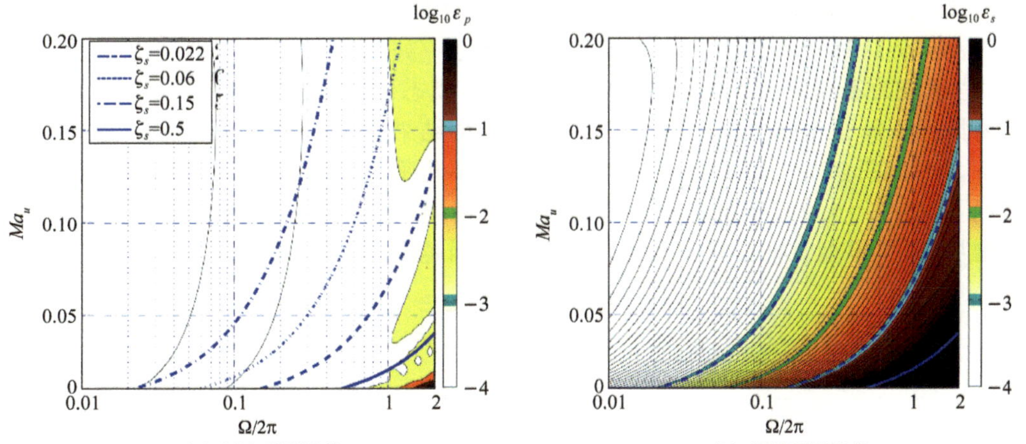

(a) 压力预测误差　　(b) 熵波预测误差

图 4-12　不同频率和马赫数下的渐近展开解精度分布云图:$N_s=100$

4.2.3　热声振荡频率与模态分布

本节利用上一节得到的多步 AE 解析解,预测包含分布式被动火焰的管道的热声模式。

管道进口假设为声学固壁条件 $\hat{U}(X=0)=0$，出口为壅塞条件：

$$-\frac{\hat{\boldsymbol{P}}}{\overline{\boldsymbol{P}}}+\frac{\hat{\boldsymbol{\rho}}}{\overline{\boldsymbol{\rho}}}+\frac{2\hat{\boldsymbol{U}}}{\overline{\boldsymbol{U}}}\bigg|_{X=1}=0 \tag{4.139}$$

由于温度分布均匀，分布式被动火焰的上游和下游区域都有声波和熵波的直接解析解。分布式火焰区域由 AE 解计算，以连接上下游区域。

利用渐进展开(AE)解在给定进口声学固壁条件和出口壅塞条件下建立低阶声学网络模型，得到特征值系统：

$$\boldsymbol{M}^{\mathrm{AE}}\cdot\boldsymbol{C}^{\mathrm{AE}}=\begin{bmatrix} [\boldsymbol{T}]_u^d\boldsymbol{M}_u^{w2p} & & -\boldsymbol{M}_d^{w2p} & & \\ 1/\overline{\boldsymbol{\rho}}_u\overline{\boldsymbol{c}}_u & -1/\overline{\boldsymbol{\rho}}_u\overline{\boldsymbol{c}}_u & 0 & 0 & 0 \\ 0 & 0 & R_1 & R_2 & R_3 \end{bmatrix}_{5\times5}\begin{bmatrix} A_u^+ \\ A_u^- \\ A_d^+ \\ A_d^- \\ E_d \end{bmatrix}=0 \tag{4.140}$$

对于无限薄热源，使用紧凑声学传递矩阵 $[\boldsymbol{T}_c]_u^d$ 可以得到相应的特征值矩阵：

$$\boldsymbol{M}^{\mathrm{c}}=\begin{bmatrix} [\boldsymbol{T}_c]_u^d\boldsymbol{M}_u^{w2p} & & -\boldsymbol{M}_d^{w2p} & & \\ 1/\overline{\boldsymbol{\rho}}_u\overline{\boldsymbol{c}}_u & -1/\overline{\boldsymbol{\rho}}_u\overline{\boldsymbol{c}}_u & 0 & 0 & 0 \\ 0 & 0 & R_1 & R_2 & R_3 \end{bmatrix}_{5\times5} \tag{4.141}$$

为了对比验证渐近展开方法，在分布区域直接离散 LEEs 建立相应的热声特征值系统：

$$\boldsymbol{M}^{\mathrm{LEEs}}\cdot\boldsymbol{C}^{\mathrm{LEEs}}=\boldsymbol{0} \tag{4.142}$$

式中，

$$\boldsymbol{C}^{\mathrm{LEEs}}=[A_u^+,A_u^-,\underbrace{\cdots,A_{f,i}^+,A_{f,i}^-,E_{f,i},\cdots,}_{i=1,\cdots,N_s}A_d^+,A_d^-,E_d]^{\mathrm{T}} \tag{4.143}$$

当系数矩阵的特征值 $\det|\boldsymbol{M}|=0$ 时，获得带有分布式热源的管内声波特征复频率 $\omega=2\pi f-\mathrm{i}\sigma$，即可得到对应的声场扰动分布与无限薄的分布区域的频率和增长率。

当 $Ma_u=0.1$，被动火焰中心位于管长的四分之一处，表 4-2 中分别列出了用 AE 解和 LEEs 数值预测的不同厚度火焰 δ_f/L 的前三个热声模态结果。应该指出的是，AE 和 LEE 方法在紧凑情况下具有相同的特征值系统，因此紧凑的结果完全一致。对比显示，不同的稳定火焰厚度下，AE 解析解与 LEEs 直接数值求解的结果几乎完全一致。即使在分布区域厚度极小的情况下，$\delta_f/L=0.01$，分布式模型的结果也与紧凑模型的预测结果存在差异。随着火焰厚度的增加，紧凑模型对特征频率和增长速率的预测越来越不准确。

表 4-2　不同稳态火焰厚度下前三个特征模态对比

($Ma_u=0.1, b/L=0.25$)

δ_f/L	LEEs/AE	$f_1+\mathrm{i}\sigma_1/s^{-1}$	$f_2+\mathrm{i}\sigma_2/s^{-1}$	$f_3+\mathrm{i}\sigma_3/s^{-1}$
紧凑	—	104.6−128.1*i	251.4+50.8*i	376.7+31.0*i
0.01	LEEs	103.9−129.2*i	250.9+45.9*i	374.8+35.0*i
	AE			
0.05	LEEs	101.4−134.0*i	248.7+23.8*i	366.7+43.6*i
	AE	101.4−133.9*i	248.7+23.9*i	366.7+43.9*i
0.1	LEEs	98.5−140.4*i	246.1−10.2*i	355.4+36.1*i
	AE	98.5−140.3*i	246.0−9.8*i	355.4+37.3*i

注：$\sigma<0$ 代表该频率是稳定的，声波是衰减的。

为了进一步分析紧凑模型的误差，在 $\delta_f/L=0.1$ 和 $Ma_u=0.1$ 的条件下计算声波和熵波传递函数的空间分布（见图 4-13）。对于分布式热源（红色区域）和无限薄的温度跃变热源（红色虚线），前三个声学模态无论是频率还是增长率都发生了改变，并且对于后两种频率下游的声波和熵波表现出完全不同的分布形式。对比表明，声波穿过非均匀的稳态流场，产生的熵波会反过来改变系统的特征频率和稳定性，尤其是当出口边界与熵波有关时[8]。

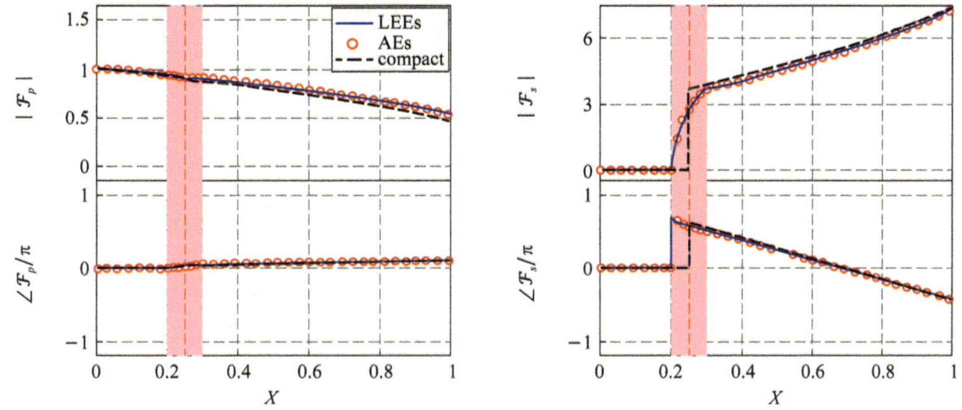

(a) 第一模态声波(左)和熵波(右)传递函数

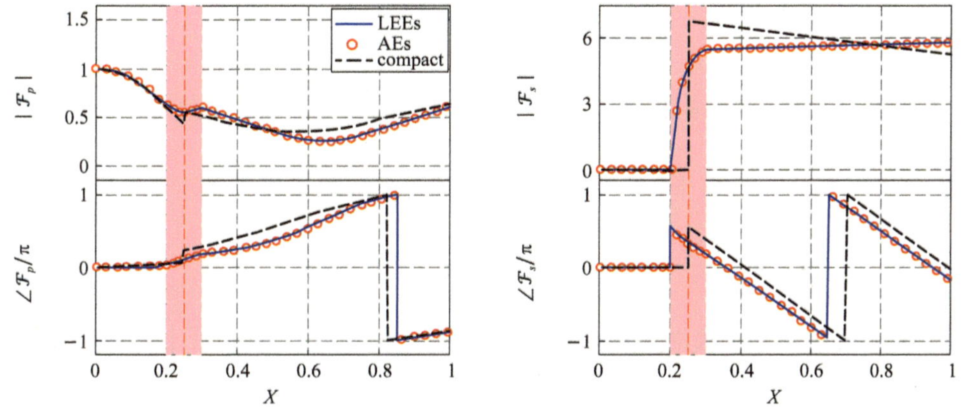

(b) 第二模态声波(左)和熵波(右)传递函数

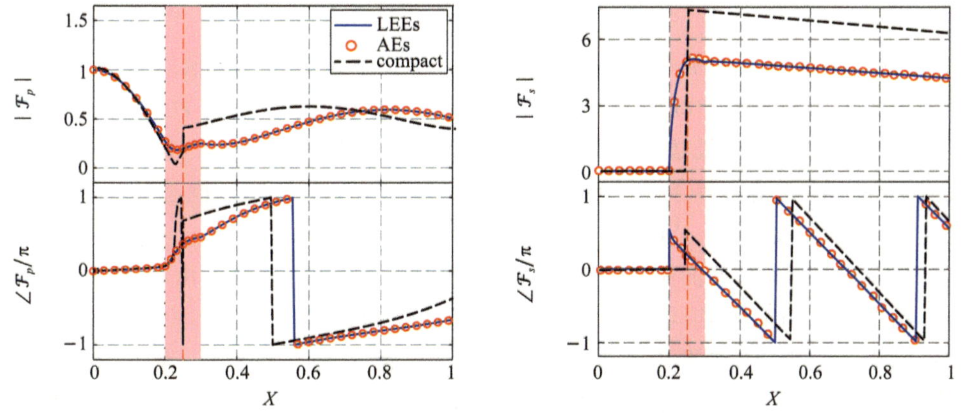

(c) 第三模态声波(左)和熵波(右)传递函数

图 4-13　纵向模态声波与熵波传递函数沿轴向的变化

4.3 非均匀流场中的涡波生成

本节将利用 WKB 近似方法求解得到的三维声场压力和速度解析解，对同时存在温度分布和轴向温度分布的三维等截面燃烧室切向模态进行求解。

假设燃烧室进口($x=0$)处涡扰动为 0，对三维速度脉动场 $\boldsymbol{u}$ 求旋度，得到：

$$\begin{aligned}\xi &= \nabla\times\boldsymbol{u}=\xi_x\vec{e}_x+\xi_r\vec{e}_r+\xi_\theta\vec{e}_\theta\\ &=\left(\frac{1}{r}\frac{\partial r u_\theta}{\partial r}-\frac{1}{r}\frac{\partial u_r}{\partial\theta}\right)\vec{e}_x+\left(\frac{1}{r}\frac{\partial u_x}{\partial\theta}-\frac{1}{r}\frac{\partial r u_\theta}{\partial x}\right)\vec{e}_r+\left(\frac{\partial u_r}{\partial x}-\frac{\partial u_x}{\partial r}\right)\vec{e}_\theta\end{aligned} \tag{4.144}$$

将三维速度解析解式(4.79)、式(4.80)和式(4.82)代入上式得到涡扰动的向量，此时非均匀流场区域进口位置的零涡扰动可以表示为常系数 $C_1\sim C_4$ 的关系式：

$$\hat{\xi}_x(x=0)=C_3-C_4=0 \tag{4.145}$$

$$\begin{aligned}\hat{\xi}_r(x=0)=&\left(\frac{1}{\bar{\rho}_1\bar{c}_1}\frac{A_1^+}{\Delta}+\frac{1}{\bar{\rho}_1\bar{u}_1}\right)C_1-\left(\frac{1}{\bar{\rho}_1\bar{c}_1}\frac{A_1^-}{\Delta}-\frac{1}{\bar{\rho}_1\bar{u}_1}\right)C_2\\&+\left(\frac{\mathrm{i}\omega}{\bar{u}_1}-\frac{\lambda^2}{\Delta}\right)C_4+\underbrace{\left(\frac{\mathrm{i}\omega}{\bar{u}_1}-\frac{m^2}{r^2\Delta}\right)(C_3-C_4)}_{=0,\text{ if }\hat{\xi}_x(x=0)=0}=0\end{aligned} \tag{4.146}$$

$$\begin{aligned}\hat{\xi}_\theta(x=0)=&\left(\frac{1}{\bar{\rho}_1\bar{c}_1}\frac{A_1^+}{\Delta}+\frac{1}{\bar{\rho}_1\bar{u}_1}\right)C_1-\left(\frac{1}{\bar{\rho}_1\bar{c}_1}\frac{A_1^-}{\Delta}-\frac{1}{\bar{\rho}_1\bar{u}_1}\right)C_2\\&+\left(\frac{\mathrm{i}\omega}{\bar{u}_1}-\frac{\lambda^2}{\Delta}\right)C_4-\underbrace{\frac{m^2}{r^2\Delta}(C_3-C_4)}_{=0,\text{ if }\hat{\xi}_x(x=0)=0}=0\end{aligned} \tag{4.147}$$

式中，$\Delta=\mathrm{i}k_{0,1}-Ma_{x,1}\alpha_1$。

由于径向与周向分量在轴向涡扰动为零时变为一样的等式，因此以上三式可以提供两个边界条件等式关系。另外两个等式由进出口边界条件提供，例如，压力释放开口边界或声学闭口边界等。

结合四个边界条件等式可以得到特征值系统：

$$\boldsymbol{M}\cdot[C_1\quad C_2\quad C_3\quad C_4]^{\mathrm{T}}=0 \tag{4.148}$$

令矩阵 $\boldsymbol{M}$ 为令可以求解得到复频率 $\omega=2\pi f-\mathrm{i}\sigma$，当增长率 $\sigma>0$ 时，该模态是不稳定的。

固定进口温度为 $\overline{T}_1=1\ 600$ K，分别设置进出口边界均为开口或均为闭口，后者可以近似描述许多真实燃烧室的进口处边界条件。当进口流动马赫数 $Ma_{x,1}=0.10$ 时，解析解与 LEEs 方程的数值解在两种类型边界条件下频率和稳定性吻合良好。1T1L 模态频率和增长率随着出口温度变化而变化(见图 4-14)。

随着出口温度的增加，轴向平均声速增大，共振频率也随之升高。由稳定性可以看出，当且仅当出口温度与进口温度相同，即管内为均匀温度场的条件下，增长率等于零，$\sigma=0$。一旦出口温度不同于进口温度，在平均流动存在的前提下，增长率不等于 0。轴向温度降低，即冷却会导致模态趋向于不稳定，而温度升高则意味着趋向于稳定。两种类型边界条件共振频率基本一致，但两端闭口边界会带来一阶切向模态的绝对值增大，对于不同的温度分布情况，这意味着更稳定或者更不稳定。

图 4-15 展示了 $\overline{T}_1=1\,600$ K 和 $\overline{T}_2=1\,200$ K 时 1T1L 模态共振频率和稳定性随着进口马赫数变化而改变的趋势。可以看出解析解和直接数值结果高度一致。结果表明，当马赫数为 0，增长率为零，$\sigma=0$。相比于零马赫数这一基准工况，一阶切向模态随着进口马赫数的增大而趋向不稳定，尤其是对于两端闭口边界。

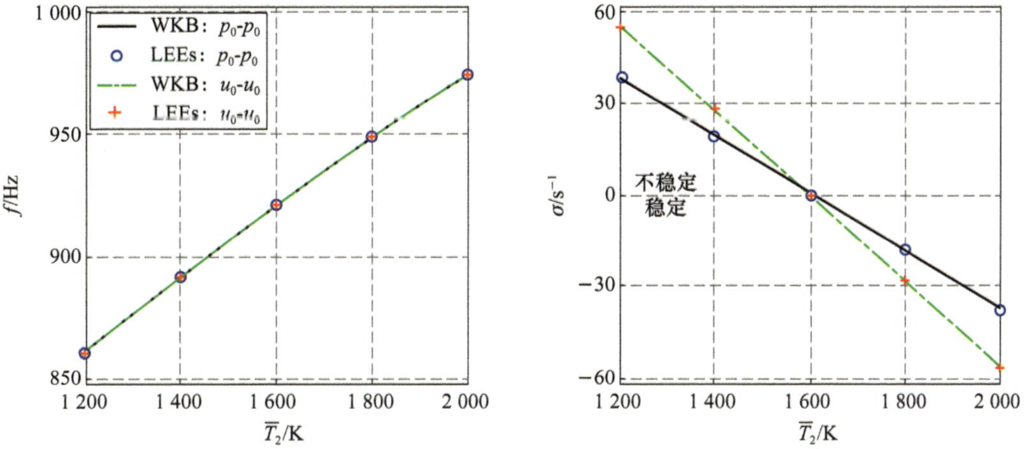

(a) 特征频率　　(b) 增长率

图 4-14　不同出口温度 $\overline{T}_2$ 条件下 1T1L 模态特征频率和增长率的变化

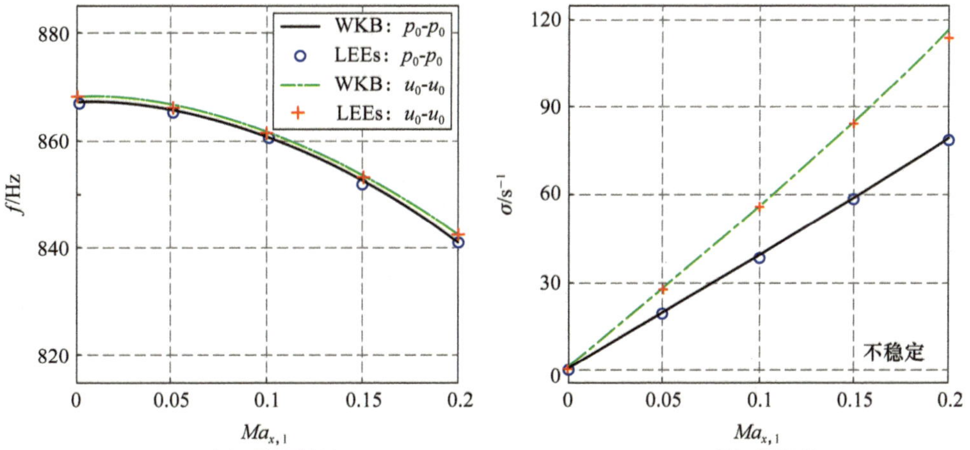

(a) 特征频率　　(b) 增长率

图 4-15　不同进口马赫数 $Ma_{x,1}$ 条件下 1T1L 模态特征频率和增长率的变化

以上结果均表明，同时存在温度分布和流动的燃烧系统其稳定性不同于只存在其中任意一种的系统，而同时存在往往是真实火箭发动机燃烧室中的工况。因此，无论是预测或仿真计算三维等截面燃烧室中的燃烧不稳定性，都需要同时考虑两者的影响，谨慎做出假设。

为了进一步证明解析解普遍适用性，一阶径向模态和二阶切向模态也分别通过解析解构建的特征值系统和 LEEs 直接数值结果进行了预测（见表 4-3 和表 4-4）。

表 4-3 不同边界条件下三个经典横向模态的共振频率

	开口边界条件(p_0-p_0)			闭口边界条件(u_0-u_0)		
f/Hz	WKB	LEEs	$\lvert\Delta f/f_{LEEs}\rvert$	WKB	LEEs	$\lvert\Delta f/f_{LEEs}\rvert$
1T1L	860.77	860.42	0.041%	861.65	861.35	0.035%
1R1L	1 174.18	1 172.60	0.135%	1 178.64	1 176.50	0.182%
2T1L	1 037.32	1 036.30	0.098%	1 039.66	1 038.40	0.121%

结果再次证明了，三维声场解析解可以准确预测不同的切向模态，频率预测误差小于0.2%，稳定性误差小于2.5%。因此，通过WKB近似方法获得的解析表达式可以有效适用于三维燃烧室低阶声学网络模型中。

表 4-4 不同边界条件下三个经典横向模态的增长率

	开口边界条件(p_0-p_0)			闭口边界条件(u_0-u_0)		
$\sigma/2\pi/s^{-1}$	WKB	LEEs	$\lvert\Delta\sigma/\sigma_{LEEs}\rvert$	WKB	LEEs	$\lvert\Delta\sigma/\sigma_{LEEs}\rvert$
1T1L	6.127 5	6.081 3	0.760%	8.960 4	8.824 5	1.540%
1R1L	3.978 9	3.883 9	2.446%	12.653	12.392	2.106%
2T1L	4.695 1	4.600 0	2.067%	10.918	10.739	1.667%

4.4 全频域声场解析

燃烧反应物扩散与壁面传热或冷却通常会在火焰的两侧产生平均温度梯度。假设这些区域中的流动特性相对于声波长变化缓慢，近似高频解可以应用于这些区域。目前的AE方法在低频范围内更胜一筹，在声波和显著熵波存在的情况下也非常出色。考虑是否可以通过将低频的AE解与高频WKB近似解相结合来实现整个频率范围内的预测是十分有意义的。

AE方法适用于$L=1$ m长的管道从1 600 K到800 K进行轴向冷却的情况。入射声学干扰处于低归一化频率$\Omega=0.1$处。声学传递函数仍然由式(4.138)中表示的$Z_u=-1$处$X=X_u=0$的阻抗决定。当假设上游没有熵扰动时，解析AE解与数值LEE和ME结果非常吻合(见图4-16)。WKB方法在此低频下表现出压力传递函数的误差，并且没有给出有关熵扰动的结果。

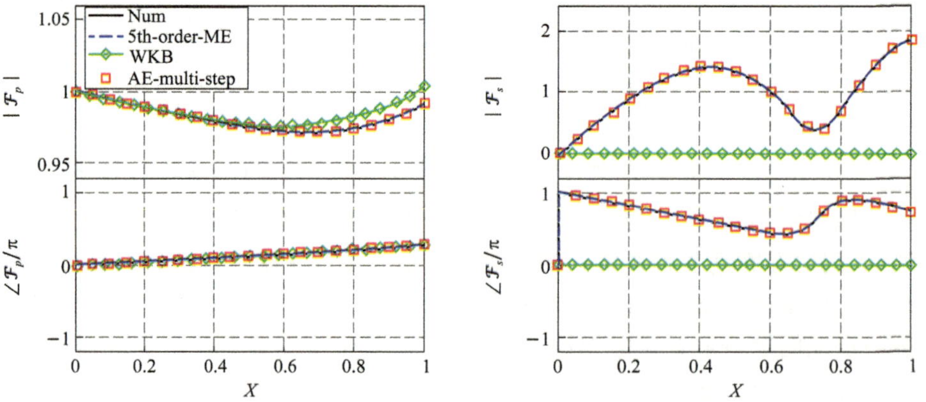

(a) 压力传递函数　　(b) 熵波传递函数

图 4-16 来流无熵扰动$\mathcal{F}_s|_{X=0}=0$条件下传递函数的轴向分布

对于相同的管内流场，当进口处平均流中存在非零熵扰动（见图 4－17），前面所提出的 AE 解仍然可以对声波和熵波进行准确预测。

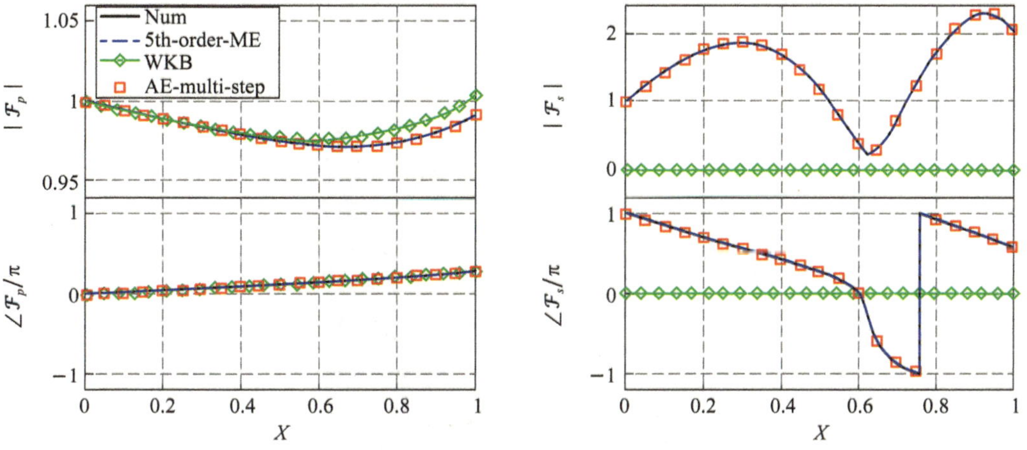

(a) 压力传递函数　　(b) 熵波传递函数

图 4－17　来流非零熵扰动$\mathcal{F}_s|_{X=0}=1/Z_u=-1$ 条件下传递函数的轴向分布

利用 WKB 近似方法，对比得到的渐近展开（AE）解在不同频率和来流马赫数下的精度（见图 4－18），此时进口温度为 $\overline{T}_u=1\,600$ K，出口温度为 $\overline{T}_d=800$ K。对比显示，WKB 近似解在高频假设条件（绿色虚线）临界频率右侧的高频区域拥有较高精度，覆盖了整个渐近展开解在高频低马赫数区域的求解上限（红色实线），而满足低频条件的 AE 解几乎接近直接数值计算的精度，但在高频下精度会下降。尤其是在右下角，马赫数很低。熵波长远小于分布长度，这意味着多步 AE 方法需要更多的分段。

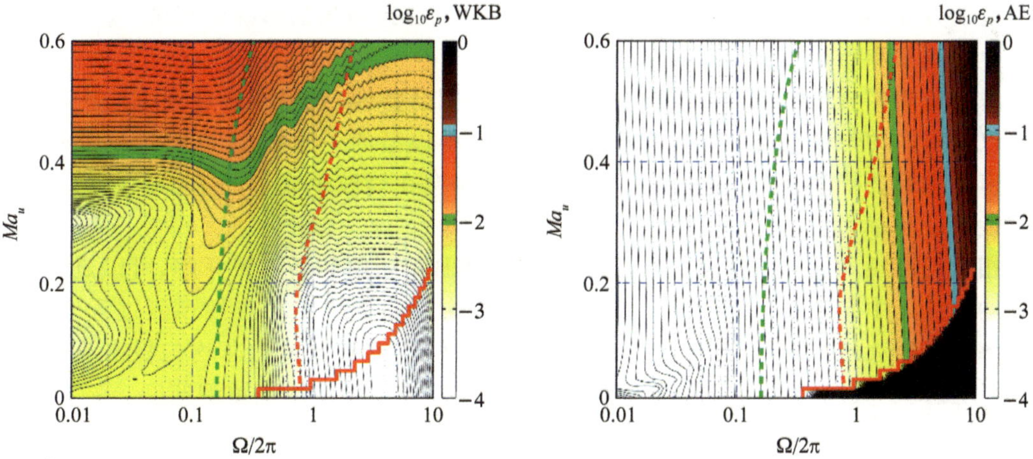

(a) WKB解　　(b) AE解

图 4－18　WKB 解和 AE 解的压力脉动预测误差系数分布云图对比

由两种求解方法的等精度线（红色点划线）易知二者的高精度求解范围之间存在重叠区域，改进的 WKB 近似方法可以获得当流马赫数从低到中到高变化时高频区声波的准确结果，例如 $Ma=0.6$。AE 解能够在低频甚至极低速流动范围内为熵波提供准确预测（见图 4－19），其中熵扰动在热声模式的预测中起着至关重要的作用。因此两种解析解可以互相补充从而实现全频域范围声波传播和熵波生成的求解，从而显著降低液体火箭发动机全尺寸推力室低阶声学网络考虑非均匀流场影响的求解自由度，极大地提升求解速度。

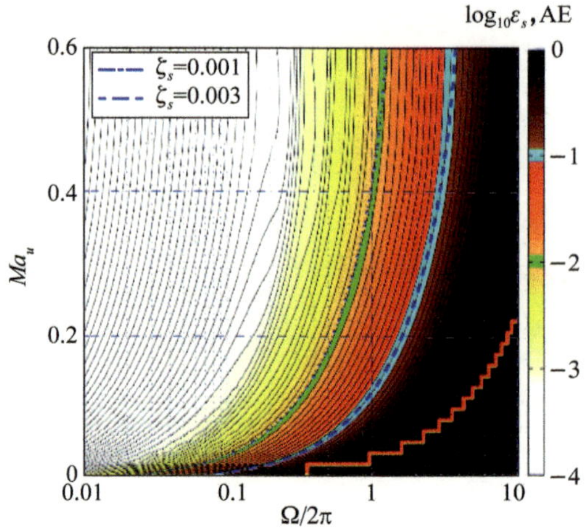

图 4-19　AE 解的熵波预测误差系数分布云图对比

4.5 本章小结

本章分析了同时存在轴向平均温度和平均流动分布的等截面燃烧室中三维声场解析，考虑非均匀流场参数变化，通过推导系数空间可变的偏微分方程组得到仅关于压力的二阶偏微分声学波动方程，基于分离变量和 WKB 近似方法得到三维声场的精确解析解，应用于低阶声学模型中的频率和稳定性预测。

考虑到非均匀流场中声波与熵波在低频区域强耦合特性，利用渐近展开方法中的流动不变量可以获得非均匀稳态流场参数的积分形式的紧凑模型的一阶修正，能够准确复现非均匀流场中声波和熵波扰动分布，有效修正了紧凑热源模型在熵波生成上的求解误差引入的燃烧不稳定性特征频率和稳定性的偏移。

当相应的高频和低频条件满足时，通过结合 WKB 解析解和渐近展开解，可以进一步实现存在非均匀流场中燃烧不稳定性的全频域预测。在燃烧室燃烧不稳定性预测过程中，准确的全频域解析解极大地减少低阶声学网络模型的自由度，能够有效量化非均匀稳态流场分布影响，极大地提高了大尺寸全尺寸低阶声学网络模型的三维不稳定燃烧预测速度。

本章参考文献

[1] MARBLE F E, CANDEL S M. Acoustic disturbance from gas non-uniformities convected through a nozzle[J]. Journal of Sound and Vibration, 1977, 55(2): 225-243.

[2] SUJITH R I, WALDHERR G A, ZINN B T. An exact solution for one-dimensional acoustic fields in

ducts with an axial temperature gradient[J]. Journal of Sound and Vibration, 1995, 184(3): 389-402.

[3] KARIMI N, BREAR M J, Moase W. H. Acoustic and disturbance energy analysis of a flow with heat communication[J]. Journal of Fluid Mechanics, 2008, 597: 67-89.

[4] JUNIPER M P, Hanifi A, Theofilis V. Modal stability theory[J]. Applied Mechanics Reviews, 2014, 66(2): 024804.

[5] HOLMES M H. Introduction to perturbation methods[M]. [S. l.]:Springer, 2012.

[6] BENDERE C M, ORSZAG S A. Advanced mathematical methods for scientists and engineers[M]. [S. l.]:Springer Inc. , 1999.

[7] CUMMINGS A. Sound generation and transmission in flow ducts with axial temperature gradients[J]. Journal of Sound and Vibration, 1978, 57(2): 261-279.

[8] PINELLI L, MARCONCINI M, PACCIANI R, et al. The effects of swirling flows in entropy wave convection through high-pressure turbine stage[J]. Journal of Turbomachinery, 2022, 145(3): 031004.

第 5 章

喷管声学特性

喷管作为发动机系统下游的重要声学边界，其声学特性对燃烧室热声不稳定性具有显著影响。燃烧室内产生的声波在传播至喷管界面时，会引发具有特定幅频特性和相位特征的反射声波与透射声波。反射声波与入射声波发生叠加时，将改变燃烧室内的声学模态，这一过程构成了热声不稳定性的关键影响机制。在声学理论框架下，喷管对入射声波的响应通常采用阻抗或导纳特性进行量化表征。

针对液体火箭发动机喷管声学特性，本章将构建渐进式研究路径：首先基于紧凑喷管假设建立简单的基准理论模型，继而拓展至有限长喷管的分析，最终推导出具有几何特性的喷管声学边界条件解析表达式。通过这种分层递进的研究范式，系统阐释喷管的声学边界条件，为热声不稳定性的分析提供理论基础。

5.1 紧凑型喷管的声学特性

5.1.1 紧凑喷管假设

根据 Marble 与 Candel[2]，当扰动波的波长远大于喷管轴向长度（即系统的振动频率较低）时，喷管的频率响应可以很好地通过准静态分析来近似，此为紧凑型喷管假设。虽然使用频率范围受限，但该近似得到的结果简单有效，因此被广泛采用。在紧凑型喷管假设中，扰动波的波长很大，喷管被视为一个间断点，此时喷管内的参数变化忽略不计，两侧物性参数发生跃变。此时，由控制方程与喷管尺寸可以推导出喷管在均匀的上游和下游状态之间的边界条件。此外，实际燃烧室中温度的不均匀分布会产生较为明显的熵波[4,5]，需要加以考虑。

首先考虑质量流量的连续性。质量流量的变化在喷管入口和出口处是相同的，且由于喷管几何形状是固定的，质量流量的变化与密度和速度相关。因此，无量纲质量流量变化率可以写成如下形式：

$$\dot{m}=p+\frac{1}{Ma}u-s \tag{5.1}$$

式中，$\dot{m}$ 为质量流量；p 为压力；u 为轴向速度；s 为熵。

各物理量按如下方式无量纲化：$\dot{m}=\dot{m}^{*\prime}/\overline{\dot{m}}^{*}$，$p=p^{*\prime}/\gamma\overline{p}^{*}$，$u=u^{*\prime}/\overline{u}^{*}$，$s=s^{*\prime}/c_p$，$Ma$ 为马赫数，式中 γ 为比热比，上标“$\overline{(\ )}$”表示平均量，上标“$(\ )'$”表示扰动量，上标“$(\ )^{*}$”代表有量纲量。如果系统与环境的热交换及热损失均可忽略不计，且没有激波存在，喷管入口和出口等熵且无量纲熵变 s 相同，则上下游的无量纲滞止温度变化率也是相同的，如式(5.2)所示，下标“$(\ )_{\mathrm{S}}$”代表滞止量。

$$T_{\mathrm{S}}=\frac{T_{\mathrm{S}}^{*}}{\overline{T}_{\mathrm{S}}^{*}}=\frac{1}{1+\frac{\gamma-1}{2}\overline{Ma}^{2}}\left[\gamma p+(\gamma-1)\overline{Ma}\,u+s\right] \tag{5.2}$$

上述条件适用于任何绝热且无损耗的喷管流。此外，喷管处于跨声速状态时，其质量流量与滞止压力成正比，并且与流动中的滞止温度的平方根成反比。此时，无量纲质量流量变化率可根据式(5.3)表示为式(5.4)。

$$\dot{m}=K\frac{p_{\mathrm{S}}}{\sqrt{T_{\mathrm{S}}}}A \tag{5.3}$$

式中，$K=\sqrt{\frac{\gamma}{R}\left(\frac{2}{\gamma+1}\right)^{\frac{\gamma+1}{\gamma-1}}}$，$A$ 为喷管横截面积，

$$\dot{m}=\frac{\dot{m}^{*\prime}}{\overline{\dot{m}}^{*}}=\frac{1}{1+\frac{\gamma-1}{2}\overline{Ma}^{2}}\left[\frac{\gamma+1}{2}(p+\overline{Ma}u)-\frac{1+\gamma\overline{Ma}^{2}}{2}s\right] \tag{5.4}$$

联立式(5.1)与式(5.4)，可得

$$\frac{\gamma-1}{2}p-\frac{1}{\overline{Ma}}u+\frac{1}{2}s=0 \tag{5.5}$$

式(5.5)在喷管入口与出口处均成立。

对于亚声速与跨声速状态下的紧凑型喷管，Marble 与 Candel[2] 给出了直接噪声与熵噪声的传递函数。喷管结构中的扰动参数如图 5－1 所示，其中 π 代表波强度；下角标“$(\ )_a$”为喷管入口，“$(\ )_b$”为喷管出口；上角标“$(\ )^{+}$”代表沿平均流方向，“$(\ )^{-}$”代表逆平均流方向，“$(\ )^{s}$”代表熵波。

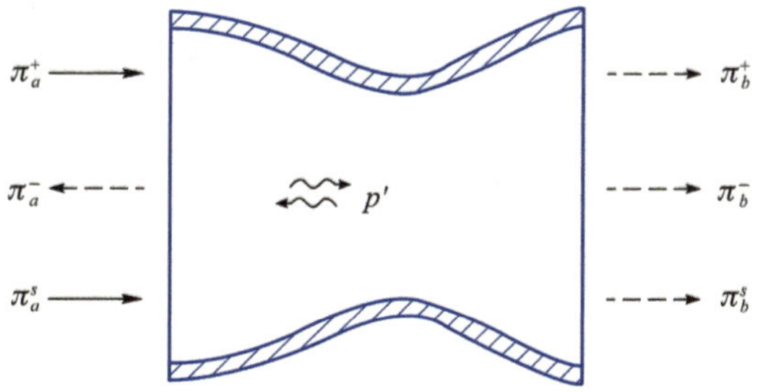

图 5－1　喷管内扰动传播

图中实线代表已知量，虚线代表未知量（亚声速喷管中 π_b^- 也应为已知量）。

5.1.2　控制方程

准一维、等熵的气体喷管流满足线性欧拉方程、等熵条件、吉布斯自由能公式与理想气体状态方程：

$$\frac{\mathrm{D}\rho}{\mathrm{D}t}+\rho\frac{\partial u}{\partial x}=0 \tag{5.6}$$

$$\rho\frac{\mathrm{D}u}{\mathrm{D}t}+\frac{\partial p}{\partial x}=0 \tag{5.7}$$

$$\rho\frac{\mathrm{D}}{\mathrm{D}t}\left(h+\frac{u^2}{2}\right)-\frac{\partial p}{\partial t}=0 \tag{5.8}$$

$$\frac{\mathrm{D}s}{\mathrm{D}t}=0 \tag{5.9}$$

$$h-Ts=0 \tag{5.10}$$

$$p=\rho RT \tag{5.11}$$

将所有物性参数转化为 $\Phi=\overline{\Phi}+\hat{\Phi}=\overline{\Phi}(1+\hat{\Phi}/\overline{\Phi})=\overline{\Phi}(1+\Phi')$ 的形式，式中 $\overline{\Phi}$ 为平均流参数，Φ' 为无量纲变化率。线性化并消去密度、温度、焓后可得质量与动量守恒方程分别为

$$\frac{\overline{\mathrm{D}}p'}{\overline{\mathrm{D}}t}+\frac{1}{\overline{Ma}}\overline{u}\frac{\partial u'}{\partial x}=0 \tag{5.12}$$

$$\frac{\overline{\mathrm{D}}u'}{\overline{\mathrm{D}}t}+\frac{1}{\overline{Ma}}\overline{u}\frac{\partial p'}{\partial x}-[(\gamma-1)\overline{Ma}p'-2u'+\overline{Ma}\,s']\frac{\mathrm{d}\overline{u}}{\mathrm{d}x}=0 \tag{5.13}$$

由此可得正则模形式的物性参数：

$$\begin{cases}p'(t,x)=\pi^+(x)\mathrm{e}^{\mathrm{i}\omega\left(t-\frac{x}{\overline{u}+\overline{c}}\right)}+\pi^-(x)\mathrm{e}^{\mathrm{i}\omega\left(t-\frac{x}{\overline{u}-\overline{c}}\right)}\\u'(t,x)=\pi^+(x)\mathrm{e}^{\mathrm{i}\omega\left(t-\frac{x}{\overline{u}+\overline{c}}\right)}-\pi^-(x)\mathrm{e}^{\mathrm{i}\omega\left(t-\frac{x}{\overline{u}-\overline{c}}\right)}\\s'(t,x)=\pi^s(x)\mathrm{e}^{\mathrm{i}\omega\left(t-\frac{x}{\overline{u}}\right)}\end{cases} \tag{5.14}$$

设紧凑型喷管位于 x 轴上，位置为 $x=0$，x 轴正方向为气流运动方向，则

$$\begin{cases}p'(t,x)=\pi^+(x)\mathrm{e}^{\mathrm{i}\omega\left(t-\frac{0}{\overline{u}+\overline{c}}\right)}+\pi^-(x)\mathrm{e}^{\mathrm{i}\omega\left(t-\frac{0}{\overline{u}-\overline{c}}\right)}=[\pi^+(x)+\pi^-(x)]\mathrm{e}^{\mathrm{i}\omega t}\\u'(t,x)=\pi^+(x)\mathrm{e}^{\mathrm{i}\omega\left(t-\frac{0}{\overline{u}+\overline{c}}\right)}-\pi^-(x)\mathrm{e}^{\mathrm{i}\omega\left(t-\frac{0}{\overline{u}-\overline{c}}\right)}=[\pi^+(x)-\pi^-(x)]\mathrm{e}^{\mathrm{i}\omega t}\\s'(t,x)=\pi^s(x)\mathrm{e}^{\mathrm{i}\omega\left(t-\frac{0}{\overline{u}}\right)}=\pi^s(x)\mathrm{e}^{\mathrm{i}\omega t}\end{cases} \tag{5.15}$$

式中，π 与 π^s 分别代表声波与熵波在喷管轴向各处的分布，π^+ 代表沿平均流方向传播的声波，π^- 代表逆平均流方向传播的声波。

将 π 与 π^s 用物性参数表示，即：

$$\pi^+=\frac{p'+u'}{2}\mathrm{e}^{-\mathrm{i}\omega t},\quad \pi^-=\frac{p'-u'}{2}\mathrm{e}^{-\mathrm{i}\omega t},\quad \pi^s=s'\mathrm{e}^{-\mathrm{i}\omega t} \tag{5.16}$$

5.1.3 亚临界状态下的紧凑型喷管

当喷管处于亚临界状态时，从入口到出口全程都未发生壅塞，故应按一维等熵假设列出边界条件，并将边界条件代入方程通解，求解出透射、反射系数。

在一维等熵假设下，入口与出口的流量、滞止焓与熵的扰动均相同，即：

$$\begin{cases}\dot{m}_a=\dot{m}_b\\h_{\mathrm{S},a}=h_{\mathrm{S},b}\\s_a=s_b\end{cases} \tag{5.17}$$

利用式(5.1)、式(5.2)以及式(5.17)计算紧凑型喷管入口与出口截面上声波与熵波的传播情况，即求解 π_a^+、π_a^-、π_b^+、π_b^-、π_a^s 与 π_b^s。经过消元可得到四个关于 π_a^+、π_a^-、π_b^+、π_b^-、π_a^s、π_b^s 与 t

的方程。由于 t 仅以 $e^{i\omega t}$ 的形式出现，且 t 以外的未知数在方程中均为一次幂，因此 $e^{i\omega t}$ 在消元过程中可以被约去；又由于 $\pi_a^s=\pi_b^s$，因此设 $\pi^s=\pi_a^s=\pi_b^s$，则问题简化为解含有两个方程的五元一次方程组，每个变量均可以写成其余变量中任意三个的线性组合。

选取 π_a^+、π_b^- 与 π^s 作为自变量，解得：

$$\begin{cases}\pi_a^+=\pi_a^+\\ \pi_a^-=\dfrac{1}{1-\overline{Ma}_a}\dfrac{1}{1+\dfrac{\gamma-1}{2}\overline{Ma}_a\,\overline{Ma}_b}\left[\begin{aligned}&-(1+\overline{Ma}_a)\frac{\overline{Ma}_a-\overline{Ma}_b}{\overline{Ma}_a+\overline{Ma}_b}\left(1-\frac{\gamma-1}{2}\overline{Ma}_a\,\overline{Ma}_b\right)\pi_a^+\\&+(1-\overline{Ma}_b)\frac{2\,\overline{Ma}_a}{\overline{Ma}_a+\overline{Ma}_b}\left(1+\frac{\gamma-1}{2}\overline{Ma}_a^2\right)\pi_b^-\\&+\overline{Ma}_a\,\frac{\overline{Ma}_a-\overline{Ma}_b}{2}\pi^s\end{aligned}\right]\\ \pi_b^+=\dfrac{1}{1+\overline{Ma}_b}\dfrac{1}{1+\dfrac{\gamma-1}{2}\overline{Ma}_a\,\overline{Ma}_b}\left[\begin{aligned}&(1+\overline{Ma}_a)\frac{2\,\overline{Ma}_b}{\overline{Ma}_a+\overline{Ma}_b}\left(1+\frac{\gamma-1}{2}\overline{Ma}_b^2\right)\pi_a^+\\&+(1-\overline{Ma}_b)\frac{\overline{Ma}_a-\overline{Ma}_b}{\overline{Ma}_a+\overline{Ma}_b}\left(1-\frac{\gamma-1}{2}\overline{Ma}_a\,\overline{Ma}_b\right)\pi_b^-\\&-\overline{Ma}_b\,\frac{\overline{Ma}_a-\overline{Ma}_b}{2}\pi^s\end{aligned}\right]\\ \pi_b^-=\pi_b^-\end{cases}\tag{5.18}$$

对纯声波的正向传播，有 $\pi^s\equiv0$。代入式(5.18)得：

$$\begin{cases}\pi_a^+=\pi_a^+\\ \pi_a^-=-\dfrac{1+\overline{Ma}_a}{1-\overline{Ma}_a}\dfrac{\overline{Ma}_a-\overline{Ma}_b}{\overline{Ma}_a+\overline{Ma}_b}\dfrac{1-\dfrac{\gamma-1}{2}\overline{Ma}_a\,\overline{Ma}_b}{1+\dfrac{\gamma-1}{2}\overline{Ma}_a\,\overline{Ma}_b}\pi_a^+\\ \qquad+\dfrac{1-\overline{Ma}_b}{1-\overline{Ma}_a}\dfrac{2\,\overline{Ma}_a}{\overline{Ma}_a+\overline{Ma}_b}\dfrac{1+\dfrac{\gamma-1}{2}\overline{Ma}_a^2}{1+\dfrac{\gamma-1}{2}\overline{Ma}_a\,\overline{Ma}_b}\pi_b^-\\ \pi_b^+=\dfrac{1+\overline{Ma}_a}{1+\overline{Ma}_b}\dfrac{2\,\overline{Ma}_b}{\overline{Ma}_a+\overline{Ma}_b}\dfrac{1+\dfrac{\gamma-1}{2}\overline{Ma}_b^2}{1+\dfrac{\gamma-1}{2}\overline{Ma}_a\,\overline{Ma}_b}\pi_a^+\\ \qquad+\dfrac{1-\overline{Ma}_b}{1+\overline{Ma}_b}\dfrac{\overline{Ma}_a-\overline{Ma}_b}{\overline{Ma}_a+\overline{Ma}_b}\dfrac{1-\dfrac{\gamma-1}{2}\overline{Ma}_a\,\overline{Ma}_b}{1+\dfrac{\gamma-1}{2}\overline{Ma}_a\,\overline{Ma}_b}\pi_b^-\\ \pi_b^-=\pi_b^-\end{cases}\tag{5.19}$$

若只考虑正向传播，有 $\pi_a^+=\pi$、$\pi_b^-\equiv0$。代入式(5.19)得：

$$\begin{cases}\pi_a^+=\pi\\ \pi_a^-=-\dfrac{1+\overline{Ma}_a}{1-\overline{Ma}_a}\dfrac{\overline{Ma}_a-\overline{Ma}_b}{\overline{Ma}_a+\overline{Ma}_b}\dfrac{1-\dfrac{\gamma-1}{2}\overline{Ma}_a\,\overline{Ma}_b}{1+\dfrac{\gamma-1}{2}\overline{Ma}_a\,\overline{Ma}_b}\pi\\ \pi_b^+=\dfrac{1+\overline{Ma}_a}{1+\overline{Ma}_b}\dfrac{2\,\overline{Ma}_b}{\overline{Ma}_a+\overline{Ma}_b}\dfrac{1+\dfrac{\gamma-1}{2}\overline{Ma}_b^2}{1+\dfrac{\gamma-1}{2}\overline{Ma}_a\,\overline{Ma}_b}\pi\\ \pi_b^-=0\end{cases}\tag{5.20}$$

若只考虑反向传播，有 $\pi_a^+\equiv0$、$\pi_b^-=\pi$。代入式(5.19)得：

$$\begin{cases}\pi_a^+=0\\ \pi_a^-=\dfrac{1-\overline{Ma}_b}{1-\overline{Ma}_a}\dfrac{2\,\overline{Ma}_a}{\overline{Ma}_a+\overline{Ma}_b}\dfrac{1+\dfrac{\gamma-1}{2}\overline{Ma}_a^2}{1+\dfrac{\gamma-1}{2}\overline{Ma}_a\,\overline{Ma}_b}\pi\\ \pi_b^+=\dfrac{1-\overline{Ma}_b}{1+\overline{Ma}_b}\dfrac{\overline{Ma}_a-\overline{Ma}_b}{\overline{Ma}_a+\overline{Ma}_b}\dfrac{1-\dfrac{\gamma-1}{2}\overline{Ma}_a\,\overline{Ma}_b}{1+\dfrac{\gamma-1}{2}\overline{Ma}_a\,\overline{Ma}_b}\pi\\ \pi_b^-=\pi\end{cases}\tag{5.21}$$

对纯熵波的正向传播，有 $\pi_a^+=\pi_b^-\equiv0$。代入式(5.18)得：

$$\begin{cases}\pi_a^+=0\\ \pi_a^-=\dfrac{\overline{Ma}_a}{1-\overline{Ma}_a}\dfrac{\overline{Ma}_a-\overline{Ma}_b}{2}\dfrac{1}{1+\dfrac{\gamma-1}{2}\overline{Ma}_a\,\overline{Ma}_b}\pi^s\\ \pi_b^+=-\dfrac{\overline{Ma}_b}{1+\overline{Ma}_b}\dfrac{\overline{Ma}_a-\overline{Ma}_b}{2}\dfrac{1}{1+\dfrac{\gamma-1}{2}\overline{Ma}_a\,\overline{Ma}_b}\pi^s\\ \pi_b^-=0\end{cases}\tag{5.22}$$

5.1.4 超临界状态下的紧凑型喷管

当喷管处于超临界状态时，喷管从某处开始，下游流场均处于壅塞状态。若入口为壅塞状态，则整个喷管都处于壅塞状态。此时，除一维等熵假设外，还需引入壅塞状态下物性参数间的关系以计算透射、反射系数。

在 5.1.3 节亚临界状态的基础上进一步联立式(5.5)，可消去一个未知量，使问题简化为解含有三个方程的五元一次方程组，每个变量均可以写成其余变量中任意两个的线性组合。

设 $\pi_a^+=\pi$，解得透射、反射系数矩阵为

$$\begin{cases}\pi_a^+=\pi\\ \pi_a^-=\dfrac{1}{1+\dfrac{\gamma-1}{2}\overline{Ma}_a}\left[\left(1-\dfrac{\gamma-1}{2}\overline{Ma}_a\right)\pi-\dfrac{1}{2}\overline{Ma}_a\pi^s\right]\\ \pi_b^+=\dfrac{1}{1+\dfrac{\gamma-1}{2}\overline{Ma}_a}\left[\left(1+\dfrac{\gamma-1}{2}\overline{Ma}_b\right)\pi-\dfrac{1}{2}\dfrac{\overline{Ma}_a-\overline{Ma}_b}{2}\pi^s\right]\\ \pi_b^-=\dfrac{1}{1+\dfrac{\gamma-1}{2}\overline{Ma}_a}\left[\left(1-\dfrac{\gamma-1}{2}\overline{Ma}_b\right)\pi-\dfrac{1}{2}\dfrac{\overline{Ma}_a+\overline{Ma}_b}{2}\pi^s\right]\end{cases}\tag{5.23}$$

对纯声波的正向传播，有 $\pi^s\equiv0$。代入式(5.23)得：

$$\begin{cases}\pi_a^+=\pi\\ \pi_a^-=\dfrac{1-\dfrac{\gamma-1}{2}\overline{Ma}_a}{1+\dfrac{\gamma-1}{2}\overline{Ma}_a}\pi\\ \pi_b^+=\dfrac{1+\dfrac{\gamma-1}{2}\overline{Ma}_b}{1+\dfrac{\gamma-1}{2}\overline{Ma}_a}\pi\\ \pi_b^-=\dfrac{1-\dfrac{\gamma-1}{2}\overline{Ma}_b}{1+\dfrac{\gamma-1}{2}\overline{Ma}_a}\pi\end{cases}\tag{5.24}$$

对纯熵波的正向传播，有 $\pi\equiv0$。代入式(5.23)得：

$$\begin{cases}\pi_a^+=0\\ \pi_a^-=-\dfrac{1}{2}\dfrac{\overline{Ma}_a}{1+\dfrac{\gamma-1}{2}\overline{Ma}_a}\pi^s\\ \pi_b^+=-\dfrac{1}{2}\dfrac{\dfrac{\overline{Ma}_a-\overline{Ma}_b}{2}}{1+\dfrac{\gamma-1}{2}\overline{Ma}_a}\pi^s\\ \pi_b^-=-\dfrac{1}{2}\dfrac{\dfrac{\overline{Ma}_a+\overline{Ma}_b}{2}}{1+\dfrac{\gamma-1}{2}\overline{Ma}_a}\pi^s\end{cases}\tag{5.25}$$

对于超临界状态，若扩张段后接一无限长直管，则直管内存在一位置固定且无限靠近出口的正激波。激波上游用下标“$()_b$”表示，下游用下标“$()_c$”表示，设激波扰动速度大小为 u'，则激波前气流相对激波的马赫数为

$$\overline{Ma}_{b,r}=\overline{Ma}_b\left(1-\frac{u'}{\bar{u}_b}\right)\tag{5.26}$$

因此激波前后压力、气流相对激波速度与绝对马赫数间的关系分别为

$$\frac{\bar{p}_c}{\bar{p}_b}(p_c'-p_b')=-\frac{4}{\gamma+1}\overline{Ma}_b^2\,\frac{u'}{\bar{u}_b}\tag{5.27}$$

$$\frac{\overline{u}_c}{\overline{u}_b}\left(\frac{1}{\overline{Ma}_c}u_c^*-\frac{1}{\overline{Ma}_b}u_b^*\right)=\frac{2}{\gamma+1}\left(1+\frac{1}{\overline{Ma}_b^2}\right)\frac{u'}{\overline{u}_b} \tag{5.28}$$

$$\frac{\overline{Ma}_c}{\overline{Ma}_b}=\sqrt{\frac{\overline{p}_b\overline{u}_c}{\overline{p}_c\overline{u}_b}} \tag{5.29}$$

联立式(5.15)、(5.27)~式(5.29),消去$\frac{u'}{\overline{u}_b}$,得

$$\pi_c^+ + \frac{1+\overline{Ma}_b^2-2\,\overline{Ma}_b^2\,\overline{Ma}_c}{1+\overline{Ma}_b^2+2\,\overline{Ma}_b^2\,\overline{Ma}_c}\pi_c^- = \frac{1+\overline{Ma}_b^2+2\,\overline{Ma}_b\,\overline{Ma}_c^2}{1+\overline{Ma}_b^2+2\,\overline{Ma}_b^2\,\overline{Ma}_c}\pi_b^+ + \frac{1+\overline{Ma}_b^2-2\,\overline{Ma}_b\,\overline{Ma}_c^2}{1+\overline{Ma}_b^2+2\,\overline{Ma}_b^2\,\overline{Ma}_c}\pi_b^- \tag{5.30}$$

因为激波后无入射声波,所以 $\pi_c^-\equiv 0$。因此

$$\pi_c^+ = \frac{1+\overline{Ma}_b^2+2\,\overline{Ma}_b\,\overline{Ma}_c^2}{1+\overline{Ma}_b^2+2\,\overline{Ma}_b^2\,\overline{Ma}_c}\pi_b^+ + \frac{1+\overline{Ma}_b^2-2\,\overline{Ma}_b\,\overline{Ma}_c^2}{1+\overline{Ma}_b^2+2\,\overline{Ma}_b^2\,\overline{Ma}_c}\pi_b^- \tag{5.31}$$

对纯声波和纯熵波的情况分别有

$$\pi_c^+ = \frac{2}{1+\frac{\gamma-1}{2}\overline{Ma}_a}\frac{1+\overline{Ma}_b^2+(\gamma-1)\overline{Ma}_b^2\,\overline{Ma}_c^2}{1+\overline{Ma}_b^2+2\,\overline{Ma}_b^2\,\overline{Ma}_c}\pi \tag{5.32}$$

$$\pi_c^+ = -\frac{1}{2}\frac{1}{1+\frac{\gamma-1}{2}\overline{Ma}_a}\frac{\overline{Ma}_a+\overline{Ma}_a\,\overline{Ma}_b^2-2\,\overline{Ma}_b^2\,\overline{Ma}_c^2}{1+\overline{Ma}_b^2+2\,\overline{Ma}_b^2\,\overline{Ma}_c}\pi^s \tag{5.33}$$

5.1.5 紧凑型喷管的声学系数

根据 5.1.3 节和 5.1.4 节的推导,可得到紧凑型喷管的声学系数,如表 5-1 所示。

表 5-1 紧凑型喷管的声学系数

系数	亚临界状态	超临界状态
纯声波正向传播($\pi_a^+=\pi,\pi^s\equiv 0$)		
π_a^+	π	π
π_a^-	$-\frac{1+\overline{Ma}_a}{1-\overline{Ma}_a}\frac{\overline{Ma}_a-\overline{Ma}_b}{\overline{Ma}_a+\overline{Ma}_b}\frac{1-\frac{\gamma-1}{2}\overline{Ma}_a\,\overline{Ma}_b}{1+\frac{\gamma-1}{2}\overline{Ma}_a\,\overline{Ma}_b}\pi$	$\frac{1-\frac{\gamma-1}{2}\overline{Ma}_a}{1+\frac{\gamma-1}{2}\overline{Ma}_a}\pi$
π_b^+	$\frac{1+\overline{Ma}_a}{1+\overline{Ma}_b}\frac{2\,\overline{Ma}_b}{\overline{Ma}_a+\overline{Ma}_b}\frac{1+\frac{\gamma-1}{2}\overline{Ma}_b^2}{1+\frac{\gamma-1}{2}\overline{Ma}_a\,\overline{Ma}_b}\pi$	$\frac{1+\frac{\gamma-1}{2}\overline{Ma}_b}{1+\frac{\gamma-1}{2}\overline{Ma}_a}\pi$
π_b^-	0	$\frac{1-\frac{\gamma-1}{2}\overline{Ma}_b}{1+\frac{\gamma-1}{2}\overline{Ma}_a}\pi$
π_c^+	—	$\frac{2}{1+\frac{\gamma-1}{2}\overline{Ma}_a}\frac{1+\overline{Ma}_b^2+(\gamma-1)\overline{Ma}_b^2\,\overline{Ma}_c^2}{1+\overline{Ma}_b^2+2\,\overline{Ma}_b^2\,\overline{Ma}_c}\pi$
π_c^-	—	0

续表 5-1

系　数	亚临界状态	超临界状态
纯声波反向传播（$\pi_a^+\equiv0,\pi_b^-=\pi,\pi^s\equiv0$）		
π_a^+	0	—
π_a^-	$\frac{1-\overline{Ma}_b}{1-\overline{Ma}_a}\frac{2\overline{Ma}_a}{\overline{Ma}_a+\overline{Ma}_b}\frac{1+\frac{\gamma-1}{2}\overline{Ma}_a^2}{1+\frac{\gamma-1}{2}\overline{Ma}_a\overline{Ma}_b}\pi$	—
π_b^+	$\frac{1-\overline{Ma}_b}{1+\overline{Ma}_b}\frac{\overline{Ma}_a-\overline{Ma}_b}{\overline{Ma}_a+\overline{Ma}_b}\frac{1-\frac{\gamma-1}{2}\overline{Ma}_a\overline{Ma}_b}{1+\frac{\gamma-1}{2}\overline{Ma}_a\overline{Ma}_b}\pi$	—
π_b^-	π	—
π_c^+	—	—
π_c^-	—	—
纯熵波传播（$\pi_a^+\equiv0$）		
π_a^+	0	0
π_a^-	$\frac{\overline{Ma}_a}{1-\overline{Ma}_a}\frac{\overline{Ma}_a-\overline{Ma}_b}{2}\frac{1}{1+\frac{\gamma-1}{2}\overline{Ma}_a\overline{Ma}_b}\pi^s$	$-\frac{1}{2}\frac{\overline{Ma}_a}{1+\frac{\gamma-1}{2}\overline{Ma}_a}\pi^s$
π_b^+	$-\frac{\overline{Ma}_b}{1+\overline{Ma}_b}\frac{\overline{Ma}_a-\overline{Ma}_b}{2}\frac{1}{1+\frac{\gamma-1}{2}\overline{Ma}_a\overline{Ma}_b}\pi^s$	$-\frac{1}{2}\frac{\frac{\overline{Ma}_a-\overline{Ma}_b}{2}}{1+\frac{\gamma-1}{2}\overline{Ma}_a}\pi^s$
π_b^-	0	$-\frac{1}{2}\frac{\frac{\overline{Ma}_a+\overline{Ma}_b}{2}}{1+\frac{\gamma-1}{2}\overline{Ma}_a}\pi^s$
π_c^+	—	$-\frac{1}{2}\frac{1}{1+\frac{\gamma-1}{2}\overline{Ma}_a}\frac{\overline{Ma}_a+\overline{Ma}_a\overline{Ma}_b^2-2\overline{Ma}_b^2\overline{Ma}_c^2}{1+\overline{Ma}_b^2+2\overline{Ma}_b^2\overline{Ma}_c}\pi^s$
π_c^-	—	0

从表 5-1 可以看出，紧凑型喷管入口与出口的声学系数均与入口处气流的速度有关；但在亚临界状态下，喷管出口处气流速度对各系数均有影响，而在超临界状态下，喷管入口处系数与出口处的气流速度无关。对此的解释是：在喷管中任何一处，扰动以声速向上游与下游传播，而超临界状态下出口处气流速度大于声速，向上游传播的扰动与气流叠加后，其传播的合速度依然指向下游，因此出口处的扰动无法传播至喷管入口。

同理，激波被视为气流从超声速突变至亚声速的单向通道，因此激波后的扰动无法穿过激波到达上游。作为喷管声学边界的经典方法，紧凑喷管理论虽然忽略了声场传播的具体过程，但是凭借其简洁的参数关系有着广泛的应用。

5.2 有限长喷管的声学求解

5.2.1 控制方程与变量分离

在声学求解非紧凑喷管时,需要考虑其面积变化[6,7],这种非均匀性导致声学系统的方程大多变为变系数微分方程。Crocco 等人[3]通过坐标变换的方法将喷管声场变换到势函数与流函数决定的柱坐标系下,实现了一定条件下的变量分离,从而求出了声场导纳的解析结果。变换后的微分方程组所反映的声场能够实现变量分离,且与内部流场均匀分布的圆柱的声场形式一致[8]。

无黏气体的控制方程如下:

$$\frac{\partial \rho^*}{\partial t^*}+\nabla\cdot(\rho^*\boldsymbol{u}^*)=0 \tag{5.34}$$

$$\frac{\partial \boldsymbol{u}^*}{\partial t^*}+\frac{1}{2}\nabla(\boldsymbol{u}^{*2})+(\nabla\times\boldsymbol{u}^*)\times\boldsymbol{u}^*=-\frac{1}{\rho}\nabla p^* \tag{5.35}$$

式中,t^* 表示时间,ρ^* 和 p^* 分别表示密度和压强,$\boldsymbol{u}^*$ 表示三维速度。

当忽略黏性和气体热交换时,气体运动过程中总熵保持不变,写成随体导数的形式如下:

$$\frac{\partial s^*}{\partial t^*}+\boldsymbol{u}^*\cdot\nabla s^*=0 \tag{5.36}$$

s^* 表达如下:

$$s^*=c_p\left(\frac{1}{\gamma}\ln p^*-\ln\rho^*\right)+C \tag{5.37}$$

式中,C 为常数。假设喷管中的气体在无扰动情况下是绝能等熵且无旋的。对变量进行无量纲化,定义:

$$\boldsymbol{u}=\frac{\boldsymbol{u}^*}{\bar{c}_{\mathrm{S}}^*};\quad p=\frac{p^*}{\bar{p}_{\mathrm{S}}^*};\quad \rho=\frac{\rho^*}{\bar{\rho}_{\mathrm{S}}^*};\quad s=\frac{s^*}{c_p} \tag{5.38}$$

式中,$\bar{c}_{\mathrm{S}}^*$ 表示平均滞止声速。观察到:

$$\bar{c}_{\mathrm{S}}^*=\left(\gamma\frac{\bar{p}_{\mathrm{S}}^*}{\bar{\rho}_{\mathrm{S}}^*}\right)^{\frac{1}{2}} \tag{5.39}$$

时间可以使用合适的特征长度 L^* 无量纲化为

$$t=\frac{\bar{c}_{\mathrm{S}}^*}{L^*}t^* \tag{5.40}$$

将上述无量纲物理量代入控制方程:

$$\frac{\partial\rho}{\partial t}+\nabla\cdot(\rho\boldsymbol{u})=0 \tag{5.41}$$

$$\frac{\partial\boldsymbol{u}}{\partial t}+\frac{1}{2}\cdot\nabla(\boldsymbol{u}^2)+(\nabla\times\boldsymbol{u})\times\boldsymbol{u}=-\frac{1}{\gamma\rho}\nabla p \tag{5.42}$$

$$\frac{\partial s}{\partial t}+\boldsymbol{u}\cdot\nabla s=0 \tag{5.43}$$

且有：

$$s=\frac{s^*}{c_p}=\frac{1}{\gamma}\ln p-\ln\rho+C \tag{5.44}$$

方程(5.39)变为：

$$c=\frac{c^*}{c_S^*}=\left(\frac{p}{\rho}\right)^{\frac{1}{2}} \tag{5.45}$$

现在引入一个假设，即围绕(稳定)未扰动量的(非定常)扰动的振幅非常小，只需要考虑扰动中的线性项。因此，引入：

$$\boldsymbol{u}=\overline{\boldsymbol{u}}+\boldsymbol{u}';\quad p=\overline{p}+p';\quad \rho=\overline{\rho}+\rho';\quad s=\overline{s}+s' \tag{5.46}$$

在方程(5.41)～式(5.44)中忽略所有高于一阶的项之后，将每个物理量分为无扰动部分(仅包含时均量)和扰动部分(线性扰动部分)。无扰动情况下的方程为：

$$\begin{cases}\nabla\cdot(\overline{\rho}\,\overline{\boldsymbol{u}})=0 & \dfrac{\nabla\overline{\boldsymbol{u}}^2}{2}+(\nabla\times\overline{\boldsymbol{u}})\times\overline{\boldsymbol{u}}=-\dfrac{1}{\gamma\overline{\rho}}\nabla\overline{p}\\ \overline{\boldsymbol{u}}\cdot\nabla\overline{s}=0 & \overline{s}=\dfrac{1}{\gamma}\ln\overline{p}-\ln\overline{\rho}+C\end{cases} \tag{5.47}$$

当流动是无旋的，可以化简得到：

$$\nabla\cdot(\overline{\rho}\overline{\boldsymbol{u}})=0\qquad \overline{p}=\overline{\rho}^{\gamma}\qquad \frac{\overline{p}}{\overline{\rho}}=1+\frac{\gamma-1}{2}\overline{\boldsymbol{u}}^2 \tag{5.48}$$

将式(5.48)右式代入式(5.45)，得到未受扰动的声速：

$$\overline{c}^2=1+\frac{\gamma-1}{2}\overline{\boldsymbol{u}}^2=\overline{\rho}^{\gamma-1} \tag{5.49}$$

由式(5.48)的最后一项可以得到无扰动情况下的密度 $\overline{\rho}$。当喷管为轴对称情况时，式(5.48)中的第一项可用于定义流函数：

$$r\,\overline{\rho}\,\overline{\boldsymbol{u}}=\boldsymbol{e}_\theta\times\nabla\psi \tag{5.50}$$

式中，r 表示到对称轴的无量纲距离，$\boldsymbol{e}_\theta$ 表示切向的单位矢量。在此假设下，势函数也可以定义为：

$$\overline{\boldsymbol{u}}=\nabla\varphi \tag{5.51}$$

在此引入的流函数和势函数都是无量纲的。

扰动方程可以写成：

$$\frac{\partial\rho'}{\partial t}+\nabla\cdot(\overline{\boldsymbol{u}}\rho'+\overline{\rho}\boldsymbol{u}')=0 \tag{5.52}$$

$$\frac{\partial\boldsymbol{u}'}{\partial t}+\nabla(\overline{\boldsymbol{u}}\cdot\boldsymbol{u}')+(\nabla\times\boldsymbol{u}')\times\overline{\boldsymbol{u}}=-\frac{1}{\gamma\rho}\nabla p'+\frac{\rho'}{\gamma\overline{\rho}^2}\nabla\overline{p} \tag{5.53}$$

$$\frac{\partial s'}{\partial t}+\overline{\boldsymbol{u}}\cdot\nabla s'=0 \tag{5.54}$$

$$s'=\frac{p'}{\gamma\overline{p}}-\frac{\rho'}{\overline{\rho}} \tag{5.55}$$

式(5.52)～式(5.55)为待解方程组，采用了线性小扰动假设。

利用式(5.48)的右式、式(5.47)和式(5.55)重写式(5.53)的右端项，如下所示：

$$-\frac{1}{\gamma\rho}\nabla p'+\frac{\rho'}{\gamma\bar{\rho}^2}\nabla\bar{p}=-\nabla\left(\frac{p'}{\gamma\bar{\rho}}\right)-\frac{p'}{\gamma\bar{\rho}^2}\nabla\bar{\rho}+\frac{\rho'}{\gamma\bar{\rho}^2}\nabla\bar{p}$$
$$=-\nabla\left(\frac{p'}{\gamma\bar{\rho}}\right)-\frac{\nabla\bar{p}}{\gamma\bar{\rho}}\left(\frac{p'}{\gamma\bar{p}}-\frac{\rho'}{\bar{\rho}}\right)$$
$$=-\nabla\left(\frac{p'}{\gamma\bar{\rho}}\right)+\frac{1}{2}(\nabla\bar{\boldsymbol{u}}^2)s' \tag{5.56}$$

通过选择特定的独立空间变量(如径向、切向或法向坐标),可以更容易地在特定边界(如喷管壁面)上定义和引入边界条件[9]。对轴对称喷管,使用稳态势函数代替轴向变量,用稳态流函数代替径向变量[10]。δs 和 δn 分别表示无扰动流线及其子午面法线方向的(无量纲)单位长度,式(5.50)和式(5.51)能够表示为:

$$r\bar{\rho}\bar{\boldsymbol{u}}=\frac{\mathrm{d}\psi}{\delta n};\quad \bar{\boldsymbol{u}}=\frac{\mathrm{d}\phi}{\delta s} \tag{5.57}$$

因此单位长度的平方 $\mathrm{d}l^2$ 可以用 $\mathrm{d}\phi$、$\mathrm{d}\psi$ 和 $\mathrm{d}\theta$ 表示为:

$$\mathrm{d}l^2=h_\phi^2\mathrm{d}\phi^2+h_\psi^2\mathrm{d}\psi^2+h_\theta^2\mathrm{d}\theta^2=\frac{1}{\bar{\boldsymbol{u}}^2}\mathrm{d}\phi^2+\left(\frac{1}{r\bar{\rho}\bar{u}}\right)^2\mathrm{d}\psi^2+r^2\mathrm{d}\theta^2 \tag{5.58}$$

式中,

$$h_\phi=\frac{1}{\bar{\boldsymbol{u}}};\qquad h_\psi=\frac{1}{r\bar{\rho}\bar{\boldsymbol{u}}};\qquad h_\theta=r \tag{5.59}$$

这些量可以用来计算方程中出现的散度、梯度和旋度。下面用 f 表示任意标量,用 $\boldsymbol{F}=F_\phi\boldsymbol{e}_\phi+F_\psi\boldsymbol{e}_\psi+F_\theta\boldsymbol{e}_\theta$ 表示任意向量,$\boldsymbol{e}_\phi$、$\boldsymbol{e}_\psi$ 和 $\boldsymbol{e}_\theta$ 分别是垂直于曲面 $\phi=C$、$\psi=C$ 和 $\theta=C$(C 为常数)的单位向量,因此:

$$\nabla f=\left(\frac{1}{h_\phi}\frac{\partial f}{\partial\phi}\right)\boldsymbol{e}_\phi+\left(\frac{1}{h_\psi}\frac{\partial f}{\partial\psi}\right)\boldsymbol{e}_\psi+\left(\frac{1}{h_\theta}\frac{\partial f}{\partial\theta}\right)\boldsymbol{e}_\theta$$
$$=\left(\bar{\boldsymbol{u}}\frac{\partial f}{\partial\phi}\right)\boldsymbol{e}_\phi+\left(r\bar{\rho}\bar{\boldsymbol{u}}\frac{\partial f}{\partial\psi}\right)\boldsymbol{e}_\psi+\left(\frac{1}{r}\frac{\partial f}{\partial\theta}\right)\boldsymbol{e}_\theta \tag{5.60}$$

$$\nabla\cdot\boldsymbol{F}=\frac{1}{h_\phi h_\psi h_\theta}\left[\frac{\partial}{\partial\phi}(h_\psi h_\theta F_\phi)+\frac{\partial}{\partial\psi}(h_\theta h_\phi F_\psi)+\frac{\partial}{\partial\theta}(h_\phi h_\psi F_\theta)\right]$$
$$=\bar{\rho}\,\bar{\boldsymbol{u}}^2\left[\frac{\partial}{\partial\phi}\left(\frac{F_\phi}{\bar{\rho}\bar{\boldsymbol{u}}}\right)+\frac{\partial}{\partial\psi}\left(\frac{F_\psi}{\bar{\boldsymbol{u}}}\right)+\frac{\partial}{\partial\theta}\left(\frac{F_\theta}{\bar{\rho}\bar{\boldsymbol{u}}^2}\right)\right] \tag{5.61}$$

$$\nabla\times\boldsymbol{F}=\frac{1}{h_\phi h_\psi h_\theta}\begin{vmatrix}h_\phi\boldsymbol{e}_\phi & h_\psi\boldsymbol{e}_\psi & h_\theta\boldsymbol{e}_\theta\\ \dfrac{\partial}{\partial\phi} & \dfrac{\partial}{\partial\psi} & \dfrac{\partial}{\partial\theta}\\ h_\phi F_\phi & h_\psi F_\psi & h_\theta F_\theta\end{vmatrix}$$
$$=\bar{\rho}\,\bar{\boldsymbol{u}}\left[\frac{\partial}{\partial\psi}(rF_\theta)-\frac{\partial}{\partial\theta}\left(\frac{F_\psi}{r\bar{\rho}\bar{\boldsymbol{u}}}\right)\right]\boldsymbol{e}_\phi+\frac{\bar{\boldsymbol{u}}}{r}\left[\frac{\partial}{\partial\theta}\left(\frac{F_\phi}{\bar{\boldsymbol{u}}}\right)-\frac{\partial}{\partial\phi}(rF_\theta)\right]\boldsymbol{e}_\psi$$
$$+r\bar{\rho}\,\bar{\boldsymbol{u}}^2\left[\frac{\partial}{\partial\phi}\left(\frac{F_\psi}{r\bar{\rho}\bar{\boldsymbol{u}}}\right)-\frac{\partial}{\partial\psi}\left(\frac{F_\phi}{\bar{\boldsymbol{u}}}\right)\right]\boldsymbol{e}_\theta \tag{5.62}$$

对于平均流为一维的情况,平均速度有:$\bar{\boldsymbol{u}}=\bar{u}\boldsymbol{e}_\phi$,定义速度扰动的分量:

$$\boldsymbol{u}'=u'\boldsymbol{e}_\phi+v'\boldsymbol{e}_\psi+w'\boldsymbol{e}_\theta \tag{5.63}$$

从而获得连续性方程(式(5.52)除以 $\bar{\rho}$):

$$\frac{\partial}{\partial t}\left(\frac{\rho'}{\bar{\rho}}\right)+\bar{u}^2\frac{\partial}{\partial\phi}\left(\frac{\rho'}{\bar{\rho}}+\frac{u'}{\bar{u}}\right)+\bar{u}^2\frac{\partial}{\partial\psi}\left(r^2\rho^2\frac{v'}{r\bar{\rho}\bar{u}}\right)+\frac{1}{r^2}\frac{\partial(rw')}{\partial\theta}=0 \tag{5.64}$$

动量方程——

ϕ-分量(除以 $\bar{u}$)：

$$\frac{\partial}{\partial t}\left(\frac{u'}{\bar{u}}\right)+\frac{\partial}{\partial \phi}\left(\bar{u}^2\ \frac{u'}{\bar{u}}\right)+\frac{\partial}{\partial \phi}\left(\frac{p'}{\gamma \bar{\rho}}\right)=\frac{1}{2}\frac{\partial \bar{u}^2}{\partial \phi}s' \tag{5.65}$$

ψ-分量(除以 $r\bar{\rho}\bar{u}$)：

$$\frac{\partial}{\partial t}\left(\frac{v'}{r\bar{\rho}\bar{u}}\right)+\bar{u}^2\ \frac{\partial}{\partial \phi}\left(\frac{v'}{r\bar{\rho}\bar{u}}\right)+\frac{\partial \bar{u}^2}{\partial \psi}\frac{u'}{\bar{u}}+\frac{\partial \bar{u}^2}{\partial \psi}\left(\frac{p'}{\gamma\bar{\rho}}\right)=\frac{1}{2}\frac{\partial \bar{u}^2}{\partial \psi}s' \tag{5.66}$$

θ-分量：

$$\frac{\partial}{\partial t}(rw')+\bar{u}^2\ \frac{\partial}{\partial \phi}(rw')+\frac{\partial}{\partial \theta}\left(\frac{p'}{\gamma\bar{\rho}}\right)=0 \tag{5.67}$$

熵方程：

$$\frac{\partial s'}{\partial t}+\bar{u}^2\ \frac{\partial s'}{\partial \phi}=0 \tag{5.68}$$

根据式(5.45)和式(5.55)，可以将熵方程改写为以下形式：

$$s'=\frac{1}{\bar{c}^2}\frac{p'}{\gamma\bar{\rho}}-\frac{\rho'}{\bar{\rho}} \tag{5.69}$$

进行上述变换是为了将因变量写为 $\rho'/\bar{\rho}$、$u'/\bar{u}$、$v'/r\bar{\rho}\bar{u}$、rw'、$p'/\gamma\bar{\rho}$和 s' 的组合。

在式(5.64)～式(5.69)中进行变量分离存在障碍，这是由于 $\bar{u}$ 和 $\bar{\rho}$ 取决于 ϕ 和 ψ，而 ϕ 和 ψ 取决于式(5.41)～式(5.43)。此外，式(5.64)最后两项中出现的 r^2 和 r^{-2} 也应该用自变量 ϕ 和 ψ 表示。

如果无扰动的流动是一维的，可以认为它们在每个截面上是均匀分布的[11]，以上两个障碍将不复存在。这意味着流线相对于对称轴的倾斜角需要足够小，其余弦值约等于 1，可以对式(5.57)进行积分，得到：

$$\psi=\bar{\rho}(\phi)\bar{u}(\phi)\frac{r^2}{2} \tag{5.70}$$

或者

$$r^2=\frac{2\psi}{\bar{\rho}\bar{u}} \tag{5.71}$$

假设 $u=u(\phi)$，$p=p(\phi)$并引入式(5.71)，可以观察到变量是可分离的。根据欧拉公式，时间 t 用复数形式表示，即引入 $e^{i\omega t}$。

因变量可被表示为

$$\begin{cases}\dfrac{\rho'}{\bar{\rho}}=R(\phi)\Psi(\psi)\Theta(\theta)e^{i\omega t}\\ \dfrac{u'}{\bar{u}}=U(\phi)\Psi(\psi)\Theta(\theta)e^{i\omega t}\\ \dfrac{v'}{r\bar{\rho}\bar{u}}=V(\phi)\dot{\Psi}(\psi)\Theta(\theta)e^{i\omega t}\\ rw'=W(\phi)\Psi(\psi)\dot{\Theta}(\theta)e^{i\omega t}\\ \dfrac{p'}{\gamma\bar{\rho}}=P(\phi)\Psi(\psi)\Theta(\theta)e^{i\omega t}\\ s'=S(\phi)\Psi(v)\Theta(\theta)e^{i\omega t}\end{cases} \tag{5.72}$$

式中，$\dot{\Psi}(\psi)=d\Psi/d\psi$，$\dot{\Theta}(\theta)=d\Theta/d\theta$，$\omega$ 表示无量纲角频率，定义如下：

$$\omega=\frac{L^*}{\bar{c}_S^*}\omega^* \tag{5.73}$$

用式(5.72)除以 $\Psi\Theta e^{i\omega t}$ 得到下列方程：

$$i\omega R+\bar{u}^2\dot{R}+\bar{u}^2\dot{U}+2\bar{\rho}\bar{u}V\left(\psi\frac{\ddot{\Psi}}{\Psi}+\frac{\dot{\Psi}}{\Psi}\right)+\frac{\bar{\rho}\bar{p}W}{2\psi}\frac{\ddot{\Theta}}{\Theta}=0 \tag{5.74}$$

$$i\omega U+\frac{d}{d\phi}(\bar{u}^2U)+P'-\frac{1}{2}\frac{d\bar{u}^2}{d\phi}S=0 \tag{5.75}$$

$$(i\omega V+\bar{u}^2\dot{V}+P)\frac{\dot{\Psi}}{\Psi}=0 \tag{5.76}$$

$$(i\omega W+\bar{u}^2\dot{W}+P)\frac{\dot{\Theta}}{\Theta}=0 \tag{5.77}$$

$$i\omega S+\bar{u}^2\dot{S}=0 \tag{5.78}$$

$$S=\frac{1}{\bar{c}^2}P-R \tag{5.79}$$

上述六个方程中的上标“˙”代表各个函数对各自方向的微分。式(5.57)和式(5.72)可用来表示流动涡的分量。结果为：

$$\begin{aligned}\nabla\times\boldsymbol{u}=&\bar{\rho}\ \bar{u}(W-V)\dot{\Psi}\dot{\Theta}e^{i\omega t}\boldsymbol{e}_\phi+(U-\dot{W})\Psi\dot{\Theta}e^{i\omega t}\boldsymbol{e}_\psi\\&+r\bar{\rho}\bar{u}^2(\dot{V}-U)\dot{\Psi}\Theta e^{i\omega t}\boldsymbol{e}_\theta\end{aligned} \tag{5.80}$$

观察到，式(5.74)～式(5.79)中的变量是可分离的，这些变量由依赖于单个自变量的函数组成。

因此，分离变量的唯一目标是将变量 θ 和 ψ 从式(5.74)中消去。为了消去 θ，$\ddot{\Theta}/\Theta$ 必须是常数。由于 Θ 的周期性，必有：

$$\frac{\ddot{\Theta}}{\Theta}=-\upsilon^2 \tag{5.81}$$

式中，υ 为整数。

在式(5.74)中引入式(5.81)，发现只有当 $V=W$ 且 $\Psi(\psi)$满足如下方程时，才能消去 ψ：

$$\psi\frac{\ddot{\Psi}}{\Psi}+\frac{\dot{\Psi}}{\Psi}-\frac{\upsilon^2}{4\psi}=C \tag{5.82}$$

式中，常数 C 的值由喷管中的边界条件确定。

这一结果表明，变量分离对此方程的解有一定的限制。事实上，下述方程（变量分离条件）：

$$V=W \tag{5.83}$$

等价于沿流线的扰动的涡量分量必须等于零。由此导致的损失通常可以忽略，因为在大多数实际情况下，燃烧室中不会产生轴向涡量。

式(5.81)的通解为：

$$\Theta=\cos\upsilon(\theta-\alpha)；\qquad \Theta=e^{\pm i\upsilon(\theta-\alpha)} \tag{5.84}$$

式中，α 为常数。

式(5.84)中第一部分表示驻波形式的扰动，第二部分表示行波模式的扰动，其中扰动的幅值保持恒定。在这两种情况下，υ 都表示所考虑的模态（静止或旋转）的阶数。

考虑式(5.82),以$[\psi]^{1/2}$为自变量,将其转化为υ阶贝塞尔方程。将右边出现的常数设为k,则通解为:

$$\Psi=C_3J_\upsilon\left(k\ [\psi]^{\frac{1}{2}}\right)+C_4Y_\upsilon\left(k\ [\psi]^{\frac{1}{2}}\right) \tag{5.85}$$

式中,J_υ和Y_υ分别为第一类和第二类贝塞尔函数。由于Y_υ在$\psi=0$时趋近于无限大,如果要使方程在喷管轴线上有意义,则C_4必须为0。因此,假设C_3为1,便有:

$$\Psi(\psi)=J_\upsilon\left(k\ [\psi]^{\frac{1}{2}}\right) \tag{5.86}$$

式中,常数k是通过考虑喷管壁面处的速度边界条件$v'=0$来确定的。有$k=S_{\upsilon h}/(\psi_W)^{1/2}$,其中$\psi_W$代表流函数在壁面的值,回顾式(5.71),壁面处满足$v'=0$的条件如下:

$$\dot{J}_\upsilon\left(k\ [\psi]^{\frac{1}{2}}\right)=0 \tag{5.87}$$

用$S_{\upsilon h}$表示$\dot{J}_\upsilon(x)$的第h个零点,为了满足式(5.87),式(5.86)需要满足:

$$\Psi(\psi)=J_\upsilon\left(S_{\upsilon h}[\psi/\psi_W]^{\frac{1}{2}}\right)=J_\upsilon\left(S_{\upsilon h}\frac{r}{r_W}\right) \tag{5.88}$$

将式(5.81)、式(5.82)、式(5.83)与$k=S_{\upsilon h}/(\psi_W)^{1/2}$中给出的常数代入式(5.71),可以得到:

$$\mathrm{i}\omega R+\bar{u}^2\dot{R}+\bar{u}^2\dot{U}-\frac{S_{\upsilon h}^2}{2\psi_W}\bar{\rho}\,\bar{u}\dot{V}=0 \tag{5.89}$$

至此,变量分离完成。

5.2.2 变量消元

在$\upsilon=0$,$h=1$的情况下,$S_{\upsilon h}=0$,对应于纯轴向扰动,此时Θ和Ψ为常数,自动满足式(5.76)和式(5.77)。且式(5.74)、式(5.75)、式(5.78)和式(5.79)只包含变量R、U、P和S。

同样,$\upsilon=0$或$h=1$(纯径向或纯切向扰动)也可以作为特殊情况。接下来将讨论υ和h为任意整数的情况。

将式(5.76)和式(5.77)相减,可以消去P,得到:

$$\mathrm{i}\omega(W-V)+\bar{u}^2\frac{\mathrm{d}}{\mathrm{d}\phi}(W-V)=0 \tag{5.90}$$

它的通解可以写成

$$W-V=C_0f_0 \tag{5.91}$$

化简为

$$f_0(\phi)=\mathrm{e}^{\mathrm{i}\omega}\int_0^\phi\frac{\mathrm{d}\phi'}{\bar{u}^2(\phi')} \tag{5.92}$$

ϕ'作为积分变量,其积分下限被设置在喉部。很明显,只有当$C_0=0$的时候才满足式(5.83),因此通解降低了一个自由度。

将式(5.78)和式(5.79)联立,结果如下:

$$S(\phi)=\frac{P(\phi)-\overline{c}^2R(\phi)}{\overline{c}^2}=\sigma f_0 \tag{5.93}$$

式中，$\sigma=S(\phi_{th})$为积分常数。

引入Φ函数，使得：

$$U=\dot{\Phi} \tag{5.94}$$

式(5.75)可以积分得到：

$$\mathrm{i}\omega\Phi+\overline{u}^2\dot{\Phi}+P=\sigma f_1 \tag{5.95}$$

式中，

$$f_1(\phi)=\frac{1}{2}\int_{\phi_{th}}^{\phi}f_0(\phi')\frac{\mathrm{d}\overline{u}^2}{\mathrm{d}\phi'}\mathrm{d}\phi' \tag{5.96}$$

V满足方程：

$$\mathrm{i}\omega V+\overline{u}^2\dot{V}+P=0 \tag{5.97}$$

联立式(5.95)和式(5.97)，消去P，得到：

$$\mathrm{i}\omega(\Phi-V)+\overline{u}^2\frac{\mathrm{d}}{\mathrm{d}\phi}(\Phi-V)=\sigma f_1 \tag{5.98}$$

积分后，得到：

$$\Phi-V=\sigma f_2+C_1f_0 \tag{5.99}$$

式中，

$$f_2(\phi)=f_0(\phi)\int_{\phi_{th}}^{\phi}\frac{f_1(\phi')}{\overline{u}^2(\phi')f_0(\phi')}\mathrm{d}\phi' \tag{5.100}$$

联立式(5.93)和式(5.95)可改写为：

$$\mathrm{i}\omega\Phi+\overline{u}^2\dot{\Phi}+\overline{c}^2R=\sigma(f_1-\overline{c}^2f_0) \tag{5.101}$$

式(5.89)可以利用式(5.99)写成：

$$\mathrm{i}\omega R+\overline{u}^2\dot{R}+\overline{u}^2\ddot{\Phi}-\frac{S_{\upsilon\mathrm{h}}^2}{2\psi_{\mathrm{W}}}\overline{\rho}\overline{u}\Phi=-\frac{S_{\upsilon\mathrm{h}}^2}{2\psi_{\mathrm{W}}}\overline{\rho}\overline{u}(\sigma f_2+C_1f_0) \tag{5.102}$$

联立式(5.49)、式(5.101)和式(5.102)，消去R得：

$$\begin{aligned}&\overline{u}^2(\overline{c}^2-\overline{u}^2)\ddot{\Phi}-\overline{u}^2\left(\frac{1}{\overline{c}^2}\frac{\mathrm{d}\overline{u}^2}{\mathrm{d}\phi}+2\mathrm{i}\omega\right)\dot{\Phi}+\left(\omega^2-\frac{\gamma-1}{2}\frac{\mathrm{i}\omega\,\overline{u}^2}{\overline{c}^2}\frac{\mathrm{d}\overline{u}^2}{\mathrm{d}\phi}-\frac{S_{\upsilon\mathrm{h}}^2}{2\psi_{\mathrm{W}}}\overline{\rho}\overline{u}\,\overline{c}^2\right)\Phi\\&=-\sigma\overline{c}^2\left[\mathrm{i}\omega\left(\frac{f_1}{\overline{c}^2}-f_0\right)+\overline{u}^2\frac{\mathrm{d}}{\mathrm{d}\phi}\left(\frac{f_1}{\overline{c}^2}-f_0\right)+\frac{S_{\upsilon\mathrm{h}}^2}{2\psi_{\mathrm{W}}}\overline{\rho}\overline{u}f_2\right]-C_1\frac{S_{\upsilon\mathrm{h}}^2}{2\psi_{\mathrm{W}}}\overline{\rho}\overline{u}\,\overline{c}^2f_0\end{aligned} \tag{5.103}$$

式(5.103)是简化后的方程。它的解只能通过采用适当边界条件的数值积分得到。式(5.103)的右边可以通过引入下列函数进行简化：

$$f_3=\frac{f_1}{\overline{c}^2f_0} \tag{5.104}$$

$$\overline{u}^2\frac{\mathrm{d}f_0}{\mathrm{d}\phi}+\mathrm{i}\omega f_0=0 \tag{5.105}$$

根据式(5.103)，式(5.105)方括号内的前两项可以写成：

$$\mathrm{i}\omega f_0(f_3-1)+\overline{u}^2\frac{\mathrm{d}}{\mathrm{d}\phi}[f_0(f_3-1)]$$

$$= \overline{u}^2 \left\{ \frac{\mathrm{d}}{\mathrm{d}\phi} [f_0(f_3 - 1)] - (f_3 - 1) \frac{\mathrm{d}f_0}{\mathrm{d}\phi} \right\} = \overline{u}^2 f_0 \frac{\mathrm{d}f_3}{\mathrm{d}\phi} \tag{5.106}$$

借助式(5.100)，可以得到：

$$\begin{aligned} f_2 &= \frac{f_0}{\mathrm{i}\omega} \int_{\phi_{th}}^{\phi} f_1 \mathrm{d}\left(\frac{1}{f_0}\right) = \frac{1}{\mathrm{i}\omega}\left(f_1 - f_0 \int_{\phi_{th}}^{\phi} \frac{\mathrm{d}f_1}{f_0}\right) \\ &= \frac{1}{\mathrm{i}\omega}\left(f_1 - f_0 \frac{\overline{u}^2 - \overline{u}_{th}^2}{2}\right) = \frac{f_0}{\mathrm{i}\omega}\left(\overline{c}^2 f_3 - f_0 \frac{\overline{u}^2 - \overline{u}_{th}^2}{2}\right) \end{aligned} \tag{5.107}$$

因此式(5.103)可以写成以下形式：

$$L(\phi) = \overline{c}^2 f_0 (C_1 F^{(1)} + \sigma F^{(2)}) \tag{5.108}$$

其中 $L(\phi)$ 表示式(5.103)的等号左端，右端的函数用下式表示：

$$F^{(1)} = \frac{S_{\upsilon \mathrm{h}}^2}{2\psi_{\mathrm{W}}} \overline{\rho}\overline{u}; \qquad F^{(2)} = \overline{u}^2 \frac{\mathrm{d}f_3}{\mathrm{d}\phi} + \frac{S_{\upsilon \mathrm{h}}^2}{2\psi_{\mathrm{W}}} \frac{\overline{\rho}\overline{u}}{2\mathrm{i}\omega} (2\overline{c}^2 f_3 + \overline{u}_{th}^2 - \overline{u}^2) \tag{5.109}$$

气体有旋时，式(5.80)仍然成立。因为式(5.83)消去了 ϕ 分量，而其他两个分量与 $U-V'$ 成正比。根据式(5.93)和式(5.97)，可得：

$$\dot{\Phi} - \dot{V} = \sigma \frac{\mathrm{d}f_2}{\mathrm{d}\phi} + C_1 \frac{\mathrm{d}f_0}{\mathrm{d}\phi} \tag{5.110}$$

从式(5.96)和式(5.107)可以得到：

$$\frac{\mathrm{d}f_2}{\mathrm{d}\phi} = -\frac{1}{2\mathrm{i}\omega} \frac{\mathrm{d}f_0}{\mathrm{d}\phi} (\overline{u}_{th}^2 - \overline{u}^2) \tag{5.111}$$

将喉部条件 $\overline{u}_{th} = \overline{c}$ 代入式(5.49)中可得 $\overline{u}_{th} = [2/(\gamma+1)]^{1/2}$。此时有 $\overline{u} = \overline{c}$。利用式(5.105)，可以得到：

$$\dot{\Phi} - \dot{V} = \frac{f_0}{2\overline{u}^2} [\sigma(\overline{u}^2 - \overline{u}_{th}^2) - 2\mathrm{i}\omega C_1] \tag{5.112}$$

而涡量由下式表示：

$$\nabla \times \boldsymbol{u} = \frac{\sigma(\overline{u}_{th}^2 - \overline{u}^2) - 2\mathrm{i}\omega C_1}{2} \exp\left\{\mathrm{i}\omega\left(\int_{\phi_{th}}^{\phi} \frac{\mathrm{d}\phi'}{\overline{u}^2}\right)\right\} \left(\frac{\Psi\dot{\Theta}}{r\overline{V}} \boldsymbol{e}_\psi - r\overline{\rho}\Psi\dot{\Theta}\boldsymbol{e}_\theta\right) \tag{5.113}$$

5.2.3 喷管导纳条件

方程(5.108)的通解由齐次方程的通解和非齐次方程的特解组成。假设下列方程：

$$L(\Phi_{\mathrm{h}}) = 0 \tag{5.114}$$

$$L(\Phi^{(j)}) = -\overline{c}^2 f_0 F^{(j)} \qquad (j=1,2) \tag{5.115}$$

的通解是：

$$\Phi = C_1 \Phi^{(1)} + \sigma \Phi^{(2)} + C_2 \Phi_{\mathrm{h}} + C_3 \Phi'_{\mathrm{h}} \tag{5.116}$$

式中，$\Phi^{(i)}$ 为对应非线性项的特解，Φ_{h} 和 Φ'_{h} 为式(5.114)的两个独立解。式(5.114)存在三个奇点，$|\overline{u}|=0$，$|\overline{u}|=\overline{c}=|\overline{u}_{th}|=[2/(\gamma+1)]^{1/2}$ 和 $\overline{u}=\infty$。然而在实际的超临界喷管声学物理背景下，仅有喉部会出现奇点，二阶线性微分方程其余的奇点(0 和∞)只能被包含在另一组独立解中，这不需要考虑，因此可令 $C_3=0$。

因此方程(5.108)的解为：

$$\Phi=C_1\Phi^{(1)}+\sigma\Phi^{(2)}+C_2\Phi_h \tag{5.117}$$

联立方程(5.117)、方程(5.93)、方程(5.94)、方程(5.83)、方程(5.95)和方程(5.99)，写出：

$$\begin{cases}U=C_1\dfrac{\mathrm{d}\Phi^{(1)}}{\mathrm{d}\phi}+\sigma\dfrac{\mathrm{d}\Phi^{(2)}}{\mathrm{d}\phi}+C_2\dfrac{\mathrm{d}\Phi_{\mathrm{h}}}{\mathrm{d}\phi}\\ V=W=C_1(\Phi^{(1)}-f_0)+\sigma(\Phi^{(2)}-f_2)+C_2\Phi_{\mathrm{h}}\\ P+\overline{V}^2U=-C_1 i\omega\Phi^{(1)}-\sigma(\mathrm{i}\omega\Phi^{(2)}-f_1)-C_2\mathrm{i}\omega\Phi_{\mathrm{h}}\\ S=\sigma v\end{cases} \tag{5.118}$$

为了确定 C_1、σ 和 C_2，U_1、$V_1=W_1$、P 和 S 中只有三个可以任意给定，且给定的值的集合之间必须存在一定关系，这种关系可以从四个线性方程的相容性中得到。即方程的系数矩阵应该满足其行列式为 0 的条件：

$$\begin{vmatrix} U & \dfrac{\mathrm{d}\Phi^{(1)}}{\mathrm{d}\phi} & \dfrac{\mathrm{d}\Phi^{(2)}}{\mathrm{d}\phi} & \dfrac{\mathrm{d}\Phi_{\mathrm{h}}}{\mathrm{d}\phi} \\ V & \Phi^{(1)}-f_0 & \Phi^{(2)}-f_2 & \Phi_{\mathrm{h}} \\ P+\overline{u}^2U & -\mathrm{i}\omega\Phi^{(1)} & f_2-\mathrm{i}\omega\Phi^{(1)} & -\mathrm{i}\omega\Phi_{\mathrm{h}} \\ S & 0 & f_0 & 0 \end{vmatrix}=0 \tag{5.119}$$

展开行列式，将其简写为：

$$\zeta(\phi)=\frac{1}{\Phi_{\mathrm{h}}}\frac{\mathrm{d}\Phi_{\mathrm{h}}}{\mathrm{d}\phi};\quad \vartheta^{(j)}(\phi)=\frac{1}{\overline{c}^2 f_0\Phi_{\mathrm{h}}}\left[\Phi^{(j)}\frac{\mathrm{d}\Phi_{\mathrm{h}}}{\mathrm{d}\phi}-\Phi_{\mathrm{h}}\frac{\mathrm{d}\Phi^{(j)}}{\mathrm{d}\phi}\right] \tag{5.120}$$

利用方程(5.107)，得到

$$\begin{aligned}&U[\overline{u}^2(\overline{c}^2\vartheta^{(1)}-\zeta)-\mathrm{i}\omega]+V\mathrm{i}\omega\,\overline{c}^2\vartheta^{(1)}+P(\overline{c}^2\vartheta^{(1)}-\zeta)\\&-S\,\overline{c}^2\left(\frac{\overline{u}^2-\overline{u}_{th}^2}{2}\vartheta^{(1)}+\mathrm{i}\omega\vartheta^{(2)}-f_3\zeta\right)=0\end{aligned} \tag{5.121}$$

这个关系适用于喷管的入口部分，代表了导纳条件。如果扰动流是无旋的，其一定是等熵的，此时有 $C_1=\sigma=0$，相应的导纳条件可以直接从方程组(5.118)中得到：

$$U=C_2\frac{\mathrm{d}\Phi_{\mathrm{h}}}{\mathrm{d}\phi};\qquad V=C_2\Phi_{\mathrm{h}};\qquad P+\overline{V}^2U=-C_2\mathrm{i}\omega\Phi \tag{5.122}$$

消去 C_2 得：

$$U=\zeta V=-\frac{\zeta}{\overline{u}^2\zeta+\mathrm{i}\omega}P=\frac{\eta}{\gamma}P \tag{5.123}$$

式中，η 表示无旋导纳系数。

那么喷管导纳为

$$\eta_{\Gamma}=\frac{-\overline{uc}\zeta}{\overline{u}^2\zeta+\mathrm{i}\omega} \tag{5.124}$$

值得指出的是，上述理论保留了三维的速度扰动，这样可获得切向和径向模态下的喷管声场导纳。Bell 等人[12, 13]针对该理论进行了实验验证，发现在截止频率范围内，理论导纳确实能够与实验相符合。

5.3 给定形状喷管的声学特性

5.3.1 理论分析方法

在 5.2.3 节中根据分离变量法获得了喷管的声导纳条件，为求出给定喷管形状下的入口导纳，还需要获得 ζ。对于这样的二阶变系数微分方程，一种方法是将其转化为黎卡提方程来求解。将无旋假设下的原二阶微分方程代换为关于 ζ 的黎卡提方程，

$$\frac{\mathrm{d}\zeta}{\mathrm{d}\phi}=\frac{B}{A}\zeta-\zeta^2-\frac{C}{A} \tag{5.125}$$

式中：

$$\begin{aligned}A&=\bar{u}^2(\bar{c}^2-\bar{u}^2)\\B&=\bar{u}^2\left(\frac{1}{\bar{c}^2}\frac{\mathrm{d}\bar{u}^2}{\mathrm{d}\phi}+2\mathrm{i}\omega\right)\\C&=\omega^2-\frac{\gamma-1}{2}\frac{\mathrm{i}\omega\,\bar{u}^2}{\bar{c}^2}\frac{\mathrm{d}\bar{u}^2}{\mathrm{d}\phi}-\frac{S_{vh}^2}{r_{\mathrm{w}}^2}\end{aligned} \tag{5.126}$$

下面求解该微分方程。求解时需要解决两个问题，一是需要获得方程系数中关于 ϕ 的微分项；二是该方程在喉部处奇异，需要通过此处的极限值获得初值，以便开始积分。求解过程是基于坐标 ϕ 的，设喉部为原点，向负方向积分至喷管入口即可。首先解决第一个问题，有链式求导：

$$\frac{\mathrm{d}\bar{u}^2}{\mathrm{d}\phi}=\frac{\mathrm{d}\bar{u}^2}{\mathrm{d}r_{\mathrm{w}}}\frac{\mathrm{d}r_{\mathrm{w}}}{\mathrm{d}z}\frac{\mathrm{d}z}{\mathrm{d}\phi}=2\,\frac{\mathrm{d}\bar{u}}{\mathrm{d}r_{\mathrm{w}}}\frac{\mathrm{d}r_{\mathrm{w}}}{\mathrm{d}z} \tag{5.127}$$

已知喉部处有 $\bar{c}_{th}^2=\bar{u}_{th}^2=2/(\gamma+1)$，又根据流量守恒：

$$\bar{\rho}r^2\bar{u}=\bar{\rho}_{th}r_{th}^2\bar{u}_{th}=C \tag{5.128}$$

式中，C 为常数，则有：

$$\frac{\mathrm{d}\bar{u}^2}{\mathrm{d}r_{\mathrm{w}}}=-\frac{4}{r_{th}}\left(\frac{2}{\gamma+1}\right)^{\frac{-(\gamma+1)}{4(\gamma-1)}}(\bar{u}^2)^{\frac{5}{4}}\left(1-\frac{\gamma-1}{2}\bar{u}^2\right)^{\frac{2\gamma-1}{2(\gamma-1)}}\Big/\left(1-\frac{\gamma+1}{2}\bar{u}^2\right) \tag{5.129}$$

再根据喷管形状便可获得 $\mathrm{d}\bar{u}^2/\mathrm{d}\phi$，以图 5-2 所示的喷管为例，从燃烧室开始，轮廓由半径为 r_{cc} 的圆弧旋转 $\theta=15°$ 的角（喷管半角）生成。这个圆弧平滑地连接到一条倾斜的直线上，并与喷管轴成角 $\theta=15°$。然后这条直线与另一条半径为 r_{ct} 的圆弧相连，这条圆弧对应的圆心角为 $\theta=15°$，在喷管喉部结束。以这个特定形状作为喷管轮廓和参数，划分出区域Ⅰ、Ⅱ和Ⅲ。

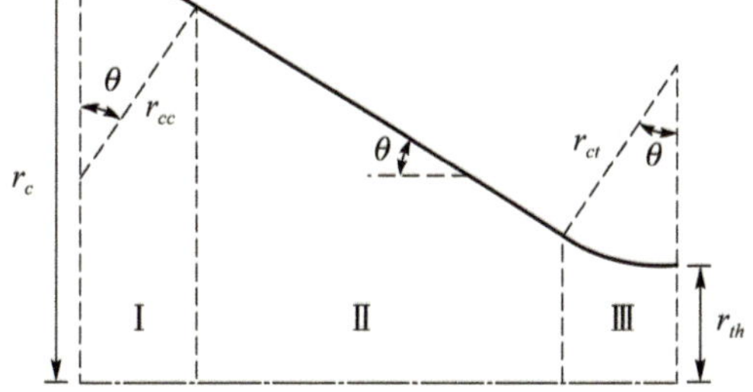

图 5-2 喷管示意图

对于区域Ⅰ、Ⅱ和Ⅲ，$\mathrm{d}r/\mathrm{d}z$ 有不同的表达式，此处直接给出：

$$\left.\frac{\mathrm{d}r}{\mathrm{d}z}\right|_{\text{Ⅲ}}=-\frac{[(r-r_{th})(r_{th}+2r_{ct}-r)]^{1/2}}{r_{th}+r_{ct}-r}$$
$$\left.\frac{\mathrm{d}r}{\mathrm{d}z}\right|_{\text{Ⅱ}}=-\tan\theta \tag{5.130}$$
$$\left.\frac{\mathrm{d}r}{\mathrm{d}z}\right|_{\text{Ⅰ}}=-\frac{[(r_c-r)(r+2r_{cc}-r_c)]^{1/2}}{r-r_c+r_{cc}}$$

喷管形状分段给出，积分过程是基于势函数 ϕ 的，那么就需要通过某种方法来判断积分进行到喷管的哪个位置。通过流量守恒关系式可以获得半径 r 的表达式：

$$r=r_{th}\cdot\left(\frac{2}{\gamma+1}\right)^{\frac{\gamma+1}{4(\gamma-1)}}(\overline{u}^2)^{-\frac{1}{4}}\left(1-\frac{\gamma-1}{2}\overline{u}^2\right)^{\frac{-1}{2(\gamma-1)}} \tag{5.131}$$

积分每进行一步，速度 $\overline{u}$ 随之更新，那么半径也可据此求出，用于判断下一步积分的 $\mathrm{d}r/\mathrm{d}z$ 表达式以及设置积分终止条件。如此，微分方程的系数便可根据平均流和喷管形状获得。

针对第二个问题，将微分方程的解在正则奇点处泰勒展开，根据定义在喉部处有 $\phi=0$，向上游取一微小值 ϕ_1，则 ϕ_1 处的值为：

$$\zeta(\phi_1)=\zeta_0+\zeta_1\phi_1 \tag{5.132}$$

式中，$\zeta_0=\zeta(0)$，$\zeta_1=(\mathrm{d}\zeta/\mathrm{d}\phi)|_{\phi=0}$。将该值代回微分方程，可依次求出解的各阶导数值：

$$\zeta_0=\frac{C_0}{B_0} \tag{5.133}$$
$$\zeta_1=(B_1\zeta_0-A_1\zeta_0^2-C_1)/(A_1-B_0)$$

式中，

$$\begin{cases}C_0=C|_{\phi=0}=\omega^2-\dfrac{2\mathrm{i}\omega}{\sqrt{r_{th}r_{ct}}}\dfrac{\gamma-1}{\gamma+1}-\left(\dfrac{S_{vh}}{r_{th}}\right)^2\dfrac{2}{\gamma+1}\\ B_0=B|_{\phi=0}=\dfrac{4}{\gamma+1}\left(\dfrac{1}{\sqrt{r_{th}r_{ct}}}+\mathrm{i}\omega\right)\\ A_1=\left.\dfrac{\mathrm{d}A}{\mathrm{d}\phi}\right|_{\phi=0}=-\dfrac{4}{(\gamma+1)\sqrt{r_{th}r_{ct}}}\\ B_1=\left.\dfrac{\mathrm{d}B}{\mathrm{d}\phi}\right|_{\phi=0}=\dfrac{4}{\gamma+1}\left(\dfrac{6+\gamma}{3r_{th}r_{ct}}+\dfrac{2\mathrm{i}\omega}{\sqrt{r_{th}r_{ct}}}\right)\\ C_1=\left.\dfrac{\mathrm{d}C}{\mathrm{d}\phi}\right|_{\phi=0}=2\dfrac{\gamma-1}{\gamma+1}\left[\left(\dfrac{S_{vh}}{r_{th}}\right)^2\dfrac{1}{\sqrt{r_{th}r_{ct}}}-\dfrac{\mathrm{i}\omega(6+\gamma)}{3r_{th}r_{ct}}\right]\end{cases} \tag{5.134}$$

在求解过程中用到了以下极限值：

$$\begin{cases}\overline{u}^2|_{\phi=0}=\dfrac{2}{\gamma+1}\\ \left.\dfrac{\mathrm{d}\overline{u}^2}{\mathrm{d}x}\right|_{\phi=0}=\dfrac{4}{(\gamma+1)\sqrt{r_{th}r_{ct}}}\\ \left.\dfrac{\mathrm{d}^2\overline{u}^2}{\mathrm{d}x^2}\right|_{\phi=0}=\dfrac{4(3-2\gamma)}{3(\gamma+1)r_{th}r_{ct}}\end{cases} \tag{5.135}$$

这样便获得了原微分方程的边值。利用 Runge-Kutta 方法数值求解，当反解出的半径值到达出口半径时终止积分，这样就求出了喷管入口导纳。

5.3.2　实验分析方法

喷管声学边界在实验方面可采用阻抗管法进行研究，该方法的本质是通过测量脉动发生器和测量对象之间圆柱段的声场来确定反射系数。

一维等熵振荡的线性化运动方程和连续性方程具有以下形式：

$$-\mathrm{i}\omega\hat{u}+\bar{u}\frac{\mathrm{d}\hat{u}}{\mathrm{d}x}+\frac{1}{\rho}\frac{\mathrm{d}\hat{p}}{\mathrm{d}x}=0;$$
$$-\frac{\mathrm{i}\omega}{c^2}\hat{p}+\rho\frac{\mathrm{d}\hat{u}}{\mathrm{d}x}+\frac{\bar{u}}{c^2}\frac{\mathrm{d}\hat{p}}{\mathrm{d}x}=0, \tag{5.136}$$

式中，$\bar{u}$ 为一维定常气流速度。

波动参数形式如下：

$$u'=\hat{u}(x)\mathrm{e}^{-\mathrm{i}\omega t};\quad p'=\hat{p}(x)\mathrm{e}^{-\mathrm{i}\omega t} \tag{5.137}$$

从两个方程中消去 $\mathrm{d}\hat{u}/\mathrm{d}x$，并将所得方程除以 $\hat{p}$，得到导纳条件：

$$\eta_\Gamma=(1-Ma^2)\frac{\mathrm{d}\hat{p}/\mathrm{d}x}{p}\frac{1}{\mathrm{i}\omega/c}+Ma \tag{5.138}$$

用 p 和 θ 表示压力复振幅 $\hat{p}=p\mathrm{e}^{\mathrm{i}\theta}$ 的模和幅角，那么式(5.138)可以写成：

$$\eta_\Gamma=\frac{\mathrm{d}\bar{\theta}}{\mathrm{d}\bar{x}}+Ma-\mathrm{i}0.01835\frac{\mathrm{d}J_p}{\mathrm{d}\bar{x}} \tag{5.139}$$

式中，$\bar{\theta}=\theta/2\pi$；$\bar{x}=xf/\bar{c}(1-Ma^2)$；$J_p=20\lg(p/p_0)$ 为振荡强度，单位 dB。

因此，如果使用可移动的初级换能器沿长度记录振荡压力幅度(对数刻度)和相位的分布，然后对得到的曲线进行图解分析，就可以确定任何被测截面的声导纳。注意，对于该方法，声导纳的实部和虚部是通过两次独立的测量分别获得的，这是它的优点，因为每个量的误差不会相互影响。但是，在确定梯度时(尤其是在测量相位时)很难保证足够的精度，因此，这里使用了另一种方法，通过求解 5.3.3 节的式(5.146)，可以得到描述压力分布场的表达式：

$$\hat{p}\sim\mathrm{e}^{-\mathrm{i}\frac{\omega x}{c}\frac{Ma}{1-Ma^2}}\left(\mathrm{e}^{\mathrm{i}\frac{\omega x}{c}\frac{Ma}{1-Ma^2}}+\Gamma_0\mathrm{e}^{-\mathrm{i}\frac{\omega x}{c}\frac{1}{1-Ma^2}}\right) \tag{5.140}$$

式中，Γ 为反射系数，Γ_0 为 $x=0$ 处的反射系数。

使用式(5.140)可以证明，如果 $|\Gamma_0|<1$，则波动压强振幅最大和最小值的比值与反射系数 Γ_0 模的关系为：

$$|\Gamma_0|=\tanh\frac{\Delta J_p}{17.36} \tag{5.141}$$

式中，$\Delta J_p=20\lg\dfrac{p_{\max}}{p_{\min}}$。

波动压力最小振幅的坐标 $x_{\min}$ 决定了反射系数的相位：

$$\arg\Gamma_0\pi(1+4x_{\min}/\lambda) \tag{5.142}$$

式中，

$$\lambda=\frac{c}{f}(1-Ma^2) \tag{5.143}$$

由于坐标原点 $x=0$ 位于喷管进口截面，在该截面上游进行测量，则 $x_{\min}<0$。根据式(5.141)和式(5.142)可以确定 Γ_0，然后确定截面 $x=0$ 上的声导纳。波长 λ 可以通过式(5.143)或实验确定。

用于测量反射系数的装置(见图 5-3)的工作段是一根直径 150 mm 的圆管,沿母线有 13 mm 宽和 500 mm 长的狭缝。使用专门的脉动发生装置,为了消除更高阶的模态(管径为 150 mm 的频率高于 1 310 Hz),在管中沿整个测量段长度安装了 4 枚交叉叶片(叶片厚度约为 2 mm)。

在较低频率下,在有交叉叶片通道中的测量表明,由叶片引起的振荡衰减是很小的。当 $\bar{p}\approx 0.5$ MPa时,压力波动的最大幅度为平均压力的 3%~5%,在某些情况下可达 10%。测量系统能够记录的静态参数包括管内流速、管内和临界截面静压。在测量压力脉动时,记录振幅的连续分布和滤波信号的相位沿管长度的离散变化。

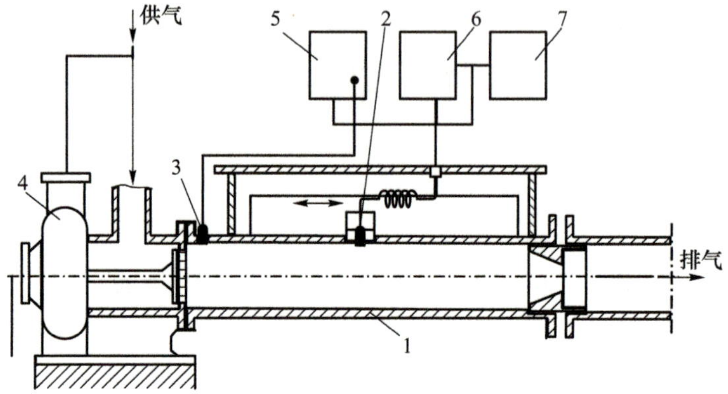

1—测量工作段; 2, 3—压力脉冲的测量传感器;
4—脉动发生器; 5—示波器; 6—分析仪; 7—记录仪。

图 5-3 气流反射系数的测量装置

5.3.3 振荡模式下的喷管声学特性

声导纳一般以复数形式给出:$\eta=\delta+i\sigma$,将理论结果与实验结果进行对比。针对喷管亚声速锥形段的频率特性,可以在线性理论框架下得到这样的喷管型式的精确解,同时,采用锥形对实际喷管型面的逼近方法,可以将锥形喷管的计算结果应用于实际形状喷管的燃烧室固有频率和频率特性计算。

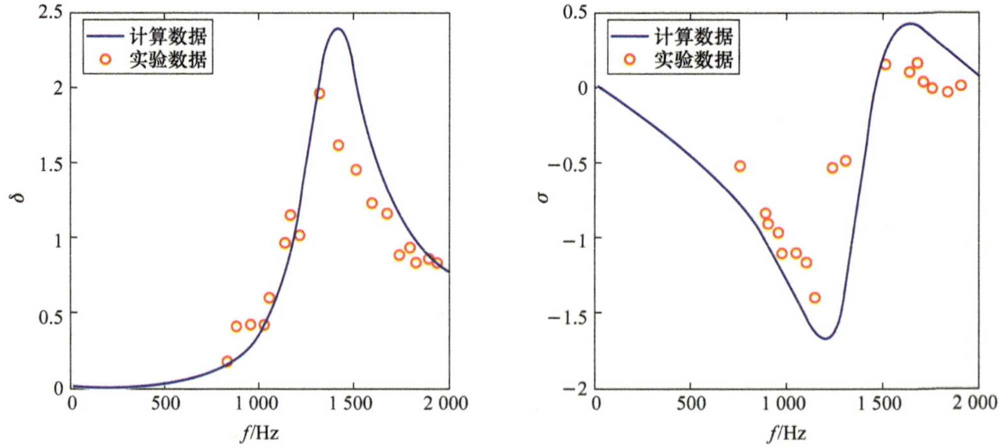

图 5-4 $Ma_{in}=0.064, c=350$ m/s 时喷管声导纳 η 与纵向振动频率的关系

图 5－4 展示了声导纳与振动频率的关系，喷管进口处的 Ma_{in} 为 0.064，通过改进的欧拉方法在计算机上进行数值计算，迭代步数为 200。以图 5－5 所示的带有喷管的燃烧室为例，使用 Runge-Kutta 法以恒定步长 $\Delta\overline{\omega}=0.01$ 进行数值积分。

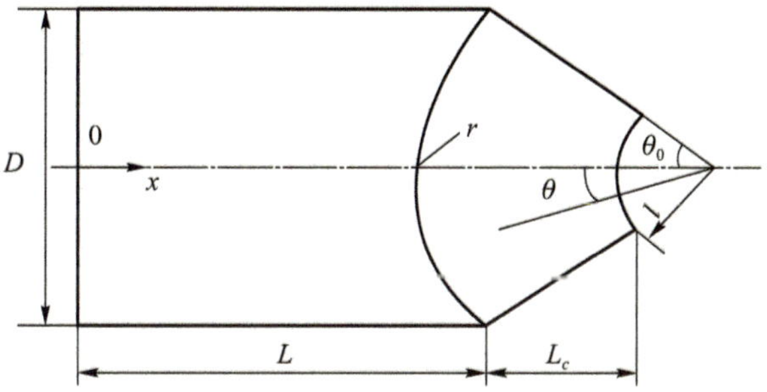

L—圆柱燃烧室长度；*L*c—喷管长度。

图 5－5　带有喷管的燃烧室示意图

在不考虑燃烧的情况下，若已知喷嘴头部和喷管的频率特性，可以通过求解燃烧室圆柱段波动方程来确定固有频率和阻尼系数，其解必须满足两个边界条件：一个边界条件为喷管阻抗，另一边界条件由喷嘴头部阻抗确定。一般来说，后者取决于频率，并且可以在相当宽的范围内变化。但是，在大多数情况下，在头部平面内满足近似闭口条件（对于液-液组元方案均是如此）。首先考虑头部导纳边界条件：

$$\eta_{\Gamma}=0 \tag{5.144}$$

在不考虑燃烧室圆柱段内平均参数梯度的情况下，波动方程具有以下形式：

$$(1-Ma^2)\frac{\partial^2\theta}{\partial x^2}-2\frac{Ma}{c}\frac{\partial^2\theta}{\partial x\partial t}-\frac{1}{c^2}\frac{\partial^2\theta}{\partial t^2}=0 \tag{5.145}$$

对于谐波随时间变化的指数关系式，方程(5.145)的解具有以下形式：

$$\theta=(A^+\mathrm{e}^{-\frac{s}{1+Ma}\frac{x}{c}}+A^-\mathrm{e}^{\frac{s}{1-Ma}\frac{x}{c}})\mathrm{e}^{st} \tag{5.146}$$

可以得到声导纳的以下表达式：

$$\eta_{\Gamma}=\bar{\rho}c\frac{v'_x}{p'}=\frac{1-\Gamma}{1+\Gamma} \tag{5.147}$$

式中，

$$\Gamma=\frac{A^-}{A^+}\frac{1+Ma}{1-Ma}\mathrm{e}^{2\frac{s}{1-Ma^2}\frac{x}{c}} \tag{5.148}$$

图 5－6 和图 5－7 显示了 2 个不同收缩角 $2\theta_0$ 时的锥形喷管声导纳与频率的关系式（实部和虚部），横坐标表示无量纲频率。由式(5.147)和(5.148)可以看出，若要确定圆柱段任意截面（如，喷嘴头部）的声导纳，需要给出喷管的反射系数或声导纳。在声导纳满足式(5.144)条件的情况下，可通过积分方程(5.145)来确定，然后确定 s，其中 $s=\sigma+\mathrm{i}\omega$。

计算结果如图 5－8 所示（适用于收缩角为 60°和 90°的喷管）。频率特性的实验确定方法基于考虑定常流影响修正的传统阻抗管法，这些方法的本质是通过测量脉动发生器和测量对象之间圆柱段的声场来确定反射系数。

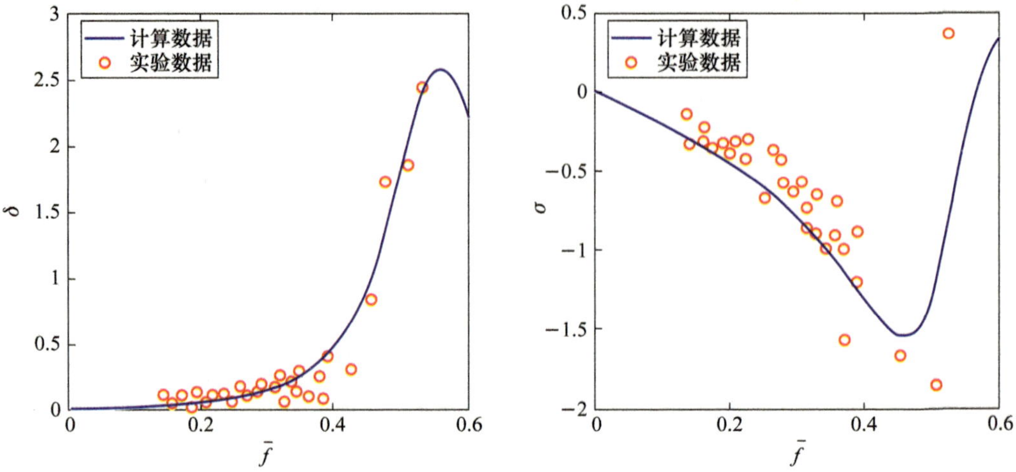

图 5-6 $\lambda_{in}=0.1$，$2\theta_0=90°$时存在纵向振荡时锥形喷管声导纳与无量纲频率的关系曲线

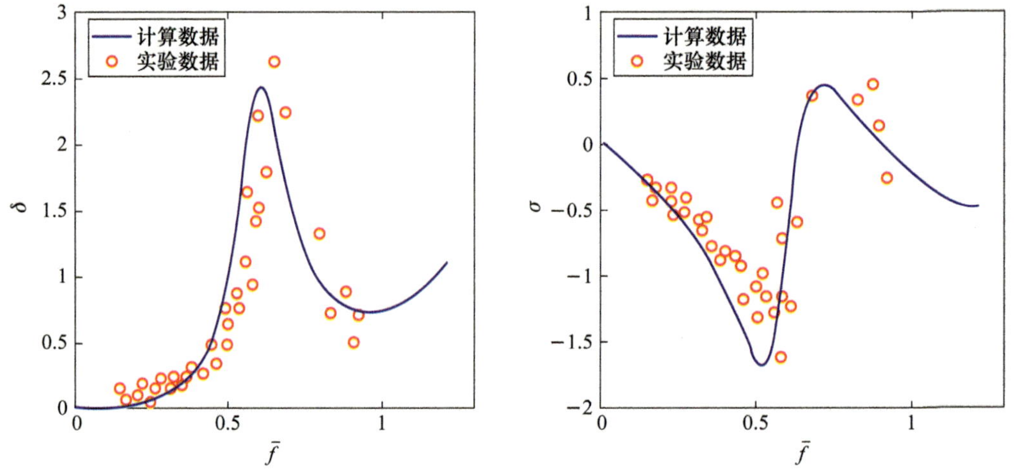

图 5-7 $\lambda_{in}=0.1$，$2\theta_0=60°$时存在纵向振荡时锥形喷管声导纳与无量纲频率的关系曲线

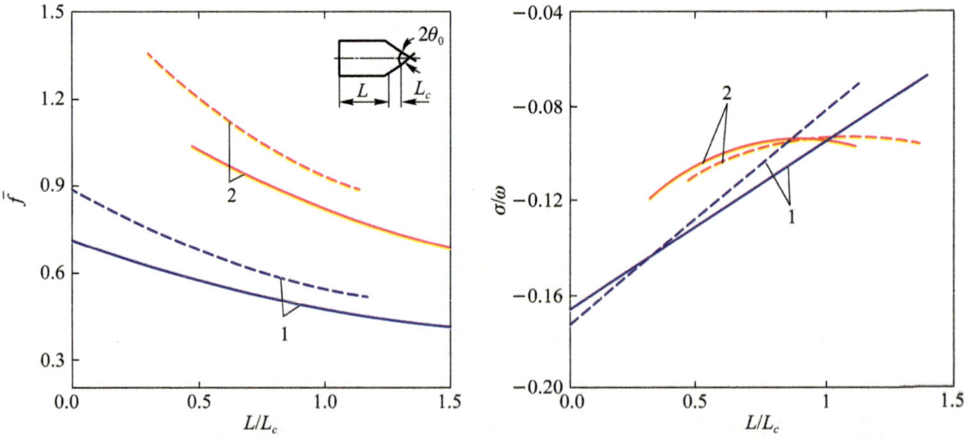

(a) 固有频率　　(b) 增长率与角频率的比值

1—第1模态；2—第2模态；“—”—$2\theta_0$=60°；“……”—$2\theta_0$=90°。

图 5-8 锥形喷管纵向振荡声导纳计算结果

对于纵向振荡，如图 5-9 所示，可以确定喷管进口声导纳的值为如下所示的振荡频率的函数：

$$\beta=\frac{x\omega}{c_*}=\frac{\omega\varepsilon L}{c_*-U_l} \tag{5.149}$$

式中，c_* 为 $x=x_*$ 临界截面的临界声速，而 $\varepsilon=(x_*-x_l)/L$ 为喷管亚声速段长度与燃烧室长度 L 之比。下标“$(\ )_*$”对应于临界截面。

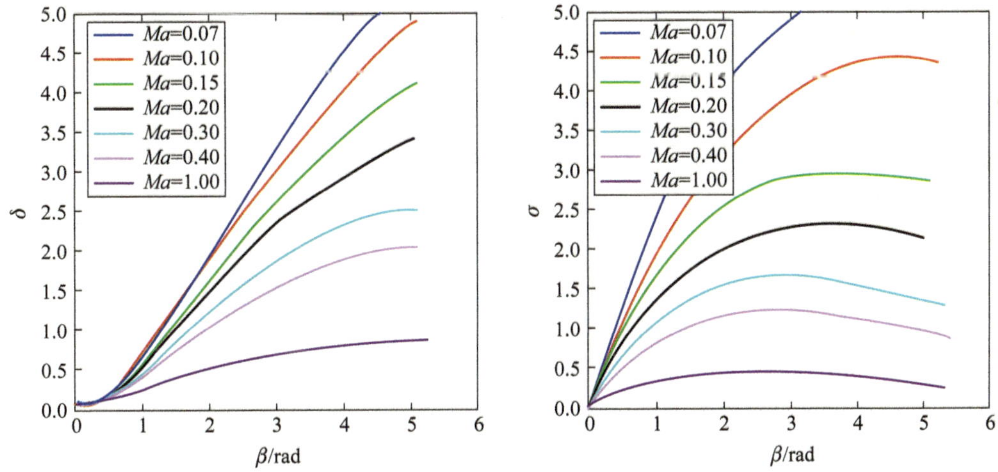

(a) 声导纳实部　　(b) 声导纳虚部

图 5-9　声导纳 η_r 实部与虚部随振荡频率 β 的变化曲线

对于临界频率附近的横向振荡，通过喷管传递的能量可忽略不计。这是因为从喷管收缩段的某个直径开始，纵向-横向振荡以表面波的形式传播。波动振幅沿流动方向快速衰减，在临界截面附近变得非常小。表面波中的气体轴向运动失去其波动性，速度的纵向分量变得远小于横向分量。由于波在轴向上的能量传递与速度的纵向分量密切相关，为了抑制波动，需要限制横向运动并增加脉动速度的轴向分量，常见的措施为使用隔板。

喷管内隔板对自激振荡系统稳定性影响的研究表明，在不考虑喷管内定常流动时，隔板将喷管中的横向振荡转换为纵向振荡，以此实现稳定。在收缩角为 $2\theta_0=60°$ 的锥形喷管中按十字形安装 4 个叶片，十字形的前缘位于喷管入口截面的平面上。在喷管前的测量段内激发横向振荡，并以与无隔板时相同的方式测量声导纳。测试结果如图 5-10 所示。为了便于对比，还绘制了纵向振荡的计算数据。尽管实验点有些分散，但可以看出，安装隔板后，喷管的频率响应几乎与纵向振荡的情况相同。显然，由于冷却和经济性需求，这种隔板稳定方法不太适用于主燃烧室。然而，它可以用来抑制气体发生器或其他装置的横向振荡。

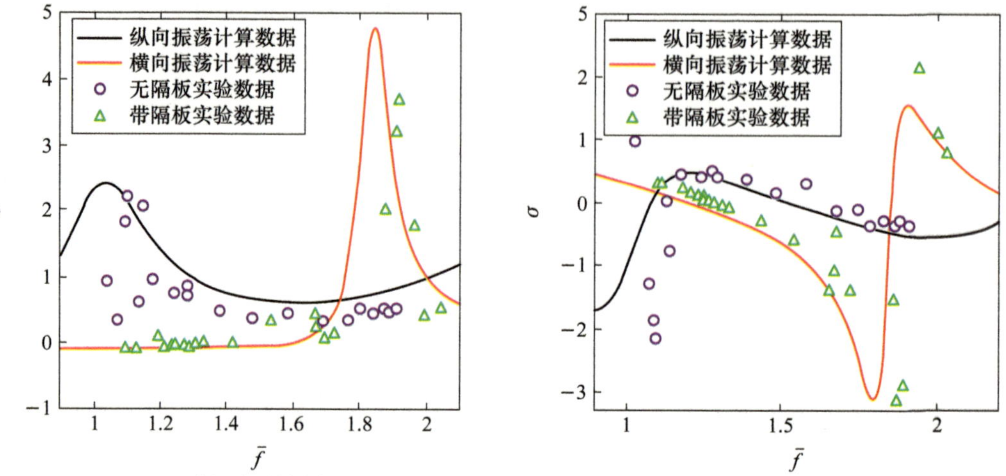

(a) 声导纳实部　　(b) 声导纳虚部

图 5-10　在 $\lambda_{in}=0.1, 2\theta_0=60°$ 时(1,0)模态锥形喷管声导纳与频率的关系曲线

收缩角为 90°的锥形喷管声导纳的实验测量结果如图 5-11 所示。对比收缩角为 60°的情况,可以看出,当喷管收缩角较小时,计算数据与实验数据吻合更好。当收缩角较大时,计算和实验的差异主要是由于计算方案与实验条件不对应,这一点与纵向振荡情况相同。

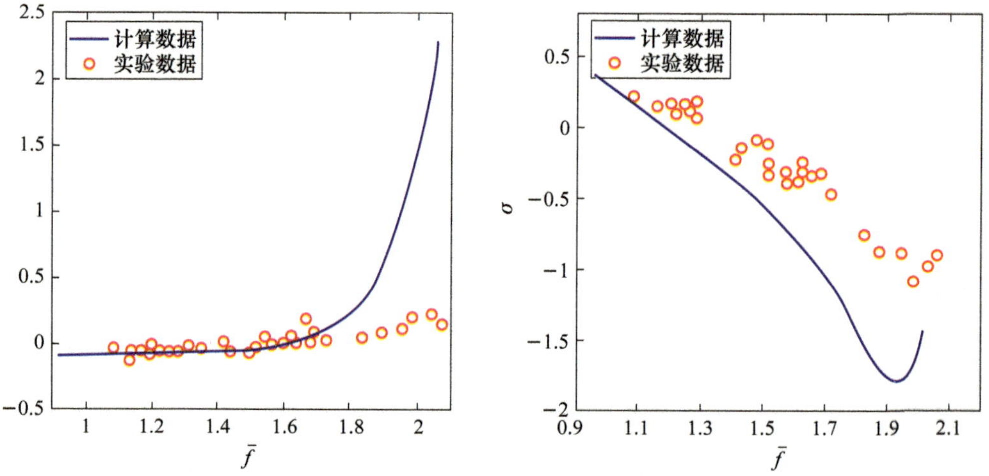

图 5-11　在 $\lambda_{in}=0.1, 2\theta_0=90°$ 时锥形喷管声导纳与频率的关系曲线

喷管的频率特性可以用于燃烧室固有频率的确定,它是燃烧室圆筒段的第一个边界条件。在模型装置上对固有频率下的计算结果进行了验证,实验中模型燃烧室的振荡由振荡器从头部方向激发,计算结果和实验曲线的对比见图 5-10、图 5-7 和图 5-12。

图 5-7 为(1,0)振荡模式(频率接近于固有频率 $0.586c/\lambda$)下,锥角为 $2\theta_0=60°$ 的喷管的计算结果和实验对比图,由图中可以看出,计算和实验符合较好,对于锥形喷管,在接近固有频率时,反射系数接近于 1,即纵向和横向波几乎被喷管完全反射。

图 5-12 为(1,0)振荡模式下,实际喷管($Ma_{in}=0.1$)的计算结果和实验对比图。与锥形进口段不同,实际喷管在某些频率时,相位的梯度远远小于锥形喷管。实验结果证明了理论分

析的主要结论：对于频率接近临界值的高阶振荡模式，通过喷管的声能输出接近零。出现该情况的原因是，由喷管收缩段的某一直径开始，振荡振幅沿流动下降显著，在临界截面附近振幅变得非常小。由于通过喷管的声波辐射下降显著，气体的轴向运动失去波动特性，气体的纵向速度比横向速度小很多，而声能输出正与纵向速度分量有关。

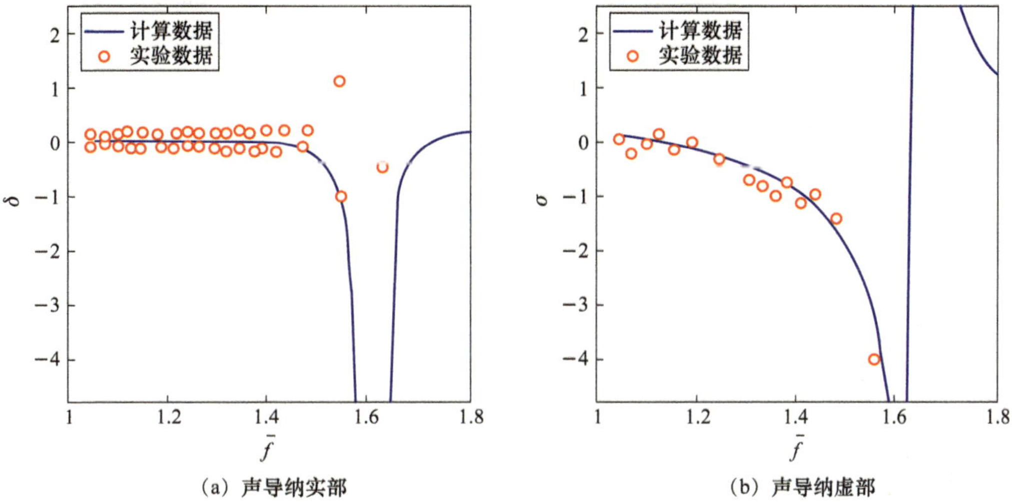

图 5-12　(1,0)振荡模式下，型面喷管($Ma_{in}=0.1$)的声导纳的实验和计算对比图

5.4 本章小结

在利用声学方法分析发动机燃烧不稳定性时，喷管作为下游的关键声学边界，在不稳定燃烧中发挥着至关重要的作用。根据喷管几何长度与声波波长的相对关系，可将喷管分为紧凑型喷管(扰动波的波长远大于喷管轴向长度)和有限长喷管两类。本章围绕这两类喷管的声学特性展开研究，并重点分析了特定形状的有限长喷管的理论计算与实验结果。

首先，在满足紧凑喷管假设的情况下，喷管两侧的物性参数存在跃变。在亚临界状态下，基于一维等熵假设建立边界条件，并将其代入线性欧拉方程的通解，以求解透射与反射系数。而在超临界状态下，除一维等熵假设外，还需引入壅塞条件下物性参数的约束关系。

对于非紧凑的有限长喷管，由于其流通面积的变化，系统的声学方程往往呈现变系数特征，使得求解难度增加。本章详细介绍了采用分离变量法求解该类方程组的过程，并在推导中保留了三维速度扰动，从理论上可获得喷管在切向与径向模态下的声场导纳。

最后，为考虑喷管形状的影响，本章选取常见的钟型喷管，系统展示了有限长喷管声学特性的求解过程，并探讨了实验分析方法。同时，给出了不同锥角、马赫数及振荡模式下的计算与实验结果，验证了理论分析的正确性。

本章参考文献

[1] TASIEN H. The transfer functions of rocket nozzles [J]. Journal of the American Rocket Society, 1952, 22(3): 139-43.

[2] MARBKE F, CANDLE S. Acoustic disturbance from gas non-uniformities convected through a nozzle [J]. Journal of Sound and Vibration, 1977, 55(2): 225-43.

[3] CROCCO L C, HSIN-I. Theory of combustion instability in liquid propellant rocket motors [M]. London: Advisory Group for Aeronautical Research and Development, North Atlantic Treaty Organization, 1956.

[4] DOWLING A P. The calculation of thermoacoustic oscillations [J]. Journal of Sound and Vibration, 1995, 180(4): 557-81.

[5] MORGANS A S, DURAN I. Entropy noise: A review of theory, progress and challenges [J]. International Journal of Spray and Combustion Dynamics, 2016, 8(4): 285-98.

[6] LI J, WANG D, MORGANS A S. et al. Analytical solutions of acoustic field in annular combustion chambers with non-uniform cross-sectional surface area and mean flow [J]. Journal of Sound and Vibration, 2021, 506: 116175.

[7] RANI V K, RANI S L. WKB solutions to the quasi 1-D acoustic wave equation in ducts with non-uniform cross-section and inhomogeneous mean flow properties-Acoustic field and combustion instability [J]. Journal of Sound and Vibration, 2018, 436: 183-219.

[8] LI J, MORGANS A S, YANG L. The three-dimensional acoustic field in cylindrical and annular ducts with an axially varying mean temperature [J]. Aerospace Science and Technology, 2020, 99: 105712.

[9] MAGRI L, O'BRIEN J, IHME M. Effects of nozzle Helmholtz number on indirect combustion noise by compositional perturbations [J]. Journal of Engineering for Gas Turbines and Power, 2018, 140(3): 031501.

[10] MAGRI L. On indirect noise in multicomponent nozzle flows [J]. Journal of Fluid Mechanics, 2017, 828: R2.

[11] ROLLAND E, DOMENICO F, HOCHGREB S. Theory and application of reverberated direct and indirect noise [J]. Journal of Fluid Mechanics, 2017, 819: 435-64.

[12] BELL W A. Experimental determination of three-dimensional liquid rocket nozzle admittances [M]. Georgia: Georgia Institute of Technology, 1972.

[13] BELL W A, Zinn B. The prediction of three-dimensional liquid-propellant rocket nozzle admittances [R]. 1973.

第 6 章

燃烧不稳定性低阶预测模型

面对真实液体火箭发动机中时空尺度差异巨大的喷注、流动、雾化、蒸发、湍流燃烧以及声波等多物理场耦合过程，为了同时精确捕捉极小空间尺度和极快化学反应的湍流燃烧过程以及较为缓慢的声波发展过程，全尺寸高精度数值计算直接应用于真实发动机尤其是重型运载液体火箭发动机是极其困难的[1]。低阶声学预测模型通过声学理论分析和喷注、燃烧等其他非声学过程的模化[2,3]，可以从声学尺度解析整个燃烧系统中的压力振荡发生和发展过程，从而实现快速的、先验的全尺寸燃烧系统的燃烧不稳定性预测。

6.1 离散多火焰燃烧室的三维低阶声学模型

液体火箭发动机推力室中离散多火焰在具有横向分布的切向模态三维声波扰动作用下，不同火焰的热释放脉动差异显著，存在相应的横向分布。本节基于质量、动量和能量空间积分守恒关系，构建离散多火焰三维声学响应模块，建立空间局部集中的离散多火焰热释放脉动与其上下游连续的三维声场之间的低阶声学网络模型，从而预测燃烧室各个声学共振频率在离散多火焰动态响应幅频特性和相频特性作用下的频率偏移、稳定性和波形分布。

假设圆柱构型的三维燃烧室中理想介质均匀且无粘，声波扰动可以假设为各个模态解的无限叠加[4]，

$$p' = \hat{p}(x,r,\theta)\mathrm{e}^{-\mathrm{i}\omega t} = \left[\sum_{n=0}^{\infty}\sum_{m=-\infty}^{\infty}\mathcal{X}(x)\,\mathcal{R}(r)\Theta(\theta)\right]\mathrm{e}^{-\mathrm{i}\omega t} \tag{6.1}$$

式中，$\hat{p}$ 为傅里叶幅值，$\omega=2\pi f+\mathrm{i}Gr$ 为压力振荡的复数圆频率，其中 f 为频率，Gr 为增长率。当增长率为正时，声波振荡在该频率下将随时间呈指数增长；相反如果增长率为负则表示振荡呈指数衰减。

基于分离变量方法，$\mathcal{X}$、$\mathcal{R}$和 Θ 是从波动方程得到的轴向、径向和周向本征函数：

$$\mathcal{X}(x)=\mathcal{A}_{mn}^{+}\,\mathrm{e}^{\mathrm{i}k_{mn}^{+}x}+\mathcal{A}_{mn}^{-}\,\mathrm{e}^{\mathrm{i}k_{mn}^{-}x} \tag{6.2}$$

$$\mathcal{R}(r)=\mathcal{B}_{mn}J_m(\lambda_{mn}r),\quad n=0,1,2,\cdots \tag{6.3}$$

$$\Theta(\theta)=\mathcal{C}_m\,\mathrm{e}^{\mathrm{i}m\theta},\quad m=0,\pm1,\pm2,\cdots \tag{6.4}$$

其中，轴向波数表示为

$$k_{mn}^{\pm}=\frac{-Ma_x k_0 \pm \sqrt{k_0^2-\lambda_{mn}^2(1-Ma_x^2)}}{1-Ma_x^2}$$

由声波周向的连续性可知周向波数 m 一定为整数，n 则对应周向波数满足圆柱型燃烧室固壁面边界条件的不同声波横向分布形式，相应地，贝塞尔函数中与空间无关的常数 λ_{mn} 具体数值见表 1-1。

此时，径向分量中的贝塞尔函数 J_m 与 J_{-m} 线性相关：

$$J_{-m}(\lambda_{(-m)n}r)=(-1)^m J_m(\lambda_{mn}r) \tag{6.5}$$

因此，多模态叠加形式的三维声波解析解中线性无关模态的叠加改写为：

$$\hat{p}=\sum_{n=0}^{\infty}\sum_{m=-\infty}^{\infty}\psi_{mn}(r,\theta)\cdot[p_{mn}^{+}e^{ik_{mn}^{+}x}+p_{mn}^{-}e^{ik_{mn}^{-}x}] \tag{6.6}$$

式中，横向分布函数表示为 $\psi_{mn}(r,\theta)=e^{im\theta}J_{|m|}(\lambda_{|m|n}r)$，即周向波数 m 符号相反的模态，径向分量统一使用正数阶贝塞尔函数。

考虑到随着模态数 m 与 n 的增大，λ 的值也随之增大，由截止频率 $\omega_c=\bar{c}\lambda\sqrt{1-Ma^2}$ 可以看出，截止频率也不断增大，因此这里我们将多声学模态叠加的解在第 M 和 N 阶截断：

$$\hat{p}=\sum_{n=0}^{N}\sum_{m=-M}^{M}\hat{p}_{mn}=\sum_{n=0}^{N}\sum_{m=-M}^{M}\psi_{mn}(r,\theta)\cdot[p_{mn}^{+}e^{ik_{mn}^{+}x}+p_{mn}^{-}e^{ik_{mn}^{-}x}] \tag{6.7}$$

因此，密度、三维速度脉动也写为同样的多模态叠加形式：

$$\hat{\rho}_{mn}=\psi_{mn}(r,\theta)\cdot\left[\frac{1}{\bar{c}^2}p_{mn}^{+}e^{ik_{mn}^{+}x}+\frac{1}{\bar{c}^2}p_{mn}^{-}e^{ik_{mn}^{-}x}\right] \tag{6.8}$$

$$\hat{u}_{x,mn}=\psi_{mn}(r,\theta)\cdot\left[-\frac{k_{mn}^{+}}{\rho\alpha_{mn}^{+}}p_{mn}^{+}e^{ik_{mn}^{+}x}-\frac{k_{mn}^{-}}{\rho\alpha_{mn}^{-}}p_{mn}^{-}e^{ik_{mn}^{-}x}\right] \tag{6.9}$$

$$\hat{u}_{r,mn}=\frac{d\psi_{mn}(r,\theta)}{dr}\cdot\left[\frac{i}{\rho\alpha_{mn}^{+}}p_{mn}^{+}e^{ik_{mn}^{+}x}+\frac{i}{\rho\alpha_{mn}^{-}}p_{mn}^{-}e^{ik_{mn}^{-}x}\right] \tag{6.10}$$

$$\hat{u}_{\theta,mn}=\psi_{mn}(r,\theta)\cdot\left[-\frac{m}{r\rho\alpha_{mn}^{+}}p_{mn}^{+}e^{ik_{mn}^{+}x}-\frac{m}{r\rho\alpha_{mn}^{-}}p_{mn}^{-}e^{ik_{mn}^{-}x}\right] \tag{6.11}$$

其中，$\alpha_{mn}^{\pm}=-\omega+\bar{u}k_{mn}^{\pm}$，纵向分量可以写成常系数向量的矩阵形式：

$$\boldsymbol{W}^{(mn)}(x)=\begin{bmatrix} e^{ik_{mn}^{+}x} & 0 \\ 0 & e^{ik_{mn}^{-}x} \end{bmatrix}\begin{bmatrix} p_{mn}^{+} \\ p_{mn}^{-} \end{bmatrix} \tag{6.12}$$

将流动脉动量定义为 $\boldsymbol{F}^{(mn)}(x)\cdot\psi_{mn}(r,\theta)=[\hat{p}_{mn},\hat{\rho}_{mn},\hat{u}_{x,mn}]^{T}$，该向量可以由转换矩阵 $\boldsymbol{M}_{W2F}^{(mn)}$ 表示：

$$\boldsymbol{F}^{(mn)}(x)=\boldsymbol{M}_{W2F}^{(mn)}\cdot\boldsymbol{W}^{(mn)}(x)=\begin{bmatrix} 1 & 1 \\ 1/\bar{c}^2 & 1/\bar{c}^2 \\ -k_{mn}^{+}/\rho\alpha_{mn}^{+} & -k_{mn}^{-}/\rho\alpha_{mn}^{-} \end{bmatrix}\boldsymbol{W}^{(mn)}(x) \tag{6.13}$$

为了构建声波传播与多火焰热源之间的反馈网络，这里假设火焰空间上集中分布，即火焰空间分布尺度都远小于声波波长，同时多火焰分布于同一轴向截面 x_f。因此以热源界面为分界线，等截面燃烧室三维声场在轴向上可以被分为上下游两段，这两段之间满足质量、轴向动量和能量扰动量跃变守恒关系。

由质量、轴向动量及能量基本守恒方程组在柱坐标下的三维展开形式可知，轴线方向上每一点的质量、轴向动量和能量的表达式为：

$$\dot{m}(x,r,\theta)=\rho u \tag{6.14}$$

$$f_x(x,r,\theta)=p+\rho u^2 \tag{6.15}$$

$$e(x,r,\theta)=\frac{\gamma u}{\gamma-1}p+\frac{1}{2}\rho u^3 \tag{6.16}$$

对上述表示进行线性化，可以得到火焰面上下游之间的跃变关系：

$$(\bar{u}\hat{\rho}+\bar{\rho}\hat{u})\big|_{(x_{f-},r,\theta)}=(\bar{u}\hat{\rho}+\bar{\rho}\hat{u})\big|_{(x_{f+},r,\theta)} \tag{6.17}$$

$$(\hat{p}+\bar{u}^2\hat{\rho}+2\,\bar{\rho}\bar{u}\hat{u})\big|_{(x_{f-},r,\theta)}=(\hat{p}+\bar{u}^2\hat{\rho}+2\bar{\rho}\,\bar{u}\hat{u})\big|_{(x_{f+},r,\theta)} \tag{6.18}$$

$$\begin{aligned}&\left[\frac{\gamma\bar{u}}{\gamma-1}\hat{p}+\frac{\bar{u}^3}{2}\hat{\rho}+\left(\frac{\gamma\bar{p}}{\gamma-1}+\frac{3}{2}\bar{\rho}\bar{u}\right)\hat{u}\right]\bigg|_{(x_{f-},r,\theta)}+\hat{\dot{q}}(x_{f-},r,\theta)\\&=\left(\frac{\gamma\bar{u}}{\gamma-1}\hat{p}+\frac{\bar{u}^3}{2}\hat{\rho}+\left(\frac{\gamma\bar{p}}{\gamma-1}+\frac{3}{2}\bar{\rho}\bar{u}\right)\hat{u}\right)\bigg|_{(x_{f+},r,\theta)}\end{aligned} \tag{6.19}$$

利用动量和能量的流率向量 $\boldsymbol{J}^{(mn)}(x)\cdot\psi_{mn}(r,\theta)=[\hat{f}_{x,mn},\hat{e}_{mn}]^{\mathrm{T}}$，跃变关系可以由转换矩阵 $\boldsymbol{M}_{\mathrm{F2J}}^{(mn)}$ 表示：

$$\boldsymbol{J}^{(mn)}(x)=\boldsymbol{M}_{\mathrm{F2J}}^{(mn)}\cdot\boldsymbol{F}^{(mn)}(x)=\begin{bmatrix}1 & \bar{u}^2 & 2\,\bar{\rho}\bar{u}\\ \dfrac{\gamma\bar{u}}{\gamma-1} & \dfrac{\bar{u}^3}{2} & \dfrac{\gamma\bar{p}}{\gamma-1}+\dfrac{3}{2}\bar{\rho}\bar{u}\end{bmatrix}\cdot\boldsymbol{F}^{(mn)}(x) \tag{6.20}$$

低阶声学网络模型中通常将声波与燃烧过程解耦，将燃烧热释放率脉动表示为瞬态流场脉动（压力、速度、密度、当量比等）的函数。当扰动较小时，火焰热释放率脉动的动态响应幅频特性可以表示为各个扰动量的火焰传递函数（FTF），尽管真实发动机燃烧场扰动量是耦合作用于火焰热释放率脉动，仍然可以通过对每个扰动量的独立分析获得其对燃烧稳定性的影响规律。以 Crocco 提出的释热-压力动态响应 $n-\tau$ 模型[5]为例，

$$\mathcal{F}_p(\boldsymbol{x},\omega)=\frac{\hat{\dot{q}}(\boldsymbol{x})/\bar{\dot{q}}}{\hat{p}(\boldsymbol{x})/\bar{p}}=n_f\mathrm{e}^{\mathrm{i}\omega\tau_f} \tag{6.21}$$

式中，n_f 为响应幅值，τ_f 为热释放脉动与压力振荡之间的响应时间延迟。

此时压力扰动下的火焰热释放率脉动响应为：

$$\hat{\dot{q}}(\boldsymbol{x})=\frac{\bar{\dot{q}}}{\bar{p}}\cdot\mathcal{F}_p(\boldsymbol{x},\omega)\cdot\hat{p}(\boldsymbol{x})=\frac{\bar{\dot{q}}}{\bar{p}}\cdot n_f\mathrm{e}^{\mathrm{i}\omega\tau_f}\cdot\hat{p}(\boldsymbol{x}) \tag{6.22}$$

因此，单个火焰分布截面上总的热释放脉动可以通过积分得到：

$$\begin{aligned}\hat{\dot{Q}}_j&=\iint_{S_{f,j}}\hat{\dot{q}}(x_{f-},r,\theta)r\mathrm{d}\theta\mathrm{d}r=\frac{\bar{\dot{Q}}}{\bar{p}}\cdot\mathcal{F}_{p,j}(\omega)\cdot\left[\sum_{n=0}^{N}\sum_{m=-M}^{M}\hat{p}_{mn}(x_{f-},r_{f,j},\theta_{f,j})\right]\\&=\frac{\bar{\dot{Q}}}{\bar{p}}\cdot\mathcal{F}_{p,j}(\omega)\cdot\left\{\sum_{n=0}^{N}\sum_{m=-M}^{M}\begin{bmatrix}\mathrm{e}^{\mathrm{i}k_{mn,f-}^{+}x_{f-}} & 0\\ 0 & \mathrm{e}^{\mathrm{i}k_{mn,f-}^{-}x_{f-}}\end{bmatrix}\begin{bmatrix}P_{mn,f-}^{+}\\ P_{mn,f-}^{-}\end{bmatrix}\right\}\cdot\psi_{mn}(r_{f,j},\theta_{f,j})\end{aligned} \tag{6.23}$$

式中，$\boldsymbol{x}=(x_f,r_{f,j},\theta_{f,j})$ 为第 j 个火焰点源的空间位置坐标，$S_{f,j}$ 为该火焰在分布截面 x_f 上的分布面积，$j=1,2,\cdots,N_f$。

由于单个火焰空间分布尺度远小于声波波长，假设每一个火焰都是点源[6]，N_f 个离散火焰每一个都可以写为 δ 函数的形式，此时利用式(6.20)中的矩阵关系式改写火焰上下游之间的动量和能量跃变关系式(6.18)和式(6.19)得到：

$$\sum_{n=0}^{N}\sum_{m=-M}^{M}\boldsymbol{J}^{(mn)}(x_{f-})\cdot\psi_{mn}(r,\theta)+\sum_{j=1}^{N_f}\begin{bmatrix}0\\ \hat{\dot{Q}}_j\end{bmatrix}\cdot\delta(r_{f,j},\theta_{f,j})$$
$$=\sum_{n=0}^{N}\sum_{m=-M}^{M}\boldsymbol{J}^{(mn)}(x_{f+})\cdot\psi_{mn}(r,\theta) \tag{6.24}$$

为了求解各个模态的常系数 $p_{mn}^{\pm}$，接下来利用模态正交性对矩阵形式的跃变关系式(6.24)进行化简。在等式两边分别乘以 $\psi_{(-m)n}(r,\theta)$，然后在燃烧室截面上进行积分，

$$\begin{aligned}&\int_0^{r_0}\int_0^{2\pi}\sum_{n=0}^{N}\sum_{m=-M}^{M}\boldsymbol{J}^{(mn)}(x_{f-})\cdot\psi_{mn}(r,\theta)\cdot\psi_{(-m)n}(r,\theta)r\mathrm{d}\theta\mathrm{d}r\\&+\sum_{j=1}^{N_f}\left\{\begin{bmatrix}0\\ \hat{\dot{Q}}_j\end{bmatrix}\cdot\int_0^{r_0}\int_0^{2\pi}\delta(r_{f,j},\theta_{f,j})\cdot\psi_{(-m)n}(r,\theta)r\mathrm{d}\theta\mathrm{d}r\right\}\\&=\int_0^{r_0}\int_0^{2\pi}\sum_{n=0}^{N}\sum_{m=-M}^{M}\boldsymbol{J}^{(mn)}(x_{f+})\cdot\psi_{mn}(r,\theta)\cdot\psi_{(-m)n}(r,\theta)r\mathrm{d}\theta\mathrm{d}r\end{aligned} \tag{6.25}$$

利用 δ 函数积分的挑选性，上式中的点源积分项可化简为

$$\int_0^{r_0}\int_0^{2\pi}\delta(r_{f,j},\theta_{f,j})\cdot\psi_{(-m)n}(r,\theta)r\mathrm{d}\theta\mathrm{d}r=\psi_{(-m)n}(r_{f,j},\theta_{f,j})=\mathrm{e}^{-\mathrm{i}m\theta_{f,j}}J_{|m|}(\lambda_{|m|n}r_{f,j}) \tag{6.26}$$

由于圆柱燃烧室壁面满足第二类边界条件，根据同阶贝塞尔函数 $J_m(\lambda r)$ 的正交性，

$$\int_0^{r_0}J_m(\lambda_1 r)\cdot J_m(\lambda_2 r)\cdot r\mathrm{d}r=\begin{cases}0 & \lambda_1\neq\lambda_2,\\ \dfrac{1}{2}\left(r_0^2-\dfrac{m^2}{\lambda_1^2}\right)J_m^2(\lambda_1 r_0)+\dfrac{r_0^2}{2}\left[\dfrac{\mathrm{d}J_m(\lambda_1 r_0)}{\mathrm{d}r}\right]^2 & \lambda_1=\lambda_2.\end{cases} \tag{6.27}$$

因此，在燃烧室横截面上的积分满足：

$$\begin{aligned}I_{mn}&=\int_0^{r_0}\int_0^{2\pi}\psi_{mn}(r,\theta)\cdot\psi_{(-m)n}(r,\theta)r\mathrm{d}\theta\mathrm{d}r\\&=2\pi\int_0^{r_0}J_m^2(\lambda_{mn}r)\cdot r\mathrm{d}r=\pi\left(r_0^2-\frac{m^2}{\lambda_{mn}^2}\right)J_m^2(\lambda_{mn}r_0)\end{aligned} \tag{6.28}$$

由式(6.28)可以看出，当且仅当 $m=n=0$(呈一维分布的纯纵向模态)，该系数等于等截面燃烧室的截面积，$I_{mn}=\pi r_0^2$。

将以上正交关系式代入积分形式跃变关系(式(6.25))中可得：

$$I_{mn}\cdot\boldsymbol{J}^{(mn)}(x_{f-})+\sum_{j=1}^{N_f}\mathrm{e}^{-\mathrm{i}m\theta_{f,j}}J_m(\lambda_{mn}r_{f,j})\cdot\begin{bmatrix}0\\ \hat{\dot{Q}}_j\end{bmatrix}=I_{mn}\cdot\boldsymbol{J}^{(mn)}(x_{f+}) \tag{6.29}$$

将 $\boldsymbol{J}^{(mn)}$ 进一步用式(6.12)，式(6.13)和式(6.20)替换为声波的常系数的矩阵形式：

$$I_{mn}\cdot\boldsymbol{M}_{\mathrm{F2J}}^{(mn)}\cdot\boldsymbol{M}_{\mathrm{W2F}}^{(mn)}\cdot\boldsymbol{W}^{(mn)}(x_{f-})+\sum_{j=1}^{N_f}\mathrm{e}^{-\mathrm{i}m\theta_{f,j}}J_m(\lambda_{mn}r_{f,j})\cdot\begin{bmatrix}0\\ \hat{\dot{Q}}_j\end{bmatrix}$$
$$=I_{mn}\cdot\boldsymbol{M}_{\mathrm{F2J}}^{(mn)}\cdot\boldsymbol{M}_{\mathrm{W2F}}^{(mn)}\cdot\boldsymbol{W}^{(mn)}(x_{f+}) \tag{6.30}$$

为了对比离散多火焰模型与以往一维化热源直接叠加方法的不同，在等式(6.29)左右同时除以 I_{mn} 再乘以燃烧室截面积 πr_0^2 可得：

$$\pi r_0^2 \cdot \boldsymbol{J}^{(mn)}(x_{f-}) + \sum_{j=1}^{N_f} \frac{\mathrm{e}^{-\mathrm{i}m\theta_{f,j}} J_m(\lambda_{mn} r_{f,j})}{J_m^2(\lambda_{mn} r_0)(1 - m^2/r_0^2\lambda_{mn}^2)} \cdot \begin{bmatrix} 0 \\ \hat{\dot{Q}}_j \end{bmatrix} = \pi r_0^2 \cdot \boldsymbol{J}^{(mn)}(x_{f+}) \quad (6.31)$$

由式(6.31)可知，单个火焰热释放脉动量的叠加系数由紧凑火焰点源的所在位置以及模态的 m 和 n 的取值决定。当且仅当 $m=n=0$ 时该叠加系数等于 1，也说明了守恒关系中直接叠加多火焰热释放脉动，仅适用于纯纵向模态的稳定性分析。

为了求解式(6.31)中的每一个模态在火焰上下游的四个声波常系数 $p_{mn,f-}^{\pm}$ 和 $p_{mn,f+}^{\pm}$，除了轴向动量和能量守恒关系外，另外的等式关系分别由燃烧室进口和出口阻抗边界条件给出。由进口声阻抗定义

$$A_{\mathrm{in}} = \left.\frac{\hat{u}/\bar{c}}{\hat{p}/\gamma\,\bar{p}}\right|_{x=0} \quad (6.32)$$

可得，$\overline{\rho c}\hat{u}(x=0) - A_{\mathrm{in}}\hat{p}(x=0) = 0$。在等式左右两侧同乘以 $\psi_{(-m)n}(r,\theta)$ 然后在燃烧室截面上进行积分可得：

$$\overline{\rho c}\begin{bmatrix} -k_{mn}^{+}/\bar{\rho}\,\alpha_{mn}^{+} & -k_{mn}^{-}/\bar{\rho}\,\alpha_{mn}^{-} \end{bmatrix} \begin{bmatrix} p_{mn,f-}^{+} \\ p_{mn,f-}^{-} \end{bmatrix} - A_{\mathrm{in}}\begin{bmatrix} 1 & 1 \end{bmatrix} \begin{bmatrix} p_{mn,f-}^{+} \\ p_{mn,f-}^{-} \end{bmatrix} = 0 \quad (6.33)$$

考虑到喷注面板的声学固壁条件，除非文中另外说明，通常 $A_{\mathrm{in}}=0$。

同样地，由出口阻抗表达式

$$A_{\mathrm{out}} = \left.\frac{\hat{u}/\bar{c}}{\hat{p}/\gamma\,\bar{p}}\right|_{x=L_{cc}} \quad (6.34)$$

可以同样地得出

$$\overline{\rho c}\begin{bmatrix} -k_{mn}^{+}/\bar{\rho}\,\alpha_{mn}^{+} & -k_{mn}^{-}/\bar{\rho}\,\alpha_{mn}^{-} \end{bmatrix} \begin{bmatrix} \mathrm{e}^{\mathrm{i}k_{mn}^{+}L_c} & 0 \\ 0 & \mathrm{e}^{\mathrm{i}k_{mn}^{-}L_c} \end{bmatrix} \begin{bmatrix} p_{mn,f+}^{+} \\ p_{mn,f+}^{-} \end{bmatrix}$$
$$- A_{\mathrm{out}}\begin{bmatrix} 1 & 1 \end{bmatrix} \begin{bmatrix} \mathrm{e}^{\mathrm{i}k_{mn}^{+}L_c} & 0 \\ 0 & \mathrm{e}^{\mathrm{i}k_{mn}^{-}L_c} \end{bmatrix} \begin{bmatrix} p_{mn,f+}^{+} \\ p_{mn,f+}^{-} \end{bmatrix} = 0 \quad (6.35)$$

结合式(6.30)、式(6.33)和式(6.35)，最终得到考虑离散多火焰热释放点源的三维等截面燃烧室的特征值矩阵表示为

$$\boldsymbol{M}(\omega) \cdot \mathbf{A} = 0 \quad (6.36)$$

系数矩阵展开表示为：

$$\mathbf{A} = \begin{bmatrix} \cdots & p_{mn,f-}^{+} & p_{mn,f-}^{-} & \cdots & \hat{\dot{Q}}_j & \cdots & p_{mn,f+}^{+} & p_{mn,f+}^{-} & \cdots \end{bmatrix}^{\mathrm{T}} \quad (6.37)$$

当给定进出口声阻抗条件和单火焰传递函数中的参数，令特征值系统的矩阵行列式为 0，参见式(6.38)，可求解特征复频率 ω，从而进一步得到各个特征频率对应的声学常系数及其振荡波形的空间分布。

$$\det|\boldsymbol{M}(\omega)| = 0 \quad (6.38)$$

在等截面圆柱燃烧室 $r_f = r_0/2$ 处周向均匀布置了 10 个点源火焰，其中第一个火焰周向位于 $\theta_{f,1}=0$。由于真实发动机工况下火焰位置非常靠近喷注面板，因此设置火焰位置为 $x_f=0$。每一个火焰截面积是半径为 5 mm 的圆，燃烧室进出口均设置为声学固壁条件。其余燃烧室几何尺寸和工况设置具体见表 6 - 1。当进出口均为零速度扰动边界条件，用 mTnRjL 标记

各个模态，若某值为 0 将省略不写。低阶模型的建立采用了正交模态叠加的解的形式，当多模态叠加时，对于得到的多个特征频率需要进一步判断其对应的模态，从而求解该模态对应的波形[7]。

表 6-1 燃烧室几何和工况参数表

L_c/m	r_0/m	$\overline{\dot{m}}$/(kg·s^{-1})	$\overline{p}_{in}$/Pa	$\overline{T}_{inj}$/K	$\overline{T}_c$/K	γ	R_g/(J·kg^{-1}·K^{-1})
0.5	0.25	0.125	6×10^5	300	2 400	1.4	287

图 6-1 与图 6-2 分别绘制了求解特征值系统系数向量得到的 1T1L 模态和 2T1L 三维燃烧室压力脉动。喷注面板处轴向速度扰动为 0，而三维声场压力脉动在横截面上存在横向分布，对应的径向速度及周向速度扰动不为零。因此，对于位于喷注面板附近的离散多火焰在非零的横向速度扰动激励下，火焰的热释放脉动也会受到影响，从而影响到燃烧室的共振频率和稳定特性。

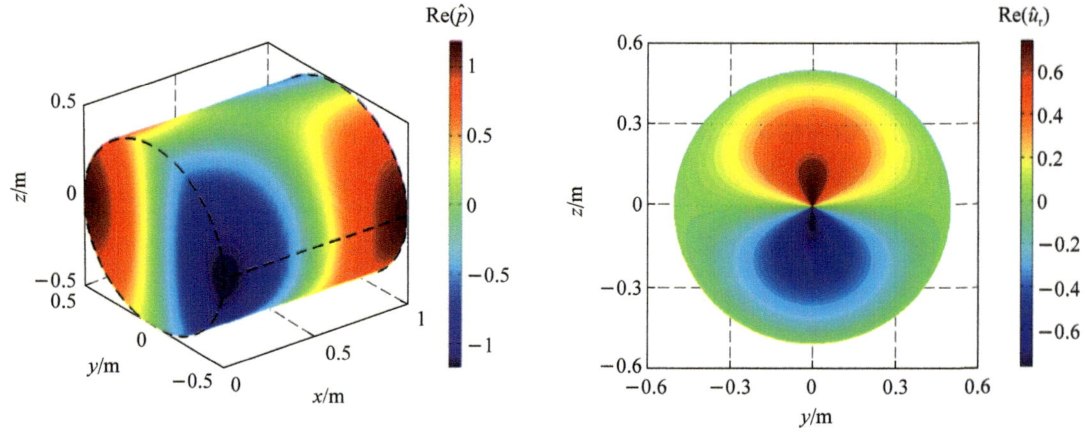

(a) 燃烧室压力脉动　　(b) 喷注面板径向速度脉动

图 6-1 1T1L 模态频率(1513.0+2.44i)Hz 的波形分布图

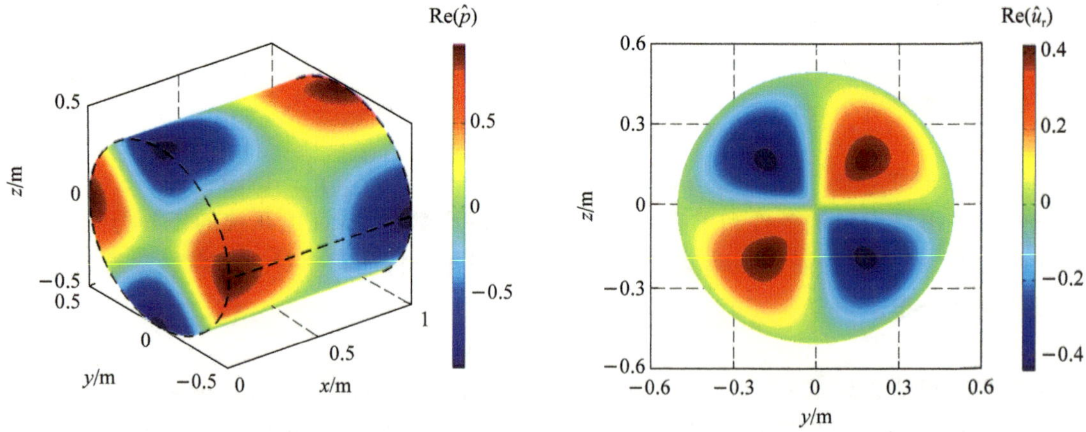

(a) 燃烧室压力脉动　　(b) 喷注面板径向速度脉动

图 6-2 2T1L 模态(2147.1+1.43i)Hz 的波形分布图

(1) 瑞利准则与瑞利数

在低阶模型中，改变火焰传递函数的幅值和时间延迟，每一个声学模态的特征频率和增长率都会相应地改变。线性火焰传递函数可以写为幅值-相位的形式：

$$\mathcal{F}_p(\omega)=n_f\mathrm{e}^{\mathrm{i}\omega\tau_f}=G_f\mathrm{e}^{\mathrm{i}\phi_f} \tag{6.39}$$

根据式(6.40)的瑞利准则[8]可知：

$$\frac{1}{T_s}\int_0^{T_s}\int_V \dot{q}'\cdot p'\mathrm{d}V\mathrm{d}t \tag{6.40}$$

当瑞利准则数值大于 0 时，则热释放脉动与压力脉动同相位，促进燃烧不稳定；数值小于 0 时则抑制燃烧不稳定。

由瑞利准则定义频域 RI 数：

$$RI=\frac{1}{2}\cdot\mathrm{Re}\left(\int_V\hat{\dot{q}}\cdot\hat{p}^*\mathrm{d}V\right) \tag{6.41}$$

代入热释放脉动与压力脉动的幅值相位形式，可以看出 RI 的正负由热释放-压力脉动相位差直接决定：

$$RI=\frac{1}{2}\cdot\mathrm{Re}\left(\int_V|\hat{\dot{q}}|\cdot|\hat{p}|\cdot\mathrm{e}^{\mathrm{i}(\phi_q-\phi_p)}\mathrm{d}V\right)=\frac{1}{2}\int_V|\hat{\dot{q}}|\cdot|\hat{p}|\cdot\cos(\phi_q-\phi_p)\mathrm{d}V \tag{6.42}$$

因此，瑞利数 RI 大于 0 即要求热释放-压力脉动相位差满足

$$k\cdot2\pi-\frac{\pi}{2}<|\phi_q-\phi_p|<k\cdot2\pi+\frac{\pi}{2},\quad k=0,1,2,\cdots \tag{6.43}$$

代入式(6.22)的压力形式的火焰传递函数 $\mathcal{F}(\omega)$，瑞利数可以进一步写为

$$RI=\frac{1}{2}\cdot\mathrm{Re}\left(\int_V\mathcal{F}_p(\omega)\cdot\frac{\overline{\dot{q}}}{\bar{p}}\cdot|\hat{p}|\cdot|\hat{p}|\mathrm{d}V\right) \tag{6.44}$$

此时瑞利数为正则要求火焰传递函数的实部为正，或火焰传递函数满足相位条件：

$$\mathrm{Re}(\mathcal{F}_p(\omega))>0\quad 或\quad k\cdot2\pi-\frac{\pi}{2}<|\phi_f|=|\omega\tau_f|<k\cdot2\pi+\frac{\pi}{2} \tag{6.45}$$

当火焰传递函数响应幅值 $n_f=1$，响应延迟为 0 时，火焰传递函数的实部为 1，且相位为 0，满足式(6.45)中的瑞利数为正的条件。此时 1T1L 模态与 2T1L 模态增长率均大于 0，即这两个模态都是不稳定的模态。利用式(6.41)中的原始定义求解各个火焰的瑞利数 RI。如图 6-3 所示，所有火焰的瑞利数均大于 0，满足瑞利准则，与模态不稳定的预测结果一致。

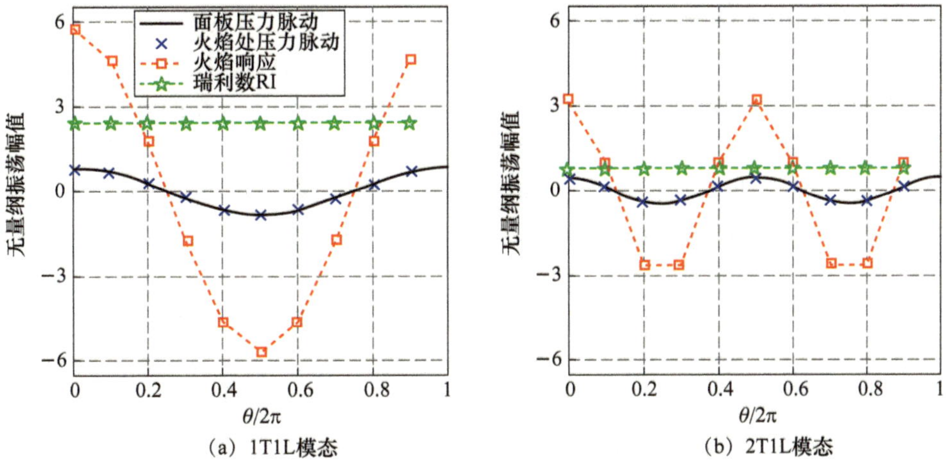

图 6-3　$r=r_f$ 处不稳定模态的火焰释热脉动和瑞利数 RI 分布：$n_f=1,\tau_f=0$ ms

同样，令火焰传递函数响应幅值为 $n_f=1$，而响应延迟增大到 0.3 ms，求解低阶声学网络模型，获得 1T1L 模态特征频率为 1512.3−2.37i，2T1L 模态特征频率为 2148.3−5.5i，二者的增长率均小于 0，因此该频率下燃烧系统是线性稳定的。此时，两个模态对应的火焰传递函数相位值为：

$$\phi_{f,1\mathrm{T1L}}=2\pi f_{1\mathrm{T1L}}\tau_f\approx 1.81\cdot\frac{\pi}{2} \tag{6.46}$$

$$\phi_{f,2\mathrm{T1L}}=2\pi f_{2\mathrm{T1L}}\tau_f\approx 2.58\cdot\frac{\pi}{2} \tag{6.47}$$

此时瑞利数 $RI<0$，不满足式(6.45)中模态稳定必要的相位关系。代入 RI 数定义发现，图 6-4中两个模态均满足 $RI<0$，这与低阶预测模态稳定的结果一致。

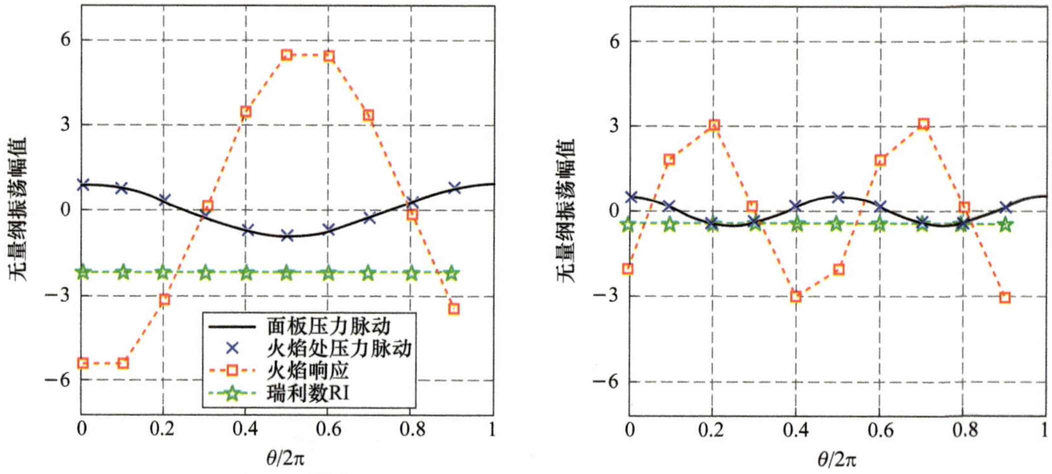

(a) 1T1L模态　　(b) 2T1L模态

图 6-4　$r=r_f$ 处不稳定模态的火焰释热脉动和瑞利数 RI 分布：$n_f=1$，$\tau_f=0.03$ ms

另外，由图 6-3 和图 6-4 也可以发现，由于压力扰动周向不同位置处幅值不同，周向均匀分布的多个火焰的热释放脉动响应也不相同，但由于此处使用的火焰传递函数的响应幅值和时间延迟与压力振荡幅值无关，得到的 RI 数在周向上完全相同。

在低阶网络模型中连续改变离散火焰的径向分布位置，在零马赫数条件下考虑不同的火焰响应幅值和延迟，分别求解一阶切向(1T1L)模态和一阶径向(1R1L)模态(见图 6-5)。由于各个火焰的加权系数依赖于分布半径(式(6.31))，随着径向位置的增大，1T1L 模态和 1R1L 模态的频率和增长率也发生显著变化。对于在沿半径方向存在节点的径向模态，由于 1R1L 模态在对应位置的贝塞尔函数为 0，如图 6-5(b)所示，振荡频率和增长率在该位置回归到纯声学模态的频率和零增长率，这也意味着如果发生一阶径向模态的不稳定燃烧问题，位于该位置的火焰对整体的不稳定性贡献最小。

需要说明的是，当考虑火焰非线性饱和特性，火焰描述函数中响应幅值和时间延迟与压力振荡幅值呈非线性关系，随着响应幅值达到特定值后则不再增大，则当前响应波峰、波谷位置的火焰热释放脉动幅值将对应被限制在对应的范围内，此时波峰波谷附近的火焰对应的瑞利数也将不再与靠近波节位置的火焰相同。

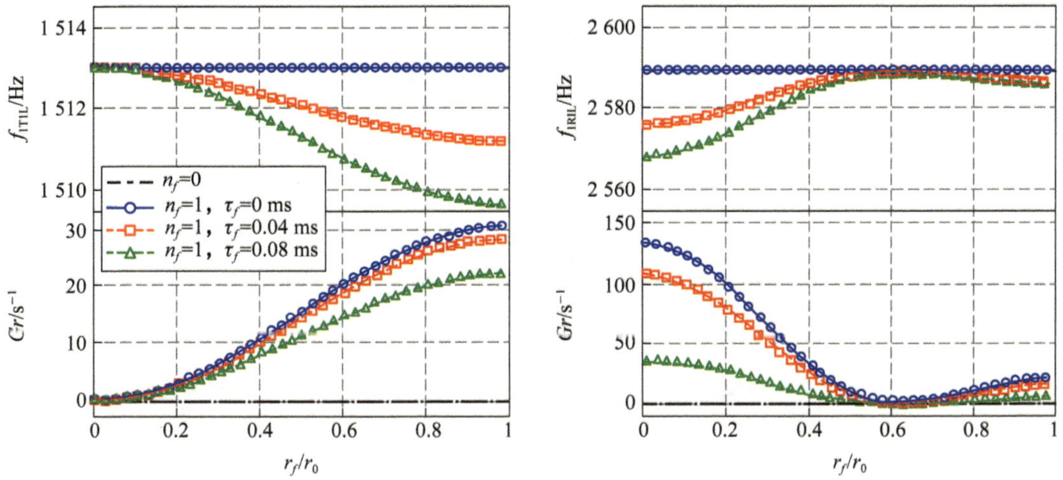

(a) 1T1L模态　　(b) 1RIL模态

图 6-5　离散火焰径向分布位置对横向声学模态频率和增长率的影响规律

(2) 时滞模型与低通滤波特性

由前面的结果与分析可知，时滞模型的火焰传递函数其幅值和延迟参数会对燃烧最终的稳定性产生决定性作用。而除了经典的时滞模型，火焰响应往往有低通滤波的特点，当扰动频率超过某一临界值后，火焰响应将变得微弱甚至可以忽略。这里将对经典时滞模型及以其为基础考虑响应截止频率的低通滤波模型对稳定性的影响进行参数化分析。

对于时滞模型，通过连续改变幅值 n_f 与时间延迟 τ_f 的值计算得到如图 6-6 所示的模态频率与增长率。当 $n_f=0$ 时，得到的是燃烧室几何和边界条件决定的纯声学的共振频率。当 $n_f\neq 0$ 时，随着响应延迟 τ 的不断增大，在频率-增长率的坐标图上特征频率绕着纯声学频率逆时针旋转变化，并且 n 的值越大，特征频率旋转变化的圈半径越大。

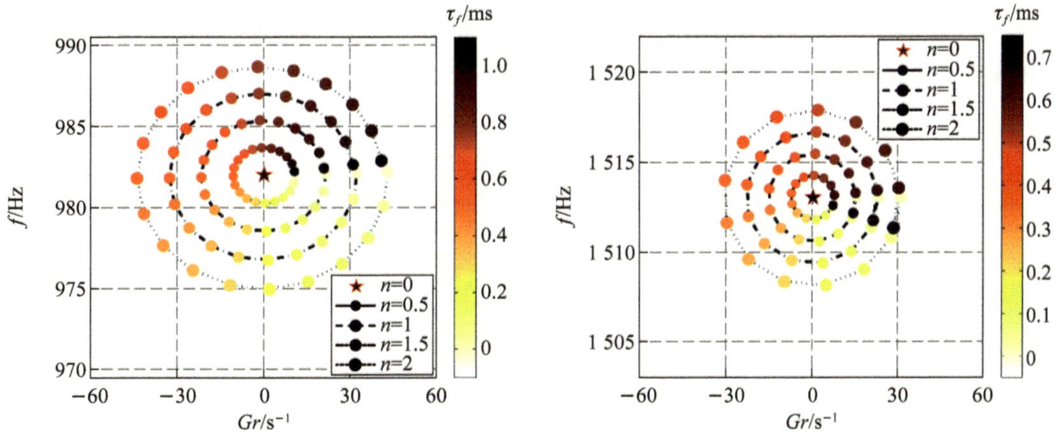

(a) 1L模态　　(b) 1T1L模态

图 6-6　不同火焰响应幅值和时间延迟下的模态频率与增长率的变化规律

结果显示，各个模态每隔一个固定周期就重复之前的轨迹继续旋转。计算发现时间延迟变化的固定周期与纯声学共振频率相关，为共振频率的倒数 $1/f_0$，并且不同的响应幅值的变化周期都是相同的。1L 纵向模态的纯声学频率为 982 Hz，增长率随时间延迟增大的变化周期为(1/982≈1.02)ms，1T1L 模态的周期为(1/1513≈0.66)ms，与图 6－6 所示计算结果一致。

对于火焰响应的低通特性，以一阶低通滤波为例，当截止频率为 $\omega_c = 2\pi f_c$，火焰传递函数写为：

$$\mathcal{F}(\omega) = a_f \frac{\omega_c}{\mathrm{i}\omega + \omega_c} \mathrm{e}^{\mathrm{i}\omega\tau_f} \tag{6.48}$$

此时，火焰传递函数的幅频响应特性如图 6－7 所示，当截止频率趋近无穷大时，其影响可以忽略不计，低通滤波模型将无限接近于经典的时滞模型。随着截止频率的降低，火焰传递函数的响应幅值显著降低，相位也随之改变。

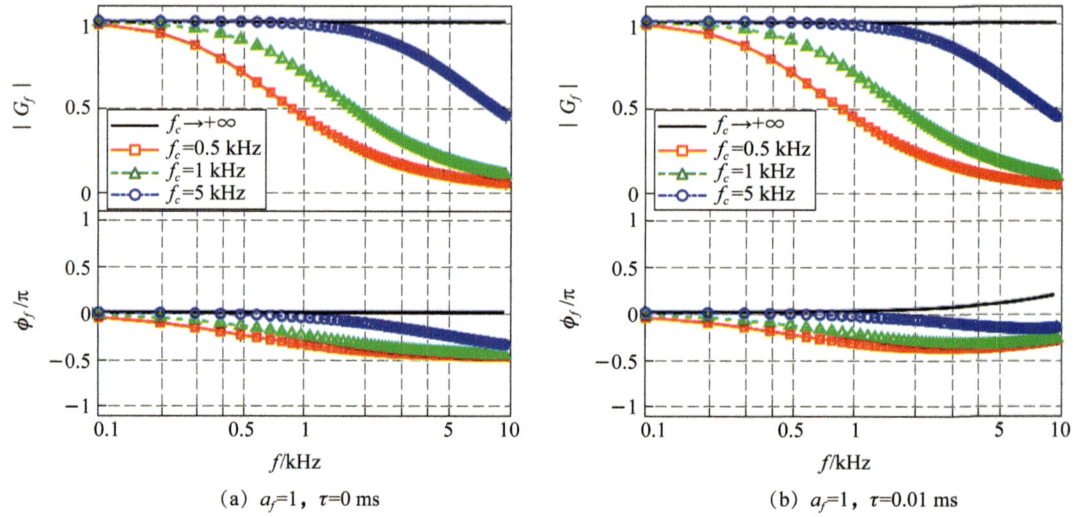

图 6－7 时滞模型与一阶低通滤波时滞模型

将一阶低通滤波模型代入低阶网络模型求解稳定性，如图 6－8 所示，随着截止频率的降低，各个模态的特征频率变化极小；此时响应幅值不断减小，各个模态的增长率不断向增长率绝对值减小的方向移动，趋向于零增长率。

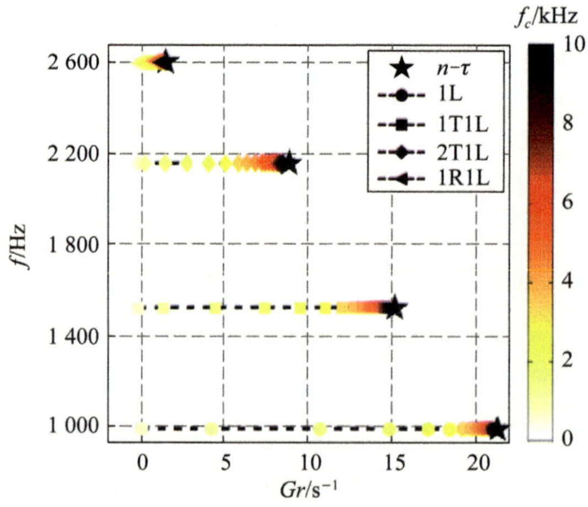

图 6－8 低通滤波模型截止频率 f_c 对特征频率和稳定性的影响

(3) 横向扰动作用下的火焰动态响应

真实火箭发动机中火焰受到横向扰动作用下的动态响应及其特性在实验与仿真中得到广泛的验证和测量[9-11]。由于喷注面板处压力脉动横向分布的存在，非零的横向速度扰动也相应地存在于火焰分布面上。

以径向速度形式的火焰传递函数为例：

$$\frac{\dot{q}'}{\bar{\dot{q}}}=\mathcal{F}_v(\omega)\cdot\frac{u_r'}{\bar{c}} \tag{6.49}$$

在低阶模型中考虑上述形式的横向火焰传递函数，如图 6-9 所示，一阶切向模态频率和增长率同样地也随着时间延迟的增大围绕纯声学频率 1 513 Hz 旋转变化，随着响应幅值的增大，增长率绝对值不断增大。因此，燃烧室内的横向声学模态存在的如图 6-1(b)和图 6-2(b)所示的横向扰动速度，使得不同横向位置的火焰响应不同，从而给对应的横向模态带来不同的增益(或衰减)影响。

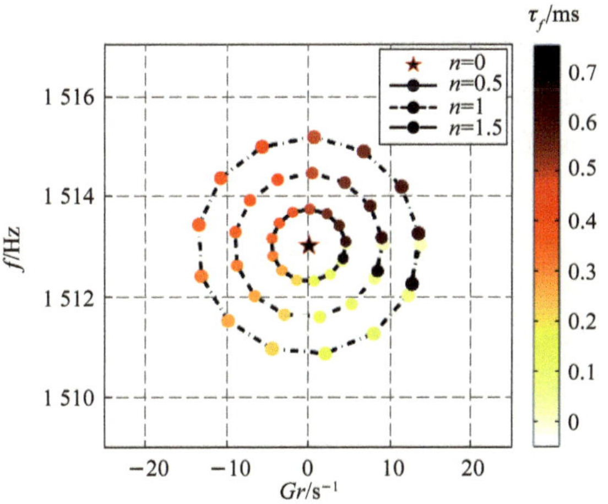

图 6-9 不同周向扰动火焰传递函数下 1T1L 模态特征频率与稳定性的变化规律

对于纯纵向模态(如 1L,2L 等)与纯径向模态(如 1R1L、2R1L 等)而言，周向波数为 $m=0$ 使得其周向速度处处为 0，因此其燃烧稳定性将与周向的火焰传递函数无关。但纯径向模态的径向速度扰动不为零，需要考虑径向速度扰动下的火焰响应对稳定性的影响。

本节的离散火焰模型相比于以往的低阶模型，针对横向模态在喷注面处非零的横向扰动速度分布，允许在三维燃烧稳定性预测中考虑单火焰的三维动态响应特性，建立了离散多火焰热释放率响应对燃烧不稳定性影响的加权量化。

然而，液体火箭发动机中喷嘴的喷注过程始终受到燃烧室压力脉动的影响，导致的喷注脉动进一步改变下游火焰的热释放率动态特性，最终引起推力室出现与喷嘴参数直接相关的不稳定燃烧现象。因此，需要将第 2 章中喷嘴在声波作用下的响应特性用来连接燃烧室内的压力脉动和火焰热释放率脉动，从而解释真实液体火箭发动机中经典的喷注耦合不稳定燃烧现象。

6.2 多喷嘴燃烧室的喷注耦合低阶声学模型

基于上一节建立的考虑离散多火焰响应的低阶声学网络，引入与离散火焰一一对应的喷嘴单元，以喷注器各个喷嘴在室压振荡激励下的动态响应推导燃烧室喷注耦合进口边界模型，从而形成燃烧室声波到喷嘴到火焰的反馈网络，实现考虑多喷嘴声学响应的喷注耦合低阶声学网络模型的搭建。通过对比不同的喷嘴设计参数，获得多喷嘴喷注动态响应特性对不稳定燃烧频率和稳定性的影响规律，从而揭示喷注耦合作用导致不稳定燃烧的作用机制。

6.2.1 燃烧室压力激励下的气/液通道响应

1. 气体通道喷注脉动的影响

当考虑真实气体作用时，基于喷嘴截面尺寸通常远小于三维燃烧室截面，其三维声场截止频率很高，在实际应用中可以将喷嘴简化为一维声场。假设通道中为均匀无粘理想流体，其在出口（$x=0$）处与燃烧室连通，在燃烧室喷注面板处压力振荡激励下通道内压力扰动随时间周期性变化，表示为

$$p_d'=\hat{p}(x)\mathrm{e}^{-\mathrm{i}\omega t}$$

这里下标 d 为喷嘴通道内相关物理量。

此时，气体通道内一维的压力和速度扰动空间分量写为：

$$\hat{p}_d(x)=A^+\mathrm{e}^{\mathrm{i}k_d^+x_d}+A^-\mathrm{e}^{\mathrm{i}k_d^-x_d} \tag{6.50}$$

$$\hat{u}_d(x)=\frac{1}{\bar{\rho}_d\bar{c}_d}A^+\mathrm{e}^{\mathrm{i}k_d^+x_d}-\frac{1}{\bar{\rho}_d\bar{c}_d}A^-\mathrm{e}^{\mathrm{i}k_d^-x_d} \tag{6.51}$$

式中，

$$k_d^+=\frac{\omega/\bar{c}_d}{1+Ma_d},\quad k_d^-=-\frac{\omega/\bar{c}_d}{1-Ma_d}$$

假设气体通道内的推进剂流体满足等熵假设，因此可以利用 $\hat{\rho}_d=\hat{p}_d/\bar{c}_d^2$ 可以得到气体通道内任意位置处的密度扰动：

$$\hat{\rho}_d(x)=\frac{1}{\bar{c}_d^2}A^+\mathrm{e}^{\mathrm{i}k_d^+x_d}+\frac{1}{\bar{c}_d^2}A^-\mathrm{e}^{\mathrm{i}k_d^-x_d} \tag{6.52}$$

对于长度为 L_d 的喷嘴，当喷嘴通道进口为声学固壁边界（$u'=0$），利用式(6.51)的速度扰动求解得到叠加系数的比值：

$$C(\omega)=\frac{A^-}{A^+}=\mathrm{e}^{-\mathrm{i}(k_d^+-k_d^-)L_d}=\exp\left(-\mathrm{i}\frac{2}{1-Ma^2}\frac{\omega L_d}{\bar{c}_d}\right) \tag{6.53}$$

式(6.53)中的比值大小与压力振荡的频率、气体通道几何参数和工况参数有关。

同样地，当通道进口为开口边界（$p'=0$），忽略上游供应管路的来流脉动影响，由压力扰动表达式(6.50)可知，叠加系数的比值为：

$$C(\omega)=\frac{A^-}{A^+}=-\mathrm{e}^{-\mathrm{i}(k_d^+-k_d^-)L_d}=-\exp\left(-\mathrm{i}\frac{2}{1-Ma^2}\frac{\omega L_d}{\bar{c}_d}\right) \tag{6.54}$$

此时，该比值与声学固壁进口边界条件下的比值互为相反数。

一般地，当给定喷嘴通道进口声导纳[7, 12]：

$$A_{d0}(x=-L_d)=\left.\frac{\hat{u}_d/\bar{c}_d}{\hat{p}_d/\gamma\bar{p}_d}\right|_{x=-L_d} \tag{6.55}$$

由压力和速度扰动的表达式可知：

$$C(\omega,x=-L_d)=\frac{A^-}{A^+}=-\frac{A_{d0}-1}{A_{d0}+1}\mathrm{e}^{-\mathrm{i}(k_d^+-k_d^-)L_d}=-\frac{A_{d0}-1}{A_{d0}+1}\exp\left(-\mathrm{i}\frac{2}{1-Ma^2}\frac{\omega L_d}{\bar{c}_d}\right) \tag{6.56}$$

此时，喷嘴通道出口与燃烧室连接处的声导纳表示为：

$$A_d(\omega,x=0)=\left.\frac{\hat{u}_d/\bar{c}_d}{\hat{p}_d/\gamma\bar{p}_d}\right|_{x=0}=\frac{A^+-A^-}{A^++A^-}=\frac{1-C(\omega)}{1+C(\omega)} \tag{6.57}$$

因此，一旦已知喷嘴通道进口声导纳，由上述表达式可以得出出口声导纳的值。

液体火箭发动机中单个喷嘴通道横截面积往往远小于燃烧室，喷嘴通道出口处由燃烧室压力扰动产生的速度脉动可以被视为点源，那么第 i 个通道出口处的喷注速度扰动可以由声导纳表达式得出：

$$\hat{u}_i=A_{d,i}(\omega)\cdot\frac{1}{\bar{\rho}_d\bar{c}_d}\cdot\hat{p}_c(x=0,r_i,\theta_i),\quad i=1,2,\cdots,N_d \tag{6.58}$$

式中，N_d 为喷嘴总数量。

结合上式，喷嘴通道出口的质量流量脉动写为

$$\dot{m}_i'=S_{\mathrm{inj}}(\bar{\rho}_d u_i'+\bar{u}_d\rho_i')=S_{\mathrm{inj}}\frac{A_{d,i}+Ma_d}{\bar{c}_d}p_c'(x=0,r_i,\theta_i) \tag{6.59}$$

式中，S_{inj} 为喷嘴通道的截面积。

由此，本节基于喷嘴气体通道的一维假设，建立了气体通道在燃烧室压力振荡激励作用下的速度脉动和质量流量脉动的响应表达式，一旦通过理论、实验或数值仿真获取了通道进口处的声导纳边界 A_{d0}，则可以作为质量流量型 FTF/FDF 的输入，在低阶声学模型中分析气体通道几何参数和喷注工况对燃烧不稳定性的影响规律。

2. 液体通道喷注脉动的影响

液体火箭发动机燃烧室内的工作压力和温度往往高于推进剂的临界压力和温度，推进剂的物理性质尤其是密度和声速随着喷注温度和压力的不同而发生显著变化，尤其通道内推进剂的可压缩性不可忽略。因此，喷嘴通道内的跨/超临界液体推进剂具有类似气体通道的声学响应特性，其出口处质量流量脉动在高频压力振荡激励下依然可以由式(6.59)近似估计，此时通道内流体的声速、密度等相应地采用真实气体的物性参数。

对于压缩性可以忽略的液体推进剂，液体通道出口流量振荡由整个喷嘴的压降振荡引起[13, 14]：

$$\frac{\dot{m}_i'}{\bar{\dot{m}}_i}=\Pi_i\frac{\Delta p'}{\Delta\bar{p}} \tag{6.60}$$

喷嘴压降振荡是供应系统压力振荡和燃烧室压力振荡之差，因此无量纲压降脉动可写为

$$\frac{\Delta p'}{\Delta\bar{p}}=\frac{p_f'}{\bar{p}_f}\frac{\bar{p}_f}{\Delta\bar{p}}-\frac{p_c'}{\bar{p}_c}\frac{\bar{p}_c}{\Delta\bar{p}} \tag{6.61}$$

忽略喷嘴上游供应系统的压力振荡，即假设 $p_f'=0$，即可得到由喷嘴出口处燃烧室压力振

荡 p_c'决定的液体喷嘴出口流量振荡：

$$\frac{\dot{m}_i'}{\overline{\dot{m}}_i}=\Pi_i\left(-\frac{p_c'}{\Delta\overline{p}}\right) \tag{6.62}$$

直流喷嘴的喷注动态响应服从简单的惯性关系[13]，喷注传递函数表达式为

$$\Pi_i(\omega)=\frac{\dot{m}_i'/\overline{\dot{m}}_i}{-p_c'/\Delta\overline{p}}=\frac{1}{2}\cdot\frac{1-\mathrm{i}\omega L_d/\overline{u}_d}{1+(\omega L_d/\overline{u}_d)^2} \tag{6.63}$$

式中，L_d 为直流喷嘴长度，$\overline{u}_d$ 为喷嘴稳态流速。

离心喷嘴的动态响应特性包含进口通道（惯性部分）、旋流室（容积部分）及喷口（传输部分）三部分组成，其频率特性由各部分频率特性的矢量复合而成[14]：

$$\Pi(\omega)=\frac{\dot{m}_i'/\overline{\dot{m}}_i}{-p_c'/\Delta\overline{p}}=\frac{\overline{R}_{BX}^2}{a}\frac{\Pi_c\cdot\Pi_{k,c,II}\cdot\Pi_T}{2\Pi_T(\Pi_{K,3II}+\Pi_{K,3III})+1} \tag{6.64}$$

式中，a 是无量纲特征长度，$\overline{R}_{BX}=(R_k-R_t)/R_c$ 为喷嘴的收口系数，Π_T 是切向通道传递函数，Π_c 为喷口的传递函数，$\Pi_{k,c,II}$是旋流腔表面波主导的传递函数，$\Pi_{K,3III}$为旋流腔中旋转波引起的传递函数，$\Pi_{K,3II}$为旋流腔出口到喷口入口由表面波主导的传递函数。

室压扰动作用下的单个喷嘴喷注传递函数可写为

$$\Pi_i(\omega)=\left.\frac{\dot{m}_i'/\overline{\dot{m}}_i}{-p_c'/\Delta\overline{p}}\right|_{(x_i,r_i,\theta_i)} \tag{6.65}$$

因此，当忽略液体推进剂可压缩性时，燃烧室压力振荡激励作用下喷嘴液体通道的质量流量脉动可以通过喷嘴传递函数表示为

$$\dot{m}_i'=\Pi_i(\omega)\cdot\frac{\overline{\dot{m}}_i}{\Delta\overline{p}}\cdot[-p_c'(x=0,r_i,\theta_i)] \tag{6.66}$$

6.2.2 气/液通道喷注脉动的影响

引入质量流量型火焰传递函数：

$$\mathcal{F}(\omega)=\frac{\hat{\dot{Q}}_i/\overline{\dot{Q}}_i}{\hat{\dot{m}}_i/\overline{\dot{m}}_i} \tag{6.67}$$

则该喷嘴对应的火焰热释放率脉动由喷嘴喷注质量流量脉动决定。假设喷嘴出口处的单个火焰在空间上声学紧凑分布，单个热释放脉动可以表示为来流质量流量脉动的形式：

$$\hat{\dot{Q}}_i=\frac{\overline{\dot{Q}}_i}{\overline{\dot{m}}_i}\cdot\mathcal{F}(\omega)\cdot\hat{\dot{m}}_i \tag{6.68}$$

火焰分布面 x_f 上下游满足动量和能量的守恒跃变关系：

$$(\hat{p}+\overline{u}^2\hat{\rho}+2\,\overline{\rho}\,\overline{u}\,\hat{u})\big|_{(x_{f-},r,\theta)}+\sum_{i=1}^{N_d}\overline{u}_d\,\hat{\dot{m}}_i\cdot\delta(r_i,\theta_i)=(\hat{p}+\overline{u}^2\hat{\rho}+2\,\overline{\rho}\,\overline{u}\hat{u})\big|_{(x_{f+},r,\theta)} \tag{6.69}$$

$$\left.\left(\frac{\gamma\overline{u}}{\gamma-1}\hat{p}+\frac{\overline{u}^3}{2}\hat{\rho}+\left(\frac{\gamma\,\overline{p}}{\gamma-1}+\frac{3}{2}\,\overline{\rho}\,\overline{u}\right)\hat{u}\right)\right|_{(x_{f-},r,\theta)}+\sum_{i=1}^{N_d}\left[\hat{\dot{Q}}_i\cdot\delta(r_i,\theta_i)+\frac{\overline{c}^2}{\gamma-1}\hat{\dot{m}}_i\cdot\delta(r_i,\theta_i)\right]$$
$$=\left.\left(\frac{\gamma\overline{u}}{\gamma-1}\hat{p}+\frac{\overline{u}^3}{2}\hat{\rho}+\left(\frac{\gamma\,\overline{p}}{\gamma-1}+\frac{3}{2}\,\overline{\rho}\,\overline{u}\right)\hat{u}\right)\right|_{(x_{f+},r,\theta)} \tag{6.70}$$

将传递矩阵形式的流率向量代入上述守恒跃变关系，并在等式两边分别乘以 $\psi_{(-m)n}(r,$

θ)，然后在整个燃烧室截面上积分后得到：

$$\int_0^{r_0}\int_0^{2\pi}\sum_{n=0}^{N}\sum_{m=-M}^{M}\boldsymbol{J}^{(mn)}(x_{f-})\cdot\psi_{mn}(r,\theta)\cdot\psi_{(-m)n}(r,\theta)r\mathrm{d}\theta\mathrm{d}r$$

$$+\sum_{i=1}^{N_d}\int_0^{r_0}\int_0^{2\pi}\begin{bmatrix}\bar{u}_d\hat{\dot{m}}_i\\ \hat{\dot{Q}}_i+\dfrac{\bar{c}^2}{\gamma-1}\hat{\dot{m}}_i\end{bmatrix}\cdot\delta(r_i,\theta_i)\cdot\psi_{(-m)n}(r,\theta)r\mathrm{d}\theta\mathrm{d}r \tag{6.71}$$

$$=\int_0^{r_0}\int_0^{2\pi}\sum_{n=0}^{N}\sum_{m=-M}^{M}\boldsymbol{J}^{(mn)}(x_{f+})\cdot\psi_{mn}(r,\theta)\cdot\psi_{(-m)n}(r,\theta)r\mathrm{d}\theta\mathrm{d}r$$

代入同阶贝塞尔函数的正交积分式(6.28)，以及传递矩阵形式的声场解析式(6.12)、式(6.13)和式(6.20)，可以得到常系数 $p_{mn}^{\pm}$ 向量形式的积分跃变关系：

$$I_{mn}\cdot\boldsymbol{M}_{\mathrm{F2J}}^{(mn)}\cdot\boldsymbol{M}_{\mathrm{W2F}}^{(mn)}\cdot\boldsymbol{W}^{(mn)}(x_{f-})$$

$$+\sum_{i=1}^{N_d}\mathrm{e}^{-\mathrm{i}m\theta_i}J_m(\lambda_{mn}r_i)\cdot\begin{bmatrix}0\\ \hat{\dot{Q}}_i\end{bmatrix}+\sum_{i=1}^{N_d}\mathrm{e}^{-\mathrm{i}m\theta_i}J_m(\lambda_{mn}r_i)\cdot\begin{bmatrix}\bar{u}_d\\ \dfrac{\bar{c}^2}{\gamma-1}\end{bmatrix}\cdot\hat{\dot{m}}_i \tag{6.72}$$

$$=I_{mn}\cdot\boldsymbol{M}_{\mathrm{F2J}}^{(mn)}\cdot\boldsymbol{M}_{\mathrm{W2F}}^{(mn)}\cdot\boldsymbol{W}^{(mn)}(x_{f+})$$

由式(6.72)可知，相比于上一节中燃烧室中多火焰与三维声场的耦合模型，喷注通道出口处的质量流量脉动会给燃烧室的动量与能量跃变关系引入额外的动量和能量源项。

利用声导纳模型，跃变关系中的喷注质量脉动源项可以由系数向量表示为：

$$\hat{\dot{m}}_i=S_{\mathrm{inj}}\frac{A_{d,i}(\omega)+Ma_d}{\bar{c}_d}\begin{bmatrix}1 & 1\end{bmatrix}\begin{bmatrix}p_{mn,f-}^{+}\\ p_{mn,f-}^{-}\end{bmatrix} \tag{6.73}$$

由喷嘴传递函数得到的质量脉动源项则进一步写为：

$$\hat{\dot{m}}_i=-\Pi_i(\omega)\cdot\frac{\overline{\dot{m}}_i}{\Delta\bar{p}}\cdot\begin{bmatrix}1 & 1\end{bmatrix}\begin{bmatrix}p_{mn,f-}^{+}\\ p_{mn,f-}^{-}\end{bmatrix} \tag{6.74}$$

考虑燃烧室进出口边界条件，参见式(6.33)和式(6.35)，当其为声学固壁边界条件时，最终得到考虑多喷嘴喷注脉动耦合作用的三维振荡燃烧特征值系统：

$$\boldsymbol{M}(\omega)\cdot\mathbf{A}=0 \tag{6.75}$$

这里的系数向量表示与式(6.37)相同。

相比于直接考虑喷注通道内振荡传播建立低阶网络模型，通过通道声导纳和液体通道喷注动态响应特性建立多喷嘴-多火焰-声场的喷注耦合低阶声学网络模型，在特征值系统的矩阵维度上没有变化。一方面，这意味着同一类型喷嘴的实验或理论模型在本节所建立的喷注耦合低阶网络模型中是通用的，并不随着喷注器多喷嘴设计参数的变化而改变；另一方面，喷嘴数量的多少不会影响到最终喷注耦合特征值系统的求解速度，因此对于大推力液体火箭发动机成百上千的喷嘴设计方案，该喷注耦合模型依然可以实现快速预测，这对于实际工程中的多喷嘴参数设计和优化过程中的不稳定燃烧预测具有重要意义。

表 6-2 喷注几何和工况参数表

L_c/m	r_0/m	r_d/m	r_f/m	$\bar{p}_1$/Pa	$\overline{T}_{inj}$/K	$\overline{T}_c$/K	γ	R_g/(J·K^{-1}·kg^{-1})
0.5	0.25	0.007	0.125	6×10^5	300	2 400	1.4	540

当喷注通道长度 L_d=60 mm,喷注温度为 300 K 时,喷注几何和工况参数设置如表 6-2 所示,有限元计算网格划分及一阶切向模态与频率相近的喷注器模态如图 6-10 所示。由于不考虑热源作用,所有频率增长率均为 0。此时,喷注器进口设置为固壁面条件,因此,喷嘴进口为压力波峰,出口与燃烧室连接处则与燃烧室切向模态当地压力相等。

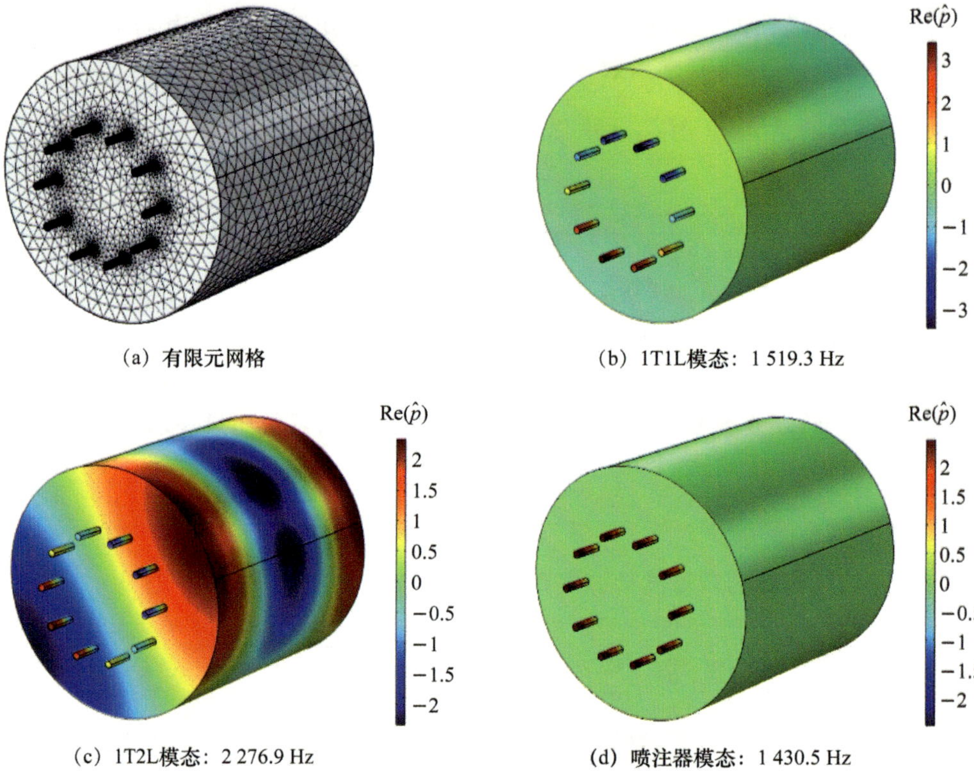

(a) 有限元网格　(b) 1T1L模态: 1 519.3 Hz

(c) 1T2L模态: 2 276.9 Hz　(d) 喷注器模态: 1 430.5 Hz

图 6-10 数值计算网格与特征模态分布

对于图 6-10(d)的喷注器模态共振频率 1 430.5 Hz,燃烧室压力振荡振幅接近为 0。对于单个喷注通道而言,左侧为声学固壁边界,右侧近似于压力节点,因此该模态接近于通道长度 L_d 上的一个 1/4 波长,其共振频率为

$$f_{0,i}=\frac{\bar{c}_d}{4L_d}=\frac{347.2\ \text{m/s}}{4\times0.06\ \text{m}}=1\ 446.7\ \text{Hz}$$

该频率极其接近于单独的燃烧室 1T1L 模态固有声学频率 1 513 Hz。因此二者在喷注器与燃烧室的组合结构中发生耦合,导致各自的共振频率发生偏移,最终新的 1T1L 模态比燃烧室的固有声学频率较高,新的喷注器模态频率比其 1/4 波长频率较低。

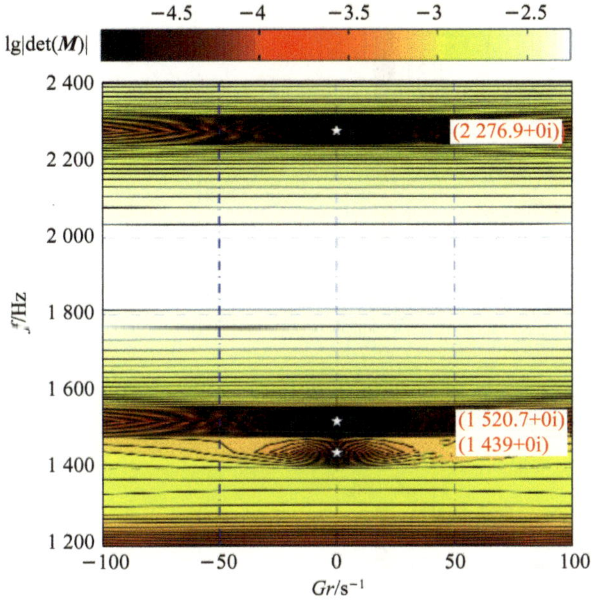

图 6-11　喷注耦合低阶模型验证 $L_d=60$ mm，$n_f=0$

在喷注耦合低阶网络模型中使用相同的参数计算特征频率，在一阶切向模态的频率附近得到三个结果，如图 6-11 所示，其中 1T1L 模态频率 1 520.7 Hz，1T2L 模态频率 2 276.9 Hz，喷注器模态 1 439.0 Hz，其中燃烧室模态与数值结果高度一致，而喷注通道模态存在 8.5 Hz 的偏差。这样的偏差一般来自低阶模型中对于喷注通道的一维分布假设，而直接数值计算中的真实分布是三维的。尽管喷注通道的一维假设在模型中引入了误差，但理论预测精度仍然是非常高，相对误差小于 0.6%。

当考虑喷注脉动耦合作用时，由式(6.72)已知，无论是可压声导纳模型还是不可压液体通道都会在室压振荡的作用下产生相应的质量流量脉动，从而给燃烧室的火焰-声波反馈网络带来额外的动量和能量源项。

由式(6.73)可知，当马赫数为 0，不考虑热源作用，代入常数声导纳喷注耦合质量流量脉动求解特征值系统获得 1L、1R1L、1T1L 和 2T1L 四种典型燃烧室模态。通过改变声导纳幅值和相位发现，如图 6-12 所示，当声导纳为 0 时低阶声学网络中所有源项均为 0，此时燃烧室表现为纯声学共振频率且增长率为 0。

对于同一幅值的声导纳，随着其相位从 $-\pi$ 开始不断增大，各个模态的稳定性均从增长率左半轴最稳定点开始顺时针围绕燃烧室纯声学模态转圈。每隔 2π 完成一个周期的变化，其中，当 $A_d\in(-\pi/2,\pi/2)$ 时，特征模态在频率-稳定性平面上位于不稳定的右半轴。这意味着，考虑喷注耦合作用引入的质量流量脉动源项，其对于整个推力室的燃烧稳定性贡献同样遵循瑞利准则的相位条件判据，可以推断，喷注脉动相位将与火焰动态响应相位一起决定系统在相应频率下的稳定性。

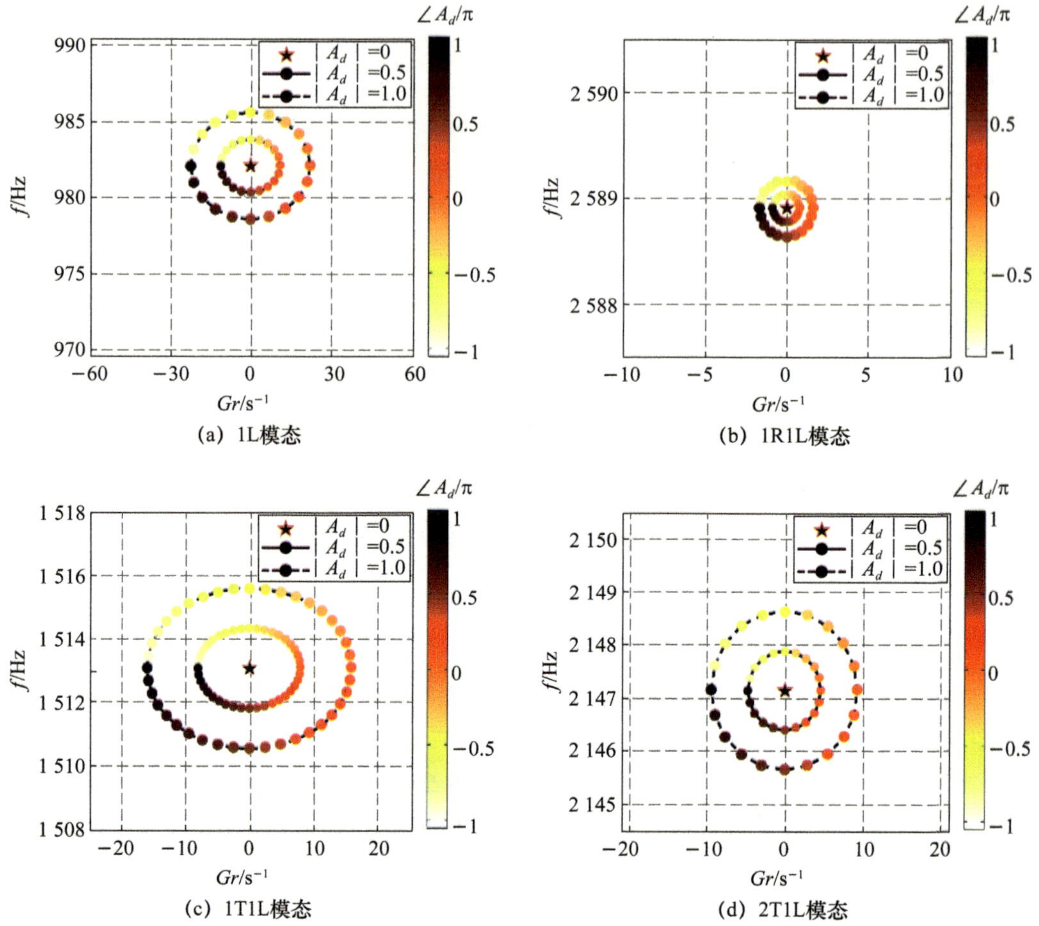

图 6-12　喷注管路声导纳对稳定性的影响

1. 气体通道几何与进口边界

气体通道作为火箭发动机喷注燃气的重要元件，喷嘴进口往往通过切向孔或节流孔与集气室相连接。在不考虑供应系统和管路来流压力脉动的情况下，往往有两种经典的进口边界条件：固壁面边界（$u'_{\rm in}=0$）与零压力扰动边界（$p'_{\rm in}=0$）。

以进口固壁面边界的比值为例，式(6.53)可以写为：

$$C(\omega)=\mathrm{e}^{-2\mathrm{i}\beta} \tag{6.76}$$

式中，

$$\beta=\frac{1}{1-Ma^2}\frac{\omega L_d}{\bar{c}_d} \tag{6.77}$$

此时，代入气体通道出口声导纳表达式(6.57)可得：

$$A_d(\omega,x=0)=\frac{1-C(\omega)}{1+C(\omega)}=\frac{1-\mathrm{e}^{-2\mathrm{i}\beta}}{1+\mathrm{e}^{-2\mathrm{i}\beta}}=\mathrm{i}\cdot\tan\beta \tag{6.78}$$

同理，进口为压力开口的通道声导纳则为：

$$A_d(\omega,x=0)=\frac{1+\mathrm{e}^{-2\mathrm{i}\beta}}{1-\mathrm{e}^{-2\mathrm{i}\beta}}=\mathrm{i}\cdot\cot\beta \tag{6.79}$$

因此，对于两种进口边界条件，气体通道出口的声导纳相位都是 $\pm\pi/2$，这里相位的正负取决于 β 参数的正切或余切的正负；而声导纳的幅值，则由 β 这一参数决定，而该参数是由通道长度 L_d、通道内介质声速 $\bar{c}_d$、通道内流体马赫数以及室压振荡频率 ω 四个参数决定。由于室压振荡频率是由特征值系统算出来的，因此这里我们只讨论通道长度、声速和马赫数的影响。

利用气体通道声导纳表达式，设置介质温度为 $\overline{T}_d=300\ \text{K}$，此时声速为 $\bar{c}_d=347.2\ \text{m/s}$，绘制气体通道在不同通道长度下的频率响应特性，如图 6－13 所示。对于两种类型进口边界条件，其相位正如式(6.78)与式(6.79)推导所示，相位只在 $\pm\pi/2$ 两个值之间切换，幅值变换与正切和余切函数的周期性相同。

考虑到正切函数的周期性，当满足 $0<\beta<\pi/2$，随着频率的增大，也就是 β 的增大，正切函数的幅值由 0 趋向于无穷大。对应图 6－13 中的幅值变化，声导纳的峰值对应的正是 $\beta=\pi/2$，此时：

$$\frac{1}{1-Ma_d^2}\frac{\omega L_d}{\bar{c}_d}=k\pi+\frac{\pi}{2},\quad k=0,1,2,\cdots \tag{6.80}$$

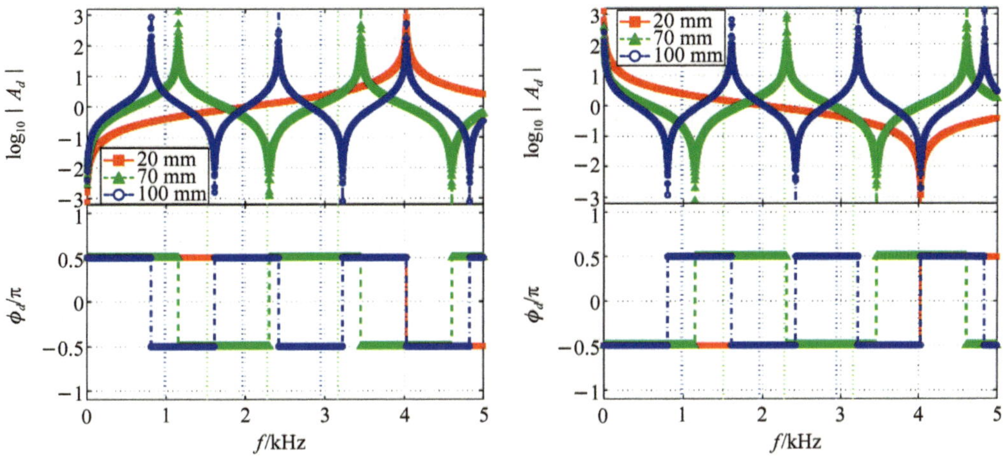

(a) 通道进口零速度扰动　　(b) 通道进口零压力扰动

图 6－13　不同气体通道长度声导纳的频响特性

由此可以得出声导纳峰值对应的频率 f_d，也是其峰值出现的频率，写为

$$f_d=\frac{(2k+1)\bar{c}_d}{4L_d}(1-Ma_d^2) \tag{6.81}$$

当马赫数为 0 时，则得到了经典的 1/4 波长管的声学共振频率。

同理，对于气体通道进口为零压力扰动边界时，依据余切函数的性质，声导纳的峰值将出现在 β 为 π 的整数倍时，对应的频率为

$$f_d=\frac{k\,\bar{c}_d}{2L_d}(1-Ma_d^2) \tag{6.82}$$

当马赫数为 0 时，则正好对应 1/2 波长管的声学共振频率。

喷注耦合低阶网络中考虑进口为固壁面的气体通道声导纳，当马赫数为 0 时连续改变通道长度求解推力室特征频率并作出模态判定。不考虑热源影响结果如图 6－14 所示，红色线为对应通道长度的 1/4 波长共振频率。由于火焰响应幅值为 0，所有模态的增长率均为 0，因

此不再展示。

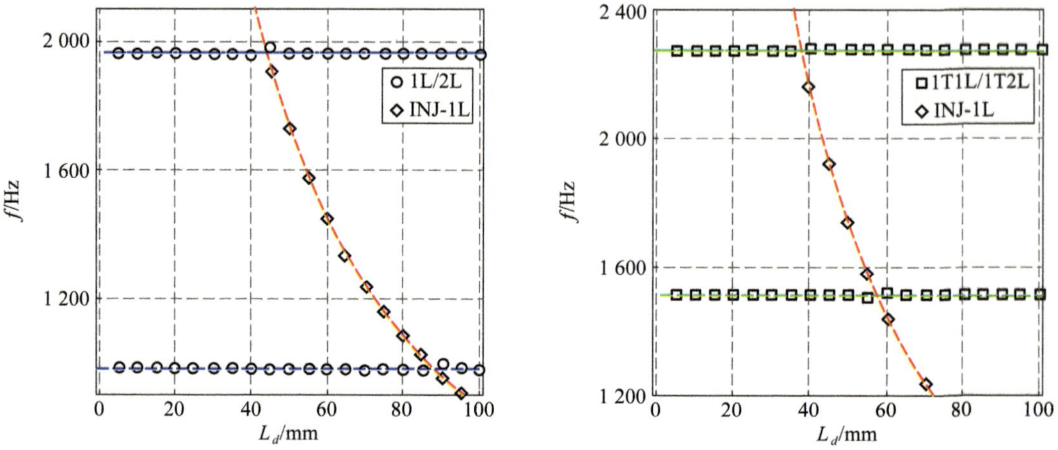

(a) 纵向模态　　(b) 一阶切向模态

图 6-14　忽略平均流动时气体通道长度对喷嘴-燃烧室耦合共振频率的影响规律

由结果可知，当气体通道 1/4 波长频率远离燃烧室纵向和切向模态的相应频率时，相互之间几乎没有影响。在某些喷嘴长度下，喷嘴自身的频率与燃烧室的固有模态相近，此时二者的频率会互相影响，向远离对方的方向偏移，即如果燃烧室的固有频率高于喷嘴的 1/4 共振频率，燃烧室的该频率则变为更高频率，同时喷嘴共振频率会变为较低的新频率，可以认为发生了声学上的喷注耦合。

考虑气体通道平均流动作用，如图 6-15 所示，再一次利用喷注耦合低阶网络模型得到特征频率。这里红色虚线为零马赫数下的 1/4 波长共振频率，而红色实线则是马赫数不为零的真实 1/4 共振频率。同样地，当喷嘴共振频率远离燃烧室固有声学频率时，喷嘴与燃烧室模态之间相互独立，互不影响。

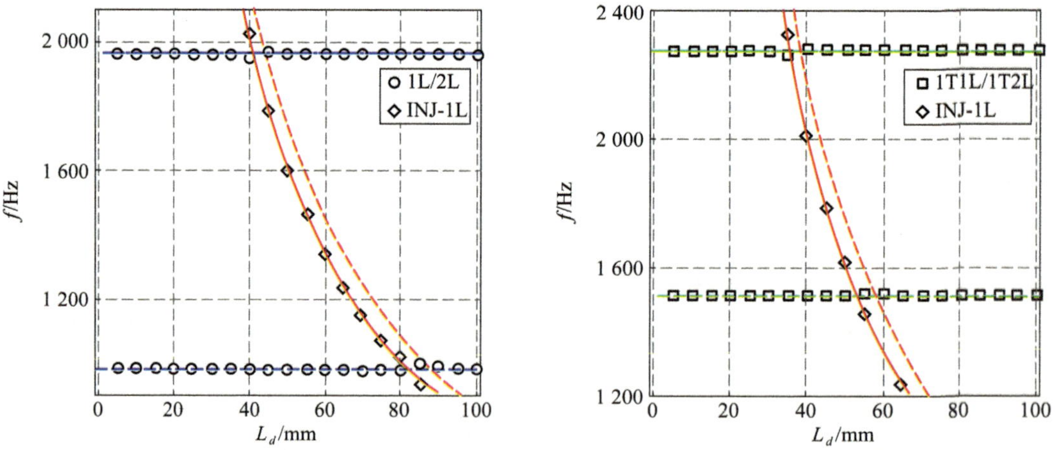

(a) 纵向模态　　(b) 一阶切向模态

图 6-15　考虑平均流动（$\bar{\dot{m}}=1$ kg/s）时多喷嘴-燃烧室耦合的共振频率变化规律

当火焰响应幅值为 1，响应时间延迟为 0 时，如图 6-16 所示，喷嘴 1/4 模态与燃烧室固有模态之间在互相靠近的时候，各自频率相互远离的偏移程度增大。相比于没有热源影响的情况，能够引起喷嘴模态和燃烧室模态相互耦合偏移的气体通道长度范围变宽，二者在相隔一段距离的时候就已经开始互相影响，这也说明了火焰响应会增强喷嘴共振频率和燃烧室模态之间的耦合作用。在频率-增长率平面上，由于火焰响应的存在，各个频率的增长率不再是绝对的 0。由频率变化已知，随着通道长度增大，喷嘴模态频率不断减小，燃烧室模态频率只在其固有频率附近变动。同时，火焰响应作用下，喷嘴模态一直处于不稳定区域，某些通道长度下喷嘴频率靠近燃烧室固有频率，会在频率互相远离的同时，将其向不稳定的右半轴吸引，而在喷嘴模态随着长度变化与燃烧室固有模态交错之后，该模态重新回到零增长率附近。

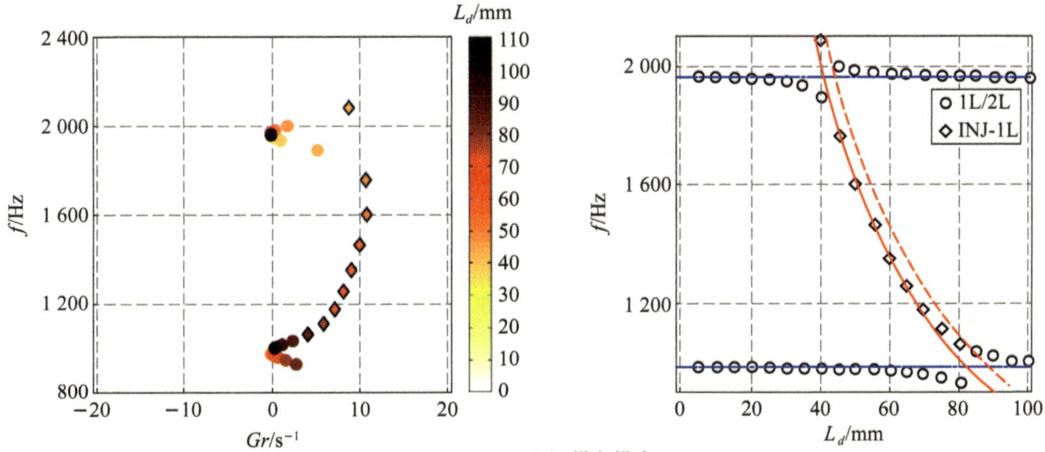

(a) 纵向模态

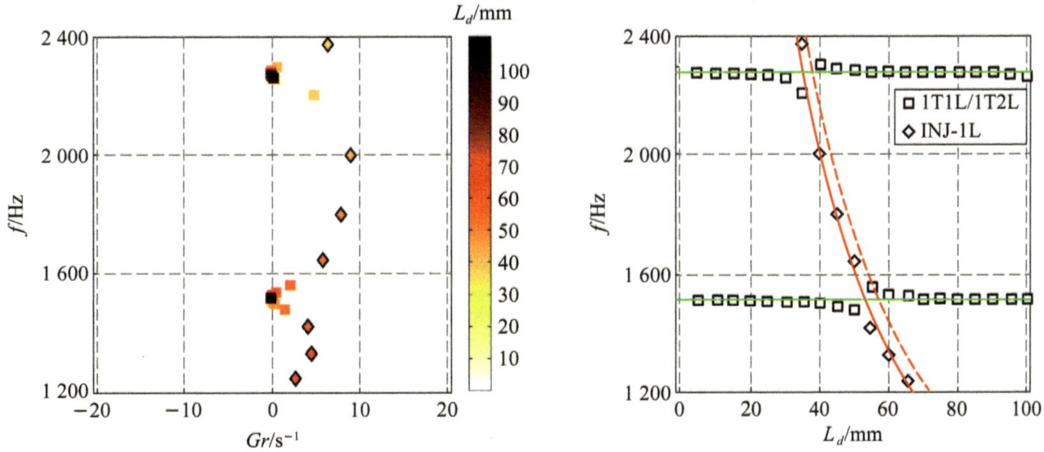

(b) 一阶切向模态

图 6-16 考虑火焰传递函数($n_f=1,\tau_f=0$)时多喷嘴-燃烧室声学模态的变化规律

当火焰响应幅值为 1，而响应延迟为 0.08 ms 时，如图 6-17 所示，喷嘴模态在靠近燃烧室某一模态时频率变化规律与延迟时间为 0 相比基本相同，变化不大。不同的是，在时间延迟相位的作用下，喷嘴模态和燃烧室模态相互作用的增长率在很宽的范围内改变彼此。

同时，偏向于不稳定的喷嘴模态会在使得燃烧室固有模态频率远离的同时，使其稳定性也向着反方向，也就是更稳定的左半轴移动。但是在火焰影响的加强下，频率低于燃烧室模态的喷嘴模态在远离的过程将燃烧室频率推高的同时，使其变得不稳定。这一点由固有频率附近的模态点看出，这意味着喷嘴模态在很大范围内会改变燃烧室模态在火焰响应激励下原本的稳定性。

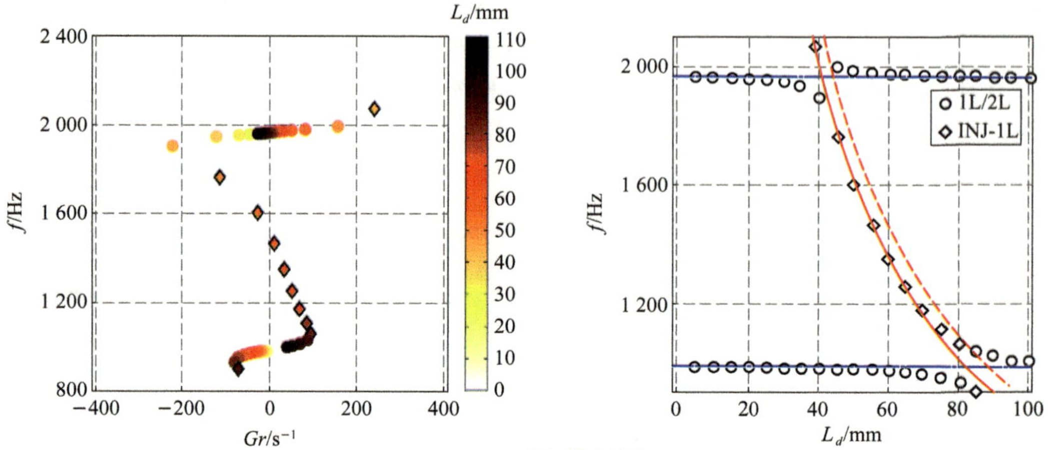

(a) 纵向模态

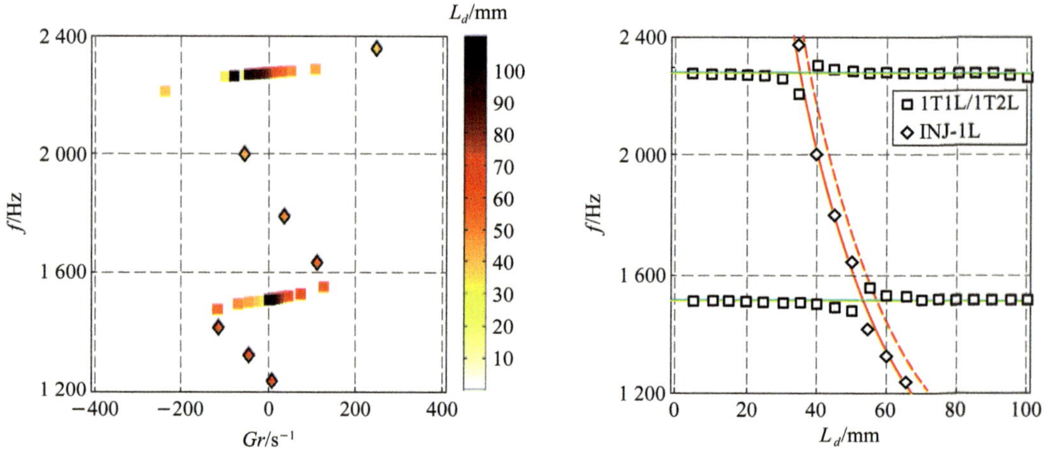

(b) 一阶切向模态

图 6-17 火焰传递函数($n_f=1, \tau_f=0.08$ ms)对多喷嘴-燃烧室耦合模态的影响规律

当喷嘴进口压力脉动为 0 时，喷嘴共振频率为其 1/2 波长频率。因此同样的声速下喷嘴的共振频率更高。此时，喷嘴模态会和燃烧室更高频的固有模态相耦合，如图 6-18 所示，当不考虑平均流动和火焰作用时，喷嘴 1/2 波长频率会在远离 2L 和 3L 纵向模态时与燃烧室模态互不干扰，而在非常靠近时互相远离。此时喷嘴共振频率想要与 1L 模态耦合就需要在更长的喷嘴长度上才能实现。对于切向频率也是如此，100 mm 以内的喷嘴长度已经不会与 1T1L 模态相互耦合，而是与更高频的 1T2L 和 1T3L 模态相互影响。

需要说明的是，由于气体通道声导纳的相位只有 $\pm\pi/2$，因此当不考虑火焰响应时，喷嘴的响应对于增长率贡献为 0，因此各个模态的增长率也为 0。当平均流被考虑时，喷嘴的 1/2 波长频率向稍低方向偏移，如图 6-19 中所示，无平均流的红色虚线迁移到了实线的位置，因此喷嘴 1/2 波长频率的影响范围也发生了迁移。

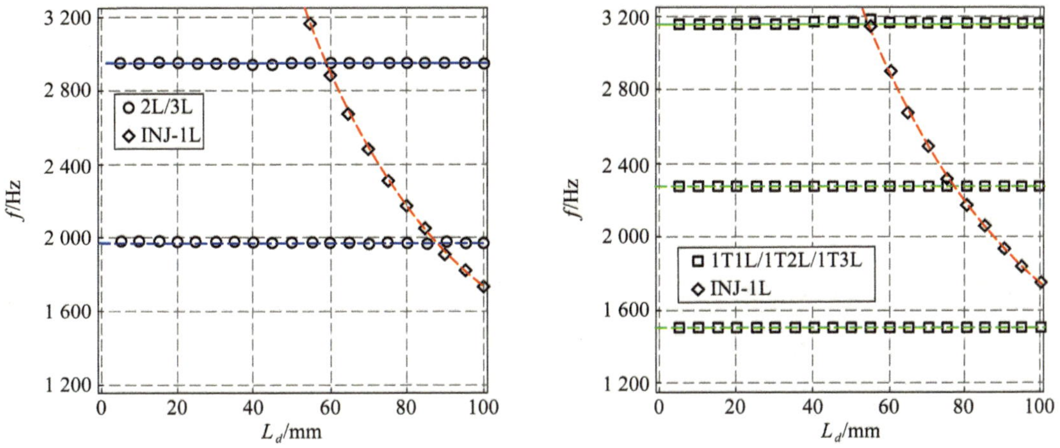

(a) 纵向模态　　(b) 一阶切向模态

图 6-18　无平均流动时进口零压力扰动的气体通道对燃烧室纯声学共振频率的影响

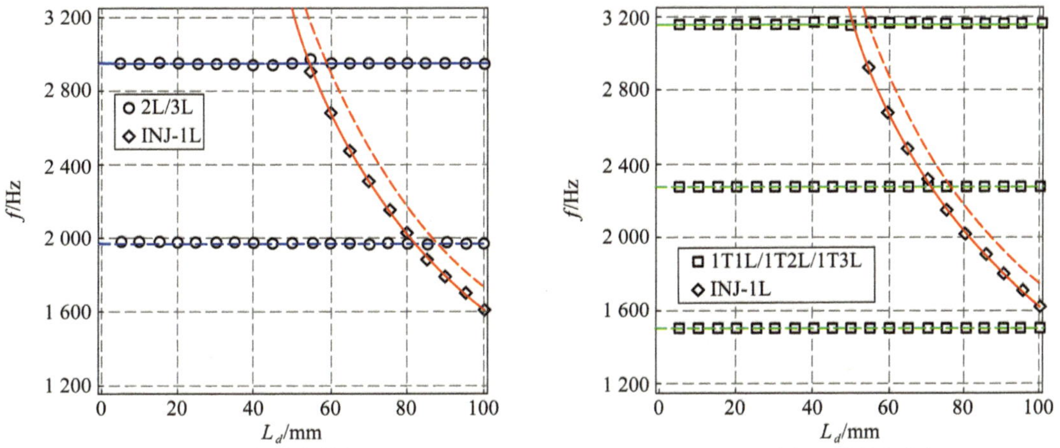

(a) 纵向模态　　(b) 一阶切向模态

图 6-19　考虑平均流动($\overline{\dot{m}}$=1 kg/s)时进口零压力扰动的气体通道长度对燃烧室纯声学共振频率的影响

对于进口零压力扰动边界的喷嘴，当考虑火焰响应幅值和时间延迟的作用时，如图 6-20 所示，可以在频率-稳定性平面上看到，喷嘴 1/2 波长由于较为高频，与燃烧室较高频的纵向和切向模态相互耦合。但是不同于 1/4 波长的是，在高频区域，喷嘴共振频率对燃烧室固有模态频率的影响变得非常有限，燃烧室模态基本就在一个频率水平线上变化。但是对于稳定性来说，不稳定的喷嘴 1/2 波长模态靠近燃烧室模态时使其变得更稳定，交错而过之后喷嘴共振模态在这种耦合作用下变得稳定，相反，燃烧室固有频率移动到了不稳定的右半平面。随着喷嘴长度增长远离燃烧室模态后，该频率又恢复到原本的稳定或不稳定状态。

2. 液体喷嘴几何与工况参数

作为经典的液体火箭发动机喷嘴结构，直流式喷嘴尺寸小，结构简单，在大推力氢氧发动机及液氧甲烷发动机上得到了广泛的应用。直流式喷嘴作为惯性元件，根据式(6.63)的喷嘴

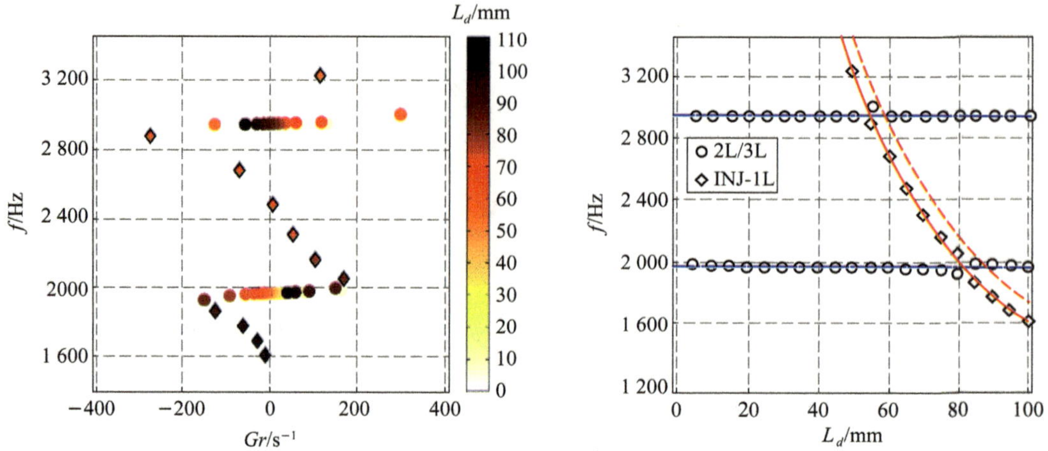

(a) 纵向模态

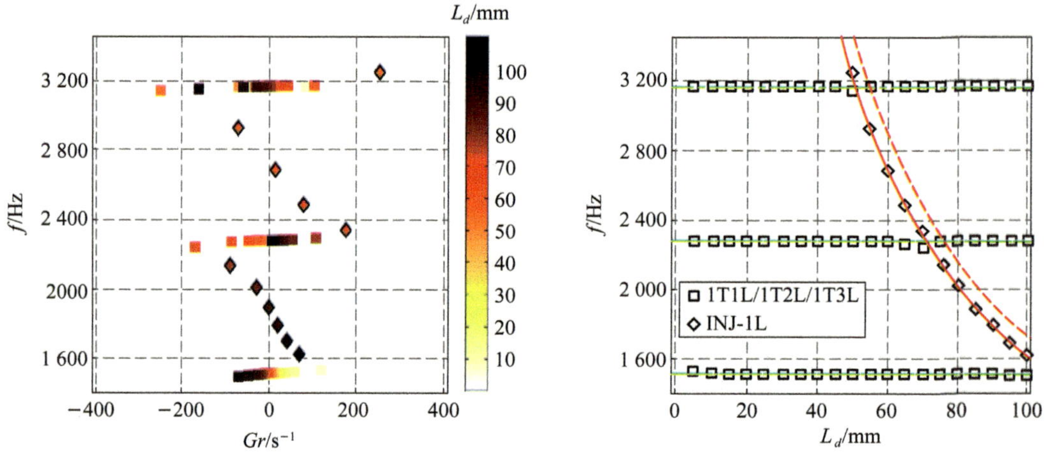

(b) 一阶切向模态

图 6-20 多喷嘴-燃烧室耦合模态随喷嘴长度增大的变化规律($n_f=1,\tau_f=0.08$ ms)

传递函数,可以绘制其喷注脉动的幅频和相频响应特性。

如图 6-21 所示,纵向的虚线是燃烧室的各个固有频率。对比发现,直流式喷嘴的喷注响应具有典型的低通特性,仅在非常低频的区域存在大幅值响应。而对于燃烧室近千甚至上万 Hz 的固有频率响应几乎为零。因此,直流式液体喷嘴的喷注脉动几乎不会影响到高频燃烧室声学模态及其稳定性。

当考虑直流式喷嘴内液体推进剂的可压缩性时,其声速相比于气体介质高出很多,其声学导纳共振频率和燃烧室固有模态在相近的量级。因此可以通过质量和动量连续方程构建液体通道的导纳函数,从而建立质量流量脉动和室压脉动之间在液体喷嘴出口的传递关系[15,16],与气体通道声导纳的喷注耦合低阶建模过程类似。

关于离心喷嘴对燃烧稳定性的影响,这里使用式(6.64)中的离心喷嘴传递函数代入低阶预测模型中进行定量分析。假设火焰传递函数幅值为 1,延迟为 0,如图 6-22 所示,当连续改变离心喷嘴压降和旋流腔长度,可以获得纵向模态和一阶切向模态的稳定性边界。结果表明,对于纵向和切向模态来说,室压振荡激励下的离心喷嘴的质量流量脉动对于发动机整体的稳定性具有关键作用。

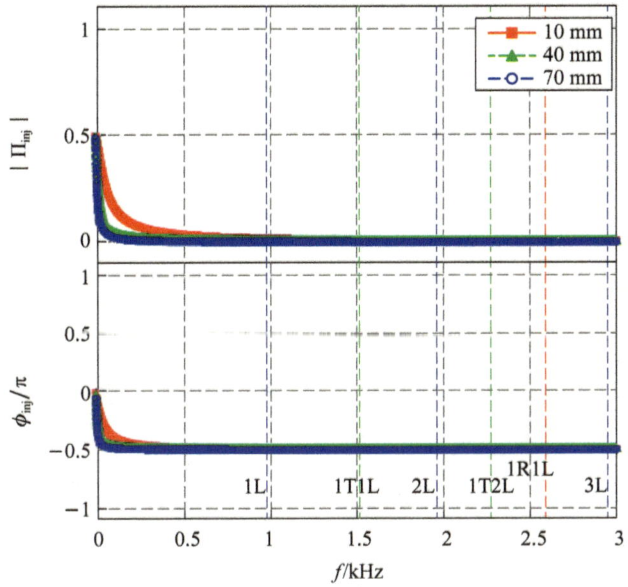

图 6-21　不同长度的直流式喷嘴液体通道喷注动态响应函数

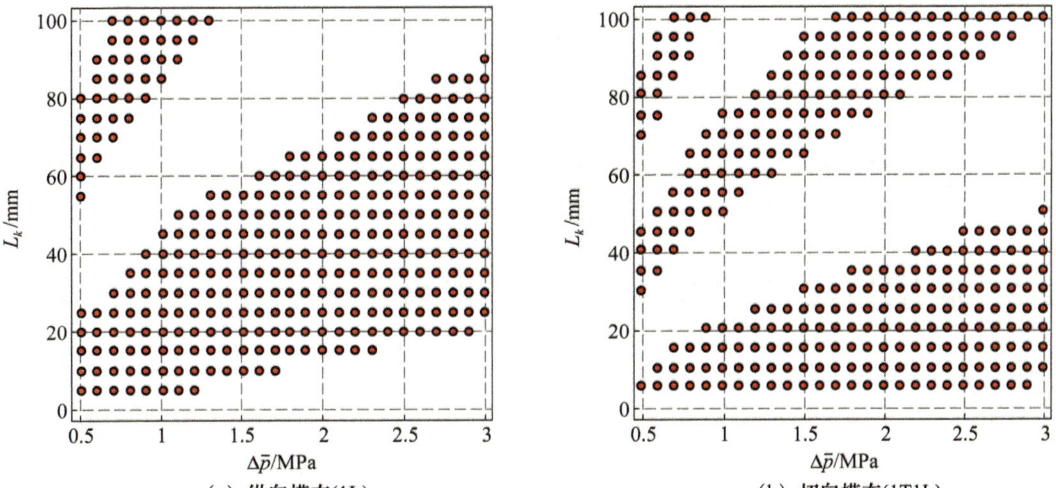

(a) 纵向模态(1L)　　(b) 切向模态(1T1L)

图 6-22　离心喷嘴几何与工况参数对燃烧不稳定性边界的影响

考虑到建立喷注耦合低阶模型时，喷嘴传递函数是由喷注质量流量脉动与压降（燃烧室压力脉动的相反数）定义的，假设火焰响应延迟为 0，此时根据瑞利判据可知，当喷注脉动响应的相位满足：

$$k\cdot 2\pi+\pi-\frac{\pi}{2}<\phi_{\mathrm{inj}}<k\cdot 2\pi+\pi+\frac{\pi}{2},\quad k=0,1,2,\cdots \tag{6.83}$$

喷注质量流量脉动作用下燃烧室振荡模态不稳定，反之则稳定。

在不等式两侧同时除以 π 进一步得到：

$$(2k+1)-\frac{1}{2}<\frac{\phi_{\mathrm{inj}}}{\pi}<(2k+1)+\frac{1}{2} \tag{6.84}$$

为了进一步明确离心喷嘴喷注耦合燃烧稳定性的产生机制，选取 40 mm 短喷嘴和 70 mm 长喷嘴，低压降 0.5 MPa 和高压降 1.5 MPa 中的三个参数组合，绘制离心喷嘴传递函数的幅频和相频特性，如图 6-23 所示。将满足以上相位条件标记为灰色区域，结果显示，不同喷嘴参数组合下，所有处于相频特性灰色区域内的工况均不稳定，区域外则稳定。

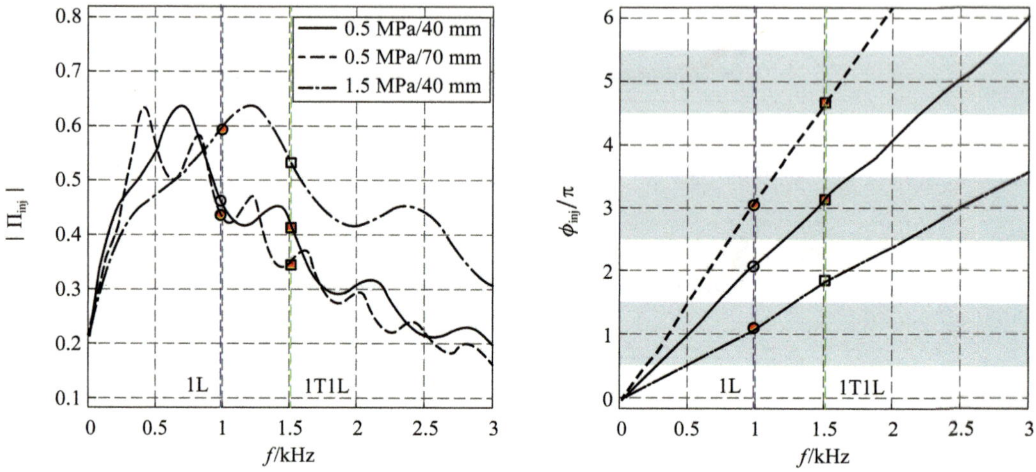

(a) 幅频特性　(b) 相频特性

图 6-23　液体离心喷嘴动态特性对燃烧稳定性的影响

因此，离心喷嘴喷注脉动的相位是决定燃烧不稳定性的关键因素，在不考虑火焰响应延迟的条件下，喷嘴质量流量传递函数的相位将直接决定燃烧室固有声学模态的稳定性。当考虑真实火焰响应时，喷嘴出口处质量流量脉动作为火焰动态响应的输入，喷嘴质量流量脉动相位会与火焰响应延迟相位共同决定整体的燃烧稳定性。

6.2.3　混合比脉动与其他动态过程的影响

对于同轴式喷嘴，在喷嘴出口处燃烧室压力振荡激励下，由于内外通道的氧化剂和燃料的喷注脉动响应存在幅值和相位上的差异，同时内外通道流体可能会在缩进段或喷嘴出口处相互作用，一定程度上改变喷嘴整体的响应特性，引起混合比 $\chi=\dot{m}_o/\dot{m}_f$ 脉动[17, 18]。

将式(2.68)中同轴喷嘴的混合比传递函数 Π_χ 作为火焰的输入，此时火焰传递函数写为

$$\mathcal{F}(\omega)=\frac{\dot{q}'/\overline{\dot{q}}}{\chi'/\overline{\chi}}=|n_f|\mathrm{e}^{\mathrm{i}\phi_f}=|n_f|\mathrm{e}^{\mathrm{i}\omega\tau_f} \tag{6.85}$$

代入低阶声学网络模型后，通过改变火焰动态响应延迟 τ_f，可以定量分析混合比脉动作用下燃烧室固有声学模态的稳定特性。

如图 6-24 所示，随着燃烧时间延迟的增大，混合比脉动的相位延迟与火焰响应的相位延迟的总和，总是在满足不同燃烧室声学模态的瑞利相位条件时，表现为不稳定，反之则稳定。当忽略燃烧时间延迟($\tau_f=0$)，混合比脉动的相频条件将直接决定发动机燃烧室整体的燃烧不稳定性。

在燃烧室内压降振荡外激作用下，喷注单元的推进剂流动、掺混、雾化、蒸发等过程，随之而来的下游燃烧过程的化学反应机理、热力学参数变化甚至燃烧过程的压力敏感特性等，都是

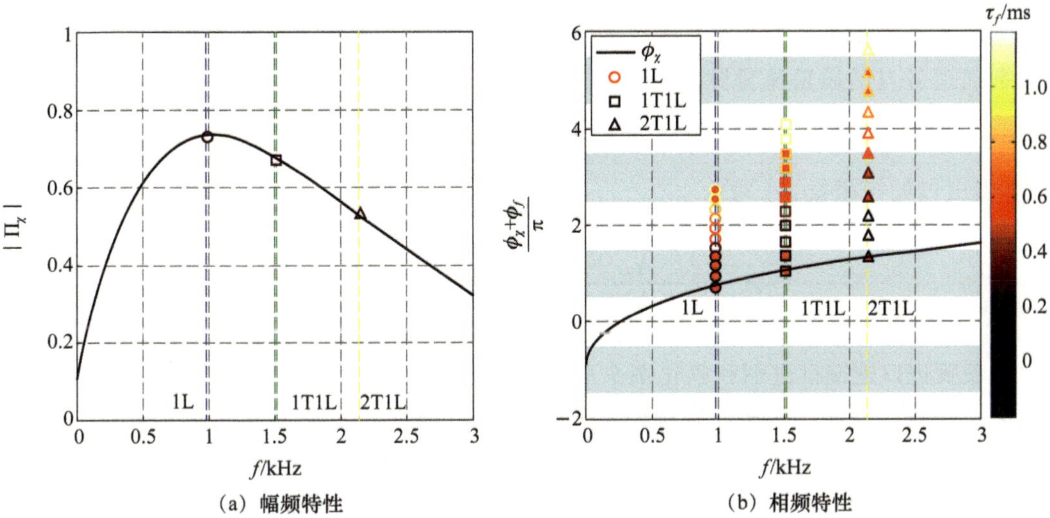

图 6-24　混合比脉动特性对燃烧室声学模态稳定性的影响

发动机热试车燃烧不稳定性的影响因素之一。随着研究人员对液体火箭发动机燃烧室高温高压工作环境下物理-化学湍流燃烧各过程响应特征时间尺度认识的不断加深，针对具体的发动机设计和推进剂选择，可以得到各个过程对声波与燃烧过程之间总相位延迟的贡献：

$$\tau_{\Sigma}=\Sigma\tau_i=\tau_{\text{inj}}+\tau_{\text{mix}}+\tau_{\text{spray}}\cdots+\tau_f \tag{6.86}$$

由于上述子过程响应特性仍可以用相应的压力型或质量型传递函数表示，因此，可以基于声学网络模型的框架快速发展相应的低阶预测模型，从而定量揭示液体火箭发动机燃烧不稳定性发生和发展的主导机制。

6.3 全尺寸三维低阶预测模型

前面通过分析声学压力振荡在液体火箭发动机中各个单元中传播时的响应特性，分别实现了燃烧室内热声耦合和喷注耦合的不稳定燃烧共振频率和稳定性的预测。本节利用各个单元的响应模型，进一步搭建液体火箭发动机全尺寸声学网络模型，并通过第 6.4 节对德国航天中心 BKD 氢氧液体火箭发动机不稳定燃烧问题的分析，验证全尺寸三维低阶预测模型的有效性。

6.3.1 同轴喷嘴进口来流脉动的影响

针对真实液体火箭发动机中的声学扰动传播特性，本节对第 6.2 节中的单通道喷注声学响应模型进行进一步的拓展应用，分析双组元同轴式喷嘴的喷注声学响应对发动机不稳定燃烧特性的影响。

同轴式喷嘴往往结构尺寸小，推进剂雾化掺混效果好，在提高燃烧效率的同时有利于缩小头部尺寸，在液体火箭发动机中得到广泛应用。典型同轴式剪切喷嘴和同轴离心喷嘴通常由内外通道分别喷注氧化剂和燃料，因此二者具有相对独立的喷注声学特性。

依据第 6.2 节中推导获得的一维单通道声学响应特性，喷嘴出口在室压脉动作用下，燃料和氧化剂通道各自的质量流量脉动由式(6.59)获得：

$$\dot{m}'=\frac{A_d+Ma_d}{\bar{c}_d}p_c'(x=0,r_i,\theta_i) \tag{6.87}$$

其中，喷嘴出口处声阻抗 A_d 写为

$$A_d=\frac{1+\dfrac{A_{d0}-1}{A_{d0}+1}\exp\left(-\mathrm{i}\,\dfrac{2}{1-Ma_d^2}\dfrac{\omega L_d}{\bar{c}_d}\right)}{1-\dfrac{A_{d0}-1}{A_{d0}+1}\exp\left(-\mathrm{i}\,\dfrac{2}{1-Ma_d^2}\dfrac{\omega L_d}{\bar{c}_d}\right)} \tag{6.88}$$

对于喷嘴进口连接推进剂和氧化剂头腔的节流孔或切向孔的声阻抗 A_{d0}，可通过实验测量和理论推导获得[16]。考虑到头腔容积远大于单个喷嘴，通常可近似认为喷嘴进口处为零压力扰动条件，即 $1/A_{d0}=0$；随着连接孔径直径减小，喷嘴进口边界趋近于零速度扰动条件，即 $A_{d0}=0$。

因此，同轴式喷嘴在室压脉动作用下在喷嘴出口处产生的总质量脉动为

$$\dot{m}_{\mathrm{inj}}'=\dot{m}_o'+\dot{m}_{\mathrm{fuel}}' \tag{6.89}$$

6.3.2 压力型火焰传递函数的影响

由于真实发动机热试车过程中难以直接测量获得高温高压燃烧热释放率脉动对推进剂质量流量脉动的动态响应特性，研究人员常常利用 Crocco 提出的经典时滞模型来分析真实发动机中的振荡燃烧现象，即压力型火焰传递函数：

$$\mathcal{F}(\omega)=\frac{\dot{Q}'/\overline{\dot{Q}}}{p_c'/\bar{p}_c}=n_f\mathrm{e}^{\mathrm{i}\omega\tau_f} \tag{6.90}$$

文献[19]通过大涡模拟仿真获取了 BKD 氢氧发动机燃烧室压力振荡作用下的热释放脉动数据，其中一阶切向模态振荡主频下喷注面板压力峰值处火焰的响应强度为 $n_f=1.1$，响应延迟为 $\tau_f=0.9/f_{1\mathrm{T}}\approx0.88$ ms。利用以上压力型火焰传递函数参数，可以复现 BKD 发动机中不稳定燃烧振荡频率，具体结果见第 6.4 节。实际应用过程中，为了准确捕捉液体火箭发动机多火焰燃烧室内的燃烧稳定特性，就需要在各个声学模态的主频附近计算或测量得到对应的火焰动态响应函数，进而获得关键设计参数对燃烧不稳定性的影响规律。

6.3.3 变截面喷管声学特性的影响

同时，燃烧室压力振荡向下游传播经过喷管时可能被进一步放大或耗散，对火箭发动机的稳定特性产生显著影响[20, 21]，因此，喷管声学特性也必须在全尺寸低阶声学网络模型中做出考虑和分析。

假设燃烧过程完全发生在燃烧室中，喷管进口的稳态低速来流加速向下游流动，在喉部被加速到声速后以超声速继续向下游流动。由于超声速流动中压力振荡等波动无法向喉部上游传播，因此只需要考虑喷管收敛段内扰动传播特性。在应用于真实液体火箭发动机之前，还需要将变截面喷管收敛段的声学响应特性引入全尺寸低阶模型。

低阶网络建模过程中，燃烧室中流动马赫数相比于喷管通常相当的小，因此往往可以将喷

注面板到燃烧室出口的等截面段与喷管分开进行分析。喷管收敛段对于来自上游燃烧室的扰动的响应可以通过实验测量、数值仿真或理论推导获得，由喷管进口（复）声导纳给出这一燃烧室出口必须满足的声学边界条件，从而获得喷管收敛段几何和流场参数对燃烧室声学特性和燃烧稳定性的影响规律。

基于喉部壅塞的等熵紧致喷管经典理论[22]，燃烧室出口处（喷管进口）声导纳表示为：

$$A_{out}=\left.\frac{u'/\bar{c}}{p'/\gamma\bar{p}}\right|_{x=l_c}=\frac{\gamma-1}{2}Ma_c \tag{6.91}$$

当且仅当来流马赫数远小于 1 时，壅塞喷管可以近似地认为在等截面燃烧室出口处近似等效为声学固壁（$A_{out}=0$），这意味着进入喷管收敛段的能量会无耗散地全部返回燃烧室内。

当来流马赫数不可忽略时，这说明部分声能量能够通过流动从喷管输送出去，对燃烧室来流声能量产生耗散作用，促进发动机的稳定性。如果喷管长度不再满足远小于声波波长的紧致假设，则喷管进口声导纳的虚部不为 0，表明喷管对燃烧室来流声波的反射有相位上的延迟，这一延迟对于总的特征时间的贡献，将极大地影响发动机的燃烧不稳定性。

6.4　德国液氢液氧火箭 BKD 缩比发动机

6.4.1　BKD 发动机的燃烧不稳定性

BKD 发动机是由德国航天中心（DLR）空间推进研究所搭建的液氢液氧缩比火箭发动机，主要在典型的上面级发动机工况下工作，推力 25 kN，室压 60～80 bar，实验装置如图 6－25 所示[23-25]。

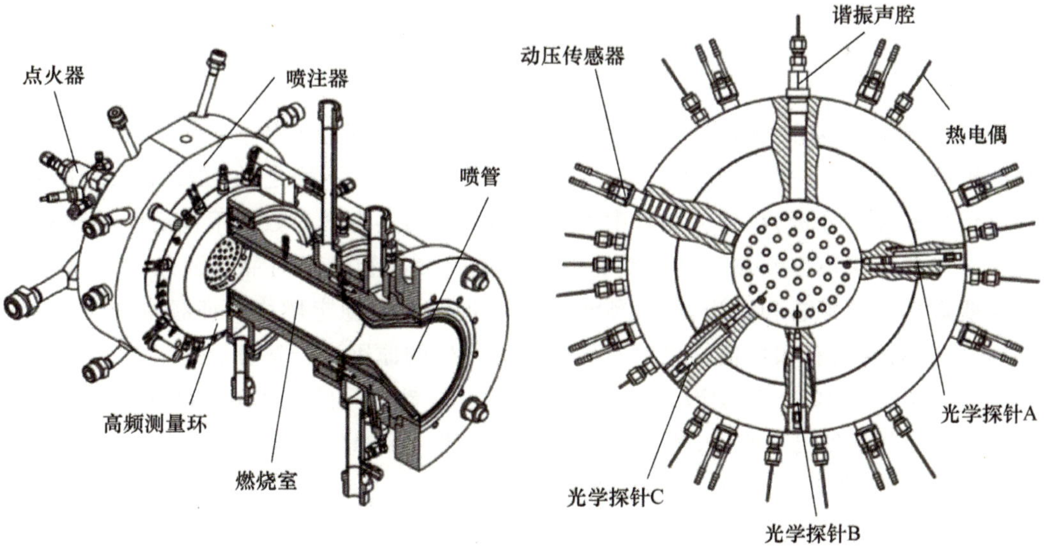

图 6－25　德国 DLR 液氢液氧火箭发动机 BKD 及高频测试环[24]

发动机喷注单元共有 42 个同轴剪切喷嘴，采用同心圆式 6，12，24 三圈排列，燃烧室和喷嘴几何参数见表 6－3，其中液氧由喷嘴中心通道供入，液氢由外层环缝通道供入。

表 6-3 BKD 几何参数汇总[25, 26]

l_c/mm	d_0/mm	l_{O_2}/mm	l_{H_2}/mm
215	80	70	37.5

BKD 发动机试车得到四个特定工况 LP1-LP4 的测试用例[23-25]，供液体火箭发动机高频不稳定燃烧分析使用。相关试验参数如表 6-4 所示，四个工况均在富燃条件下工作，室压分别为 70 bar 和 80 bar。此时室压高于液氧的临界压力(50.4 bar)但喷注温度低于临界温度(155 K)，密度超过 1 000 kg·m^{-3}。

而对于氢气来说，室压和喷注温度均高于其临界压力(13 bar)和临界温度(33 K)，因此外层环缝通道的氢气以超临界状态进入燃烧室。在不同的四种工作条件下，LP1 和 LP3 工况燃烧稳定，LP2 和 LP4 出现了不稳定燃烧现象。

表 6-4 BKD 试验工况参数汇总[23, 25]

	LP1	LP2	LP3	LP4
$\overline{\dot{m}}_{H_2}$/kg·s^{-1}	1.11	0.84	0.96	0.96
$\overline{\dot{m}}_{O_2}$/kg·s^{-1}	4.44	5.04	5.77	5.75
ROF	4	6	6	6
$\overline{T}_{H_2}$/K	96.67	94.90	47.62	95.66
$\overline{T}_{O_2}$/K	111.78	111.48	107.68	111.42
$\overline{p}_{H_2}$/bar	100.03	89.66	90.12	102.92
$\overline{p}_{O_2}$/bar	78.41	81.11	91.89	94.10
$\overline{p}_c$/bar	70.12	70.00	80.22	80.04
结果	稳定	临界稳定	稳定	不稳定

DLR 空间推进研究所基于该实验数据合作发表了一系列的液体火箭发动机中高频不稳定燃烧的理论[27]、仿真[28]和实验研究[29]。已有研究主要关注不稳定的 LP4 工况并进行了详细的数值仿真和理论分析，在相关文献中可以找到丰富的热力学参数和不稳定脉动参数，可以为本节中全尺寸低阶模型预测不稳定燃烧提供必需的参数和结果对照。因此，本节将对 LP4 工况的重要数据进行汇总和讨论，通过预测 LP4 工况下的不稳定燃烧特征频率来验证全尺寸模型的精度，并对照实验和数值结果对不稳定燃烧发生的原因进行解释。

如图 6-26 所示，BKD 不稳定的 LP4 工况下，室压脉动信号的功率谱密度在 10.242 kHz 和 20.535 kHz 两个频率处出现峰值，其中 10 kHz 附近的第一个峰值接近一阶切向 1T 模态，20 kHz 附近第二个峰值接近一阶径向 1R 模态，实验中压力脉动最大峰-峰值在室压 $\overline{p}_c$ 的 20%～43%之间变化。

对光学探针连接的光电倍增管(Photomultipliers，PM)测得的 OH* 信号进行与室压信号相同的频谱分析发现，PM 信号也清楚的包含压力信号中的主导频率。不同之处在于，如图 6-27 所示，PM 信号每隔约 5 kHz 出现如图中红框内所示的一组 2～3 条的清晰和突出的频率信号，其中在对应稳定工况的时刻声学频谱振幅大大降低的同时，光学信号成组出现的特

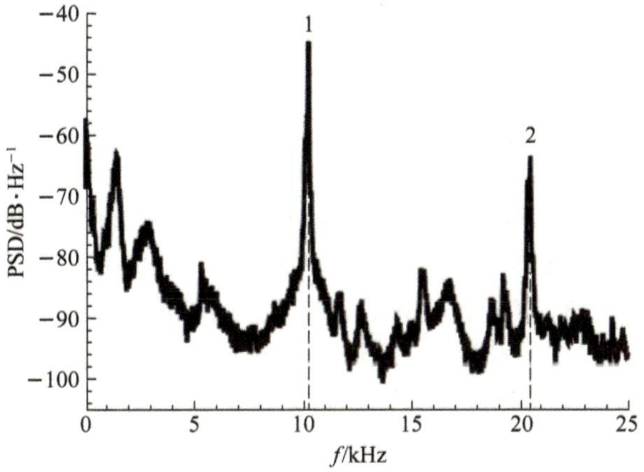

图 6-26 BKD 发动机热试车 LP4 工况动压信号功率谱密度图[23]

征频率线仍然明显存在。这表明火焰热释放率脉动不完全与室压脉动同频振荡，而是由另一种机制控制。

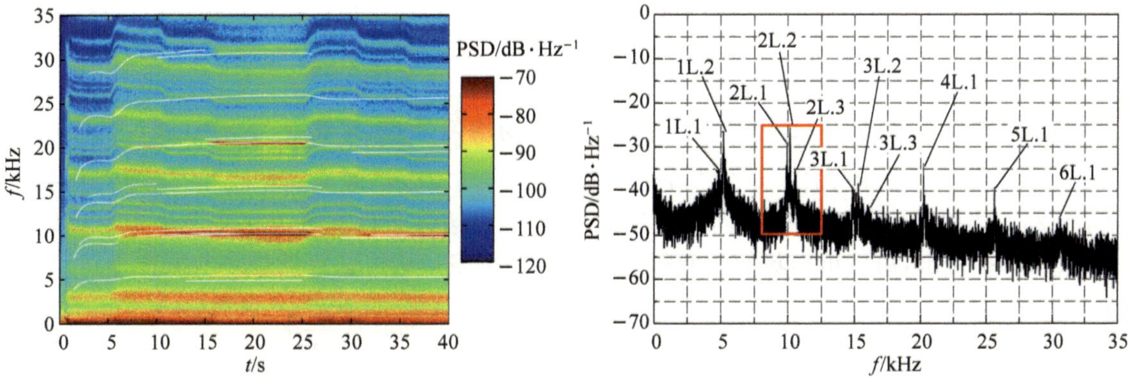

(a) PM主要频率(白色实线)　　(b) 14~15 s的PM功率谱密度

图 6-27 BKD 热试车 PM 信号主要频率与功率谱密度图[23]

Sattelmayer 等人[30]利用实验测得的氧气温度和压力的时序信号，通过 NIST 数据库计算了氧气声速的时序信号，发现热释放率脉动的主要频率与氧气声速的时序信号变化趋势一致，通过进一步试验确定了成组出现的光学频谱特征频率与液氧通道的二阶纵向(2L)声学模态相关。对于这一明显的喷嘴喷注主导的不稳定燃烧现象，尽管许多文献对全尺寸 BKD 或者多喷嘴喷注单元进行了直接的仿真分析，尝试对该喷注耦合的不稳定现象进行解释，但直至现在仍然无法明确解释：为何不稳定燃烧的频率与液氧通道二阶纵向(2L)声学频率存在明显的偏移，以及热释放率脉动 $\dot{q}'$ 的主要频率为什么成组出现。

接下来的一节将利用前面发展的全尺寸低阶声学网络模型，对 BKD 氢氧发动机 LP4 进行不稳定燃烧特征频率的预测，并通过不同频率下的压力脉动分布对上述仍未被明确的喷注耦合不稳定燃烧发生的机理给出解释。

6.4.2 BKD 三维燃烧不稳定性预测

本节选取不稳定的 LP4 工况进行不稳定燃烧的预测分析，在搭建的全尺寸低阶声学网络模型输入必要的喷注和燃烧室几何、热力学和流场参数，通过对比试验压力频谱、光学信号频谱以及全尺寸稳定性相关数据，完成对低阶声学网络模型的正确性验证和精度评估。

Schulze[26] 通过对喷嘴中真实流体稳态流动的仿真，分别获得了 LP4 工况喷注温度和室压下氢氧通道内的密度、流速、声速和马赫数，见表 6-5。最重要的是从仿真结果可以看出喷嘴压降基本发生在节流孔或切向孔附近，同轴喷嘴通道内流场基本呈现均匀分布，因此，对于喷嘴段将不考虑非均匀流场的影响，按均匀分布处理。将与头腔连通的氧通道和氢通道进口视作零压力扰动边界，由第 6.2 节易知，氢氧通道的 1/2 波长模态会在与燃烧室声学模态接近时发生喷注耦合，即 $f=(1-Ma^2)k\bar{c}/2l$，其中 $k=1,2,\cdots$ 对应不同阶数的纵向模态。相应的喷嘴纵向模态频率也在表 6-5 中列出。

表 6-5 BKD 不稳定工况 LP4 喷注参数仿真结果与自激频率估算

	$\bar{\rho}/(\mathrm{kg\cdot m^{-3}})$	$\bar{u}/(\mathrm{m\cdot s^{-1}})$	$\bar{c}/(\mathrm{m\cdot s^{-1}})$	Ma	f_{1L}/kHz	f_{2L}/kHz	f_{4L}/kHz
H_2	19.6	330	892	0.370	10.265	20.530	41.060
LOX	1 054	12.76	797.5	0.016	5.695	11.390	22.780

依据仿真结果，燃烧室反应达到平衡时假设流场均匀分布，比热比为 $\gamma=1.14$，平均声速为 $\bar{c}_{cc}=1\,592\ \mathrm{m/s}$。结合 BKD 发动机在 LP4 工况下的功率 $\bar{\dot{Q}}=86.9\ \mathrm{MW}$ 可得，燃烧室马赫数约为 0.24。当喷注面板为固壁条件，等截面燃烧室出口边界条件在低速来流条件下也可以近似由式(6.91)得出，由三维声场解析解得到的特征频率表达式可估算燃烧室共振频率：

$$f_{m,n,k}=\bar{c}_c\sqrt{(1-Ma^2)^2\left(\frac{k}{2l_c}\right)^2+(1-Ma^2)\left(\frac{\lambda_{mn}}{2\pi}\right)^2} \tag{6.92}$$

不同纵向分布的一阶切向(1T)和一阶径向(1R)频率见表 6-6。

表 6-6 燃烧室三维声学模态特征频率估算

	0L	1L
一阶切向 1T/kHz	11.403	11.939
一阶径向 1R/kHz	23.562	23.819

对比氢氧通道纵向模态频率和燃烧室切向模态频率发现，氢通道一阶纵向频率 $f_{H_2,1L}=10.265\ \mathrm{kHz}$ 和氧通道二阶纵向频率 $f_{O_2,2L}=11.390\ \mathrm{kHz}$ 与燃烧室一阶切向的 1T0L 和 1T1L 模态频率十分接近，因此燃烧室一阶切向频率附近发生喷注耦合不稳定燃烧现象；同理，$f_{H_2,2L}=20.530\ \mathrm{kHz}$ 和 $f_{O_2,4L}=22.780\ \mathrm{kHz}$ 与燃烧室一阶径向的 1R0L 和 1R1L 模态频率接近，可能在燃烧室一阶径向频率附近发生喷注耦合不稳定燃烧。

在搭建的全尺寸低阶声学网络模型输入表 6-3、表 6-4、表 6-5 中的参数，包括 BKD 发动机的几何尺寸、LP4 工况同轴喷嘴喷注参数、燃烧室流体参数、火焰响应模型等，计算后获得如图 6-28 所示的特征频率和增长率结果。

对比氢氧通道和燃烧室估算的声学频率相对大小，由第 6.2 节的喷注耦合规律可知，全尺寸计算结果中频率由低到高分别为氢通道模态、氧通道模态，2 个 1T0L 模态和 1T1L 模态，其中不考虑火焰时最小特征频率为 10.220 kHz。考虑 Urbano 等人[28]仿真获得的一阶切向不稳定模态下火焰响应模型时，最小特征频率 10.247 kHz 与实验中观察到的 10 kHz 附近的不稳定燃烧特征频率 10.242 kHz 非常接近。

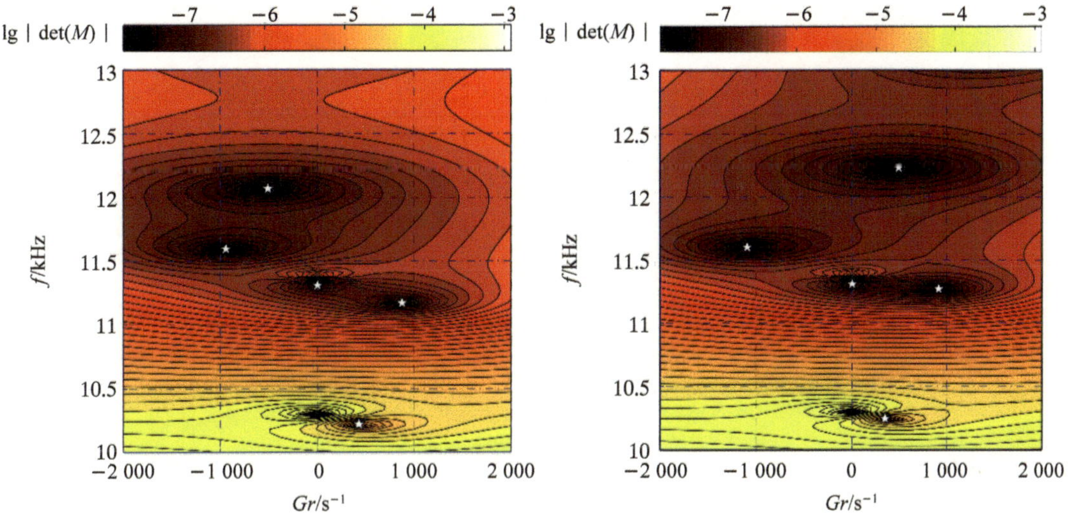

(a) 无火焰(n_f=0)频率：10.220 kHz　　(b) 有火焰(n_f=1.1)频率：10.247 kHz

图 6-28　一阶切向模态特征频率的低阶模型预测结果

这里简单对两个 1T0L 模态结果进行补充说明。零纵意味着纵向波数为 0，对于进出口均为声学固壁边界的等截面燃烧室，其声场纵向分量满足：

$$\boldsymbol{M}(\omega)\cdot\begin{bmatrix}p^+\\p^-\end{bmatrix}=\begin{bmatrix}-\dfrac{k_{mn}^+}{\bar{\rho}\alpha_{mn}^+} & -\dfrac{k_{mn}^-}{\bar{\rho}\alpha_{mn}^-}\\-\dfrac{k_{mn}^+}{\bar{\rho}\alpha_{mn}^+}\mathrm{e}^{\mathrm{i}k_{mn}^+l_c} & -\dfrac{k_n^-}{\bar{\rho}\alpha_{mn}^-}\mathrm{e}^{\mathrm{i}k_{mn}^-l_c}\end{bmatrix}\begin{bmatrix}p^+\\p^-\end{bmatrix}=\begin{bmatrix}0\\0\end{bmatrix}\tag{6.93}$$

令 det$|\boldsymbol{M}|$=0 得到：

$$\frac{k_{mn}^+k_{mn}^-}{\bar{\rho}^2\alpha_{mn}^+\alpha_{mn}^-}(\mathrm{e}^{\mathrm{i}k_{mn}^-l_c}-\mathrm{e}^{\mathrm{i}k_{mn}^+l_c})=0\tag{6.94}$$

求解该系数矩阵，得到两个解

$$k_{mn}^+=0(k_{mn}^-<0)\quad 或\quad \mathrm{e}^{\mathrm{i}k_{mn}^-l_c}-\mathrm{e}^{\mathrm{i}k_{mn}^+l_c}=0\tag{6.95}$$

其中，前者为非物理解，后者是经典的一切零纵 1T0L 模态。

为了进一步确定低阶模型预测的氢通道耦合模态就是实验中发现的不稳定模态，对该耦合频率下的压力振荡波形三维分布进行绘制。如图 6-29 所示是氢通道耦合模态的波形分布，喷注面板是典型的一阶切向分布，压力振荡的幅值沿轴线方向快速衰减，与已有文献中大涡模拟 AVBP 求解器和 LEEs 方法预测的波形完全一致。

选取最外圈压力波峰处喷嘴和压力波节处喷嘴分别绘制沿着纵向的压力波形分布，如图 6-30 所示。结果显示，氢通道耦合模态在燃烧室内压力振荡幅值非常有限，特别的是氢通道尤其是压力节点使得该处喷嘴接近于二阶纵向自激振荡频率，其压力振荡幅值远远大于氧通道和燃烧室的振荡幅值，这一现象与 Urbano 等人[19]在 BKD 的大涡模拟中捕捉到的喷嘴出口处液氧速度脉动幅值远小于氢气速度脉动的现象完全一致。实际发动机工作中发生该类型不稳定燃烧时，氢通道这样高于燃烧室数十甚至上百倍的振荡幅值将会直接挑战喷嘴孔和喷注面板处的热防护设计，因此在试验前通过全尺寸低阶声学网络模型准确锁定此类喷注耦合不稳定燃烧对于热试车成功至关重要。

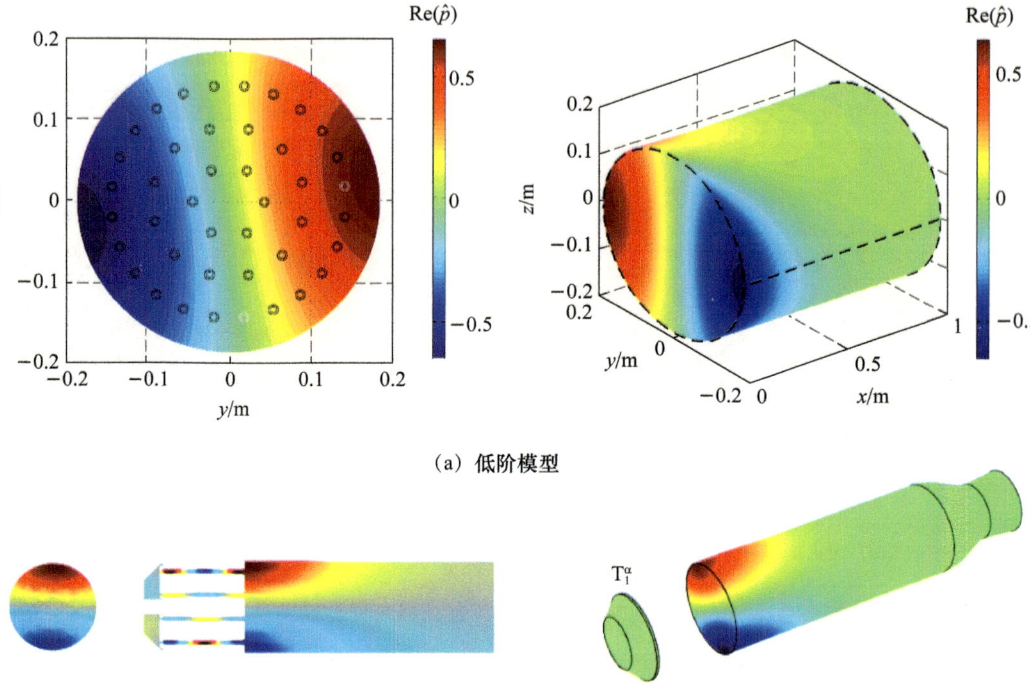

(a) 低阶模型

(b) AVBP求解器

(c) LEEs方法

图 6-29 低阶预测模型与 AVBP 求解器[28]和 LEEs 方法[26]的氢通道耦合模态压力波形对比

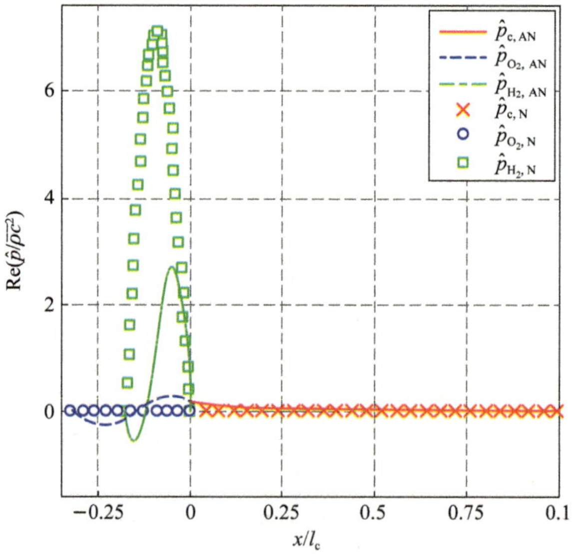

图 6-30 喷注面板压力脉动波峰(AN)和波节(N)处喷嘴轴线上的分布

由于 LP4 工况混合比 ROF=6 为富燃条件，此时燃烧释热脉动的动态响应特性往往由氧化剂，也就是这里的液氧脉动主导。在喷嘴纵向压力分布图 6-30 上可以直观看到，喷注面板压力峰值处喷嘴的 O_2 脉动幅值高于压力节点处喷嘴，因此在 LP4 工况仿真计算过程中发现的一个重要现象：在该不稳定频率下喷注面板压力波峰处火焰热释放幅值明显大于压力波节处火焰的热释放率脉动幅值[19]。至此低阶模型从理论层面首次明确判定 BKD 不稳定的 LP4 工况中在 10.242 kHz 发生的是氢通道自激振荡引发的喷注耦合不稳定燃烧，这个不稳定现象被全尺寸低阶网络模型准确捕捉，预测频率 10.247 kHz 与实验值 10.242 kHz 相对偏差仅为 0.05%。

对于 10 kHz 附近更高频率的氧通道耦合模态和 1T1L 模态，压力振荡分布如图 6-31 所示，与氢通道耦合模态在纵向分布上明显不同。分别提取两个模态喷注面板压力节点处喷嘴纵向压力脉动分布，如图 6-32 所示，同轴喷嘴内外通道内的压力振荡幅值十分有限，尤其是对于氧通道耦合模态，尽管此时氧通道在喷嘴出口压力节点作用下接近于氧通道二阶纵向自激振荡状态。

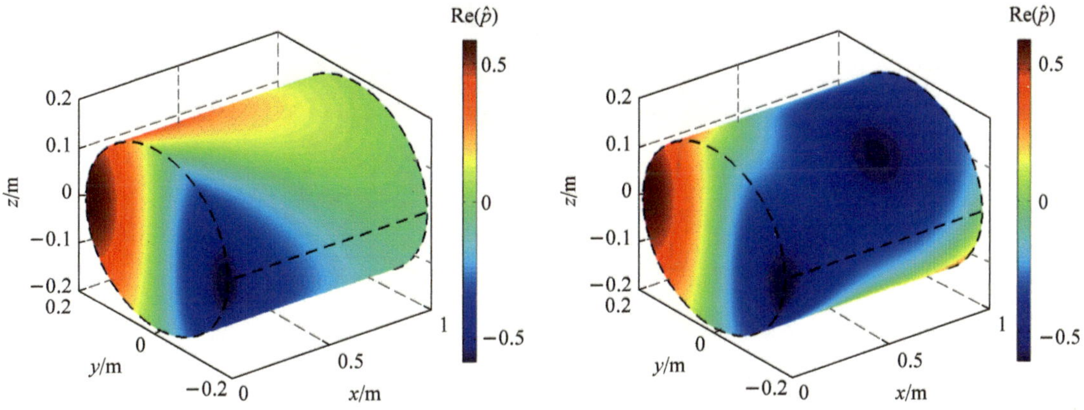

(a) 氧通道耦合模态　　(b) 一阶切向(1T1L)燃烧室模态

图 6-31　氧通道耦合模态和一阶切向燃烧室模态的燃烧室三维压力脉动分布

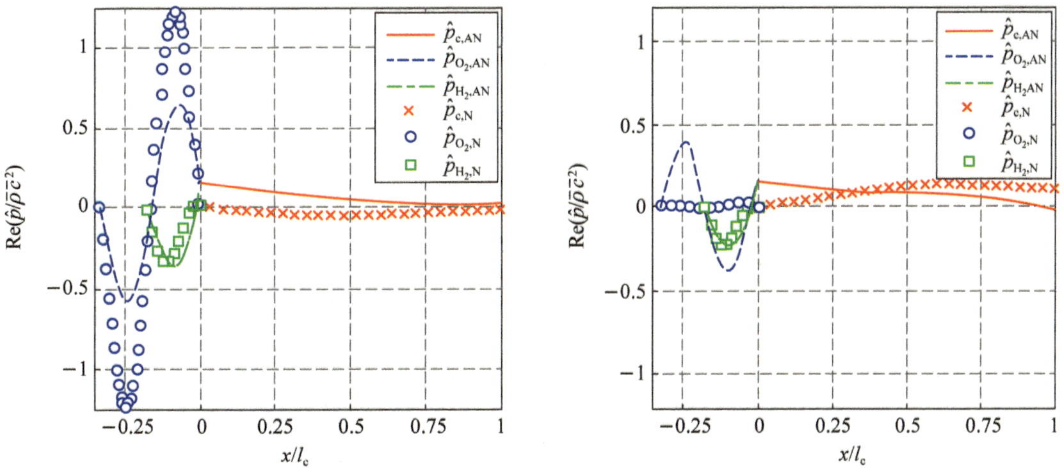

(a) 氧通道耦合模态　　(b) 一阶切向(1T1L)燃烧室模态

图 6-32　不同模态特征频率对应的喷嘴轴线上的压力脉动分布

在 LP4 工况下观测到的燃烧光学信号频谱图上，进一步也可以推断10 kHz附近 2～3 个成组出现的频率对应于氢、氧通道耦合模态以及燃烧室一阶切向模态引起的喷嘴通道内脉动，导致对应的火焰热释放脉动表现为多频叠加。当燃烧室 1T1L 模态对应频率趋向于稳定，如图 6-28 中 LP4 工况下位于负增长率半轴的 1T1L 模态，光学信号频谱图中 10 kHz 将变为 2 个频率成组出现，分别对应氢通道和氧通道耦合模态。如图 6-27(a)所示，实验中由 14～15 s 其他工况过渡到 20 s 附近 LP4 工况时，光学频谱主要频率在10 kHz附近由 3 个一组变为 2 个，进一步验证了上述推论。

利用全尺寸低阶声学网络模型对 20 kHz 附近一阶径向 1R 相关模态进行预测，得到如图 6-33所示的多个特征频率，其中 20.539 kHz 为氢通道耦合模态。

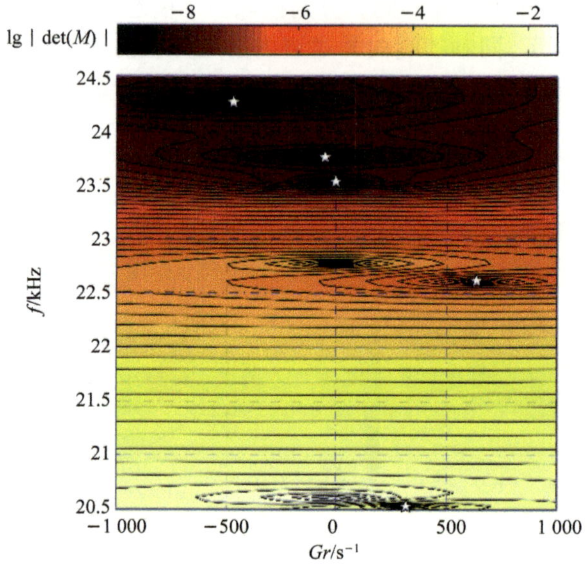

图 6-33　一阶径向模态特征频率低阶模型预测结果：20.539 kHz($n_f=0$)

由于没有文献针对该频率得到火焰传递函数，因此这里不考虑火焰响应。对比已有文献中 AVBP 大涡模拟和 LEEs 的预测结果，本文模型得到的特征频率与实验中测得的不稳定频率 20.535 kHz 最接近。如图 6-34 所示，该氢通道耦合模态波形分布在喷注面板处为典型的一阶径向模态，与文献中 AVBP 大涡模拟和 LEEs 方法结果一致。

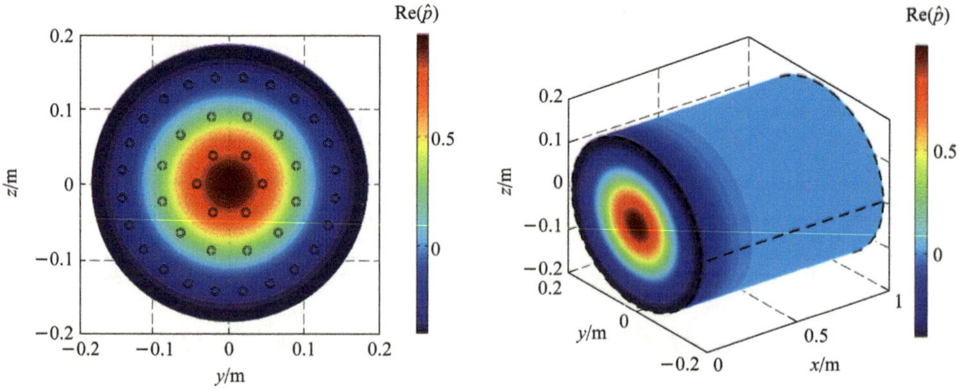

(a) 低阶模型

图 6-34　低阶预测模型与 AVBP 求解器[28]和 LEEs 方法[26]一阶径向模态压力波形对比

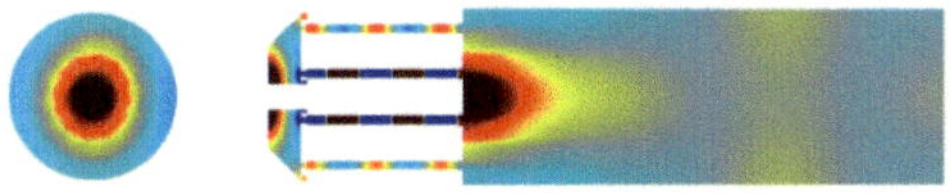

(b) AVBP求解器

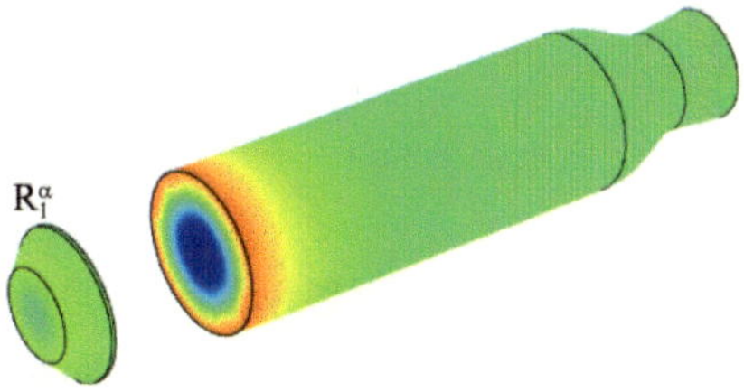

(c) LEEs方法

图 6-34 低阶预测模型与 AVBP 求解器[28]和 LEEs 方法[26]一阶径向模态压力波形对比(续)

这里将文献中理论或数值仿真预测到的 LP4 工况下的不稳定燃烧频率汇总在表 6-7 中。对比 LP4 工况不稳定频率试验结果，本节通过进一步考虑了同轴式喷嘴喷注声学响应和变截面喷管声学响应，完成了发动机三维不稳定燃烧预测的全尺寸低阶声学网络模型，通过特征模态频率和相应压力振荡分布预测结果与试验和仿真结果的对比，验证了全尺寸低阶声学网络模型面向真实液体火箭发动机不稳定燃烧预测的可靠性和精度。

表 6-7 BKD 不稳定工况 LP4 喷注参数仿真结果与自激频率估算

	实验[25]	低阶模型	LEEs[26]	PIANO[31]	AVBP[28]	AVSP[28]
切向 1T/kHz	10.242	10.247	10.375	11.420	10.700	10.900
预测偏差	—	0.05%	1.30%	11.31%	4.47%	6.42%
径向 1R/kHz	20.535	20.539	20.293	—	21.400	21.800
预测偏差	—	0.02%	1.18%	—	4.21%	6.16%

6.5 低阶预测平台

TALOS(Thermo-acoustic Instabilities Low Order Simulator)是团队为航空航天发动机燃烧稳定性分析搭建的低阶预测平台[32]。该平台利用低阶声学网络模型，基于单喷嘴喷注动态响应特性及其相应的火焰动态响应时滞特性，实现了真实发动机中多喷嘴燃烧室的燃烧不稳定性共振频率及相应增长率的预测和振荡产生机制的有效分析，并进一步对其振荡幅值和能量的分布进行可视化。

针对液体火箭发动机燃烧不稳定性计算，TALOS 平台主要有以下 5 个子模块：同轴喷嘴模块、火焰模块、燃烧室声学模块、喷管声学模块和稳定性分析模块，分别对应本书的第 2～6 章内容。通过输入相关设计参数和已知的动态特性，可以分别获得相应模块对液体火箭发动机燃烧不稳定性共振频率和稳定性边界的影响。

该预测平台操作简单，可以为设计人员提供全尺寸发动机研制过程中全频域稳定性边界分析的技术支持和理论支撑，为进一步利用高保真数值仿真精准预测不稳定燃烧振荡频率和幅值锁定危险模态频率范围，使得发动机设计与优化过程更加有的放矢，降低热试车过程中发生不稳定燃烧问题的潜在风险，并极大地缩短液体火箭发动机的研制周期。

6.6 本章小结

本章主要讨论了燃烧不稳定性的低阶预测模型，针对液体火箭发动机推力室中的离散多火焰多喷嘴燃烧室建立了低阶声学网络模型。

首先，针对离散多火焰燃烧室，构建了三维低阶声学模型。该模型通过质量、动量和能量守恒关系，分析离散多火焰的热释放脉动与三维声场的耦合特性，并通过正交模态叠加的方法解析燃烧系统的声学共振频率、稳定性及波形分布。模型采用傅里叶展开和贝塞尔函数描述不同模态的声波特性，并结合火焰传递函数(FTF)分析燃烧不稳定性的发展趋势。此外，利用瑞利准则和瑞利数(RI)，评估了火焰动态响应相位特性和离散火焰横向分布位置对燃烧稳定性的影响。

接着，分析了不同火焰动态响应特性对声学模态频率和增长率的影响，包括火焰响应的时滞模型及低通滤波特性。结果表明，时滞参数影响模态稳定性，而低通滤波效应削弱高频扰动。此外，横向扰动速度对离散火焰的影响也被考虑，通过横向声场的分布，揭示了不同横向位置的火焰对燃烧不稳定性的不同贡献。

其次，针对多喷嘴燃烧室，建立了喷注耦合的低阶声学网络模型。该模型考虑喷嘴通道的声学响应，分析燃烧室压力脉动对喷嘴质量流量脉动的影响，并结合喷嘴传递函数建立喷嘴-火焰-声场的反馈网络。计算表明，喷注通道的共振频率与燃烧室声学模态存在强耦合效应，导致各自的共振频率和稳定性发生偏移。

本章提出的低阶声学网络模型为液体火箭发动机燃烧不稳定性的快速预测提供了理论基础，有助于喷嘴和燃烧室结构优化，提高发动机的燃烧稳定性。

本章参考文献

[1] ARMBRUSTER W, HARDI J S, OSCHWALD M. Rest HF-7 and HF-9 test case: Lessons learned for comparing simulation results with test data of a representative LOX/H2 thrust chamber with high-frequency combustion instabilities[C]. 9th European Conference for Aeronautics and Aerospace Sciences (EUCASS). Lille, 2022.

[2] BEINKE S K. Analyses of flame response to acoustic forcing in a rocket combustor[D]. The Univerisity of Adelaide, 2017.

[3] SON M, Armbruster W., Tonti F., et al. Numerical study of acoustic resonance in a LOX injector post induced by orifice flow[C]. AIAA Propulsion and Energy 2021 Forum. Virtual, 2021.

[4] LIEUWEN T C. Unsteady combustor physics[M]. Cambridge: Cambridge University Press, 2012.

[5] CROCCO L, HARRJE D T, REARDON F. Transverse combustion instability in liquid propellant rocket motors[J]. ARS Journal, 1962, 32(3): 366-373.

[6] RIENSTRA S W. A class of cylindrically symmetric exact solutions of the wave equation[J]. Journal of Sound Vibration, 2023, 545: 117430.

[7] WICKER J M, YOON M W, YANG V. Linear and non-linear pressure oscillations in baffled

combustion chambers[J]. Journal of Sound and Vibration, 1995, 184(1): 141-171.
[8] RAYLEIGH L. On the stability, or instability, of certain fluid motions[J]. Proceedings of the London Mathematical Society, 1879, 1(1): 57-72.
[9] HAKIM L, RUIZ A, SCHMITT T, et al. Large eddy simulations of multiple transcritical coaxial flames submitted to a high-frequency transverse acoustic modulation[J]. Proceedings of the Combustion Institute, 2015, 35(2): 1461-1468.
[10] BROUZET D, YOU S, PLASCENCIA M A, et al. The dynamics of non-premixed flames subjected to a transverse acoustic mode[J]. Combustion and Flame, 2022, 246: 112330.
[11] PATAT C. Mechanisms of combustion dynamics of swirl-stabilised sprayflames in a standing transverse acoustic field[D]. Normandy: Université de Rouen Normandie, 2022.
[12] ORCHINI A. An effective impedance for modelling the aeroacoustic coupling of ducts connected via apertures[J]. Journal of Sound and Vibration, 2022, 520: 116622.
[13] BAZAROV V G, YANG V. Liquid-propellant rocket engine injector dynamics [J]. Journal of Propulsion and Power, 1998, 14(5): 797-806.
[14] 富庆飞. 液体火箭发动机同轴喷嘴稳/动态特性研究[D]. 北京：北京航空航天大学，2012.
[15] HUTT J, ROCKER M. Fundamental mechanisms of combustion instabilities: High-frequency injection-coupled combustion instability [M]. Liquid rocket engine combustion instability. American Institute of Aeronautics. 1995: 345-355.
[16] 田原，李丹琳，孙纪国，等. 同轴剪切喷嘴高频喷注耦合燃烧不稳定分析[J]. 火箭推进，2014，40(3)：23-28.
[17] 富庆飞，贾伯琦，杨立军，等. 燃烧室压力振荡对液-液同轴离心喷嘴混合比的影响[J]. 航空动力学报，2020，35(2)：294-297.
[18] 张丁为，富庆飞，杨立军. 液液同轴离心式喷嘴动态特性理论研究[J]. 推进技术，2022，43(9)：222-230.
[19] URBANO A., Douasbin Q., Selle L., et al. Study of flame response to transverse acoustic modes from the les of a 42-injector rocket engine[J]. Proceedings of the Combustion Institute, 2017, 36(2): 2633-2639.
[20] BELL W A., DANIEL B R, ZINN B. T. Experimental and theoretical determination of the admittances of a family of nozzles subjected to axial instabilities[J]. Journal of Sound and Vibration, 1973, 30(2): 179-190.
[21] JANARDAN B A, ZINN B T. Rocket nozzle damping characteristics measured using different experimental techniques[J]. AIAA Journal, 1977, 15(3): 442-444.
[22] MARBLE F E, CANDEL S M. Acoustic disturbance from gas non-uniformities convected through a nozzle[J]. Journal of Sound and Vibration, 1977, 55(2): 225-243.
[23] GRÖNING S, SUSLOV D, HARDI J, et al. Influence of hydrogen temperatureon the acoustics of a rocket engine combustion chamber operated with LOX/H2 atrepresentative conditions [C]. Space Propulsion Conference, 2014.
[24] GRÖNING S, HARDI J, SUSLOV D, et al. Analysis of phase shift between oscillations of pressure and flame radiation intensity of self-excited combustion instabilities[C]. 6th European Conference For Aerospace Sciences, 2015.
[25] GRÖNING S, HARDI J S, SUSLOV D, et al. Injector-driven combustion instabilities in a hydrogen/oxygen rocket combustor[J]. Journal of Propulsion and Power, 2016, 32(3): 560-573.
[26] SCHULZE M. Linear stability assessment of cryogenic rocket engines [D]. Munich: Technical

University of Munich, 2016.

[27] SCHULZE M, SATTELMAYER T. Linear stability assessment of a cryogenic rocket engine[J]. International Journal of Spray and Combustion Dynamics, 2017, 9(4): 277-298.

[28] URBANO A, SELLE L, STAFFELBACH G, et al. Exploration of combustion instability triggering using large eddy simulation of a multiple injector liquid rocket engine[J]. Combustion and Flame, 2016, 169: 129-140.

[29] ARMBRUSTER W, HARDI J S, SUSLOV D, et al. Experimental investigation of self-excited combustion instabilities with injection coupling in a cryogenic rocket combustor[J]. Acta Astronautica, 2018, 151: 655-667.

[30] SATTELMAYER T, SCHMID M, SCHULZE M. Interaction of combustion with transverse velocity fluctuations in liquid rocket engines[J]. Journal of Propulsion and Power, 2015, 31(4): 1137-1147.

[31] DELFS J, BAUER M, EWER R, et al. Numerical simulation of aerodynamic noise with DLR's aeroacoustic code PIANO[R],2008.

[32] 南家琦. 液体火箭发动机不稳定燃烧低阶声学网络模型研究[D]. 北京：北京航空航天大学，2023.

第 7 章

发动机燃烧不稳定性预测实例

本章针对发动机型号研制过程中的不稳定燃烧问题，结合包括带补燃循环的液体火箭发动机以及涡轮喷气发动机的加力燃烧室等工程案例进行理论建模与稳定性分析，重点分析燃烧室压力振荡与气/液燃料供应脉动之间的相互作用及其对燃烧不稳定性的影响。

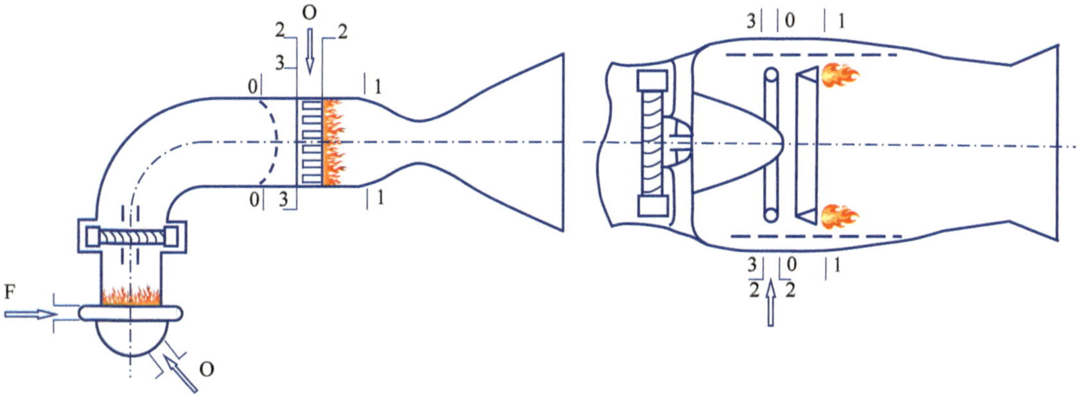

截面0-0—火焰前冷区；1-1—火焰后热区；2-2—液体通道；3-3—气体通道。

(a) 带补燃循环的液体火箭发动机 (b) 涡轮喷气发动机的加力燃烧室

图 7-1 发动机燃烧室示意图

7.1 燃气发生器的燃烧不稳定性

7.1.1 低频纵向振荡的稳定性边界预测

发动机存在振荡时，质量流量、密度和流速等可以写成平均量和振荡量之和的形式：

$$m=\overline{m}+m',\quad \rho=\overline{\rho}+\rho',\quad u=\overline{u}+u' \tag{7.1}$$

为了描述燃烧过程使用迟滞假设，即提前 τ 秒钟进入到燃烧室内的燃料 t 时刻在图 7-1

中的 1-1 截面瞬时蒸发和燃烧，对于任意随时间周期振荡参数可以在数学上可以表示为：

$$m'_0 = m'_1 e^{i\omega\tau} \tag{7.2}$$

燃烧室存在振荡时，某一截面气体质量守恒方程写成以下形式：

$$m = \rho u S \tag{7.3}$$

对于等截面燃烧室，将式(7.1)代入式(7.3)，并在方程等号两侧同时除以式(7.3)，得到无量纲形式的质量守恒方程：

$$\frac{m'}{\overline{m}} = \frac{\rho'}{\overline{\rho}} + \frac{u'}{\overline{u}} \tag{7.4}$$

假设振荡传播过程是等熵的，此时压力与密度扰动满足：

$$\frac{p'}{\overline{p}} = \gamma \frac{\rho'}{\overline{\rho}} \tag{7.5}$$

引入无量纲声导纳 $\eta = \overline{\rho}\,\overline{c}u'/p'$，将式(7.5)代入方程式(7.4)中可得：

$$\frac{m'}{\overline{m}} = \frac{p'}{\overline{\rho}\,\overline{c}\,\overline{u}}(\overline{Ma} + \eta) \tag{7.6}$$

此时对于图 7－1 中的火焰后热区 1-1 截面有：

$$\frac{m'_1}{p'_1} = \frac{\overline{m}_1}{(\overline{\rho}\,\overline{c}\,\overline{u})_1}(\overline{Ma}_1 + \eta_1) \tag{7.7}$$

考虑到所采用的火焰上下游等压假设 $p'_0 \approx p'_1$，方程(7.2)可改写为以下形式：

$$\frac{m'_0}{p'_0} = \frac{m'_1}{p'_1} e^{i\omega\tau} \tag{7.8}$$

利用式(7.7)，将 m'_1/p'_1 代入方程(7.8)并进行变换，将得：

$$\frac{m'_0}{p'_0} e^{-i\omega\tau} = \frac{\overline{m}_1}{\gamma\,\overline{p}_1}\left(1 + \frac{\eta_1}{\overline{Ma}_1}\right) \tag{7.9}$$

将火焰前(0－0 截面)流量振荡和液体通道(2－2 截面)、气体通道(3－3 截面)各自的单组元流量振荡之间建立联系，此时 0-0 截面的流量方程可表示为：

$$m_0 = m_2 + m_3 \tag{7.10}$$

脉动量则表示为：

$$m'_0 = m'_2 + m'_3 \tag{7.11}$$

根据伯努利方程，气体通道压力与燃烧室火焰前压力关系为：

$$p_3 = p_0 + \zeta \cdot \frac{\rho_3 u_3^2}{2} \tag{7.12}$$

令水力摩阻系数 $\zeta = 1$，可以得到：

$$p'_3 = p'_0 + \frac{2\overline{\rho}_3\,\overline{u}_3\,u'_3}{2} \tag{7.13}$$

将速度分量除以和乘以 $\overline{u}_3$：

$$p'_3 = p'_0 + \frac{2\Delta\overline{p}_g u'_3}{\overline{u}_3} \tag{7.14}$$

忽略喷嘴内的气体可压缩性($m'_3/\overline{m}_3 \approx u'_3/\overline{u}_3$)，式(7.14)可进一步写为：

$$p'_0 = p'_3 - \frac{2\Delta\overline{p}_g m'_3}{\overline{m}_3} \tag{7.15}$$

类似地，对于液体组元喷嘴将有：

$$p'_0=p'_2-\frac{2\Delta\overline{p}_l m'_2}{\overline{m}_2} \tag{7.16}$$

将式(7.11)等号两侧同时除以 p'_0，并将式(7.15)和式(7.16)变换代入后得到：

$$\frac{m'_0}{p'_0}=\frac{1}{\dfrac{p'_2}{m'_2}-\dfrac{2\Delta\overline{p}_l}{\overline{m}_2}}+\frac{1}{\dfrac{p'_3}{m'_3}-\dfrac{2\Delta\overline{p}_g}{\overline{m}_3}} \tag{7.17}$$

由式(7.7)得到 p'_2/m'_2、p'_3/m'_3 的值，假设气体通道马赫数远小于1，代入式(7.17)得到：

$$\frac{m'_0}{p'_0}=\frac{\overline{m}_2}{(\overline{\rho}\overline{c}\overline{u})_2\xi_2-2\Delta\overline{p}_l}+\frac{\overline{m}_3}{\dfrac{(\overline{\rho}\overline{c}\overline{u})_3}{(\overline{Ma}_3+\eta_3)}-2\Delta\overline{p}_g} \tag{7.18}$$

式中，ξ_2 为 2－2 截面处液体燃料供应管路的无量纲声阻抗，η_3 为 3－3 截面处气体燃料供应管路的无量纲声导纳。

将式(7.18)代入式(7.9)，可以得到燃烧室和喷嘴前流量振荡之间的关系：

$$\frac{\overline{m}_2}{\dfrac{(\overline{\rho}\overline{c}\overline{u})_2}{\overline{p}_1}\xi_2-\dfrac{2\Delta\overline{p}_l}{\overline{p}_1}}+\frac{\overline{m}_3}{\dfrac{(\overline{\rho}\overline{c}\overline{u})_3}{(\overline{Ma}_3+\eta_3)\overline{p}_1}-\dfrac{2\Delta\overline{p}_g}{\overline{p}_1}}=\frac{\overline{m}_1}{\gamma_1}\left(1+\frac{\eta_1}{\overline{Ma}_1}\right)e^{i\omega\tau} \tag{7.19}$$

将方程(7.19)的两部分除以 $\overline{m}_3$，并利用燃烧室内的组元比 $\overline{m}_2/\overline{m}_3=\overline{\chi}$ 得到燃烧室稳定性边界的最终计算方程：

$$\frac{1}{\dfrac{(\overline{\rho}\overline{c}\overline{u})_3}{(\overline{Ma}_3+\eta_3)\overline{p}_1}-\dfrac{2\Delta\overline{p}_g}{\overline{p}_1}}+\frac{\overline{\chi}}{\dfrac{(\overline{\rho}\overline{c}\overline{u})_2}{\overline{p}_1}\xi_2-\dfrac{2\Delta\overline{p}_l}{\overline{p}_1}}=\frac{\overline{\chi}+1}{\gamma_1\overline{Ma}_1}(\overline{Ma}_1+\eta_1)e^{i\omega\tau} \tag{7.20}$$

根据方程(7.20)可以求解得到使用气-液燃料发动机燃烧室的低频燃烧不稳定性边界。

当发动机使用液-液燃料时，式(7.20)中的表达式将被改写：

$$\frac{1}{\dfrac{(\overline{\rho}\overline{c}\overline{u})_3}{\overline{p}_1}\xi_3-\dfrac{2\Delta\overline{p}_g}{\overline{p}_1}}+\frac{\overline{\chi}}{\dfrac{(\overline{\rho}\overline{c}\overline{u})_2}{\overline{p}_1}\xi_2-\dfrac{2\Delta\overline{p}_l}{\overline{p}_1}}=\frac{\overline{\chi}+1}{\gamma_1\overline{Ma}_1}(\overline{Ma}_1+\eta_1)e^{i\omega\tau} \tag{7.21}$$

式中，$\overline{p}_g$ 表示另一液体组元的喷嘴通道的压降。

考虑到喷嘴液体组元的压降总是比气体组元压降大得多，假设 $\Delta p_l\to\infty$，液体组元通道的质量流量脉动可以近似忽略，此时方程将有以下形式：

$$\frac{1}{\dfrac{(\overline{\rho}\overline{c}\overline{u})_3}{(\overline{Ma}_3+\eta_3)\overline{p}_1}-\dfrac{2\Delta\overline{p}_g}{\overline{p}_1}}=\frac{\overline{\chi}+1}{\gamma_1\overline{Ma}_1}(\overline{Ma}_1+\eta_1)e^{i\omega\tau} \tag{7.22}$$

7.1.2　燃气发生器研制试验中的低频振荡

在研制全尺寸发动机之前，为了满足燃烧效率和燃烧稳定性要求，以及调试主燃烧室燃烧过程，按工艺标准研制了燃气发生器以得到主燃烧室所需燃气。ICAM 使用氢气的燃气发生器作为专门实验台架装置的组件，如图 7－2 所示。

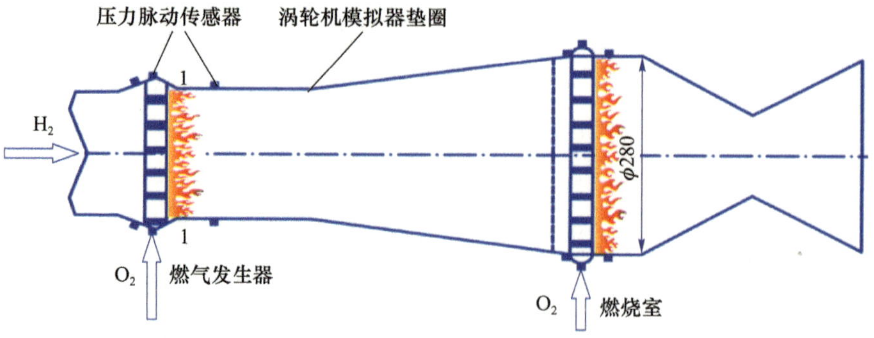

图 7-2　实验台架装置

为研究燃气发生器的工作过程，为发动机整机研制选择合理的工况，在这些装置上进行了46次单次持续时间达20 s的试验，试验中推进剂采用挤压式供应。试验使用气液同轴喷嘴，气态氢沿轴向供入，液态氧通过中心离心喷嘴供入。试验时在燃气发生器内观测到频率为90～200 Hz，振幅为0.5～3 MPa的低频振荡。为了分析低频不稳定性的延迟流量机理，按方程(7.21)主要考虑燃烧室和气体管路的波动性质计算得到燃气发生器的燃烧稳定边界，由于氧管路的压降很大，计算时未考虑液氧管路的波动性质。

氢气喷嘴相对压降 $\Delta p_g/\overline{p}$ 和延迟时间 τ 的稳定性计算边界如图 7-3 所示，当确定燃烧过程稳定边界时，必须知道参数 $\Delta p_g/\overline{p}$ 和 τ 的数值范围，为此试验中的工况点也同时绘制在稳定性边界的曲线图中。由图 7-3 可知，燃气发生器的工作状态处在燃料喷嘴相对压强的燃烧过程不稳定区域，解释了燃气发生器中产生振幅达 3 MPa 振荡的原因。由于燃气发生器是工艺标准型，并且这些实验是为了调试燃烧室的燃烧过程，未发现有任何结构缺陷，因此并未使用避免这类不稳定的任何措施。在本案例中，带延迟的流量机理很好地描述了低频不稳定性。

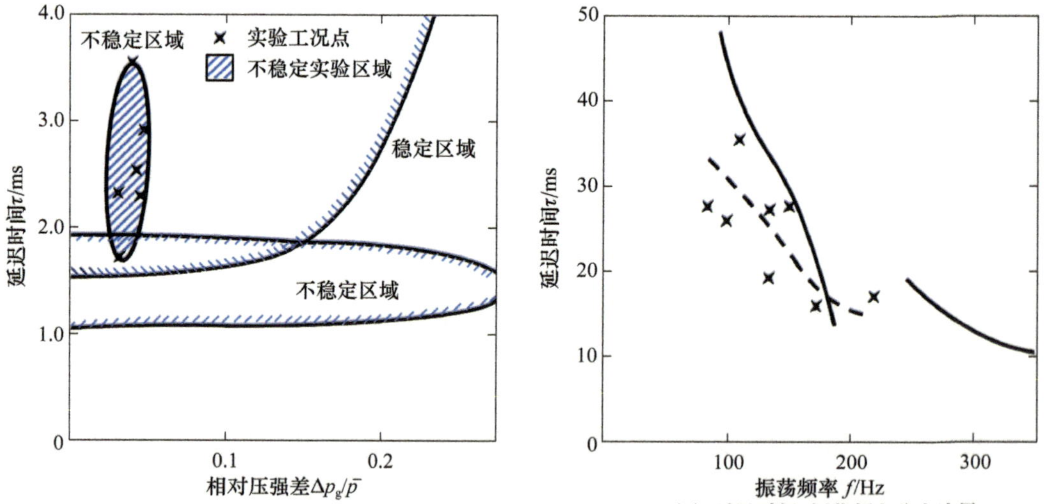

(a) 延迟时间-相对压强差稳定边界　　(b) 延迟时间-振荡频率稳定边界

图 7-3　燃气发生器稳定性边界

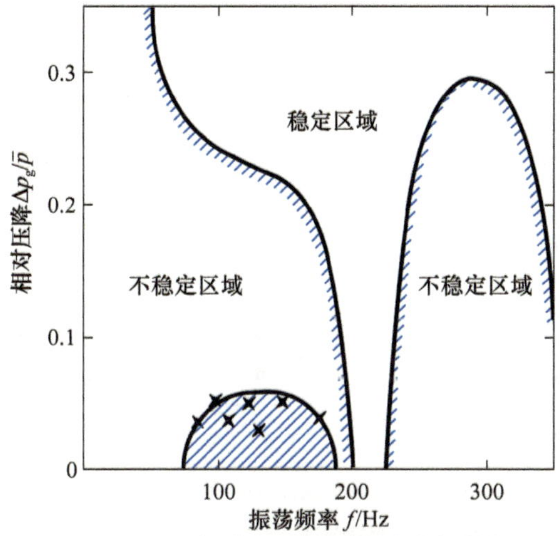

(c) 相对压强差-振荡频率稳定边界

图 7-3 燃气发生器稳定性边界(续)

在试验中可测得燃料喷嘴相对压降 $\Delta p_g/\overline{p}$,确定第二个参数 τ 则需要在每个燃气发生器在进行一次实验后,进行部分材料的拆卸和探伤。每次试验后观察燃气发生器内壁距离火焰锋面不同位置的氧化变色情况(燃气发生器未采用组元冷却),火焰锋面如图 7-4 所示。

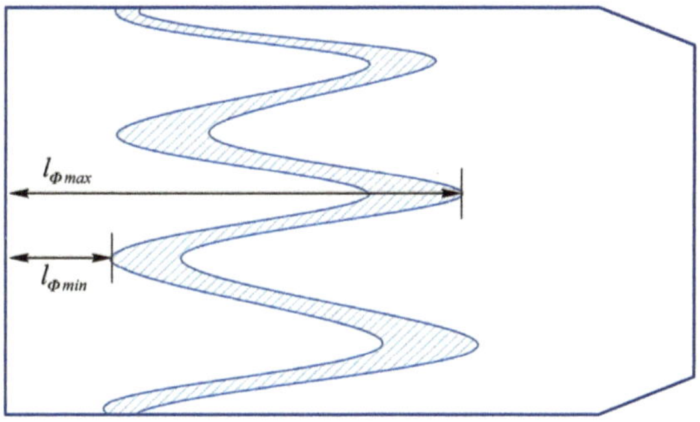

图 7-4 火焰前锋在燃气发生器内部方向的形状

延迟时间由以下公式确定:

$$\tau=\frac{l_g}{u_o} \tag{7.23}$$

式中,l_g 为燃气发生器内表面到氧化变色位置前的距离,u_o 为氧化剂由喷嘴喷出的流速。

喷嘴的延迟时间 τ 取决于氧化剂速度头 $\rho_o u_o^2$ 与燃料速度头 $\rho_g u_g^2$ 之比的关系如图 7-5 中的"✖"标志所示。当速度头比值 $\rho_o u_o^2/\rho_g u_g^2$ 在 1.6~1.7 的范围内,关系式 $\tau=f(\rho_o u_o^2/\rho_g u_g^2)$ 存在最小值。

液体火箭发动机所使用的燃气发生器纵向剖面如图 7-6 所示。图中 1 为气氢进口,2 为液氧进口。燃气发生器具有火药点火装置,壳体初始段(头部附近)冷却幕和 36 个四周供氢,中心供氧的同轴喷嘴,在初始阶段氧和氢都是旋转喷射。试验了很多种喷嘴,最后选择如图 7-7(b)所示的改进型喷嘴。该喷嘴从四周沿轴向通道供入液氢,中心为旋转槽供入液氧。

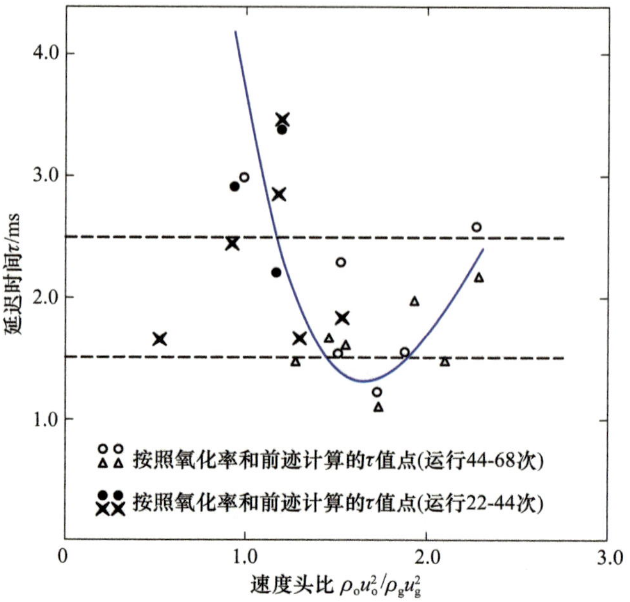

图 7-5　延迟时间与氧、氢速度头之比的关系(E03-D-160)

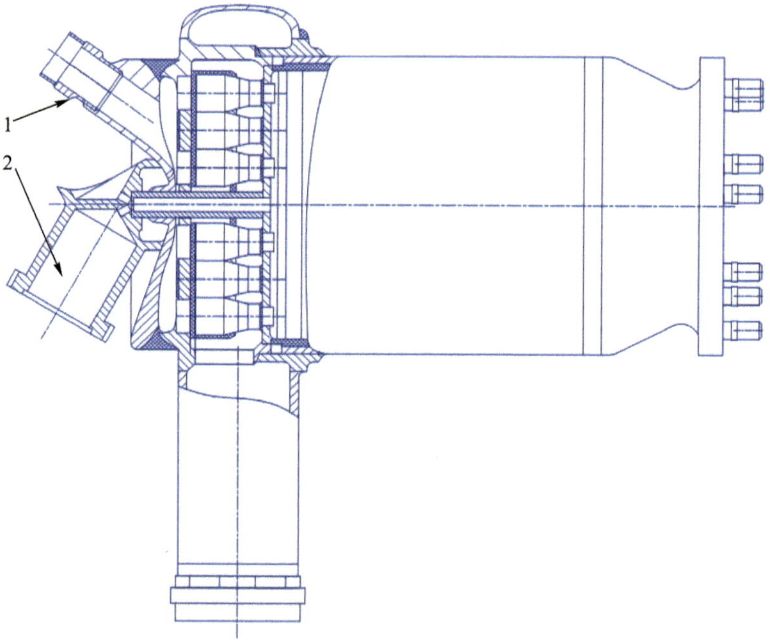

图 7-6　RD-57 发动机的燃气发生器

由于液体火箭发动机变推力的任务需求，燃气发生器工况需根据推力室流量进行调节。然而，偏离预设的工作状态会使得燃气发生器产生新的低频不稳定。燃气发生器工作由主级转向中间级及处于中间级时，观察到频率为 100～250 Hz，振幅达 3.5 MPa 的低频振荡。图 7-8给出了燃气发生器不稳定边界，坐标为燃气发生器室压和组元混合比。沿图中细实线

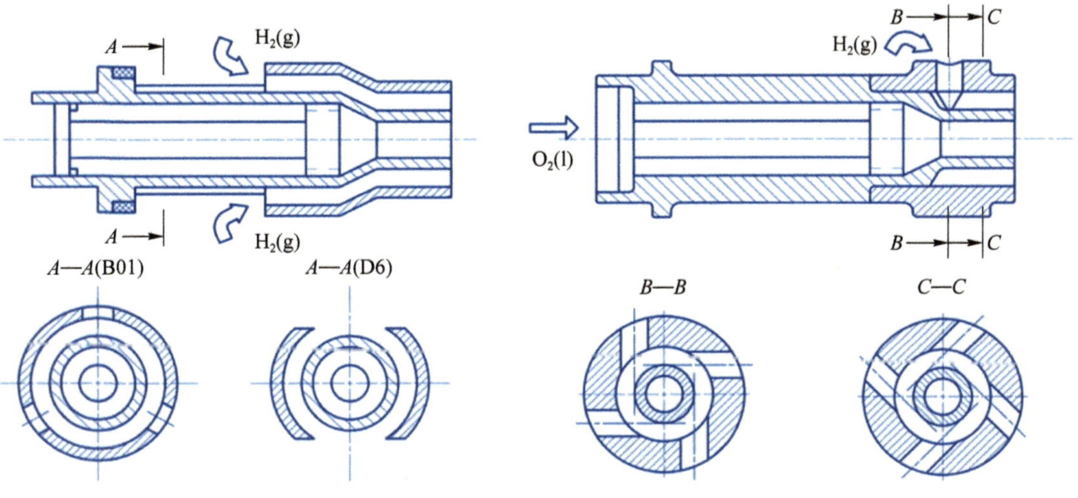

(a) D6(B01)型喷嘴　　(b) 改进型D02喷嘴

图 7-7　燃气发生器的喷嘴类型

箭头所指方向，发动机从全功率状态经过中间级向深度节流状态转变。

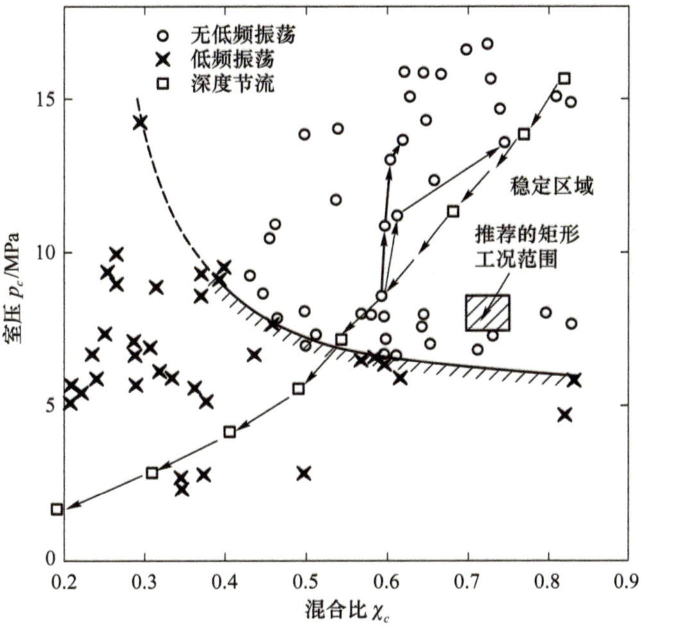

图 7-8　燃气发生器室压和混合比对燃烧不稳定性边界的影响

由实验分析(图 7-9)可以看出，振荡振幅随混合比 χ 的增大而减小，这个振荡并不足以造成结构损坏，但是为了提高燃气发生器的稳定裕度、保证发动机在中间级工况下的正常工作，发动机(燃气发生器方面)工作的中间级工况应该落在混合比较大的区域，即图 7-9 中的阴影方块区域。采用该混合比后，中间级的低频振荡消失，燃气发生器工作稳定。

由于燃气发生器工作时转向中间级的速度很快，因此转级过程中变混合比、变压降导致的

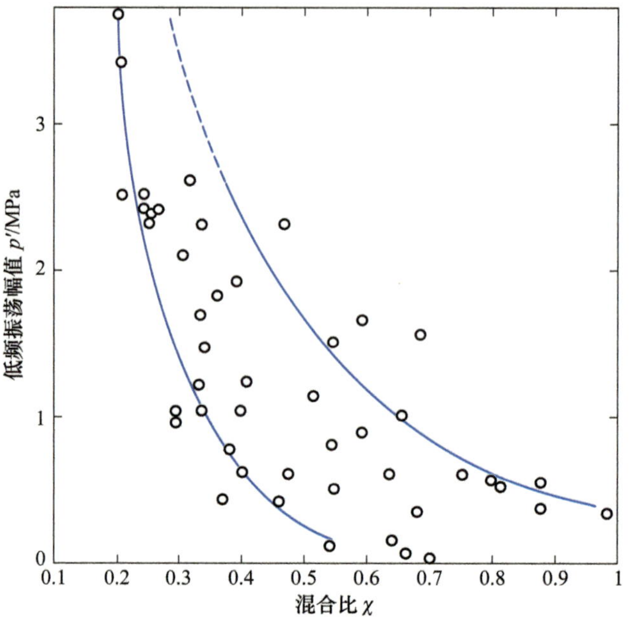

图 7-9 低频振荡振幅与混合比 χ 的关系

低频振荡作用于发动机的时间极短，仅存在于转向中间级的时间内。利用方程(7.20)计算了氧喷嘴压降 Δp_O 和延迟时间 τ 为坐标的低频不稳定边界，考虑了燃料管路，燃烧室和气体管路的波动性质，计算结果如图 7-10 所示。稳定边界以参数形式画在延迟时间 τ 与频率 f 坐标下，氧喷嘴压降 Δp_O 与频率 f 坐标中。在 Δp_O-f 坐标中画出实验点曲线，氢喷嘴压降是变化参数，由计算结果可以看出，随着燃料喷嘴压降 Δp_g 的增加，不稳定区域减小。由计算和实验结果对比可以看出，计算和实验的结果很好地相符合。分析表明，在这种情况下带延迟的流量机理很好地描述了低频不稳定性。

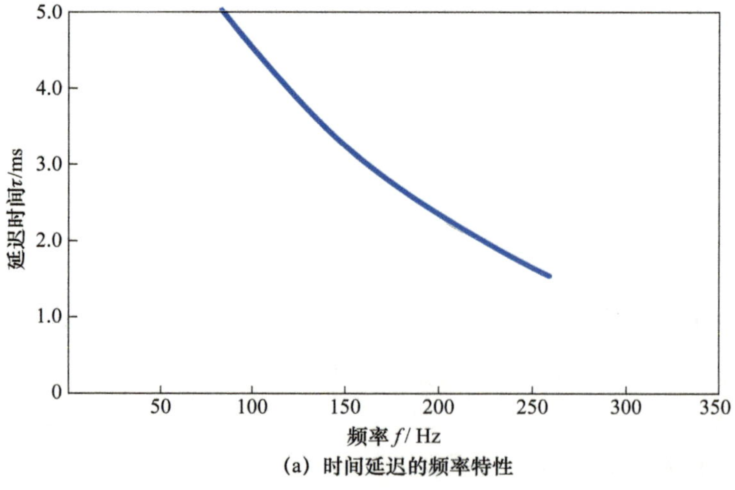

(a) 时间延迟的频率特性

图 7-10 燃气发生器时间延迟的频率特性和对应的燃烧不稳定性边界

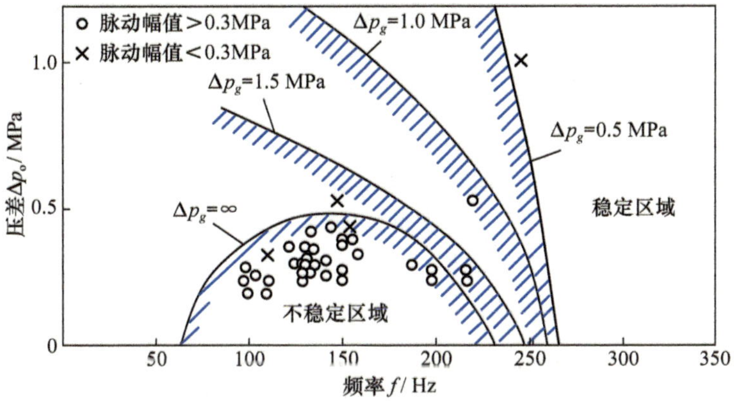

(b) 不同Δp_g的燃烧不稳定性边界

图 7-10　燃气发生器时间延迟的频率特性和对应的燃烧不稳定性边界(续)

7.1.3　燃气发生器高频振荡

除了前两节提到的低频振荡，在液体火箭发动机调试的第一阶段燃气发生器也产生了频率为 6 000～7 000 Hz，振幅达 3.5 MPa 的高频振荡，对应于燃气发生器圆筒段一阶横向模态振荡。发生高频振荡后短时间内燃气发生器部分零件出现损坏：如壳体开裂、氢集液腔断裂，振动传感器和氧化剂涡流器损坏等。

为研究发生高频振荡的条件、为燃气发生器选择合理的工况，通过试验获得了以相对流量强度 $q_{FP}=G_\Sigma/p_gS_g$ 和燃气发生器组元混合比 χ 为坐标的高频不稳定实验边界曲线（见图 7-11），其中 G_Σ 为进入燃气发生器的组元总流量，p_g 为燃气发生器室压，S_g 为燃气发生器截面积，$\chi=G_O/G_g$ 为燃气发生器组元混合比。

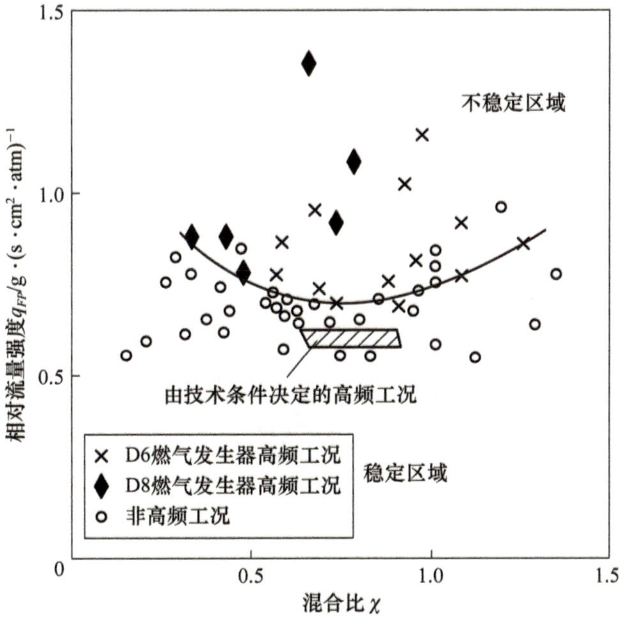

图 7-11　在 q_{FP}—χ 坐标中燃气发生器的实验稳定边界

图 7-11 中阴影区域为满足发动机所设定技术条件的燃气发生器工作区域。燃气发生器内出现高频振荡的原因是当工作状态由中间级转为主级时，阀门瞬间打开引起氧化剂和燃料流量突增所导致的，见图 7-12。由图 7-12 可以看出，从 4.3 s 到 5.0 s 氧流量由 2.0 kg/s 增加到 11.0 kg/s，而氢流量由 2.3 kg/s 增加到 14 kg/s。在 5.3 s 时刻，燃气发生器中出现频率约为 6 500 Hz，振幅达 2.5 MPa 的一阶横向模态振荡，在约 6.0 s 时刻，燃气发生器毁坏。为发动机更换了推进剂供应系统，以保证由中间级向主级的平滑过渡，见图 7-13，使得燃气发生器工作点严格地落入图 7-11 中的阴影区域，在此后多达 250 次的实验中燃气发生器均未出现高频振荡。

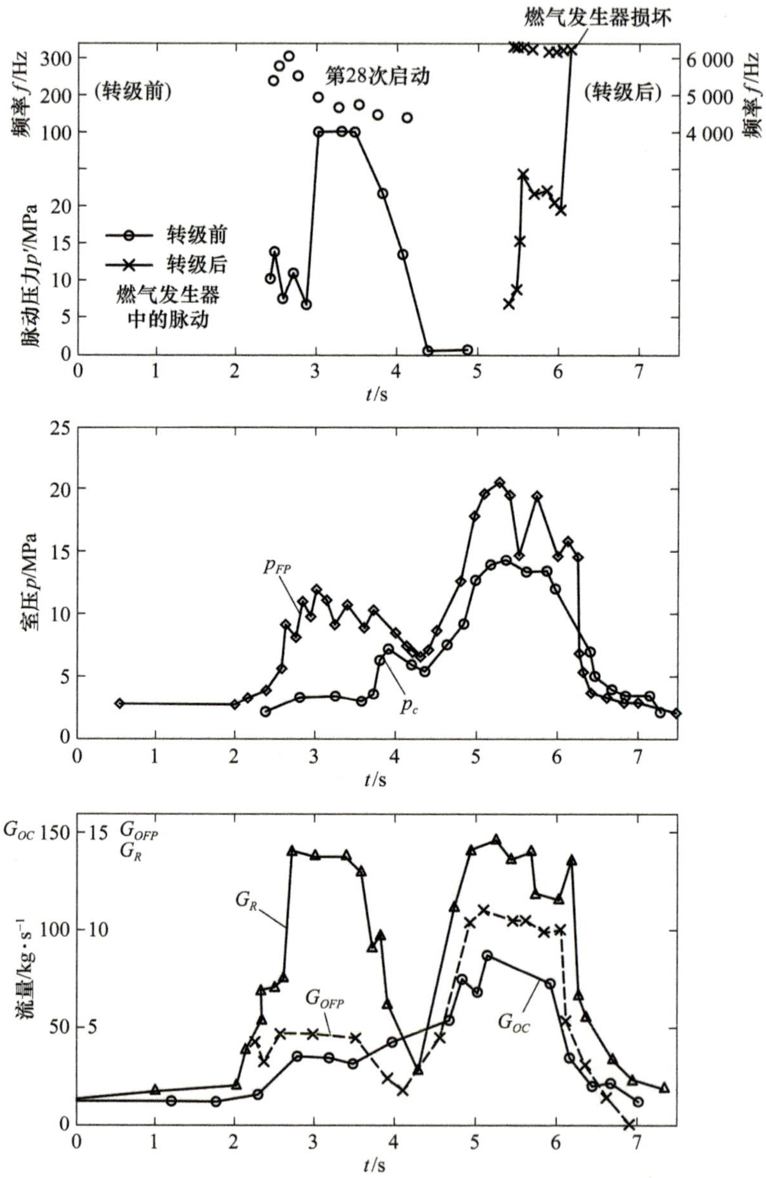

图 7-12　在第 28 次启动试车发动机参数随时间变化

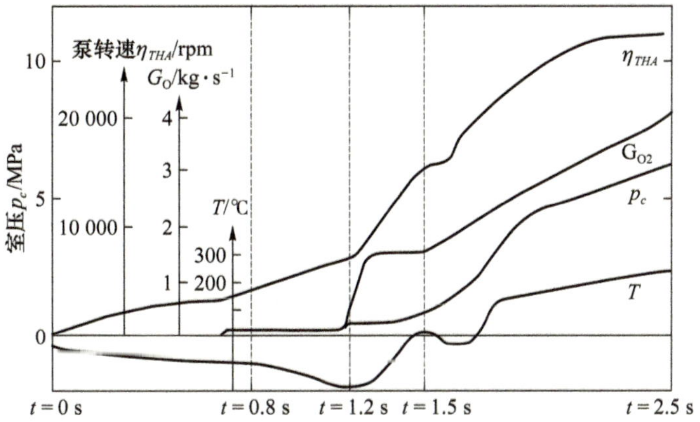

图 7-13 发动机向主级的平滑过渡

本节尝试计算了燃气发生器横向声学振荡稳定边界并与实验进行了对比，前面已经提到燃气发生器中观察到频率为 6 000～7 000 Hz 的振荡，燃气发生器圆柱段一阶切向模态频率为：

$$f_{10}=\frac{0.586C_{GG}}{d_{GG}}=\frac{0.586\times 1\ 700}{0.15}\approx 6\ 650\ \mathrm{Hz} \tag{7.24}$$

假设燃气发生器中高频振荡激发的确定因素是相对流量强度 q_{FP} 的增大，可得到稳定边界方程，基于燃烧室内部不稳定机理，所得到的关系式对于参数 $q_{FP}=\chi_{GG}$ 进行变换，计算中振荡频率 f 采用实验值。若假设激发过程由 Crocco 的燃烧室不稳定机理描述，那么工作过程的稳定边界方程将为：

$$\frac{1}{\gamma\overline{Ma}_{GG}}(\overline{Ma}_{GG}+\eta_{GG})=n-n\mathrm{e}^{-\mathrm{i}\omega\tau} \tag{7.25}$$

根据方程式(7.24)可以建立燃气发生器在 $n\sim\tau$ 坐标中的稳定边界(这个边界的建立见文献[1，2])，或者若已知燃气发生器燃烧区声导率的实部 δ 和虚部 σ，可以建立 $Ma_{GG}\sim\tau$ 坐标中的稳定边界。燃气发生器燃烧区外只存在入射波，无反射波(管子无限长情况)是边界条件之一。第二个边界条件使用前面推导方程(7.24)的边界条件，在所选择的机理中，它意味着头部的质量释放速度取决于压强 k 次幂的变化，不考虑质量释放沿头部截面的非均匀性，燃烧锋面为与燃气发生器燃烧室轴线相垂直的平面。

头部附近的气体振荡为横向振荡(切向)，圆管内任一流速下复合模态声学振荡问题详细推导见第 2 章，这里只给出不存在反射波时截面 1(图 7.1)声导率的基本计算公式。燃气发生器中不存在反射波时，从燃烧前锋只传播入射波，声阻抗为：

$$\xi=-\frac{1-\overline{Ma}_{GG}^2}{\overline{Ma}_{GG}-\sqrt{\alpha}}-\overline{Ma}_{GG} \tag{7.26}$$

声导纳为：

$$\eta=\frac{1}{\xi}=-\frac{\overline{Ma}_{GG}-\sqrt{\alpha}}{1-\overline{Ma}_{GG}\sqrt{\alpha}} \tag{7.27}$$

继续变换方程(7.24)，代入声导纳式(7.26)值，$\overline{Ma}_{GG}$ 的形式为：

$$\overline{Ma}_{GG}=\frac{\overline{V}_{GG}}{C_{GG}}\frac{G_\Sigma}{\gamma_{y\theta}S_{GG}C_{GG}}=\frac{G_\Sigma\ \sqrt{RT_{GG}}}{P_{GG}S_{GG}\ \sqrt{\gamma_{y\theta}g}} \tag{7.28}$$

令 $\sqrt{\gamma_{y\theta}g}=A$，将 $\sqrt{RT_{GG}}$ 作为混合比的函数，使用图 7-14(图 7-14 在点 1 处函数的

$RT_{GG}=f(\chi_{GG})$线性化)得：

$$\sqrt{RT_{GG}}\approx 0.337\times 10^{3}\ \sqrt{\chi_{GG}} \tag{7.29}$$

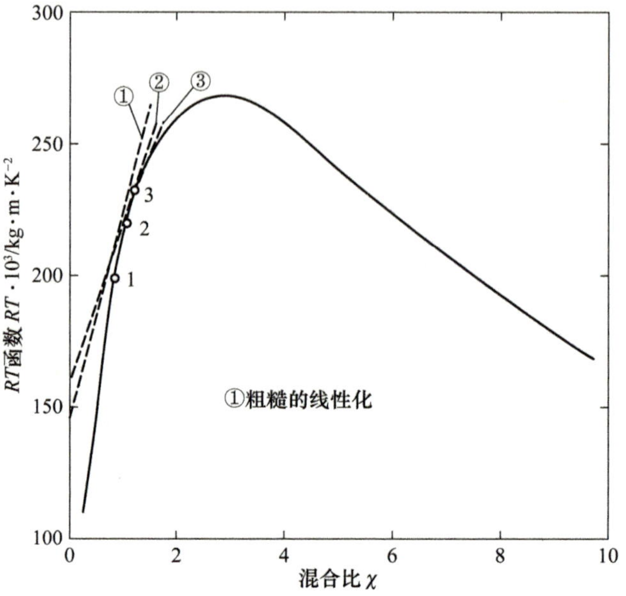

图 7-14 工质特性 $RT_{GG}=f(\chi_{GG})$

考虑式(7.27)，方程式(7.25)改写为以下形式：

$$\frac{1}{\gamma}-\frac{\overline{Ma}_{GG}-\sqrt{\alpha}}{\overline{Ma}_{GG}\gamma_{y\theta}-\gamma\overline{Ma}^{2}\sqrt{\alpha}}=n-n\mathrm{e}^{-\mathrm{i}\omega\tau},\quad \alpha=1-\left[\frac{K_{rm}}{(\omega/c)}\right]^{2}(1-\overline{Ma}^{2})\approx 1.0$$

由于当($\overline{Ma}_{GG}\approx 0.1$)较小时，分母中的第二项与$\overline{Ma}_{GG}\gamma$相比，小一个数量级，可以忽略分母中的第二项，使用(7.28)和式(7.29)，接着得到：

$$\frac{\sqrt{\alpha}P_{GG}S_{GG}A}{0.337\times 10^{3}\ \sqrt{\chi}G_{\Sigma}\gamma}-n=-n\mathrm{e}^{-\mathrm{i}\omega\tau} \tag{7.30}$$

根据方程式(7.30)可以建立燃气发生器切向振荡的稳定边界，振荡相对于这个方程中所包含的由剩下参数所规定的任何值。

为方便计算，选择最接近实验所观察到的频率 $f=6\ 500$ Hz，针对这个频率可以得到稳定边界上参数间关系。根据文献[4]确定，对于氧和氢燃烧，指数 $n=1.5\sim1.7$。为了在相对流量强度 q_{FP} 和组元混合比 χ_{GG} 坐标中建立稳定边界，将方程(7.29)变成以下形式：

$$\frac{\sqrt{\alpha}A}{0.337\times 10^{3}\ \sqrt{\chi_{GG}}\gamma n}-\frac{G_{\Sigma}}{P_{GG}S_{GG}}=-\frac{G_{\Sigma}}{P_{GG}S_{GG}}\mathrm{e}^{-\mathrm{i}\omega\tau} \tag{7.31}$$

或再代入全部参数后，得：

$$\frac{1.32}{\chi_{GG}}-q_{FP}=-q_{FP}\,\mathrm{e}^{-\mathrm{i}\omega\tau} \tag{7.32}$$

根据方程式(7.31)计算了燃气发生器在 $q_{FP}-\chi$ 坐标中的稳定边界，这个边界为图 7-15 中的曲线①。由图 7-15 可以看出，在 RD-57 发动机燃气发生器实验时，当 $q_{FP}>0.7$g/(cm² · s · atm)时，燃气发生器出现不稳定，在稳定边界上存在 q_{FP} 全取决于 χ 的某一关系式。

相对流量强度 q_{FP} 是燃气发生器中燃烧强度的重要特性，这个特性在很大程度上决定了

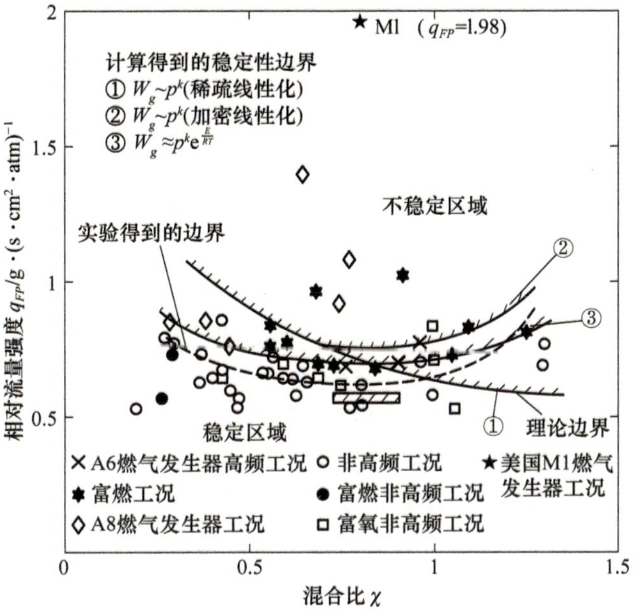

图 7-15　燃气发生器高频振荡稳定计算和实验边界

燃气发生器不稳定工作的出现概率，在其他条件相同时，q_{FP} 越大，燃气发生器发生高频不稳定的概率越大。将我们的燃气发生器与其他发动机燃气发生器在流量强度方面进行了对比，根据文献[2]及其他文献，表 7-1 给出了各种燃气发生器的基本参数，第 5 行是燃气排放到环境中的开式循环燃气发生器，该燃气发生器流量强度低，在所有状态上都稳定工作。在第一和第二行给出了闭式循环液氧/煤油发动机 HK-9 燃气发生器两个方案的技术数据，在第一个方案中，相对流量强度不大，$q_{FP}=0.55$，燃气发生器工作稳定。在第二个方案中，相对流量强度提高到 $q_{FP}=6.0$，导致了这个方案在稳定性调试方面花费了大量时间，使用专门的技术措施抑制了高频振荡(十字板，隔板及燃料预热等方法)。

表 7-1　部分发动机参数

序号	发动机名称	研发机构	ZHRD 型燃气发生器参数							
			推进剂	推力/t	总流量 G_Σ/(kg·s⁻¹)	压强 p/MPa	混合比 χ	直径 d/mm	流量强度 Q/g·(s·cm²)⁻¹	相对流量强度 q_{FP}/g·(s·cm²·atm)⁻¹
1	RD517-1	科夫罗夫机械厂	O_2+T_1	37.5	41.1	23	36.4	203	126	0.55
2	RD517-2		O_2+T_1	44.5	94.7	22.3	60	95	1340	6.0
3	M-1	留里卡发动机设计局	O_2+H_2	680	50	8	0.8	206	～158	～1.98
4	RD-57	克里莫夫设计局	O_2+H_2	40	17.1	16.1	0.905	150	～96.5	～0.6
5	RD419		AT+HDMG	13.4	1.19	9.73	0.3	72	30.7	0.316

以下比较一下美国 M-1 发动机和俄罗斯 RD-57 发动机的燃气发生器(表 7.1 中的第 3、4 行)。美国 M-1 发动机的燃气发生器相对流量强度 $q_{FP(M-1)}=1.98$,在这个指标上是 RD-57 发动机燃气发生器的约 3.3 倍。RD-57 发动机燃气发生器只是在转级状态当组元流量突增时出现了高频振荡(图 7-12),在定常状态下一直是稳定工作的。M-1 发动机燃气发生器几乎在所有状态均存在高频不稳定燃烧,为试图抑制在这个燃气发生器中的高频振荡,通过改变掺混方式抑制高频振荡未获得成功,迫使 Aerojet General Corporation 公司采用了专门的技术措施:设置了反振荡隔板或反振荡屏。只有反振荡隔板("十字隔板")与混合比最佳稳定性方案联合作用才能使 M-1 发动机燃气发生器实现稳定工作,见文献[2]。

为了消除激发高频振荡的条件并计算确定振荡出现的边界,进一步开展了不稳定机理的理论研究,特别是,必须解释在 $\chi=0.8\sim1.3$ 范围内理论曲线(图 7-11)和实验边界出现的较大差异,研究由组元混合比 χ 决定的 H_2+O_2 工质特性(图 7-14),可以发现,在 $\chi=0.8\sim1.2$ 范围内函数 $RT=f(\chi)$ 是非线性的,因此在 $\chi=0.8\sim1.2$ 范围内点 1 处(图 7-14)$RT=f(\chi)$ 方程关系式的线性化是"不光滑的",在点 2($\chi=1.0$)和点 3($\chi=1.2$)处进行线性化,并将相应的系数代入边界计算方程 7.9 式,可以对所研究 χ 范围的理论边界(图 7-15 中的曲线 2)进行修正,并使其接近实验边界。

在方程(7.9)中前面的相互作用指数取 $k=1.7$,只考虑了压强对反应产物形成速度的影响 $W_g\sim p^k$。更为准确地认为,燃气生成速度应通过阿仑尼乌兹方程型的公式表示:

$$W_g\approx p^k e^{\frac{E}{RT}}$$

式中,E 表示完全活化能,T 为温度。

假设在 E 和 T 间存在等熵关系式,可得:

$$h=k+\frac{\gamma-1}{\gamma}\frac{E}{RT}$$

式中,h 为得到的相互作用指数,k 为只考虑压强对燃烧过程速度影响的相互作用指数。

将相互作用指数 h 代入方程(7.31)还能进一步"修正"理论边界,见图 7-15 中的曲线 3。由图 7-15 可以看出,考虑 RT 对燃烧过程速度的影响(对于氢而言非常重要,见图 7-14)及在 $\chi=0.8\sim1.2$ 范围内对关系式 $RT=f(\chi)$ 更精细的线性化使理论与实验很好地吻合。这个事实证明了所提出的燃气发生器中高频不稳定机理理论计算的正确性。

7.1.4 燃烧稳定性的调修方法和装置

文献[6-8](见图 7-16)中方案属于燃烧室及燃气发生器高频不稳定边界的确定方法及装置,利用扩大喷管临界截面面积的方法将室内推进剂混气和燃烧产物的运动速度提高,直到高频振荡出现。

留里卡"土星"公司(НПО)建立了主要针对横向声学振荡的燃烧过程稳定性的专门检验方法[7],这个方法既与液体火箭发动机燃烧室[6,8],也与加力燃烧室[9]类似。我们从现象的机理出发,只是当燃烧前锋前的流动速度 V 和燃烧室横截面上各处推进剂余氧系数 α 处于一定的范围内,燃烧才是稳定的,我们用沿燃烧室截面推进剂流量和燃烧室后喷管截面的变化来代替这些参数。

在图 7-16 所示的实验装置上利用 RD-57 发动机的氢-氧燃气发生器来检验这种实验方法,实验装置由燃气发生器、涡轮模拟器,气体通道和燃烧室组成,装置设有专门的阀门,当打开

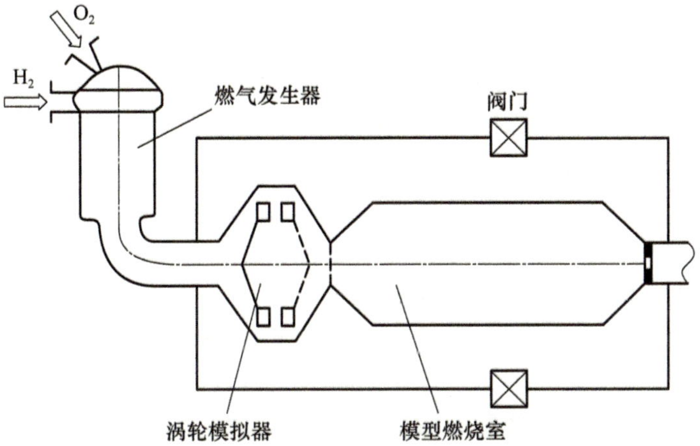

图 7-16 燃气发生器实验装置示意图

阀门时燃烧室涡轮出口的临界截面增大，当连续打开阀门时，由于燃气发生器室内压强 P 减小使得燃气发生器燃烧过程的相对流量强度 $q_{FP}=G_{\Sigma}/(P_{FP}F_{FP})$ 增大。图 7-17 给出了某型燃气发生器燃烧过程的不稳定边界，所得到的边界通过箭头给出了阀门打开时工作点的移动程度。

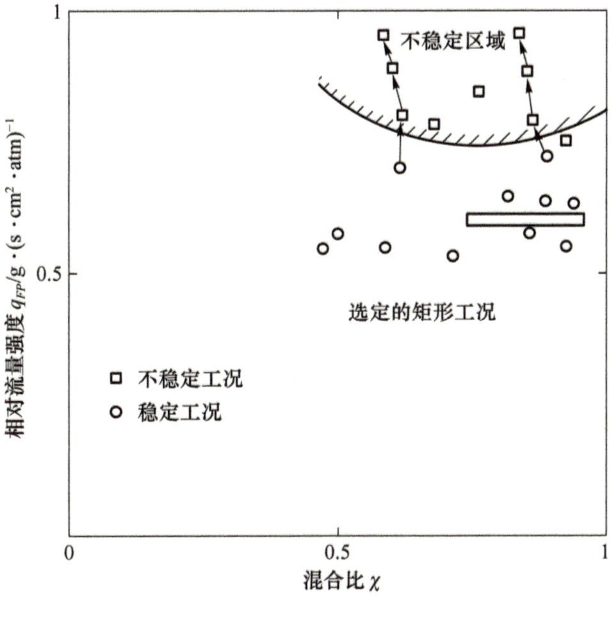

图 7-17 燃气发生器振荡燃烧边界

尽管在这个实验装置的不稳定区域内出现了高频振荡，但这个振荡是纵向声学振荡。而在发动机中出现的是横向声学振荡，因此并没有完全成功模拟燃气发生器出口的边界条件，看来，推进剂突增(图 7-12)造成了沿燃气发生器头部截面参数分布的不均匀并使得在燃气发生器中出现了局部扰动源，而在图 7-16 的装置中当打开阀门时，发生了对整个火焰锋面的不均匀作用，可能这造成了推进剂的突增不够。

文献[10]为了在实验台条件下自动调试闭式循环液体火箭发动机燃气发生器模拟了发动

机气体通道，因此燃气发生器内工作过程稳定性的调试在接近真实条件下进行(按气体通道的声学特性)。文献[11,12]的装置针对补燃液体火箭发动机燃烧室，向燃烧室供入气体组元的供应通道具有谐振腔的形式，谐振腔具有声学封闭底部并由侧壁供入气体组元。通过选择谐振腔长度，使谐振腔频率为闭式循环 H_2+O_2 液体火箭发动机 RD-57 的固有频率之一，可以研究燃烧室内高频不稳定性燃烧特性。文献[12,13]所提供的方法和装置发展了将发动机气体通道频率变为燃烧室固有频率之一的思想，该方法和装置可以改变燃烧室内振荡振幅。使气体通道频率为燃烧室固有频率还可通过在气体通道中设置专门的格栅改变声阻来实现，通过格栅(沿侧路通道)可以释放出组元的部分流量。

在文献[14,15]的实验燃烧室中，通过改变气体通道长度并利用气体通道中专门的活塞装置实现了气体通道与燃烧室处于谐振状态。文献[15]通过改变离心喷嘴气涡的长度，这也是使用最短的气体通道建立了与燃烧室的谐振工作。在文献[16,17]的装置中，为了实验研究燃烧室内燃烧过程在硬激发方面的稳定性，可以由推进剂供应系统预先向处于工作状态的燃烧室施加一个有限振幅扰动。

7.2 主推力室的燃烧不稳定性

7.2.1 液/气氧喷嘴自激振荡边界的预测

最佳延迟时间 $\tau=T/4$ 按照以下公式进行计算：

$$\beta S_1 Q_0 > 2\delta\omega \tag{7.33}$$

式中，S_1 为共振器出口的温度变化特性系数。

无量纲温度振幅 $Q_0=\Delta T_0/T$ 的量级为 0.03×10^{-3}，对于所选定的参数值按照式(7.33)进行了计算，图 7-18 给出了被热量激发喷嘴的自激振荡区域，坐标是氧流量与室压的比值 $\dot{m}_O/p_c$，f 为频率。延迟时间 τ 取决于一系列因素，定性计算延迟时间与燃烧室工作状态关系是不可能的。在最终计算中，τ 取决于燃烧室内火焰前锋的位置，当前锋处于一定的位置时，确定 τ 的参数组合为接近于共振器 $T/4$ 相应模态的时间值，见图 7-18 中观察到的燃烧室内振荡的实验点，计算和实验吻合得非常好。

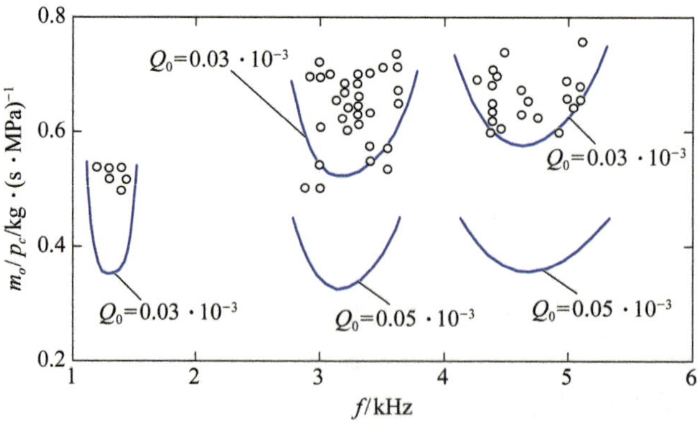

图 7-18 喷嘴内自激振荡区域和工作实验点

由喷嘴流出氧的状态在很大程度上取决于燃烧室圆柱段和喷注面板的防热层厚度，图 7-19给出了冷却方向的壁面计算温度与防热层厚度的函数关系。当防热层相对较薄时，氧的预热较大，由喷嘴流出是气态氧，这时将不存在被液氧环绕的气涡，只是气流旋转喷出，喷嘴只是一个简单的共振器。忽略旋流损失、黏性、辐射和壁面上的损失等，忽略切向通道长度，认为阻尼全部集中作用于喷嘴旋流室的出口，其损失定义为阻抗 $\xi_{1,nom}$。

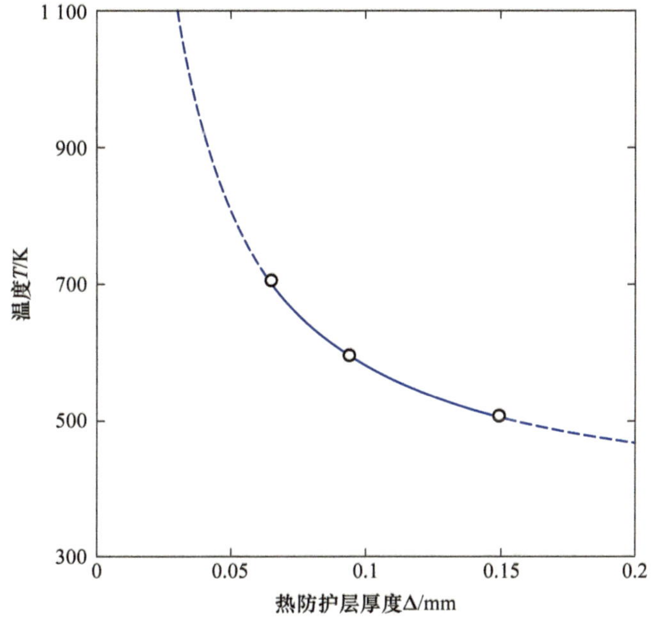

图 7-19　室壁温度与燃烧室圆柱段和喷注面板防热层厚度的关系

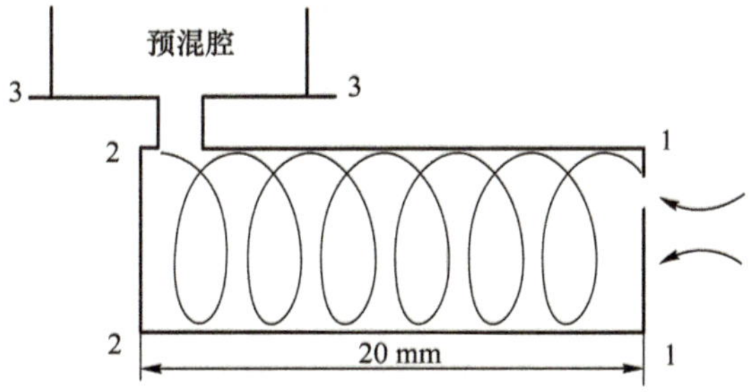

图 7-20　气体组元喷嘴工作示意图

根据实验数据计算离心喷嘴旋流室中的声速。从声学角度认为，旋流室内激发的振荡为一端开口(截面 1)，一端闭口(截面 2)的形式：

$$f_1=\frac{nc}{4L},\quad (n=1,3,5...) \tag{7.34}$$

式中，L 为旋流室长度，在 $n=1$ 时，频率 $f=5$ kHz，将得：$c=400$ m/s。

在这种条件下波长为 0.08 m，因此将旋流室视为一个分布式元件，并使用参数 q 在诺谟图上计算损耗阻抗。切向通道的有效阻抗集中于截面 2：

$$\xi_2=\frac{2\Delta p_{3-2}}{(\bar{\rho}_0\bar{c}_0\bar{u}_0)_{3-2}} \tag{7.35}$$

对于 $\xi_2=1$。接着根据 q—诺谟图，由截面 2 转向截面 1，将得到 ξ_1，截面 1 的阻抗是复数 $\xi_{1,nom}=R_{l1}+\mathrm{i}J_m$。此时，在确定了损失阻抗 ξ_1 后，研究自激发条件式 $|\xi_1|=\xi_{1,nom}$ 或：

$$\xi_{1,nom}=\left|\frac{2u_0}{c_0}+\frac{2u'}{c_0}\right| \tag{7.36}$$

舍去以上方程的右端第二项，这一项是共振器的外部作用项，只考虑自激发条件，那么上式将变为：

$$\xi_{1,nom}=\left|\frac{2u_0}{c_0}\right| \tag{7.37}$$

根据式(7.37)，根据气流中三个声速 $c_0=650$ m/s，535 m/s，400 m/s，计算喷管喷出速度值 u_0，在此速度下共振器开始自激发。

图 7-21 给出了自激振荡的区域 1、2、3。自激振荡区域随喷嘴气流中声速的减小而增大。因此，随着气流越冷，喷出速度越大，振荡出现的频率越大。频率在这里没有原则性的数值，因为频率只取决于旋流室内声速，根本上是取决于气态氧温度。

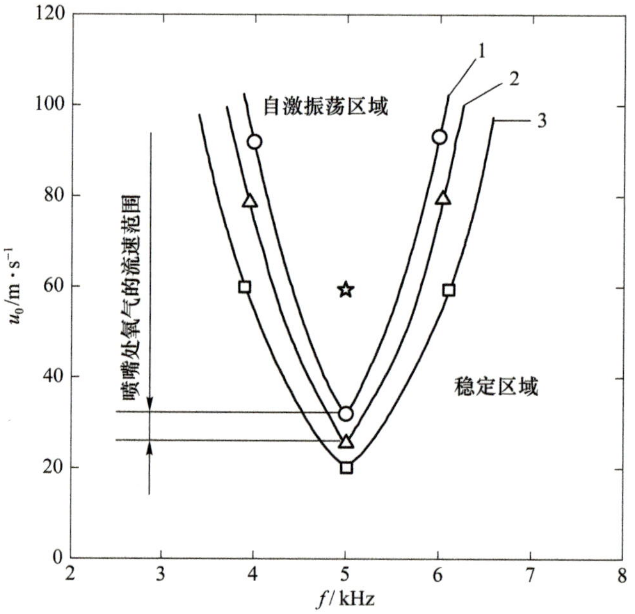

1—c_0=650 m/s；2—c_0=535 m/s；3—c_0=400 m/s；

☆—无二氧化锆涂层的燃烧室喷嘴工作。

图 7-21　气态氧流动时喷嘴旋流室的自激发范围

下面我们研究类似管路开口端存在振荡时的系统，燃烧室内无振荡，喷嘴喷口外存在有限振荡。比如，考虑不太大的反流振荡 1 bar，燃烧室内动态响应敏感性“大”的传感器无法测得的振荡，但该振荡足以影响系统的稳定性。由喷口边缘到燃烧室传播的有限压力波，振幅较小 $p'\approx 1$ bar，燃烧室与共振器中不存在有规律的振荡，即从喷嘴到燃烧室出现一个小强度的直线波，这个波是分散的，不发生反射。那么：

$$\xi_{1,nom}=\left|\frac{2u_0}{\bar{c}_0}+\frac{2p'}{\gamma\,\bar{p}_c}\eta_c\right| \tag{7.38}$$

令 $\eta_c=1$，将得到以下关系式：

$$\xi_{1,nom}=\left|\frac{2u_0}{\overline{c}_0}+\frac{2p'}{\gamma\,\overline{p}_c}\right| \tag{7.39}$$

式中，$\overline{p}_c$ 为燃烧室平均压强。

假设由喷嘴喷出的气体是不可压的，密度与压强无关，可以在进入燃烧室氧流量 $G_{o,c}$—室压 p_c 坐标系上建立自激振荡边界(见图 7－22)。图中对应于声速 650 m/s，对应于图 7－21 振荡激发的最小速度。从图中可以看出，自激发边界在氧流量大于 80 kg/s，即在燃烧室压强和流量最大时的工作状态。

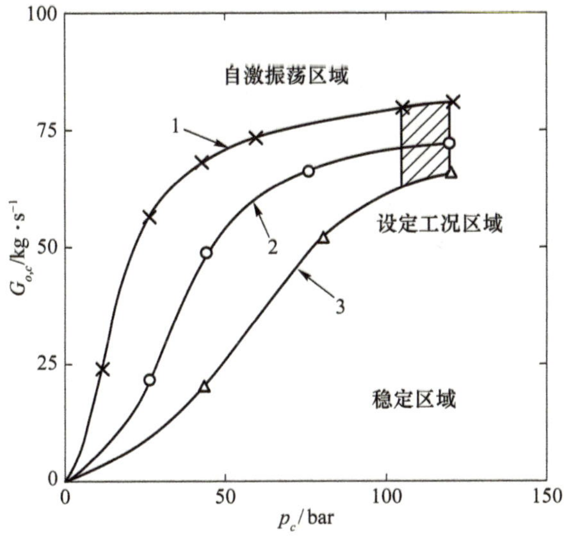

1 — p' = 1bar；2 — p' = 2 MPa；3 — p' = 4bar。

图 7－22　喷嘴喷口存在外部扰动时的系统稳定边界

当喷嘴喷口外的外部扰动的幅值为 $p'=1$ bar、$p'=2$ bar、$p'=4$ bar，根据式(7.39)可以计算出系统的稳定性边界，稳定边界线如图 7－22 所示，边界计算时所取声速为 $c_0=650$ m/s。可以看出，不稳定区域随作用于喷嘴喷口振荡幅度的增大而扩大，由于在式(7.37)中引入了压强比值 $p'/\overline{p}_c$，不稳定区域还取决于燃烧室的平均压强 $\overline{p}_c$，在其他条件不变时，燃烧室的平均压强越低，喷嘴流量方面的激发边界越近，任意随机扰动导致喷嘴内出现高频振荡的概率越大。由于表达式(7.37)包含了燃烧室方面的声导纳 η_C，因此在详细理论分析中需要研究燃烧室对喷嘴激发的影响，并且联合选择喷嘴—燃烧室系统。图 7－21 用直线标出了喷嘴中氧的可能流速范围，可以看出，这个范围实际上位于喷嘴内振荡自激发区域的边界，在某些情况下，不能发生自激发。

如果在 $G_{o,c}-p_c$ 坐标中标出燃烧室的工作区域(图 7－22)，那么可以看出，不稳定边界穿过这个工作区域，因此当存在小幅度波动时，在喷嘴出口可能激发振荡。这个情况也得到了事实的证明，在 400 多次喷嘴试验中有 49 次激发了类共振器的振荡，并且其中还观察到一些大振幅高频振荡，振幅达 3 bar 的氧喷嘴前腔振荡出现的更为频繁。前面已经指出，氧气的流速很大程度上取决于燃烧室圆筒段、喷注面板表面二氧化锆涂层的厚度，这个厚度的变化范围为 0.1～0.2 mm，由于氧流速较高，涂层厚接近 0.1 mm 的燃烧室喷嘴内更易产生高频振荡。

当喷嘴内产生相对小(与喷嘴前脉动比) 振幅的高频振荡时，气体由喷嘴流出，但燃烧室中的脉动传感器并未测量到有效信号，原因如下。喷嘴在燃烧室方向的出口截面 1 实际上是开口的，截面上的 $p' \approx 0$，$u' = \max$。由于一个周期的声能流为 $\pi = \int_0 p'u'\mathrm{d}t$，那么在图 7-20 所指出的截面 1 由于 $p' \approx 0$，考虑到平均流声能输出非常小。此外，喷嘴截面附近，一个方向是冷气流，另一方向是热返流。由于截面 1 左、右两边的波阻 $\overline{\rho c}$ 差异，在喷嘴内部也存在声能反射。通过比较喷嘴前后腔室的压力脉动，氧喷嘴的内腔是一个优秀的共振器，当共振器起作用时，声能主要通过切向通道传播。以上提出的喷嘴类共振器振荡激发机理已被实验很好的证实，当燃烧室内表面没有二氧化锆涂层时，推进剂按照气-气工作模式，产生了持续时间为 3.5 s，频率为 5 kHz（p_c = 110bar）大振幅压力振荡，并振荡持续了近 48.5 s，最后由于测量管断裂，低压检测事故关机系统启动关闭了发动机。这时由于氧的加热和喷嘴喷出的高速度，喷嘴工作在不稳定区域（见图 7-21 中的☆点）并且将频率为 5 kHz 的氧供入燃烧室。所进行的实验表明，氧喷嘴是一个优秀的共振器。

发动机工作时无论什么方式激发振荡都不是我们所希望的，因为这会导致燃烧室内产生高频声学振荡。下面介绍避免振荡的两个措施：①系统解调，即采用带有不同内曲度喷口的喷嘴以一定的排列方式布置于头部；②采用带有中心体的喷嘴，图 7-23 所示的使用中心体代替了气涡。

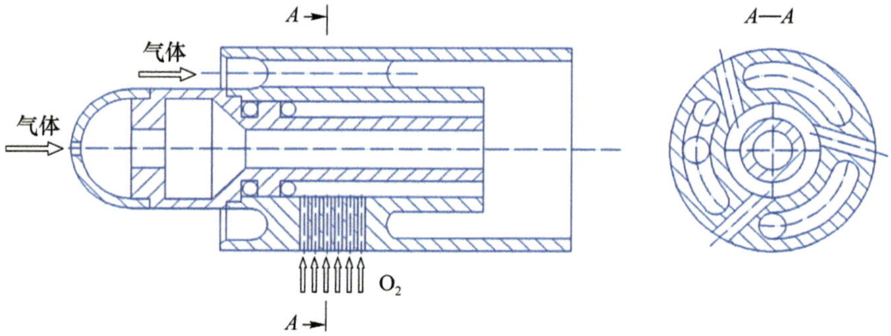

图 7-23　带中心体共振器的喷嘴

在两个措施中这里选择第二个，在无涂层的燃烧室中对由这种喷嘴所组成的头部进行了检验，在燃烧室参数变化范围内采用这个头部的燃烧室未发现任何振荡。第一种措施情况是燃料方面燃烧过程的不稳定（带延迟的流量机理），第二种措施情况是氧化剂喷注方面的不稳定机理。然而，如果发动机燃烧室前的气体通道被认为是“可激发的被动元件”，这个系统能够向燃烧室供应带振荡的氧，那么振荡从外部作用在系统上，系统本身是如何反应的？

7.2.2　喷嘴气涡简谐振荡对系统自激振荡的影响

对于自激振荡激发，在最佳换热滞后时，共振器振荡方程可写成：

$$\ddot{x} + \left[2\delta - \frac{Q_0\beta(S_1 - S_2A^2)}{\omega_0}\right]\dot{x} + \omega_0^2 x = 0 \tag{7.40}$$

在外部谐振力的作用下，研究方程组式(7.40)：

$$\ddot{x} + \left[2\delta - \frac{Q_0\beta(S_1 - S_2A^2)}{\omega_0}\right]\dot{x} + \omega_0^2 x = \frac{S_{\mathrm{neck}}p'\cos(f\theta)}{m'_{\mathrm{neck}}} \tag{7.41}$$

式中，S_{neck} 为共振器"喉部"面积，m'_{neck} 是共振器"喉部"振荡气体质量，p' 是变化压强的振幅，f 是外作用力的频率。

引入参数：

$$\delta - Q_0\beta S_1/(2\omega_0)=\delta_0,\ Q_0\beta S_2/(2\omega_0)=\delta_2,\ B^2=\delta^2,\ S_{neck}p'/m'_{neck}=P$$

那么，方程式(7.41)可以写成：

$$\ddot{x}+2[\delta_0+\delta_2 A^2]\dot{x}+\omega_0^2 x=P\cos(f\theta) \tag{7.42}$$

由于系统几乎都是谐振的，那么在第一阶近似时，所求强迫解将具有外力的频率，它的形式接近于简谐振荡，因此，所求解有以下形式：

$$x=A_1\sin(f\theta)-b\cos(f\theta)=B\sin(ft-\psi_1) \tag{7.43}$$

将式(7.42)写为：

$$\ddot{x}+f^2x=(f^2-\omega_0^2)x-2(\delta_0+\delta_2A^2)\dot{x}+P\cos(f\theta)=ZF$$

将式(7.43)代入到上式右侧，可得：

$$\begin{aligned}ZF=&\left[(f^2-\omega_0^2)A_1-2\delta_0 fb-\frac{1}{2}\delta_2 fbB^2\right]\sin(f\theta)+\\&\left[-(f^2-\omega_0^2)b-2\delta_0 fA_1-\frac{1}{2}\delta_2 fA_1B^2+P\right]\cos(f\theta)+\cdots\end{aligned} \tag{7.44}$$

由此，所建立的方程有以下形式：

$$\begin{aligned}\frac{\mathrm{d}A_1}{\mathrm{d}t}&=\frac{1}{2f}\left[-(f^2-\omega_0^2)b-2\delta_0 fA_1-\frac{1}{2}\delta_2 fA_1B^2+P\right]\\\frac{\mathrm{d}B}{\mathrm{d}t}&=\frac{1}{2f}\left[(f^2-\omega_0^2)A_1-2\delta_0 fb-\frac{1}{2}\delta_2 fbB^2\right]\end{aligned} \tag{7.45}$$

接着，转向振荡的振幅和相位，将得出：

$$\begin{aligned}\frac{\mathrm{d}B}{\mathrm{d}t}&=-\delta_0 B-\frac{\delta_2B^3}{4}+\frac{P\cos\psi_1}{2f}\\\frac{\mathrm{d}\psi_1}{\mathrm{d}t}&=\frac{(f^2-\omega_0^2)}{2f}-\frac{P\sin\psi_1}{2fB}\end{aligned} \tag{7.46}$$

令这个方程建立过程中所求值的变化速度等于零，将得到定常代数方程组，由式(7.45)与式(7.46)有：

$$\begin{aligned}&-(f^2-\omega_0^2)b-2\delta_0 fA_1-\frac{1}{2}\delta_2 fA_1B^2+P=0\\&(f^2-\omega_0^2)A_1-2\delta_0 fb-\frac{1}{2}\delta_2 fbB^2=0\\&\delta_0B-\frac{\delta_2B^3}{4}+\frac{P\cos\psi_1}{2f}=0\\&\frac{(f^2-\omega_0^2)}{2f}-\frac{P\sin\psi_1}{2fB}=0\end{aligned} \tag{7.47}$$

由这些方程计算出定常值 A_1 和 δ 或者 B 和 ψ_1，可得到问题的近似解。令这些方程中的外力等于零，将得到软条件下振荡的自激振荡方程。必须研究强迫振荡的稳定性问题。基于稳定性符号的严格解给出以下稳定性条件：

$$B^2>-\frac{2\delta_0}{\delta_2},\quad \cos\psi_1>-\frac{P}{f\delta_2B^3} \tag{7.48}$$

对于所研究的自激振荡系统，条件式(7.47)中所包含的所有参数为正，因此稳定性条件总是满足的。

如果系统是自激振荡的，那么全部所得到的关系式是正确的，但需要令关系式中，$\delta_0=|\delta_0|$。在这个系统中，燃烧室内振荡是相对于外部作用下的初始自激振荡而言的。燃烧室离心喷嘴的气涡可能存在两个状态：同步周期状态，指喷嘴中的振荡和燃烧室中振荡频率完全同步；“双调谐”状态，在带外频率强迫振荡的系统中，自激振荡频率与强迫振荡频率不同。

应该特别指出，相方面的稳定性允许相位差的绝对值不小于 $\pi/2$，如果忽略了这个超前相位，那么对于失调最大值，即对于频谱带宽，由式(7.45)可得，$-\omega_0 \approx P\sin\psi_0/(2bf)$或当 $\sin\psi_1=1.0$ 时：

$$\Delta=2(f-\omega_0)=\frac{P}{fB_0}\approx\frac{E_0\omega_0}{fB_0} \tag{7.49}$$

式中，$E_0=2\pi P/\omega_0^2$，$B_0=2\sqrt{|\delta_0|/\delta_2}$是所研究系统的自激振荡振幅。

关注这个等式，稳定性的符号根据式(7.47)可以写成以下形式：

$$B^2>-\frac{B_0^2}{2},\quad \cos\psi_1>\frac{P}{2f\delta_0 B}\left(\frac{B_0}{B}\right)^2 \tag{7.50}$$

由研究可以看出，当外部作用处于合适的小振幅时，同步现象存在于同步状态附近，这是所有自激振荡系统的典型现象。除了上面所研究的在共振器基频上的同步情况外，在外力作用下还存在一个同步现象，它的频率接近于共振器的某个谐频。

需要特别指出的是，敞口型喷嘴的气涡可以作为带导热的自动自激振荡系统进行研究。在燃烧室中工作时，如果有一个接近于气涡固有频率的频谱分量噪声作用于喷嘴，那么可能“激发”它并在同步状态下振荡或者脉动。如果喷嘴气涡和燃烧室的固有频率比较接近，需要一起研究两个相联系共振器相互作用的振荡，这个现象可被称为喷注耦合燃烧不稳定性。

7.3 其他类型燃烧室的燃烧不稳定性

7.3.1 其他类型燃烧室内的振荡燃烧

本节将介绍涡喷、涡扇发动机的加力燃烧室燃烧不稳定方面的研究工作。涡扇发动机加力燃烧室的不稳定燃烧主要源自于为了增大推力，采用了较大的单位体积热释放率及尺寸更大的加力燃烧室。这种结构的不稳定性表现为声学振荡频率更低，因此更难阻尼。不稳定燃烧在加力燃烧室内可能导致导管和固定接头断裂，甚至冷却液膜的破裂等问题。此外，在涡扇发动机的大型加力燃烧室中，低压压气机的工作可能会影响燃烧过程，而振荡燃烧也可能导致压气机失速。因此，确保燃烧过程的稳定性成为现代航空发动机研发中最复杂且最紧迫的课题之一，随着新型发动机的出现，这一需求愈发迫切。

供气通道对燃烧室内燃烧过程稳定性有着重要的影响[18]，当供气管路长度变化时，观察到激发区域与“安静”区域交替变换。瑞利[19]首次正确解释了这个现象，在振荡燃烧所有情况中最经常遇到的是:燃烧的主要效应导致气体体积增大,这时由于气体被加热以及产生了额外的气体反应产物,随后这个体积扰动破坏了燃烧区前后区域的气体流动,这里也包括燃烧区对初始扰动的反向作用[20],这种情况也被称为声扰动,尽管也遇到由其他原因产生的脉动,如常见的流体不稳定,但这些声扰动可能既是高频振荡又是低频振荡的产生原因。

文献[21-23]的工作对于理解燃烧室内声振激发过程具有重要意义,借助这些工作能够描述很多燃烧室的波动性质。拉乌申巴赫在专著[23]中系统介绍了供热激发的纵向声学振荡,针对燃烧与气柱声学振荡开展了全面的研究,给出了一个将燃烧区的“左侧”和“右侧”的一维过程“黏结”在一起的通用方法,分析了振荡及其产生时系统的能量损失,研究了振荡燃烧时反馈联系的可能机理。文献[23]包含了大量的实际数据,在这个专著中应用于涡喷发动机加力燃烧室和冲压喷气发动机燃烧室,十分完整和客观地反映了燃烧问题的现状,一些结论可能作为燃烧室结构和计算的推荐方案是这个专著最有价值的特点。在这个专著振荡燃烧的章节中给出了燃烧室内振荡类型确定的计算方法,在这个专著中尝试建立发动机内振荡与燃烧、流体力学过程相互作用条件,这个尝试是基于本领域一些有限的公开资料,提供了消除振荡的某些方法。

文献[24]中“加力燃烧室高频振荡”章节非常具有价值,作者基于湍流燃烧区弱激波的放大机理,得到了纵向和横向声学振荡的燃烧稳定性无量纲准则。文献指出,在所研究情况稳定性取决于供热量和组元向燃烧区的供入速度。文献[25]研究了振荡燃烧的某些情况,特别是通过组元运动实现反馈联系振荡燃烧的案例(实质是带延迟的流量机理)。文献[26]进行了声振作用下化学均质燃料混气火焰放热过程的理论研究,得到了与已知实验数据定性吻合的振荡激发准则。

加力燃烧室存在两个脉动燃烧的抑制途径,增加阻尼和改变燃料分布及火焰稳定器,有时为了克服不稳定不得不降低加力程度。现代加力燃烧室的发展趋势加剧了燃烧不稳定问题,分析表明,支持压强振荡的放热振荡能量正比于平均体积放热量,并与振荡的平均压强和频率成反比。决定燃烧不稳定的能量具有增大的趋势,特别是在短加力燃烧室中为了提高燃烧的完全性,体积放热量也随之增加。高空低速飞行使得燃烧室内压强较低,大直径发动机具有更低的声振固有频率。固定式阻尼隔板对于抑制低频振荡是无效的,因为隔板无法在结构上实现相应的隔声腔。此外,通常隔声板只能抑制某一类型(频率)的振荡,而现代多模态双涵道可能存在其他多种类型的振荡。

研究人员对燃烧不稳定性的特别关注与涡扇发动机的发展紧密相关,涡喷发动机涡轮的关闭能够声学隔离加力燃烧室与发动机其他部件,振荡燃烧导致的机械破坏主要发生在燃烧室和喷管的自身。我们都知道,外涵道涡喷发动机加力燃烧室或涡扇发动机带混合器加力燃烧室中出现不稳定燃烧时,不稳定燃烧会引起风扇(低压压气机)后反压的振荡;同时也知道,发动机进口扰动会导致涡扇发动机工作不稳定,振荡燃烧时引起的风扇后反压振荡可能会大大降低飞行时发动机的稳定工作裕度。如:文献[27]介绍了 F-ⅢA 飞机发动机加力燃烧室工作进入不稳定状态时在进口所引起的瞬时扰动振幅比不开加力至少大 15%。因此,在涡扇发动机加力燃烧室研制时需要考虑风扇-压气机和进气道的特性,若不考虑上述特性,发动机的特性将会变差。建立了与涡喷加力燃烧室几何结构类似空间内的描述非定常液体燃料燃烧的数学模型，但这只是一个理论模型，文献中没有提供实验数据来支持或推翻按照此模型计算得到的稳定性结果。

涡扇发动机带混合器加力燃烧室低频不稳定问题的严重性迫使普惠公司不得不进行专门的研究[27]。研究发现，各种不稳定通常出现在高空发动机进口温度较低时和低压情况下，这样的不稳定经常导致加力燃烧室火焰脱落或风扇不稳定。振荡频率处于 30～200 Hz，显然，这种低频不稳定无法使用标准结构防振屏来消除，普惠公司为此建造了模型加力燃烧室振荡燃烧专用实验台，对振荡现象进行理论描述，与实验结果定性一致。

在俄罗斯系列国产喷气发动机研制过程中也发现了加力燃烧室的振荡燃烧，所观察到的既有纵向振荡，又有横向声学振荡。综述文献[28]介绍了中央航空发动机研究院（CIAM）在高空台涡喷发动机家族 AL-7F，RDF-300，RD-7M，R15-300 型号加力燃烧室气体低频压力振荡的测量结果以及这些振荡机理的模型燃烧室研究结果，在文献附录中给出了近似加力燃烧室的圆管内气体纵向振荡固有模态和频率的近似计算。

涡扇发动机加力燃烧室的工作过程具有本身的独特性，在前锋装置前的空气温度比涡喷发动机加力燃烧室低很多的情况下，也必须能保证加力燃烧室稳定燃烧。事实上，第一代涡扇发动机加力燃烧室在总余气系数工作范围内均已记录到了频率为 70～120 Hz 振荡燃烧。

中央航空发动机研究院（CIAM）对于加力燃烧室燃烧过程不稳定机理揭示给予了很大的关注[29]，在其报告中，详细综述了这个问题的理论研究结果，建立了模型加力燃烧室纵向声振传播问题的数值解法。研究证实，燃烧时 V 形火焰稳定器后在周期性和窄带随机气流振荡作用下导致尾迹边界层内大涡形成是振荡燃烧的可能原因。研究表明，通过涡形成建立的反馈联系，不仅是振荡燃烧时气流振荡的维持机理，也是振荡自激发的机理之一。CIAM 的文献给出了模型加力燃烧室燃烧过程的动力学性质，建立了火焰振幅和相位特性关系式，即沿火焰坐标取决于振荡频率和气流速度的函数。

1965 年“土星”联合体公司设计 AL-21F 时针对加力燃烧室纵向声学振荡进行了燃烧过程稳定性计算[29]，这个方法是基于带延迟空气流量机理，后续发展的这个方法应用于该型发动机加力燃烧室，计算时考虑余气系数振荡对燃烧过程稳定性的影响，理论与试验结果定性一致，奠定了加力燃烧室振荡燃烧研究基础。

近年来，以湍流耗散原理设计的多孔阻尼装置以结构简单，抑制宽频不稳定燃烧振荡的被广泛研究与运用。加力燃烧室中的防振隔热屏就是多孔结构，其贴于加力燃烧室壁面安装，使用外涵道空气作为冷却气流，以气膜冷却原理避免了对流换热并带走加力燃烧室内的屏蔽辐射。防振屏上的孔主要用于吸收压力脉动振荡能量，减少出现振荡燃烧的可能性，孔径大小影响了防振屏的共振频率和吸收系数[30]。

从发展历史来看，防振隔热屏经历了圆筒隔热屏、横向波纹隔热屏、纵向波纹隔热屏三个阶段。圆筒隔热屏呈直壁圆筒状，分段处开有缝槽，在早期加力燃烧室中设计用于防振，但对于现代高性能发动机加力燃烧室，圆筒隔热屏已经难以满足其冷却需求。

横向波纹隔热屏（见图 7－24）表现为横向波瓣的形状，被运用于斯贝 MK202、AL-31F 与国内一些涡喷发动机型号。研究表明，横向波纹隔热屏对抑制高频横向振荡燃烧效果好，用于涡喷发动机与早期涡扇发动机加力燃烧室。相较于圆筒隔热屏，末端温度分布更均匀，冷却效率更高，有利于减小热应力，延长燃烧室使用寿命。

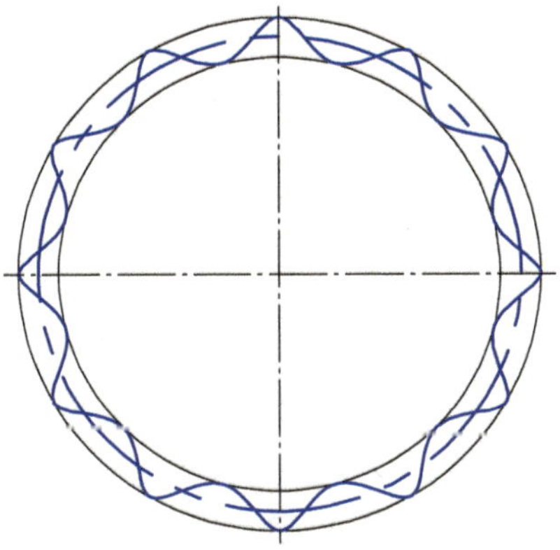

图 7-24 横向波纹隔热屏示意图

纵向波纹隔热屏（见图 7-25）表现为纵向波纹的形状，目前大多数先进航空发动机如 F101、F110 都采用该种设计。纵向波纹隔热屏对抑制低频的纵向燃烧振荡更为有效，冷却也更为优秀，多使用于先进涡扇发动机。

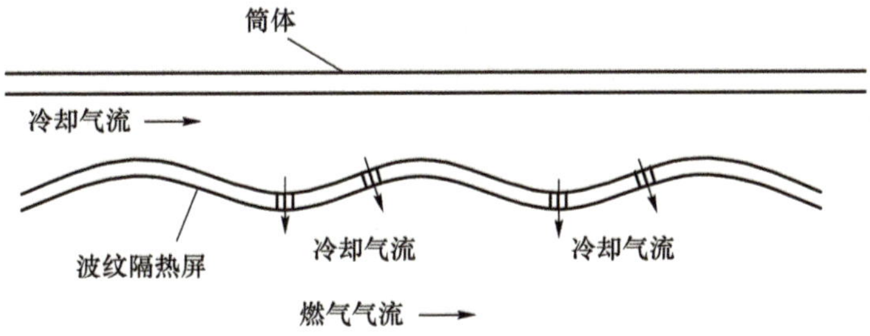

图 7-25 纵向波纹隔热屏示意图

美国学者在研制涡扇发动机 F100 和 F110 时，针对加力燃烧室高频啸叫问题，总结了减少声学不稳定性的两种策略[31]：最小化驱动潜力和增加阻尼潜力。减小驱动潜力是从不稳定燃烧振荡激发的根本原理出发，根据瑞利准则，在燃烧室设计时避免主要燃烧释热区域与最大压力振幅区域重合。其中一种实际方法是重新配置或者覆盖单个燃料喷射点，以便热释放与压力振荡解耦。这种方法调整了燃料供应系统的声学特性，可以抑制由室压脉动与燃料流量调制导致的不稳定燃烧，但该策略同时也增加了涡轮机的 NOx 排放，在设计时也应当被纳入考量。通过改变燃料混合物化学成分，使反应速率对压力和温度变化相对不敏感，也可以降低驱动潜力，这要求深刻掌握不稳定燃烧与碳氢燃料的化学动力学机理。降低驱动潜力的有效性通常局限于一定工况范围内，很难制定同时抑制所有不稳定燃烧室模式的控制策略。此外，在整个运行条件范围内对加力燃烧室元件（如火焰稳定器、径向槽和燃料喷射杆）进行重新设计或轻微调整等修改可能既耗时又昂贵得难以实施。

增加加力燃烧室的声学阻尼，使得振荡被阻尼得比产生得更快。这种策略通常通过使用穿孔衬里来实现，穿孔衬里通过亥姆霍兹共振器响应获得其阻尼影响，穿孔衬里的尺寸的上限受到限制，通常对于加力燃烧室内高频不稳定燃烧振荡（120～700 Hz）有更好的表现，据观察，衬里可以抑制振荡 10%~70%。结合上文图 7-25 防振隔热屏的纵向布置方式,对低频振荡(50~120 Hz)也可以起到一定的抑制效果。

7.3.2 其他类型燃烧室振荡燃烧的产生机理

如图 7-26 所示,当混合气法向速度分量 v_n 等于火焰传播法向速度 u_n 时,火焰锋面是稳定的。若火焰锋面某一位置处混气流向锋面的法向速度大于火焰传播法向速度,那么这个位置将发生局部火焰脱落,反之将发生回火。显然,这时火焰锋面局部将产生压力脉冲,若这些脉冲的能量足够激发燃烧室,将发生脉动燃烧。

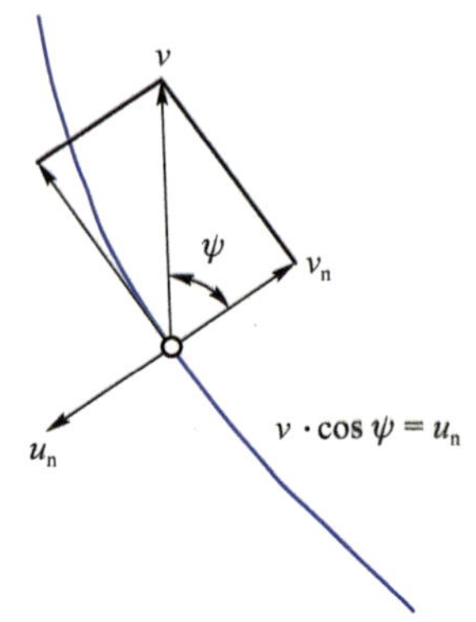

图 7-26 火焰锋面原理示意图

涡喷发动机加力燃烧室工作在不同高度和不同飞行速度时发现,当飞行速度较大时,加力燃烧室在两个飞行工况范围产生横向声学振荡,而只在一个飞行工况范围出现纵向低频振荡。在这些飞行工况范围内,如果将加力燃烧室的工作参数设定如下:λ 为加力燃烧室进口前锋装置的气流速度因数,α_Σ 为加力燃烧室余气系数,那么燃烧过程的不稳定边界如图 7-27 所示。需要指出,由于沿加力燃烧室横截面燃料和空气分布不均匀,在 λ 和 α_Σ 参数坐标上存在某一稳定工作范围,见图中阴影圆圈。当飞行高度和飞行速度变化时,这个稳定工作范围可能在 λ 和 α_Σ 坐标平面移动,见图中的阴影圆圈上的箭头。

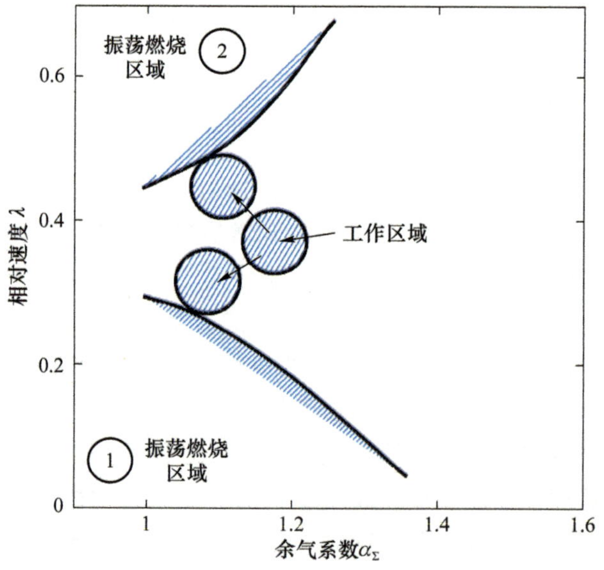

图 7-27 振荡燃烧边界

由于图 7-27 中一个区域产生低频纵向声学振荡的边界可以计算并能详细地分析,后续的研究主要关注产生大振幅横向声学振荡的两个区域情况。下面将研究喷管临界截面面积增大时(如图 7-28 中由 a 位置变化到 b 位置)燃烧室内发生的情况。

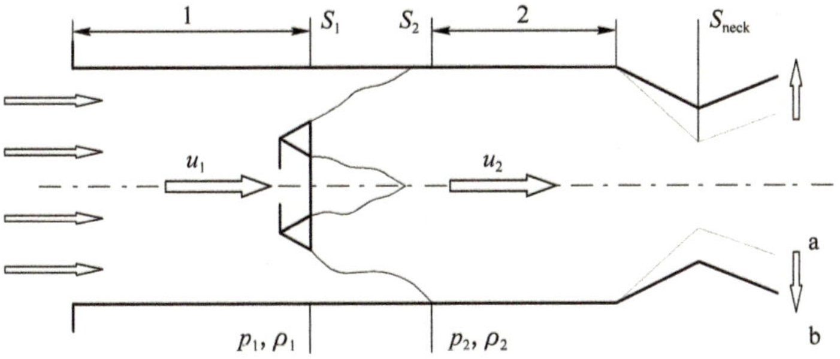

图 7-28　加力燃烧室示意图

喷管前燃烧室圆筒段气流速度 Ma_2 数与临界截面面积关系可按以下已知关系式确定：

$$\frac{S_1}{S_{cr}}=\frac{1}{Ma_2}\left[\frac{1+\frac{\gamma+1}{2}Ma_2^2}{\frac{\gamma+1}{2}}\right]^{\frac{(\gamma+1)}{2(\gamma-1)}} \tag{7.51}$$

当燃烧室压强为任何值时，当然，如果这时仍存在临界流动，燃烧室 Ma_2 的值只取决于临界截面面积。此时，由连续方程获得 Ma_2：

$$\rho_1 u_1 S_1=\rho_2 u_2 S_2 \tag{7.52}$$

或：

$$Ma_2^2=Ma_1^2\,\frac{\rho_1 p_1 S_1}{\rho_2 p_2 S_2} \tag{7.53}$$

方程(7.53)可以改写成：

$$Ma_2=Ma_1\left[\frac{\chi+\frac{p_2}{p_1}+\frac{2}{\gamma-1}q_{1-2}}{\chi\left(\frac{p_2}{p_1}\right)^2+\frac{p_2}{p_1}}\right]^{\frac{1}{2}}\left(\frac{S_1}{S_2}\right)^{\frac{1}{2}} \tag{7.54}$$

已知，当 $Ma_1\ll 1$ 时，有：

$$\frac{p_2}{p_1}=1-q_{1-2}Ma_1^2 \tag{7.55}$$

方程(7.54)可以写成以下形式：

$$Ma_2=Ma_1\left[\frac{\chi+(1-q_{1-2}Ma_1^2)+\frac{2}{\gamma-1}q_{1-2}}{\chi(1-q_{1-2}Ma_1^2)^2+(1-q_{1-2}Ma_1^2)}\right]^{\frac{1}{2}}\left(\frac{S_1}{S_2}\right)^{\frac{1}{2}} \tag{7.56}$$

由式(7.51)和式(7.56)可以得出，在 q_{1-2} 不变条件下，当喷管临界截面积增大时，只有 Ma_1，Ma_2 的值增大(精确讲是燃烧区前后 1-2 截面气流速度)。但由于换热管流“临界加热量”现象，即临界加热量只能使气流速度达到 $Ma_2=1$，相应地确定进口气流速度 Ma_1。为了方便计算不使用马赫数，而使用速度因数：

$$\lambda=\frac{u}{c_{cr}}=\frac{u}{\sqrt{\frac{2\gamma}{\gamma+1}R_g T_0}}$$

单位质量气体的总加热量可用 Q_{1-2} 表示：

$$Q_{1-2}=c_p(T_{02}-T_{01}) \tag{7.57}$$

或写成以下无量纲形式：

$$q_{1-2}=\frac{Q_{1-2}}{c_p T_{01}}=\frac{T_{02}}{T_{01}}-1$$

由于：

$$\frac{T_{02}}{T_{01}}=\frac{\lambda_2^2}{\lambda_1^2}\left(\frac{1+\lambda_1^2}{1+\lambda_2^2}\right)^2 \tag{7.58}$$

将式(7.57)代入式(7.56)中，可得：

$$q_{1-2}=\frac{(\lambda_2^2-\lambda_1^2)(1-\lambda_1^2\lambda_2^2)}{\lambda_1^2\ (1+\lambda_2^2)^2} \tag{7.59}$$

由式(7.59)可以得到临界加热量 $q_{\max}(\lambda_2=1)$：

$$q_{\max}=\left(\frac{1-\lambda_1^2}{2\lambda_1}\right)^2 \tag{7.60}$$

图 7-29 展示了 q_{max} 与 λ_1 的关系曲线，这个曲线给出了当进口温度为 900 K(涡喷发动机内涵道)、450 K(涡扇发动机外涵道)时，燃烧前锋前气体加热到“临界加热量”的可能加热轨迹。

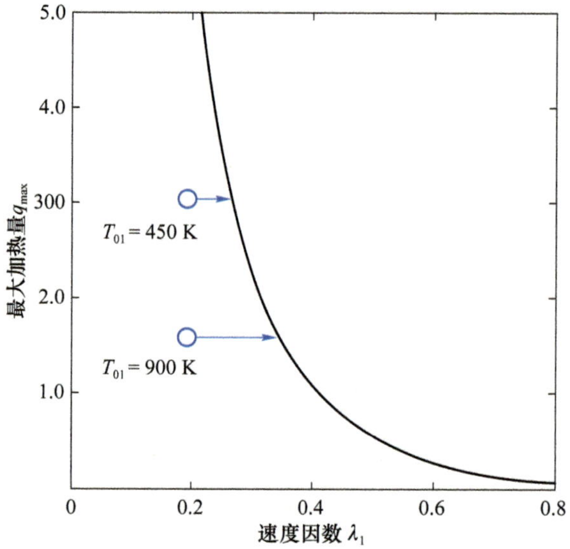

图 7-29　涡喷发动机加力燃烧室内最大加热量与进口相对速度关系

图 7-30 给出了在 $\lambda_1-\alpha_{ab}$ 坐标中的“加热壅塞”边界。由图 7-29 和图 7-30 可以看出，对于涡喷发动机加力燃烧室允许存在更大的喷管膨胀比，对于进口空气温度为 $T_{01}=450$ K 外涵道发动机加力燃烧室允许更大的气流加速比。如果“加热壅塞”立刻波及加力燃烧室整个截面，那么面向气流方向将产生使气体流量减小的压力波，因此无论加入多少热量都不能使圆管内的气流超过声速。但由于燃料和空气供入的不均匀，燃烧室内会存在参数不同的工作区域(见图 7-27)和局部“加热壅塞”区域(或破坏火焰前锋稳定性)。压力波由这个区域向各方向传播，在一定条件下，比如：燃烧室是优质共振器或压力波局部源足够强，燃烧室内将产生振荡燃烧。顺便说说，这里可以解释防振隔板的作用，隔板在一个(或几个不是全部)“十字架”组内隔离扰动，燃烧室内不能烧完的燃料多于可以烧完的燃料。如果进行这样的尝试，那么要求采

用专门的手段：防振屏、防振隔板、增加由燃烧室输出的声能等等，必须附加组件阻尼所产生的局部扰动。

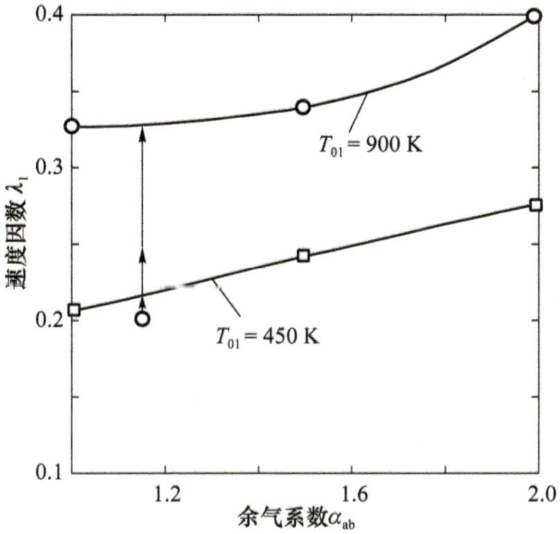

图 7-30 加热壅塞边界

图 7-31 给出了当进口温度为 $T=900$ K 和 $T=450$ K 时，燃烧区后气体温度 $T_{02}-\alpha_{ab}$ 的函数关系。

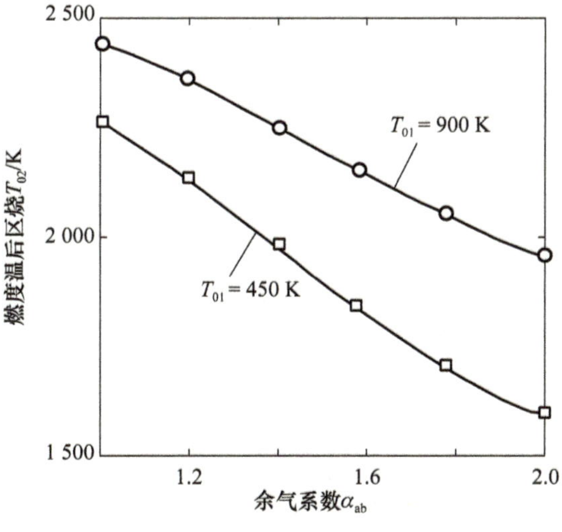

图 7-31 煤油燃烧温度与余气系数的关系

7.3.3 其他类型燃烧室振荡燃烧边界分析

考虑到低频纵向振荡条件下，涡轮喷气发动机加力燃烧室相似的燃烧室构型(图 7-1b)，其燃烧稳定性边界表达式与方程(7.21)类似。当考虑温度振荡，式(7.5)中的等熵关系式将用以下关系式代替：

$$\frac{\rho'_1}{\overline{\rho}_1}=\frac{p'_1}{\overline{p}_1}-\frac{T'_1}{\overline{T}_1} \tag{7.61}$$

随后利用文献[1]中的煤油燃烧温度与过量空气系数 α_k 的关系得到式(7.61)中的 $T'_1/\overline{T}_1$ 关系式。将关系式 $T=f(\alpha_k)$ 进行线性化，在 $\alpha_k>1.0$ 时，对于加力燃烧室，在定常状态下具有 $\overline{\alpha}_1=\overline{\alpha}_k=\overline{\alpha}_3$ 特性，变换以后将得到加力燃烧室稳定性边界计算的方程：

$$\frac{1}{\dfrac{(\overline{\rho}\overline{c}\overline{u})_3}{(\overline{Ma}_3+\eta_3)\overline{p}_k}-\dfrac{2\Delta\overline{p}_{CT}}{\overline{p}_k}}\left(\frac{a-2\overline{\alpha}_k}{a-\overline{\alpha}_k}\right)=\frac{1}{\gamma_1\,\overline{Ma}_1}(\overline{Ma}_1+\eta_1)\mathrm{e}^{\mathrm{i}\omega\tau} \tag{7.62}$$

“土星”联合体公司建立了加力燃烧室工作过程稳定性的检验方法，振荡燃烧边界通过增大加力强度来确定。原理基于加力燃烧室气流速度增大时，混气富集会破坏气流中火焰锋面的稳定性，进而导致振荡燃烧。涡喷发动机加力燃烧室内振荡燃烧状态可以通过将燃料供应到除中心以外的全部火焰稳定器上来获得[29]，接着向中心稳焰器供入部分燃料并改变其流量可以激发燃料的振荡燃烧。为了加速实验的进行，在改变中心稳焰器燃料流量的同时，降低加力燃烧室内压强，室压降低通过增大发动机喷管临界截面积来实现。使用这个方法确定了涡喷发动机 AL-21F-3 加力燃烧室工作过程稳定边界，并且检验了加力燃烧室内消除振荡燃烧的所有技术手段。在自研试验台上试验时对发动机组件加力燃烧室工作条件模拟给予了大量的关注，在试验台上模拟涡轮上声波的反射条件(加力燃烧室模拟组件中没有涡轮)是必须的，为此与中央航空发动机研究院(CIAM)合作研制了专用的“声学涡轮模拟器”，“声学涡轮模拟器”由一静一动两个叶型盘组成。

涡扇发动机加力燃烧室试验装置不仅能够检验最大加力状态燃烧过程稳定性，还能检验深度调节加力状态时的稳定性，当加力燃烧室内气流速度非常小时会出现振荡燃烧。为此建立了振荡燃烧边界确定方法，这个确定方法如下：将加力燃烧室燃料流量增大到出现周期性压力振荡时，然后逐步减少燃料流量，在每个燃料流量级别交替增减喷管临界截面面积到出现周期性压力振荡。接下来完善这个方法：在确定加力燃烧室振荡燃烧边界时，不仅要改变燃料流量和喷管临界截面面积，而且要改变发动机进口温度。

发动机加力燃烧室的振荡燃烧边界研究方法详细介绍见文献[29]，研究方法得到了作为发动机组件的涡扇发动机加力燃烧室自主试验的验证。根据研究结果建立了涡喷和涡扇发动机加力燃烧室振荡燃烧边界的确定方法，得到了决定燃烧过程稳定工作范围的参数(前锋装置进口速度因数和加力燃烧室内总余气系数)，见图 7-32。这个方法既可以作为涡喷发动机(AL-21F)，也可以作为涡扇发动机(AL-31F)加力燃烧室提高工作过程稳定性一系列设计措施验证手段。同时，当涡扇发动机进口压强较小(高空低速飞行)时，经常会发生振荡燃烧，需要建立这种条件下振荡燃烧特性的检验方法。

7.3.3.1 横向振荡燃烧

1. Su-17，Su-20，Su-24，MIG-23B 用发动机 AL-21F 加力燃烧室振荡燃烧

本书研究了涡喷发动机 AL-21F 加力燃烧室，这个燃烧室的一般形式如图 7-33 所示，燃烧室加装了压力脉动测量传感器，燃烧前锋前两个传感器布置成 60°，前锋后两个传感器成 180°。研究了涡轮后三种类型整流体对工作过程稳定性的影响：初始、缩短和多孔整流体。

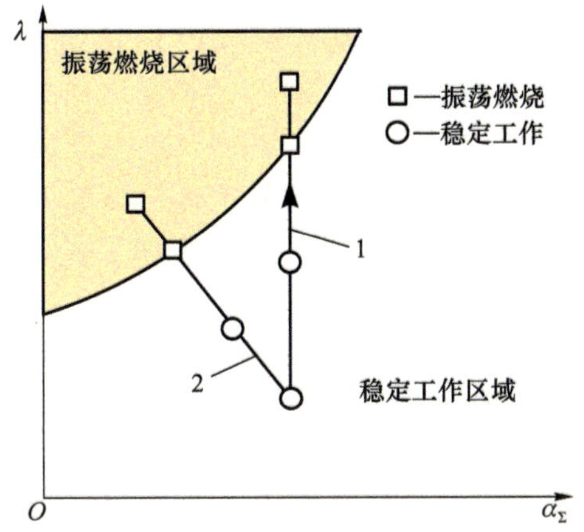

1—喷管简单扩张；2—喷管扩张的同时增加燃料流量。

图 7-32　振荡燃烧边界的确定

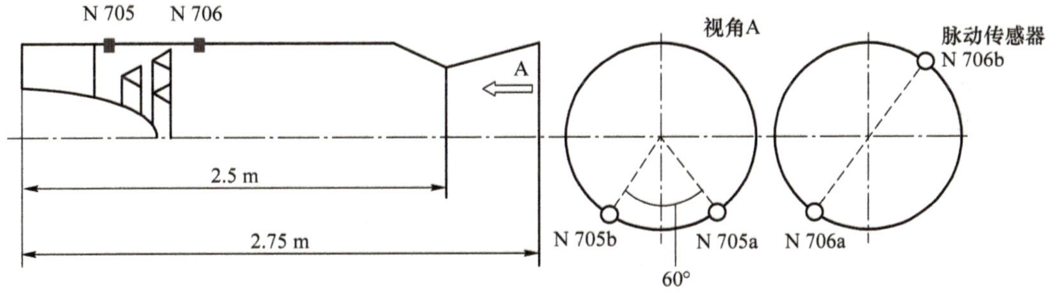

图 7-33　AL-21F 发动机加力燃烧室原理示意图

AL-21F 加力燃烧室前锋装置包含 3 个(内、外和中间)V-型圆环稳焰器，稳焰器连接 9 支火焰喷射杆，4 个燃料集液器，集液器由 3 个直流喷嘴和 3 个离心喷嘴组成。每个稳焰器的对面安装 2 个集液器：1 个带直流喷嘴，另 1 个带离心喷嘴。燃料系统是两级的，第一级包括离心喷嘴集液器，第二级包括直流喷嘴集液器。第一级集液器在所有工况都工作，第二级集液器工作于当加力燃烧室内静压大于 1.5 大气压时(燃料流量较大时)。AL-31F 加力燃烧室沿用了 AL-21F 的部分设计，结构可以参照图 7-35。

研究了加力燃烧室中防振屏对振荡燃烧特性的影响，试验了长度超过初始方案 $L=120$ mm，带 9 mm 直径圆孔的防振屏，最终定型安装了带有 3 mm 直径圆孔的长度 $L=220$ mm 的防振屏。研究了稳焰器和火焰喷射杆对振荡燃烧特性的影响，确定了前锋装置的火焰喷射杆(9 支)的方案以及其可由拉杆代替。此外研究了前锋装置，装置的外环稳焰器加宽了 12 mm。在按初始方案设计的加力燃烧室工作时，当喷管扩张超过全加力工况时的额定水平时，出现了频率为 420～450 Hz，振幅达 0.46 bar 的振荡燃烧，对应加力燃烧室横向振荡一阶切向模态。

AL-21F 按照图 7-32 所述方法测量了初始加力燃烧室方案的稳定边界，箭头指出了工作状态变化时加力燃烧室工作点的运动轨迹 1 和 2，发现贫燃混气时燃烧过程稳定区域向速度系数 λ 较大方向扩展。为了确定不同设计结构对所出现的振荡燃烧特性的影响，研究了通过扩张喷管的同时增加燃料流量的方式获得振荡燃烧状态的可能性。所有的试验方案都是相同的并包括以下内容：开启加力燃烧室，同时增大燃料流量，通过关闭专门的试验台开关打开喷气喷管至机械支架。

在进行带初始防振屏的发动机加力燃烧室试验时记录到前面所提到的频率为 420～450 Hz，振幅 $A=0.46$bar 的压力振荡。将防振屏初始长度加长 120 mm(用直径 9 mm 的孔代替初始 3 mm 的孔)，振荡频率不变，振幅 $A=0.45$bar。在测量精度范围内，防振屏的变化实际并没有影响所观察到的振荡频率和振幅。在缩短整流体试验中，记录到同频率的压力振荡最大振幅 $A=0.269$bar，与初始方案整流体相比，压力振幅下降了 60%。多孔整流体在另一台发动机上进行了试验，这台发动机初始方案的压力振荡振幅为 $A=0.39$bar，频率为 400～450 Hz。更换多孔整流体后在保持压力振荡频率不变的情况下，振幅下降到 0.29 bar 降低了 25%。多孔整流体对加力燃烧室燃烧过程稳定性的影响参见后续 AL-31F 的介绍。

火焰稳定器及火焰喷射杆的几何尺寸对加力燃烧室燃烧过程稳定性的影响在两个不同产品上进行了试验，试验结果见图 7-34，为振荡振幅 A 和喷射杆、稳焰器与加力燃烧室截面积比的关系函数。从图中两台发动机试验曲线可以看出，当火焰喷射杆和稳焰器面积增大时，振荡燃烧时的压力振幅减小。通过使用缩短整流体和某些燃料沿集液器的分配方式，可以消除发动机所有工作状态的振荡燃烧，在任意工况下，扩大喷管喉面都不可能落入振荡燃烧区域。

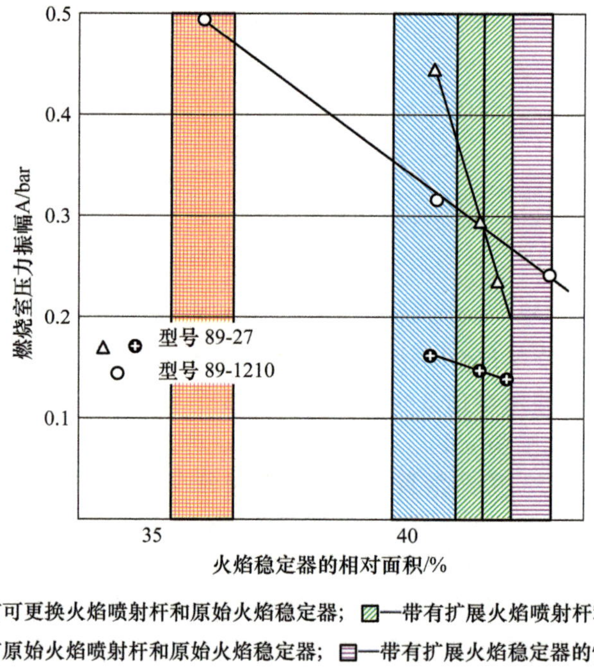

图 7-34　火焰稳定器及火焰喷射杆面积对加力燃烧室内压力振幅的影响

2. 苏-27，苏-27UB，苏-30 的发动机 AL-31F 加力燃烧室振荡燃烧

尚在发动机研制出来之前，在试验台上自制加力燃烧室研究了第一批发动机使用的前锋装置，见图 7-35。前锋装置包含有径向火焰稳定器，径向火焰稳定器固定在环形稳焰器上，环形稳焰器以汽化器形式出现，在混合器中装有不同尺寸的“凹槽”。装置具有 5 个带直流喷嘴的燃料集液器(图中编号 2-6)，集液器 6 是环形的并将燃料供入环形汽化器，这里，$\alpha\approx1.0$，其余 4 个集液器是径向的并将燃料供入横向气流。

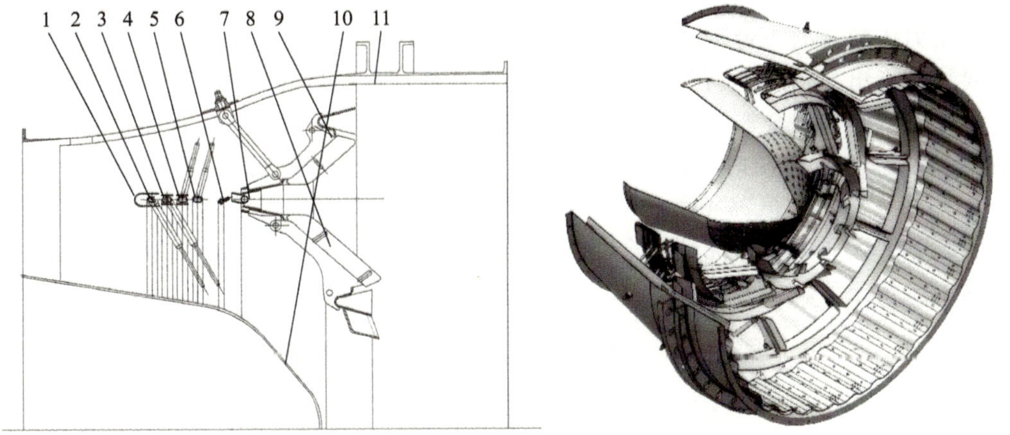

图 7-35 AL-31F 发动机前锋防振装置

加力燃烧室供油装置前装有隔热屏(编号 1),燃烧室壁面上布置了长 $L=225$ mm,孔径 $\Phi=6$ mm的声学衬里形制的隔热防振屏(编号 11),燃料系统工作取决于发动机操纵杆位置(角度)。首先打开启动集液器 6 供入 10%燃料,接着打开集液器 2、3 产生部分加力,最后使操纵杆角度为 115°,5 个集液器全部工作,燃料 100%供入加力燃烧室,开动全部加力。火焰稳定器组件包含加力燃烧室通道(7)、内外部两个 V 形环形火焰稳定器(8、9)。此外还对加力燃烧室的中心锥(10)进行了开孔设计,达到了抑制振荡的效果。

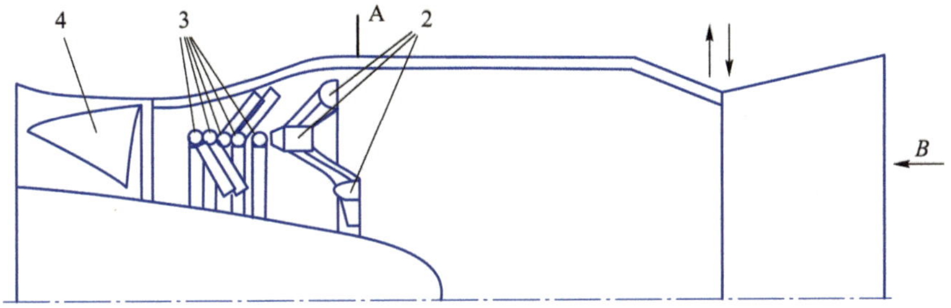

(a) 加力燃烧室剖面结构图

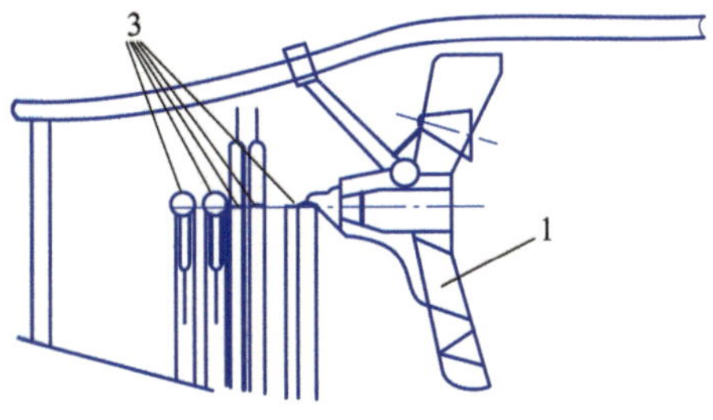

(b) 前端锋面放大图

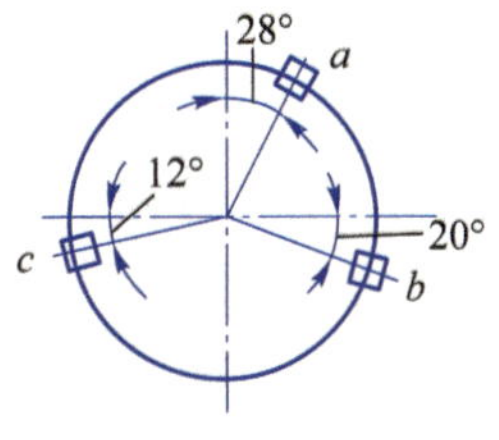

(c) 脉动压力传感器布置图(B视角)

图 7-36 带盘式前锋装置的加力燃烧室示意图

图 7-36 给出了初始设计方案(图 7-36(a))与 AL-31F 发动机基本型(图 7-36(b))的对比,区别如下:燃烧室具有 3 个环形火焰稳定器,稳焰器通过火焰喷射杆 1、2、3、4 与向气流方向倾斜

的集液器相连，而集液器 5 喷雾迎向反射环气流方向，混合气具有同一尺寸凹槽，图 7－36(c)给出了脉动压力传感器的布置示意图。

需要特别指出，与苏-27 所用加力燃烧室图 7－36a 不同，除了前锋结构指出的变化外，另外具有多孔整流体和混合器凹槽，以一定角度通过 1 个凹槽进行配对，下面将会介绍。在研制带径向稳焰器的初始前锋时，加力燃烧室试验过程中在室内观察到 2 个区域的脉动燃烧(图 7－37)：第 1 区域的振荡频率为 125～160 Hz，第 2 区域的振荡频率为 400 Hz。观测到的大强度状态下 2 区的振荡燃烧最危险，它通常是大振幅横向声学振荡，导致燃烧室壳体及其连接零件的大振幅振动。

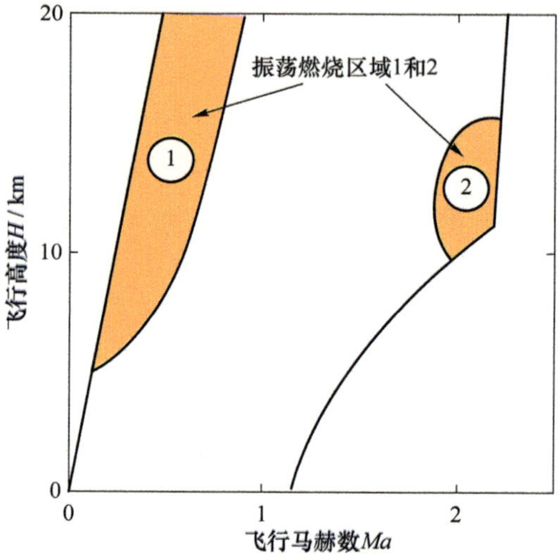

图 7－37　前锋装置初始设计方案的加力燃烧室振荡燃烧区域

AL-31F 发动机频率为 400 Hz 的振荡燃烧区域，这个区域是通过增压和加热的热燃烧室和试验台确定的，脉动的测量曲线及其频谱见图 7－38。图 7－39 给出了加力燃烧室壳体振动随脉动振幅增长的变化。

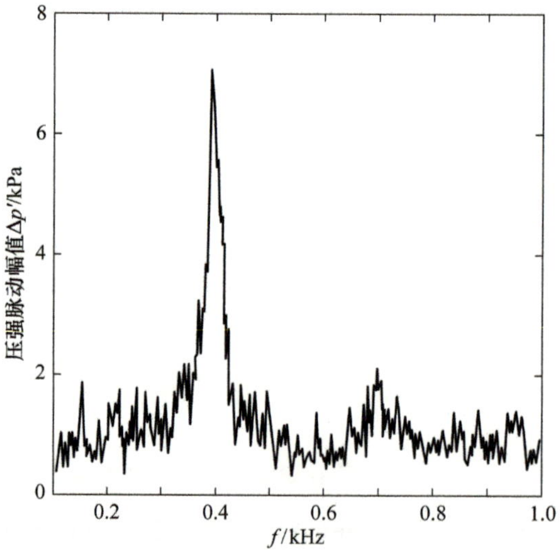

图 7－38　加力燃烧室内横向振荡信号及频谱

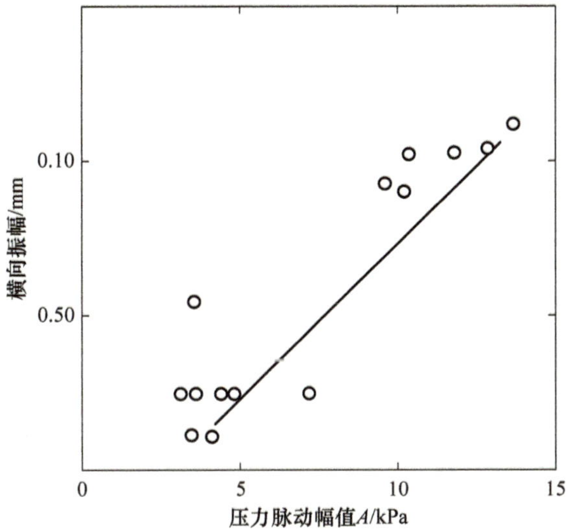

图 7-39 加力燃烧室壳体振动与室内横向振荡振幅的变化关系

针对 AL-31F 发动机的横向声学振荡经历了长时间仔细的研究，遍历了所有的变化：稳焰器、燃料供应系统、涡轮后整流体、混合器。前面已指出，尚无发动机主机时就在试验台上研制加力燃烧室，这时就已经记录到在不同工况时的频率为 400 Hz 和 1 200 Hz 的振荡燃烧，400 Hz频率的振荡燃烧出现在 0.66～0.7 的涵道比范围，混合器出口外涵道速度为 $\lambda=0.528$（地面试验台工况），在 $\alpha_{\Sigma}=1.6$ 时，振荡振幅随发动机喷管扩大而增大。

频率为 1 200 Hz 的振荡燃烧出现在 0.9～1.05 涵道比范围内，此时对应的 λ 为 0.736～0.857，所对应全加力飞行状态飞行 Ma 在 1.9～2.3 之间，高度 H 为 11-15 km，这时 $\alpha_{\Sigma}<2.35$。在自研试验台上使用加力燃烧室整流体结构（图 7-40），分析如图 7-41 所示不同的整流体的振荡燃烧边界。

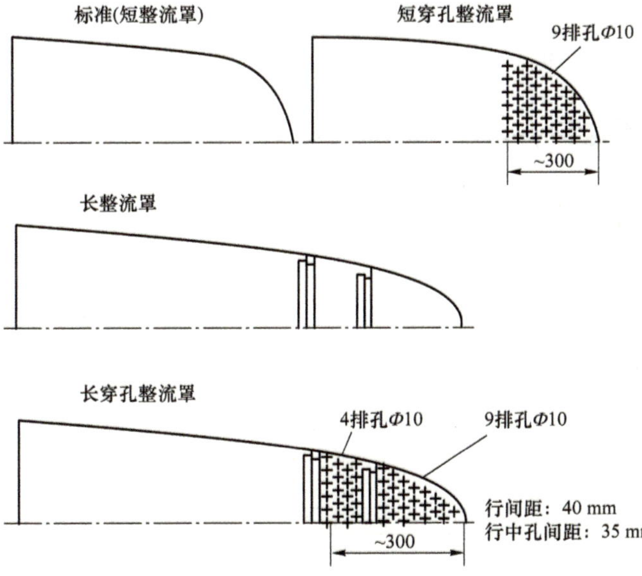

图 7-40 自研试验台上四种试验用加力燃烧室整流体结构示意图

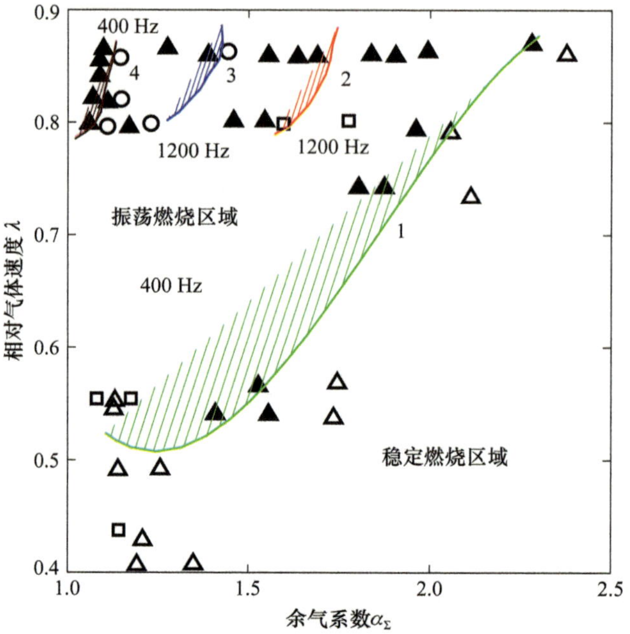

1—初始设计方案；2—在1线基础上对前锋装置经过优化；
3—在2的基础上安装孔隙率为ε=10%的“长”多孔整流体；
4—在2的基础上整流孔隙率为ε=8.5%。

图 7-41 不同整流体的振荡燃烧边界

装置 3 与装置 2 的其他试验条件相同，仅是安装孔隙率为 $\varepsilon=10\%$（孔面积与整流体面积之比）的长多孔整流体。装置 4 与装置 3 的其他试验条件相同，只是孔隙率变为 $\varepsilon=8.5\%$。按照上图显示的孔隙率对稳定边界的影响，在批量生产的发动机中安装最优的多孔整流体，如图 7-42 所示。

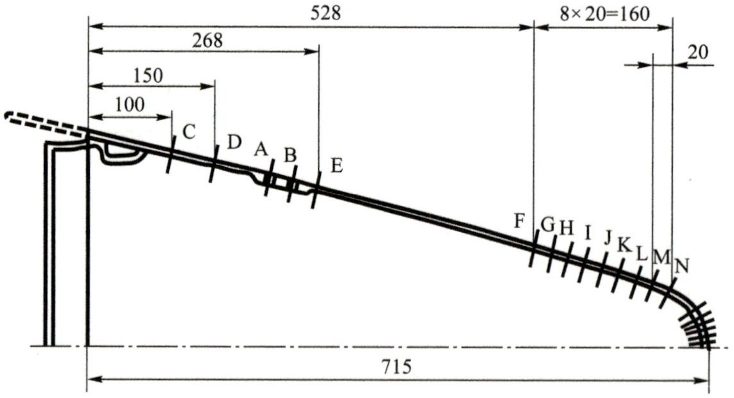

行孔编号	A	B	C	D	E	F	G	H	I	J	K	L	M	N
尺寸 /mm	Φ12					Φ10								
孔数	36	36	30	30	30	24	24	24	20	20	18	18	15	12

图 7-42 苏 27 发动机及其他 AL-31F 改型发动机上使用的多孔整流体

关于燃烧室周边设置的传统防振屏，前面已经介绍了发动机加力燃烧室防振屏长为 $L=225$ mm，其上钻有直径为 $\Phi=6$ mm 的孔。在自研试验台上还进行了长为 $L=700$ mm，孔径 $\Phi=6$ mm防振屏的加力燃烧室试验，防振屏改变试验既在 AL-21F 发动机加力燃烧室，也在 AL-31F 发动机加力燃烧室中进行，防振屏均未改变振荡燃烧边界。原因在于，这些发动机上的防振屏在穿孔后未形成封闭腔体，只是冷却空气流过穿孔。

根据 CIAM 通过计算模拟方法得到的结果，若使带不封闭腔体防振屏有效工作，其长度与加力燃烧室直径比应为 $L/D_{ab}>1.7$。在我们的研究中这个比值要小很多，防振屏在 400 Hz 频率下实际上不工作，因此当加力燃烧室直径 D_{ab} 增大和横向振荡频率减小时，使用周向防振屏是不合适的，也就是说，当 L/D_{ab} 较小时，防振屏失去了本身的谐振特性。

CIAM 在热气压舱进行了发动机进口参数对振荡燃烧产生边界影响的试验，图 7－43 给出了温度和压强对边界位置的影响。

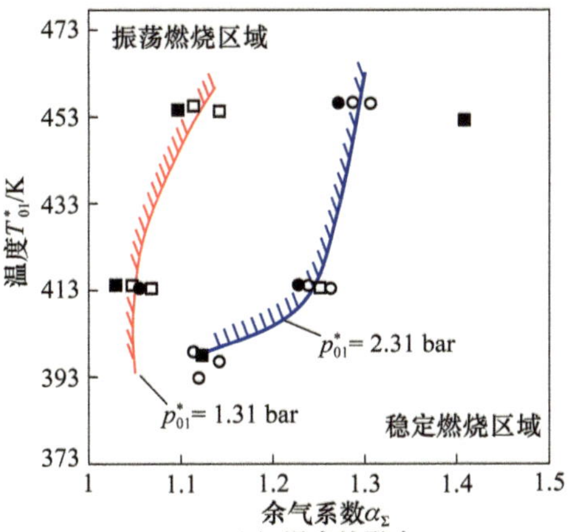

(a) 温度的影响

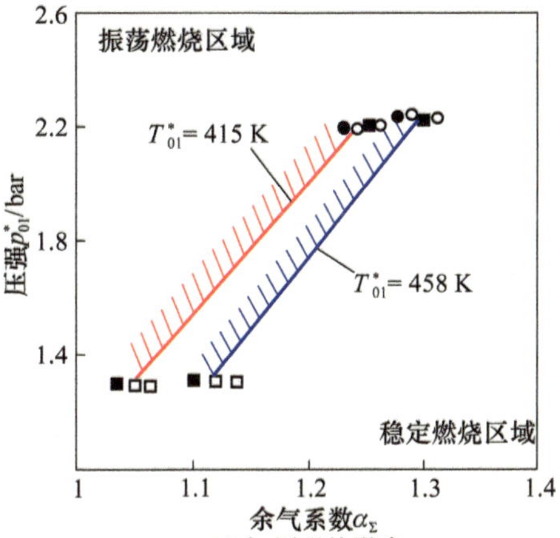

(b) 压强的影响

图 7－43　温度和压强对振荡燃烧边界的影响

图 7－44 针对一个加力燃烧室方案给出了加力燃烧室内压强对 $\lambda\sim\alpha_\Sigma$ 坐标中边界位置的影响，可以看出，随着压强的降低，振荡燃烧的稳定区域扩大。

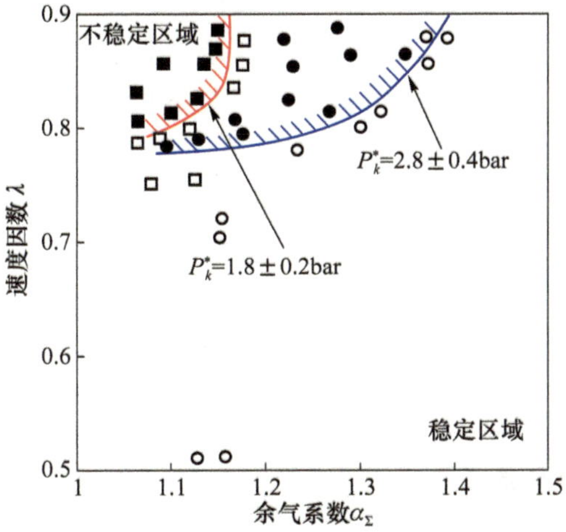

图 7－44　压强对振荡燃烧边界位置的影响

为了完全消除全部飞行工况范围内的振荡燃烧，要对由外涵道混合器凹槽流出的空气减小流动速度，改变流动方向，通过一个凹槽切断 11 个混合器凹槽。

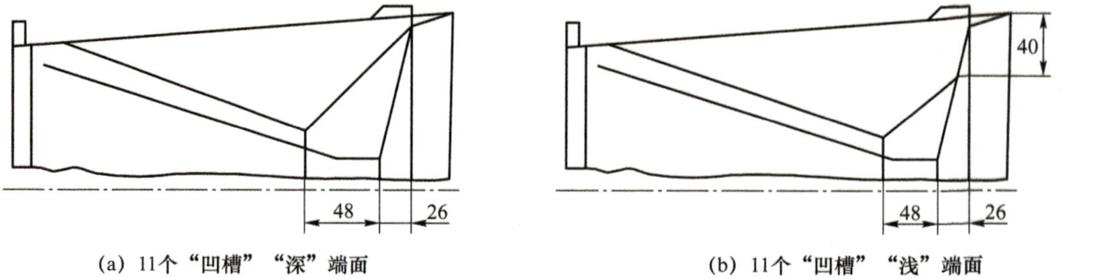

图 7－45　加力燃烧室混合器(22 个凹槽)

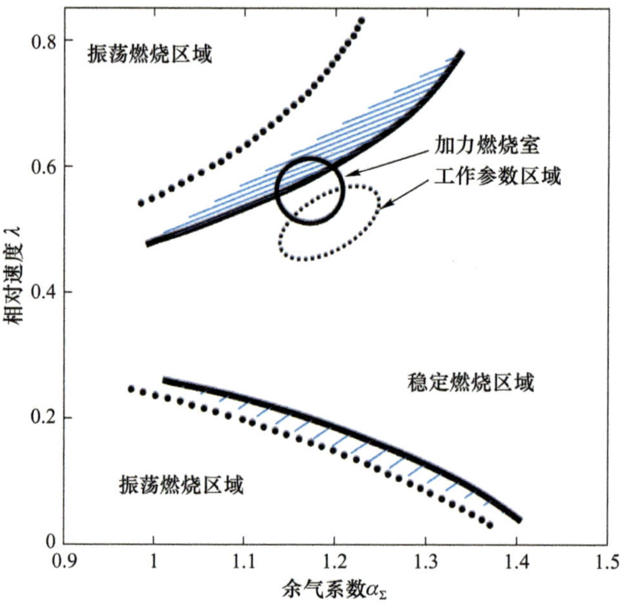

图 7－46　在 $\lambda_x \sim \alpha_\Sigma$ 坐标中加力燃烧室工作区域的变化

燃料混气状态重新分布如图 7－46 中的虚线所示，出现这种情况是由于大约增大了 10% 的混合气凹槽出口面积并且部分改变了外涵道向燃烧室供入空气的气流喷射方向。使用此方法后，AL-31F 发动机加力燃烧室没有出现一次振荡燃烧情况，带前锋装置(图 7－36a)、整流体(图 7－42)、混合器(图 7－45a)的 AL-31F 发动机成功地通过了定型试验并广泛使用至今。

7.3.3.2　低频振荡燃烧

1. AL-21F 发动机加力燃烧室内的振荡燃烧边界

如前所述，在 AL-21F 发动机设计之初就已经完成了加力燃烧室纵向声学振荡的振荡燃烧边界的计算。在计算加力燃烧室稳定边界时的反馈回路如下：喷嘴布置区域内气流速度振荡会导致余气系数振荡和其他混合特性(燃料雾化质量，液滴运动轨迹等)的振荡，周期性变化的燃料混气特性会引起燃烧过程的周期性扰动。所研究的工况中可以由此分为两个环节：声学振荡会激发掺混过程扰动；而掺混过程会将扰动传递给燃烧过程，燃烧过程周期性地“维持”振荡。

加力燃烧室的低阶预测建模框架如图 7－47 所示，在计算时采用了以下假设：加力燃烧室内气体流动和燃烧原理的理想化，不考虑室压振荡对喷嘴燃料流量的影响。假设喷嘴的燃料流量（截面 2）对于加力燃烧室声压振荡只有较弱的反应，这是因为声振的振幅相对较小，流量振荡分量随燃料喷嘴压降增大而减小。

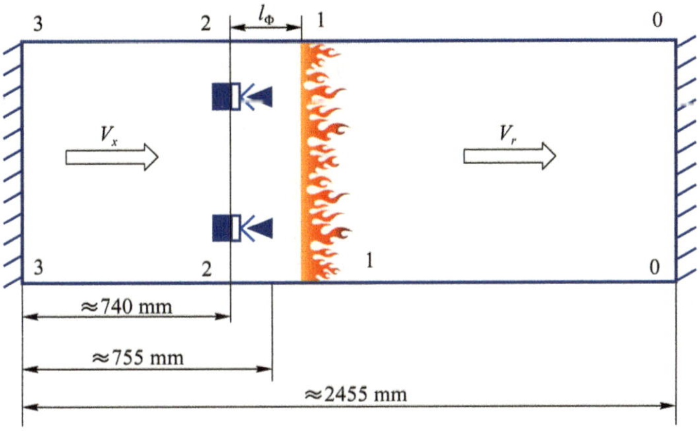

图 7－47　加力燃烧室计算示意图

假设燃料喷嘴流量 G_{inj} 约为常值，通过带喷嘴集气腔的空气，在单位时间内耗费固定质量的燃料，燃料流量不受喷嘴所在截面的流动压强和速度瞬时值关系式约束。如果所带走的燃料量是不变的，由于喷嘴截面空气流量振荡，余气系数可能也产生振荡。但由于喷嘴集气腔所在平面和强放热平面假设相距一段距离，因此这段距离导致的余气系数脉动将延迟到达燃烧区。

假设燃料穿过燃烧区时立刻燃尽，燃烧区前后的气体振荡可以写成：

$$m'_2(t-\tau)=m'_1(t) \tag{7.63}$$

式中，m'_2 表示喷嘴集气腔平面空气流量的脉动分量，m'_1 为变化放热平面燃气流量的脉动分量，τ 表示延迟时间（时滞）。

振荡随时间变化的参数可以写成以下形式：

$$m=\overline{m}+m',\quad \rho=\overline{\rho}+\rho',\quad u=\overline{u}+u' \tag{7.64}$$

当存在振荡时，任一参数 a 都可表示成如下复数形式：

$$a=A\mathrm{e}^{-(\sigma+\mathrm{i}\omega t)} \tag{7.65}$$

式中，σ 为增长率，$\omega=2\pi f$ 为角频率。

在稳定边界（$\sigma=0$）处，式（7.64）将有以下形式：

$$a=A\mathrm{e}^{-\mathrm{i}\omega t} \tag{7.66}$$

取 $p'_1=p'_2$，利用式（7.66）可以将式（7.62）写成：

$$m'_2\mathrm{e}^{-\mathrm{i}\omega(t-\tau)}=m'_1\mathrm{e}^{-\mathrm{i}\omega t}$$

由此可得：

$$m'_2=m'_1\mathrm{e}^{-\mathrm{i}\omega\tau} \tag{7.67}$$

加力燃烧室无振荡时任意截面的气体流量方程：

$$\overline{m}=\overline{\rho}\,\overline{u}S_{ab} \tag{7.68}$$

考虑到式(7.64)，存在振荡时气体流量将有以下形式：

$$\overline{m}+m'=(\overline{\rho}+\rho')(\overline{u}+u')S_{ab} \tag{7.69}$$

将式(7.69)除以式(7.68)并进行线性化得到：

$$\frac{m'}{\overline{m}}=\frac{\rho'}{\overline{\rho}}+\frac{u'}{\overline{u}} \tag{7.70}$$

假设压强波在介质中的传播是等熵过程，即满足：

$$p/\rho^k=c.\,c. \tag{7.71}$$

对式(7.71)进行求导并用这个式子去除导数值，将得以下关系式：

$$\frac{p'}{p}=\gamma\frac{\rho'}{\rho} \tag{7.72}$$

考虑到式(7.72)，表达式(7.69)可以写成以下形式：

$$\frac{m'}{\overline{m}}=\frac{p'}{\gamma\,\overline{p}}+\frac{u'}{\overline{u}} \tag{7.73}$$

使用无量纲声导纳的概念，将方程式(7.72)变为：

$$\frac{m'}{\overline{m}}=\frac{p'}{\gamma\,\overline{p}}+\frac{u'}{\overline{u}}=\frac{p'}{\overline{\rho c u}}\left(\frac{\overline{\rho c u}}{\gamma\,\overline{p}}+\eta\right) \tag{7.74}$$

或

$$\frac{m'}{\overline{m}}=\frac{p'}{\overline{\rho}\,\overline{c}\,\overline{u}}(Ma+\eta) \tag{7.75}$$

假设振荡波长远大于混合和燃烧区域，结合式(7.66)，当满足 $p'_2\approx p'_1$ 时：

$$\frac{m'_2}{p'_2}=\frac{m'_1}{p'_1}\mathrm{e}^{-\mathrm{i}\omega\tau} \tag{7.76}$$

或者考虑(7.74)式：

$$\frac{m'_2}{(\overline{\rho c u})_2}(Ma_2+\eta_2)=\frac{m'_1}{(\overline{\rho c u})_1}(Ma_1+\eta_1)\mathrm{e}^{-\mathrm{i}\omega\tau} \tag{7.77}$$

式中，η_1 和 η_2 分别为加力燃烧室“热”和“冷”部分的声导纳。

按照方程(7.76)的加力燃烧室稳定性边界方程，可以建立此方程中所包含的某一参数的边界，此时需要对其进行进一步的变换，通过已知的气流参数 $\overline{u}_x/\overline{u}_r$，$\lambda_x$，$\lambda_r$ 和预热 T_r/T_x 来表示流量。对方程式(7.77)左右两侧同乘以同除以 $\gamma\,\overline{p}_{ab}$，$\gamma$ 为绝热指数，$\overline{p}_{ab}$ 为加力燃烧室压强。

假设取 $\overline{p}_2\approx\overline{p}_1\approx\overline{p}_{ab}$，那么有：

$$\frac{\Gamma\,\overline{p}_x m'_2}{\Gamma\overline{p}_x\,(\overline{\rho c u})_2}(Ma_x+\eta_x)=\frac{\Gamma\,\overline{p}_r m'_1}{\Gamma\,\overline{p}_r\,(\overline{\rho c u})_1}(Ma_r+\eta_r)\mathrm{e}^{-\mathrm{i}\omega\tau} \tag{7.78}$$

经过某些变换后，将得：

$$\frac{\overline{m}_2\,\overline{p}_r}{\overline{m}_1\,\overline{p}_x}\left(1+\frac{\eta_x}{Ma_x}\right)=\left(1+\frac{\eta_r}{Ma_r}\right)\mathrm{e}^{-\mathrm{i}\omega\tau} \tag{7.79}$$

或者将平均流量值代入这个式子，最终得到：

$$\frac{\overline{\rho}_x\overline{u}_x\overline{p}_r}{\overline{\rho}_r\overline{u}_r\overline{p}_x}\left(1+\frac{\eta_x}{Ma_x}\right)=\left(1+\frac{\eta_r}{Ma_r}\right)\mathrm{e}^{-\mathrm{i}\omega\tau} \tag{7.80}$$

接着，将等截面管 $S_{ab}=c.\,c.$ 内流动气体供热的条件得到的密度与压强比代入方程式(7.80)左端。

下面研究沿燃烧室长度气体参数的变化，由连续方程得：

$$\bar{\rho}_x \bar{u}_x = \bar{\rho}_r \bar{u}_r \tag{7.81}$$

当向等截面管道运动空气供热时，气流速度增大，因此静压下降。根据冲量方程得：

$$\bar{p}_x - \bar{p}_r = \bar{\rho}_r \bar{u}_r (\bar{u}_r - \bar{u}_x) \tag{7.82}$$

速度增长决定了压强降低。由气体状态方程将得：

$$\frac{\bar{p}_r}{\bar{\rho}_r \bar{T}_r} = \frac{\bar{p}_x}{\bar{\rho}_x \bar{T}_x} \tag{7.83}$$

焓方程可以写成以下形式：

$$Q = C_p \bar{T}_r + \frac{A}{2g}(\bar{u}_r^2 - \bar{u}_x^2) \tag{7.84}$$

式中，Q 为向气体供入的热量；C_P 为比热容。

若给出管道进口参数，利用以上四个方程(7.81)(7.82)(7.83)(7.84)可以确定管道出口的四个参数 $\bar{p}_r, \bar{\rho}_r, \bar{T}_r, \bar{u}_r$。

冲量方程式(7.83)可以改写成以下形式：

$$\bar{p}_r \left(\frac{\bar{p}_x}{\bar{p}_r} - 1 \right) = \bar{\rho}_r \bar{u}_r (\bar{u}_r - \bar{u}_x) \tag{7.85}$$

将 $\bar{p}_x / \bar{p}_r$ 值代入这个方程，由状态方程(7.83)得：

$$\frac{\bar{\rho}_x \bar{T}_x}{\bar{\rho}_r \bar{T}_r} - 1 = \frac{\bar{\rho}_r}{\bar{p}_r} \bar{u}_r^2 \left(1 - \frac{\bar{\rho}_r}{\bar{\rho}_x} \right) \tag{7.86}$$

但是

$$\frac{\bar{\rho}_r}{\bar{p}_r} = \frac{k}{\bar{c}_r^2} \tag{7.87}$$

因此式(7.86)具有以下形式：

$$\frac{\bar{\rho}_x \bar{T}_x}{\bar{\rho}_r \bar{T}_r} - 1 = k Ma_r^2 \left(1 - \frac{\bar{\rho}_r}{\bar{\rho}_x} \right) \tag{7.88}$$

气流中的温度比：

$$\frac{\bar{T}_x}{\bar{T}_r} = \frac{\bar{T}_{0,x} - \dfrac{A \bar{u}_x^2}{2g C_{p,x}}}{\bar{T}_{0,r} - \dfrac{A \bar{u}_r^2}{2g C_{p,r}}} = \frac{\dfrac{\bar{T}_{0,x}}{\bar{T}_{0,r}} - \dfrac{A \bar{u}_x^2}{2g C_{p,x} \bar{T}_{0,r}}}{1 - \dfrac{A \bar{u}_r^2}{2g C_{p,r} \bar{T}_{0,r}}} \tag{7.89}$$

式中，$\bar{T}_{0,x}, \bar{T}_{0,r}$ 为气流静温。

引入临界速度：

$$a_{cr} = \sqrt{\frac{2k}{k+1} g R \bar{T}_{0,r}} \tag{7.90}$$

并使用连续方程式(7.81)和无量纲速度系数：

$$\lambda_r = \frac{\bar{u}_r}{a_{cr}} \tag{7.91}$$

将得：

$$\frac{\bar{T}_x}{\bar{T}_r} = \frac{\dfrac{\bar{T}_{0,x}}{\bar{T}_{0,r}} - \dfrac{k-1}{k+1} \left(\dfrac{\bar{\rho}_r}{\bar{\rho}_x} \right)^2 \lambda_r^2}{1 - \dfrac{k-1}{k+1} \lambda_r^2} \tag{7.92}$$

接着引入气体动力学关系：

$$Ma_r^2=\frac{\frac{2}{k+1}\lambda_r^2}{1-\frac{k-1}{k+1}\lambda_r^2} \tag{7.93}$$

将 M_r^2 和 $\overline{T}_x/\overline{T}_r$ 的值代入方程式(7.88)中，将得到平方方程：

$$\left(\frac{\overline{\rho}_r}{\overline{\rho}_x}\right)^2\frac{\lambda_r^2}{1+\lambda_r^2}-\frac{\overline{\rho}_r}{\overline{\rho}_x}+\frac{\overline{T}_{0,x}}{\overline{T}_{0,r}}\frac{\lambda_r^2}{1+\lambda_r^2}=0$$

解这个方程得：

$$\frac{\overline{\rho}_r}{\overline{\rho}_x}=\frac{1+\lambda_r^2}{2\lambda_r^2}\left[1-\sqrt{1-\frac{4\ (\lambda_r^2)^2}{(1+\lambda_r^2)^2}\frac{\overline{T}_{0,x}}{\overline{T}_{0,r}}}\right] \tag{7.94}$$

类似地得：

$$\frac{\overline{\rho}_x}{\overline{\rho}_r}=\frac{1+\lambda_x^2}{2\lambda_x^2}\left[1-\sqrt{1-\frac{4\ (\lambda_x^2)^2}{(1+\lambda_x^2)^2}\frac{\overline{T}_{0,r}}{\overline{T}_{0,x}}}\right] \tag{7.95}$$

根据冲量方程，管内压降等于：

$$\frac{\overline{p}_x}{\overline{p}_r}-1=\frac{\overline{\rho}_r\overline{u}_r^2}{\overline{p}_r}\left(1-\frac{\overline{u}_x}{\overline{u}_r}\right) \tag{7.96}$$

由式(7.88)：

$$\frac{\overline{p}_r}{\overline{\rho}_r}=\frac{c_r^2}{k}=\frac{1}{k}\frac{1-\frac{k-1}{k+1}\lambda_r^2}{\frac{2}{k+1}}a_{cr}^2 \tag{7.97}$$

因此：

$$\frac{\overline{p}_x}{\overline{p}_r}=1+\frac{\frac{2k}{k+1}\lambda_r^2}{1-\frac{k-1}{k+1}\lambda_r^2}\left(1-\frac{\overline{u}_x}{\overline{u}_r}\right) \tag{7.98}$$

管道进口每一个气流速度值和加热程度对应着一定的压降值。将由式(7.94)和式(7.98)导出的 $\overline{\rho}_r/\overline{\rho}_x$ 和 $\overline{p}_x/\overline{p}_r$ 值代入方程式(7.79)，将得到各种参数函数表示的工作过程稳定边界的最终方程。

$$\frac{\overline{u}_x}{\overline{u}_r}\left\{\frac{1+\lambda_x^2}{2\lambda_x^2}\left[1-\sqrt{1-\frac{4\ (\lambda_x^2)^2}{(1+\lambda_x^2)^2}\frac{\overline{T}_{0,r}}{\overline{T}_{0,x}}}\right]\right\}\left[\frac{1-\frac{k-1}{k+1}\lambda_r^2}{1-\frac{k-1}{k+1}\lambda_r^2+\frac{2k}{k+1}\lambda_r^2\left(1-\frac{\overline{u}_x}{\overline{u}_r}\right)}\right]=\frac{\left(1+\frac{\eta_r}{Ma_r}\right)}{\left(1+\frac{\eta_x}{Ma_x}\right)}\mathrm{e}^{-\mathrm{i}\omega\tau} \tag{7.99}$$

设计指标下 $\overline{p}_x/\overline{p}_r\approx0.98$，考虑到加热时压强的变化，方程式(7.98)左侧的项可取为 1，即 $\overline{p}_x/\overline{p}_r\approx1.0$，可以导出：

$$\left[\frac{1-\frac{k-1}{k+1}\lambda_r^2}{1-\frac{k-1}{k+1}\lambda_r^2+\frac{2k}{k+1}\lambda_r^2\left(1-\frac{\overline{u}_x}{\overline{u}_r}\right)}\right]\approx1$$

那么边界方程将有以下形式：

$$\frac{\overline{u}_x}{\overline{u}_r}\left\{\frac{1+\lambda_x^2}{2\lambda_x^2}\left[1-\sqrt{1-\frac{4\,(\lambda_x^2)^2}{(1+\lambda_x^2)^2}\frac{\overline{T}_{0,r}}{\overline{T}_{0,x}}}\right]\right\}\left(1+\frac{\eta_x}{Ma_x}\right)=\left(1+\frac{\eta_r}{Ma_r}\right)e^{-i\omega\tau} \tag{7.100}$$

式(7.100)能够在系统参数平面上建立稳定边界，通过系统参数平面“D-划分”进行边界建立。我们选择了 $\overline{u}_x/\overline{u}_r$ 和 ω 作为系统参数，除了 ω 外，在进行“D-划分”时得到的稳定边界延迟时间 τ 关系式作为频率函数，τ 参数表示了喷嘴截面空气流量振荡与燃烧区热释放振荡之间的相位关系。当 τ 为一定数值时，加力燃烧室内过程是不稳定的。

2. 定常工作状态加力燃烧室稳定性边界计算及计算数据分析

对加力燃烧室二种工作状态进行计算，三种状态分别对应以下加热程度：1.75—$T_{0,r}$=1 400 K，2.0—$T_{0,r}$=1 600 K，2.5—$T_{0,r}$=2 000 K。当加力燃烧室“冷”部分的气体速度为定值：λ_x=0.247，马赫数为 Ma_x=0.25，Ma_r=0.20。此外，为了解释当加热程度为 $\overline{T}_{0,r}/\overline{T}_{0,x}\approx$ 2.5 时(加力温度为 $T_{0,r}$=2 000 K)马赫数对边界位置的影响，对 Ma_x=0.1，Ma_x=0.35 的情况进行了计算。频率特性，无量纲声导纳利用 q -诺谟图获得，在计算特性时不考虑介质的运动并假定认为 0-0 和 3-3 截面(图 7－47)为管道封闭端。

图 7－48 通过图表给出了加力燃烧室组件的频率特性，在根据方程式(7.100)得到 η_2 和 η_1 后，计算了相对于参数 $\overline{u}_x/\overline{u}_r$ 的加力燃烧室稳定边界，其频率范围为 25-325 Hz。计算结果如图 7－49 所示，在定常工作状态，燃烧区进口速度与加力燃烧室热部分速度之比 $\overline{u}_x/\overline{u}_r$= 0.45～0.55如图 7－49 中的虚线所示。

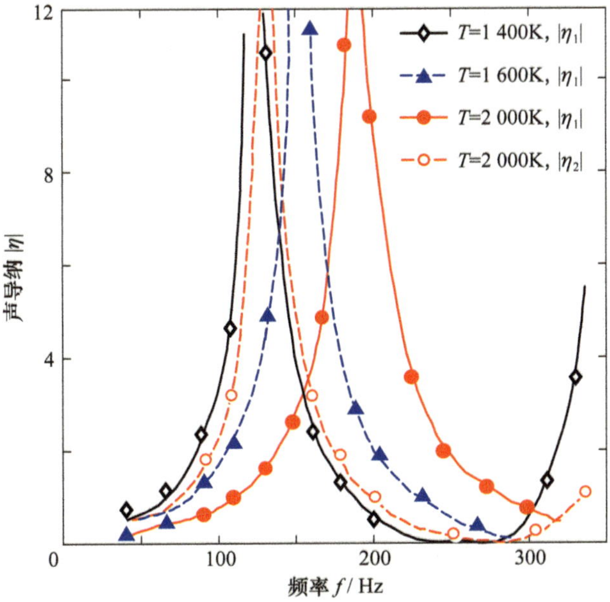

图 7－48 AL-21F 发动机加力燃烧室声导纳

若根据计算建立的稳定边界，可以看出，在加力燃烧室的所有工作状态都会出现频率为 150～300 Hz 的纵向振荡，当处于 $\overline{T}_r/\overline{T}_x\approx$2.5，$Ma_x$=0.25，$Ma_r$=0.35 的工作状态时，也可能产生频率为 25～100 Hz 的振荡。

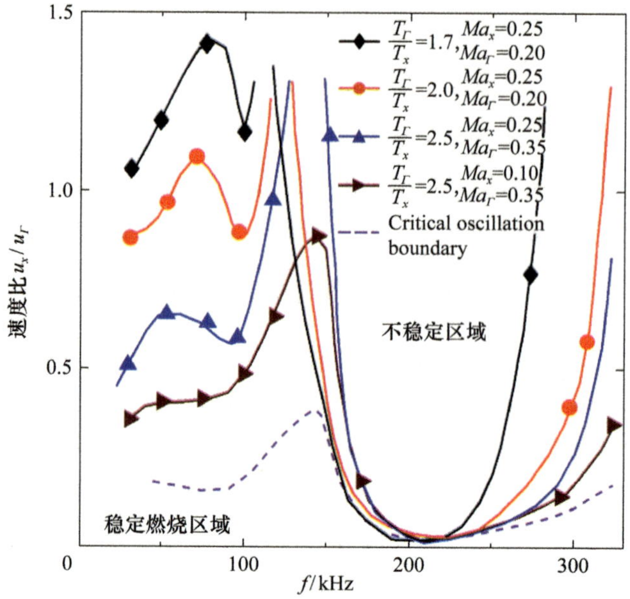

图 7－49　AL-21F 发动机加力燃烧室稳定边界

然而，产生燃烧过程不稳定的必需条件是存在一定的延迟时间 τ，这个延迟时间是建立反馈联系维持振荡所必需的。根据计算(图 7－50)，对于频率为 150～300 Hz 的振荡，延迟时间在 1～7 ms 的范围内；频率为 25～100 Hz 的振荡，延迟时间为 5～15 ms。

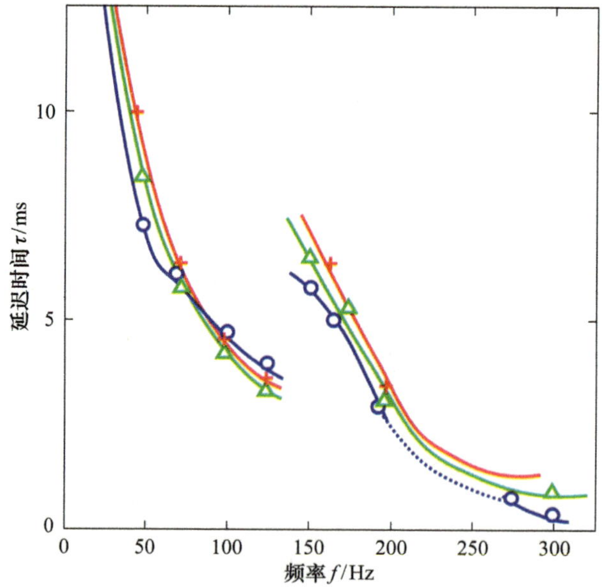

图 7－50　AL-21F 发动机加力燃烧室延迟时间

下面估算一下加力燃烧室工作时延迟时间的数量级。如果假设燃料以气体速度由喷嘴喷射到燃烧区，燃料在燃烧区立刻完全蒸发并燃尽，那么延迟时间 τ 可按以下公式得到：

$$\tau=\frac{l_\varphi}{\overline{u}_B} \tag{7.101}$$

式中，l_φ 为由喷嘴集液腔到燃烧区前液滴的飞行距离，$\overline{u}_B$ 为由集液腔到火焰前锋前的空气平均速度。

这里取 $l_\varphi \approx 0.4$ mm；$W_B \approx 135$ m/s：

$$\tau=\frac{0.4}{135}\approx 3 \text{ ms}$$

此时，燃料液滴能够在 3 ms 内完成燃烧准备并燃尽。将这个数值与图 7-50 上稳定边界上的 τ 值进行对比后，可以说，对于本工作过程及所选择的加力燃烧室机理，很可能出现频率为 200 Hz 的纵向振荡。

定常工作状态下最可能产生频率为 175～250 Hz 的振荡(图 7-49 中紫色虚线标记了振荡范围)。当然，混气形成时间强烈依赖于工作状态：预热程度、余气系数、雾化质量和压强等等，在同一状态下确定的 τ 值可能只是十分接近，因此按照上图的分析，只能确定实现脉动燃烧的大致频率范围。

通过研究边界条件，可以预估脉动燃烧的频率范围"开口"端面被认为是其截面流动亚声并且端部截面上没有被结构元件堵塞；而"闭口"端则被看成与管内流动截面相比，其总流通截面很小或者完全没有流通截面，或者端部截面上的流动达到声速(管进口为临界截面或者拉瓦尔喷管初始段位于管出口)。当管子一端或两端达到声速时，管长确定为截面间距，这个截面上流动达到声速或者这个截面和另一管端间达到声速。由于在加力燃烧室出口上装有拉瓦尔喷管(临界速度)，加力燃烧室进口上有较大的气流堵塞截面，这种情况认为加力燃烧室是一个两端封闭的管子(非常粗略)。

再分析图 7-49，改变某些参数来计算它们对边界位置的影响，特别需要指出的是，在 145～250 Hz 频率范围内，增大预热程度对边界位置变化影响较弱，在 25～100 Hz 频率范围内相对于所选择的参数使稳定性大大变坏。

增大 Ma_r 数(从 0.2 到 0.35)在 25～100 Hz 频率范围内扩大了不稳定工作范围，并使高频区域的边界出现小变形，降低加力燃烧室"冷"段 Ma_x 数也会产生同样的效果。本文所得到的边界只能定性给出纵向振荡频率的可能范围以及各种参数对稳定边界的影响。

3. AL-21F 发动机加力燃烧室纵向声振的实验数据

在进行产品 89-33，89-29 全加力状态试验时，当 $D_{ab}\approx 790$ mm，系列前锋装置工作时，曾记录到频率为 145～250 Hz，最大振幅为 0.15 bar 的振荡。

在带前锋装置(图 7-51)的发动机试验时，当压强 $p_1^*=1.40$ bar，温度 $T_1^*=146$ ℃时，在全加力状态也记录到了频率为 200～220 Hz 的振荡。在 89-27，89-25，89-28，89-24 产品，也就是说实际上是在所有研究的发动机均记录到了频率为 200～220 Hz 的振荡。

在不同发动机上进行的试验表明，频率为 200～220 Hz 振荡的产生与喷气喷管开度紧密相关，喷气喷管临界截面直径比频率为 400～450 Hz 横向振荡产生边界的相对应的喷管临界直径小 510 mm，频率为 200～220 Hz 的振荡具有有限振幅 0.16～0.18 bar。进行了富燃空气混气($\alpha_\Sigma=1.175$)对频率为 200～220 Hz 振荡的影响试验，将余气系数 α_Σ 由 1.25 减为 1.175 时，振荡特性不变，振幅略微增大了 10%～15%。在所有发动机试验过程中未发现脉动和壳

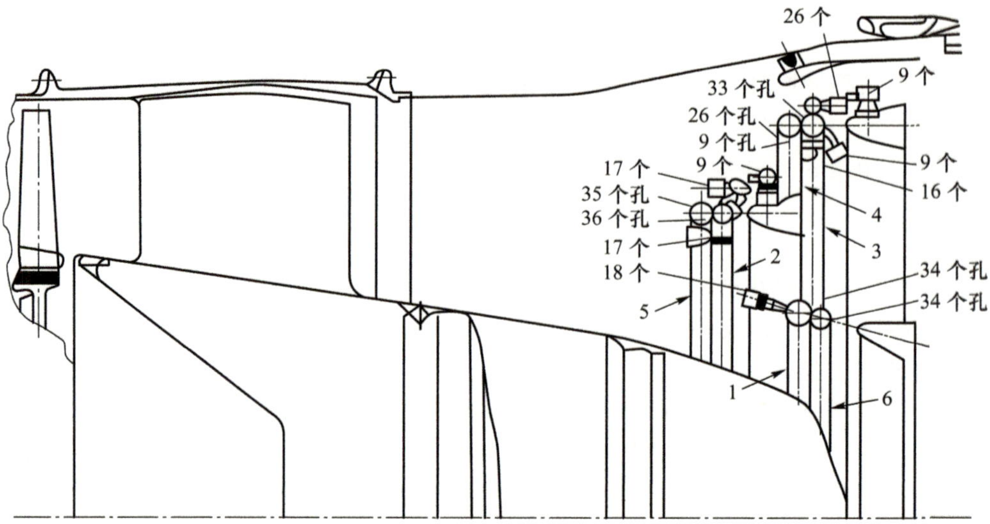

图 7-51　前锋装置示意图

体振动之间的联系，也就是说频率为 200～220 Hz 的脉动实际上不影响产品壳体的振动。此外，存在这一脉动时作用在涡轮导管上的最大交变应力不超过 50 MPa，使所要求的余量系数 $K_v=\sigma_{-l}/\sigma_{-v}$ 超过 3，满足中央航空发动机研究院（CIAM）的强度标准，因此频率为 200～220 Hz、最大振幅达 0.18 bar 的振荡被归为发动机工作时允许存在的那一类振荡。

相对振幅和频率的试验点已在图 7-50 中给出，由理论和试验数据对比可以看出，试验中所观察到振荡的频率范围与计算得到的燃烧过程不稳定区域吻合，可以说理论和试验定性符合。

4. 涡扇发动机 AL-31F 加力燃烧室纵向声振稳定性边界计算方法

这个方法是对 AL-21F 发动机加力燃烧室稳定边界计算方法的发展，它主要针对涡扇发动机加力燃烧室（带混合器）改进并使用，其中，考虑余气系数对燃烧过程稳定性的影响。与涡喷第一种情况相同，采用以下假设：燃烧过程理想化；不考虑室压振荡对通过喷嘴燃料流量的影响；不考虑振荡时通过外涵道混合器凹槽声能的输出。

加力燃烧室的计算模型如图 7-52 所示。由于加力燃烧室内声振振幅相对较小，认为喷嘴的燃料流量（截面 2）对于声振只有较弱的反应，流量振荡分量随燃料喷嘴压降增大而减小，因此 $Ma_{inj}\approx c.c.$。通过带喷嘴集气腔的空气将在单位时间内耗费固定质量的燃料，与气流压强和速度的瞬态值无关。

式(7.74)之前稳定性边界计算方程的推导与上节内容类似，现在我们重新写出式(7.74)：

$$\frac{m'}{\overline{m}}=\frac{p'}{\overline{\rho}\,\overline{c}\,\overline{u}}(Ma+\eta)$$

式中，Ma 为加力燃烧室某一截面的马赫数。

式(7.75)也可以写成以下形式：

$$\frac{m'}{\overline{m}}=\frac{p'/\overline{p}}{kMa}(Ma+\eta) \tag{7.102}$$

由截面 2 到火焰稳定器截面，有：

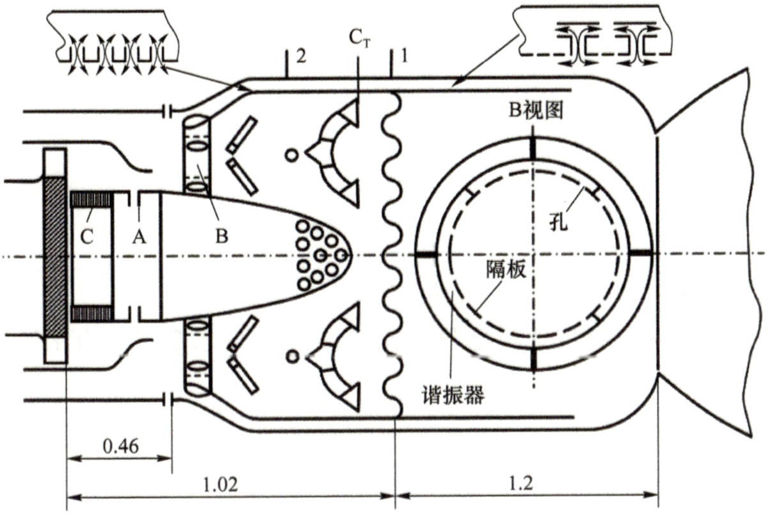

图 7-52 AL-31F 发动机加力燃烧室计算示意图

$$\overline{m}_2=\overline{m}_{CT} \tag{7.103}$$

或

$$m'_2=m'_{CT} \tag{7.104}$$

根据伯努利方程，忽略稳焰器截面的气体可压缩性，有：

$$\frac{m'_{CT}}{\overline{m}_{CT}}=\frac{u'_{CT}}{\overline{u}_{CT}}+\frac{\rho'_{CT}}{\overline{\rho}_{CT}}\left(\frac{\rho'_{CT}}{\overline{\rho}_{CT}}=0\right) \tag{7.105}$$

$$\overline{p}_2=\overline{p}_{CT}+\xi\frac{\overline{\rho}_{CT}\overline{u}_{CT}^2}{2} \tag{7.106}$$

式中，ξ 为流量系数。

对式(7.106)微分，取 $\xi=1.0$

$$p'_2=p'_{CT}+\xi\frac{2\overline{\rho}_{CT}\overline{u}_{CT}^2u'_{CT}}{2\overline{u}_{CT}} \tag{7.107}$$

将导数值乘以和除以 $\overline{v}_{CT}$

已知：

$$\frac{u'_{CT}}{\overline{u}_{CT}}\approx\frac{m'_{CT}}{\overline{m}_{CT}} \tag{7.108}$$

将得：

$$p'_2=p'_{CT}+\frac{2\overline{\rho}_{CT}\overline{u}_{CT}^2u'_{CT}}{2\overline{u}_{CT}} \tag{7.109}$$

或

$$\frac{m'_{CT}}{\overline{m}_{CT}}=\frac{1}{\frac{p'_2}{m'_2}-\frac{2\Delta p'_{CT}m'_2}{\overline{m}_2}}=\frac{m'_2}{\frac{(\overline{\rho}\overline{c}\overline{u})_2}{(Ma_2+\eta_2)}-2\Delta\overline{p}_{CT}} \tag{7.110}$$

在式(7.110)的左右两端同除以截面 2 上组元总流量，将 p_{ct} 移到右端，分子和分母同除以加力燃烧室压强 $\overline{p}_{ab}$，将得：

$$\frac{m'_{CT}}{\overline{m}_{CT}}=\frac{\dfrac{m'_2}{\overline{m}_2+\overline{m}_{CT}}\dfrac{p'_2}{\overline{p}_k}}{\dfrac{\overline{K}Ma_2}{(Ma_2+\eta_2)}-\dfrac{2\Delta\overline{p}_{CT}}{\overline{p}_{ab}}}=\frac{\dfrac{u\overline{K}}{\overline{K}+1}\dfrac{p'_2}{\overline{p}_2}}{\dfrac{\overline{K}Ma_2}{(Ma_2+\eta_2)}-\dfrac{2\Delta\overline{p}_{CT}}{\overline{p}_{ab}}} \tag{7.111}$$

或

$$\frac{m'_{CT}}{\overline{m}_{CT}}=\frac{\dfrac{\alpha L_X}{\alpha L_X+1}\dfrac{p'_2}{\overline{p}_2}}{\dfrac{\overline{K}M_2}{(Ma_2+\eta_2)}-\dfrac{2\Delta\overline{p}_{CT}}{\overline{p}_{ab}}} \tag{7.112}$$

式中，$\overline{K}=\alpha L_X=\overline{m}_B/m_T$ 为空气流量与燃料组元比；α 为余气系数；L_X 为化学反应当量系数；$\Delta\overline{p}_{CT}$ 为火焰稳定器上的压降。

下面写出截面 1 的流量振荡：

$$\frac{m'_1}{\overline{m}_1}=\frac{\rho'_1}{\overline{\rho}_1}+\frac{u'_1}{\overline{u}_1} \tag{7.113}$$

密度比 $\rho'_1/\overline{\rho}_1$ 可由状态方程 $\overline{p}_1=\overline{\rho}_1R\,\overline{T}_1$ 表示，式中，T 为气体温度；R 为气体常数。

$$\frac{\rho'_1}{\overline{\rho}_1}=\frac{p'_1}{\overline{p}_1}-\frac{T'_1}{\overline{T}_1} \tag{7.114}$$

将式(7.113)代入式(7.112)并进行变换，与前面的分析类似，将得：

$$\frac{m'_1}{\overline{m}_1}=\frac{1}{\overline{K}Ma_1}\frac{p'_1}{\overline{p}_1}(Ma_1+\eta_1)-\frac{T'_1}{\overline{T}_1} \tag{7.115}$$

使用不同余气系数 α 时煤油在空气中燃烧温度的线性关系式(见图 7-53)，下面将写出燃烧区温度振荡 $T'_1/\overline{T}_1$ 表达式。由图 7-53 可得出：

$$b\,\overline{\alpha}_1+a\,\overline{T}_1=ab \text{ 或 } a\,\overline{T}'_1=-b\alpha'$$

$$\frac{T'}{\overline{T}}=-\frac{\alpha'_1}{a-\overline{\alpha}_1} \text{ 或 } \frac{T'}{\overline{T}}=-\frac{\alpha'_1/\overline{\alpha}_1}{a/\overline{\alpha}_1-1} \tag{7.116}$$

那么，表达式(7.115)将有以下形式：

$$\frac{m'_1}{\overline{m}_1}=\frac{1}{KMa_1}\frac{p'_1}{\overline{p}_1}(Ma_1+\eta_1)+\frac{\alpha'_1/\overline{\alpha}_1}{a/\overline{\alpha}_1-1} \tag{7.117}$$

余气系数 α_1 的振荡通过稳焰器截面空气流量振荡来表示：

$$\overline{\alpha}_{CT}=\frac{\overline{m}_{CTB}}{\alpha\overline{m}_{\Gamma CT}} \tag{7.118}$$

$$\alpha'_{CT}=m'_{CTB}\frac{1}{L_X\overline{m}_{\Gamma CT}} \tag{7.119}$$

由于 $m'_1\approx m'_{CTB}\approx m'_2$，考虑到式(7.110)、式(7.113)、式(7.117)以及：

$$\frac{\alpha'_1}{\overline{\alpha}_1}=\frac{\alpha'_{CT}}{\overline{\alpha}_{CT}}=\frac{\alpha'_2}{\overline{\alpha}_2}e^{-i\omega\tau}=\frac{m'_2}{\overline{m}_2}e^{-i\omega\tau} \tag{7.120}$$

可以写出：

$$\frac{m'_{CT}}{\overline{m}_{CT}}=\frac{\dfrac{\alpha L_X}{\alpha L_X+1}\dfrac{p'_2}{\overline{p}_2}}{\dfrac{KMa_2}{(Ma_2+\eta_2)}-\dfrac{2\Delta\overline{p}_{CT}}{\overline{p}_K}}=\frac{\dfrac{p'_2}{\overline{p}_2}}{KMa_1}(Ma_2+\eta_2)e^{-i\omega\tau}+\frac{\dfrac{\overline{\alpha}L_X}{\overline{\alpha}L_X+1}\dfrac{p'_2}{\overline{p}_2}}{\dfrac{KMa_2}{(Ma_2+\eta_2)}-\dfrac{2\Delta\overline{p}_{CT}}{\overline{p}_K}}\frac{1}{\dfrac{a}{\overline{\alpha}}-1} \tag{7.121}$$

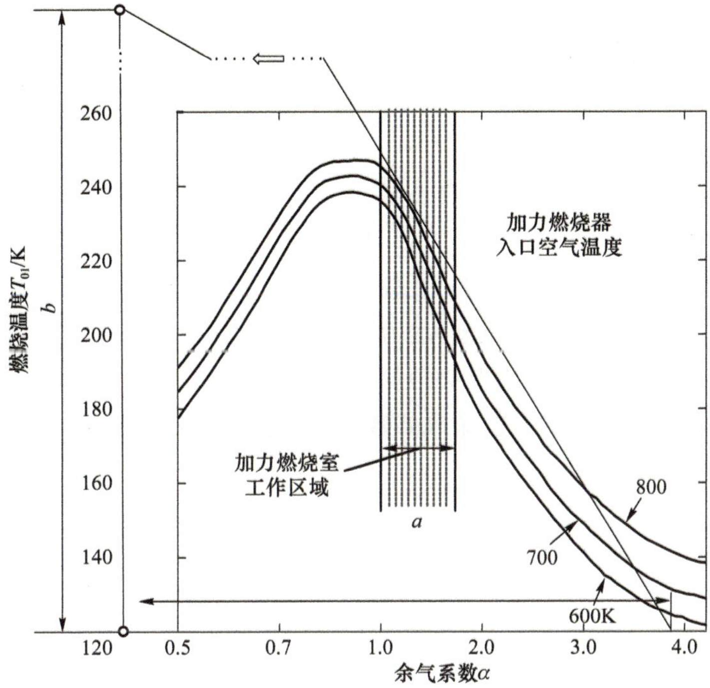

图 7－53　煤油燃烧温度与余气系数的关系曲线

由于：

$$\frac{\overline{\alpha}L_X}{\overline{\alpha}L_X+1}\approx 1.0$$

$$\frac{p_2'}{\overline{p}_2}\approx\frac{p_1'}{\overline{p}_1}\approx\frac{p_2'}{\overline{p}_K}\approx\frac{p_1'}{\overline{p}_K}$$

最终得到：

$$\frac{1}{\dfrac{KMa_2}{(Ma_2+\eta_2)}-\dfrac{2\Delta\overline{p}_{CT}}{\overline{p}_K}}\frac{(a-2\overline{\alpha})}{(a-\overline{\alpha})}=\frac{1}{KMa_1}(Ma_1+\eta_1)\mathrm{e}^{-i\omega\tau} \tag{7.122}$$

使用表达式(7.122)能够建立系统的稳定性边界。作为确定系统稳定性的参数，我们选择 $Ma_2=Ma_D$（Ma_D 为扩压器马赫数 Ma）、$\overline{\alpha}$ 和 ω。此外，在完成“D-划分”时，获得稳定边界上的延迟时间 τ 关系式作为频率函数，这个参数能够描述喷嘴截面空气振荡和燃烧区热释放振荡之间的相位关系。

在一定的 Ma_D、$\overline{\alpha}$、ω 参数组合下，加力燃烧室过程会变得不稳定，像前面已经提到的共振器（谐振腔）一样，振荡频率取决于加力燃烧室的声学性质和反馈联系特性。

5. 实验台实验结果及计算数据分析

加力燃烧室燃烧过程不稳定性发生在 Ma_D 数小于一定值（Ma_D 取决于涡轮上的边界条件），并且不稳定性发生的情况是延迟时间 τ 位于 $\tau\approx(3.5\sim6.0)$ms 范围内。我们尝试了计算地面工况下延迟时间参数的数量级，如果由喷嘴喷出的燃料以气体速度运动到燃烧区，在燃烧区瞬时完全蒸发和烧尽，那么延迟时间 τ 可按以下公式计算：

$$\tau=\frac{l_{\varphi}}{W_B} \tag{7.123}$$

式中，l_{φ} 为喷嘴集液器到火焰前锋这一段长度；W_B 为集液器到临界截面上的声速。

取 $l_{\varphi}=0.4$ m，$W_B=150$ m/s，$\tau\approx2.7$ ms，因为燃料液滴在小于 2.7 ms 的时间内无法组织燃烧并无法燃尽，为此要求更长的时间。比较稳定边界上（见图 7－54）的 τ 值可以说，对所研究的燃烧组织过程及所选择的燃烧机理，加力燃烧室发生频率高于 200 Hz 的纵向振荡是小概率的。因为，为了实现和维持这个振荡必须保证延迟时间 τ 不小于 3 ms。当然，混气转变时间很大程度取决于工作状态：预热程度，余气系数，雾化质量，压强等等（图 7－54 和图 7－55），在这种情况下只能近似确定 τ 值。

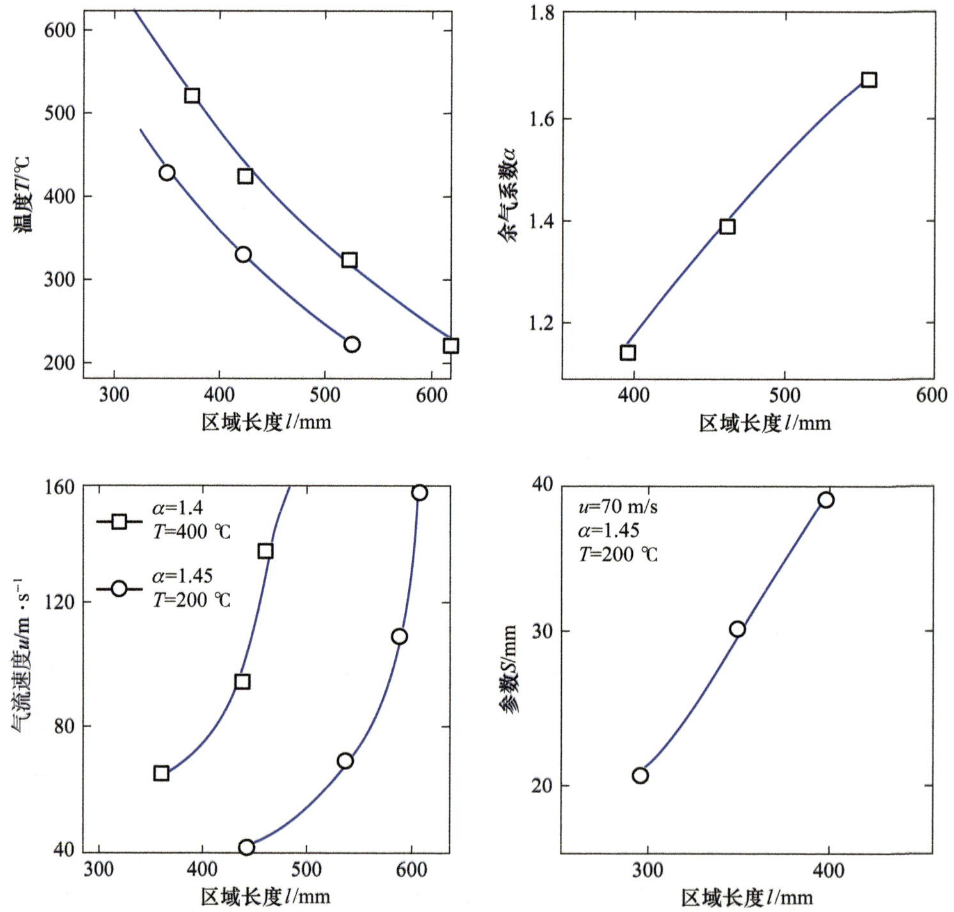

图 7－54　稳焰器间对称平面内燃烧区长度 l_{φ} 取决于各种因素的关系曲线

计算表明，富燃混气会导致不稳定工作参数范围的扩大。图 7－56 给出了对于频率 200 Hz的加力燃烧室在 $Ma_D-\alpha_{\Sigma}$ 坐标上工作不稳定性范围，包含了对应 3 种不同的涡轮声学

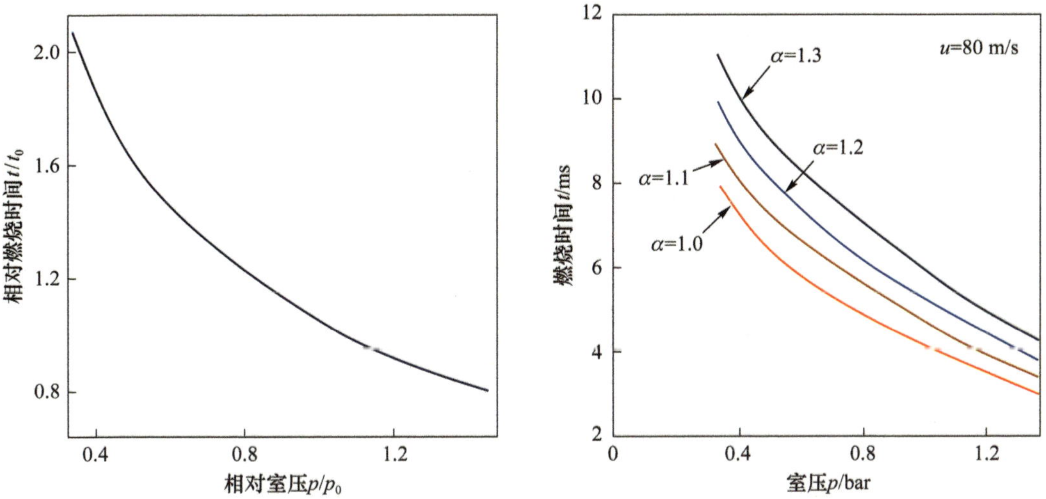

(a) t/t_0随p/p_0变化曲线　　(b) 不同α下t随p的变化曲线

图 7-55　燃烧时间取决于各种因素的关系曲线

边界条件的情况：$\zeta_T=-\infty$—声学封闭端面；$\zeta_T=-2.2$，$\zeta_T=-1$—无限长管情况。需要特别指出，当工作点落入 $M_D-\alpha_\Sigma$ 坐标上不稳定范围时，只是延迟时间处于 4.0-5.0 ms 范围内，振荡燃烧才能发生，只有在这种情况下才能形成反馈联系并维持振荡。各种发动机加力燃烧室工作区域范围见图 7-56。

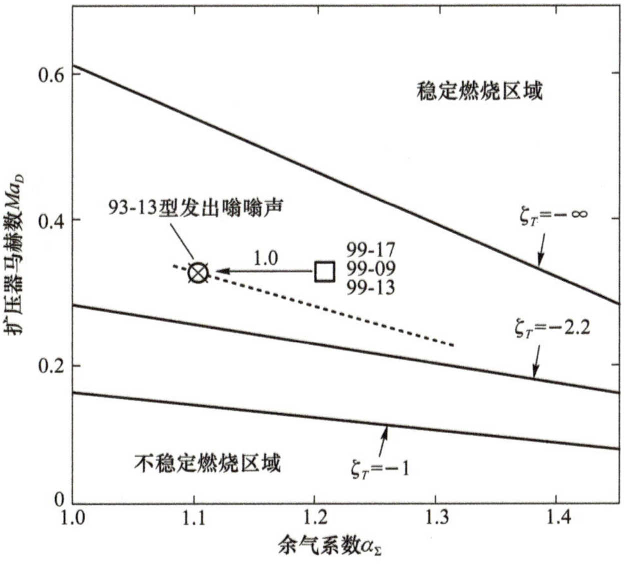

$\tau=4\sim5$ ms；$\Delta\bar{p}_{cr}/\bar{p}_c=0.05$；$Ma_{ab}=0.2$。

图 7-56　不同延迟时间情况下频率为 $f=125$ Hz 加力燃烧室的稳定性边界

在“特殊”条件下，进行了产品 99-13 试验，这个特殊条件是：在长时间试验过程中降低外涵道空气温度 T_b，减少余气系数 α_Σ（见图 7－57）。给出了 α_Σ 取决于 T_b 的关系式，当外涵道温度为－20 ℃时产生了压力振荡和“轰鸣”，停止了产品研制。

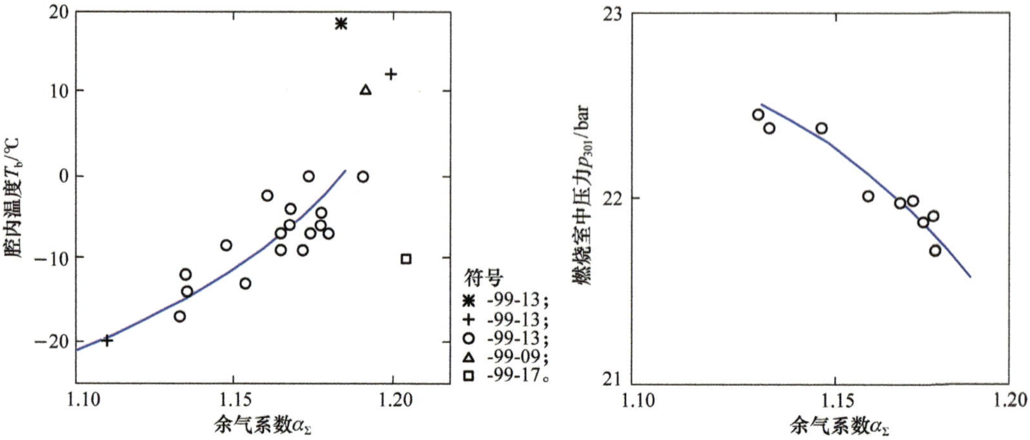

图 7－57　试验台试验时加力燃烧室参数

图 7－56 中 1.0 的标记指明了加力燃烧室工作点由“正常”状态范围向不稳定范围运动，振荡位置的点用“⊗”表示。可能“真实”不稳定的边界(如图中虚线所示)位于 1 和 2 两个位置之间。对比理论和试验可以说理论模型与试验结果定性符合。

7.3.3.3　飞行实验结果

1. 飞机加力燃烧室内的脉动测量

下面给出 T10-3 飞机第一次飞行时在不同高度和速度情况下压力脉动的测量结果，压力脉动由安装在加力燃烧室前锋装置处的 Π-754 型传感器记录。图 7－58 给出了飞行时观察到振荡的频率和振幅，图 7－59 给出了飞机不同飞行速度和高度出现振荡的区域。

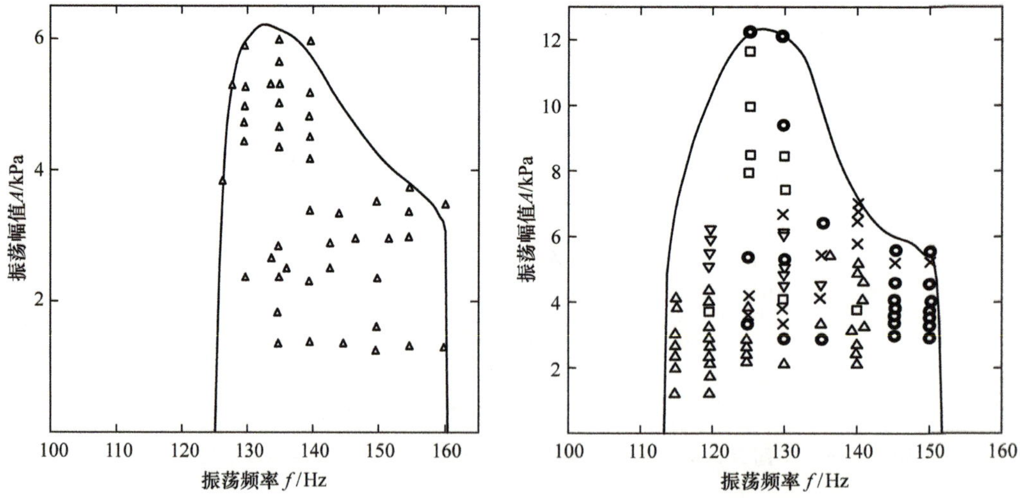

(a) T10-3　　(b) 飞行试验室

图 7－58　加力燃烧室内所观察到的频率和振幅

振荡频率处于 125～160 Hz 的范围内，最大振幅达到 6 kPa，这个振幅的振荡主要在飞行高度 8 000～10 000 m 和飞行速度 $Ma=0.6\sim0.9$ 时被测量到。

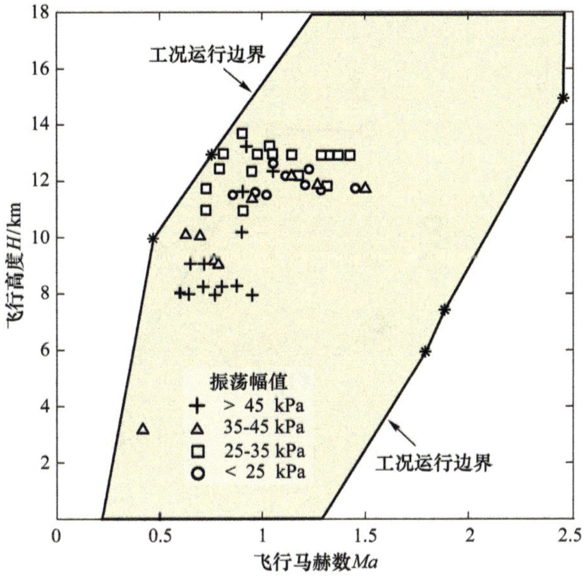

图 7-59　T10-3 飞机在不同高度和马赫数下加力燃烧室内的振荡

2. 飞行实验室加力燃烧室内的脉动测量

下面给出飞行试验室不同飞行高度和速度的压力脉动水平的测量结果，3 个燃料供应方案进行了第一批试验，当时安装了 1 个压力脉动测量传感器 П-754，而后，3 个方案试验使用 2 个压力传感器，测量出在 5 个集液器不同燃料分配方案时所观测到振荡的振幅和频率，在 5 个集液器中沿气流供入 10% 的燃料，记录到最大振幅 $A\approx12$ kPa。其他方案加力燃烧室内的振荡振幅不超过 67 kPa（为了对比，最大振幅不超过 6 kPa，见图 7-58a）。加力燃烧室中出现的压力脉动频率为 115～150 Hz，随飞行高度提升，振荡频率有下降趋势（见图 7-60）。

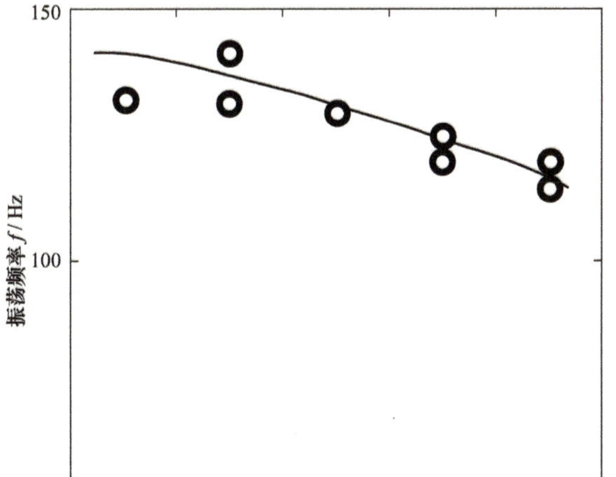

图 7-60　全加力状态下振荡频率与飞行试验室飞行高度关系

振荡振幅在很大程度上取决于飞行速度(见图 7-61),当飞行速度在 Ma=0.45~0.85 范围内,随飞行速度增大,在全部所研究高度(燃料分配)上观察到振荡振幅减小。对于每个燃料分配试验,均存在自己的飞行高度和速度范围,在这个范围内振荡振幅最大。

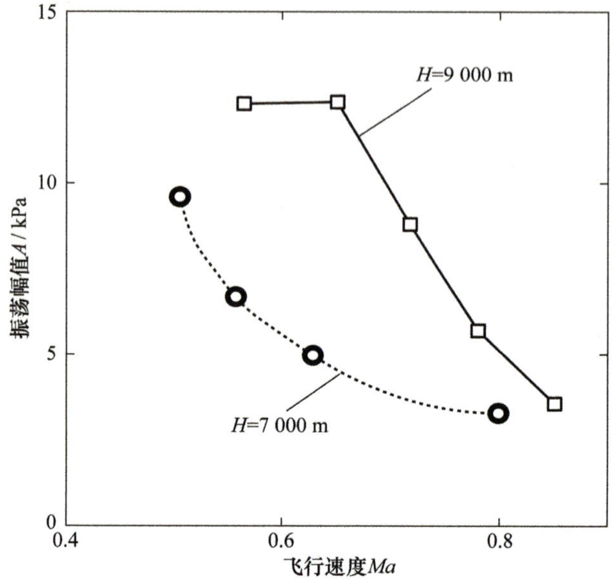

图 7-61 全加力状态下振荡振幅与飞行试验室飞行高度关系

针对初始设计方案,当飞行速度 Ma=0.66~0.73 时,周期振荡只在一个高度(11 km)被观察到,其中根据传感器 П-754 的测量振荡振幅不超过 3 kPa,在其他飞行试验状态,当飞行高度为 512 km 和飞行马赫数 Ma=0.44~0.87 时,振荡具有非周期性特性,带 5 个集液器初始设计方案及 4 个集液器消声孔的加力燃烧室内的压力振荡也是非周期性的(见图 7-62)。

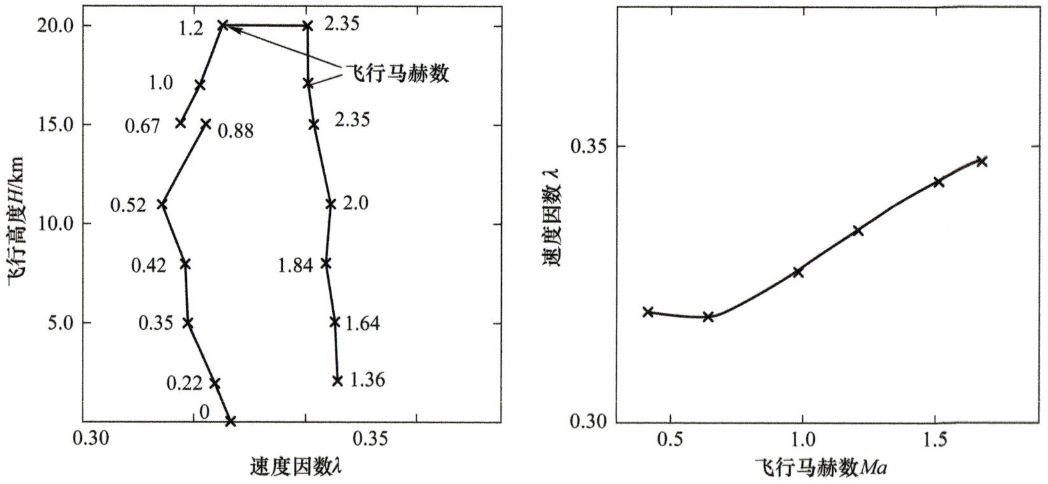

图 7-62 (a)不同飞行高度和飞行速度时的 λ_{inj} 值;(b)在 H=7km 高空加速时 λ_{inj} 的变化

由数据对比可以看出,根据高度、飞行速度和振幅,在飞行试验室带 5 个集液器初始设计方案研究对象和 T10-3 飞机上压力振荡表现特性是不同的,这可能取决于在试验台上及各种调节发动机工作条件的差异。

在飞行试验室试验 5 个集液器初始设计方案，当飞行高度为 9 km 和 $Ma=0.575$ 在开部分加力时，在出口记录到频率为 120 Hz，振幅为 2.3 kPa 周期振荡的闪火现象。

3. 实验和计算结果对比

图 7－63 给出了余气系数 $\alpha=1.2$ 时的加力燃烧室稳定性边界，可以看出在 75～175 Hz 频率范围内，如果扩压器 Ma_D 小于某个有限值，加力燃烧室将可能不稳定工作。在涡轮是声封闭端条件下，Ma_D 应该小于 0.475。这时，从燃料进入燃烧室到决定燃烧振荡的延迟时间应该在(3.5～6.0) ms 范围内。

图 7－63 在给出了加力燃烧室工作按 Ma_D 和频率的实验数据点，由理论和实验数据对比可以看出，在频率方面吻合很好，关于参数 Ma_D 对稳定性的影响还无法说明，Ma_D 随加力燃烧室工作状态变化很弱。

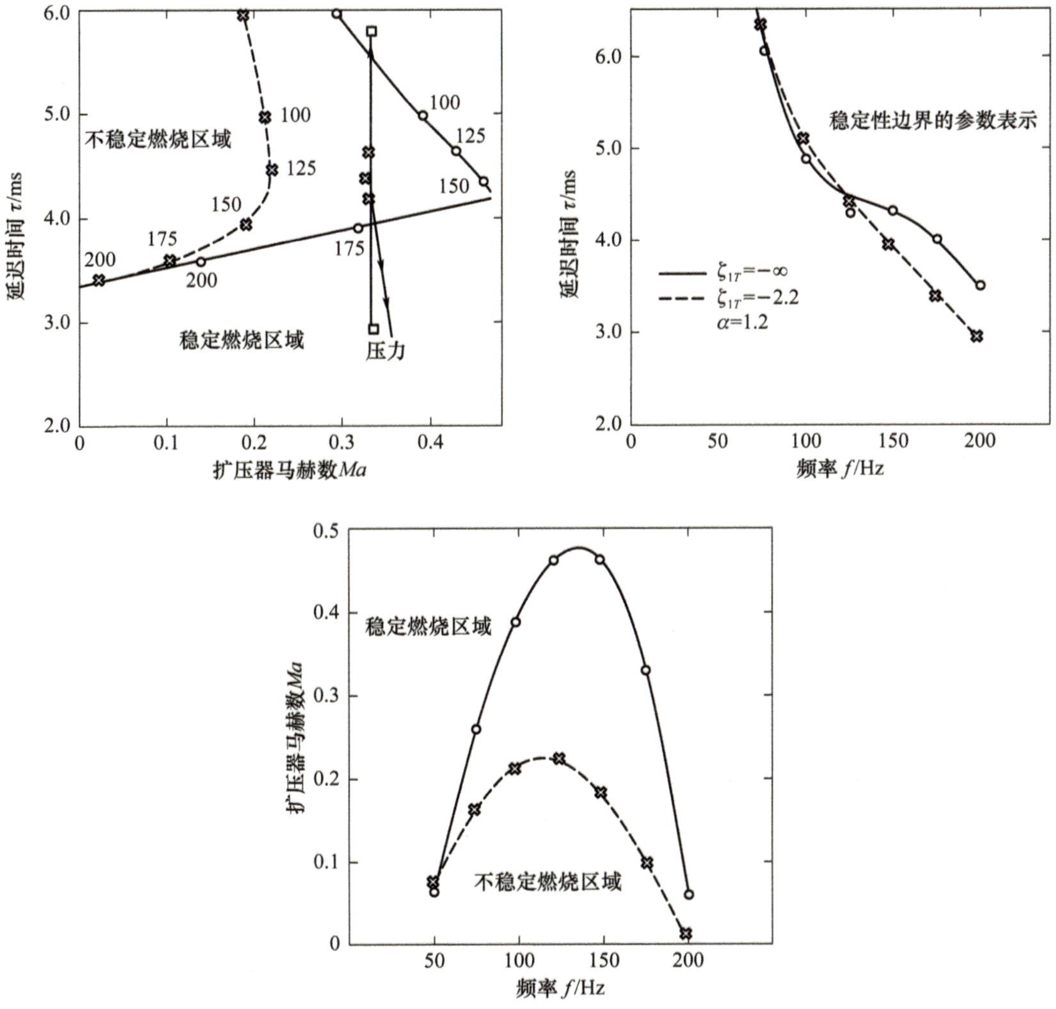

图 7－63 加力燃烧室稳定边界

因此，影响出现振荡的主要因素是在燃料供入燃烧室和燃料燃烧之间的延迟时间 τ，在计算振荡燃烧边界时，加力燃烧室内实际过程用阶梯型燃尽曲线代替方案 a，见图 7-64a。事实上，混气准备燃烧过程的特性以及燃料燃尽由两段时间线决定：混气输送到火焰稳定器的时间 τ_1 和燃料燃尽时间 τ_2，见图 7-64b。两段时间中每一段时间的变化都取决于加力燃烧室以下工作参数：空气流速度、燃料和空气温度、燃料速度头和空气速度头之比、压强等等。燃料燃尽时间取决于某些参数的关系曲线见图 7-54、图 7-55。由于随飞行高度升高，空气温度和压强下降，在其他相同条件下，燃尽时间 τ_2 将增大。由于从喷嘴到火焰稳定器段（见图 7-52）空气绝对速度下降，随高度升高，τ_1 也将增大。

加力燃烧室工作点的定向轨迹取决于飞行高度如图 7-63 中的箭头所示，工作参数的变化趋势可以解释这个事实：在 T10-3 飞机飞行时我们测得的加力燃烧室中最大振幅的飞行高度上，燃料供入燃烧室和燃料燃烧之间的相位关系（τ_1 和 τ_2）对于加力燃烧室实现自激振荡是最佳的。

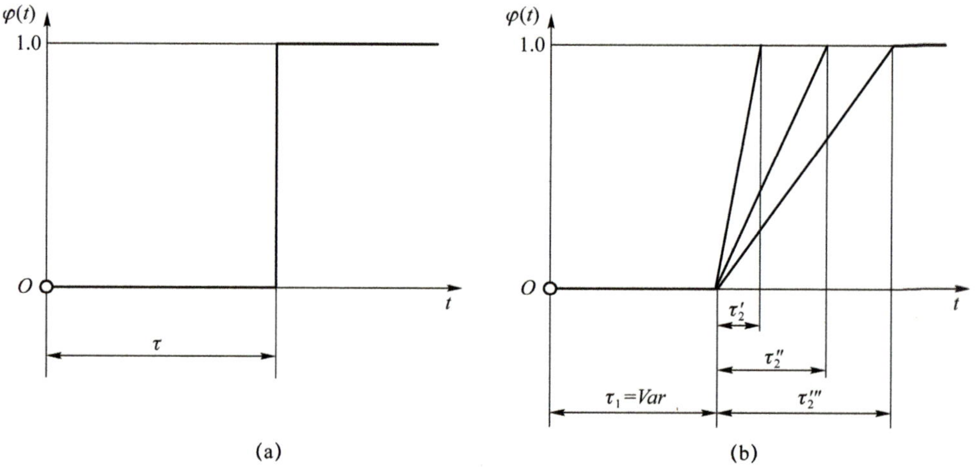

图 7-64　加力燃烧室燃料燃尽过程原理图

当飞机加速飞行时（图 7-63）加力燃烧室内压强增大，气体速度增加，总延迟时间减小，产生的结果是使工作点由加力燃烧室不稳定区域进入稳定区域——飞机处于某一飞行速度时振荡停止。飞机加速时工作点运动定向轨迹如图中的箭头所示。

需要特殊强调，飞机飞行状态变化时的工作参数变化分析是纯定性的，因为，加力燃烧室稳定边界建立在其地面工作状态：阶梯型燃尽曲线，不考虑外涵道声损失及其他损失（整流体，支架）。对于每个飞行高度和速度都必须建立自己的不稳定工作区域，这个区域对应着加力燃烧室具体工作状态时的参数。按照地面工作状态所对应的边界，进行加力燃烧室内燃烧过程稳定性分析，可以说是非常近似。

从另一方面，使用加力燃烧室工作参数 Ma_D，α_Σ 的计算值，而不是试验测量值进行计算，会带来附加误差。然而，计算和试验结果的吻合表明了理论和试验是定性一致的，加力燃烧室存在对于第 1 阶纵向声学振荡参数的稳定区域，当工作点落入燃烧室不稳定工作区域时会产生不稳定燃烧，在一定飞行高度和飞行速度（图 7-59）加力燃烧室初始设计方案中在 T10-3 飞机飞行时实现了这个状态。

改变加力燃烧室内燃料分布特性（特别是改变燃料向 5 个集液器的供应）会改变按飞行高

度和速度的振荡燃烧区域的存在，改变处于不同飞行高度和飞行速度时所观察到的最大振幅，这是因为燃料供应变化时燃料燃尽特性(τ_2)发生了改变。产生振荡燃烧状态的最佳条件在加力燃烧室处于不同工作参数(Ma_D，α_Σ)时被观察到。

应该指出，燃料沿加力燃烧室横截面的分布会导致局部燃料燃烧状态的改变，因为每个燃料小块都是在燃烧室当地条件下燃尽。原则上，每一个燃料分布都对应着加力燃烧室一个确定的工作区域，这个区域占据某个参数 Δ 邻域(图 7－63 中方框所示)，不是一个简单的工作点，而是加力燃烧室工作点的集合。

飞行试验室中的试验表明，通过局部燃料重新分布实质改变燃烧特性似乎是不可能的，最佳的燃料分布(振荡最小振幅)是最初方案，以及带根部消音孔的 4 个集液器的方案。

对比两个脉动传感器(制式 Π-754 压力传感器和安装在热电偶 T-99 位置辅助测量压力传感器)所测量的压力振荡水平表明，涡轮后辅助测量传感器记录的振荡振幅比制式传感器的测得结果大 1.2～2.0 倍。

改变加力燃烧室横截面燃料分布能够完全消除所有飞行状态的纵向振荡，燃烧过程不稳定性的计算分析能够帮助更有针对性地完成这个工作。使用延迟流量机理可以定性分析描述带低频和纵向声学振荡的振荡燃烧。

7.3.4　燃烧不稳定性的阻尼装置

文献[29]结合飞机发动机加力燃烧室的研究设计经验，给出了燃烧稳定性的调修方法和阻尼装置。通过计算加力燃烧室内振荡燃烧边界，考虑飞机进口参数变化，并对应确定飞行高度的飞机加速曲线。

从工作过程稳定性观点，文献[29]中给出了在带涵道单独补燃的双涵道加力燃烧室内、外涵道内火焰稳定器的最佳布置方案。解决了发动机台架试验过程中大振幅横向压力振荡燃烧发生时，涡扇发动机加力燃烧室的结构防护问题。通过改变燃料供入不同压强振荡程度的区域，能够减小涡喷发动机加力燃烧室横向声学振荡振幅。

涵道中燃料单独补燃的涡扇发动机加力燃烧室，由内涵道向外涵道引入专门的涡轮导管，导管将带燃料的热空气流输送到外涵道火焰稳定器，在稳定器后形成火焰，从而提高加力燃烧室稳定工作范围。涡喷发动机加力燃烧室中，由于专门布置了火焰稳定器，可以提高稳焰器后尾迹流中的流体力学稳定性。

在参数大范围变化时进行带变涵道比的发动机燃烧室燃烧过程研究。为了扩大无振荡燃烧范围，使用了在燃烧室子午线截面的平面内，周期性改变燃料射流向空气流方向的供入角度的方法。或者是通过优化涡轮后整流体尾部尺寸提高针对振荡燃烧的稳定性，同时减少结构重量。其装置可以大范围改变参数进行涵道中单独补燃模型加力燃烧室研究。

通过向燃烧室供入必要频率范围的脉动流量气体，然后测量燃烧室对这个作用响应，在设置阻尼装置前、后记录燃烧室对这个作用的响应，最后确定阻尼装置的效果。

图 7－65 给出了文献中研究燃烧室的示意图。该方法实现如下：在无阻尼装置时由 4-脉动源供入气体，传感器 5、6 和 7 测量燃烧室对这个作用的响应，接着在燃烧室中安装阻尼装置 3 并重复上述试验过程，对比两次实验结果，确定图 7－65 阻尼装置的有效程度。图 7－66 上的结果表明，阻尼器确实改变燃烧室—谐振器的声学性质向所我们需要的方向变化。

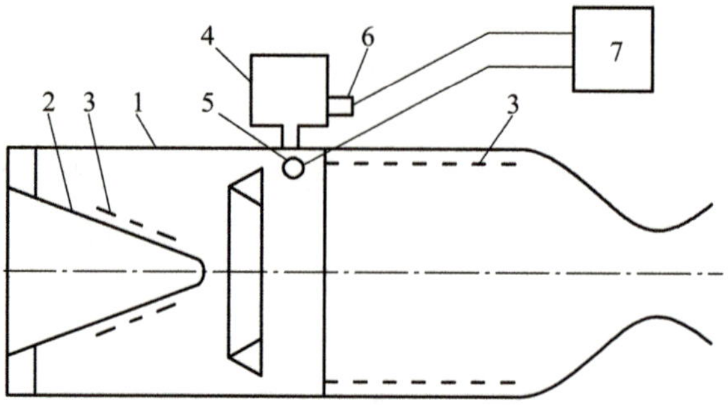

1—壳体；2—内锥体；3—多孔阻尼装置；4—脉动源；
5—压力振荡测量传感器；6—流量传感器；7—相位测量仪。

图 7-65　带共振器的加力燃烧室示意图

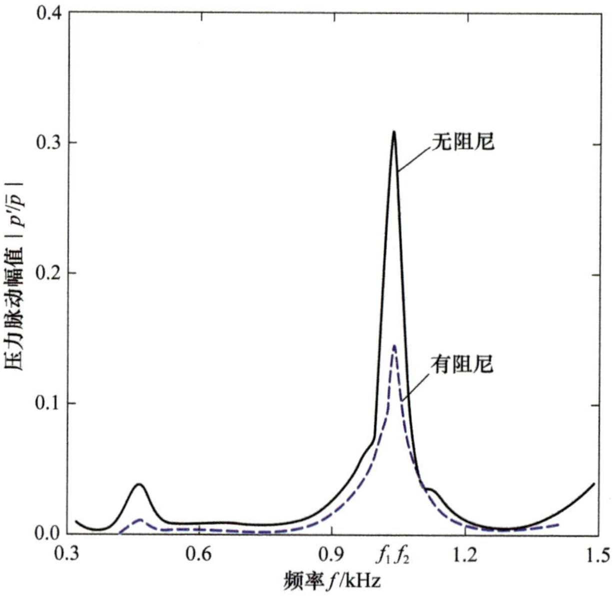

图 7-66　有、无阻尼器时加力燃烧室对声作用的响应

本章参考文献

[1] CROCCO L, CHEMG S I. Theory of Combustion Instability in Liquid Propellant Rocket Motors [J]. Journal of Fluid Mechanics, 1957, 2: 100-4.

[2] HEFNCR R J. Technology report Development of LO2/LH2 Cas Canerator for the M-1 Engine [R], 1968.

[3] АНЛРЕЕВ А В. Доводка Камер Сгорания, Работающих На Газообраэном И Жидком Топлве По Отношению К Вибрационному Горению [M]. Москва: Альтекс, 2003.

[4] БАХМИН II И, БЕЛЯСВ А. Ф Горение гетерогенных концен — трированных систем [M]. Наука, 1967.

[5] ЩЕТИНКОВ Е С. Физика Горсния Газоь [M]. Изд-во Наука, 1965.

[6] АНЛРЕЕВА В, БОНЛАРЕНКО М В. Способ определения границы устойчивости процесса горения гаюгенсраюра [J]. 1969: 52013.

[7] АНЛРЕЕВ А В, БОНЛАРЕНКО М В. Усгройство для определения границы устойчивости газогенератора [J]. 1969: 52014.

[8] АНЛРЕЕВ А В, БОНЛАРЕНКО М В, ГАЛЕЕВ А Г. Устройство для определения границы появления неустойчивости в газогенераторе ЖРД [J]. 2000: 2186357.

[9] АНЛРЕЕВ А В, ДЕТРСНКО Л Д, МАРЧУКОВ Ю П. Способ определения границы вибрационного горения в форсажной камере ТРД [J]. 1981: 208018.

[10] АНЛРЕЕВ А В, БУХАРОВ Б Л, ВАЛКОВ Л И. Устройство для отработки П ЖРД замкнутой схемыв стендовых условиях [J]. 1972: 58764.

[11] АНЛРЕЕВ А В, ЛАРИОНОВ В М, ГАЛЕЕВ А Г. Устройство для испытания камеры о орания ЖРД замкнутой схемы [J]. 1972: 73044.

[12] АНЛРЕЕВ А В, БОНЛАРЕНКО М В. Усгройово для изменения амплитуды колебаний давления в КС, например ЖРД замкнутой схемы [J]. 1973: 76755.

[13] СЕМЕНОВ Н Н. Цепные реакции [M]. 1934.

[14] АНЛРЕЕВ А В, ЛАРИОНОВ В М, ПОЛЫМОВ В Н. Экспериментальная камера сгорания [J]. 1974: 648797.

[15] АНЛРЕЕВ А В. Экспериментальная камера сгорания [J]. 1974: 85387.

[16] АНЛРЕЕВ А В, ГАНОВСКИЙ Г А, Люлька Л А. Устройство для стендовой отработки устойчивости процесса горения ЖРД [J]. 1973: 81763.

[17] АНЛРЕЕВ А В, БАЗАРОВ В Г. ЭКСЛЕРИМЕНТАЛВНАЯ КАМЕРА СЯОРАНИЯ ЖРД [J]. 1975: 99747.

[18] JОИЕЗ A T. Singing flames [J]. The Journal of the Acoustical Society of America, 1945, 16(4): 254-66.

[19] RAУЛЕЫГН J W S B. The theory of sound [M]. Macmillan, 1896.

[20] БЛИНОВ В И. К вопросу о пульсациях диффузионных пламен [J]. ИФЖ, 1959, No. 8, с. 15.

[21] РЖЕВКИН С Курс лекций по теории звука [J]. 1960.

[22] МОРЗ Ф. Колебания и звук [J]. 1949.

[23] РАУШЕНБАХ Б В. Вибрационное горенне [M]. Изд: Физ.-мат. гиз, 1961.

[24] ЩЕЛКИНК. Газодинамика горения [J]. Изд.

[25] PODYMOV V N, SEVERJANIN V S, ŠÇELOKOV J M. Прикладные исследования вибрационного горения [M]. Изд. Казанского университета, 1978.

[26] DIX D, SMITH G. Analysis of combustion instability in aircraft engine augmentors; proceedings of the 7th Propulsion Joint Specialist Conference, F].

[27] RUSSELL P, BRANT G, ERNST R, et al. Low frequency augmentor instability study; proceedings of the 14th Joint Propulsion Conference, F].

[28] ДОРОШЕНКО В Е, КОМАШКО В М. Обзор по исследованию низкочастотной неустойчивости горения в форсажных камерах ТРЛФ. [J]. Техотчет ЦИАМ 1969, № 1870,.

[29] АНЛРЕЕВ А. Доводка камер сгорания, работающих на газообразном и жидком топливе по отношению к вибрационному горению [M]. Альтекс, 2003.

[30] 尚守堂，何小民. 航空发动机加力燃烧室设计 [M]. 北京：科学出版社，2022.

[31] EBRAHIMI H. Overview of gas turbine augmentor design, operation, and combustion oscillation; proceedings of the 42nd AIAA/ASME/SAE/ASEE Joint Propulsion Conference & Exhibit, F, 2006 [C].

第 8 章

不稳定燃烧抑制装置设计理论

8.1 声 腔

8.1.1 共振吸收器的主要设计参数

声腔是抑制燃烧室压力振荡的一种有效途径[1-3]。该装置一般呈现如下结构：吸收腔为带有小孔的金属圆筒，安装在燃烧室内部并与室壁形成一定间隙，如图 8-1 所示。类似的装置很早就应用于改善建筑物声学性能以及防止噪声。本章首先研究了与谐振吸收器结构参数选择有关的某些问题。吸收系数 α 为吸收的能量与输入声波能量之比，是共振吸收器基本特性之一，吸收系数 α 取决于振荡频率。吸收器参数的选择原则是应尽量使吸收系数趋近于 1，这样能有较宽的有效吸收带。一般研究中假设波沿表面法向传播，这意味着，在距离吸收器足够远的位置速度向量变化的方向与该表面垂直。根据对称原理可以将吸收器腔体分成一些小腔，小腔的个数与小孔个数相同。这样，每一个小腔和小孔都组成一个亥姆霍兹共振器，当波沿表面法向输入时，小腔之间没有相互作用。

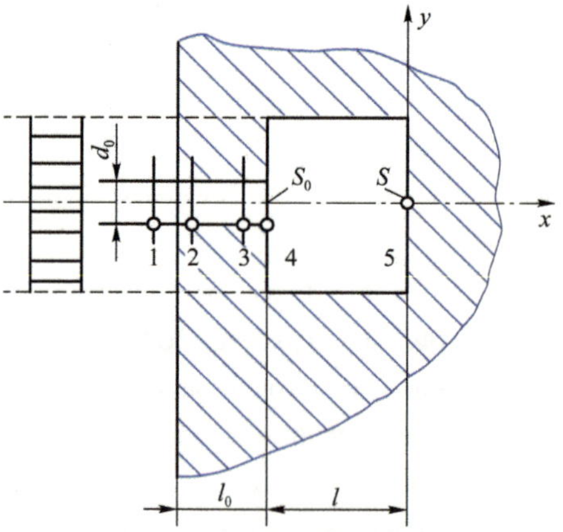

图 8-1 单个共振器

共振器腔体体积为 $V=Sl$，通过长为 l_0，横截面积为 S_0 的小孔与介质相连，共振器的频率为：

$$f=\frac{c}{2\pi}\sqrt{\frac{S_0}{l_{\text{res}}V}}$$

式中，c 为声速；$l_{\text{res}}=l_0+2\delta$ 为存在连通质量时考虑 δ 修正的有效管长。

亥姆霍兹共振器能够放大声波，因为处于共振频率时共振器腔内压强振荡振幅达到最大值[4,5]。对于共振吸收器而言，需要保证在其共振频率时具有波能吸收的最大值。可以根据无量纲声阻抗 $\zeta=\theta+\mathrm{i}\chi$ 计算能量的吸收值，对于小振幅振荡，阻抗实部 θ 和虚部 χ 可以在亥姆霍兹、瑞利等前人工作的基础上获取。

U. Ingard[6] 从理论和实验两方面确定小孔的声阻抗，阻抗的实部按照以下公式计算：

$$\theta=\frac{2\sqrt{2\mu\rho\omega}}{\rho c}\left(\frac{l_0}{d_0}+1\right)$$

式中，μ 为动力黏度；ρ 为介质密度；d_0 为小孔直径；$\omega=2\pi f$ 为角频率。

在后续研究中，非线性现象得到了进一步考虑。实验结果表明，线性理论仅在相对振幅较小时适用，而当压强振幅达到平均压强的千分之几时，线性理论便会产生较大偏差。随着振幅的增加，流致声和涡致声对声阻抗的影响显著增强，使其表现出明显的非线性特征。针对这一非线性效应，声阻抗实部的半经验公式被提出如下：

$$\theta=\frac{2\sqrt{2\mu\rho\omega}}{\rho c}\left(\frac{l_0}{d_0}+1+\frac{\Delta nl}{d_0}\right)$$

式中，n 为吸收器孔的个数。

需要指出的是，在发动机振荡的情况下，对线性理论的修正值将较大。换句话说，由涡形成引起的能量损失远超出线性理论计算的摩擦损失。Blackman[7] 指出，共振器内的最大声吸收系数与非线性损失密切相关，因此，该系数的数值取决于振幅大小。随着声振幅的增大，连通质量减小。这一现象可以通过共振器小孔周围的涡生成进行定性解释：振荡能量被转化为涡的能量并发生耗散，导致孔内气体质量的减少。实验结果表明，该过程直接导致了涡的形成，并进一步解释了声阻抗实部的增大。此外，沿共振器表面的湍流也影响了共振器的吸收特性。随着流速增加，共振频率升高，有效吸收范围扩大。这一固有频率的升高可以归因于振幅增大时孔内连通质量的减少。

8.1.2　圆筒共振吸收器理论

已有研究表明，体积为 V 的共振腔起到声容（类比于电容）作用，长为 l_0，横截面积为 S_0 的连接管起到声感（类比于电感）作用。在腔和管中主要发现波动能量的耗散损失，换句话说，在体积为 V 的腔内有意义的量是弹性力，在管中是惯性力和摩擦力。这一观点成立的前提是腔的体积超过管体积很多，而管截面积 S_0 比腔面积 S 小很多。

下面将详细研究共振器内现象的一些关系，在压强振荡非常小时，可以使用线性理论。根据线性理论，管内的振荡可以由黏性不可压流体力学方程描述，认为轴对称流动的流线与管路轴线 x 平行，见图 8－1，由连续方程：

$$\operatorname{div}\boldsymbol{v}=0 \tag{8.1}$$

唯一的速度分量 v'_x 与 x 无关，即，$v'=v'(r,t)$，式中，r 为圆柱坐标系坐标。因此，流体力学方程(N-S 方程)得到很大的简化：

$$\begin{cases}\dfrac{\partial v'}{\partial t}=\nu\left(\dfrac{\partial^2 v'}{\partial r^2}+\dfrac{1}{r}\dfrac{\partial v'}{\partial r}\right)-\dfrac{1}{\rho}\dfrac{\partial p'}{\partial x}\\ \dfrac{\partial p}{\partial r}=\dfrac{\partial p}{\partial \theta}=0\end{cases} \tag{8.2}$$

式中，ν 为运动黏性系数。

由式(8.2)可以看出，压强 p' 只取决于 x 和 t。按照前面的假设，方程式(8.2)等式左面与 x 无关，因此 $\partial p'/\partial x$ 也与 x 无关，只是时间 t 的函数。因此，引入以下表示(简谐振荡时)：

$$-\frac{1}{\rho}\frac{\partial p'}{\partial x}=\frac{p_2-p_3}{\bar{\rho}l_0}=\frac{\hat{p}_1-\hat{p}_3}{\bar{\rho}l_0}e^{i\omega t}=\hat{p}e^{i\omega t} \tag{8.3}$$

变量上面的“ˆ”代表复数振幅；下标“1”，“2”，“3”代表 1，2，3 截面上的参数值。接着令 $v'=\hat{v}e^{i\omega t}$，由方程式(8.2)得：

$$\frac{\partial^2 \hat{v}}{\partial r^2}+\frac{1}{r}\frac{\partial \hat{v}}{\partial r}+k^2\hat{v}=-\frac{1}{\nu}\hat{p} \tag{8.4}$$

式中，$k^2=-i\omega/\nu$ 为系数。

齐次方程(8.4)两个相互独立的特解是关于复变量的两类贝塞尔函数 $J_0(r\sqrt{-i\omega/\nu})$ 和 $K_0(r\sqrt{-i\omega/\nu})$。

但是，在 $r=0$ 时，K_0 趋向于无穷，因此舍去不用。除此之外，函数 $-i\hat{p}/\omega$ 也是方程式(8.4)的特解，在 $r=R$ 时应该满足黏附条件，即，$v'\equiv 0$。由此可以确定积分常数 A：

$$AJ_0(kR)-i\frac{1}{\omega}\hat{p}=0 \quad 或 \quad A=\frac{i\dfrac{1}{\omega}\hat{p}}{J_0(kR)} \tag{8.5}$$

可以得到速度振幅沿径向的变化规律：

$$\hat{v}=-i\frac{1}{\omega}\hat{p}\left[1-\frac{J_0(kr)}{J_0(kR)}\right] \tag{8.6}$$

与实变量类似函数一样，复变量的一阶贝塞尔函数 $J_m(Z)$ 也可由泰勒级数展开精确确定。因此，由方程式(8.3)得：

$$\hat{v}_{cp}=\frac{1}{\pi R^2}\int_0^R \hat{v}2\pi r\,dr=\frac{1}{\omega}\hat{p}\left[1-\frac{2J_1(kR)}{kRJ_0(kR)}\right] \tag{8.7}$$

由于平均速度沿管长不变，压强复振幅 $\hat{p}_1-\hat{p}_3$ 和速度复振幅的差可以由以下参数确定：

$$Z_0=\frac{\hat{p}_2-\hat{p}_3}{\hat{v}_{cp}} \tag{8.8}$$

对比式(8.7)、式(8.8)和式(8.3)，可以给出：

$$Z_0=\frac{i\bar{\rho}\omega l_0}{1-\dfrac{2J_1(kR)}{kRJ_0(kR)}} \tag{8.9}$$

引入变量 $x=kR$，对于 $|x|\ll 1$，有：

$$\begin{cases} J_1 = \dfrac{x}{2}\left(1-\dfrac{x^2}{8}+\dfrac{x^4}{192}+\dots\right) \\ J_1 = 1-\dfrac{x^2}{4}+\dfrac{x^4}{64}+\dots \\ Z \approx \dfrac{8\nu\rho l_0}{R^2}\left(1+\dfrac{1}{6}\mathrm{i}\,|k|^2 R\right) \end{cases} \tag{8.10}$$

式(8.10)最后一个方程第一项等于管内层流阻尼系数(流动满足泊肃叶定律),第二项决定了阻抗的惯性部分。$|x| \ll 1$ 条件只适用于较少出现的频率较低情况。对于 $x \gg 1$ 时,使用贝塞尔函数公式:

$$J_n(x) = \frac{\mathrm{i}^n \mathrm{e}^{-\mathrm{i}x}}{-2\pi \mathrm{i}x}\left[1+O\left(\frac{1}{x}\right)\right]$$

根据式(8.9),将得:

$$Z_0 \approx \mathrm{i}\omega\rho l_0\left(1+\frac{\sqrt{2}}{|k|R}-\mathrm{i}\,\frac{\sqrt{2}}{|k|R}\right) \tag{8.11}$$

由式(8.10)、式(8.11)可以看出,在频率较低($|k|R \ll 1$)时,具有主动阻抗;在频率较高($|k|R \gg 1$)时,具有惯性阻抗。在黏度无穷小 $\nu \to 0$ 时,$|k| \to \infty$,Z_0 值变为纯惯性阻抗。在实际计算中使用无量纲声阻抗比较方便。对于我们感兴趣的频率范围,无量纲声阻抗为:

$$\zeta_0 = \frac{Z_0}{\rho c} = \mathrm{i}\,\frac{\omega l_0}{c}\left(1+\frac{\sqrt{2}}{|k|R}-\mathrm{i}\,\frac{\sqrt{2}}{|k|R}\right) \tag{8.12}$$

对于共振器管端部突然扩张和收缩时存在的涡形成导致的损失,可以按照下文中提出的方法考虑。

共振器腔体内压强振幅分布服从波动方程的通解,这些公式是考虑壁面(见图 8-1 的截面 5)上的 υ' 值趋向于零而得到的:

$$p' = A\left(\cos\frac{\omega}{c}x\right)\mathrm{e}^{\mathrm{i}\omega t}$$

$$\upsilon' = -\mathrm{i}\,\frac{A}{\rho c}\left(\sin\frac{\omega}{c}x\right)\mathrm{e}^{\mathrm{i}\omega t}$$

由此,孔附近壁面上(见图 8-1 的截面 5),即 $x=L$ 处的无量纲声阻抗为:

$$\zeta_4 = -\mathrm{ictg}\left(\frac{\omega}{c}L\right) \tag{8.13}$$

或者,对于 $\dfrac{\omega}{c}L \ll 1$ 时,近似有:

$$\zeta_4 \approx -\mathrm{i}\,\frac{\omega}{c}L \tag{8.14}$$

所给出的关系式属于声学所使用的吸收理论,前面已经指出,对发动机管路特有的振荡方程,压强损失应为:

$$\Delta p = \xi_n \frac{\rho\upsilon^2}{2} \tag{8.15}$$

式中,ξ_n 为吸收器前通道截面的水力损失系数,υ 为吸收器前通道截面的瞬时速度。

对于穿孔板,水力损失系数为:

$$\xi_n = \frac{(0.707\sqrt{1-\varepsilon}+1-\varepsilon)^2}{\varepsilon^2} \tag{8.16}$$

式中，ε 为穿孔板的孔隙率。

基于共振器尺寸远小于波长的假设可以部分使用准定常阻抗定律，因为马赫数 Ma 很小（0.01 量级），那么式（8.15）表示的总压差，可以等同于静压差，不考虑惯性压降，只考虑耗散导致的压降会更为精确。在振荡时，速度 υ 会改变符号，这反映在阻抗变化规律中，如果 x 轴由振荡源指向共振器，那么在 $\upsilon>0$ 时，$\Delta p>0$；在 $\upsilon<0$ 时，$\Delta p<0$（见图 8－2）。

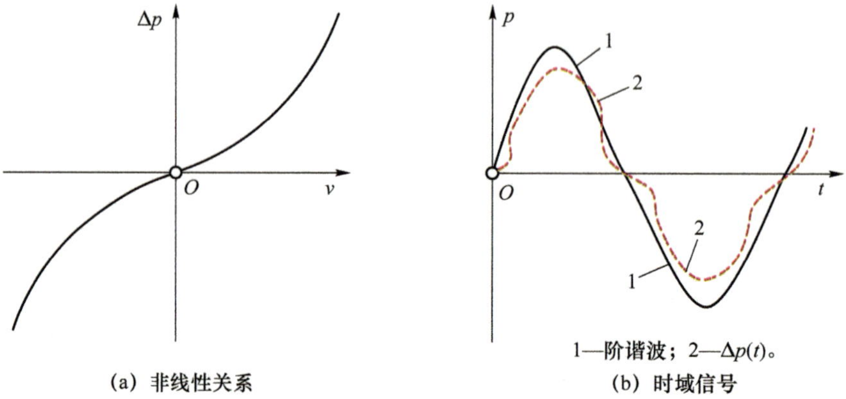

图 8－2　非线性声阻抗模型

现在令 υ 按照正弦规律变化 $\upsilon=\upsilon_{\max}\sin\omega t$，那么有：

$$\Delta p=\xi_n\frac{\rho}{2}\upsilon_{\max}^2\sin^2(\omega t)\,\mathrm{sign}\,\upsilon$$

图 8－2(b) 给出了 Δp 与时间的变化关系，将 $\Delta p(t)$ 展成傅里叶级数并将得到一阶谐振振幅：

$$\hat{p}_{\max}=\frac{4}{3}\frac{\rho}{\pi}\xi_n\upsilon_{\max}^2$$

由此可以得到小孔阻抗的实部：

$$\theta=\frac{1}{\rho c\upsilon_{\max}}\hat{p}_{1n}=\frac{4}{3\pi}\xi_n\frac{\upsilon_{\max}}{c}=0.42\xi_n\frac{\upsilon_{\max}}{c}=k_c(\varepsilon)\frac{\upsilon_{\max}}{c} \tag{8.17}$$

式中，k_c 为阻力系数。

由关系式（8.17）可以看出，孔的非线性阻力直接与速度振幅的一次方成正比，有时候通过相对振幅和吸收器表面阻抗 ζ_n 的模可更方便表示出比值 $\upsilon_{\max}/c$。

$$\theta=\frac{4}{3\pi}\xi_n\frac{1}{|\zeta_n|}\frac{\hat{p}_1}{\bar{p}k} \tag{8.18}$$

式中，$\hat{p}_1$ 为压强振荡的振幅（吸收器表面一阶谐振）；$\bar{p}$ 为静压；k 为绝热指数。

根据式（8.14）和（8.18）得：

$$\zeta_{0\Sigma}=\mathrm{i}\frac{\omega l_0}{c}\left(1+\frac{\sqrt{2}}{|k|R}\right)+\frac{\omega l_0}{c|k|}\frac{\sqrt{2}}{R}+\frac{4}{3}\frac{\xi_n}{\pi k\zeta_n}\frac{p_1'}{\bar{p}}\varepsilon \tag{8.19}$$

式中，$\zeta_{0\Sigma}$ 为图 8－1 中截面 1 的阻抗。

下面研究共振器元件的联合作用，图 8－1 中的数字 1，2，3 和 4 代表了截面，在这些截面处气流速度经历了剧烈的变化。为了将截面两侧的速度建立联系，认为两侧压强及体积流量相等（声学中常使用的理想情况）。考虑上述说明，基于无量纲阻抗的确定，得：

$$\zeta_1=\frac{p'}{\bar{\rho}\bar{c}v'}=\zeta_4+\frac{1}{\varepsilon}\zeta_0 \tag{8.20}$$

式中，ε 为穿孔板的孔隙率。

利用式(8.14)和式(8.20)，得：

$$Z_1=\left[\frac{1}{\varepsilon}\left(1+\frac{\sqrt{2}}{|k|R}\frac{\omega l_0}{c}\right)-\frac{c}{\omega L}\right]+\frac{\omega l_0}{c|k|}\frac{\sqrt{2}}{R\varepsilon}+\frac{4}{3\pi k}\frac{\xi_n}{|\zeta_n|}\frac{p'_1}{\bar{p}} \tag{8.21}$$

当共振腔内和发生振荡区域的平均温度相同时，式(8.21)是正确的。但是，如果外部介质温度与共振腔内温度不同（分别对应于 T_1 和 T_{10}），那么根据体积流量和压强相等的假设，得到：

$$\zeta_{1T}=\sqrt{\frac{\bar{T}_{10}}{\bar{T}_1}}\zeta_1 \tag{8.22}$$

在线型近似中，即，$p'=0$ 时，式(8.21)的结构与连续接通电感、电容和电阻线圈的输入阻抗类似。最大的区别在于，在电阻中线性近似时主动阻抗取决于频率，与振荡电路一样，写出共振器性能（品质）特有量。固有（共振）频率由方程式(8.21)虚部等于零的条件决定，与 1 相比，忽略 $1/(|k|R)$ 的值，得到：

$$f=\frac{1}{2\pi}c\sqrt{\frac{\varepsilon}{l_0 L}} \tag{8.23}$$

传递系数是重要的特性，在本研究中，传递系数 K_p 可以理解为共振腔内压强振幅与外部介质压强振幅之比：

$$K_p=\frac{\hat{p}_4}{\hat{p}_1}=\frac{1}{1-\dfrac{\omega^2}{\omega_0^2}+\mathrm{i}\dfrac{1}{Q}\dfrac{\omega}{\omega_0}} \tag{8.24}$$

式中，品质因数 Q 写为

$$Q=\frac{1}{\sqrt{\dfrac{2\nu\omega}{R\omega_0}}+\sqrt{\varepsilon\dfrac{L}{c}\theta}} \tag{8.25}$$

由式(8.24)可以看出，在 $\omega=\omega_0\ |K_p|=Q$ 时，在频率接近于 ω_0 时，传递系数达到最大值。在线性近似中品质因数理论上很大（10～40）。随着振幅的增大，θ 增大，根据理论计算，在相对振幅在 10％左右时，最好的共振器品质因数大约下降到 5。由此可以得出以下结论：如果利用吸收器无法保证工作过程的稳定性，那么尽管吸收器壁面上的压强振荡能够大幅减弱，但其腔内仍有足够强烈的压强振荡。

在实验研究共振器性质时，传递系数的确定可以发挥很大作用。因为可以作为初级转换器和压强测量仪器，其他特性（振幅、速度、阻抗等）的测量要复杂得多。吸收能量与频率的关系也是共振器的重要性质，通过单位面积的能量流可按以下公式写出：

$$\bar{\pi}'=\frac{|p'_1|^2}{2\bar{\rho}c}\frac{\theta}{\theta_1^2+\chi_1^2} \tag{8.26}$$

根据式(8.21)：

$$\chi_1=\frac{1}{\varepsilon}\left(1+\frac{\sqrt{2}}{|k|R}\frac{\omega l_0}{c}\right)-\frac{c}{\omega L} \tag{8.27}$$

$$\theta_1=\frac{\omega l_0}{c|k|}\frac{\sqrt{2}}{R\varepsilon}+\frac{4}{3\pi k}\frac{\xi_n}{|\zeta_n|}\frac{p'_1}{\overline{p}} \tag{8.28}$$

在 $\omega=\omega_0$ 共振时，$\chi=0$，声能流达到最大，如果认为压强振幅是给定的：

$$\overline{\pi}'_{\omega=\omega_0}=\frac{|p'_1|^2}{2\overline{\rho}c}\frac{1}{\theta} \tag{8.29}$$

如果认为速度振幅是给定的，会得到相反的情况。“共振吸收器”原理是基于共振频率点处的最大吸收能力。

最后写出所建立的无量纲声阻抗 ζ、反射系数(按压强)q、吸收系数 α 之间的关系：

$$\zeta=\theta+\mathrm{i}\chi=\frac{1+q}{1-q} \tag{8.30}$$

$$\alpha=1-|q|^2=\frac{4\theta}{(\theta+1)^2+k^2} \tag{8.31}$$

管内气流速度振幅对于计算冷却问题具有重要意义，在共振时速度振幅近似达到最大值。在这种情况下，$\chi_1=0$ 和 $|\hat{v}/c|=|\hat{p}_1/\overline{p}|/(k\varepsilon\theta_1)$，其中 $\hat{v}$ 为管内速度幅值，θ_1 的值由式(8.28)确定。

$\hat{v}/c$ 和 $\hat{p}_1/\overline{p}$ 关系的典型曲线如图 8-3 所示，可以看出，管内速度可以达到最大值。需要指出的是，如果相对振幅超过了 10%，那么前面的研究结果就不是很合适了。当压强振幅比较大时，管内速度达到临界值。当存在水力阻尼损失时，这个临界速度值比声速小很多，在某些时刻管内速度达到临界值条件下对于共振器工作的研究要复杂得多。

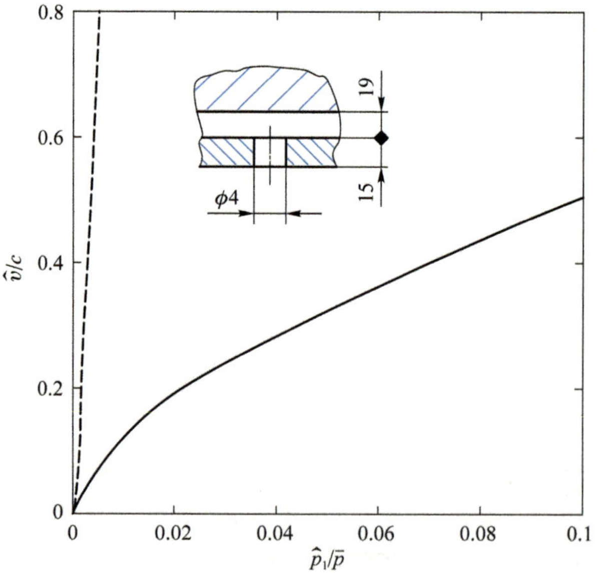

图 8-3 管内速度振荡相对振幅与压强相对振幅的关系曲线

两个共振器的频率特性计算结果分别如 8－4、图 8－5 所示，共振器参数为 $\varepsilon=0.020\,5$，$l_0=10$ mm，$d_0=10$ mm，$L=3$ mm；图 8－5 的共振器参数为 $\varepsilon=0.082$，$l_0=6$ mm，$d_0=4$ mm，$L=7$ mm。由 8－4 可以看出，第一个共振器结构参数的选择是为了使按线性理论确定的吸收系数 α 接近于 1。第二个共振器计算的吸收系数为 $\alpha=0.3$（按线性近似）。

由 8－4 和图 8－5 看出，非线性效应的影响很强。8－4 和图 8－5 给出了吸收系数 α 与共振频率点附近压强振幅的关系。所研究的 α 变化规律的解释如下：因为在共振点的 $\chi=0$，那么 α 只是 θ 的函数，而且这个关系是单调的，当 $\theta=1$，$\alpha=1$。在其他 θ 值，$\alpha<1$，见式(8.31)。由此可以看出，如果吸收器按线性近似设计为 $\theta=1$，那么随着 $\hat{p}_1/\bar{p}$ 的增大，α 减小。如果在线性近似中 $\theta<1$，见图 8－5，那么随着振幅增大，α 将通过最大值。

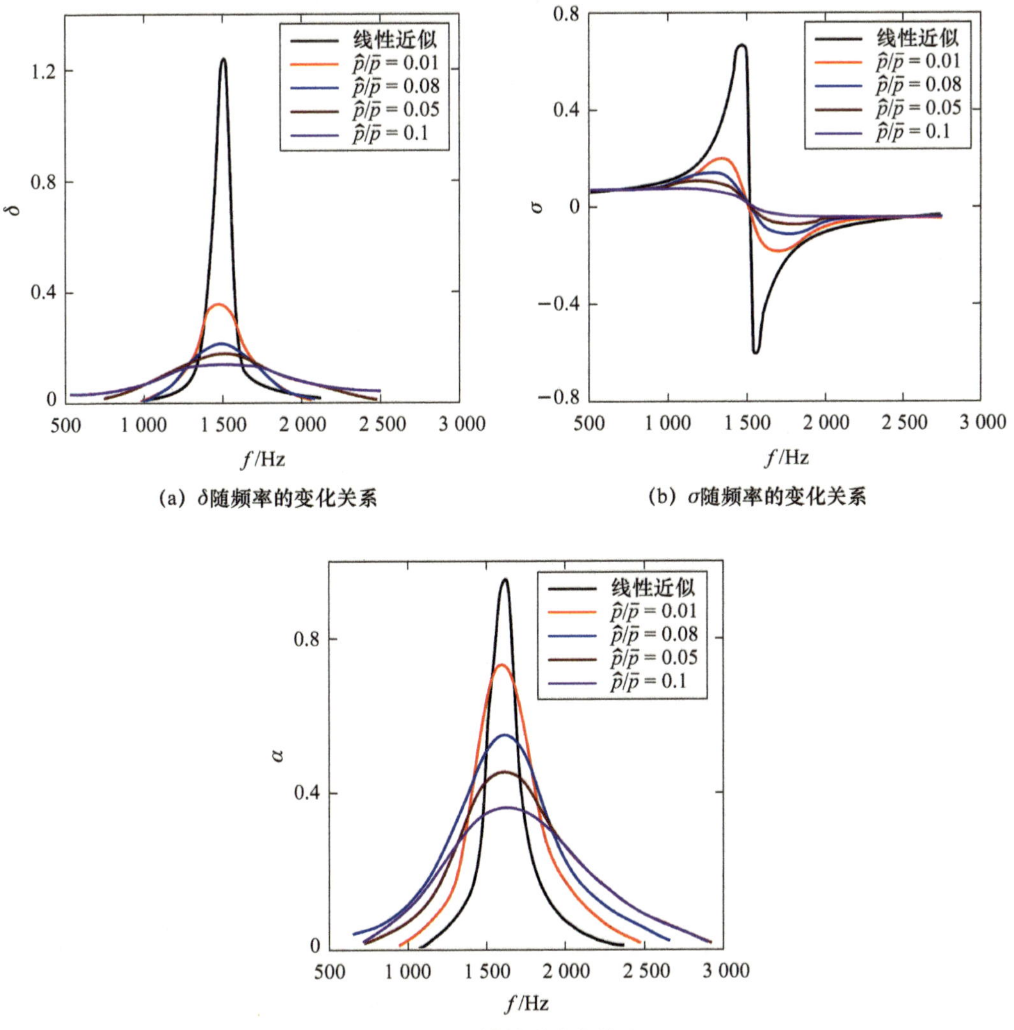

(a) δ随频率的变化关系

(b) σ随频率的变化关系

(c) α随频率的变化关系

图 8－4　共振器频率特性

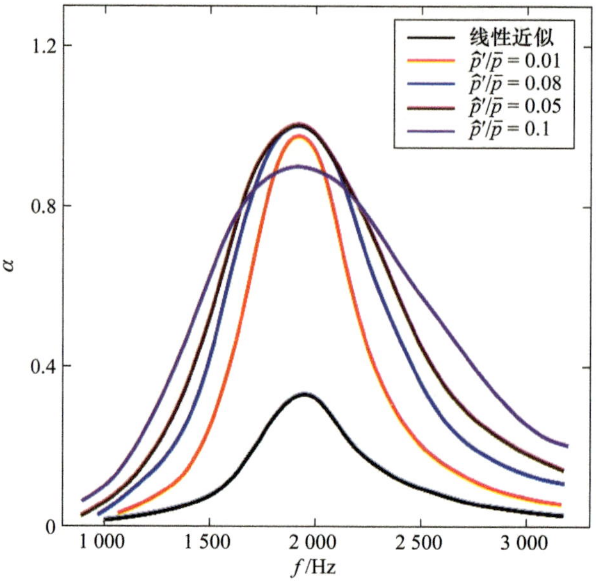

图 8-5 吸收系数与频率的关系

8.1.3 高声强对小孔阻抗的影响

通过行波和脉冲方法研究了高声强对小孔阻抗的影响，无量纲声阻抗表示为：

$$\zeta=\theta+\mathrm{i}\chi$$

式中，$\chi=\mathrm{ctg}(\omega l/c)-(\omega l_{\mathrm{res}}/\varepsilon c)$，$l$ 为声腔深度。

在高声振水平时，阻抗的实部由式(8.17)和(8.18)确定，其中：

$$k_c(\varepsilon)=\frac{4}{3\pi}\xi_n(\varepsilon)$$

在共振频率点 ζ 的虚部趋向于零，因此可以写出：

$$\theta_p=\sqrt{\frac{p_{\max}}{k\,\bar{p}}k_c} \tag{8.32}$$

对上式取对数，将得到小孔阻抗与声压级的关系式：

$$\lg\theta_p=\frac{P_L}{40}+\lg\sqrt{k_c}+\lg\sqrt{\frac{\hat{p}_0}{k\,\bar{p}}} \tag{8.33}$$

式中，$\hat{p}_0$ 为振幅的初始水平(2.86×10^{-5} Pa)；P_L 为吸收器进口的声压级。

利用直径为 28 mm 的昆特管(Kundt's tube)对声阻抗进行了研究，测量仪器最大声压不超过 140 dB。样件为 0.3 mm 厚的穿孔板，并由刚性肋加强以防振荡，样件的穿孔孔径分别为 1.5、2.0、2.5、6.0 mm，穿孔率在 3.8%～8.7%范围内变化，腔的变化深度为 17～31 mm，可使共振频率处于 1 230～2 120 Hz 之间。沿样件表面声水平固定时采用行波方法在共振点附近很窄的频率范围内确定频率特性及 θ_p，χ_p。

图 8-6 给出了某一样件频率特性的实例，可以看出声阻抗随声压水平的增加而增大，共振频率向高频区域移动。实验数据很好地证明了式(8.33)的线性特征，见图 8-7。根据式(8.32)可以确定 θ_p 与共振器穿孔率的关系。

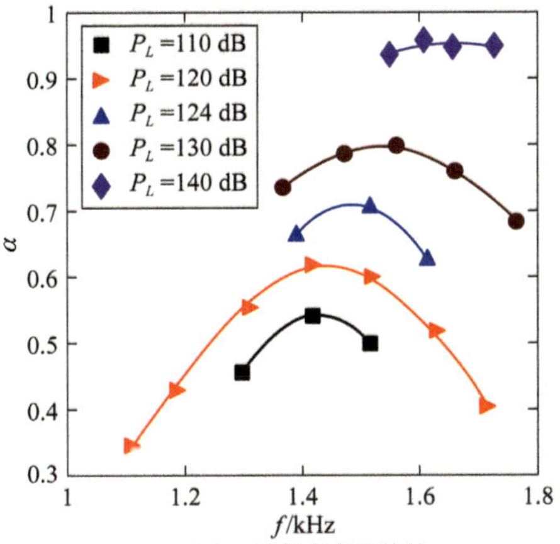

(a) α随频率变化特性

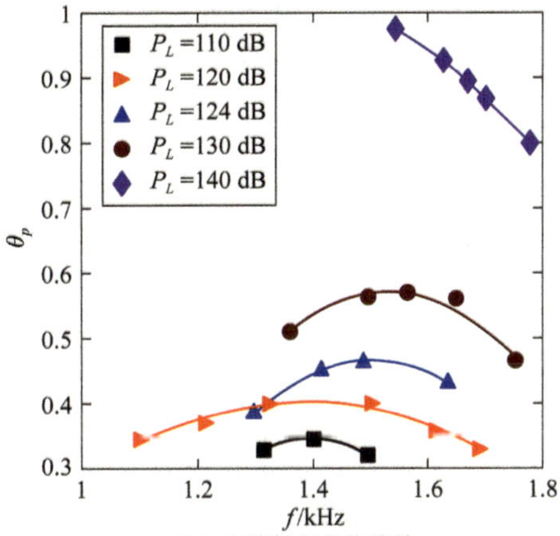

(b) θ_p随频率变化特性

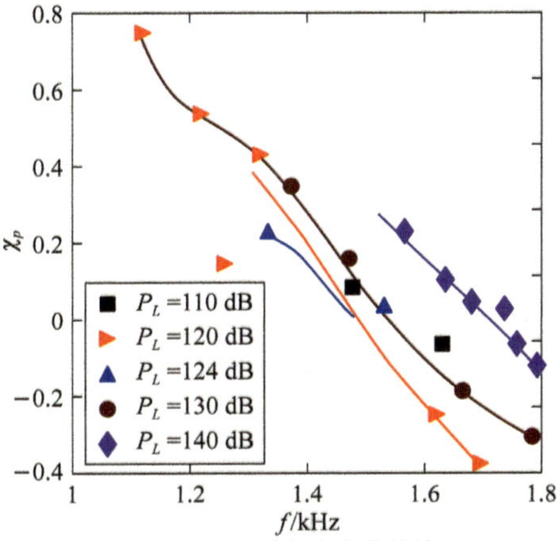

(c) χ_p随频率变化特性

图 8-6　阻抗参数随频率变化特性

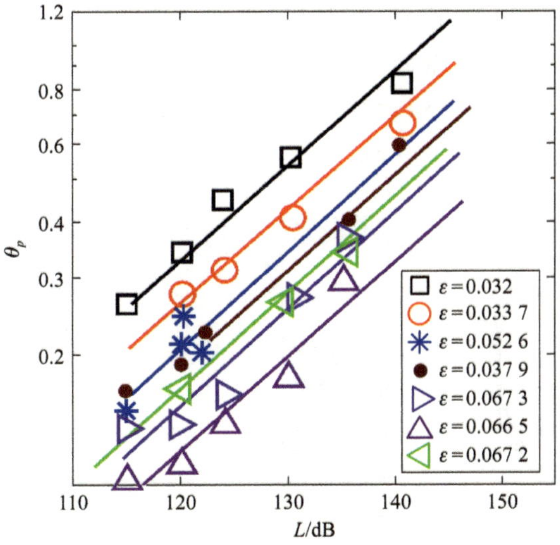

图 8-7　共振频率上的声阻抗实部与声压级的关系

总的实验数据如图 8-8 所示，可以看出，理论值大于实验获得的值，这可能是由于在同一瞬时速度非定常流中的损失小于定常流。利用小孔声阻抗实部，可以写出：

$$\theta=\frac{0.58}{\varepsilon^2}\frac{1}{|\zeta|}\frac{\hat{p}_{max}}{k\bar{p}},\quad \sqrt{k_c}=\sqrt{\frac{4}{3\pi}\xi_n(\varepsilon)}$$

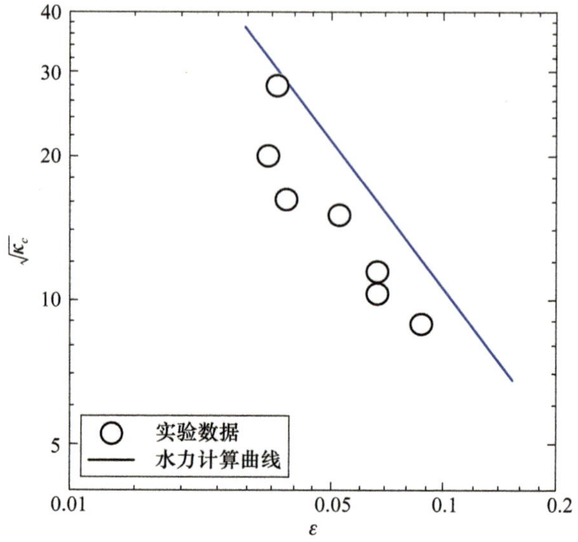

图 8-8　系数与穿孔率的关系

8.2 隔　板

8.2.1 隔板理论模型

在液体火箭发动机的研制种，通常使用隔板来抑制不稳定燃烧[8-11]。以圆柱形燃烧室为控制体建立守恒方程，假设燃烧室壁面以及隔板都是绝对刚体，不考虑隔板厚度，忽略喷管（收缩段）的影响，认为燃烧室内部气体流动很小，不考虑气体黏性以及漩涡引起的能量耗散，忽略燃烧室与外界的能量交换，如图 8-9 所示。

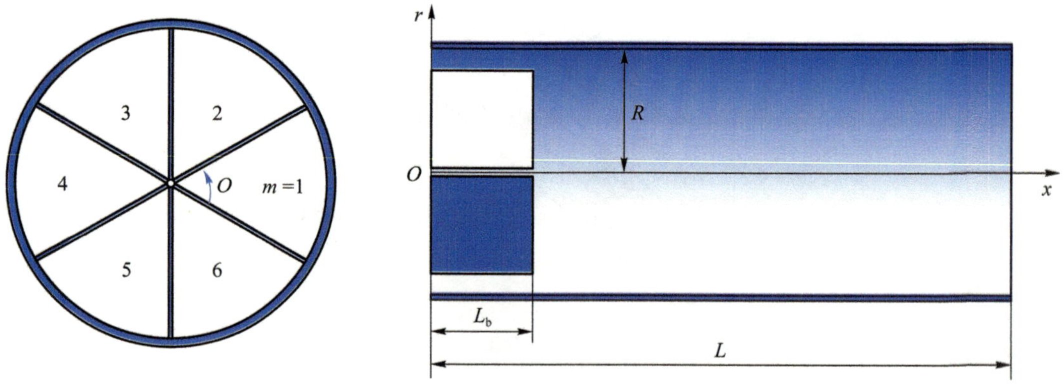

图 8-9　燃烧室头部带径向隔板

线性化的连续方程：

$$\frac{\partial\rho}{\partial t}+U\frac{\partial\rho}{\partial x}+\rho_0\left(\frac{\partial u}{\partial x}+\frac{\partial v}{r\partial\theta}+\frac{\partial rw}{r\partial r}\right)=0 \tag{8.34}$$

动量方程：

$$\frac{\partial u}{\partial t}+U\frac{\partial u}{\partial x}=-\frac{1}{\rho_0}\frac{\partial p}{\partial x} \tag{8.35}$$

$$\frac{\partial v}{\partial t}+U\frac{\partial v}{\partial x}=-\frac{1}{\rho_0}\frac{\partial p}{r\partial\theta} \tag{8.36}$$

$$\frac{\partial w}{\partial t}+U\frac{\partial w}{\partial x}=-\frac{1}{\rho_0}\frac{\partial p}{\partial r} \tag{8.37}$$

能量方程：

$$\frac{1}{p_0}\left(\frac{\partial p}{\partial t}+U\frac{\partial p}{\partial x}\right)-\frac{\gamma}{\rho_0}\left(\frac{\partial\rho}{\partial t}+U\frac{\partial\rho}{\partial x}\right)=0 \tag{8.38}$$

式中，U 为平均流动；ρ_0 为平均密度；p 为脉动的压力；γ 为比热比；p_0 为平均压力；ρ 为脉动密度；u 为脉动的轴向速度；v 为脉动的周向速度；w 为脉动的径向速度。

由方程(8.34)和式(8.38)可得：

$$\frac{1}{p_0}\left(\frac{\partial p}{\partial t}+U\frac{\partial p}{\partial x}\right)+\gamma\left(\frac{\partial u}{\partial x}+\frac{\partial v}{r\partial\theta}+\frac{\partial rw}{r\partial r}\right)=0 \tag{8.39}$$

式(8.39)对时间 t 求导，得到：

$$\frac{1}{p_0}\left(\frac{\partial^2 p}{\partial t^2}+U\frac{\partial^2 p}{\partial t\partial x}\right)+\gamma\left(\frac{\partial^2 u}{\partial t\partial x}+\frac{\partial^2 v}{r\partial\theta\partial t}+\frac{\partial rw}{r\partial t\partial r}\right)=0 \tag{8.40}$$

式(8.35)、式(8.36)、式(8.37)分别对 x、r、θ 求导，并且和式(8.37)相加，再结合式(8.40)，得到：

$$\frac{U}{p_0\gamma}\left(\frac{\partial^2 p}{\partial x\partial t}+U\frac{\partial^2 p}{\partial x^2}\right)-\frac{1}{\rho_0}\left(\frac{\partial^2 p}{\partial x^2}+\frac{\partial^2 p}{r^2\partial\theta^2}+\frac{\partial^2 p}{\partial r^2}+\frac{\partial p}{r\partial r}\right)+\frac{1}{\gamma p_0}\left(\frac{\partial^2 p}{\partial t^2}+U\frac{\partial^2 p}{\partial t\partial x}\right)=0 \tag{8.41}$$

整理可得：

$$(Ma^2-1)\frac{\partial^2 p}{\partial x^2}+\frac{2Ma}{C_0}\frac{\partial^2 p}{\partial t\partial x}+\frac{1}{C_0^2}\frac{\partial^2 p}{\partial t^2}-\frac{\partial^2 p}{\partial r^2}-\frac{\partial p}{r\partial r}-\frac{\partial^2 p}{r^2\partial\theta^2}=0 \tag{8.42}$$

式中，Ma 为马赫数，C_0 为声速，上式即为均匀流动管道压力脉动基本方程。

利用分离变量法，将上式的压力脉动方程可以分解为：

$$p(x,r,\theta,t)=P(x)\psi(r)H(\theta)e^{\mathrm{i}\omega t} \tag{8.43}$$

代入式(8.42)得

$$r^2(Ma^2-1)\frac{1}{P}\frac{\partial^2 P}{\partial x^2}-r^2\frac{1}{\psi}\frac{\partial^2\psi}{\partial r^2}-\frac{r}{\psi}\frac{\partial\psi}{\partial r}+\frac{2\mathrm{i}\omega Mar^2}{C_0}\frac{1}{P}\frac{\partial P}{\partial x}-\frac{r^2\omega^2}{C_0^2}=\frac{1}{H}\frac{\partial^2 H}{\partial\theta^2} \tag{8.44}$$

方程成立的条件是等式两边均等于某个常数

$$\frac{1}{H}\frac{\partial^2 H}{\partial\theta^2}=\zeta \tag{8.45}$$

$$r^2(Ma^2-1)\frac{1}{P}\frac{\partial^2 P}{\partial x^2}-r^2\frac{1}{\psi}\frac{\partial^2\psi}{\partial r^2}-\frac{r}{\psi}\frac{\partial\psi}{\partial r}+\frac{2\mathrm{i}\omega Mar^2}{C_0}\frac{1}{P}\frac{\partial P}{\partial x}-\frac{r^2\omega^2}{C_0^2}=\zeta \tag{8.46}$$

方程(8.45)的通解为

$$H=\mathrm{e}^{\mathrm{i}m\theta},m=\cdots,-2,-1,0,1,2,3,\cdots \tag{8.47}$$

m 之所以取整数，是因为函数 H 需要满足自然的周期性条件。这时方程(8.46)可化简为

$$(Ma^2-1)\frac{1}{P}\frac{\partial^2 P}{\partial x^2}-\frac{1}{\psi}\frac{\partial^2\psi}{\partial r^2}-\frac{1}{r\psi}\frac{\partial\psi}{\partial r}+\frac{2\mathrm{i}\omega Ma}{C_0}\frac{1}{P}\frac{\partial P}{\partial x}-\frac{\omega^2}{C_0^2}+\frac{m^2}{r^2}=0 \tag{8.48}$$

由方程(8.48)可得

$$(Ma^2-1)\frac{1}{P}\frac{\partial^2 P}{\partial x^2}+\frac{2\mathrm{i}\omega Ma}{a_0}\frac{1}{P}\frac{\partial P}{\partial x}-\frac{\omega^2}{a_0^2}=\frac{1}{\psi}\frac{\partial^2\psi}{\partial r^2}+\frac{1}{r\psi}\frac{\partial\psi}{\partial r}-\frac{m^2}{r^2} \tag{8.49}$$

如果上述等式要成立，等号两边必须同时等于某个常数：

$$\frac{1}{\psi}\frac{\partial^2\psi}{\partial r^2}+\frac{1}{r\psi}\frac{\partial\psi}{\partial r}-\frac{m^2}{r^2}=-\mu \tag{8.50}$$

由于 $\mu\leqslant 0$ 不满足边界条件，因此只需考虑 $\mu>0$ 的情况，可以得到通解为：

$$\psi(r)=AJ_m(k_{mn}r)+BY_m(k_{mn}r) \tag{8.51}$$

其中，$\mu=k_{mn}^2$，且 $J_m(k_{mn}r)$ 和 $Y_m(k_{mn}r)$ 分别为 m 阶和-m 阶贝塞尔函数。

实际上，对于圆管情况，负阶的贝塞尔函数不满足轴上的自然边界条件，从而只剩下正阶的贝塞尔函数：

$$\psi(r)=AJ_m(k_{mn}r) \tag{8.52}$$

若壁面边界条件为 $\psi'(R)=0$，则：

$$\frac{\mathrm{d}}{\mathrm{d}r}J_m(k_{mn}R)=0 \tag{8.53}$$

式(8.53)决定了特征值 k_{mn}。而当 $m=0$ 的时候，0 阶贝塞尔函数有一个 0 的特征值，显然这种情况对应平面波。所以综合上述情况可知，$\psi(r)=AJ_m(k_{mn}r)$ 可以表示径向函数的通解。那么，径向函数确定之后，最终可以得到关于 $P(x)$ 的方程。

$$(Ma^2-1)\frac{1}{P}\frac{\partial^2 P}{\partial x^2}+\frac{2\mathrm{i}\omega Ma}{C_0}\frac{1}{P}\frac{\partial P}{\partial x}-\frac{\omega^2}{C_0^2}+k_{mn}^2=0 \tag{8.54}$$

令 $P(x)=P_{mn}\mathrm{e}^{\mathrm{i}\alpha x}$，代入上面的方程，可以得到：

$$-(Ma^2-1)\alpha^2-\frac{2\omega Ma}{C_0}\alpha-\left(\frac{\omega^2}{C_0^2}-k_{mn}^2\right)=0 \tag{8.55}$$

若波从 $x=x^j$ 开始传播，那么有：

$$P(x)=P_{mn}^{+}\mathrm{e}^{\mathrm{i}\alpha_{mn}^{+}(x-x^j)}+P_{mn}^{-}\mathrm{e}^{\mathrm{i}\alpha_{mn}^{-}(x-x^j)} \tag{8.56}$$

$$\alpha_{mn}^{+,-}=\frac{Ma\left(\dfrac{\omega}{C_0}\right)\mp\sqrt{\left(\dfrac{\omega}{C_0}\right)^2-(1-Ma^2)k_{mn}^2}}{1-Ma^2} \tag{8.57}$$

从而，方程的通解为：

$$p^j(x,\theta,r,t)=\sum_{m=-\infty}^{+\infty}\sum_{n=1}^{\infty}\left(P_{mn}^{+j}\psi_{mn}^{+j}(r)\mathrm{e}^{\mathrm{i}\alpha_{mn}^{+j}(x-x^j)}+P_{mn}^{-j}\psi_{mn}^{-j}(r)\mathrm{e}^{\mathrm{i}\alpha_{mn}^{-j}(x-x^j)}\right)\mathrm{e}^{\mathrm{i}(m\theta+\omega t)} \tag{8.58}$$

可以得到压力波所产生的速度脉动：

$$u_p^j(x,\theta,r,t)=-\sum_{m=-\infty}^{+\infty}\sum_{n=1}^{\infty}\frac{1}{\rho_0^j}\left(\frac{\alpha_{mn}^{+j}P_{mn}^{+j}\psi_{mn}^{+j}(r)\mathrm{e}^{\mathrm{i}\alpha_{mn}^{+j}(x-x^j)}}{\omega+\alpha_{mn}^{+j}U^j}+\frac{\alpha_{mn}^{-j}P_{mn}^{-j}\psi_{mn}^{-j}(r)\mathrm{e}^{\mathrm{i}\alpha_{mn}^{-j}(x-x^j)}}{\omega+\alpha_{mn}^{-j}U^j}\right)\mathrm{e}^{\mathrm{i}(m\theta+\omega t)} \tag{8.59}$$

同样的，方程(8.36)和(8.37)的解为：

$$v_p^j(x,\theta,r,t)=-\sum_{m=-\infty}^{+\infty}\sum_{n=1}^{\infty}\frac{1}{\rho_0^j}\left(\frac{mP_{mn}^{+j}\psi_{mn}^{+j}(r)\mathrm{e}^{\mathrm{i}\alpha_{mn}^{+j}(x-x^j)}}{r(\omega+\alpha_{mn}^{+j}U^j)}+\frac{mP_{mn}^{-j}\psi_{mn}^{-j}(r)\mathrm{e}^{\mathrm{i}\alpha_{mn}^{-j}(x-x^j)}}{r(\omega+\alpha_{mn}^{-j}U^j)}\right)\mathrm{e}^{\mathrm{i}(m\theta+\omega t)} \tag{8.60}$$

$$w_p^j(x,\theta,r,t)=\sum_{m=-\infty}^{+\infty}\sum_{n=1}^{\infty}\frac{1}{\rho_0^j}\left(\frac{\mathrm{i}k_{mn}P_{mn}^{+j}\phi_{mn}^{+j}(z)\mathrm{e}^{\mathrm{i}\alpha_{mn}^{+j}(x-x^j)}}{\omega+\alpha_{mn}^{+j}U^j}+\frac{\mathrm{i}k_{mn}P_{mn}^{-j}\phi_{mn}^{-j}(z)\mathrm{e}^{\mathrm{i}\alpha_{mn}^{-j}(x-x^j)}}{\omega+\alpha_{mn}^{-j}U^j}\right)\mathrm{e}^{\mathrm{i}(m\theta+\omega t)} \tag{8.61}$$

其中，$z=k_{mn}r$，$\phi_{mn}^{+j}(z)=\frac{\mathrm{d}\psi_{mn}^{+j}(r)}{\mathrm{d}z}$，$\phi_{mn}^{-j}(z)=\frac{\mathrm{d}\phi_{mn}^{-j}(r)}{\mathrm{d}z}$。

由于圆柱形燃烧室头部安装隔板，如图 8 - 10 所示，需要将燃烧室分成两部分考虑，即安装隔板的区域和无隔板的区域。同样的，在非隔板区域，扰动可以写成分离变量的模态叠加的形式：

$$p^c(x,\theta,r,t)=\mathrm{e}^{\mathrm{i}\omega t}\sum_{m=-\infty}^{+\infty}\sum_{n=1}^{\infty}\left(P_{mn}^{+c}\psi_{mn}^{+c}(r)\mathrm{e}^{\mathrm{i}\alpha_{mn}^{+c}(x-x^c)}+P_{mn}^{-c}\psi_{mn}^{-c}(r)\mathrm{e}^{\mathrm{i}\alpha_{mn}^{-c}(x-x^c)}\right)\cos m\theta \tag{8.62}$$

$$u_p^c(x,\theta,r,t)=-\mathrm{e}^{\mathrm{i}\omega t}\sum_{m=-\infty}^{+\infty}\sum_{n=1}^{\infty}\frac{1}{\rho_0^j}\left(\frac{\alpha_{mn}^{+c}P_{mn}^{+c}\psi_{mn}^{+c}(r)\mathrm{e}^{\mathrm{i}\alpha_{mn}^{+c}(x-x^c)}}{\omega+\alpha_{mn}^{+c}U^c}+\frac{\alpha_{mn}^{-c}P_{mn}^{-c}\psi_{mn}^{-c}(r)\mathrm{e}^{\mathrm{i}\alpha_{mn}^{-c}(x-x^c)}}{\omega+\alpha_{mn}^{-c}U^c}\right)\cos m\theta \tag{8.63}$$

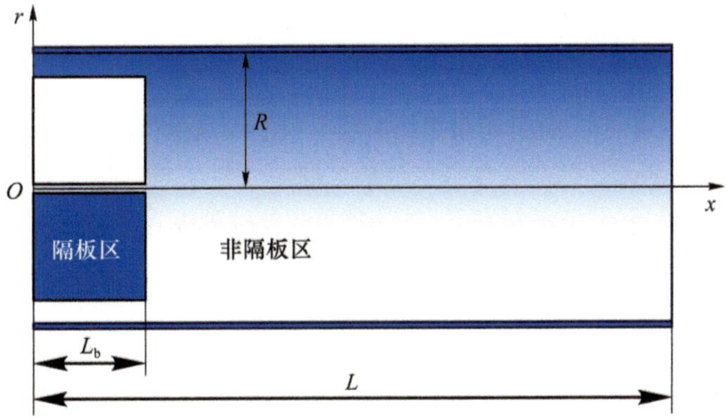

图 8 - 10　安装径向隔板燃烧室的结构

其中，周向解为 sin(mq)和 cos(mq)的线性叠加，这里为了计算方便，仅取了余弦部分，但是不影响最终的模态和频率的计算。

在隔板区域内，很显然，隔板沿周向将燃烧室头部均匀地分成了 N_m 份，则在分离变量求解亥姆霍兹方程的过程中，求解方程(8.44)，即

$$r^2(Ma^2-1)\frac{1}{P}\frac{\partial^2 P}{\partial x^2}-r^2\frac{1}{\psi}\frac{\partial^2\psi}{\partial r^2}-\frac{r}{\psi}\frac{\partial\psi}{\partial r}+\frac{2\mathrm{i}\omega Mar^2}{C_0}\frac{1}{P}\frac{\partial P}{\partial x}-\frac{r^2\omega^2}{C_0^2}=\frac{1}{H}\frac{\partial^2 H}{\partial\theta^2} \tag{8.64}$$

方程两边相等成立的条件是等式两边等于同一个常数：

$$\frac{1}{H}\frac{\partial^2 H}{\partial\theta^2}=\xi \tag{8.65}$$

解得

$$H=\cos\frac{pN_\mu\theta}{2},\ p=0,1,2,3,\ldots \tag{8.66}$$

其中

$$\xi=-\left(\frac{pN_\mu}{2}\right)^2 \tag{8.67}$$

从而得到：

$$(Ma^2-1)\frac{1}{P}\frac{\partial^2 P}{\partial x^2}-\frac{1}{\psi}\frac{\partial^2\psi}{\partial r^2}-\frac{1}{r\psi}\frac{\partial\psi}{\partial r}+\frac{2\mathrm{i}\omega Ma}{C_0}\frac{1}{P}\frac{\partial P}{\partial x}-\frac{\omega^2}{C_0^2}+\frac{1}{r^2}\left(\frac{pN_\mu}{2}\right)^2=0 \tag{8.68}$$

$$\frac{1}{\psi}\frac{\partial^2\psi}{\partial r^2}+\frac{1}{r\psi}\frac{\partial\psi}{\partial r}-\frac{1}{r^2}\left(\frac{pN_\mu}{2}\right)^2=-\mu \tag{8.69}$$

考虑到硬边界条件，得：

$$\psi(r)=AJ_{\frac{pN}{2}}(k_{\frac{pN}{2}q}r) \tag{8.70}$$

从而得到隔板区域压力扰动：

$$p^{1\mu}(x,\theta,r,t)=\mathrm{e}^{\mathrm{i}\omega t}\sum_{p=-0}^{+\infty}\sum_{q=1}^{\infty}\left(P_{pq}^{+1\mu}\psi_{\frac{pN}{2}q}^{+1}(r)\mathrm{e}^{\mathrm{i}\alpha_{\frac{pN}{2}q}^{+1}(x-x^1)}+P_{pq}^{-1\mu}\psi_{\frac{pN}{2}q}^{-1}(r)\mathrm{e}^{\mathrm{i}\alpha_{\frac{pN}{2}q}^{-1}(x-x^1)}\right)\cos\frac{pN\theta}{2} \tag{8.71}$$

$$u_p^1(x,\theta,r,t)=-\mathrm{e}^{\mathrm{i}\omega t}\sum_{p=-0}^{+\infty}\sum_{q=1}^{\infty}\frac{1}{\rho_0^1}\left(\frac{\alpha_{\frac{pN}{2}q}^{+1}P_{pq}^{+1}\psi_{\frac{pN}{2}n}^{+1}(r)\mathrm{e}^{\mathrm{i}\alpha_{\frac{pN}{2}q}^{+1}(x-x^1)}}{\omega+\alpha_{\frac{pN}{2}q}^{+1}U^1}+\frac{\alpha_{\frac{pN}{2}q}^{-1}P_{pq}^{-1}\psi_{\frac{pN}{2}q}^{-1}(r)\mathrm{e}^{\mathrm{i}\alpha_{\frac{pN}{2}q}^{-1}(x-x^1)}}{\omega+\alpha_{\frac{pN}{2}q}^{-1}U^1}\right) \tag{8.72}$$

其中

$$\alpha_{pq}^{+,-}=\frac{Ma\left(\frac{\omega}{C_0}\right)\mp\sqrt{\left(\frac{\omega}{C_0}\right)^2-(1-Ma^2)k_{\frac{pN}{2}q}^2}}{1-Ma^2} \tag{8.73}$$

在隔板区域和非隔板区域的分界面之上，压力扰动和速度扰动应该是连续的。所以，有以下两个关系：

$$p_1=p_2 \tag{8.74}$$

$$u_1=u_2 \tag{8.75}$$

对于压力扰动连续式(8.74)可得：

$$\begin{aligned}&\sum_{p=0}^{+\infty}\sum_{q=1}^{\infty}\left(P_{pq}^{+1\mu}\psi_{\frac{pN}{2}q}^{+1}(r)\mathrm{e}^{\mathrm{i}\alpha_{\frac{pN}{2}q}^{+1}(x-x^1)}+P_{pq}^{-1\mu}\psi_{\frac{pN}{2}q}^{-1}(r)\mathrm{e}^{\mathrm{i}\alpha_{\frac{pN}{2}q}^{-1}(x-x^1)}\right)\cos\frac{pN\theta}{2}=\\&\sum_{m=0}^{+\infty}\sum_{n=1}^{\infty}\left(P_{mn}^{+2}\psi_{mn}^{+2}(r)\mathrm{e}^{\mathrm{i}\alpha_{mn}^{+2}(x-x^2)}+P_{mn}^{-2}\psi_{mn}^{-2}(r)\mathrm{e}^{\mathrm{i}\alpha_{mn}^{-2}(x-x^2)}\right)\cos m\theta\end{aligned} \tag{8.76}$$

将式(8.76)乘以 $r\psi_{\frac{pN}{2}q}^{+1}(r)\cos\frac{pN\theta}{2}$，并且在 $\frac{2\pi(\mu-1)}{N}\sim\frac{2\pi\mu}{N}$，$0\sim R$ 上积分，可得：

$$E_{pq}^{+1\mu}P_{pq}^{+1\mu}+E_{pq}^{-1\mu}P_{pq}^{-1\mu}=\sum_{m=0}^{+\infty}\sum_{n=1}^{\infty}\left(F_{pqmn}^{+2\mu}P_{mn}^{+2}+F_{pqmn}^{-2\mu}P_{mn}^{-2}\right) \tag{8.77}$$

其中

$$E_{pq}^{+1\mu}=\mathrm{e}^{\mathrm{i}\alpha_{\frac{pN}{2}q}^{+1}L_1}\int_{\frac{2\pi(\mu-1)}{N}}^{\frac{2\pi\mu}{N}}\cos\frac{pN\theta}{2}\cos\frac{pN\theta}{2}\mathrm{d}\theta\int_0^r\psi_{\frac{pN}{2}q}(r)\psi_{\frac{pN}{2}q}(r)r\mathrm{d}r \tag{8.78}$$

$$E_{pq}^{-1\mu}=\mathrm{e}^{\mathrm{i}\alpha_{\frac{pN}{2}q}^{-1}L_1}\int_{\frac{2\pi(\mu-1)}{N}}^{\frac{2\pi\mu}{N}}\cos\frac{pN\theta}{2}\cos\frac{pN\theta}{2}\mathrm{d}\theta\int_0^r\psi_{\frac{pN}{2}q}(r)\psi_{\frac{pN}{2}q}(r)r\mathrm{d}r \tag{8.79}$$

$$F_{pqmn}^{+2\mu}=\int_{\frac{2\pi(\mu-1)}{N}}^{\frac{2\pi\mu}{N}}\cos\frac{pN\theta}{2}\cos m\theta\,\mathrm{d}\theta\int_0^r\psi_{\frac{pN}{2}q}(r)\psi_{mn}(r)r\mathrm{d}r \tag{8.80}$$

$$F_{pqmn}^{-2\mu}=\int_{\frac{2\pi(\mu-1)}{N}}^{\frac{2\pi\mu}{N}}\cos\frac{pN\theta}{2}\cos m\theta\,\mathrm{d}\theta\int_0^r\psi_{\frac{pN}{2}q}(r)\psi_{mn}(r)r\mathrm{d}r \tag{8.81}$$

对于速度扰动连续条件式(8.75)得：

$$\sum_{p=-0}^{+\infty}\sum_{q=1}^{\infty}\frac{1}{\rho_0^1}\left(\frac{\alpha_{\frac{pN}{2}q}^{+1}P_{pq}^{+1}\psi_{\frac{pN}{2}n}^{+1}(r)\mathrm{e}^{\mathrm{i}\alpha_{\frac{pN}{2}q}^{+1}(x-x^1)}}{\omega+\alpha_{\frac{pN}{2}q}^{+1}U^1}+\frac{\alpha_{\frac{pN}{2}q}^{-1}P_{pq}^{-1}\psi_{\frac{pN}{2}q}^{-1}(r)\mathrm{e}^{\mathrm{i}\alpha_{\frac{pN}{2}q}^{-1}(x-x^1)}}{\omega+\alpha_{\frac{pN}{2}q}^{-1}U^1}\right)\cos\frac{pN\theta}{2}$$
$$=\sum_{m=-\infty}^{+\infty}\sum_{n=1}^{\infty}\frac{1}{\rho_0^j}\left(\frac{\alpha_{mn}^{+2}P_{mn}^{+2}\psi_{mn}^{+2}(r)\mathrm{e}^{\mathrm{i}\alpha_{mn}^{+2}(x-x^2)}}{\omega+\alpha_{mn}^{+2}U^2}+\frac{\alpha_{mn}^{-2}P_{mn}^{-2}\psi_{mn}^{-2}(r)\mathrm{e}^{\mathrm{i}\alpha_{mn}^{-2}(x-x^2)}}{\omega+\alpha_{mn}^{-2}U^2}\right)\cos m\theta \tag{8.82}$$

将上述式子乘以 $r\psi_{mn}^{+2}(r)\cos m\theta$,并且在 $0\sim2\pi$,$0\sim R$ 上积分,得到：

$$\sum_{\mu=1}^{N}\sum_{p=0}^{+\infty}\sum_{q=1}^{\infty}G_{pqmn}^{+\mu}P_{pq}^{+1\mu}+G_{pqmn}^{-\mu}P_{pq}^{-1\mu})=H_{mn}^{+}P_{mn}^{+2}+H_{mn}^{-}P_{mn}^{-2} \tag{8.83}$$

其中

$$G_{pqmn}^{+\mu}=\frac{1}{\rho_0^1}\int_{\frac{2\pi(\mu-1)}{N}}^{\frac{2\pi\mu}{N}}\cos m'\theta\cos\frac{pN\theta}{2}\mathrm{d}\theta\int_0^{r_0}\psi_{mn'}(r)\psi_{\frac{pN}{2}q}(r)r\mathrm{d}r\,\frac{\alpha_{\frac{pN}{2}q}^{+1}\mathrm{e}^{\mathrm{i}\alpha_{\frac{pN}{2}q}^{+1}L}}{\omega+\alpha_{\frac{pN}{2}q}^{+1}U^1} \tag{8.84}$$

$$G_{pqmn}^{-\mu}=\frac{1}{\rho_0^1}\int_{\frac{2\pi(\mu-1)}{N}}^{\frac{2\pi\mu}{N}}\cos m'\theta\cos\frac{pN\theta}{2}\mathrm{d}\theta\int_0^{r_0}\psi_{mn'}(r)\psi_{\frac{pN}{2}q}(r)r\mathrm{d}r\,\frac{\alpha_{\frac{pN}{2}q}^{-1}\mathrm{e}^{\mathrm{i}\alpha_{\frac{pN}{2}q}^{-1}L}}{\omega+\alpha_{\frac{pN}{2}q}^{-1}U^1} \tag{8.85}$$

$$H_{mn}^{+}=\int_0^{2\pi}\cos m\theta\cos m\theta\mathrm{d}\theta\int_0^{r_0}\psi_{mn}(r)\psi_{mn}(r)r\mathrm{d}r\,\frac{1}{\rho_0}\,\frac{\alpha_{mn}^{+2}}{\omega+\alpha_{mn}^{+2}U^2} \tag{8.86}$$

$$H_{mn}^{-}=\int_0^{2\pi}\cos m\theta\cos m\theta\mathrm{d}\theta\int_0^{r_0}\psi_{mn}(r)\psi_{mn}(r)r\mathrm{d}r\,\frac{1}{\rho_0}\,\frac{\alpha_{mn}^{-2}}{\omega+\alpha_{mn}^{-2}U^2} \tag{8.87}$$

进口边界条件：

$$u_i=0 \tag{8.88}$$

得到：

$$A_{pq}^{+}P_{pq}^{+1}+A_{pq}^{-}P_{pq}^{-1}=0 \tag{8.89}$$

其中

$$A_{pq}^{+}=\frac{\alpha_{\frac{pN}{2}q}^{+1}}{\omega+\alpha_{\frac{pN}{2}q}^{+1}U^1} \tag{8.90}$$

$$A_{pq}^{-}=\frac{\alpha_{\frac{pN}{2}q}^{-1}}{\omega+\alpha_{\frac{pN}{2}q}^{-1}U^1} \tag{8.91}$$

出口边界条件：

$$u_0=0 \tag{8.92}$$

得：

$$B_{mn}^{+2}P_{mn}^{+2}+B_{mn}^{-2}P_{mn}^{-2}=0 \tag{8.93}$$

其中

$$B_{mn}^{+2}=\frac{\alpha_{mn}^{+2}e^{\mathrm{i}\alpha_{mn}^{+2}L}}{\omega+\alpha_{mn}^{+2}U^2} \tag{8.94}$$

$$B_{mn}^{-2}=\frac{\alpha_{mn}^{-2}e^{\mathrm{i}\alpha_{mn}^{-2}L}}{\omega+\alpha_{mn}^{-2}U^2} \tag{8.95}$$

综上方程有：

$$
\begin{aligned}
&A_{pq}^{+\mu}P_{pq}^{+1\mu}+A_{pq}^{-\mu}P_{pq}^{-1\mu}=0\\
&B_{mn}^{+2}P_{mn}^{+2}+B_{mn}^{-2}P_{mn}^{-2}=0\\
&E_{pq}^{+1\mu}P_{pq}^{+1\mu}+E_{pq}^{-1\mu}P_{pq}^{-1\mu}=\sum_{m=0}^{+\infty}\sum_{n=1}^{\infty}(F_{pqmn}^{+2\mu}P_{mn}^{+2}+F_{pqmn}^{-2\mu}P_{mn}^{-2})\\
&\sum_{\mu=1}^{N}\sum_{p=-0}^{+\infty}\sum_{q=1}^{\infty}G_{pqmn}^{+\mu}P_{pq}^{+1\mu}+G_{pqmn}^{-\mu}P_{pq}^{-1\mu})=H_{mn}^{+}P_{mn}^{+2}+H_{mn}^{-}P_{mn}^{-2}
\end{aligned}
\tag{8.96}
$$

写成矩阵形式为：

$$
\begin{pmatrix} A & 0\\ E & F\\ G & H\\ 0 & B\end{pmatrix}\begin{pmatrix}P_B\\ P_M\end{pmatrix}=0 \tag{8.97}
$$

其中

$$
A=\begin{pmatrix}
A_{01}^{+1} & A_{01}^{-1} & & & & & & \\
& & A_{02}^{+1} & A_{02}^{-1} & & & & \\
& & & & A_{pq}^{+\mu} & A_{pq}^{-\mu} & & \\
& & & & & & A_{N_pN_q}^{+N_\mu} & A_{N_pN_q}^{-N_\mu}
\end{pmatrix} \tag{8.98}
$$

$$
B=\begin{pmatrix}
B_{01}^{+} & B_{01}^{-} & & & & & & \\
& & B_{02}^{+} & B_{02}^{-} & & & & \\
& & & & B_{mn}^{+} & B_{mn}^{-} & & \\
& & & & & & B_{N_mN_n}^{+} & B_{N_mN_n}^{-}
\end{pmatrix} \tag{8.99}
$$

$$
E=\begin{pmatrix}
E_{01}^{+1} & A_{01}^{-1} & & & & & & \\
& & E_{02}^{+1} & E_{02}^{-1} & & & & \\
& & & & E_{pq}^{+\mu} & E_{pq}^{-\mu} & & \\
& & & & & & E_{N_pN_q}^{+N_\mu} & E_{N_pN_q}^{-N_\mu}
\end{pmatrix} \tag{8.100}
$$

$$
H=\begin{pmatrix}
H_{01}^{+} & H_{01}^{-} & & & & & & \\
& & H_{02}^{+} & H_{02}^{-} & & & & \\
& & & & H_{mn}^{+} & H_{mn}^{-} & & \\
& & & & & & H_{N_mN_n}^{+} & H_{N_mN_n}^{-}
\end{pmatrix} \tag{8.101}
$$

$$
F=\begin{pmatrix}
F_{0101}^{+1} & F_{0101}^{-1} & F_{0102}^{+1} & F_{0102}^{-1} & F_{01mn}^{+1} & F_{01mn}^{-1} & F_{01N_mN_n}^{+1} & F_{01N_mN_n}^{-1}\\
F_{0201}^{+1} & F_{0201}^{-1} & F_{0202}^{+1} & F_{0202}^{-1} & F_{02mn}^{+1} & F_{02mn}^{-1} & F_{02N_mN_n}^{+1} & F_{02N_mN_n}^{-1}\\
F_{pq01}^{+\mu} & F_{pq01}^{-\mu} & F_{pq02}^{+\mu} & F_{pq02}^{-\mu} & F_{pqmn}^{+\mu} & F_{pqmn}^{-\mu} & F_{pqN_mN_n}^{+\mu} & F_{pqN_mN_n}^{-\mu}\\
F_{N_pN_q01}^{+N_\mu} & F_{N_pN_q01}^{-N_\mu} & F_{N_pN_q02}^{+N_\mu} & F_{N_pN_q02}^{-N_\mu} & F_{N_pN_qmn}^{+N_\mu} & F_{N_pN_qmn}^{+N_\mu} & F_{N_pN_qN_mN_n}^{+N_\mu} & F_{N_pN_qN_mN_n}^{-N_\mu}
\end{pmatrix}
$$

(8.102)

$$G=\begin{pmatrix} G_{0101}^{+1} & G_{0101}^{-1} & G_{0201}^{+1} & G_{0201}^{-1} & G_{pq01}^{+\mu} & G_{pq01}^{-\mu} & G_{N_pN_q01}^{+N_\mu} & G_{N_pN_q01}^{+N_\mu} \\ G_{0102}^{+1} & G_{0102}^{-1} & G_{0202}^{+1} & G_{0202}^{-1} & G_{pq02}^{+\mu} & G_{pq02}^{-\mu} & G_{N_pN_q02}^{+N_\mu} & G_{N_pN_q02}^{-N_\mu} \\ G_{01mn}^{+1} & G_{01mn}^{-1} & G_{02mn}^{+1} & G_{02mn}^{-1} & G_{pqmn}^{+\mu} & G_{pqmn}^{-\mu} & G_{N_pN_qmn}^{+N_\mu} & G_{N_pN_qmn}^{-N_\mu} \\ G_{01N_mN_n}^{+1} & G_{01N_mN_n}^{-1} & G_{02N_mN_n}^{+1} & G_{02N_mN_n}^{-1} & G_{pqN_mN_n}^{+\mu} & G_{pqN_mN_n}^{-\mu} & G_{N_pN_qN_mN_n}^{+N_\mu} & G_{N_pN_qN_mN_n}^{-N_\mu} \end{pmatrix} \tag{8.103}$$

$$P_B=\begin{bmatrix} P_{01}^{+1B} & P_{01}^{-1B} & P_{02}^{+1B} & P_{01}^{-1B} & P_{pq}^{+\mu B} & P_{pq}^{-\mu B} & P_{N_pN_q}^{+N_\mu B} & P_{N_pN_q}^{-N_\mu B} \end{bmatrix}^{\mathrm{T}} \tag{8.104}$$

$$P_M=\begin{bmatrix} P_{01}^{+M} & P_{01}^{-M} & P_{02}^{+M} & P_{02}^{-M} & P_{mn}^{+M} & P_{mn}^{-M} & P_{N_mN_n}^{+M} & P_{N_mN_n}^{-M} \end{bmatrix}^{\mathrm{T}} \tag{8.105}$$

如果方程(8.97)存在非零解,需要满足系数矩阵的行列式为零:

$$\det\begin{vmatrix} A & 0 \\ E & F \\ G & H \\ 0 & B \end{vmatrix}=0 \tag{8.106}$$

通过求解(8.106),则可得出安装隔板的燃烧室共振频率。

8.2.2 隔板对共振频率的影响

图 8-11 描述了无隔板、两片隔板、三片隔板以及四片隔板对燃烧室一阶切向声压振荡的影响,圆柱形燃烧室长度为 550 mm,直径为 250 mm,忽略喷管对声波的影响。隔板高度为 10 mm,比较无隔板和两片隔板燃烧室内一阶切向声压振荡,可以看出两片隔板对燃烧室一阶切向声压振荡几乎没有影响,从隔板区域的扰动解析式(8.71)也可以看出,当 $N=2$ 时,即有两片隔板的情况下,扰动的形式就相当于无隔板情况下的扰动,即隔板对各个模态的声压均不起作用,如图 8-11 所示,除了两片隔板外,其他隔板片数都对燃烧室一阶切向振荡模态影响较大(见图 8-11(c)和图 8-11(d)三片和四片隔板对燃烧室一阶切向振荡模态的影响),也就是说由于隔板的存在,隔板腔内的声振频率比燃烧室的固有频率高很多,增大了激励高频振荡所需的能量,提高了燃烧不稳定性发生所需的能量条件;另外隔板限制了隔板腔内的声位移,抑制了一阶切向旋转振型的发生,因此隔板会对一阶切向振荡模态的幅值分布起到一定的调制作用。但对纯纵向振荡模态没有影响,这一点从隔板区域的扰动解析式(8.71)中也可以看出。

图 8-12 描述了隔板数量和隔板高度对燃烧室内一阶切向模态频率的影响。圆柱形燃烧室长度为 550 mm,直径为 250 mm,隔板数量为 0~12,隔板高度为 0~80 mm,如图 8-12(a)所示,燃烧室头部安装隔板前燃烧室内的一阶切向振荡模态的频率很高,安装隔板后燃烧室的振荡频率明显下降;保持隔板数量不变,一阶切向振荡的频率都随着径向隔板高度增加而降低。同时如图 8-12(b)所示,随着径向隔板数量的增加,该振荡模态的系统频率也有下降的趋势,但是隔板高度对一阶切向振荡频率的影响相对隔板数量的影响更敏感。

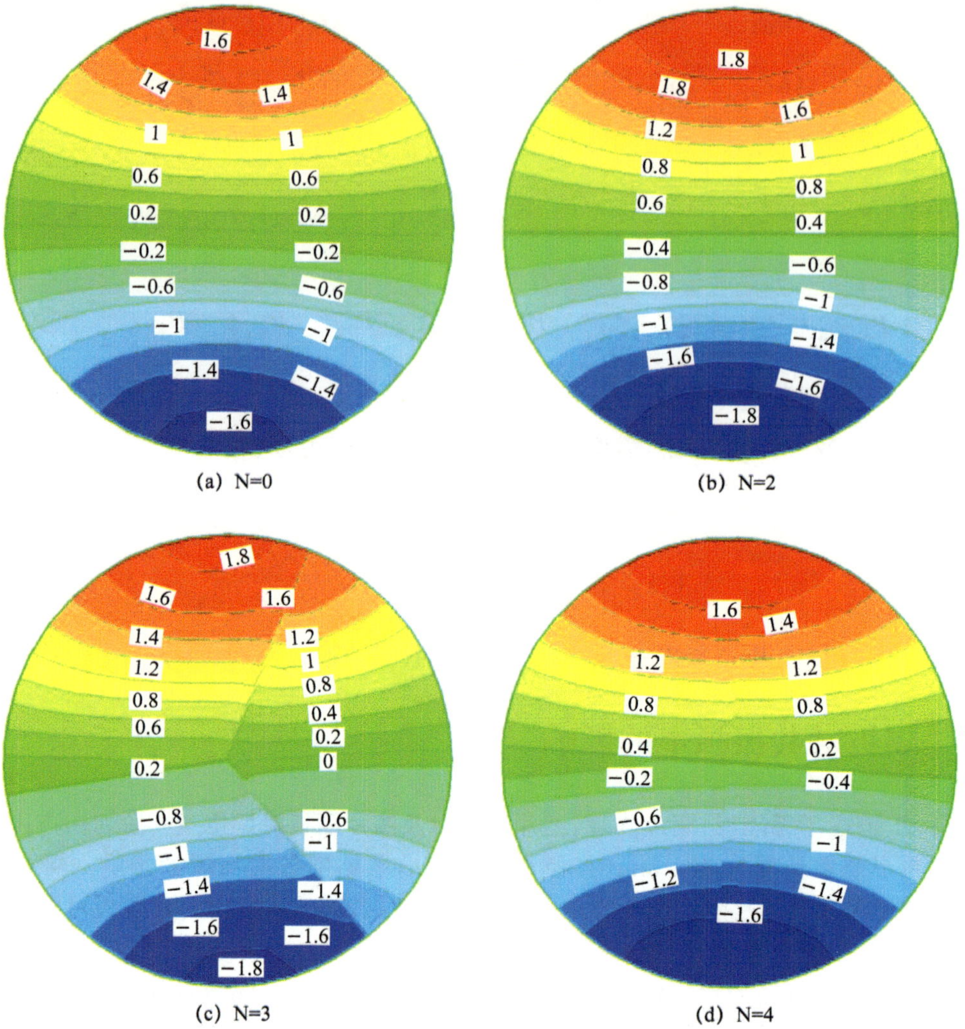

(a) N=0 (b) N=2

(c) N=3 (d) N=4

图 8-11 隔板对燃烧室内压力振荡的影响

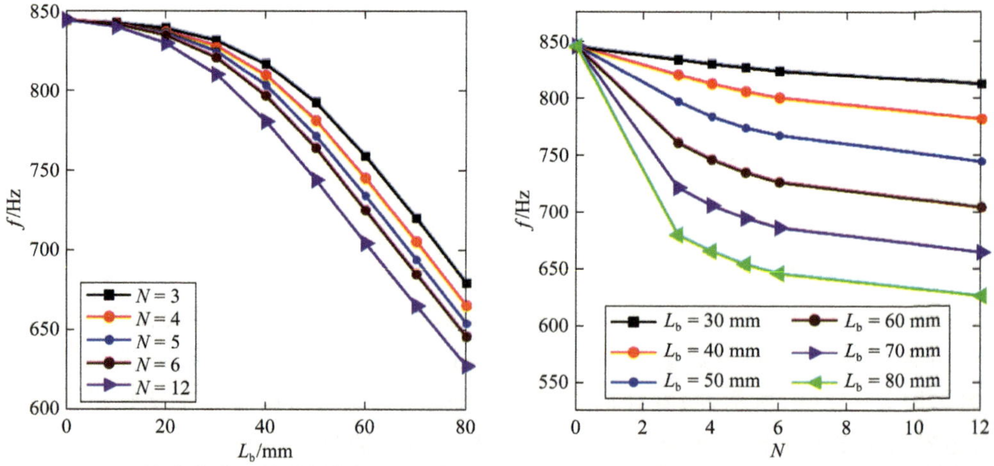

(a) 隔板高度对一阶切向模态频率的影响 (b) 隔板数量对一阶切向模态频率的影响

图 8-12 隔板对系统内纯一阶切向振荡模态频率的影响

图 8-13 描述了隔板数量和隔板高度对燃烧室内一阶切向振荡模态声压幅值的影响。圆柱形燃烧室长度为 550 mm，直径为 250 mm，保持隔板数量不变（$N=3$），隔板高度的变化范围为 10～80 mm，如图 8-13（a）所示，一阶切向振荡模态声压幅值都随着径向隔板高度增加而逐渐降低；保持隔板高度不变（$L_b=20$ mm），隔板数量变化范围为 3～12，如图 8-13（b）所示，随着径向隔板数量的增加，一阶切向振荡模态声压幅值也有下降的趋势，当隔板数量增加到一定程度时，声压振幅下降的趋势逐渐减慢；从图 8-13（a）、（b）的纵坐标可以看出，隔板高度对一阶切向声压幅值的影响相对隔板数量的影响更加敏感。

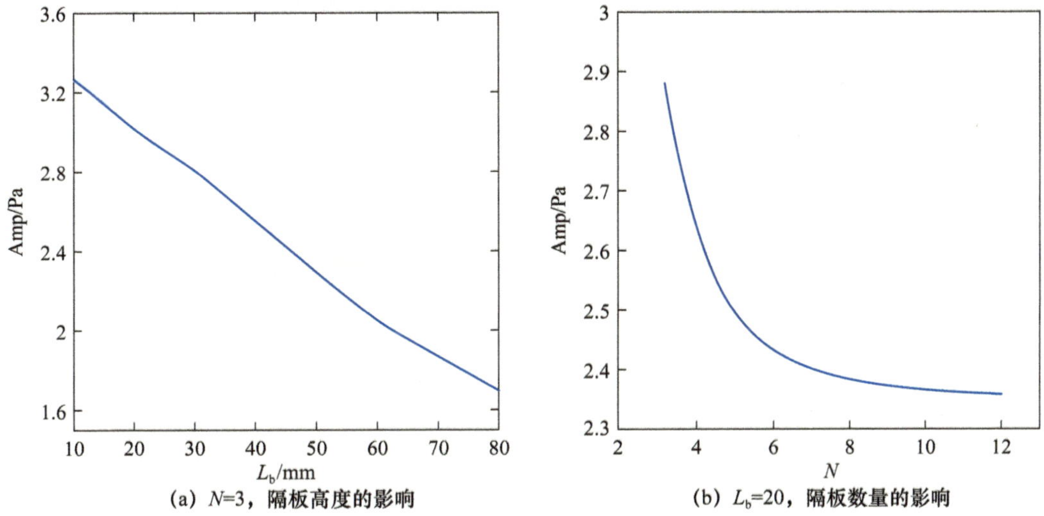

图 8-13　隔板对系统内一阶切向模态声压幅值的影响

如图 8-14 所示为沿轴向不同位置处声压幅值沿柱体截面的分布。圆柱形燃烧室长度为 550 mm，直径为 250 mm，燃烧室头部安装了径向隔板，数量为 3 片，高度为 60 mm。如图 8-14（a）和（b）所示，在燃烧室头部隔板区域内，一阶切向声压振荡幅值明显被隔板限制，这说明燃烧室头部安装径向隔板后改变了燃烧室内的声学特性，相邻隔板之间小区内（隔板腔）的声振频率比燃烧室的固有频率高很多，增大了激励高频振荡所需的能量，提高了燃烧不稳定性发生所需的能量条件；限制了隔板腔内的声位移，阻止切向旋转振型的发生，使切向振型纵向化，直到沿轴向截面发展到非隔板区域（见图 8-14（c）和（d））。从图中可以看出，燃烧室沿轴向不同截面的一阶切向声压振荡幅值逐渐降低。

如图 8-15 和图 8-16 所示为高度为 10 mm，隔板数量为 3 片，声压幅值在半径 125 mm 和 100 mm 的位置处沿周向的分布。由图中可以看出，隔板腔内的切向声波运动转变为纵向运动，也就是隔板将声波在隔板腔之间分隔，声波的横向分量（切向和径向）被限制在隔板腔内。隔板将切向振荡模态纵向化，在隔板区域，声波总是倾向于纵向传播，并且随着隔板高度的增加，隔板区域内部声场纵向化越是明显。由于纯纵向模态的频率总是较低的，因此，随着隔板高度增加，燃烧室内的切向振荡模态的共振频率将会降低。故在燃烧室头部安装较长的径向隔板后，燃烧室内的燃烧不稳定性将会得到很好的改善。

实际火箭发动机燃烧室中，由于隔板的存在，声速度的横向扰动量（切向振荡和径向振荡）很显然会受到限制，而非定常热释放对声速是非常敏感的，隔板的存在将会改善系统稳定特

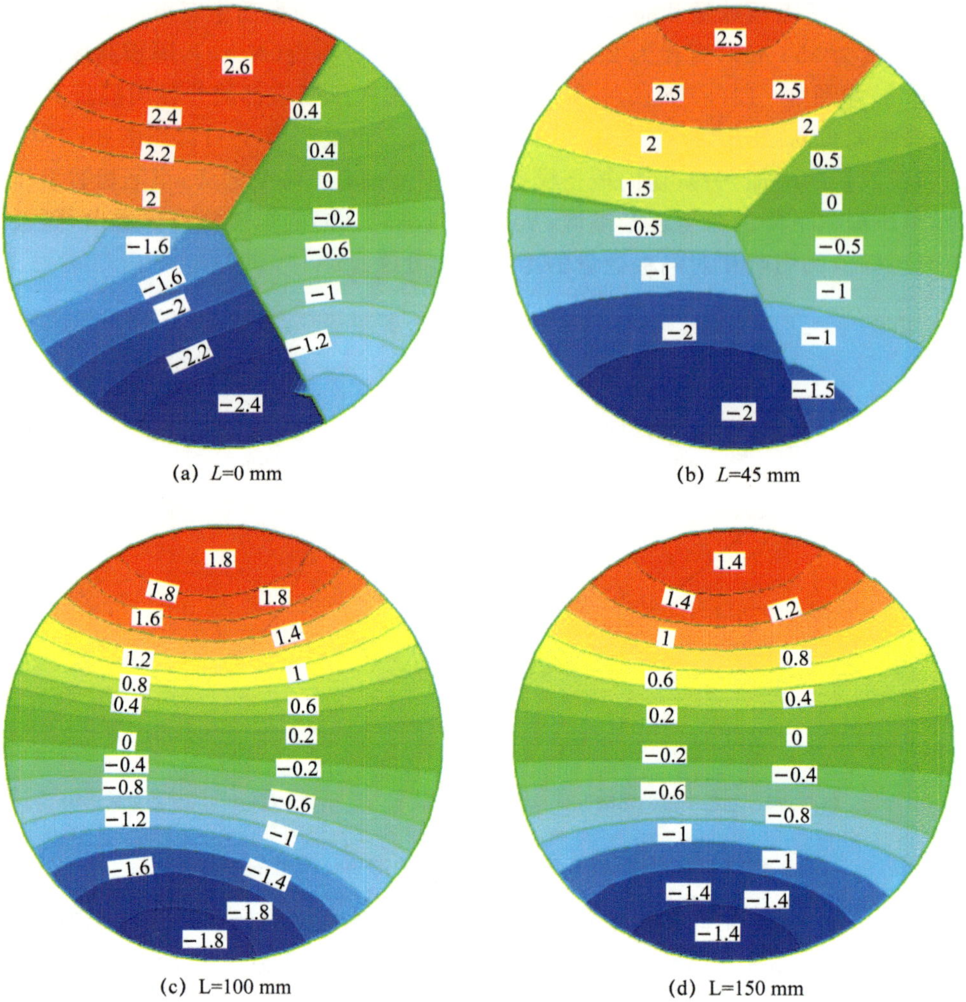

图 8-14　一阶切向振荡模态沿不同燃烧室轴向位置处声压幅值柱截面分布情况

性。当然，上述分析仅仅是从隔板存在对声场分布影响的角度来讲。而实际情况下，由于黏性作用的存在，在隔板壁面的速度很显然为 0，如果隔板数目增加，这种黏性作用会对燃烧室内部的扰动起到衰减作用，从而起到增强系统稳定特性的效果。

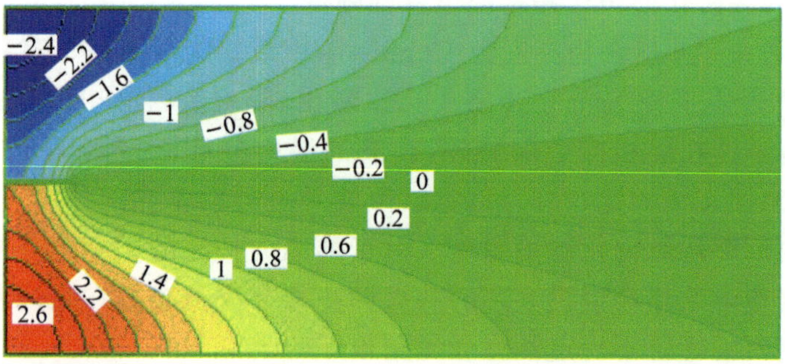

图 8-15　隔板高度为 50 mm 半径为 125 mm 的位置声压幅值分布

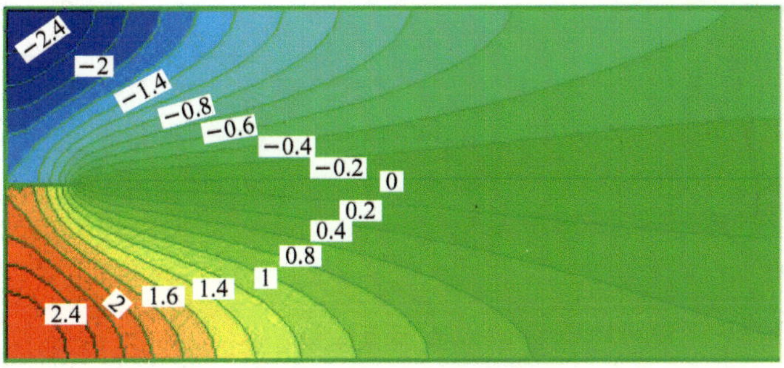

图 8-16　高度为 50 mm 的隔板半径为 100 mm 位置声压幅值分布

8.3 隔板喷嘴

8.3.1 隔板喷嘴吸声特性

隔板虽然能够有效抑制不稳定燃烧，而且数量越多、隔板越长，抑制效果越好，但是隔板也带来了副作用。第一，隔板的安装带来了热防护的问题，如果靠隔板附近的喷嘴形成的液膜冷却等外冷却手段，则会造成燃气的热损失，对发动机的性能有害。目前最常用的是在隔板内设计再生冷却通道，这就增加了系统的复杂性。第二，隔板的安装给推力室增加了重量，发动机推力会受到损失。第三，隔板的安装使得燃烧初始区域存在燃烧不连续的现象，对燃烧效率和喷管推力矢量控制都存在有害的影响。因此，从性能、热损失、推力矢量控制以及复杂性等方面考虑，都希望减少燃烧室内所用隔板的数量和长度。使用喷嘴作隔板能够有效缓解这方面的缺陷，隔板喷嘴（也叫做喷嘴式隔板）是将部分喷嘴从喷注面板延伸到燃烧室，在空间上形成阻隔的排列形式，将燃烧室头部分割成几个区域。由于隔板喷嘴能够通过其喷注的推进剂进行内冷却，所以隔板喷嘴最初作为冷却的隔板用于控制液体火箭发动机不稳定燃烧问题。后来研究发现，当控制相邻隔板喷嘴之间的间隙在合适的范围内时，隔板喷嘴会产生比隔板更好的阻尼效果[12,13]。

由于隔板喷嘴被用来抑制横向不稳定[14]，因此，声波传播方向设为垂直于喷注面板。比起喷嘴长度和声波波长，喷嘴直径足够小，通过隔板喷嘴间隙的声波假设为平面波，因此声场可简化为二维模型。图 8-17 展示了一段简化后的隔板喷嘴模型，此平面垂直于喷注方向，由两个收敛-扩张的半圆和中间的间隙组成。A 代表声波幅值。下标 1 和 2 表示通道的进口和出口位置，上标＋和－代表向下游和向上游的传播方向，D 代表喷嘴直径，$b(x)$ 表示随 x 变化的间隙的宽度的一半，$b_m=\min(b)$ 表示 b 的最小值，p 表示声波压强。

由于燃烧室中燃烧区域的流动近似与隔板喷嘴延伸入燃烧室的方向是平行的，所以本文针对相邻隔板喷嘴的间隙通道简化为忽略平均流动。对于没有平均流的可压缩气体中，考虑到黏性和热传导，质量、动量和能量的一阶线性守恒方程可写为：

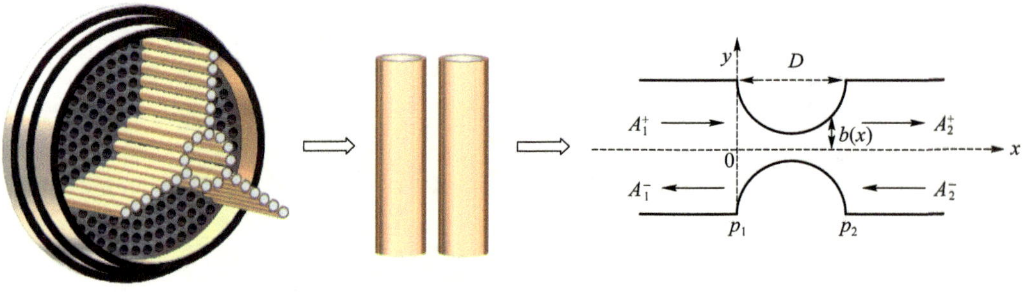

图 8-17 隔板喷嘴间隙

$$\frac{\partial \rho}{\partial t}=-\rho_0 \nabla \cdot \boldsymbol{u} \tag{8.107}$$

$$\rho_0 \frac{\partial \boldsymbol{u}}{\partial t}=-\nabla p+\frac{4}{3}\mu \nabla(\nabla \cdot \boldsymbol{u})-\mu \nabla\times\nabla\times\boldsymbol{u} \tag{8.108}$$

$$\rho_0 T_0 \frac{\partial s}{\partial t}=\kappa \nabla^2 T \tag{8.109}$$

其中，p、$\boldsymbol{u}$、T、s 和 ρ 分别为扰动的压强、速度、温度、比熵和密度。下标 0 表示时均量，μ 是动力黏度，κ 是导热系数。方程(8.108)可写为

$$\mu \nabla^2\boldsymbol{u}-\rho_0 \frac{\partial \boldsymbol{u}}{\partial t}=\nabla\left(p-\frac{1}{3}\mu \nabla \cdot \boldsymbol{u}\right) \tag{8.110}$$

由方程(8.107)，可得$\nabla \cdot \boldsymbol{u}=-(1/\rho_0)(\partial\rho/\partial t)$。假设 $1/3\mu \nabla \cdot \boldsymbol{u}$ 远小于 p，方程(8.110)可进一步简化为

$$\mu \nabla^2\boldsymbol{u}-\rho_0 \frac{\partial \boldsymbol{u}}{\partial t}=\nabla p \tag{8.111}$$

由理想气体状态方程，有

$$\frac{\partial s}{\partial t}=\frac{C_v}{p_0}\frac{\partial p}{\partial t}-\frac{C_p}{\rho_0}\frac{\partial \rho}{\partial t} \tag{8.112}$$

$$\frac{p}{p_0}=\frac{\rho}{\rho_0}+\frac{T}{T_0} \tag{8.113}$$

$$\gamma p_0=\rho_0 c_0^2 \tag{8.114}$$

式中，c 为声速，γ 为比热比，C_v 为定容比热，C_p 为定压比热。将式(8.114)代入方程(8.107)，可得

$$\frac{\rho_0}{p_0}\frac{\partial p}{\partial t}-\frac{\rho_0}{T_0}\frac{\partial T}{\partial t}+\rho_0 \nabla \cdot \boldsymbol{u}=0 \tag{8.115}$$

方程(8.109)给出

$$\kappa \nabla^2 T-C_p\rho_0 \frac{\partial T}{\partial t}=-\frac{\partial p}{\partial t} \tag{8.116}$$

假设所有的扰动量都有形式 $\xi=\hat{\xi}(x,y,z)\mathrm{e}^{\mathrm{i}\omega t}$，其中 ω 是复角频率，$\mathrm{i}=\sqrt{-1}$。在平面波假设下，横向(x 和 z)的黏性和热传导效应可以被忽略，方程(8.111)和方程(8.116)可写为

$$\frac{\partial^2 \hat{u}}{\partial y^2}-\frac{\mathrm{i}\omega}{\nu}\hat{u}=\frac{1}{\mu}\frac{\mathrm{d}\hat{p}}{\mathrm{d}x} \tag{8.117}$$

$$\frac{\partial^2 \hat{T}}{\partial y^2}-\frac{\mathrm{i}\omega C_p\rho_0}{\kappa}\hat{T}=-\frac{\mathrm{i}\omega}{\kappa}\hat{p} \tag{8.118}$$

其中，$\nu=\mu/\rho_0$ 是运动黏度。

根据无滑移边界条件($\hat{u}(y=\pm b)=0$ 和 $\hat{T}(y=\pm b)=0$)，速度扰动 $\hat{u}$ 和温度扰动 $\hat{T}$ 的解可写为压强扰动 $\hat{p}$ 的函数：

$$\hat{u}=\frac{\mathrm{i}}{\rho_0\omega}\left(1-\frac{\mathrm{e}^{\eta y}+\mathrm{e}^{-\eta y}}{\mathrm{e}^{\eta b}+\mathrm{e}^{-\eta b}}\right)\frac{\mathrm{d}\hat{p}}{\mathrm{d}x} \tag{8.119}$$

$$\hat{T}=\frac{1}{C_p\rho_0}\left(1-\frac{\mathrm{e}^{\lambda y}+\mathrm{e}^{-\lambda y}}{\mathrm{e}^{\lambda b}+\mathrm{e}^{-\lambda b}}\right)\hat{p} \tag{8.120}$$

其中，η 和 λ 可分别写为 $\eta=1/\delta_\nu+\mathrm{i}/\delta_\nu$ 和 $\lambda=1/\delta_\kappa+\mathrm{i}/\delta_\kappa$。$\delta_\nu$ 是黏性边界层厚度，δ_κ 是热传导边界层厚度，定义为：

$$\delta_\nu=\sqrt{\frac{2\nu}{\omega}} \tag{8.121}$$

$$\delta_\kappa=\sqrt{\frac{2\kappa}{C_p\rho_0\omega}} \tag{8.122}$$

将扰动量在横截面 S 上进行平均，如：

$$\hat{p}_a=\frac{1}{S}\oint\hat{p}\,\mathrm{d}S \tag{8.123}$$

下标 a 表示为在横截面上平均的量。

将方程(8.119)和方程(8.120)代入方程(8.123)，则可得在横截面上平均的速度扰动和温度扰动：

$$\hat{u}_a=\frac{\mathrm{i}F(\eta b)}{\rho_0\omega}\frac{\mathrm{d}\hat{p}_a}{\mathrm{d}x} \tag{8.124}$$

$$\hat{T}_a=\frac{F(\lambda b)}{C_p\rho_0}\hat{p}_a \tag{8.125}$$

函数 $F(z)$的形式为：

$$F(z)=1-\frac{1}{z}\frac{\mathrm{e}^z-\mathrm{e}^{-z}}{\mathrm{e}^z+\mathrm{e}^{-z}} \tag{8.126}$$

线性质量守恒方程(8.107)在横截面上平均化的形式可表示为：

$$\frac{1}{c_0^2}\left(\frac{\mathrm{i}\omega}{p_0}\hat{p}_a-\frac{\mathrm{i}\omega}{T_0}\hat{T}_a\right)+\frac{\mathrm{d}\hat{u}_a}{\mathrm{d}x}+\frac{1}{b}\frac{\mathrm{d}b}{\mathrm{d}x}\hat{u}_a=0 \tag{8.127}$$

综合方程(8.124)，(8.125)和(8.127)，可得压强扰动的波动方程：

$$\frac{\mathrm{d}^2\hat{p}_a}{\mathrm{d}x^2}+\left(\frac{1}{b}\frac{\mathrm{d}b}{\mathrm{d}x}+\frac{1}{F(\eta b)}\frac{\mathrm{d}F(\eta b)}{\mathrm{d}x}\right)\frac{\mathrm{d}\hat{p}_a}{\mathrm{d}x}+\frac{\omega^2}{c_0^2F(\eta b)}(\gamma-(\gamma-1)F(\lambda b))\hat{p}_a=0 \tag{8.128}$$

波动方程(8.128)，是二阶变系数常微分方程，在理论上没有精确的解析解，为了求得近似的解析解，本节引入摄动方法。现在考虑一个 f 的二阶变系数常微分方程

$$f''(x)+\alpha(x)f'(x)+\beta(x)f(x)=0 \tag{8.129}$$

其初始条件为：

$$f'(x=0)=c_1 \quad 和 \quad f(x=0)=c_2 \tag{8.130}$$

其中，f'和f''分别代表f的一阶和二阶微分，c_1和c_2是给定的任意值。此类方程无法求得精确的解析解，而摄动法可求出近似的解析解。假设解为小参数ϵ的幂级数形式，通过迭代求解摄动方程，则一个复杂问题可退化为一系列简单问题，只取级数的前几项即可得到相当准确的结果。

在方程(8.129)中插入一个小参数ε，摄动方程写为

$$f''(x)+\alpha(x)f'(x)+\varepsilon\beta(x)f(x)=0 \tag{8.131}$$

解的形式为

$$f(x)=\sum_{n=0}^{\infty}f_n(x)\varepsilon^n \tag{8.132}$$

当ϵ等于0时，退化问题有解：

$$f_0(x)=\int_0^x c_1\mathrm{e}^{-\int_0^s\alpha(\theta)\mathrm{d}\theta}\mathrm{d}s+c_2 \tag{8.133}$$

将方程(8.132)代入方程(8.131)：

$$\sum_{n=0}^{\infty}f_n''(x)\epsilon^n+\alpha(x)\sum_{n=0}^{\infty}f_n'(x)\epsilon^n+\beta(x)\sum_{n=0}^{\infty}f_n(x)\epsilon^{n+1}=0 \tag{8.134}$$

此方程若有非平凡解，则ϵ的同次幂的系数应该为0，即

$$\begin{cases}f_0''(x)+\alpha(x)f_0'(x)=0, & n=0\\ f_n''(x)+\alpha(x)f_n'(x)+\beta(x)f_{n-1}(x)=0, & n\geqslant1\end{cases} \tag{8.135}$$

当$n\geqslant1$时，$f_n'(x)$的精确解析解可由常数变易法求得：

$$f_n'(x)=\mathrm{e}^{-\int_0^x\alpha(\theta_1)\mathrm{d}\theta_1}\int_0^x(-\beta(s)\mathrm{e}^{\int_0^s\alpha(\theta_2)\mathrm{d}\theta_2}f_{n-1}(s))\mathrm{d}s \tag{8.136}$$

$f_n(x)$由$f_n'(x)$积分得来：

$$\begin{aligned}f_n(x)&=\int_0^x\left(\mathrm{e}^{-\int_0^{s_1}\alpha(\theta_1)\mathrm{d}\theta_1}\int_0^{s_1}(-\beta(s_2)\mathrm{e}^{\int_0^{s_2}\alpha(\theta_2)\mathrm{d}\theta_2}f_{n-1}(s_2))\mathrm{d}s_2\right)\mathrm{d}s_1\\&=\int_0^x\left(\mathrm{e}^{-\int_0^{s_1}\alpha(\theta_1)\mathrm{d}\theta_1}\int_0^{s_1}(-\beta(s_2)\mathrm{e}^{\int_0^{s_2}\alpha(\theta_2)d\theta_2}\cdots\right.\\&\int_0^{s_{2n-2}}\left(\mathrm{e}^{-\int_0^{s_{2n-1}}\alpha(\theta_{2n-1})\mathrm{d}\theta_{2n-1}}\int_0^{s_{2n-1}}(-\beta(s_{2n})\mathrm{e}^{\int_0^{s_{2n}}\alpha(\theta_{2n})\mathrm{d}\theta_{2n}}f_0(s_{2n}))\mathrm{d}s_{2n}\right)\mathrm{d}s_{2n-1}\Big)\cdots\mathrm{d}s_2\Big)\mathrm{d}s_1\end{aligned} \tag{8.137}$$

假设$\max|\mathrm{e}^{-\int_0^x\alpha(\theta)\mathrm{d}\theta}|=M$，$\max|-\beta(x)\mathrm{e}^{\int_0^x\alpha(\theta)\mathrm{d}\theta}|=m$，$\max|f_0(x)|=l$，则有

$$|f_n(x)|\leqslant M^nm^nl\frac{x^{2n}}{(2n)!} \tag{8.138}$$

对于级数$\sum_{n=0}^{\infty}M^nm^nlx^{2n}\epsilon^n/(2n)!$，其对于任意有限值的$x$和$\epsilon$都收敛。若$\epsilon$设为1，则摄动方程(8.131)就是原始的微分方程(8.129)，其解为

$$f(x)=\sum_{n=0}^{\infty}f_n(x) \tag{8.139}$$

对该解进行一下变换：

$$f(x)=\hat{p}_a(x),$$

$$\alpha(x)=\frac{1}{b(x)}\frac{\mathrm{d}b(x)}{\mathrm{d}x}+\frac{1}{F(\eta b(x))}\frac{\mathrm{d}F(\eta b(x))}{\mathrm{d}x}$$

$$\beta(x)=\frac{\omega^2}{c_0^2F(\eta b(x))}(\gamma-(\gamma-1)F(\lambda b(x))) \tag{8.140}$$

则可得波动方程(8.128)的幂级数展开解：

$$\hat{p}_a(x)=\sum_{n=0}^{\infty}\hat{p}_{an}(x) \tag{8.141}$$

其中：

$$\begin{aligned}\hat{p}_{a0}(x)&=\int_0^x c_1\mathrm{e}^{-\int_0^\theta\alpha(s)\mathrm{d}s}\mathrm{d}\theta+c_2, \quad n=0\\ \hat{p}_{an}(x)&=\int_0^x\left(\mathrm{e}^{-\int_0^{s_1}\alpha(\theta_1)\mathrm{d}\theta_1}\int_0^{s_1}(-\beta(s_2)\mathrm{e}^{\int_0^{s_2}\alpha(\theta_2)\mathrm{d}\theta_2}\hat{p}_{an-1}(s_2))\mathrm{d}s_2\right)\mathrm{d}s_1, \quad n\geqslant 1\end{aligned} \tag{8.142}$$

相对于初始条件，本文更适用于边界条件，如图 8－17 所示，声波压强在进口和出口边界表示为

$$\hat{p}_a(x=0)=p_1 \quad 和 \quad \hat{p}_a(x=D)=p_2 \tag{8.143}$$

摄动法给出 $\hat{p}_a(x)$的解：

$$\hat{p}_a(x)=\sum_{n=0}^{\infty}\hat{p}_{an}(x)=c_1\sum_{n=0}^{\infty}Y_n(x)+c_2\sum_{n=0}^{\infty}Z_n(x)=c_1Y(x)+c_2Z(x) \tag{8.144}$$

其中，$Y(x)=\sum_{n=0}^{\infty}Y_n(x)$，$Z(x)=\sum_{n=0}^{\infty}Z_n(x)$，则

$$\begin{aligned}Y_n(x)&=\int_0^x(\mathrm{e}^{-\int_0^{s_1}\alpha(\theta_1)\mathrm{d}\theta_1}\int_0^{s_1}(-\beta(s_2)\mathrm{e}^{\int_0^{s_2}\alpha(\theta_2)\mathrm{d}\theta_2}Y_{n-1}(s_2))\mathrm{d}s_2)\mathrm{d}s_1, \quad n\geqslant 1\\ Z_n(x)&=\int_0^x(\mathrm{e}^{-\int_0^{s_1}\alpha(\theta_1)\mathrm{d}\theta_1}\int_0^{s_1}(-\beta(s_2)\mathrm{e}^{\int_0^{s_2}\alpha(\theta_2)\mathrm{d}\theta_2}Z_{n-1}(s_2))\mathrm{d}s_2)\mathrm{d}s_1, \quad n\geqslant 1\end{aligned} \tag{8.145}$$

当 $n=0$ 时，$Y_0(x)=\int_0^x\mathrm{e}^{-\int_0^s\alpha(\theta)\mathrm{d}\theta}\mathrm{d}s$，$Z_0(x)=1$。根据方程(8.124)，$\hat{u}_a(x)$ 解为

$$\hat{u}_a(x)=\frac{\mathrm{i}F(\eta b(x))}{\rho_0\omega}(c_1\sum_{n=0}^{\infty}Y_n'(x)+c_2\sum_{n=0}^{\infty}Z_n'(x))=\frac{\mathrm{i}F(\eta b(x))}{\rho_0\omega}(c_1Y'(x)+c_2Z'(x)) \tag{8.146}$$

其中，

$$\begin{aligned}Y_n'(x)&=\mathrm{e}^{-\int_0^x\alpha(\theta_1)\mathrm{d}\theta_1}\int_0^x(-\beta(s)\mathrm{e}^{\int_0^s\alpha(\theta_2)\mathrm{d}\theta_2}Y_{n-1}(s))\mathrm{d}s, \quad n\geqslant 1\\ Z_n'(x)&=\mathrm{e}^{-\int_0^x\alpha(\theta_1)\mathrm{d}\theta_1}\int_0^x(-\beta(s)\mathrm{e}^{\int_0^s\alpha(\theta_2)\mathrm{d}\theta_2}Z_{n-1}(s))\mathrm{d}s, \quad n\geqslant 1\end{aligned} \tag{8.147}$$

当 $n=0$，$Y_0'(x)=\mathrm{e}^{-\int_0^x\alpha(\theta)\mathrm{d}\theta}$，$Z_0'(x)=0$。进口和出口边界条件可写为

$$\begin{bmatrix} Y(0) & Z(0) \\ Y(D) & Z(D) \end{bmatrix} \begin{bmatrix} c_1 \\ c_2 \end{bmatrix} = \begin{bmatrix} p_1 \\ p_2 \end{bmatrix} \tag{8.148}$$

系数 c_1 和 c_2 由边界条件 p_1 和 p_2 给出。由此，最终则可得声场(8.144)和(8.146)的解析解。

为了计算声波耗散，现在定义一个吸声系数 E。假设在隔板喷嘴前后管道截面都是不变的 $\mathrm{d}b/(b\mathrm{d}x)$，波动方程(8.128)的解为

$$\hat{p}_a(x) = A^+ \mathrm{e}^{-\mathrm{i}kx} + A^- \mathrm{e}^{\mathrm{i}kx} \tag{8.149}$$

其中，A^+ 和 A^- 分别是向下游和上游传播的声波幅值，k 是波数：

$$k = \frac{\omega}{c_0}\sqrt{\frac{\gamma-(\gamma-1)F(\lambda b)}{F(\eta b)}} \tag{8.150}$$

$\hat{u}_a(x)$ 则可写为：

$$\hat{u}_a(x) = \frac{\mathrm{i}}{\rho_0 \omega} F(\eta b) \frac{\mathrm{d}\hat{p}_a}{\mathrm{d}x} = \frac{kF(\eta b)}{\rho_0 \omega}(A^+ \mathrm{e}^{-\mathrm{i}kx} - A^- \mathrm{e}^{\mathrm{i}kx}) \tag{8.151}$$

在隔板喷嘴间隙通道的进口($x=0$)，有传递矩阵：

$$\begin{bmatrix} A_1^+ \\ A_1^- \end{bmatrix} = \begin{bmatrix} 1 & 1 \\ \dfrac{\mathrm{i}F(\eta b(0))}{\rho_0 \omega} & -\dfrac{\mathrm{i}F(\eta b(0))}{\rho_0 \omega} \end{bmatrix}^{-1} \begin{bmatrix} \hat{p}_a(0) \\ \hat{u}_a(0) \end{bmatrix} \tag{8.152}$$

同理，在隔板喷嘴间隙通道的出口($x=D$)，有传递矩阵：

$$\begin{bmatrix} A_2^+ \\ A_2^- \end{bmatrix} = \begin{bmatrix} 1 & 1 \\ \dfrac{\mathrm{i}F(\eta b(D))}{\rho_0 \omega} & -\dfrac{\mathrm{i}F(\eta b(D))}{\rho_0 \omega} \end{bmatrix}^{-1} \begin{bmatrix} \hat{p}_a(D) \\ \hat{u}_a(D) \end{bmatrix} \tag{8.153}$$

能量吸声系数 E 表示为吸收的声波传播能量，定义为

$$E = 1 - \frac{|A_1^-|^2 + |A_2^+|^2}{|A_1^+|^2 + |A_2^-|^2} \tag{8.154}$$

当声波吸声系数 E 随着最小间隙 b_m 的改变而改变时，则有可能得到 b_m 的最佳间隙。相对于使用 b_m 作为自变量，本研究使用一个无量纲参数 ϑ 作为自变量，其定义为最小间隙 $2b_m$ 和黏性边界层厚度 δ_ν(由方程(8.121)计算得出)的比值：

$$\vartheta = \frac{2b_m}{\delta_\nu} \tag{8.155}$$

为了验证上述理论模型和解析解，本研究搭建了如图 8-18 所示的实验装置，使用隔板喷嘴模型测量声波吸声系数。该装置主要包括一个横截面为的方管，其中 $h=68$ mm，管道长度为 L_u+D+L_d。上游管道长度为 $L_u=570$ mm，下游管道长度为 $L_d=510$ mm。隔板喷嘴模型主要包括两个半圆柱加长方体的实验件，实验选用的半圆(以下称喷嘴)直径分别为 7.6 mm、10.7 mm、13.5 mm、16.7 mm、19.5 mm 和 22.6 mm，喷嘴之间的间隙 b_m 变化范围从 0 mm 到 0.5 mm。喷嘴上下游分别有三支麦克风，具体位置参数见文献[15, 16]。

本实验为冷态实验，没有平均流，为了避免环境噪声的影响，方管一端设置为闭口。安装在方管头部的扬声器受控产生扰动声波，频率范围设置为 100～2000 Hz。当扰动声波经过隔板喷嘴的收敛—扩张狭窄通道(即喷嘴)时，由于粘性和热传导效应，声波能量会产生耗散。声波在喷嘴上下游都可视为平面波，其声学参数 A_1^+，A_1^-，A_2^+，A_2^- 可由多麦克风法测得。实验所用设备的具体参数信息以及多麦克风法见文献[17]，实验系统实物如图 8-19 所示。

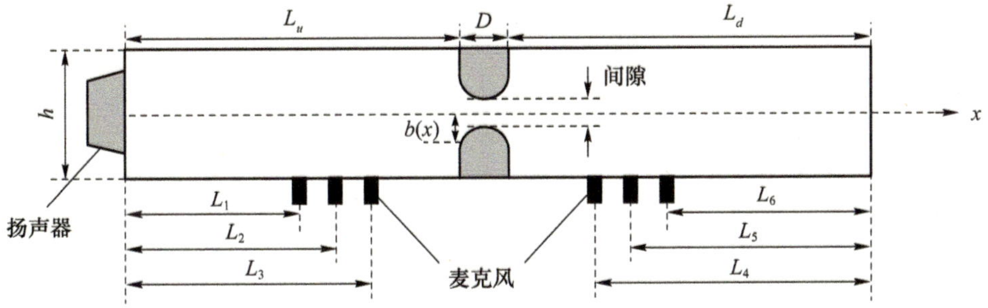

图 8-18　实验系统示意图

(a) 实验系统　　(b) 隔板喷嘴实验件

图 8-19　实验系统实物图

图 8-20 展示了在不同扰动频率下由解析解和实验得出的吸声系数 E 作为 ϑ 的函数的结果。喷嘴直径为 $D=13.5$ mm，环境温度为 $T_0=293$ K，环境压强为 $p_0=101$ kPa，最小间隙 b_m 变化范围从 0 mm 到 0.5 mm，从(a)到(f)扰动频率 f 分别为 300 Hz、600 Hz、900 Hz、1 200 Hz、1 500 Hz 和 1 800 Hz，相对应的黏性边界层厚度 δ_v 分别为 0.126 mm、0.089 mm、0.073 mm、0.063 mm、0.056 mm 和 0.051 mm。解析解级数展开取前 10 项。

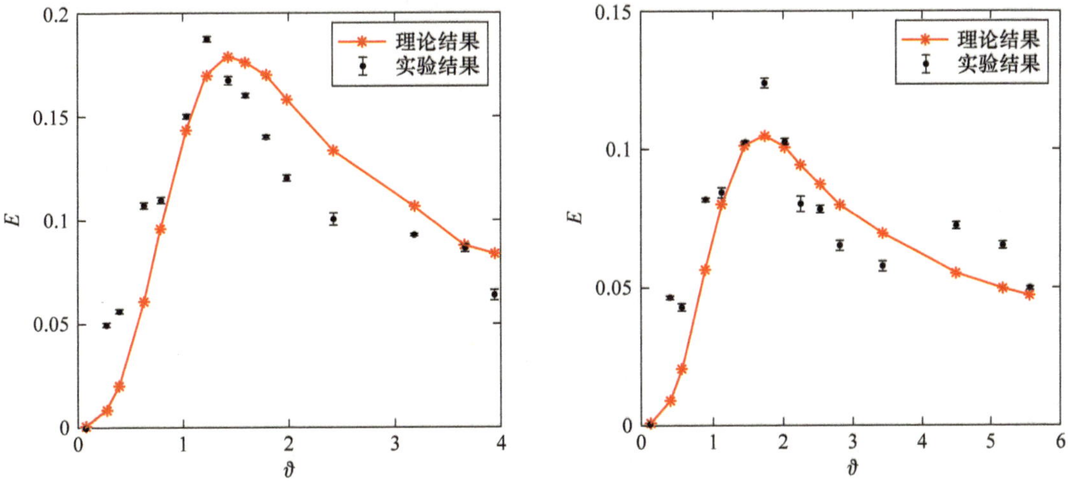

(a) $f=300$ Hz　　(b) $f=600$ Hz

图 8-20　不同扰动频率下吸声系数实验与理论结果对比

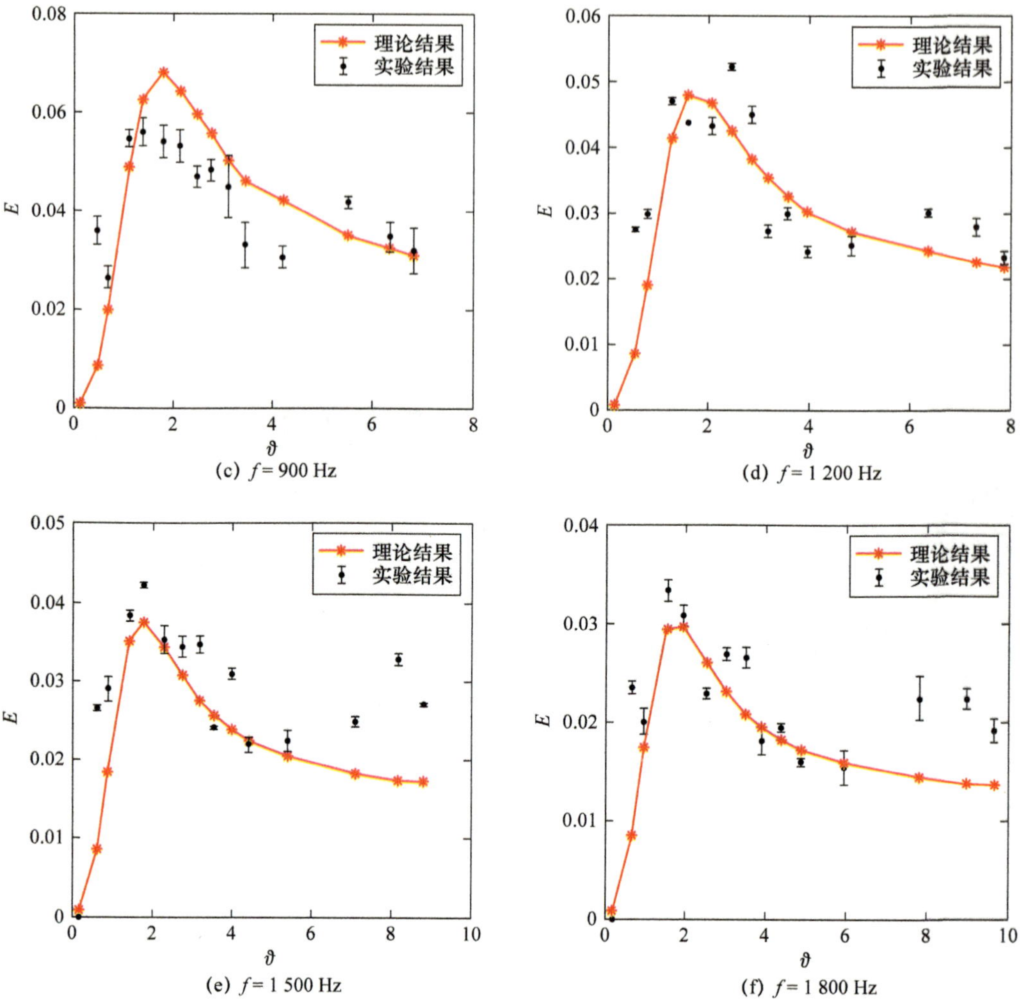

图 8-20 不同扰动频率下吸声系数实验与理论结果对比(续)

对于不同扰动频率，当 ϑ 增加时，吸声系数 E 先快速增长然后逐渐降低。最大吸声系数写为 E^*，对应的无量纲间隙 ϑ 写为 ϑ^*。当扰动频率 f 增加时，虽然黏性边界层厚度 δ_v 变化很大，但是 ϑ^* 的增长很小。同时，扰动频率 f 增加时，最大吸声系数 E^* 会随之降低。虽然由于系统声学耗散的影响，图中显示解析结果和实验结果有一些细微的偏差，但总体上吻合得很好，因此证明了理论模型和解析解的正确性。

如图 8-21 所示在不同喷嘴直径 D 下由解析解和实验得出的吸声系数 E 作为 ϑ 的函数的结果。扰动频率为 $f=1\ 200$ Hz，环境温度为 $T_0=293$ K，环境压强为 $p_0=101$ kPa，最小间隙 b_m 变化范围从 0 mm 到 0.5 mm，黏性边界层厚度为 $\delta_v=0.63$ mm，从(a)到(f)喷嘴直径 D 分别为 7.6 mm，10.7 mm，13.5 mm，16.7 mm，19.5 mm 和 22.6 mm。图 8-21 中的结果与图 8-20的结果是相似的。图中显示解析结果和实验结果总体上吻合得很好，因而进一步证明了理论模型和解析解的正确性。从图中可以发现，当黏性边界层厚度 δ_v 保持不变时，最佳间隙 ϑ^* 在不同喷嘴直径 D 下也基本保持不变。此外，最大吸声系数 E^* 会随着喷嘴直径 D 的增加而降低。

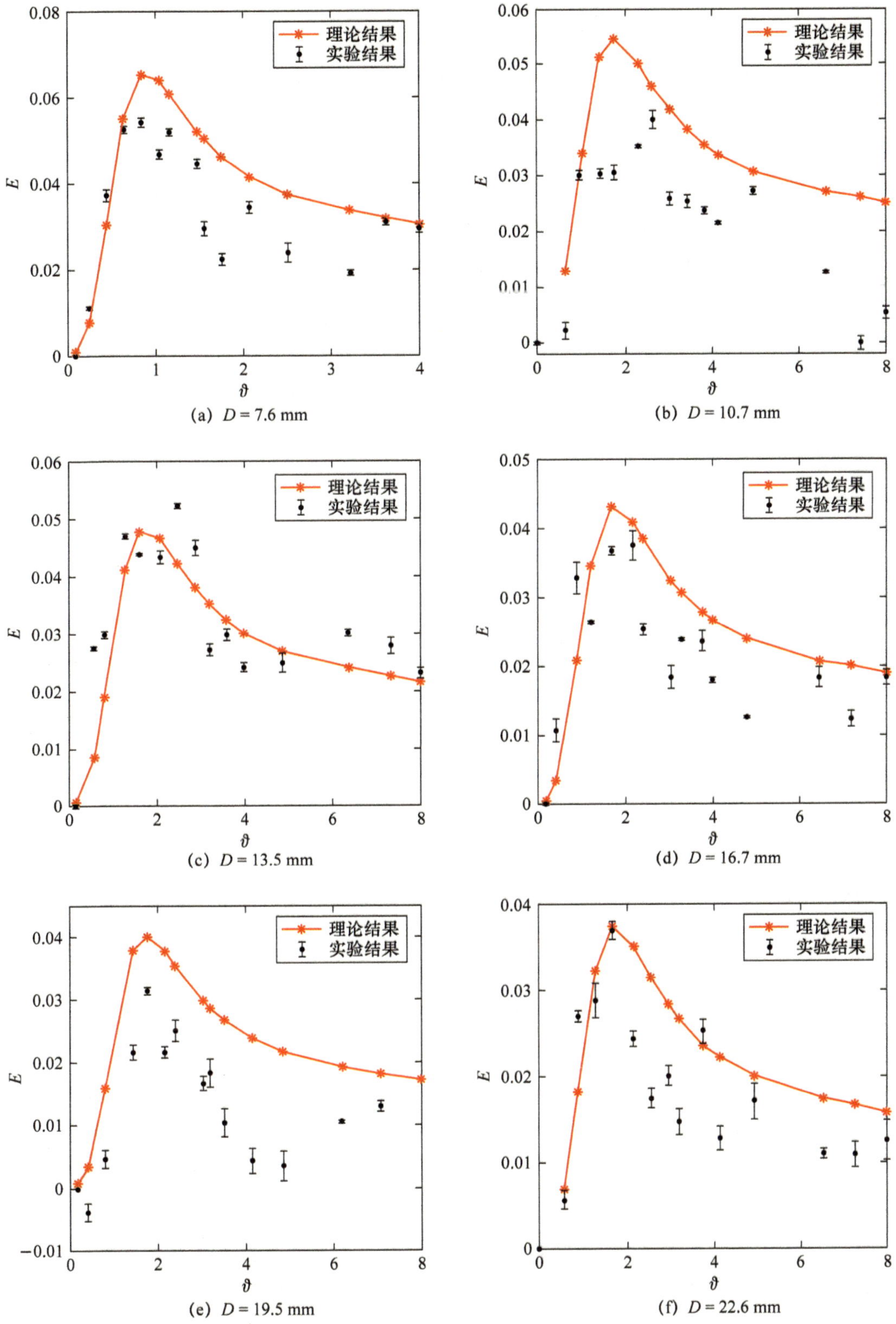

图 8-21　不同喷嘴直径下吸声系数实验与理论结果对比

然后进行由解析解得出的吸声系数 E 和最佳无量纲间隙 ϑ^* 的参数研究。环境温度 T_0 对吸声系数 E 的影响如图 8-22 所示。喷嘴直径为 $D=10$ mm，扰动频率为 $f=1\ 200$ Hz，ϑ 的变化范围从 0 到 8，环境压强为 $p_0=0.1$ MPa，环境温度为 293 K、500 K、800 K、1 200 K 和 1 500 K，相对应的黏性边界层厚度 δ_ν 分别为 0.063 mm，0.100 mm，0.148 mm，0.204 mm 和 0.244 mm。进口和出口压强扰动分别为 $\mathcal{P}_1=1$ 和 $\mathcal{P}_2=0.5$，解析解级数展开取前 10 项。图 8-22(a)展示了以隔板喷嘴间隙为自变量的结果，当环境温度 T_0 增加时，最大吸声系数 E^* 随之增加，对应的最佳间隙也随之增加。图 8-22(b)展示了以无量纲间隙为自变量的结果，与图 8-22(a)对比可以看出，虽然最佳间隙随环境温度变化很大，但最佳无量纲间隙 ϑ^* 基本保持不变。

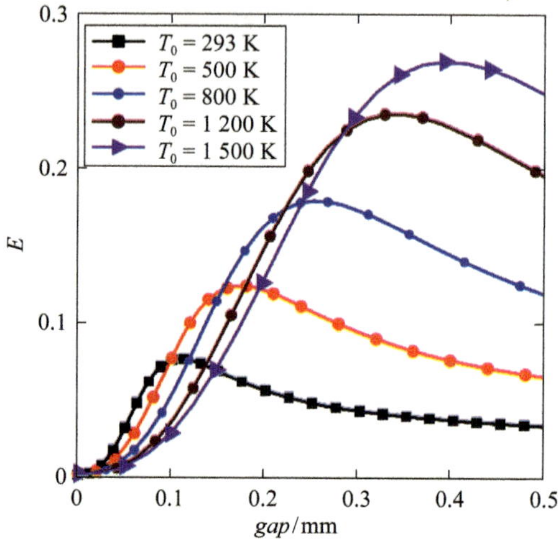

(a) 以间隙为自变量

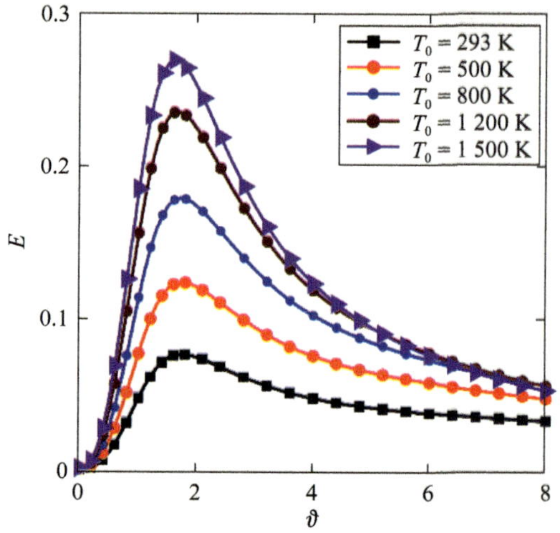

(b) 以无量纲间隙为自变量

图 8-22 环境温度对吸声系数的影响

由解析解得到的环境压强 p_0 对吸声系数 E 的影响如图 8-23 所示。环境温度为 $T_0=293$ K，环境压强 p_0 为 0.1 MPa、0.2 MPa、0.5 MPa、0.8 MPa 和 1 MPa，相对应的黏性边界层厚度 δ_ν 分别为 0.063 mm、0.045 mm、0.028 mm、0.022 mm 和 0.020 mm。当环境压强 p_0 增加时，最大吸声系数 E^* 会随之降低。同时，ϑ^* 不受环境压强 p_0 影响，基本保持不变。从图 8-22和图 8-23 可以得出，虽然环境参数会大幅度改变最佳隔板喷嘴间隙和黏性边界层厚度，但最佳无量纲间隙 ϑ^* 基本保持不变。

扰动频率 f 对吸声系数 E 的影响如图 8-24(a)所示。喷嘴直径为 $D=10$ mm，ϑ 的变化范围从 0 到 8，环境压强为 $p_0=0.1$ MPa，环境温度为 $T_0=293$ K。扰动频率分别为 300 Hz、600 Hz、900 Hz、1 200 Hz、1 500 Hz 和 1 800 Hz，相对应的黏性边界层厚度 δ_ν 分别为 0.126 mm、0.089 mm、0.073 mm、0.063 mm、0.056 mm 和 0.051 mm。进口和出口压强扰动分别为 $\mathcal{P}_1=1$ 和 $\mathcal{P}_2=0.5$，解析解级数展开取前 10 项。当扰动频率 f 增加时，最大吸声系数 E^* 随之减小。此外，虽然 δ_ν 会因扰动频率 f 变化很大，但最佳比值 ϑ^* 仍然基本保持不变。

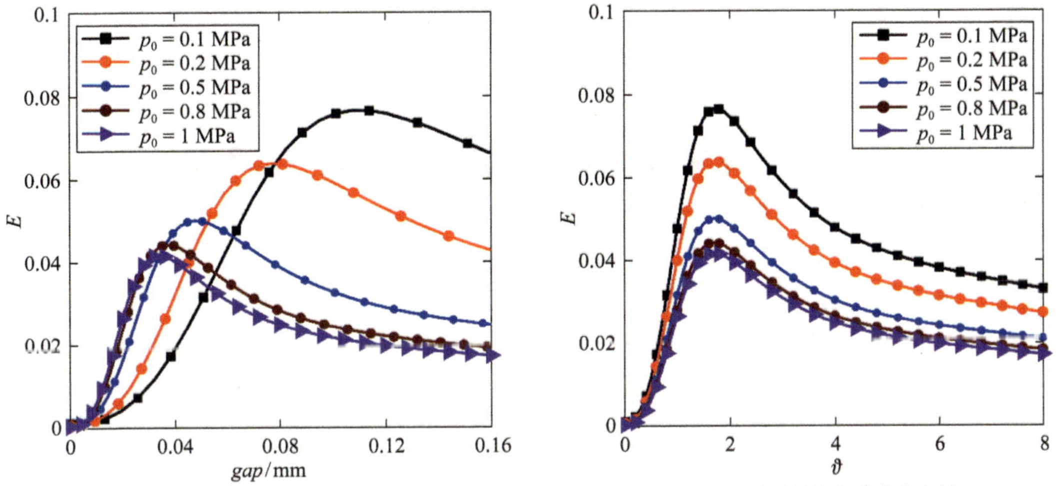

(a) 以间隙为自变量　　(b) 以无量纲间隙为自变量

图 8－23　环境压强对吸声系数的影响

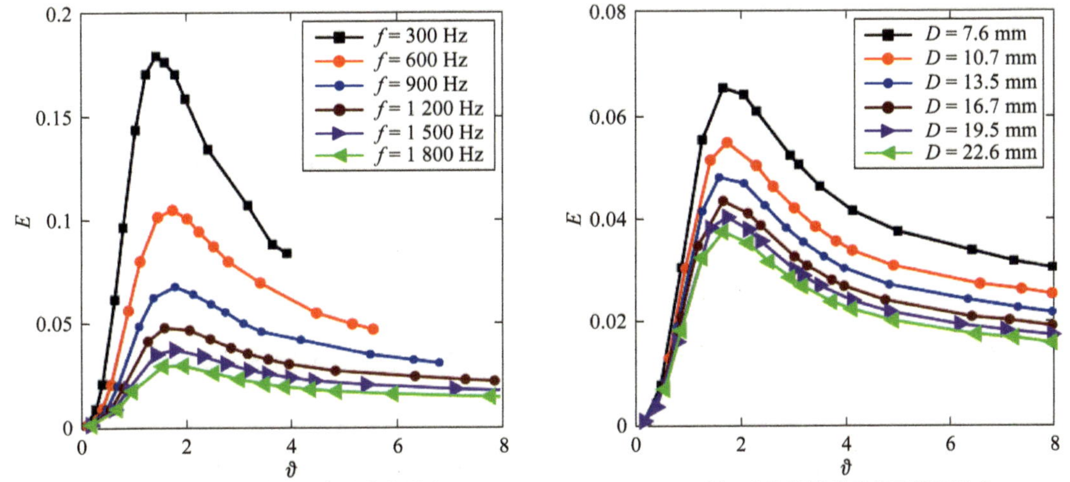

(a) 扰动频率对吸声系数的影响　　(b) 喷嘴直径对吸声系数的影响

图 8－24　不同参数对吸声系数的影响

解析解得到的喷嘴直径 D 对吸声系数 E 的影响如图 8－24(b)所示。环境温度为 $T_0=293$ K,环境压强为 $p_0=0.1$ MPa,扰动频率为 1 200 Hz,喷嘴直径分别为 7.6 mm,10.7 mm,13.5 mm,16.7 mm,19.5 mm 和 22.6 mm。当喷嘴直径 D 增加时,最大吸声系数 E^* 会随之降低。同时,最佳比值 ϑ^* 不受喷嘴直径 D 影响,基本保持不变。

从图 8－24 可以得出,虽然吸声系数 E 会随着扰动频率 f 和喷嘴直径 D 的变化而发生变化,但是在不同工况下,最大吸声系数对应的无量纲间隙基本保持不变。

现在定义一个无量纲频率 $St=\omega D/c_0$,图 8－25 展示了 ϑ^* 作为在不同 St 下的扰动频率的函数。环境温度 T_0 为 293 K,环境压强 p_0 为 0.1 MPa。扰动频率 f 变化范围从 100 Hz 到 3 000 Hz,通过改变喷嘴直径 D,使得 St 的值为 1、0.5、0.2、0.1、0.05、0.02 和 0.01。从图 8－25 可得,当 St 增长时,ϑ^* 趋于一个定值。当 St 的值比较小时($St<0.1$),ϑ^* 会随着扰

动频率 f 的增长而减小，在高频时，ϑ^* 趋于一个定值。当 $St>0.1$ 时，约等于 1.7 并且是独立于 St 和 f 的。

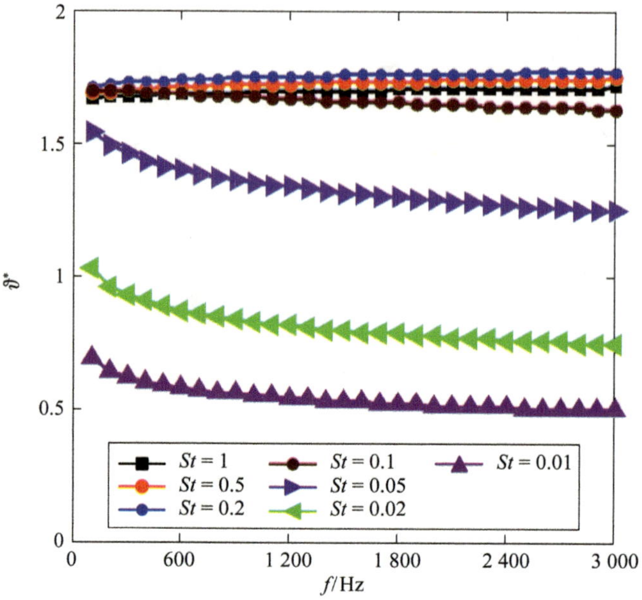

图 8-25　不同 St 下最佳无量纲间隙随频率的变化

为了研究在不同扰动频率 f 和不同无量纲频率 St 下 ϑ^* 的具体差异，引入一个方差 Δ，其定义为：

$$\Delta = \frac{1}{N_f}\sum_{i=1}^{N_f}(\vartheta_i^* - \overline{\vartheta^*})^2 \tag{8.156}$$

其中，$\overline{\vartheta^*}$ 是平均最佳比值，其定义为 $\overline{\vartheta^*} = \sum_{i=1}^{N_f}\vartheta_i^*/N_f$。$N_f$ 是施加不同扰动频率的工况数量。

图 8-26(a)展示了方差 Δ 作为 St 的函数。当 $St>0.1$ 时，方差 Δ 保持在一个非常小的值，说明最佳比值 ϑ^* 保持在一个定值。图 8-26(b)展示了在不同扰动频率下的平均最佳比值 $\overline{\vartheta^*}$ 作为无量纲频率 St 的函数。当 $St<0.1$ 时，$\overline{\vartheta^*}$ 会随着 St 的增加而增加。当 $St>0.1$ 时，$\overline{\vartheta^*}$ 趋于一个定值 1.7，这与图 8-26(a)展示的结果是一致的。

本小节对隔板喷嘴吸声机理进行了研究。以隔板喷嘴间隙为研究对象，将隔板喷嘴模型化为二维变截面通道，使用摄动法求解波动方程，并计算吸声系数，研究其吸声效果。此外，还对隔板喷嘴吸声机理进行了实验研究，通过实验验证了所建立的理论模型的正确性。根据建立的理论模型，讨论了不同参数对隔板喷嘴吸声效果的影响，讨论的参数包括隔板喷嘴间隙、喷嘴直径、扰动频率、环境温度和环境压强。得到了几点普遍性规律：

(1) 存在一个最佳的隔板喷嘴间隙，使得吸声效果最好；

(2) 最佳隔板喷嘴间隙在不同工况下并不相同，但是最佳间隙与声波的黏性边界层厚度之比，在不同工况下基本保持不变，该比值为 1.7；

(3) 此外，总结能够使吸声系数增长的条件：声波扰动频率降低；隔板喷嘴直径减小；环境温度增加；环境压强降低。

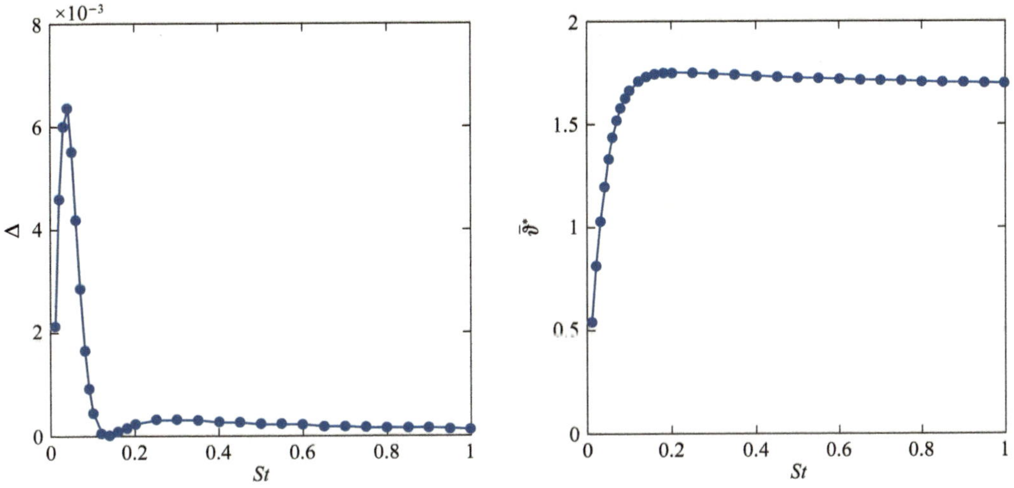

图 8-26 (a)方差和(b)平均最佳无量纲间隙随 St 的变化

8.3.2 隔板喷嘴声阻抗

本节的目的是简化复杂的隔板喷嘴结构，然后将其应用于三维燃烧室以预测燃烧稳定性。由于隔板喷嘴的直径 D 远小于燃烧室半径 R_c 和横向声波的波长，通道的长度（即隔板喷嘴直径 D）可以忽略不计。因此，隔板喷嘴结构可以简化为一个声学平面，如图 8-27 所示，p_1 和 p_2 是隔板喷嘴间隙入口和出口处的声波压强，u_1 和 u_2 是隔板喷嘴间隙入口和出口处的声波速度。在图 8-27 的右边，声学平面必须能够描述原有结构的声学特性，因此，图左边和右边两种结构的声学关系必须是一致的。

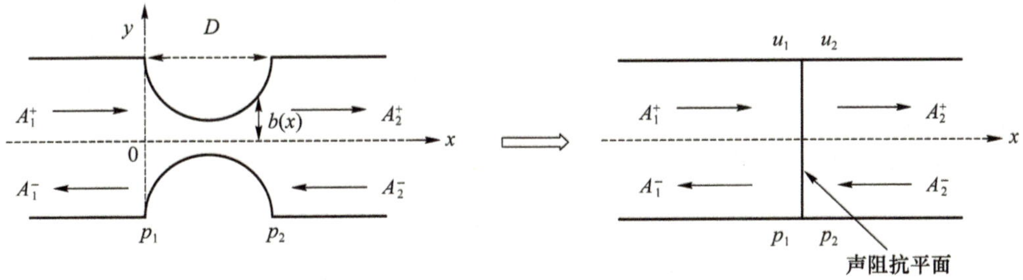

图 8-27 隔板喷嘴简化示意图

在前人关于多孔介质和穿孔板的研究中，声阻抗被广泛地用于描述小孔的声学特性[18]，如果穿孔板的厚度远小于声波波长，则声阻抗 Z_t 定义为：

$$Z_t=\frac{\Delta p}{U} \tag{8.157}$$

其中，U 是孔内平均声波速度，Δp 是孔前后的压降。由于穿孔板厚度远小于声波波长，声波速度在孔内沿轴向被认为是均匀分布的。阻抗的实部代表了动力学流阻，虚部代表了流抗。本文的声学平面即参考穿孔板声阻抗定义，使用声阻抗平面来代替原有的隔板喷嘴结构。

对于一个截面积变化的狭窄通道，即使通道长度远小于声波波长，声波速度沿轴向也会有剧烈的变化，因此不能认为声波速度是沿轴向均匀分布的。为了将原有隔板喷嘴结构简化为声阻抗平面，本文定义声阻抗为通道前后压降与通道入口处的声波速度之比：

$$Z_t = \frac{p_1 - p_2}{u_1} \tag{8.158}$$

因此，声阻抗的微分形式可以表示为 Z_t：

$$\mathrm{d}Z_t = -\frac{\mathrm{d}\hat{p}}{u_1} \tag{8.159}$$

根据上一节的内容，方程(8.124)可写为

$$\frac{\rho_0 \omega}{\mathrm{i}F(\eta b)}\mathrm{d}x = \frac{\mathrm{d}\hat{p}_a}{\hat{u}_a} \tag{8.160}$$

由于通道长度远小于声波波长，根据质量守恒方程(8.107)，可得关系：

$$u_1 S_1 = \hat{u}_a(x) S(x) \tag{8.161}$$

将方程(8.160)和方程(8.161)代入式(8.159)，同时考虑到 $S(x)/S_1 = b(x)/b_1$，给出声阻抗的微分形式

$$\mathrm{d}Z_t = -\frac{\rho_0 \omega b_1}{\mathrm{i}F(\eta b)b}\mathrm{d}x \tag{8.162}$$

将方程(8.162)左右两端在通道长度上同时积分，则可得声阻抗 Z_t 的表达式：

$$Z_t = -\int_0^L \frac{\rho_0 \omega b_1}{\mathrm{i}F(\eta b)b}\mathrm{d}x \tag{8.163}$$

方程(8.163)给出了截面积变化的不均匀狭窄通道的声阻抗，对于声阻抗平面，方程(8.158)和(8.163)是等价的。在三维燃烧室中，此声阻抗描述了隔板喷嘴前后的声学关系，如果是隔板，隔板身部被视为固壁，法向声波速度为 $u_1 = 0$，此时声阻抗 Z_t 趋于无穷。

本节的目的是应用声阻抗平面来预测三维燃烧室的燃烧稳定性。图 8-28 展示了燃烧室的计算网格，考虑到不稳定燃烧热释放和声波扰动的耦合影响，在此燃烧室中设置火焰模型。为了描述隔板喷嘴的声学特性，也为了简化复杂的隔板喷嘴结构，使用声阻抗平面来联系隔板喷嘴前后的声波压强和声波速度，声阻抗已由上文计算得到。燃烧室的入口和出口以及室壁设为固壁边界条件。燃烧室的参数如表 8-1 所列。

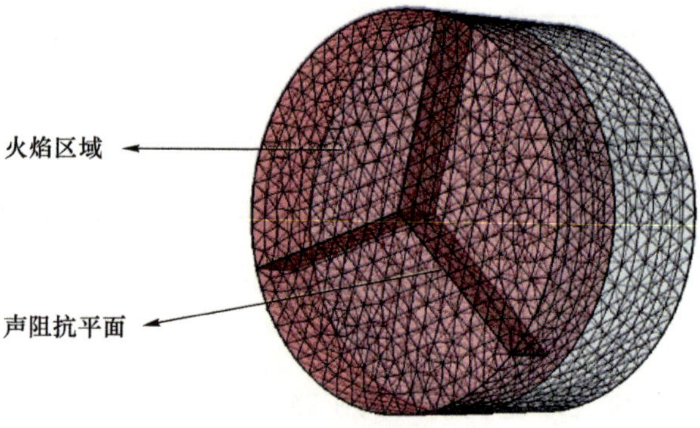

图 8-28　燃烧室网格

表 8-1　燃烧室参数设置表

参　数	数　值	参　数	数　值
燃烧室半径	190 mm	隔板喷嘴间隙	0.01 mm
燃烧室长度	200 mm	压强	8 MPa
火焰长度	80 mm	温度	3 600 K
隔板喷嘴长度	50 mm	热释放功率	80 MW
隔板喷嘴直径	10 mm		

由于燃烧室中介质的平均流动速度远小于声波的传播速度，因此忽略了平均流的影响，声波压强的线性化波动方程可表示为：

$$\nabla\cdot\left(-\frac{1}{\rho_0}\nabla\hat{p}\right)-\frac{\omega^2}{\rho_0 c_0^2}\hat{p}=\hat{Q} \tag{8.164}$$

式中，Q 代表了源项。由于不考虑平均流的影响，火焰传递函数(FFT)以声波扰动压强的形式给出：

$$\mathcal{F}=\frac{q'/\bar{q}}{p'/\bar{p}}=n\mathrm{e}^{-\mathrm{i}\omega\tau} \tag{8.165}$$

式中，n 和 τ 分别代表了不稳定燃烧热释放与声波之间的耦合系数和时间延迟。

一阶切向振荡声波的频率的实部和虚部随相邻隔板喷嘴间隙的变化情况如图 8-29 所示，火焰传递函数设为 $n=1$，$\tau f=0.2$。可以看出，频率的实部随间隙的增大而增大。当间隙不断减小并趋于 0 时，隔板喷嘴结构可视为固壁，一阶切向振荡的声波必须绕过隔板喷嘴端部，从而增加了声波的传播距离，因此频率会减小。当间隙增加时，更多的声波可以通过间隙进行传播而不必绕过隔板喷嘴端部，因此频率会随之增大。频率的虚部代表了稳定性的增长率，更大的频率虚部代表了系统更稳定。当间隙增加时，频率虚部先增加后减小，频率虚部最大处的无量纲间隙大约等于 1.7，与前文的分析结果相符。

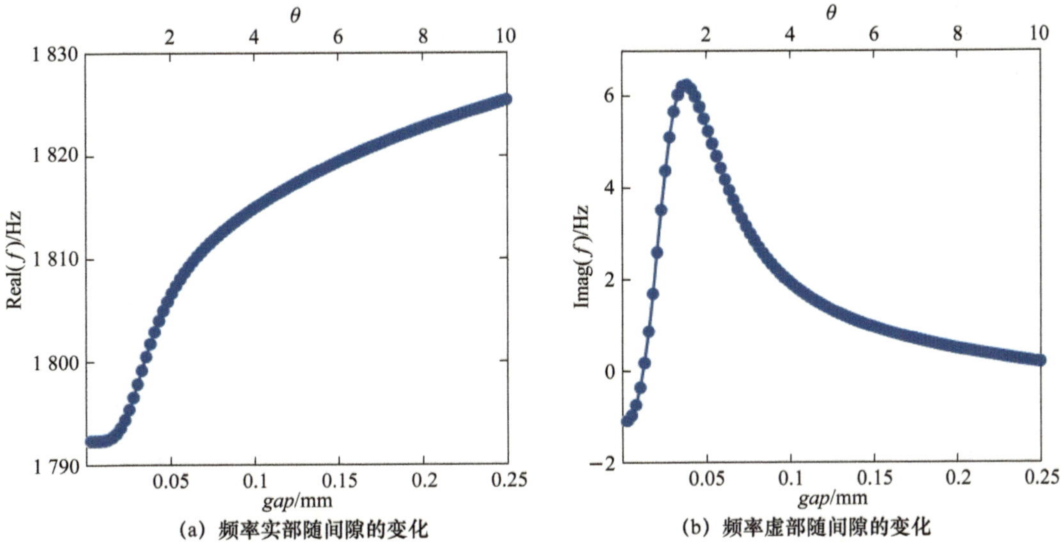

(a) 频率实部随间隙的变化　　(b) 频率虚部随间隙的变化

图 8-29　频率随间隙的变化

一阶切向振荡声波的频率的实部和虚部随隔板喷嘴直径的变化情况如图 8-30 所示，火焰传递函数设为 $n=1$，$\tau f=0.2$。图中可以看出，当隔板喷嘴直径增加时，频率的实部会随之减小。此时隔板喷嘴在切向的厚度会随直径增加而增加，声波在切向的传播路径会因此变长，所有频率实部会减小。当隔板喷嘴的直径超过 30 mm 时，声波在切向的传播路径长度已经几乎保持不变了，所以频率的实部也保持不变。当直径增大时，频率的虚部先增大后减小。

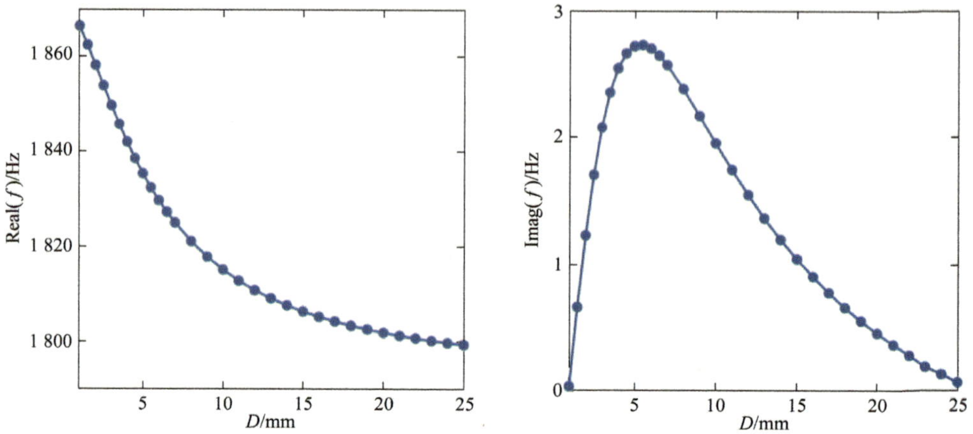

(a) 频率实部随直径的变化　　(b) 频率虚部随直径的变化

图 8-30　频率随直径的变化

一阶切向振荡声波的频率的实部和虚部随隔板喷嘴长度的变化情况如图 8-31 和图 8-32 所示，不同曲线分别代表了在集中式火焰和分布式火焰时的情况。图 8-29 的火焰传递函数设为 $n=5$，$\tau f=0$，图 8-32 的火焰传递函数设为 $n=5$，$\tau f=0.5$。集中式火焰设置火焰长度为 $L_f=0.4L_c$，而分布式火焰设置火焰长度等于燃烧室长度，即 $L_f=L_c$。从图中可以看出，不同的火焰方式对一阶切向振荡声波的频率的实部没有影响，当隔板喷嘴的长度 L_b 增加时，声波的传播路径变长，因此频率的实部会减小。当 L_b 等于 0 mm 时，在 $\tau f=0$ 下的频率的虚部为负数，这意味着此模态是不稳定的，随着 L_b 的增加，此模态的稳定性也增加。此时，分布式火焰比集中式火焰更加稳定。当 $\tau f=0.5$ 时，频率的虚部是正数，意味着此模态是稳定的，随着 L_b 的增加，此模态的稳定性也增加。此时，集中式火焰比分布式火焰更稳定。

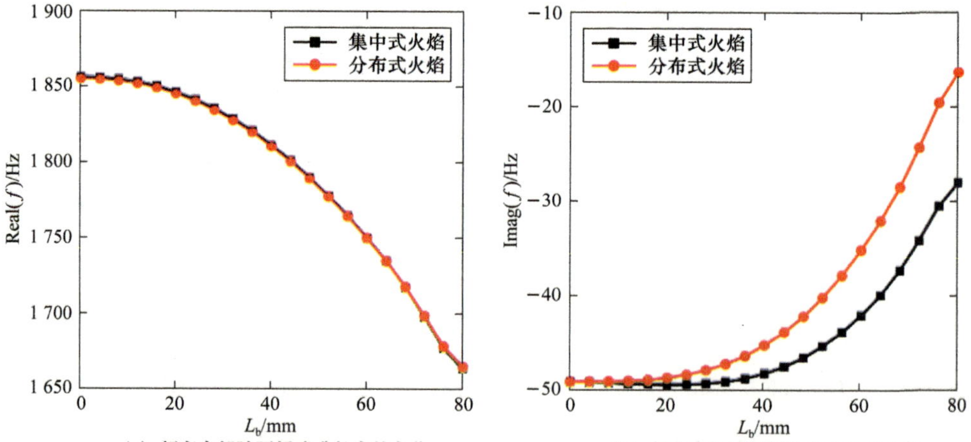

(a) 频率实部随隔板喷嘴长度的变化　　(b) 频率虚部随隔板喷嘴长度的变化

图 8-31　频率随隔板喷嘴长度的变化

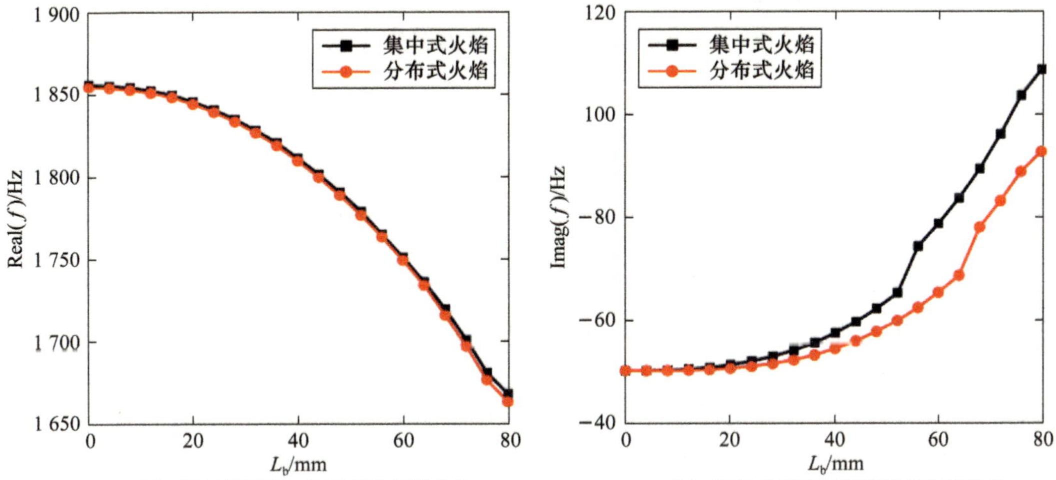

(a) 频率实部随隔板喷嘴长度的变化　　(b) 频率虚部随隔板喷嘴长度的变化

图 8-32　频率随隔板喷嘴长度的变化

产生这种结果的原因可以解释为隔板喷嘴通过将切向模态纵向化，改变了压强在纵向上的分布。如图 8-33 所示，在 $L_b=0$ mm 时，一阶切向振荡模态下，压强在纵向上的分布是均匀的。而对于 $L_b=80$ mm 时，压强沿纵向是减小的。对于集中式火焰，所有的化学反应都发生在高压区，意味着热与声之间有更多的能量交换。而对于分布式火焰，只有一部分燃烧发生在高压区，低压区的燃烧意味着热与声之间的能量交换也更少。当燃烧是稳定的时，集中式燃烧的振荡衰减率比分布式燃烧更大，因此集中式燃烧更稳定。而当燃烧是不稳定的时，更多的能量交换使得集中式燃烧比分布式燃烧更不稳定。

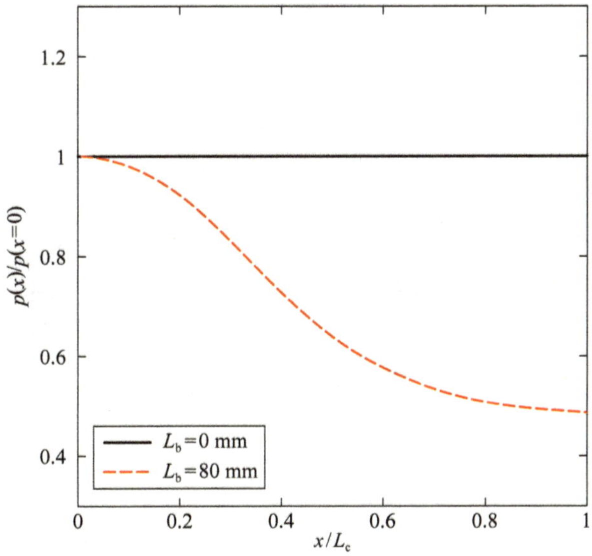

图 8-33　压强在纵向位置上的分布

隔板喷嘴通过阻隔声波在切向上的传播，使得声波必须绕过隔板喷嘴端部，从而改变压强在纵向上的分布，于是将切向模态纵向化[19]。这种改变对于燃烧稳定性来说可能有两个相反的影响，一方面，纵向化的声波能量可以通过喷管得到耗散，而且隔板喷嘴的热黏性耗散作用于高压区，这是有利于燃烧稳定性的；另一方面，燃烧也发生于高压区，热与声之间有更多的能量交换，这是不利于燃烧稳定性的。

图 8-34 展示了不同纵向位置上的压强在横截面上的分布情况。一阶切向振荡的声波压强振型在隔板喷嘴区域内扭曲变形，在远离隔板喷嘴的主燃烧室区域，压强分布又逐渐恢复了正常的一阶切向振型。同时可以看到，隔板喷嘴区域的压强幅值要大于主燃烧室区域的压强幅值。对于安装了三个径向的隔板喷嘴排燃烧室内的一阶切向振荡来说，压强在横截面上的分布会在一个隔板喷嘴排附近有略微的错位，但在其他两个隔板喷嘴排附近则是不连续的。当纵向上远离隔板喷嘴区域时，压强在横截面上的分布又逐渐地变得连续了。另外，一阶切向振荡有可能有两种振型，如图 8-35 所示。虽然这两种振型的频率相同，但压强在横截面上的分布则完全不同，另一种振型的压强在所有的隔板喷嘴排附近都是不连续的。

总结这部分的工作。对于隔板喷嘴声阻抗，通过对动量守恒方程的处理，结合之前的理论部分，得出了声阻抗的表达式。通过此表达式，只需知道隔板喷嘴的几何参数，就可以得知隔板喷嘴前后的声场关系，这种处理将复杂结构简化为声阻抗平面。

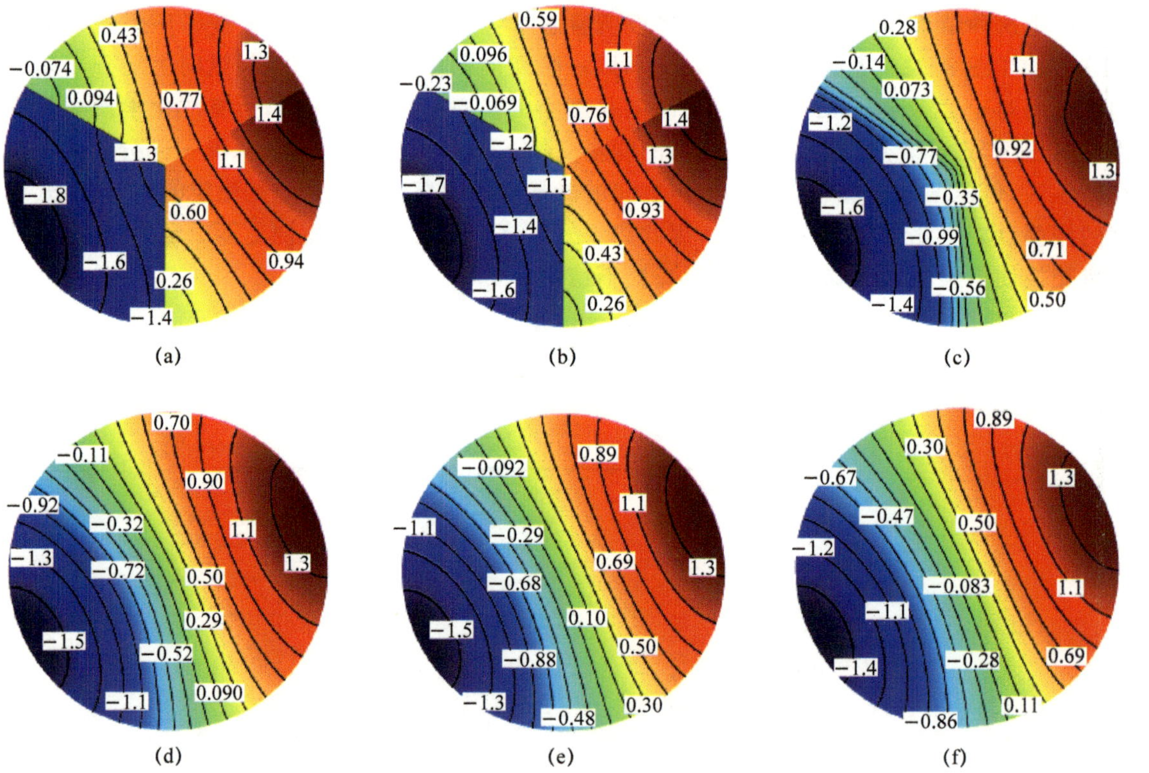

图 8-34　一阶切向模态压强在纵向位置上的分布

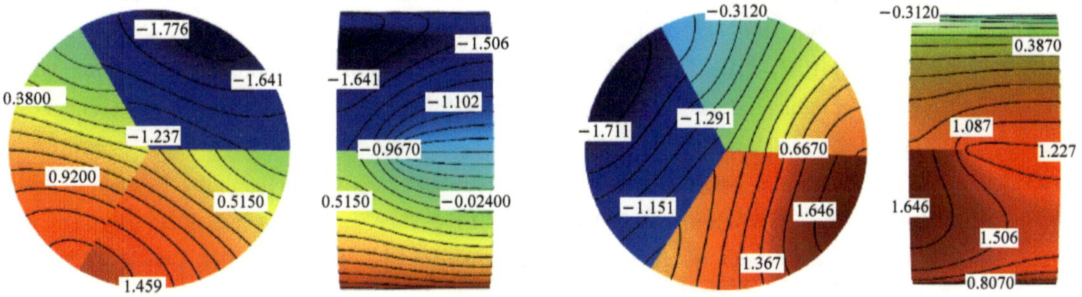

(a) (b)

图 8-35 一阶切向模态压强的两种振型

8.4 本章小结

本章深入探讨了液体火箭发动机不稳定燃烧抑制装置的设计理论，重点关注声腔、隔板以及隔板喷嘴三种关键装置。声腔根据亥姆霍兹共振器的原理设计，以满足共振频率和吸收系数等参数的要求，从而有效吸收声波能量，抑制燃烧室内的压力振荡。研究表明，声腔的性能受非线性效应显著影响，实验结果表明，随着声压级的增加，声腔的阻抗实部增大，共振频率向高频移动，验证了理论模型的正确性。隔板则通过改变燃烧室内的声学特性来抑制不稳定燃烧。理论分析表明，隔板的数量和高度对燃烧室的声压幅值和共振频率有显著影响，能够有效降低声压幅值并提高燃烧稳定性。隔板还可以将切向振荡模态纵向化，改变声波的传播路径，进一步增强抑制效果。

隔板喷嘴是将部分喷嘴从喷注面板延伸到燃烧室，在空间上形成阻隔的排列形式。研究发现，隔板喷嘴存在一个最佳间隙，使得吸声效果最佳。理论分析和实验验证表明，最佳间隙与声波的黏性边界层厚度之比，在不同工况下基本保持在 1.7。此外，隔板喷嘴的声阻抗特性可以被简化为声阻抗平面，进一步应用于三维燃烧室的燃烧稳定性预测，为燃烧室设计提供了理论支持。

本章通过理论分析、实验验证和数值模拟相结合的方法，全面研究了声腔、隔板和隔板喷嘴的性能和优化设计，为液体火箭发动机不稳定燃烧抑制装置的设计提供了科学依据和技术支持，不仅揭示了抑制装置在不同工况下的工作原理，还为提高发动机性能和可靠性提供了理论指导。

本章参考文献

[1] OBERG C L, L. W T, Ford W M. Evaluation of Acoustic Cavities for Combustion Stabilization [R]. Washington: NASA Technical Report CR-115087, 1971.

[2] OBERG C L, Hines W S, Falk A Y. High-Temperature Earth-Storable Propellant Acoustic Cavity Technology [R]. Washington: NASA Technical Report CR-141688, 1974.

[3] OBERG C L, HINES W S, FALK A Y. High-Temperature Earth-Storable Propellant Acoustic Cavity Technology [R]. Washington: NASA Technical Report CR-141688, 1974.

[4] BELLUCCI V, FLOHR P, PASCHEREIT C, et al. On the use of Helmholtz resonators for damping acoustic pulsations in industrial gas turbines [J]. Journal of Engineering for Gas Turbines and Power, 2004, 126(2): 271-275.

[5] ZHAO D, A'BARROW C, MORGANS A S. Acoustic Damping of a Helmholtz Resonator with an Oscillating Volume [J]. AIAA Journal, 2009, 47(7): 1672-1679.

[6] INGARD U. On the theory and design of acoustic resonators [J]. Journal of the Acoustical Society of America, 1953, 25 (6): 1037-1061.

[7] BLACKMAN A W. Effect of nonlinear losses on the design of absorbers for combustion instabilities[J]. ARs Journal, 1960, 30(11): 1022-1028.

[8] HEFNER R. Review of Combustion Stability Development with Storable Propellants [M]. Propulsion Joint Specialist Conference. 1965.

[9] MCBRIDE J M, HEWITT R A, HEFNER R J. Acoustic Techniques for Injector Baffle Development. Proceedings of the Bulletin of the 7th Annual Liquid Propellant Symposium, ICRPG Combustion Conference [C]. 1967.

[10] TORDA T P, PATEL B R. Analytical and Experimental Investigation of Oscillations in Rocket Motor Baffle Cavities [R]. Virginia: AFOSR Report, 1968.

[11] OEFELEIN J C, YANG V. Comprehensive Review of Liquid-Propellant Combustion Instabilities in F-1 Engines [J]. Journal of Propulsion and Power, 1993, 9(5): 657-677.

[12] KIM H J, LEE K J, CHOI H, et al. An Experimental Study on Acoustic Damping Enhancement by the Gap of Baffled Injectors. Proceedings of the 41st AIAA/ASME/SAE/ASEE Joint Propulsion Conference & Exhibit [C]. Virginia: AIAA Press, 2005.

[13] GUO K, NIE W, LIU Y, et al. Numerical Simulation of Damping Capacity between Injector-Formed Baffle and Normal Blade Baffle in a Kero/LOX Liquid Rocket Engine. Proceedings of the Advances in Materials, Machinery, Electrical Engineering (AMMEE 2017) [C]. Paris: Atlantis Press, 2017.

[14] 洪鑫，程惠尔. 液体火箭发动机燃烧室波动过程数值分析 [J]. 推进技术，1999，20(2)：5-8.

[15] ZHU S, LI J, LIU W, et al. Theoretical and Experimental Investigations on the Acoustic Absorptions of Baffled Injectors[J]. AIAA Journal, 2021, 59(12): 5001-5010.

[16] 刘旺. 火箭发动机隔板喷嘴吸声机理研究[D]. 北京：北京航空航天大学，2018.

[17] 朱烁烁. 隔板喷嘴对燃烧室声学特性的影响研究[D]. 北京：北京航空航天大学，2023.

[18] 马大猷. 微穿孔板吸声结构的理论和设计[J]. 中国科学，1975，1：38-50.

[19] 樊晓波，王敏庆，盛美萍. 隔板应用于发动机燃烧室不稳定燃烧抑制中的二维数值计算分析 [J]. 机械科学与技术，2007，26(9)：1118-1121.